曲线钢与混凝土组合梁结构理论

王连广　陈百玲　哈　娜　著

科学出版社
北　京

内 容 简 介

本书是作者从事曲线钢与混凝土组合梁（简称曲线组合梁）研究的部分成果总结，主要包括：曲线组合梁的内力方程、几何方程、物理方程，以及简支（连续）曲线组合梁内力计算公式；曲线组合梁界面相对滑移、截面轴向力、组合梁变形计算微分方程及相应的计算公式；承受正（负）弯矩作用的简支曲线组合梁和施工吊装阶段组合梁的稳定性；曲线组合梁的剪力滞效应微分方程及相应的剪力滞计算公式；开（闭）口式曲（直）线组合梁的抗扭特性；闭口式曲（直）线组合梁的畸变效应；曲线组合梁截面横向内力计算公式；曲线组合梁极限抗弯（剪、扭）承载力计算公式。

本书可供土木工程专业的教师、研究生、高年级本科生，以及从事该领域的研究和设计人员参考。

图书在版编目(CIP)数据

曲线钢与混凝土组合梁结构理论 / 王连广，陈百玲，哈娜著. —北京：科学出版社，2022.1

ISBN 978-7-03-066366-5

Ⅰ. ①曲… Ⅱ. ①王… ②陈… ③哈… Ⅲ. ①钢筋混凝土梁-曲梁-组合梁-结构 Ⅳ. ①TU375.1

中国版本图书馆 CIP 数据核字（2020）第 198247 号

责任编辑：杨慎欣 赵朋媛 / 责任校对：樊雅琼
责任印制：吴兆东 / 封面设计：无极书装

科学出版社 出版
北京东黄城根北街 16 号
邮政编码：100717
http://www.sciencep.com

北京九州迅驰传媒文化有限公司 印刷
科学出版社发行 各地新华书店经销
*
2022 年 1 月第 一 版 开本：720×1000 1/16
2022 年 1 月第一次印刷 印张：23 3/4
字数：479 000

定价：168.00 元

（如有印装质量问题，我社负责调换）

前 言

曲线梁是指主梁轴线在平面上为曲线的梁式结构，它是发展最快、应用最多的梁。在现代交通和城市建设中，对桥梁设计标准的要求越来越高，不仅要使行车顺畅，还需要贴合周围景物，适应地形的变化，节省建筑空间，线形流畅自然，外形美观，只有曲线梁才可以满足这些要求。目前，国内外有关曲线钢梁、曲线混凝土梁及直线钢与混凝土组合梁的理论研究和应用相关报道比较多，而对曲线钢与混凝土组合梁（简称曲线组合梁）的研究相对较少。曲线组合梁是通过剪力连接件将曲线钢梁与混凝土板连接起来的一种梁，兼具曲线钢梁、曲线混凝土梁及直线组合梁的特点，其结构形式、受力与变形、施工工艺等更为复杂。理论与实践证明，曲线组合梁的受力与变形受边界支撑条件、几何形状、荷载作用方式、温度、混凝土收缩与徐变等的影响，因此其内力计算、钢梁与混凝土板界面的相互作用、局部与整体稳定性、剪力滞效应、扭转效应及畸变效应等更为复杂。目前，我国对曲线组合梁的研究和应用相对较少，国外的相关应用相对较多，因此现状为设计计算理论滞后于应用。针对曲线组合梁的结构与受力特点，作者所在的科研团队开展了曲线组合梁的结构理论研究，并将部分研究成果汇总，形成此书。为了使读者对该领域研究有一个更全面的了解，书中还介绍了国内外许多专家、学者和同行的部分研究成果。

全书共 11 章。第 1 章绪论，主要介绍了曲线梁的结构应用、组合梁截面构造等；第 2 章曲线钢与混凝土组合梁基本方程，建立了曲线组合梁的内力平衡方程、几何方程和物理方程；第 3 章曲线钢与混凝土简支组合梁界面相对滑移与截面轴向力，分别利用弹性理论和能量变分理论，建立了包括混凝土收缩与徐变影响的曲线组合梁界面相对滑移和组合截面轴向力的基本方程，以及简支静定和超静定曲线组合梁的界面相对滑移基本方程和组合截面轴向力计算公式；第 4 章曲线钢与混凝土简支组合梁内力，给出了不同荷载作用下的简支静定和简支超静定曲线组合梁的内力计算公式；第 5 章曲线钢与混凝土简支组合梁变形，基于弹性理论、能量变分理论及附加变形法，给出了简支静定和简支超静定曲线组合梁的变形计算公式；第 6 章曲线钢与混凝土连续组合梁内力，利用弹性理论，分别给出了不同荷载作用下两跨和三跨连续曲线组合梁的内力计算公式；第 7 章曲线钢与混凝土组合梁稳定性，利用弹性理论，研究承受正弯矩作用的圆弧形组合梁和任意曲线组合梁的稳定性，承受负弯矩的工字曲线组合梁和钢箱曲线组合梁的稳定性，以及曲线组合梁在施工吊装阶段的稳定性，并给出相应的计算公式；第 8 章曲线钢与混凝土组合梁剪力滞效应，针对钢腹板曲线组合梁、钢箱曲线组合梁、工字钢曲线组合梁，混凝土翼缘板、钢梁翼缘板的位移函数分别按抛物线和余弦函数曲线分布，建立曲线组合梁剪力滞效应控制微分方程，并给出其剪力滞计算公式；第 9 章曲线钢与混凝土组合梁的抗扭特性，将组合梁分为开口式和闭口式截面形式，利用弹性理论和能量法，建立直线组合梁和曲线组合梁的扭矩和扭转角微分方程，并给出其相应的计算公式；第 10 章曲线钢与混凝土组合梁的畸变效应，分析组合梁畸变荷载，并基于能量法，建立了直线组合梁和曲线组合梁的畸变力矩和畸变角微分方程，并给出相应的计算公式及组合梁横向内力计算公式；第 11 章曲线钢与混凝土组合梁的极限承载力，分别给出了曲线组合梁的极限抗弯承载力、极限抗剪承载力及极限抗扭承载力的计算公式。

在研究过程中，考虑到曲线组合梁的应用范围和适用环境不同，作者没有对影响组合梁受力与变形性能的设计参数进行优化设计，使得部分理论计算公式相对复杂，因此可以根据实际情况，在使用过程中作进一步简化。特别是，书中所有的理论计算公式在理论上是合理的，但是其适用性和正确性尚需要进一步试验验证。

本书是作者所在科研团队共同的研究成果，潘红艳、姚烨、孙鹏进行了简支静定曲线组合梁内力研究，裴家兴进行了曲线组合梁界面相对滑移和组合截面轴向力研究，叶金库进行了曲线组合梁的变形研究，胡君和刘文文进行了曲线组合梁稳定性研究，耿凯进行了超静定简支曲线组合梁和连续曲线组合梁内力研究，陈力栋、万江、黄洋等进行了曲线组合梁剪力滞效应研究，单坤、邱昱进行了直线组合梁和曲线组合梁抗扭特性研究，朱耀斌、甘雨进行了直线组合梁和曲线组合梁畸变效应研究，李雪、张耀升、高海洋等对部分内容进行了补充和校对。在此谨向他们致以诚挚的谢意。

书中部分内容引用了国内外专家学者的研究成果，已列于文后，在此表示最衷心的感谢！

本书得到了东北大学“双一流”建设项目的资金资助，同时，也得到了吉林建筑科技学院、辽宁省城乡市政工程集团有限责任公司、中铁七局集团第一（二）工程有限公司的大力支持，在此一并表示感谢。

由于作者水平有限，书中难免有不足之处，敬请读者批评指正！

王连广　陈百玲　哈　娜
2020 年 8 月

目　录

前言

第 1 章　绪论……1

1.1　曲线梁……1

1.2　组合梁截面构造……2

1.3　曲线组合梁受力与变形……7

1.4　曲线组合梁桥施工……11

1.5　本书主要内容……15

第 2 章　曲线钢与混凝土组合梁基本方程……17

2.1　内力平衡方程……17

2.1.1　基本方程……17

2.1.2　组合梁内力……23

2.1.3　混凝土板内力……24

2.1.4　钢梁内力……26

2.2　几何方程……28

2.3　物理方程……31

第 3 章　曲线钢与混凝土简支组合梁界面相对滑移与截面轴向力……34

3.1　基于弹性理论的组合梁界面相对滑移……34

3.1.1　界面相对滑移基本方程……34

3.1.2　简支静定曲线组合梁……35

3.1.3　简支超静定曲线组合梁……40

3.2　基于弹性理论的组合截面轴向力……43

3.2.1　轴向力基本方程……43

3.2.2　简支静定曲线组合梁……44

3.2.3　简支超静定曲线组合梁……51

3.3　基于能量变分理论的界面相对滑移与截面轴向力……56

3.4　徐变效应影响的界面相对滑移……59

3.4.1　界面相对滑移基本方程……59

3.4.2　界面相对滑移计算公式……63

3.5 徐变效应影响的组合截面轴向力…………64
3.5.1 轴向力基本方程…………64
3.5.2 轴向力计算公式…………66

第4章 曲线钢与混凝土简支组合梁内力…………68

4.1 简支静定曲线组合梁内力…………68
4.1.1 竖向均布荷载作用下的简支静定曲线组合梁…………68
4.1.2 均布扭矩作用下的简支静定曲线组合梁…………71
4.1.3 集中荷载作用下的简支静定曲线组合梁…………74
4.1.4 集中扭矩作用下的简支静定曲线组合梁…………79
4.2 简支超静定曲线组合梁内力…………84
4.2.1 竖向均布荷载作用下的简支超静定曲线组合梁…………84
4.2.2 均布扭矩作用下的简支超静定曲线组合梁…………87
4.2.3 集中荷载作用下的简支超静定曲线组合梁…………90
4.2.4 集中扭矩作用下的简支超静定曲线组合梁…………94

第5章 曲线钢与混凝土简支组合梁变形…………99

5.1 基于弹性理论的曲线组合梁变形…………99
5.1.1 基本方程…………99
5.1.2 简支静定曲线组合梁…………101
5.1.3 简支超静定曲线组合梁…………108
5.2 基于能量变分理论的曲线组合梁变形…………115
5.2.1 基本方程…………115
5.2.2 变形计算公式…………118

第6章 曲线钢与混凝土连续组合梁内力…………124

6.1 两跨连续曲线组合梁内力…………124
6.1.1 基本方程…………124
6.1.2 竖向均布荷载作用下的曲线组合梁…………126
6.1.3 均布扭矩作用下的曲线组合梁…………132
6.1.4 集中荷载作用下的曲线组合梁…………139
6.1.5 集中扭矩作用下的曲线组合梁…………146
6.2 三跨连续曲线组合梁内力…………153
6.2.1 均布荷载作用下的曲线组合梁…………154
6.2.2 均布扭矩作用下的曲线组合梁…………158

6.2.3 集中荷载作用下的曲线组合梁 …… 161
6.2.4 集中扭矩作用下的曲线组合梁 …… 167

第 7 章 曲线钢与混凝土组合梁稳定性 …… 173

7.1 圆弧形组合梁稳定性 …… 173
7.1.1 侧向屈曲基本方程 …… 173
7.1.2 屈曲荷载 …… 176
7.2 任意曲线组合梁稳定性 …… 180
7.2.1 侧向屈曲基本方程 …… 180
7.2.2 二次抛物线形曲线组合梁的屈曲荷载 …… 184
7.2.3 半椭圆形组合梁的屈曲荷载 …… 187
7.3 工字曲线组合梁负弯矩区稳定性 …… 190
7.3.1 组合截面应力 …… 190
7.3.2 侧向弯曲失稳临界弯矩 …… 193
7.3.3 侧向弯扭失稳临界弯矩 …… 196
7.4 钢箱曲线组合梁负弯矩区稳定性 …… 210
7.4.1 组合截面应力 …… 211
7.4.2 组合梁临界弯矩 …… 212
7.5 曲线组合梁施工吊装稳定性 …… 231

第 8 章 曲线钢与混凝土组合梁剪力滞效应 …… 238

8.1 基于抛物线型位移函数的曲线组合梁剪力滞效应 …… 238
8.1.1 钢腹板曲线组合梁 …… 238
8.1.2 钢箱曲线组合梁 …… 257
8.1.3 工字钢曲线组合梁 …… 263
8.2 基于余弦函数型位移函数的曲线组合梁剪力滞效应 …… 269
8.2.1 钢腹板曲线组合梁 …… 269
8.2.2 钢箱曲线组合梁 …… 276
8.2.3 工字钢曲线组合梁 …… 282

第 9 章 曲线钢与混凝土组合梁的抗扭特性 …… 288

9.1 组合梁的抗扭特性 …… 288
9.1.1 开口式组合梁的抗扭特性 …… 289
9.1.2 闭口式组合梁的抗扭特性 …… 289

9.2　直线组合梁的抗扭特性 …… 290
9.2.1　开口式直线组合梁扭转 …… 290
9.2.2　闭口式直线组合梁扭转 …… 298
9.2.3　扭转角微分方程的初参数解 …… 304
9.3　曲线组合梁的抗扭特性 …… 305
9.3.1　开口式曲线组合梁扭转 …… 306
9.3.2　闭口式曲线组合梁扭转 …… 312
9.3.3　扭转角微分方程的初参数解 …… 317
9.3.4　组合截面形心与剪切中心 …… 320

第 10 章　曲线钢与混凝土组合梁的畸变效应 …… 324

10.1　畸变荷载 …… 324
10.2　直线组合梁的畸变效应 …… 328
10.2.1　畸变角微分方程 …… 328
10.2.2　畸变角微分方程解析解 …… 336
10.3　曲线组合梁的畸变效应 …… 339
10.3.1　畸变角微分方程 …… 339
10.3.2　畸变角微分方程解析解 …… 346
10.4　组合梁横向内力 …… 354

第 11 章　曲线钢与混凝土组合梁的极限承载力 …… 360

11.1　极限抗弯承载力 …… 360
11.1.1　完全交互作用的曲线组合梁 …… 360
11.1.2　部分交互作用的曲线组合梁 …… 363
11.2　极限抗剪承载力 …… 366
11.3　极限抗扭承载力 …… 366
11.3.1　开口式曲线组合梁 …… 366
11.3.2　闭口式曲线组合梁 …… 368

参考文献 …… 370

第1章 绪　论

曲线钢与混凝土组合梁（简称曲线组合梁）是一种通过剪力连接件将曲线钢梁与混凝土板连接起来的共同受力、变形协调、截面中心线在水平面内呈曲线形状的梁。曲线组合梁能充分利用钢材所具有的优越抗拉性能和混凝土所具有的优越抗压性能，兼具曲线钢梁、曲线混凝土梁及直线组合梁的特点，其结构形式、受力与变形、施工工艺等相对更为复杂。在国内，关于直线钢与混凝土组合梁的研究相对较多，而对曲线钢与混凝土组合梁的受力性能的研究相对很少，而国外对此的相关研究相对较多。曲线组合梁的结构计算理论研究滞后于工程实践应用，因此对曲线组合梁开展进一步理论研究是十分必要的。本章介绍曲线梁结构应用、组合梁截面构造、组合梁受力与变形，以及曲线组合梁桥的施工工艺。

1.1 曲　线　梁

曲线梁是指主梁轴线在平面上为曲线的梁，主要包括曲线钢梁、曲线混凝土梁及曲线组合梁，其快速发展始于20世纪60年代，我国很多专家和学者对曲线梁结构进行了研究，并取得了可喜的研究成果[1-6]，具体应用特点如下。

（1）道路线形要求。在现代交通网络中，对于道路设计标准的要求越来越高，不仅要求其能满足正常行车顺畅，还需要贴合周围景物、适应地形变化、线形流畅自然及满足美观性能，这些要求只有曲线梁才能满足；在城市建设中，高架桥和立交桥越来越多，曲线梁可以作为多个方向的交通连接枢纽，缓解一些交通紧张状况，节省用地，使其整体性更好、更优雅；在山区修建公路时，一些周围山峰会对公路线形产生影响，若能用曲线梁代替直线梁，道路的延展线就可以大大缩短，不但能降低造价，还能更好地适应山区道路变化；城市中的建（构）筑物和地下的一些管线等会限制道路形状，曲线梁则可以更好适应这些地形要求，从而使得城市建设更加现代化。典型的曲线梁桥见图1-1。目前，国内外的曲线桥梁多数为混凝土桥梁，随着科学技术和经济的发展，出现了曲线钢梁桥和组合梁桥，见图1-2。

（a）唐山市甄家庄立交桥　（b）丹东市桃源立交桥

图 1-1　曲线梁桥

（a）圣地亚哥-科罗拉多大桥　（b）港珠澳大桥

图 1-2　曲线钢梁桥和组合梁桥

（2）节约空间、造型优美。由于曲线梁线形的特殊性，建造时可以适应地形，从而节省了建筑空间，且曲线相对于直线更加流畅，可以给人美好的视觉享受。曲线梁与传统“以直代曲”的梁（将多个直线梁转向几次之后连接而成，受力依旧为直线梁）相比，造价更低，与周围环境的协调性更强。因此，在当今交通网络和城市建设快速发展及大众审美要求更高的时代，曲线梁的应用势必会越来越多。

（3）设计计算方法的进步。在曲线梁中，由于曲率的存在，会产生“弯扭”耦合效应，故其结构设计、施工工艺等与直线梁相比更为复杂，而且还有“翘曲”的存在，增加了分析难度。但是，采用有限元分析方法，能够准确地模拟其受力与变形，进行更加精确的分析。

可见，随着科学技术的进步和经济突飞猛进的发展，曲线梁结构会越来越多，特别是在桥梁和城市建设中，曲线梁会得到更加快速的发展和广泛应用。

1.2　组合梁截面构造

钢与混凝土组合梁是通过剪力连接件将钢梁（工字钢、U 形钢、箱形钢、钢桁架）与混凝土板（混凝土实心板、混凝土空心叠合板、预应力混凝土板）组合起来而共同受力、变形协调。组合梁充分利用了钢材所具有的优越抗拉性能和混凝土所具有的优越抗压性能，具有承载力高、刚度大、抗振性能好、截面尺寸小及施工快速方便等优点。在土木工程领域，组合梁已经得到了越来越多的应用，特别是在城市桥梁、高架桥梁、高速公路桥梁、铁路桥梁中采用了形式多样的组合梁。目前，国内外许多专家、学者对组合梁的工作性能进行了研究，取得了可喜的研究成果，并将部分研究成果应用到实际工程中，为土木工程结构的发展起到了极大的推动作用。与等截面的混凝土梁相比，组合梁以型钢代替部分混凝土，可以减少结构自重，增加结构的延性，减轻地震作用对结构的危害。另外，因拉力由钢结构承受，可减少构件的截面尺寸而增加有效使用空间，节约模板并减少支撑工序，缩短施工周期，大大降低了工程造价；与钢梁相比，采用组合梁可以减少用钢量，提高结构刚度，提升结构整体性、稳定性、抗火性及耐久性等[7-13]。

随着钢与混凝土组合梁的应用越来越多，其结构构造形式也发生了很大变化，出现了多种截面形式，工字钢（混凝土包工字钢）与混凝土板（组合板）组合梁：钢梁可采用轧制工字钢或焊接工字钢，见图 1-3。钢箱梁与混凝土板组合梁：钢箱梁采用钢板焊接而成，有梯形截面、矩形截面，有单箱、单箱多室及分离多箱等截面，见图 1-4。蜂窝钢梁与混凝土板组合梁：蜂窝钢梁可以在整体钢梁腹板上切除部分腹板，或者将工字钢沿腹板切成两部分，并切除部分腹板，然后将不同尺寸的切除腹板的工字钢焊接在一起，形成带有蜂窝的整体钢梁，蜂窝有圆形、菱形、四边形、六边形等，这种组合梁具有节省钢材、使用方便等优点，见图 1-5。钢桁架与混凝土板组合梁：先将钢杆件焊接成钢桁架结构，再通过连接件将钢桁架上的弦杆与混凝土板连接起来，形成钢桁架与混凝土板组合梁，这种组合梁特别适合于大跨度结构，见图 1-6。为了减轻混凝土梁式结构的自重，可以减小梁的腹板厚度，但是，尚需要满足其抗剪能力，为此，可以通过在混凝土腹板内埋设钢板来增加其抗剪能力，将内置钢板的混凝土腹板与混凝土板组合，形成内置钢板的混凝土板组合梁，见图 1-7。随着预应力混凝土箱梁、钢与混凝土组合梁的应用与发展，为了更好地发挥钢材和混凝土各自所具有的优越性，出现了预应力钢腹板与混凝土板组合梁，钢腹板可以采用平钢板或波纹钢板，这种组合梁通过剪力连接件将钢腹板与上、下混凝土翼缘板连接起来，通过在混凝土翼缘板内或同时在混凝土翼缘板内和组合箱梁中布置预应力钢筋来施加预应力。这种组合梁充分利用了钢腹板抗剪屈曲强度高、自重轻的优点，以及利用预应力来提高混凝土的抗裂性能等，见图 1-8。为了进一步发挥钢材和混凝土各自所具有的优越性，克服其相应缺点，将预应力技术应用到钢与混凝土组合梁中，形成了预应力钢与混凝土组合梁，这种组合梁通过在钢梁受拉翼缘附近、受拉区混凝土内部布置预应力钢筋，然后施加预应力。在钢梁受拉区施加预应力可以扩大钢材弹性范围，以高强钢材代替普通钢材；在混凝土板受拉区施加预应力可延迟裂缝形成、阻止裂缝发展，提高混凝土抗裂性能。依据外荷载作用方式，可以将预应力钢索（筋）沿组合梁轴向布置成直线形、曲线形、折线形等，见图 1-9。

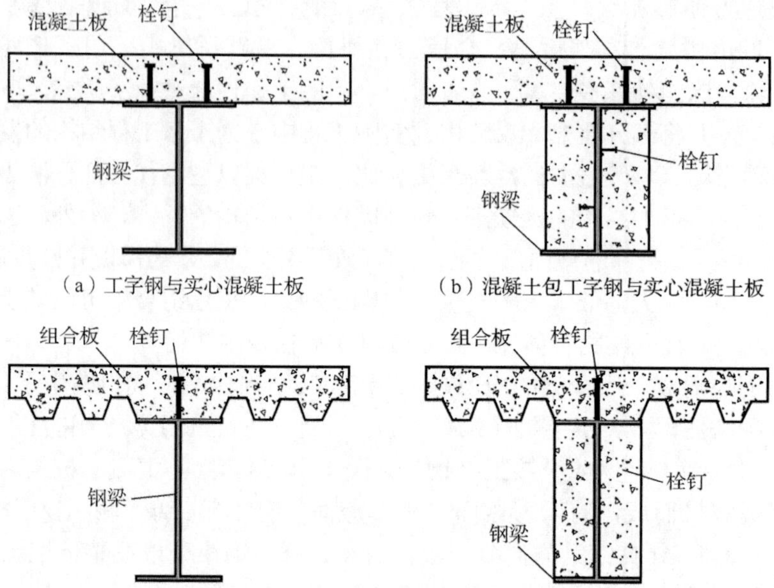

（a）工字钢与实心混凝土板　（b）混凝土包工字钢与实心混凝土板

（c）工字钢与组合板　（d）混凝土包工字钢与组合板

图 1-3　工字钢与混凝土板组合梁

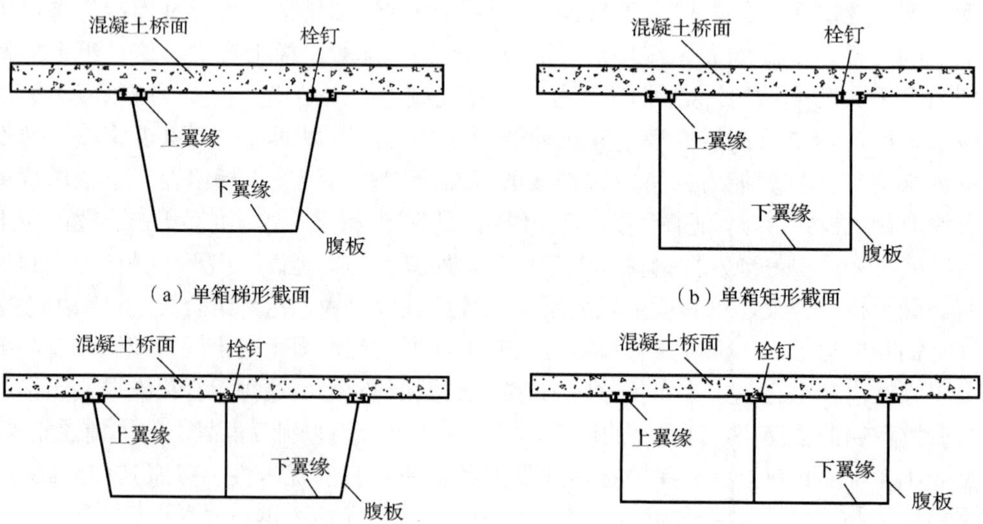

（a）单箱梯形截面　（b）单箱矩形截面

（c）单箱多室梯形截面　（d）单箱多室矩形截面

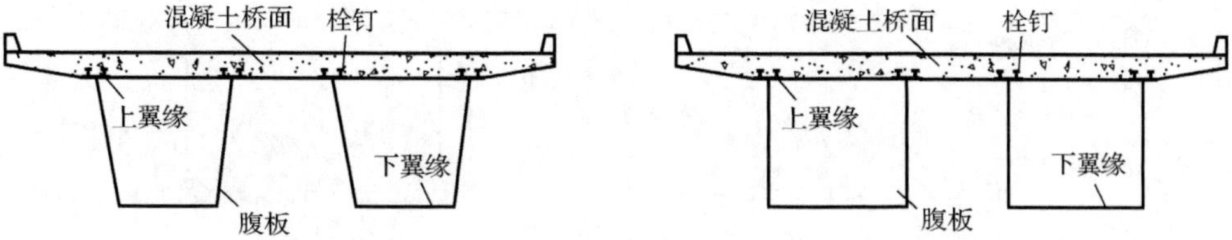

（e）分离多箱梯形截面　　（f）分离多箱矩形截面

图 1-4　钢箱梁与混凝土板组合梁

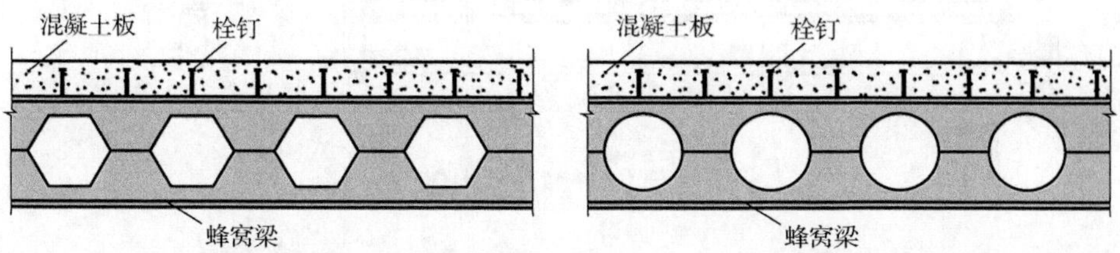

（a）六边形蜂窝梁　　（b）圆形蜂窝梁

图 1-5　蜂窝钢梁与混凝土板组合梁

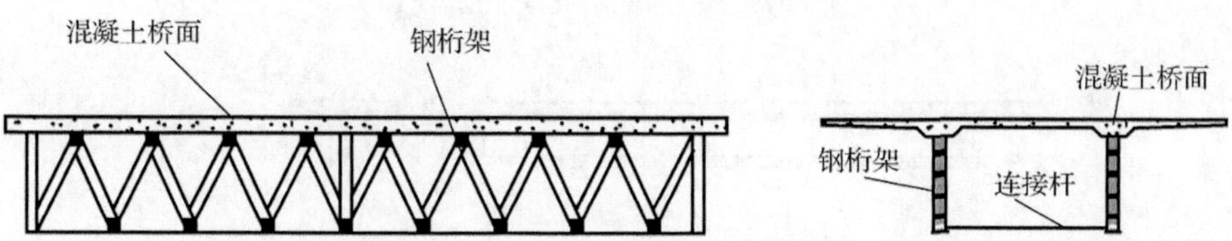

（a）纵向立面　　（b）截面图

图 1-6　钢桁架与混凝土板组合梁

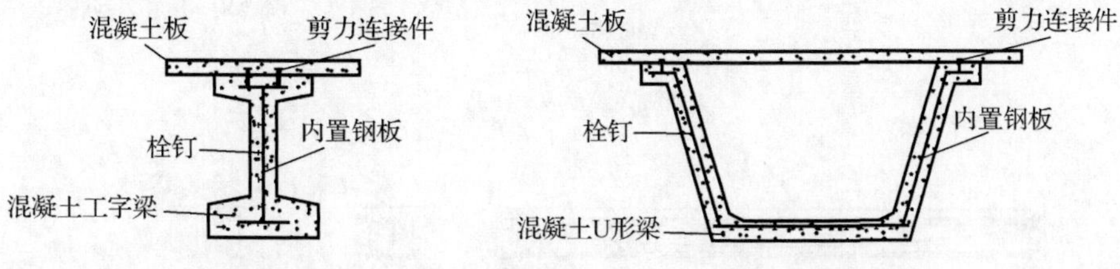

（a）组合梁　　（b）组合箱梁

图 1-7　内置钢板的混凝土板组合梁

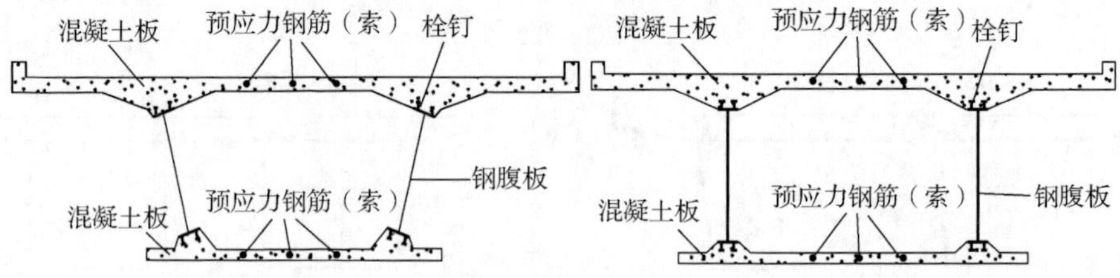

（a）梯形截面　　（b）矩形截面

图 1-8　预应力钢腹板与混凝土板组合梁

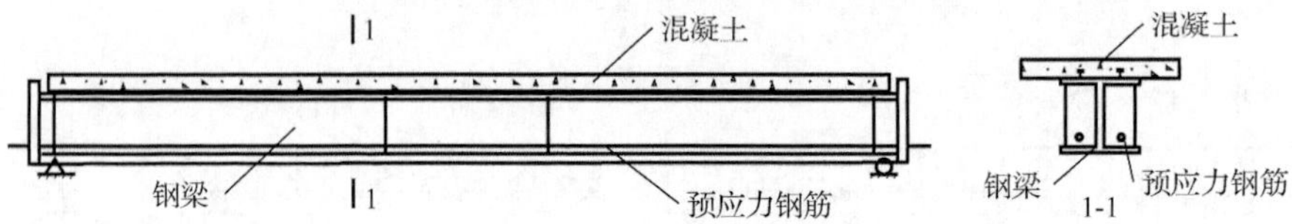

（a）全长体内布置预应力钢筋

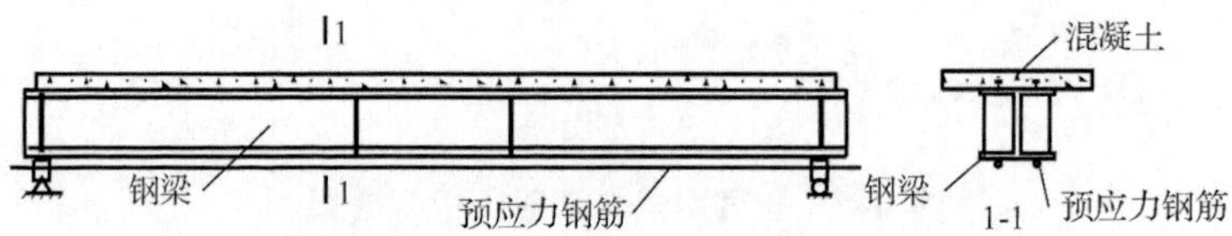

（b）全长体外布置预应力钢筋

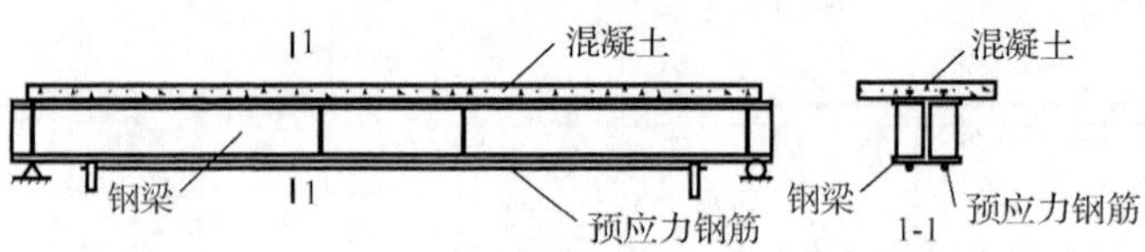

（c）部分体外布置预应力钢筋

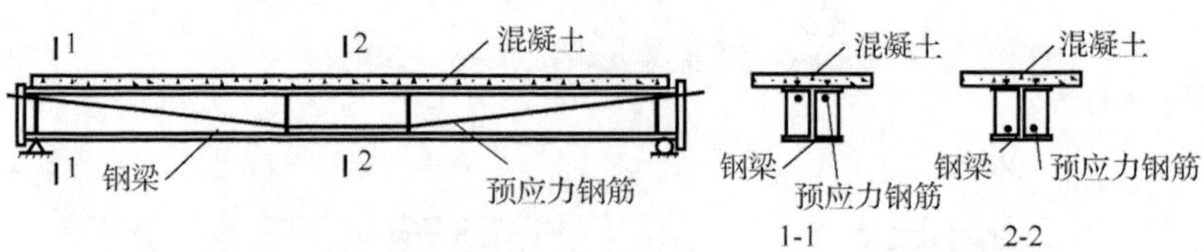

（d）折线布置预应力钢筋

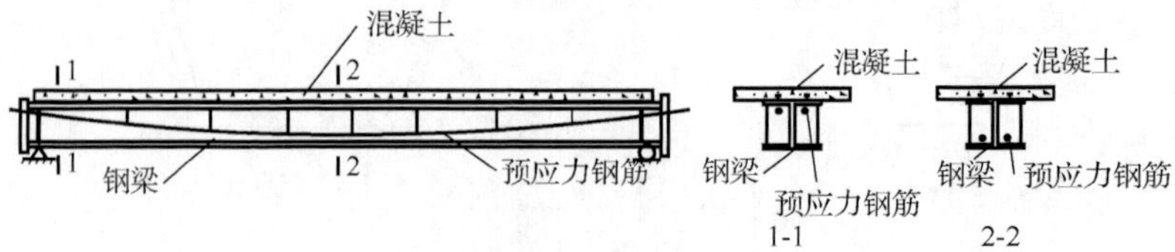

（e）曲线布置预应力钢筋

图 1-9　预应力钢筋与混凝土组合梁

1.3 曲线组合梁受力与变形

曲线组合梁和直线组合梁一样，可以分为开口式截面和闭口式截面两类，见图1-10。工字钢与混凝土板组合梁可认为是开口式组合梁，钢箱与混凝土板组合梁可认为是闭口式组合梁。开口式组合梁的优点是节省钢材，缺点是施工阶段抗扭刚度小；闭口式组合梁在施工阶段的整体性好，抗扭刚度较大，但在正弯矩作用下，钢梁上翼缘发挥的作用较小，且相对开口式组合梁来说，用钢量略有增加。

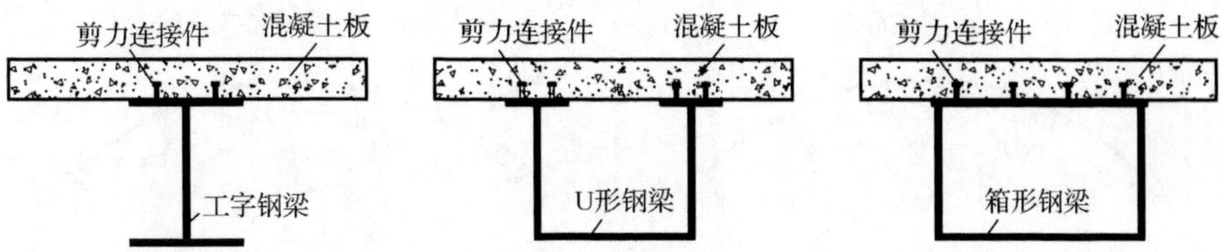

（a）开口式组合梁　（b）开口式箱形组合梁　（c）闭口式箱形组合梁

图1-10　曲线组合梁截面

在外荷载的作用下，曲线组合梁的截面一般会产生纵向弯曲、刚性扭转、畸变及横向弯曲四种基本变形，见图1-11。

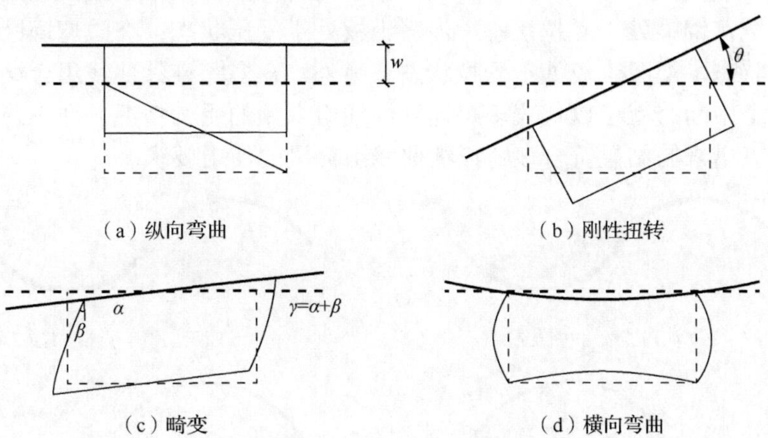

（a）纵向弯曲　（b）刚性扭转　（c）畸变　（d）横向弯曲

图1-11　曲线组合梁的基本变形

1）内力分析

曲线组合梁受力相对复杂，我国研究者对曲线组合梁受力性能的研究相对较少，而国外研究者对曲线钢梁的研究相对较多，常参考曲线钢梁的研究方法来研究曲线组合梁的受力性能[14-22]。

在外荷载作用下，曲线组合梁会产生内力，主要包括弯矩、扭矩和剪力。荷载作用方式和支撑条件不同，曲线组合梁内力也不同。作用于曲线组合梁上的常见荷载主要包括竖向均布荷载、均布扭矩、集中荷载和集中扭矩，或者几种荷载组合；根据支座支撑情况，单跨曲线组合梁主要有简支静定曲线组合梁、简支超静定曲线组合梁、一端固定一端简支曲线组合梁和两端固定曲线组合梁，见图 1-12。

（a）简支静定　　（b）简支超静定

（c）一端固定一端简支　　（d）两端固定

图 1-12　简支曲线组合梁

曲线组合梁连续通过几个支座而形成连续曲线组合梁，见图 1-13。曲线组合梁形成多跨连续之后，可以提高其承载能力并增强刚度和增加跨度，经济效益良好。连续曲线组合梁中部分区域承受正弯矩作用，部分区域承受负弯矩作用。在正弯矩区域，钢梁处于受拉状态，混凝土板处于受压状态；在负弯矩区域，钢梁处于受压状态，混凝土板处于受拉状态。另外，在多跨连续曲线组合梁中，两个边跨和一个中间跨就可以代表多跨连续曲线组合梁的受力情况，即三跨连续曲线组合梁计算出来的结果符合多跨连续曲线组合梁的使用要求。

（a）两跨连续–抗扭支座　　（b）两跨连续–点铰支座

（c）三跨连续–抗扭支座

图 1-13　连续曲线组合梁

2）界面相对滑移与组合截面轴向力

曲线组合梁中的钢梁与混凝土板依靠剪力连接件能够实现共同工作，多数情况下假定钢梁与混凝土板完全连接，即忽略钢梁与混凝土板之间存在的界面相对滑移（包括轴向和径向界面相对滑移）和竖向掀起，这样的计算结果与实际结构存在差异。事实上，工程中使用的剪力连接件大多数属于柔性连接件，因此剪力连接件在传递钢梁与混凝土板的界面作用力时，会产生界面相对滑移和竖向掀起，同时，剪力连接件对钢梁和混凝土板产生轴向力。界面相对滑移会使组合梁发生内力重分布，降低组合梁的承载力和刚度，增大组合梁的变形，因此明确曲线组合梁界面相对滑移和组合截面轴向力是曲线组合梁设计理论的重要指标之一。

3）纵向弯曲变形

曲线组合梁的变形也是一个重要参数，一般情况下，可以假定钢梁与混凝土板完全交互作用，忽略钢梁与混凝土板的界面相对滑移，采用换算截面法，将其中一种材料等效转换成另一种材料，按同种材料来计算曲线组合梁的变形，但是其计算结果与实际结构变形有一定误差，因为界面相对滑移会引起组合梁内力重分布，导致组合梁变形增大。因此，在精确计算曲线组合梁变形时，应该考虑钢梁与混凝土板的连接刚度对曲线组合梁变形的影响。

4）稳定性

在施工和使用阶段，曲线组合梁均需要考虑稳定性问题。在施工阶段，若采用现浇混凝土方法施工，即吊装钢梁到施工位置，再在钢梁上浇筑混凝土，此阶段需要确定吊装、施工荷载和自重作用下的钢梁稳定性；若采用预制曲线组合梁，需要确定组合梁吊装的稳定性。在使用阶段，钢梁与混凝土板通过连接件进行紧密的连接，需要确定使用荷载和自重作用下曲线组合梁的稳定性，即局部稳定性和整体稳定性。承受正弯矩作用的曲线组合梁，钢梁处于受拉区，混凝土翼缘板处于受压区，为此，需要考虑曲线组合梁的整体稳定性；承受负弯矩作用的曲线组合梁（如连续曲线组合梁的跨中支座附近），混凝土翼缘板处于受拉状态，钢梁处于受压状态，为此，需要考虑负弯矩区的钢梁稳定性[23-25]。

5）纵向弯曲剪力滞效应

在外荷载作用下，纵向弯曲产生竖向变形，因而在组合截面上产生正应力σ_M和剪应力τ_M，见图1-14。曲线组合梁产生的弯曲横向力通过腹板传递给翼缘板，而剪应力在翼缘板上分布不均匀，在腹板与翼缘板的交接处最大，随着离腹板的距离增大而逐渐减小，因此剪切变形沿翼缘板分布并不均匀。剪切变形的不均匀性引起弯曲时远离腹板的翼缘板的纵向位移滞后于靠近腹板的翼缘板，弯曲正应力的横向分布呈曲线形状，这种由于翼缘板的剪切变形造成的弯曲正应力沿梁宽度方向不均匀分布的现象，称为剪力滞效应。若翼缘板与腹板交接处的正应力大于初等梁理论的计算值，则称为正剪力滞效应，反之称为负剪力滞效应，见图1-15，图中虚线所示的应力分布是按初等梁理论计算得到的。目前，国内研究者对曲线组合梁剪力滞效应的研究相对较少，而对薄壁结构的剪力滞效应的研究相对较多[26-35]；此外，国外研究者对箱形结构的剪力滞效应的研究也相对较多，研究方法较为类似[36-40]。研究曲线组合梁的剪力滞效应时可以参考薄壁结构剪力滞效应的研究方法。

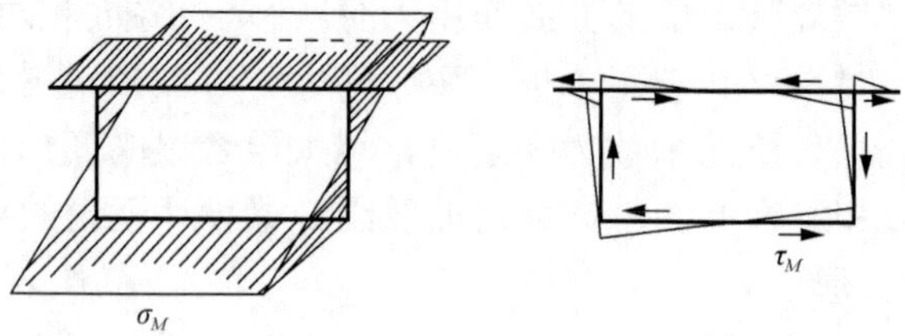

（a）正应力　　（b）剪应力

图 1-14　纵向弯曲应力

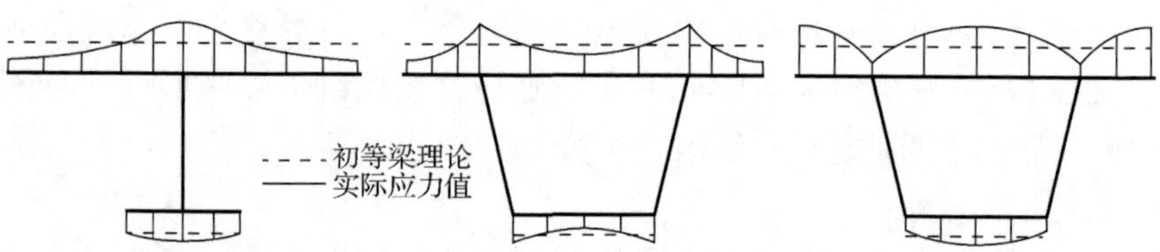

（a）开口式正剪力滞效应　　（b）闭口式正剪力滞效应　　（c）闭口式负剪力滞效应

图 1-15　剪力滞效应

6）抗扭特性

组合梁扭转指刚性扭转，即组合梁截面不变形，其主要变形特征是产生扭转角。扭转形式可分为纯扭转和翘曲扭转，其中纯扭转也称为自由扭转，即组合梁的纵向纤维不受约束，在扭矩作用下，组合梁所有纤维自由伸缩，有翘曲位移，因此不产生纵向正应力，只产生自由扭转剪应力τ_K，见图 1-16（a）；翘曲扭转也称为约束扭转，组合梁的纵向纤维受到约束，不能自由伸缩，截面不能自由翘曲，因而产生翘曲正应力σ_W和约束扭转剪应力τ_W，见图 1-16（b）。在约束作用点处，组合梁的翘曲位移为零，翘曲正应力最大；在远离约束处，组合梁的纤维伸缩相对自由，翘曲应力偏小。约束对称时，跨中截面的翘曲应力最小。组合梁的抗扭特性与薄壁梁的抗扭类似，可以参考薄壁杆件扭转性能的研究方法来研究曲线组合梁的扭转效应[41-46]。

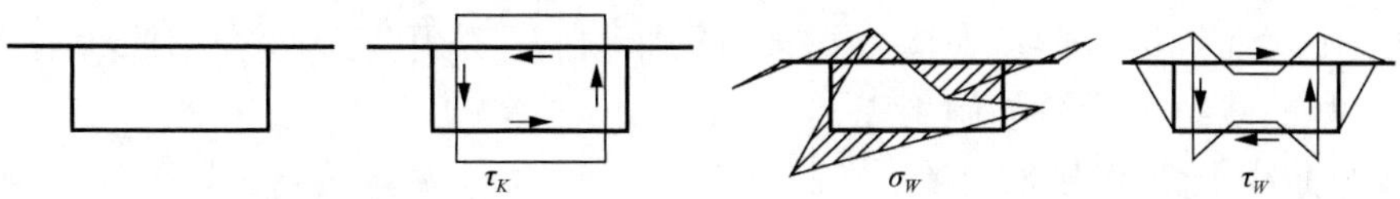

（a）自由扭转　　（b）约束扭转

图 1-16　扭转应力图

7）畸变效应

在外荷载作用下，曲线组合梁的截面外形轮廓线产生变形，称为畸变，畸变的主要特征是产生畸变角γ。畸变会使组合梁内外壁发生横向弯曲，同时，组合梁截面会因为产生畸变而发生翘曲，畸变产生翘曲正应力σ_D和翘曲剪应力τ_D，同时引起组合梁截面各板产生横向弯曲，在板内产生横向弯曲应力σ_{DT}，见图 1-17。理论分析表明，组合梁的畸变效应与箱梁的畸变效应类似，可以参考研究箱梁畸变效应的方法来研究曲线组合梁的畸变效应[47-51]。

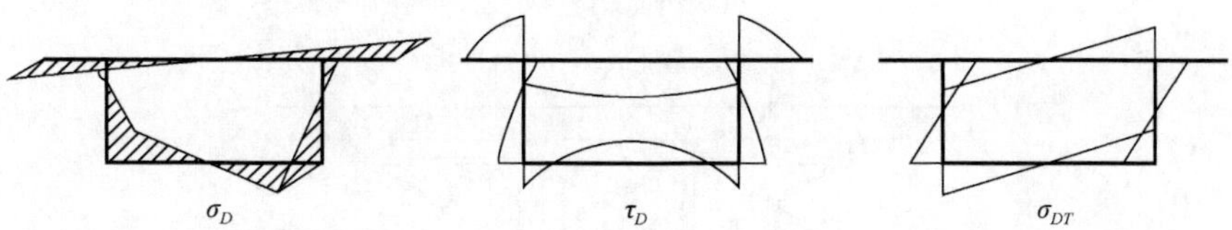

（a）畸变翘曲正应力　　（b）畸变翘曲剪应力　　（c）横向弯曲应力

图 1-17　畸变应力

8）极限承载力

曲线组合梁完全崩溃前所能承受外荷载的最大能力，称为极限承载力，其大小与组合材料特性、组合梁的几何尺寸、组合梁所处的状态及其承受的荷载形式等有关。曲线组合梁的极限状态承载力主要包括极限抗弯承载力、极限抗剪承载力及极限抗扭承载力等。

1.4　曲线组合梁桥施工

曲线组合梁通常有工字钢与混凝土板组合梁、钢箱（U 形钢梁）与混凝土板组合梁两种形式，国外很多国家都有相关设计规范或规程，但是存在设计理论滞后于实际应用的现象[52-59]。

曲线组合梁的施工，一般是按设计长度截取弯曲钢梁（可以在地面拼接钢梁），在钢梁上翼缘焊接剪力连接件，吊装钢梁至临时支架（墩柱）上，固定钢梁，拼接钢梁（空中作业），连接钢梁内（外）支撑，在支架上安装模板，再在模板内浇筑混凝土。曲线组合梁已在国外很多桥梁中得到了应用，下面介绍曲线组合梁内部连接和曲线组合梁桥的施工工艺。

1）曲线组合梁内部连接

曲线组合梁在很多方面都会继承直线组合梁的优缺点。曲线组合梁内部的连接方式同直线组合梁类似，在钢与混凝土组合箱梁中，为了保证组合箱梁的腹板稳定性，需要在组合箱梁内部设置支撑，在组合箱梁之间需要设置外部支撑；在工字钢与混凝土组合梁中，为了保证工字钢的稳定性，在多个工字钢之间设置支撑，其连接方式[60-64]见图 1-18。

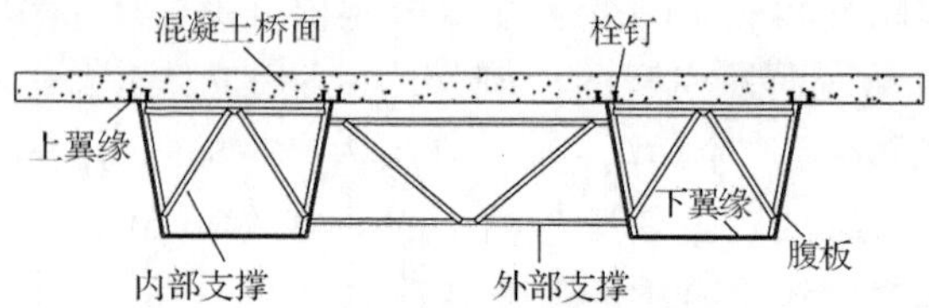

（a）组合箱梁内外支撑

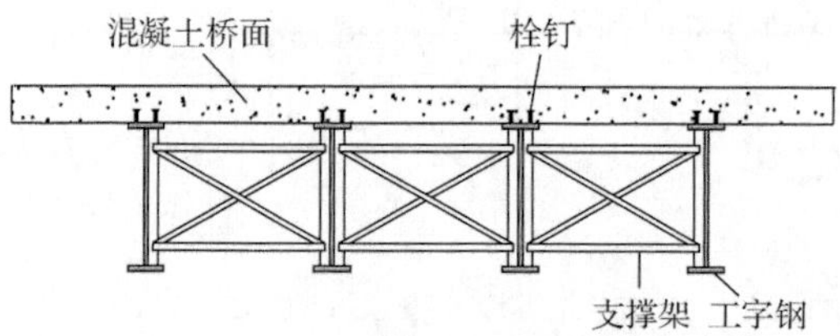

（b）组合梁钢梁之间的支撑

（c）钢箱梁内（外）支撑连接工程

（d）工字钢梁间支撑工程

图 1-18　曲线组合梁支撑结构

2）曲线组合梁桥的施工工艺

曲线组合梁在桥梁中应用最多，下面以工字曲线钢梁与混凝土板组合梁桥的施工为背景，根据国外有关资料，介绍曲线组合梁桥的施工工艺[60-64]。

（1）曲线钢梁的制作与存放。按设计要求，焊接制作曲线工字钢，并在工字钢上翼缘顶面焊接剪力连接件，利用木构件（或钢构件）衬垫钢梁，见图 1-19。

（a）木构件支撑钢梁

（b）木构件衬垫钢梁

图 1-19 曲线钢梁的制作与存放

（2）曲线钢梁拼接。按设计长度来拼接钢梁，将两个曲线工字钢的上下翼缘和腹板均连接起来，形成一个整体的曲线钢梁，可采用焊接方式、螺栓连接方式等，拼接过程可以在地面进行，也可以在空中进行施工。曲线钢梁的拼接见图 1-20。

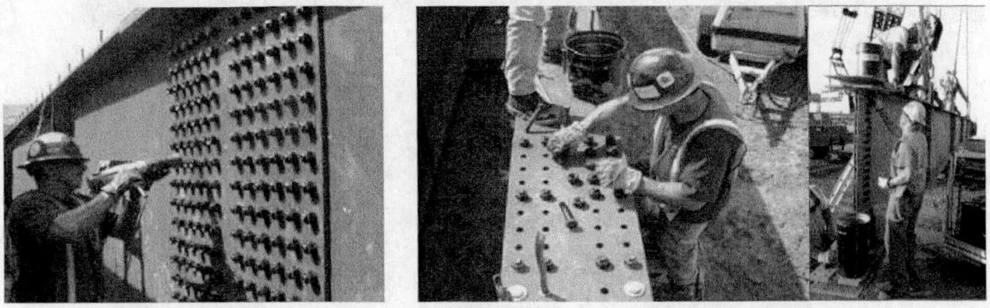

（a）地面拼接

（b）空中拼接

图 1-20　曲线钢梁的拼接

（3）曲线钢梁吊装。在吊装之前，利用吊具连接钢梁，起重机吊具吊装，见图 1-21（a)，也可以利用起重机直接吊装，见图 1-21（b)，或采用支撑塔和起重机吊装，见图 1-21（c)。

（a）起重机吊具吊装

（b）起重机直接吊装

（c）支撑塔和起重机吊装

图 1-21　曲线钢梁吊装

（4）钢梁横向连接支撑。将钢梁吊装后，临时固定，利用连接钢构件，将曲线钢梁横向连接支撑，使钢梁成为横向连接的整体，见图 1-22。

图 1-22 钢梁横向连接支撑

（5）浇筑混凝土。曲线钢梁完成整体连接后，制作混凝土板的模板，在钢梁上翼缘浇筑混凝土，形成曲线组合梁桥，见图 1-23。

图 1-23 浇筑混凝土

1.5 本书主要内容

（1）内力计算。分析曲线组合梁的内力，建立其内力平衡方程、几何方程及物理方程，给出不同荷载工况、不同边界条件下的简支曲线组合梁和连续曲线组合梁的内力计算公式。

（2）界面相互作用。分别基于弹性理论和能量变分理论，给出包括温度和混凝土收缩徐变影响的曲线组合梁中钢梁与混凝土板界面的相对滑移、组合截面轴向力微分方程。

（3）变形计算。基于弹性理论、能量变分理论、附加变形法，建立曲线组合梁的变形计算基本方程及相应的变形计算公式。

（4）稳定性能。利用弹性理论，研究不同线形的曲线组合梁承受的正弯矩、负弯矩及在施工吊装不同阶段的稳定性能，并给出相应的计算模型。

（5）剪力滞效应。假设混凝土翼缘板、钢梁翼缘板的位移函数按抛物线和余弦函数曲线分布，分别建立曲线组合梁的剪力滞效应分析计算模型。

（6）扭转性能。将曲线组合梁分为开口式和闭口式截面形式，利用弹性理论和能量变分理论，研究直线和曲线组合梁的扭转性能，给出组合梁扭矩和扭转角的计算公式。

（7）畸变效应。基于能量法，分析直线和曲线组合梁的畸变效应，给出组合梁畸变力矩、畸变角及横向内力的计算公式。

（8）极限承载力。给出曲线组合梁的极限抗弯承载力、极限抗剪承载力及极限抗扭承载力的计算公式。

第 2 章　曲线钢与混凝土组合梁基本方程

曲线组合梁的结构形式和受力特点与曲线钢梁、曲线混凝土梁及直线组合梁有很多类似和不同之处，其受力与变形等相对其他曲线梁更为复杂。在对曲线组合梁进行受力与变形等分析时，可以采用两种方法：一种方法是将组合梁中的混凝土折算成钢材，或者将钢材折算成混凝土，即将组合梁的两种材料转换成一种材料，再按曲线钢梁或者曲线混凝土梁进行分析；另一种方法是将钢梁与混凝土板分开考虑，利用钢梁与混凝土板之间的相互关系，分别分析钢梁和混凝土板的受力与变形性能。目前，国内外关于曲线组合梁的内力平衡方程、几何方程和物理方程的研究相对比较少见，针对曲线组合梁的结构与受力特点，在文献[1]研究曲线梁和文献[65]～[72]研究曲线组合梁内力的基础上，本章给出曲线组合梁的内力平衡方程、几何方程和物理方程。

2.1　内力平衡方程

2.1.1　基本方程

为了便于研究，根据曲线组合梁的结构与受力特点，作基本假定：混凝土板和钢梁分别符合平截面假定，忽略任何截面上的竖向翘曲、剪力连接件变形、竖向挤压、剪力滞效应等的影响。考虑径向的横向滑移和轴向切线方向的纵向滑移，钢梁与混凝土板界面上产生的剪力与界面相对滑移成正比，截面的附加应变均呈线性分布；三维直角流动坐标系规定：组合梁的轴向切线方向（纵向）为 z 轴方向，曲线向心方向（横向）为 x 轴方向，垂直于曲线平面向下为 y 轴方向。曲线组合梁截面形式及三维流动直角坐标系的具体形式见图 2-1。

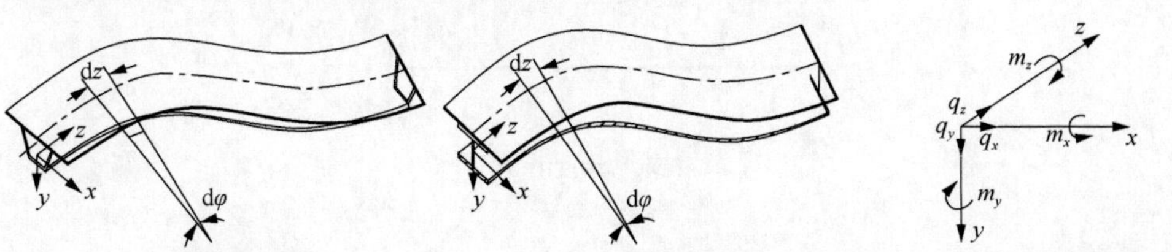

（a）箱形组合梁　　（b）工字钢组合梁　　（c）三维直角流动坐标系

图 2-1　曲线组合梁截面形式与三维流动直角坐标系

在曲线组合梁上任意取一个微段 dz，微段上受到六种类型的荷载作用，分别为三个分布荷载q_x、q_y和q_z，三个均布扭矩m_x、m_y和m_z（图 2-1）。微段左端的内力分别为轴力N、扭矩T、剪力Q_x和Q_y及弯矩M_x和M_y，微段右端会有内力微分增量，见图 2-2。

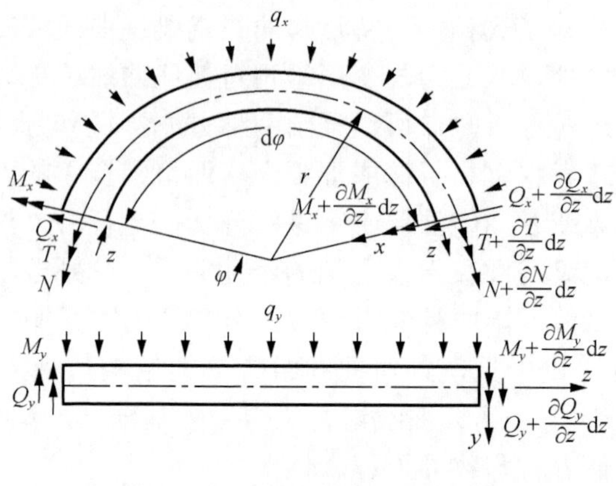

图 2-2 曲线组合梁微段的内力

曲线组合梁中剪力连接件的纵向和径向滑移引起的分布力分别为q_{zk}和q_{xk}，剪力连接件轴向变形引起的竖向分布力为q_{cs}，曲线组合梁微段的内力计算简图见图 2-3。

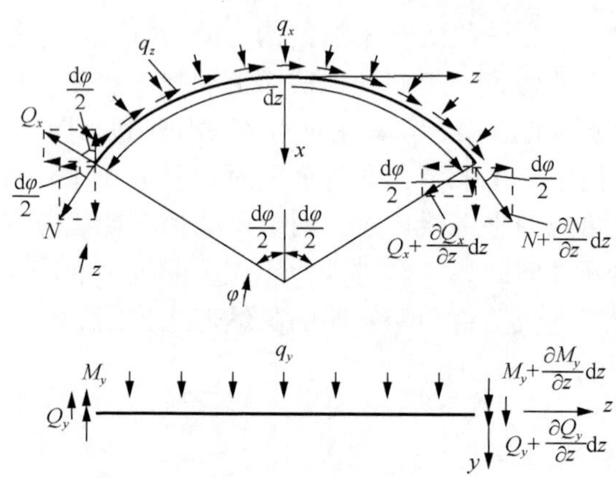

（a）任意梁微段的内力

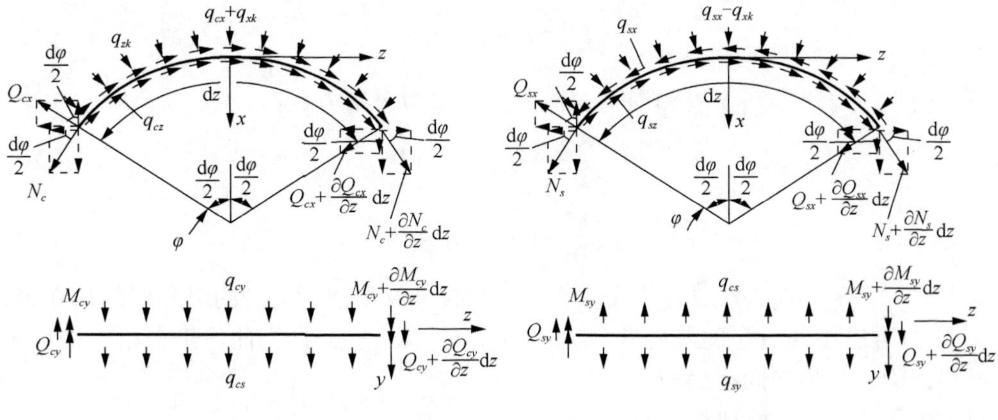

（b）混凝土板内力　　　　（c）钢梁内力

图 2-3　曲线组合梁微段的内力计算简图

1）轴向力平衡方程

由 $\sum F_x = 0$，整理得到

$$-Q_x\cos\frac{\mathrm{d}\varphi}{2} + N\sin\frac{\mathrm{d}\varphi}{2} + (Q_x + \frac{\partial Q_x}{\partial z}\mathrm{d}z)\cos\frac{\mathrm{d}\varphi}{2} + (N + \frac{\partial N}{\partial z}\mathrm{d}z)\sin\frac{\mathrm{d}\varphi}{2} + q_x\mathrm{d}z = 0$$

近似取 $\cos\frac{\mathrm{d}\varphi}{2} \approx 1$，$\sin\frac{\mathrm{d}\varphi}{2} \approx \frac{\mathrm{d}\varphi}{2}$，$\mathrm{d}z = r\mathrm{d}\varphi$，并略去高阶微量，整理得 x 轴方向的内力平衡方程：

$$\frac{\partial Q_x}{\partial z} + \frac{N}{r} + q_x = 0 \tag{2-1a}$$

同理，可得混凝土板和钢梁 x 轴方向的内力平衡方程为

$$\frac{\partial Q_{cx}}{\partial z} + \frac{N_c}{r} + q_{cx} + q_{xk} = 0 \tag{2-1b}$$

$$\frac{\partial Q_{sx}}{\partial z} + \frac{N_s}{r} + q_{sx} - q_{xk} = 0 \tag{2-1c}$$

式中，q_x、q_{cx} 和 q_{sx} 分别为曲线组合梁、混凝土板和钢梁受到的沿径向的均布力；q_{xk} 为滑移引起的径向分布力；Q_x、Q_{cx} 和 Q_{sx} 分别为曲线组合梁、混凝土板和钢梁受到的横向截面剪力；N、N_c 和 N_s 分别为曲线组合梁、混凝土板和钢梁受到的轴向力。

由 $\sum F_y = 0$，整理得到

$$-Q_y + (Q_y + \frac{\partial Q_y}{\partial z}\mathrm{d}z) + q_y\mathrm{d}z = 0$$

y 轴方向的内力平衡方程：

$$\frac{\partial Q_y}{\partial z}+q_y=0 \tag{2-2a}$$

同理，可得混凝土板和钢梁 y 轴方向的内力平衡方程：

$$\frac{\partial Q_{cy}}{\partial z}+q_{cy}+q_{cs}=0 \tag{2-2b}$$

$$\frac{\partial Q_{sy}}{\partial z}+q_{sy}-q_{cs}=0 \tag{2-2c}$$

式中，q_y、q_{cy} 和 q_{sy} 分别为曲线组合梁、混凝土板和钢梁受到的沿竖向的均布力；q_{cs} 为剪力连接件引起的竖向分布力；Q_y、Q_{cy} 和 Q_{sy} 分别为曲线组合梁、混凝土板和钢梁受到的竖向截面剪力。

由 $\sum F_z=0$，整理得到

$$-Q_x\sin\frac{\mathrm{d}\varphi}{2}-N\cos\frac{\mathrm{d}\varphi}{2}-(Q_x+\frac{\partial Q_x}{\partial z}\mathrm{d}z)\sin\frac{\mathrm{d}\varphi}{2}+(N+\frac{\partial N}{\partial z}\mathrm{d}z)\cos\frac{\mathrm{d}\varphi}{2}+q_z\mathrm{d}z=0$$

z 轴方向的内力平衡方程：

$$\frac{\partial N}{\partial z}-\frac{Q_x}{r}+q_z=0 \tag{2-3a}$$

同理，可得混凝土板和钢梁 z 轴方向的内力平衡方程：

$$\frac{\partial N_c}{\partial z}-\frac{Q_{cx}}{r}+q_{cz}+q_{zk}=0 \tag{2-3b}$$

$$\frac{\partial N_s}{\partial z}-\frac{Q_{sx}}{r}+q_{sz}-q_{zk}=0 \tag{2-3c}$$

式中，q_{cz} 和 q_{sz} 分别为混凝土板和钢梁沿轴向的均布力；q_{zk} 为轴向滑移引起的纵向分布力。

2）力矩平衡方程

曲线组合梁的力矩平衡方程计算简图见图 2-4。

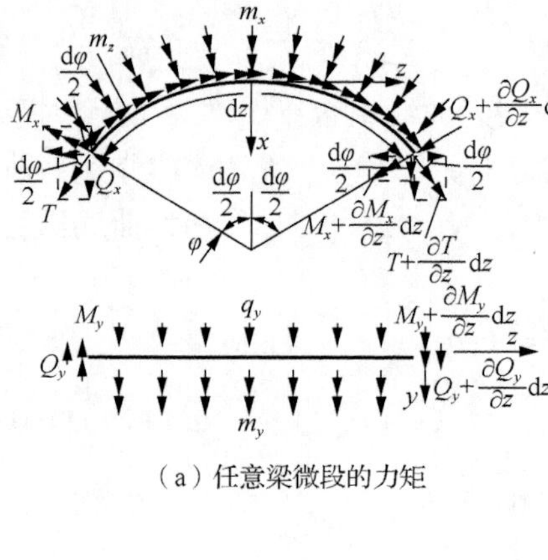

（a）任意梁微段的力矩

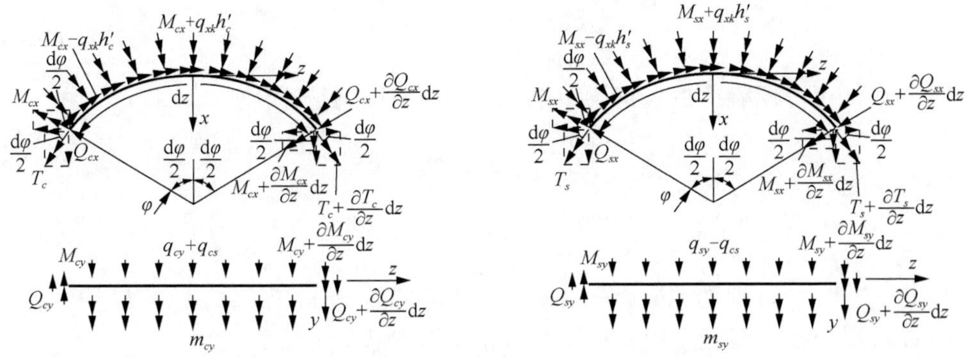

（b）混凝土板的力矩　　　　（c）钢梁的力矩

图 2-4　曲线组合梁微段的力矩平衡方程计算简图

由 $\sum M_x = 0$，整理得到平衡方程：

$$-M_x\cos\frac{d\varphi}{2}+T\sin\frac{d\varphi}{2}+(M_x+\frac{\partial M_x}{\partial z}dz)\cos\frac{d\varphi}{2}+(T+\frac{\partial T}{\partial z}dz)\sin\frac{d\varphi}{2}-Q_y dz+m_x dz=0$$

近似取 $\cos\frac{d\varphi}{2}\approx 1$，$\sin\frac{d\varphi}{2}\approx\frac{d\varphi}{2}$，$dz=r d\varphi$，并略去高阶微量，整理得 x 轴方向的力矩平衡方程：

$$\frac{\partial M_x}{\partial z}+\frac{T}{r}-Q_y+m_x=0 \tag{2-4a}$$

同理，可得混凝土板和钢梁 x 轴方向的力矩平衡方程：

$$\frac{\partial M_{cx}}{\partial z}+\frac{T_c}{r}-Q_{cy}+m_{cx}+q_{zk}h_c'=0 \tag{2-4b}$$

$$\frac{\partial M_{sx}}{\partial z}+\frac{T_s}{r}-Q_{sy}+m_{sx}+q_{zk}h_s'=0 \tag{2-4c}$$

式中，m_x、m_{cx} 和 m_{sx} 分别为曲线组合梁、混凝土板和钢梁受到的径向分布力矩；h_c' 和 h_s' 分别为混凝土板和钢梁高度的一半；M_x、M_{cx} 和 M_{sx} 分别为曲线组合梁、混凝土板和钢梁受到的横向截面弯矩；T、T_c 和 T_s 分别为曲线组合梁、混凝土板和钢梁受到的截面扭矩。

由 $\sum M_y = 0$，整理得到

$$-M_y+(M_y+\frac{\partial M_y}{\partial z}dz)+m_y dz+Q_x\cos\frac{d\varphi}{2}r\sin\frac{d\varphi}{2}+Q_x\sin\frac{d\varphi}{2}(r-r\cos\frac{d\varphi}{2})$$
$$+(Q_x+\frac{\partial Q_x}{\partial z}dz)\cos\frac{d\varphi}{2}r\sin\frac{d\varphi}{2}+(Q_x+\frac{\partial Q_x}{\partial z}dz)\sin\frac{d\varphi}{2}(r-r\cos\frac{d\varphi}{2})=0$$

y 轴方向的力矩平衡方程：

$$\frac{\partial M_y}{\partial z}+Q_x+m_y=0 \tag{2-5a}$$

同理，可得混凝土板和钢梁 y 轴方向的力矩平衡方程：

$$\frac{\partial M_{cy}}{\partial z}+Q_{cx}+m_{cy}=0 \tag{2-5b}$$

$$\frac{\partial M_{sy}}{\partial z}+Q_{sx}+m_{sy}=0 \tag{2-5c}$$

式中，m_{cy} 和 m_{sy} 分别为混凝土板和钢梁受到的竖向分布弯矩；M_y、M_{cy} 和 M_{sy} 分别为曲线组合梁、混凝土板和钢梁受到的纵向截面弯矩。

由 $\sum M_z=0$，整理得到

$$-M_x\sin\frac{\mathrm{d}\varphi}{2}-T\cos\frac{\mathrm{d}\varphi}{2}+2m_z r\sin\frac{\mathrm{d}\varphi}{2}-(M_x+\frac{\partial M_x}{\partial z}\mathrm{d}z)\sin\frac{\mathrm{d}\varphi}{2}+(T+\frac{\partial T}{\partial z}\mathrm{d}z)\cos\frac{\mathrm{d}\varphi}{2}-$$

$$Q_y(r-r\cos\frac{\mathrm{d}\varphi}{2})+(Q_y+\frac{\partial Q_y}{\partial z}\mathrm{d}z)(r-r\cos\frac{\mathrm{d}\varphi}{2})+q_y r\mathrm{d}\varphi(r-\frac{2r\sin\frac{\mathrm{d}\varphi}{2}}{\mathrm{d}\varphi})=0$$

近似取 $\cos\frac{\mathrm{d}\varphi}{2}\approx 1$，$\sin\frac{\mathrm{d}\varphi}{2}\approx\frac{\mathrm{d}\varphi}{2}$，$\mathrm{d}z=r\mathrm{d}\varphi$，并略去高阶微量，整理得到 z 轴方向的力矩平衡方程：

$$\frac{\partial T}{\partial z}-\frac{M_x}{r}+m_z=0 \tag{2-6a}$$

同理，可得混凝土板和钢梁 z 轴方向的力矩平衡方程：

$$\frac{\partial T_c}{\partial z}-\frac{M_{cx}}{r}+m_{cz}-q_{xk}h_c'=0 \tag{2-6b}$$

$$\frac{\partial T_s}{\partial z}-\frac{M_{sx}}{r}+m_{sz}-q_{xk}h_s'=0 \tag{2-6c}$$

式中，m_{cz} 和 m_{sz} 分别为混凝土板和钢梁受到轴向分布力矩。

对式（2-1）求一次导数，对式（2-5）求二次导数，分别相减，整理得到

$$\frac{\partial^3 M_y}{\partial z^3}+\frac{\partial^2 m_y}{\partial z^2}-\frac{1}{r}\frac{\partial N}{\partial z}-\frac{\partial q_x}{\partial z}=0 \tag{2-7a}$$

$$\frac{\partial^3 M_{cy}}{\partial z^3}+\frac{\partial^2 m_{cy}}{\partial z^2}-\frac{1}{r}\frac{\partial N_c}{\partial z}-\frac{\partial q_{cx}}{\partial z}-\frac{\partial q_{xk}}{\partial z}=0 \tag{2-7b}$$

$$\frac{\partial^3 M_{sy}}{\partial z^3}+\frac{\partial^2 m_{sy}}{\partial z^2}-\frac{1}{r}\frac{\partial N_s}{\partial z}-\frac{\partial q_{sx}}{\partial z}+\frac{\partial q_{xk}}{\partial z}=0 \tag{2-7c}$$

由式（2-3a）和式（2-5a）消除 Q_x 得

$$\frac{\partial N}{\partial z}=-\frac{1}{r}(\frac{\partial M_y}{\partial z}+m_y)-q_z \tag{2-8a}$$

同理，可得

$$\frac{\partial N_c}{\partial z}=-\frac{1}{r}\left(\frac{\partial M_{cy}}{\partial z}+m_{cy}\right)-q_{cz}-q_{zk} \tag{2-8b}$$

$$\frac{\partial N_s}{\partial z}=-\frac{1}{r}\left(\frac{\partial M_{sy}}{\partial z}+m_{sy}\right)-q_{sz}+q_{zk} \tag{2-8c}$$

将式（2-8a）代入式（2-7a）中，可得消除了 Q_x 和 N 的方程：

$$\frac{\partial^3 M_y}{\partial z^3}+\frac{1}{r^2}\frac{\partial M_y}{\partial z}=\frac{\partial q_x}{\partial z}-\frac{q_z}{r}-\frac{\partial^2 m_y}{\partial z^2}-\frac{m_y}{r^2} \tag{2-9a}$$

同理得到

$$\frac{\partial^3 M_{cy}}{\partial z^3}+\frac{1}{r^2}\frac{\partial M_{cy}}{\partial z}=\frac{\partial q_{cx}}{\partial z}+\frac{\partial q_{xk}}{\partial z}-\frac{q_{cz}}{r}-\frac{q_{zk}}{r}-\frac{\partial^2 m_{cy}}{\partial z^2}-\frac{m_{cy}}{r^2} \tag{2-9b}$$

$$\frac{\partial^3 M_{sy}}{\partial z^3}+\frac{1}{r^2}\frac{\partial M_{sy}}{\partial z}=\frac{\partial q_{sx}}{\partial z}-\frac{\partial q_{xk}}{\partial z}-\frac{q_{sz}}{r}+\frac{q_{zk}}{r}-\frac{\partial^2 m_{sy}}{\partial z^2}-\frac{m_{sy}}{r^2} \tag{2-9c}$$

将式（2-4a）求导后与式（2-2a）合并，整理得到

$$\frac{\partial^2 M_x}{\partial z^2}+\frac{1}{r}\frac{\partial T}{\partial z}+\frac{\partial m_x}{\partial z}+q_y=0 \tag{2-10a}$$

同理得到

$$\frac{\partial^2 M_{cx}}{\partial z^2}+\frac{1}{r}\frac{\partial T_c}{\partial z}+\frac{\partial m_{cx}}{\partial z}+h_c'\frac{\partial q_{zk}}{\partial z}+q_{cy}+q_{cs}=0 \tag{2-10b}$$

$$\frac{\partial^2 M_{sx}}{\partial z^2}+\frac{1}{r}\frac{\partial T_s}{\partial z}+\frac{\partial m_{sx}}{\partial z}+h_s'\frac{\partial q_{zk}}{\partial z}+q_{sy}-q_{cs}=0 \tag{2-10c}$$

2.1.2　组合梁内力

联合含有 M_x、M_y 和 T 三个未知量的方程，求解得到组合梁相应的内力计算公式。

1）M_x 的求解

联合式（2-6a）和式（2-10a），整理得到

$$\frac{\partial^2 M_x}{\partial z^2}+\frac{M_x}{r^2}-\frac{m_z}{r}+\frac{\partial m_x}{\partial z}+q_y=0$$

求解得

$$M_x=C_1\cos\frac{z}{r}+C_2\sin\frac{z}{r}+rm_z-r^2\frac{\partial m_x}{\partial z}-r^2 q_y \tag{2-11}$$

2）T 的求解

联合式（2-6a）和式（2-11），整理得到

$$\frac{\partial T}{\partial z}=\frac{M_x}{r}-m_z=\frac{C_1}{r}\cos\frac{z}{r}+\frac{C_2}{r}\sin\frac{z}{r}-r\frac{\partial m_x}{\partial z}-rq_y$$

求解得

$$T = C_1 \sin\frac{z}{r} - C_2 \cos\frac{z}{r} - r\int q_y \mathrm{d}z - rm_x + C_3 \tag{2-12}$$

式中，系数 C_3 由具体的荷载情况和边界条件确定。

3）Q_y 的求解

将式（2-11）和式（2-12）代入式（2-4a）中，整理得到

$$Q_y = \frac{\partial M_x}{\partial z} + \frac{T}{r} + m_x = r\frac{\partial m_z}{\partial z} - r^2\frac{\partial^2 m_x}{\partial z^2} - r^2\frac{\partial q_y}{\partial z} - q_y z + \frac{C_3}{r} \tag{2-13}$$

4）M_y 的求解

由式（2-9a）求解常微分方程得到

$$\frac{\partial M_y}{\partial z} = D_1 \cos\frac{z}{r} + D_2 \sin\frac{z}{r} + r^2\frac{\partial q_x}{\partial z} - rq_z - r^2\frac{\partial^2 m_y}{\partial z^2} - m_y$$

则有

$$M_y = rD_1 \sin\frac{z}{r} - rD_2 \cos\frac{z}{r} + r^2 q_x - r^2\frac{\partial m_y}{\partial z} - r\int q_z \mathrm{d}z - \int m_y \mathrm{d}z + D_3 \tag{2-14}$$

5）Q_x 的求解

将式（2-14）代入式（2-5a）中，整理得到

$$Q_x = -\frac{\partial M_y}{\partial z} - m_y = -D_1 \cos\frac{z}{r} - D_2 \sin\frac{z}{r} - r^2\frac{\partial q_x}{\partial z} + rq_z + r^2\frac{\partial^2 m_y}{\partial z^2} \tag{2-15}$$

6）N 的求解

将式（2-15）代入式（2-3a）中，整理得到

$$\frac{\partial N}{\partial z} = \frac{Q_x}{r} - q_z = -\frac{D_1}{r}\cos\frac{z}{r} - \frac{D_2}{r}\sin\frac{z}{r} - r\frac{\partial q_x}{\partial z} + r\frac{\partial^2 m_y}{\partial z^2}$$

求解得

$$N = -D_1 \sin\frac{z}{r} + D_2 \cos\frac{z}{r} - rq_x + r\frac{\partial m_y}{\partial z} + D_4 \tag{2-16a}$$

将式（2-15）求导并代入式（2-1a）中，整理得到

$$N = -r\left(\frac{\partial Q_x}{\partial z} + q_x\right) = -D_1 \sin\frac{z}{r} + D_2 \cos\frac{z}{r} + r^3\frac{\partial^2 q_x}{\partial z^2} - r^2\frac{\partial q_z}{\partial z} - r^3\frac{\partial^3 m_y}{\partial z^3} - rq_x \tag{2-16b}$$

由式（2-16a）和式（2-16b）解得

$$D_4 = r^3\frac{\partial^2 q_x}{\partial z^2} - r^2\frac{\partial q_z}{\partial z} - r^3\frac{\partial^3 m_y}{\partial z^3} - r\frac{\partial m_y}{\partial z}$$

以上公式中的系数 D_1、D_2 和 D_3 由具体的荷载情况和边界条件确定。

2.1.3 混凝土板内力

在式（2-6b）、式（2-9b）和式（2-10b）中，只含 M_{cx}、M_{cy} 和 T_c 三个未知量，

因此可以全部求解。

1）M_{cx} 的求解

将式（2-6b）代入式（2-10b）中，整理得到

$$\frac{\partial^2 M_{cx}}{\partial z^2}+\frac{1}{r}\left(\frac{M_{cx}}{r}-m_{cz}+q_{xk}h_c'\right)+\frac{\partial m_{cx}}{\partial z}+h_c'\frac{\partial q_{zk}}{\partial z}+q_{cy}+q_{cs}=0$$

解得

$$M_{cx}=C_{1c}\cos\frac{z}{r}+C_{2c}\sin\frac{z}{r}+rm_{cz}-rq_{xk}h_c'-r^2\frac{\partial m_{cx}}{\partial z}-r^2h_c'\frac{\partial q_{zk}}{\partial z}-r^2\left(q_{cy}+q_{cs}\right) \tag{2-17}$$

2）T_c 的求解

将式（2-17）代入式（2-6b）中，整理得到

$$\frac{\partial T_c}{\partial z}=\frac{M_{cx}}{r}-m_{cz}+q_{xk}h_c'=\frac{C_{1c}}{r}\cos\frac{z}{r}+\frac{C_{2c}}{r}\sin\frac{z}{r}-r\frac{\partial m_{cx}}{\partial z}-rh_c'\frac{\partial q_{zk}}{\partial z}-r\left(q_{cy}+q_{cs}\right)$$

整理得

$$T_c=C_{1c}\sin\frac{z}{r}-C_{2c}\cos\frac{z}{r}-r\left(q_{cy}+q_{cs}\right)z-rh_c'q_{zk}-rm_{cx}+C_{3c} \tag{2-18}$$

式中，系数 C_{1c}、C_{2c}、C_{3c} 由具体的荷载情况和边界条件确定。

3）Q_{cy} 的求解

将式（2-17）和式（2-18）代入式（2-4b）中，整理得到

$$\begin{aligned}Q_{cy}&=\frac{\partial M_{cx}}{\partial z}+\frac{T_c}{r}+m_{cx}+q_{zk}h_c'\\&=rm_{cz}'-rq_{xk}'h_c'-r^2m_{cx}''-h_c'r^2q_{zk}''-r^2\left(q_{cy}'+q'_{cs}\right)-\left(q_{cy}+q_{cs}\right)z+\frac{C_{3c}}{r}\end{aligned} \tag{2-19}$$

4）M_{cy} 的求解

由式（2-9b），求解常微分方程得

$$\begin{aligned}\frac{\partial M_{cy}}{\partial z}=&D_{1c}\cos\frac{z}{r}+D_{2c}\sin\frac{z}{r}+r^2\frac{\partial q_{cx}}{\partial z}+r^2\frac{\partial q_{xk}}{\partial z}-rq_{cz}-rq_{zk}\\&-r^2\frac{\partial^2 m_{cy}}{\partial z^2}-m_{cy}\end{aligned}$$

对上式积分得

$$\begin{aligned}M_{cy}=&rD_{1c}\sin\frac{z}{r}-rD_{2c}\cos\frac{z}{r}+r^2q_{cx}+r^2q_{xk}-r^2\frac{\partial m_{cy}}{\partial z}-r\int q_{cz}\mathrm{d}z-r\int q_{zk}\mathrm{d}z\\&-\int m_{cy}\mathrm{d}z+D_{3c}\end{aligned} \tag{2-20}$$

5）Q_{cx} 的求解

将式（2-20）代入式（2-5b）中，整理得到

$$Q_{cx}=-\frac{\partial M_{cy}}{\partial z}-m_{cy}=-D_{1c}\cos\frac{z}{r}-D_{2c}\sin\frac{z}{r}-r^2\frac{\partial q_{cx}}{\partial z}-r^2\frac{\partial q_{xk}}{\partial z}$$

$$+r^2\frac{\partial^2 m_{cy}}{\partial z^2}+rq_{cz}+rq_{zk} \tag{2-21}$$

6）N_c 的求解

将式（2-21）代入式（2-3b）中，整理得到

$$\frac{\partial N_c}{\partial z}=\frac{Q_{cx}}{r}-q_{cz}-q_{zk}$$

$$=-\frac{D_{1c}}{r}\cos\frac{z}{r}-\frac{D_{2c}}{r}\sin\frac{z}{r}-r\frac{\partial q_{cx}}{\partial z}-r\frac{\partial q_{xk}}{\partial z}+r\frac{\partial^2 m_{cy}}{\partial z^2}$$

解得

$$N_c=-D_{1c}\sin\frac{z}{r}+D_{2c}\cos\frac{z}{r}-rq_{cx}-rq_{xk}+r\frac{\partial m_{cy}}{\partial z}+D_{4c} \tag{2-22a}$$

将式（2-21）求导代入式（2-1b）中，整理得到

$$N_c=-r\left(\frac{\partial Q_{cx}}{\partial z}+q_{cx}+q_{xk}\right)$$

$$=-D_{1c}\sin\frac{z}{r}+D_{2c}\cos\frac{z}{r}+r^3\frac{\partial^2 q_{cx}}{\partial z^2}+r^3\frac{\partial^2 q_{xk}}{\partial z^2}-r^2\frac{\partial q_{cz}}{\partial z}$$

$$-r^2\frac{\partial q_{zk}}{\partial z}-r^3\frac{\partial^3 m_{cy}}{\partial z^3}-rq_{cx}-rq_{xk} \tag{2-22b}$$

联合式（2-22a）和式（2-22b），整理得到

$$D_{4c}=r^3\frac{\partial^2 q_{cx}}{\partial z^2}+r^3\frac{\partial^2 q_{xk}}{\partial z^2}-r^2\frac{\partial q_{cz}}{\partial z}-r^2\frac{\partial q_{zk}}{\partial z}-r^3\frac{\partial^3 m_{cy}}{\partial z^3}-r\frac{\partial m_{cy}}{\partial z}$$

以上公式中，系数 D_{1c}、D_{2c} 和 D_{3c} 由具体的荷载情况和边界条件确定。

2.1.4　钢梁内力

在式（2-6c）、式（2-9c）和式（2-10c）中，只含有 M_{sx}、M_{sy} 和 T_s 三个未知量，因此可以全部求解。

1）M_{sx} 的求解

将式（2-6c）代入式（2-10c）中，整理得到

$$\frac{\partial^2 M_{sx}}{\partial z^2}+\frac{1}{r}\left(\frac{M_{sx}}{r}-m_{sz}+q_{xk}h_s'\right)+\frac{\partial m_{sx}}{\partial z}+h_s'\frac{\partial q_{zk}}{\partial z}+q_{sy}=0$$

解得

$$M_{sx}=C_{1s}\cos\frac{z}{r}+C_{2s}\sin\frac{z}{r}+rm_{sz}-rq_{xk}h_s'-r^2\frac{\partial m_{sx}}{\partial z}-r^2h_s'\frac{\partial q_{zk}}{\partial z}-r^2q_{sy} \tag{2-23}$$

2）T_s 的求解

将式（2-23）代入式（2-6c）中，整理得到

$$\frac{\partial T_s}{\partial z}=\frac{M_{sx}}{r}-m_{sz}+q_{xk}h_s'=\frac{C_{1s}}{r}\cos\frac{z}{r}+\frac{C_{2s}}{r}\sin\frac{z}{r}-r\frac{\partial m_{sx}}{\partial z}-rh_s'\frac{\partial q_{zk}}{\partial z}-rq_{sy}$$

解得

$$T_s=C_{1s}\sin\frac{z}{r}-C_{2s}\cos\frac{z}{r}-rq_{sy}z-rh_s'q_{zk}-rm_{sx}+C_{3s} \tag{2-24}$$

式中，系数 C_{1s}、C_{2s}、C_{3s} 由具体的荷载情况和边界条件确定。

3）Q_{sy} 的求解

将式（2-23）和式（2-24）代入式（2-4c）中，整理得到

$$\begin{aligned}Q_{sy}&=\frac{\partial M_{sx}}{\partial z}+\frac{T_s}{r}+m_{sx}+q_{zk}h_s'\\&=rm_{sz}'-rq_{xk}'h_s'-r^2m_{sx}''-h_s'r^2q_{zk}''-r^2q_{sy}'-q_{sy}z+\frac{C_{3s}}{r}\end{aligned} \tag{2-25}$$

4）M_{sy} 的求解

由式（2-9c）解得

$$\begin{aligned}\frac{\partial M_{sy}}{\partial z}=&D_{1s}\cos\frac{z}{r}+D_{2s}\sin\frac{z}{r}+r^2\frac{\partial q_{sx}}{\partial z}-r^2\frac{\partial q_{xk}}{\partial z}-rq_{sz}+rq_{zk}\\&-r^2\frac{\partial^2 m_{sy}}{\partial z^2}-m_{sy}\end{aligned}$$

对上式积分得

$$\begin{aligned}M_{sy}=&rD_{1s}\sin\frac{z}{r}-rD_{2s}\cos\frac{z}{r}+r^2q_{sx}-r^2q_{xk}-r^2\frac{\partial m_{sy}}{\partial z}-r\int q_{sz}\mathrm{d}z+r\int q_{zk}\mathrm{d}z\\&-\int m_{sy}\mathrm{d}z+D_{3s}\end{aligned} \tag{2-26}$$

5）Q_{sx} 的求解

将式（2-26）代入式（2-5c）中，整理得到

$$\begin{aligned}Q_{sx}=&-\frac{\partial M_{sy}}{\partial z}-m_{sy}=-D_{1s}\cos\frac{z}{r}-D_{2s}\sin\frac{z}{r}-r^2\frac{\partial q_{sx}}{\partial z}\\&+r^2\frac{\partial q_{xk}}{\partial z}+rq_{sz}-rq_{zk}+r^2\frac{\partial^2 m_{sy}}{\partial z^2}\end{aligned} \tag{2-27}$$

6）N_s 的求解

将式（2-27）代入式（2-3c）中，整理得到

$$\begin{aligned}\frac{\partial N_s}{\partial z}&=\frac{Q_{sx}}{r}-q_{sz}+q_{zk}\\&=-\frac{D_{1s}}{r}\cos\frac{z}{r}-\frac{D_{2s}}{r}\sin\frac{z}{r}-r\frac{\partial q_{sx}}{\partial z}+r\frac{\partial q_{xk}}{\partial z}+r\frac{\partial^2 m_{sy}}{\partial z^2}\end{aligned}$$

对上式积分得

$$N_s = -D_{1s}\sin\frac{z}{r} + D_{2s}\cos\frac{z}{r} - rq_{sx} + rq_{xk} + r\frac{\partial m_{sy}}{\partial z} + D_{4s} \tag{2-28a}$$

对式（2-27）求导并代入式（2-1c）中，整理得到

$$\begin{aligned} N_s &= r\left(-\frac{\partial Q_{sx}}{\partial z} - q_{sx} + q_{xk}\right) \\ &= -D_{1s}\sin\frac{z}{r} + D_{2s}\cos\frac{z}{r} + r^3\frac{\partial^2 q_{sx}}{\partial z^2} - r^3\frac{\partial^2 q_{xk}}{\partial z^2} - r^2\frac{\partial q_{sz}}{\partial z} + r^2\frac{\partial q_{zk}}{\partial z} \\ &\quad - r^3\frac{\partial^3 m_{sy}}{\partial z^3} - rq_{sx} + rq_{xk} \end{aligned} \tag{2-28b}$$

将式（2-28a）和式（2-28b）联合，整理得到

$$D_{4s} = r^3\frac{\partial^2 q_{sx}}{\partial z^2} - r^3\frac{\partial^2 q_{xk}}{\partial z^2} - r^2\frac{\partial q_{sz}}{\partial z} + r^2\frac{\partial q_{zk}}{\partial z} - r^3\frac{\partial^3 m_{sy}}{\partial z^3} - r\frac{\partial m_{sy}}{\partial z}$$

上述公式中，系数 D_{1s}、D_{2s} 和 D_{3s} 由具体的荷载情况和边界条件确定。

2.2 几何方程

为了方便研究问题，对曲线组合梁的变形和转角的名称及方向进行如下规定：轴向（z 轴）位移为 $u(z)$，径向（x 轴）位移为 $v(z)$，竖向（y 轴）位移为 $w(z)$，截面扭转角为 $\phi(z)$，位移和转角方向见图 2-5。在 Oxz 平面内，微段的总变形由三部分组成：轴向（z 轴）变形 $MN \to M'N'$、径向（x 轴）变形 $M'N' \to M''N''$，以及绕竖向（y 轴）的转动变形 $M''N'' \to M''N'''$。略去轴向变形，初始曲率半径为 r，则在纯径向位移状态下，微段由 $\mathrm{d}z = r\mathrm{d}\varphi$ 缩短至 $\mathrm{d}z - \Delta\mathrm{d}z$，见图 2-6。

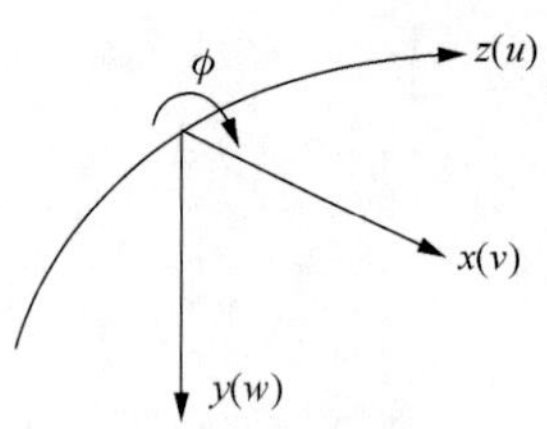

图 2-5　位移和转角方向

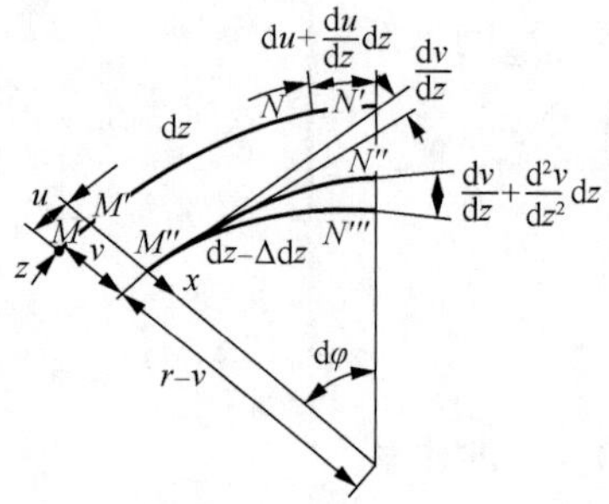

图 2-6　微段在 Oxz 平面内的变形

根据几何关系，得到

$$\Delta\mathrm{d}z = r\mathrm{d}\varphi - (r - v)\mathrm{d}\varphi = v\mathrm{d}\varphi = \frac{v}{r}\mathrm{d}z$$

微段轴向应变为

$$\varepsilon_z = \frac{(u + \frac{\partial u}{\partial z}\mathrm{d}z) - u - \frac{v}{r}\mathrm{d}z}{\mathrm{d}z} = \frac{\mathrm{d}u}{\mathrm{d}z} - \frac{v}{r}$$

微段产生变形后，绕 y 轴的曲率可由单位弧长的角增量来计算，计算简图见图 2-7。

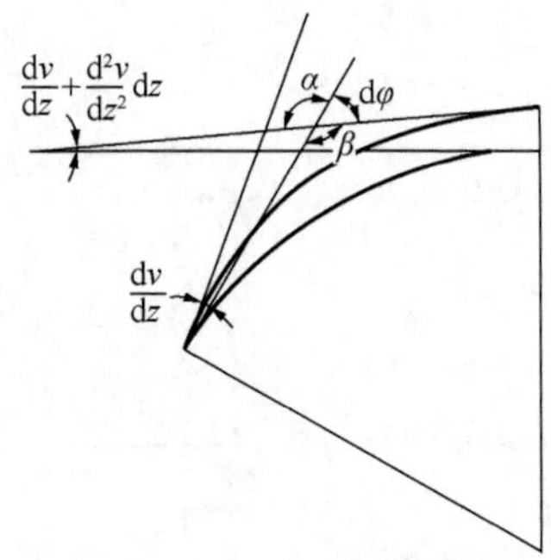

图 2-7　角增量计算简图

可得

$$\alpha = \left(\frac{\mathrm{d}v}{\mathrm{d}z} + \frac{\mathrm{d}^2 v}{\mathrm{d}z^2}\mathrm{d}z\right) + \mathrm{d}\varphi - \frac{\mathrm{d}v}{\mathrm{d}z}, \qquad \beta = 180° - \mathrm{d}\varphi$$

总曲率为

$$\frac{1}{r'} = \frac{\mathrm{d}\varphi + \left(\frac{\mathrm{d}v}{\mathrm{d}z} + \frac{\mathrm{d}^2 v}{\mathrm{d}z^2}\mathrm{d}z\right) - \frac{\mathrm{d}v}{\mathrm{d}z}}{\mathrm{d}z - \Delta \mathrm{d}z} = \frac{\frac{1}{r}\mathrm{d}z + \frac{\mathrm{d}^2 v}{\mathrm{d}z^2}\mathrm{d}z}{\mathrm{d}z - \frac{v}{r}\mathrm{d}z} = \frac{\frac{1}{r} + \frac{\mathrm{d}^2 v}{\mathrm{d}z^2}}{1 - \frac{v}{r}}$$

略去高阶微量，取 $1-\left(\frac{v}{r}\right)^2 \approx 1$，整理得到

$$\frac{1}{r'} = \frac{\left(\frac{1}{r} + \frac{\mathrm{d}^2 v}{\mathrm{d}z^2}\right)\left(1 + \frac{v}{r}\right)}{1 - \left(\frac{v}{r}\right)^2} \approx \frac{1}{r} + \frac{\mathrm{d}^2 v}{\mathrm{d}z^2} + \frac{v}{r^2}$$

微段变形后的曲率变化量为

$$k_y = \frac{1}{r'} - \frac{1}{r} = \frac{\mathrm{d}^2 v}{\mathrm{d}z^2} + \frac{v}{r^2}$$

在计算 x 轴和 z 轴的曲率时，应考虑弯曲变形和扭转变形两者之间的耦合作用。微段的起始端截面绕 x 轴产生弯曲转角 θ 时，微段终端截面将产生转角 $\theta_{z\theta}$ 和扭转角 $\phi_{z\theta}$，见图 2-8（a）。

根据角度之间的关系得到

$$\theta_{z\theta}=\theta\cos \mathrm{d}\varphi\approx\theta$$

$$\phi_{z\theta}=\theta\sin \mathrm{d}\varphi\approx\theta \mathrm{d}\varphi$$

微段的起始端截面绕 z 轴有微小扭转角 ϕ 时，终端截面将产生扭转角 $\phi_{z\phi}$ 和转角 $\theta_{z\phi}$，见图 2-8（b）。

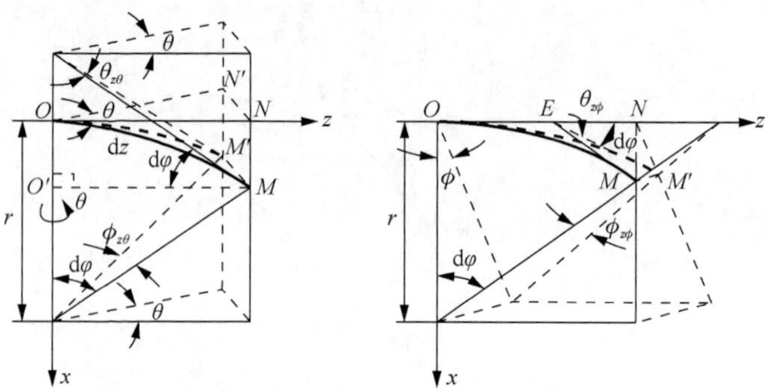

（a）弯曲转角变形　　（b）扭转变形

图 2-8　弯曲转角变形和扭转变形

根据角度之间的关系得到

$$\theta_{z\phi}=-\phi\sin \mathrm{d}\varphi\approx-\phi \mathrm{d}\varphi$$

$$\phi_{z\phi}=\phi\cos \mathrm{d}\varphi\approx\phi$$

在荷载作用下，当微段起始端有转角 $\theta=\dfrac{\mathrm{d}w}{\mathrm{d}z}$ 和扭转角 ϕ，而在终端有转角 $\dfrac{\mathrm{d}w}{\mathrm{d}z}+\dfrac{\mathrm{d}^2w}{\mathrm{d}z^2}\mathrm{d}z$ 和扭转角 $\phi+\mathrm{d}\phi$ 时，同时考虑上述两式，得到微段绕 x 轴的实际曲率：

$$k_x=\frac{\left(\dfrac{\mathrm{d}w}{\mathrm{d}z}+\dfrac{\mathrm{d}^2w}{\mathrm{d}z^2}\mathrm{d}z-\phi \mathrm{d}\varphi\right)-\dfrac{\mathrm{d}w}{\mathrm{d}z}}{\mathrm{d}z}=\frac{\mathrm{d}^2w}{\mathrm{d}z^2}-\frac{\phi}{r}$$

绕 z 轴的实际曲率：

$$k_z=\frac{\left(\phi+\mathrm{d}\phi+\dfrac{\mathrm{d}w}{\mathrm{d}z}\mathrm{d}\varphi\right)-\phi}{\mathrm{d}z}=\frac{\mathrm{d}\phi}{\mathrm{d}z}+\frac{1}{r}\frac{\mathrm{d}w}{\mathrm{d}z}$$

根据前面的假设，组合梁中的混凝土板和钢梁在三个方向的曲率相同，即

$$k_{cx}=k_{sx}\,,\qquad k_{cy}=k_{sy}\,,\qquad k_{cz}=k_{sz}\,,\qquad \varepsilon_{cz}=\frac{\mathrm{d}u_c}{\mathrm{d}z}-\frac{v}{r}\,,\qquad \varepsilon_{sz}=\frac{\mathrm{d}u_s}{\mathrm{d}z}-\frac{v}{r}$$

2.3 物 理 方 程

根据几何方程及材料力学中的相关物理关系式，得到曲线组合梁的轴向力、弯矩及扭矩：

$$N = EA\varepsilon_z = EA\left(\frac{\mathrm{d}u}{\mathrm{d}z} - \frac{v}{r}\right) \tag{2-29a}$$

$$M_x = -EI_x k_x = -EI_x\left(\frac{\mathrm{d}^2 w}{\mathrm{d}z^2} - \frac{\phi}{r}\right) \tag{2-29b}$$

$$M_y = EI_y k_y = EI_y\left(\frac{\mathrm{d}^2 v}{\mathrm{d}z^2} + \frac{v}{r^2}\right) \tag{2-29c}$$

忽略翘曲时有

$$T = GI_d k_z = GI_d\left(\frac{\mathrm{d}\phi}{\mathrm{d}z} + \frac{1}{r}\frac{\mathrm{d}w}{\mathrm{d}z}\right) \tag{2-29d}$$

考虑翘曲时有

$$T = -EI_\omega \frac{\mathrm{d}^2 k_z}{\mathrm{d}z^2} + GI_d k_z = -EI_\omega\left(\frac{\mathrm{d}^3\phi}{\mathrm{d}z^3} + \frac{1}{r}\frac{\mathrm{d}^3 w}{\mathrm{d}z^3}\right) + GI_d\left(\frac{\mathrm{d}\phi}{\mathrm{d}z} + \frac{1}{r}\frac{\mathrm{d}w}{\mathrm{d}z}\right) \tag{2-29e}$$

式中，EI_x 和 EI_y 分别为曲线组合梁对 x 轴和 y 轴的抗弯刚度；EA 为曲线组合梁的抗拉刚度；GI_d 为曲线组合梁对 z 轴的抗扭刚度；A 为曲线组合梁的截面面积；E 为曲线组合梁的弹性模量；G 为曲线组合梁的剪切模量；I_x 和 I_y 分别为曲线组合梁折算截面绕 x 轴和 y 轴的抗弯惯性矩；I_d 为曲线组合梁折算截面绕 z 轴的抗扭惯性矩；I_ω 为曲线组合梁折算截面的扇形惯性矩；k_x、k_y 和 k_z 分别为曲线组合梁绕 x 轴、y 轴和 z 轴的扭曲率。

对式（2-29e）求一次导数，并将其与弯矩 M_x 代入式（2-6a）得到如下公式。

不考虑翘曲：

$$GI_d\phi'' + \frac{GI_d + EI_x}{r}w'' - \frac{EI_x}{r^2}\phi + m_z = 0 \tag{2-30a}$$

考虑翘曲：

$$\frac{EI_\omega}{r}w^{(4)} + EI_\omega\phi^{(4)} - \frac{GI_d + EI_x}{r}w'' - GI_d\phi'' + \frac{EI_x}{r^2}\phi = m_z \tag{2-30b}$$

对式（2-29e）求一次导数，对 M_x 求二次导数，分别代入式（2-10a）得到如下公式。

不考虑翘曲：

$$EI_x w^{(4)} - \frac{EI_x + GI_d}{r}\phi'' - \frac{GI_d}{r^2}w'' = \frac{\partial m_x}{\partial z} + q_y \tag{2-31a}$$

考虑翘曲：

$$\left(EI_x+\frac{EI_\omega}{r^2}\right)w^{(4)}+\frac{EI_\omega}{r}\phi^{(4)}-\frac{GI_d}{r^2}w''-\frac{EI_x+GI_d}{r}\phi''=\frac{\partial m_x}{\partial z}+q_y \tag{2-31b}$$

将弯矩 M_y 分别求一次导数和三次导数后代入式（2-9a）中，整理后得到

$$EI_y\left(v^{(5)}+\frac{2}{r^2}v'''+\frac{1}{r^4}v'\right)=\frac{\partial q_x}{\partial z}-\frac{q_z}{r}-\frac{\partial^2 m_y}{\partial z^2}-\frac{m_y}{r^2} \tag{2-32}$$

内力方程（2-29）中有四个未知量 u、v、w 和 ϕ，故可以求解所有内力，或者由式（2-32）可以直接解出 v。不考虑翘曲时，由式（2-30a）和式（2-31a）联立解出 w 和 ϕ；考虑翘曲时，由式（2-30b）和式（2-31b）联立解出 w 和 ϕ。

由式（2-29c）和式（2-5a）联立，整理得到

$$rD_1\sin\frac{z}{r}-rD_2\cos\frac{z}{r}+r^2q_x-r^2\frac{\partial m_y}{\partial z}-r\int q_z\mathrm{d}z-\int m_y\mathrm{d}z+D_3=EI_y\left(\frac{\mathrm{d}^2v}{\mathrm{d}z^2}+\frac{v}{r^2}\right) \tag{2-33}$$

求解式（2-32）得到

$$\begin{aligned}v=&-A_1r\cos\frac{z}{r}+A_2r\sin\frac{z}{r}+A_3r^2\sin\frac{z}{r}-A_3rz\cos\frac{z}{r}+A_4r^2\cos\frac{z}{r}\\&+A_4rz\sin\frac{z}{r}+A_5+\left(-r^3\int q_z\mathrm{d}z+r^4q_x-r^4\frac{\partial m_y}{\partial z}-r^2\int m_y\mathrm{d}z\right)\Big/\left(EI_y\right)\end{aligned} \tag{2-34}$$

对式（2-34）求二次导数，并代入式（2-33）中得到

$$rD_1\sin\frac{z}{r}-rD_2\cos\frac{z}{r}+D_3=2A_3EI_y\sin\frac{z}{r}+2A_4EI_y\cos\frac{z}{r}+\frac{A_5EI_y}{r^2}$$

则有

$$D_1=\frac{2A_3EI_y}{r},\qquad D_2=-\frac{2A_4EI_y}{r},\qquad D_3=\frac{A_5EI_y}{r^2}$$

将式（2-34）和式（2-16b）代入式（2-29a）得到

$$\begin{aligned}\frac{\mathrm{d}u}{\mathrm{d}z}=&\left(-D_1\sin\frac{z}{r}+D_2\cos\frac{z}{r}+r^3\frac{\partial^2q_x}{\partial z^2}-r^2\frac{\partial q_z}{\partial z}-r^3\frac{\partial^3m_y}{\partial z^3}-rq_x\right)\Big/(EA)+\frac{A_5}{r}\\&+\left(A_2+A_3r+A_4z\right)\sin\frac{z}{r}-\left(A_1+A_3z-A_4r\right)\cos\frac{z}{r}\\&+\left(-r^2\int q_z\mathrm{d}z+r^3q_x-r^3\frac{\partial m_y}{\partial z}-r\int m_y\mathrm{d}z\right)\Big/\left(EI_y\right)\end{aligned}$$

对上式积分得

$$\begin{aligned}u=&\left(rD_1\cos\frac{z}{r}+rD_2\sin\frac{z}{r}+r^3\frac{\partial q_x}{\partial z}-r^2q_z-r^3\frac{\partial^2m_y}{\partial z^2}-rq_xz\right)\Big/(EA)+\frac{A_5z}{r}\\&+r\left(A_1-A_3z\right)\sin\frac{z}{r}+r\left(A_2-A_4z\right)\cos\frac{z}{r}+\left[r^3\left(q_xz-m_y\right)-\frac{rz^2}{2}\left(rq_z+m_y\right)\right]\Big/\left(EI_y\right)\end{aligned}$$

式中，系数 A_1～A_5 由边界条件求得。

不考虑翘曲时，由式（2-30a）和式（2-31a）消去 w 得到

$$r\phi^{(4)}+\frac{2}{r}\phi''+\frac{1}{r^3}\phi=\frac{1}{rEI_x}m_z-\frac{r}{GI_d}m_z''-\frac{GI_d+EI_x}{GI_dEI_x}\left(\frac{\partial m_x}{\partial z}+q_y\right) \tag{2-35}$$

考虑翘曲时，由式（2-30b）和式（2-31b）消去 w 得到

$$\begin{aligned}&EI_\omega\phi^{(6)}+\left(\frac{2EI_\omega}{r^2}-GI_d\right)\phi^{(4)}+\frac{1}{r^2}\left(\frac{EI_\omega}{r^2}-2GI_d\right)\phi''-\frac{GI_d}{r^4}\phi\\&=\frac{EI_x+GI_d}{rEI_x}q_y+\frac{EI_x+GI_d}{rEI_x}m_x'-\frac{I_\omega}{rI_x}q_y''-\frac{I_\omega}{rI_x}m_x'''+\frac{I_\omega+r^2I_x}{r^2I_x}m_z''-\frac{GI_d}{r^2EI_x}m_z\end{aligned} \tag{2-36}$$

求解式（2-35）得到不考虑翘曲时的扭转角：

$$\begin{aligned}\phi=&B_1\sin\frac{z}{r}+B_2\cos\frac{z}{r}+B_3z\cos\frac{z}{r}+B_4z\sin\frac{z}{r}-\frac{r^4}{GI_d}m_z''+\frac{r^2m_z}{EI_x}\\&-r^3\left(\frac{GI_d+EI_x}{GI_dEI_x}\right)\left(\frac{\partial m_x}{\partial z}+q_y\right)\end{aligned} \tag{2-37}$$

求解式（2-36）可得考虑翘曲时的扭转角，将求得的 ϕ 代入式（2-30a）和式（2-30b）中可得到相应的变形 w。

第 3 章　曲线钢与混凝土简支组合梁界面相对滑移与截面轴向力

曲线组合梁依靠剪力连接件将曲线钢梁与混凝土板连接起来而共同受力、变形协调。在分析组合梁受力和变形时，多数情况下是假定钢梁与混凝土板完全连接，忽略钢梁与混凝土板之间存在的界面相对滑移和竖向掀起。事实上，工程中使用的剪力连接件大多数属于柔性连接件，因此剪力连接件在传递钢梁与混凝土板界面作用力时，会产生界面相对滑移，同时剪力连接件对钢梁和混凝土板产生轴向力。钢梁与混凝土板的界面相对滑移会使组合梁发生内力重分布，降低组合梁的承载力和刚度，增大组合梁的变形，因此忽略钢梁与混凝土板界面的相对滑移和截面轴向力就不能真实反映组合梁的实际工作状态。目前，国内外关于曲线组合梁的界面相对滑移和截面轴向力的研究很少，在文献[70]～[73]研究曲线组合梁界面相对滑移和截面轴向力的基础上，本章分别基于弹性理论和能量变分理论，给出简支曲线组合梁中钢梁与混凝土板界面的相对滑移和组合截面轴向力，以及温度和混凝土收缩徐变影响下的界面相对滑移和轴向力的基本方程和相应的计算公式。

3.1　基于弹性理论的组合梁界面相对滑移

本节给出曲线组合梁中钢梁与混凝土板界面相对滑移的基本方程，以及简支静定曲线组合梁和简支超静定曲线组合梁的界面相对滑移计算公式。

3.1.1　界面相对滑移基本方程

根据曲线组合梁的结构和受力特点，进行如下基本假定：①钢梁与混凝土板截面的应变沿各自的高度呈直线分布。②剪力连接件沿组合梁轴向（z 轴）和径向（x 轴）连续均匀分布，每个连接件的剪力与滑移关系为$Q_{z1}=ks_z$，$Q_{x1}=ks_x$（Q_{z1}和Q_{x1}为滑移引起的截面总剪力）。滑移引起的纵向和径向分布力与滑移关系为$q_{zk}=k_u s_z$，$q_{xk}=k_u s_x$（k_u为单位梁长的滑移刚度，$k_u=k/u$，其中 k 为连接件抗滑移刚度，u为连接件间距）。③钢梁与混凝土板的弯曲曲率相同，即忽略钢梁与混凝土翼缘板之间的竖向掀起。④忽略扭转翘曲与弯曲之间的耦合作用。

曲线组合梁弯矩与曲率、扭转角及变形之间的关系：

$$k_x = -\frac{M_{cx}}{E_c I_{cx}} + \frac{\phi}{r} = -\frac{M_{sx}}{E_s I_{sx}} + \frac{\phi}{r} = -\frac{M_x}{EI_x} + \frac{\phi}{r}$$

式中，M_x、M_{cx} 和 M_{sx} 分别为曲线组合梁、混凝土板和钢梁受到的截面弯矩；EI_x 为曲线组合梁对 x 轴的抗弯刚度，$EI_x = E_c I_{cx} + E_s I_{sx}$；$I_{cx}$ 和 I_{sx} 分别为曲线组合梁中混凝土板和钢梁绕 x 轴的抗弯惯性矩；E_c 和 E_s 分别为曲线组合梁中混凝土板和钢梁的弹性模量；k_x 为曲线组合梁微段绕 x 轴的实际曲率；ϕ 为曲线组合梁的扭转角；r 为曲线组合梁的半径。

混凝土板底面和钢梁上翼缘顶面的应变（以拉为正、压为负）分别为

$$\varepsilon_c = \frac{h_c k_x}{2} + \frac{N_c}{E_c A_c}$$

$$\varepsilon_s = \frac{N_s}{E_s A_s} - \frac{h_s k_x}{2}$$

忽略扭转翘曲和弯曲之间耦合作用的影响，曲线组合梁的扭转角方程为

$$\frac{\mathrm{d}\phi}{\mathrm{d}z} = \frac{T}{GI_d}$$

式中，ϕ 为曲线组合梁的扭转角；T 为曲线组合梁的扭矩；GI_d 为曲线组合梁的抗扭刚度，$GI_d = G_c I_{cd} + G_s I_{sd}$，$G_c$ 和 G_s 分别为组合梁中混凝土板和钢梁的剪切模量，I_{cd} 和 I_{sd} 分别为组合梁中混凝土板和钢梁的抗扭惯性矩。

根据内力平衡，即 $N_s = -N_c = N$。将式（2-4b）和式（2-4c）代入应变计算公式中，整理得到组合界面的相对滑移应变：

$$\frac{\mathrm{d}s_z}{\mathrm{d}z} = \varepsilon_s - \varepsilon_c = \left(\frac{1}{E_s A_s} + \frac{1}{E_c A_c}\right) N - hk_x$$

由基本假定可得

$$\frac{\mathrm{d}N}{\mathrm{d}z} = q_{zk}$$

$$q_{zk} = k_u s_z$$

整理得到曲线组合梁中钢梁与混凝土板界面的相对滑移微分方程：

$$\frac{\mathrm{d}^2 s_z}{\mathrm{d}z^2} - \alpha^2 s_z = \beta T + \gamma Q_y \tag{3-1}$$

式中，$\alpha^2 = \left(\frac{1}{EA} + \frac{h^2}{EI_x}\right) k_u$，$\frac{1}{EA} = \left(\frac{1}{E_s A_s} + \frac{1}{E_c A_c}\right)$；$\beta = -\frac{h}{r}\left(\frac{1}{EI_x} + \frac{1}{GI_d}\right)$；$\gamma = \frac{h}{EI_x}$。

3.1.2　简支静定曲线组合梁

1）竖向均布荷载作用

将竖向均布荷载作用下简支曲线组合梁的扭矩和剪力计算公式代入式（3-1）

中，则有

$$\frac{\mathrm{d}^2 s_z}{\mathrm{d}z^2}=\left(\frac{1}{EA}+\frac{h^2}{EI_x}\right)k_u s_z+\beta r^2 q_y \sin\left(\frac{z}{r}\right)-\beta r^2 q_y \tan\left(\frac{L}{2r}\right)\cos\left(\frac{z}{r}\right)$$
$$-(\beta r+\gamma)q_y z+(\beta r+\gamma)r q_y \tan\left(\frac{L}{2r}\right)$$

求解得到

$$s_z=A_2\mathrm{e}^{\alpha z}+A_1\mathrm{e}^{-\alpha z}-\frac{r^2\left[\beta'\sin\left(\frac{z}{r}\right)-\beta'\tan\left(\frac{L}{2r}\right)\cos\left(\frac{z}{r}\right)\right]}{(\alpha r)^2+1}-\frac{\delta}{\alpha^2}z+\frac{r\tan\left(\frac{L}{2r}\right)\delta}{\alpha^2}$$

式中，$\beta'=\beta r^2 q_y$；$\delta=-(\beta r+\gamma)q_y$。

利用边界条件：$z=\frac{L}{2}$时，$s_z=0$；$z=0$时，$\frac{\mathrm{d}s_z}{\mathrm{d}z}=0$。可得曲线组合梁界面相对滑移计算公式为

$$s_z=\left\{\frac{r\beta'\mathrm{e}^{-\frac{\alpha L}{2}}}{\alpha\left[(\alpha r)^2+1\right]\left(\mathrm{e}^{-\frac{\alpha L}{2}}+\mathrm{e}^{\frac{\alpha L}{2}}\right)}+\frac{\alpha\delta\left[L+2r\tan\left(\frac{L}{2r}\right)\right]+2\delta\mathrm{e}^{-\frac{\alpha L}{2}}}{2\alpha^3\left(\mathrm{e}^{-\frac{\alpha L}{2}}+\mathrm{e}^{\frac{\alpha L}{2}}\right)}\right\}\mathrm{e}^{\alpha z}$$
$$+\left\{-\frac{r\beta'\mathrm{e}^{\frac{\alpha L}{2}}}{\alpha\left[(\alpha r)^2+1\right]\left(\mathrm{e}^{-\frac{\alpha L}{2}}+\mathrm{e}^{\frac{\alpha L}{2}}\right)}+\frac{\alpha\delta\left[L+2r\tan\left(\frac{L}{2r}\right)\right]-2\delta\mathrm{e}^{\frac{\alpha L}{2}}}{2\alpha^3\left(\mathrm{e}^{-\frac{\alpha L}{2}}+\mathrm{e}^{\frac{\alpha L}{2}}\right)}\right\}\mathrm{e}^{-\alpha z}$$
$$-\frac{r^2\left[\beta'\sin\left(\frac{z}{r}\right)-\beta'\tan\left(\frac{L}{2r}\right)\cos\left(\frac{z}{r}\right)\right]}{(\alpha r)^2+1}-\frac{\delta}{\alpha^2}z-\frac{r\tan\left(\frac{L}{2r}\right)\delta}{\alpha^2}$$

2）均布扭矩作用

将均布扭矩作用下曲线组合梁的弯矩、扭矩和剪力计算公式代入界面相对滑移微分方程（3-1）中，得到均布扭矩作用下的界面相对滑移微分方程：

$$\frac{\mathrm{d}^2 s_z}{\mathrm{d}z^2}=\left(\frac{1}{EA}+\frac{h^2}{EI_x}\right)k_u s_z-\beta r m_z\sin\left(\frac{z}{r}\right)+\beta r m_z\tan\left(\frac{L}{2r}\right)\cos\left(\frac{z}{r}\right)$$
$$-\beta r m_z\tan\left(\frac{L}{2r}\right)-\gamma m_z\tan\left(\frac{L}{2r}\right)$$

界面相对滑移微分方程通解为

$$s_z = A_2 e^{\alpha z} + A_1 e^{-\alpha z} - \frac{r^2\left[\beta' \sin\left(\frac{z}{r}\right) - \beta' \tan\left(\frac{L}{2r}\right)\cos\left(\frac{z}{r}\right)\right]}{(\alpha r)^2 + 1} - \frac{\delta}{\alpha^2}$$

式中，$\beta' = \beta r m_z$；$\delta = -(\beta r + \gamma) m_z \tan\left(\frac{L}{2r}\right)$。

利用边界条件：$z = \frac{L}{2}$ 时，$s_z = 0$；$z = 0$ 时，$\frac{\mathrm{d}s_z}{\mathrm{d}z} = 0$。整理可得到曲线组合梁界面相对滑移计算公式为

$$\begin{aligned} s_z = &\left\{\frac{r\beta' e^{-\frac{\alpha L}{2}}}{\alpha\left[(\alpha r)^2+1\right]\left(e^{-\frac{\alpha L}{2}} + e^{\frac{\alpha L}{2}}\right)} + \frac{\delta}{\alpha^2\left(e^{-\frac{\alpha L}{2}} + e^{\frac{\alpha L}{2}}\right)}\right\} e^{\alpha z} \\ &+ \left\{-\frac{r\beta' e^{\frac{\alpha L}{2}}}{\alpha\left[(\alpha r)^2+1\right]\left(e^{-\frac{\alpha L}{2}} + e^{\frac{\alpha L}{2}}\right)} + \frac{\delta}{\alpha^2\left(e^{-\frac{\alpha L}{2}} + e^{\frac{\alpha L}{2}}\right)}\right\} e^{-\alpha z} \\ &- \frac{r^2\left[\beta' \sin\left(\frac{z}{r}\right) - \beta' \tan\left(\frac{L}{2r}\right)\cos\left(\frac{z}{r}\right)\right]}{(\alpha r)^2 + 1} - \frac{\delta}{\alpha^2} \end{aligned}$$

3）任意集中荷载作用

以任意集中荷载 P 的作用点 z_P 为界，将曲线组合梁划分为 $0 \leqslant z \leqslant z_P$ 和 $z_P \leqslant z \leqslant L$ 两个区段，相应各变量和参数分别加注下标 l 和 r 以示区别。

将任意集中荷载作用下简支曲线组合梁的扭矩和剪力计算公式代入界面相对滑移微分方程（3-1）中，则有

$$\frac{\mathrm{d}^2 s_{zl}}{\mathrm{d}z^2} - \alpha^2 s_{zl} = \beta' \sin\left(\frac{z}{r}\right) + \gamma' \cos\left(\frac{z}{r}\right) + \delta' \qquad (0 \leqslant z \leqslant z_P)$$

$$\frac{\mathrm{d}^2 s_{zr}}{\mathrm{d}z^2} - \alpha^2 s_{zr} = \beta'' \sin\left(\frac{z}{r}\right) + \gamma'' \cos\left(\frac{z}{r}\right) + \delta'' \qquad (z_P \leqslant z \leqslant L)$$

式中，$\beta' = 0$；$\gamma' = -\beta r P \dfrac{\sin\left(\frac{L - z_P}{r}\right)}{\sin\left(\frac{L}{r}\right)}$；$\delta' = P(\beta r + \gamma)\dfrac{\sin\left(\frac{L - z_P}{r}\right)}{\sin\left(\frac{L}{r}\right)}$；$\beta'' = \beta r P \sin\left(\frac{z_P}{r}\right)$；

$\gamma'' = \beta r P \sin\left(\frac{z_P}{r}\right)\cot\left(\frac{L}{r}\right)$；$\delta'' = P\left[(\beta r + \gamma)\dfrac{\sin\left(\frac{L - z_P}{r}\right)}{\sin\left(\frac{L}{r}\right)} - \beta r - \gamma\right]$。

则有界面相对滑移微分方程通解为

$$s_{zl}=A_{1l}\mathrm{e}^{-\alpha z}+A_{2l}\mathrm{e}^{\alpha z}-\frac{r^2\gamma'\cos\left(\dfrac{z}{r}\right)}{(\alpha r)^2+1}-\frac{\delta'}{\alpha^2}\qquad (0\leqslant z\leqslant z_P)$$

$$s_{zr}=A_{1r}\mathrm{e}^{-\alpha z}+A_{2r}\mathrm{e}^{\alpha z}-\frac{r^2\left[\beta''\sin\left(\dfrac{z}{r}\right)+\gamma''\cos\left(\dfrac{z}{r}\right)\right]}{(\alpha r)^2+1}-\frac{\delta''}{\alpha^2}\qquad (z_P\leqslant z\leqslant L)$$

分别对上式求一次导数，可得界面相对滑移应变计算公式：

$$\frac{\mathrm{d}s_{zl}}{\mathrm{d}z}=A_{1l}\mathrm{e}^{-\alpha z}(-\alpha)+A_{2l}\mathrm{e}^{\alpha z}\alpha-\frac{r}{(\alpha r)^2+1}\left[-\gamma'\sin\left(\frac{z}{r}\right)\right]\qquad (0\leqslant z\leqslant z_P)$$

$$\frac{\mathrm{d}s_{zr}}{\mathrm{d}z}=A_{1r}\mathrm{e}^{-\alpha z}(-\alpha)+A_{2r}\mathrm{e}^{\alpha z}\alpha-\frac{r}{(\alpha r)^2+1}\left[\beta''\cos\left(\frac{z}{r}\right)-\gamma''\sin\left(\frac{z}{r}\right)\right]\qquad (z_P\leqslant z\leqslant L)$$

根据边界条件：$z=z_P$ 时，$s_{zl}=s_{zr}=0$；$z=0$ 时，$\dfrac{\mathrm{d}s_{zl}}{\mathrm{d}z}=0$；$z=L$ 时，$\dfrac{\mathrm{d}s_{zr}}{\mathrm{d}z}=0$。得到集中荷载作用下简支曲线组合梁的界面相对滑移计算公式为

$$\begin{aligned}s_{zl}=&\left\{\frac{r^2\gamma'\cos\left(\dfrac{z_P}{r}\right)}{\left[(\alpha r)^2+1\right]\left(\mathrm{e}^{-\alpha z_P}+\mathrm{e}^{\alpha z_P}\right)}+\frac{\delta'}{\alpha^2\left(\mathrm{e}^{-\alpha z_P}+\mathrm{e}^{\alpha z_P}\right)}\right\}\mathrm{e}^{-\alpha z}\\&+\left\{\frac{r^2\gamma'\cos\left(\dfrac{z_P}{r}\right)}{\left[(\alpha r)^2+1\right]\left(\mathrm{e}^{-\alpha z_P}+\mathrm{e}^{\alpha z_P}\right)}+\frac{\delta'}{\alpha^2\left(\mathrm{e}^{-\alpha z_P}+\mathrm{e}^{\alpha z_P}\right)}\right\}\mathrm{e}^{\alpha z}-\frac{r^2\gamma'\cos\left(\dfrac{z}{r}\right)}{(\alpha r)^2+1}-\frac{\delta'}{\alpha^2}\end{aligned}\qquad (0\leqslant z\leqslant z_P)$$

$$\begin{aligned}s_{zr}=&\left\{\begin{aligned}&\frac{\mathrm{e}^{\alpha L}r^2\left[\beta''\sin\left(\dfrac{z_P}{r}\right)+\gamma''\cos\left(\dfrac{z_P}{r}\right)\right]}{\left[(\alpha r)^2+1\right]\left[\mathrm{e}^{\alpha(z_P-L)}+\mathrm{e}^{\alpha(L-z_P)}\right]}-\frac{\mathrm{e}^{\alpha z_P}r\left[\beta''\cos\left(\dfrac{L}{r}\right)-\gamma''\sin\left(\dfrac{L}{r}\right)\right]}{\alpha\left[(\alpha r)^2+1\right]\left[\mathrm{e}^{\alpha(z_P-L)}+\mathrm{e}^{\alpha(L-z_P)}\right]}\\&+\frac{\mathrm{e}^{\alpha L}\delta''}{\alpha^2\left[\mathrm{e}^{\alpha(z_P-L)}+\mathrm{e}^{\alpha(L-z_P)}\right]}\end{aligned}\right\}\mathrm{e}^{-\alpha z}\\&+\left\{\begin{aligned}&\frac{\mathrm{e}^{-\alpha L}r^2\left[\beta''\sin\left(\dfrac{z_P}{r}\right)+\gamma''\cos\left(\dfrac{z_P}{r}\right)\right]}{\left[(\alpha r)^2+1\right]\left[\mathrm{e}^{\alpha(z_P-L)}+\mathrm{e}^{\alpha(L-z_P)}\right]}+\frac{\mathrm{e}^{-\alpha z_P}r\left[\beta''\cos\left(\dfrac{L}{r}\right)-\gamma''\sin\left(\dfrac{L}{r}\right)\right]}{\alpha\left[(\alpha r)^2+1\right]\left[\mathrm{e}^{\alpha(z_P-L)}+\mathrm{e}^{\alpha(L-z_P)}\right]}\\&+\frac{\mathrm{e}^{-\alpha L}\delta''}{\alpha^2\left[\mathrm{e}^{\alpha(z_P-L)}+\mathrm{e}^{\alpha(L-z_P)}\right]}\end{aligned}\right\}\mathrm{e}^{\alpha z}\end{aligned}$$

$$-\frac{r^2\left[\beta''\sin\left(\frac{z}{r}\right)+\gamma''\cos\left(\frac{z}{r}\right)\right]}{(\alpha r)^2+1}-\frac{\delta''}{\alpha^2} \qquad (z_P\leqslant z\leqslant L)$$

4）集中扭矩作用

以任意集中扭矩 T_0 的作用点 z_T 为界，将曲线组合梁划分为 $0\leqslant z\leqslant z_T$ 和 $z_T\leqslant z\leqslant L$ 两个区段，相应各变量和参数分别加注下标 l 和 r 以示区别。

将任意集中扭矩作用下的扭矩与剪力计算公式代入式（3-1）中，可得任意集中扭矩作用下的组合梁界面相对滑移微分方程：

$$\frac{\mathrm{d}^2 s_{zl}}{\mathrm{d}z^2}-\alpha^2 s_{zl}=\gamma'\cos\left(\frac{z}{r}\right)+\delta' \qquad (0\leqslant z\leqslant z_T)$$

$$\frac{\mathrm{d}^2 s_{zr}}{\mathrm{d}z^2}-\alpha^2 s_{zr}=\beta'\sin\left(\frac{z}{r}\right)+\gamma''\cos\left(\frac{z}{r}\right)+\delta' \qquad (z_T\leqslant z\leqslant L)$$

式中，$\gamma'=-\beta T_0\frac{\sin\left(\frac{L-z_T}{r}\right)}{\sin\left(\frac{L}{r}\right)}$；$\delta'=T_0\frac{\sin\left(\frac{L-z_T}{r}\right)}{\sin\left(\frac{L}{r}\right)}\left(\beta+\frac{\gamma}{r}\right)$；$\beta'=\beta T_0\sin\left(\frac{z_T}{r}\right)$；$\gamma''=\beta T_0\cot\left(\frac{L}{r}\right)\sin\left(\frac{z_T}{r}\right)$。

整理可得界面相对滑移微分方程通解为

$$s_{zl}=A_{2l}\mathrm{e}^{\alpha z}+A_{1l}\mathrm{e}^{-\alpha z}-\frac{r^2\gamma'\cos\left(\frac{z}{r}\right)}{(\alpha r)^2+1}-\frac{\delta'}{\alpha^2} \qquad (0\leqslant z\leqslant z_T)$$

$$s_{zr}=A_{2r}\mathrm{e}^{\alpha z}+A_{1r}\mathrm{e}^{-\alpha z}-\frac{r^2\left[\beta''\sin\left(\frac{z}{r}\right)+\gamma''\cos\left(\frac{z}{r}\right)\right]}{(\alpha r)^2+1}-\frac{\delta'}{\alpha^2} \qquad (z_T\leqslant z\leqslant L)$$

根据边界条件：$z=z_T$ 时，$s_{zl}=s_{zr}=0$；$z=0$ 时，$\frac{\mathrm{d}s_{zl}}{\mathrm{d}z}=0$；$z=L$ 时，$\frac{\mathrm{d}s_{zr}}{\mathrm{d}z}=0$。得到在集中扭矩 T_0 作用下简支曲线组合梁的界面相对滑移计算公式为

$$s_{zl}=\left\{\frac{r^2\gamma'\cos\left(\frac{z_T}{r}\right)\mathrm{e}^{\alpha z_T}}{\left[(\alpha r)^2+1\right]\left(1+\mathrm{e}^{2\alpha z_T}\right)}+\frac{\delta'\mathrm{e}^{\alpha z_T}}{\alpha^2\left(1+\mathrm{e}^{2\alpha z_T}\right)}\right\}\mathrm{e}^{\alpha z}$$

$$+\left\{\frac{r^2\gamma'\cos\left(\frac{z_T}{r}\right)\mathrm{e}^{\alpha z_T}}{\left[(\alpha r)^2+1\right]\left(1+\mathrm{e}^{2\alpha z_T}\right)}-+\frac{\delta'\mathrm{e}^{\alpha z_T}}{\alpha^2\left(1+\mathrm{e}^{2\alpha z_T}\right)}\right\}\mathrm{e}^{-\alpha z}$$

$$-\frac{r^2\gamma'\cos\left(\dfrac{z}{r}\right)}{(\alpha r)^2+1}-\frac{\delta'}{\alpha^2} \qquad (0\leqslant z\leqslant z_T)$$

$$s_{zr}=\left\{\frac{r^2\left[\beta''\sin\left(\dfrac{z_T}{r}\right)+\gamma''\cos\left(\dfrac{z_T}{r}\right)\right]}{\left[(\alpha r)^2+1\right]\left(e^{2\alpha z_T}+e^{2\alpha L}\right)}e^{\alpha z_T}+\frac{r\left[\beta''\cos\left(\dfrac{L}{r}\right)-\gamma''\sin\left(\dfrac{L}{r}\right)\right]}{\alpha\left[(\alpha r)^2+1\right]\left(e^{2\alpha z_T}+e^{2\alpha L}\right)}e^{\alpha L}\right.$$

$$\left.+\frac{\delta' e^{\alpha z_T}}{\alpha^2\left(e^{2\alpha z_T}+e^{2\alpha L}\right)}\right\}e^{\alpha z}+\left\{\frac{r^2\left[\beta''\sin\left(\dfrac{z_T}{r}\right)+\gamma''\cos\left(\dfrac{z_T}{r}\right)\right]}{\left[(\alpha r)^2+1\right]\left[1+e^{2\alpha(L-z_T)}\right]}e^{2\alpha L-\alpha z_T}\right.$$

$$\left.-\frac{r\left[\beta''\cos\left(\dfrac{L}{r}\right)-\gamma''\sin\left(\dfrac{L}{r}\right)\right]}{\alpha\left[(\alpha r)^2+1\right]\left[1+e^{2\alpha(L-z_T)}\right]}e^{\alpha L}+\frac{\delta' e^{2\alpha L-\alpha z_T}}{\alpha^2\left[1+e^{2\alpha(L-z_T)}\right]}\right\}e^{-\alpha z}$$

$$-\frac{r^2\left[\beta''\sin\left(\dfrac{z}{r}\right)+\gamma''\cos\left(\dfrac{z}{r}\right)\right]}{(\alpha r)^2+1}-\frac{\delta'}{\alpha^2} \qquad (z_T\leqslant z\leqslant L)$$

3.1.3 简支超静定曲线组合梁

1）竖向均布荷载作用

将简支超静定曲线组合梁的扭矩和剪力计算公式代入界面相对滑移微分方程（3-1）中，则有

$$\frac{d^2 s_z}{dz^2}-\alpha^2 s_z=\beta'\sin\left(\frac{z}{r}\right)-\beta'\tan\left(\frac{L}{2r}\right)\cos\left(\frac{z}{r}\right)+\delta z-\delta\frac{L}{2}$$

式中，$\beta'=\beta r^2 q_y$；$\delta=-(\beta r+\gamma)q_y$。

组合梁界面相对滑移微分方程通解为

$$s_z=A_1 e^{-\alpha z}+A_2 e^{\alpha z}-\frac{r^2\left[\beta'\sin\left(\dfrac{z}{r}\right)-\beta'\tan\left(\dfrac{L}{2r}\right)\cos\left(\dfrac{z}{r}\right)\right]}{(\alpha r)^2+1}-\frac{\delta}{\alpha^2}z+\frac{\delta L}{2\alpha^2}$$

利用边界条件：$z=\dfrac{L}{2}$时，$s_z=0$；$z=0$时，$\dfrac{ds_z}{dz}=0$。整理得到均布荷载作用下组合梁界面相对滑移计算公式为

$$s_z=\left\{-\frac{r\beta' e^{\frac{\alpha L}{2}}}{\alpha\left[(\alpha r)^2+1\right]\left(e^{\frac{-\alpha L}{2}}+e^{\frac{\alpha L}{2}}\right)}-\frac{\delta e^{\frac{\alpha L}{2}}}{\alpha^3\left(e^{\frac{-\alpha L}{2}}+e^{\frac{\alpha L}{2}}\right)}\right\}e^{-\alpha z}$$

$$+\left\{\frac{r\beta' \mathrm{e}^{-\frac{\alpha L}{2}}}{\alpha\left[(\alpha r)^2+1\right]\left(\mathrm{e}^{\frac{-\alpha L}{2}}+\mathrm{e}^{\frac{\alpha L}{2}}\right)}+\frac{\delta \mathrm{e}^{-\frac{\alpha L}{2}}}{\alpha^3\left(\mathrm{e}^{\frac{-\alpha L}{2}}+\mathrm{e}^{\frac{\alpha L}{2}}\right)}\right\}\mathrm{e}^{\alpha z}$$

$$-\frac{r^2\left[\beta'\sin\left(\frac{z}{r}\right)-\beta'\tan\left(\frac{L}{2r}\right)\cos\left(\frac{z}{r}\right)\right]}{(\alpha r)^2+1}-\frac{\delta}{\alpha^2}z+\frac{\delta L}{2\alpha^2}$$

2）均布扭矩作用

将均布扭矩作用下曲线组合梁的弯矩、扭矩和剪力计算公式代入式（3-1）中，得到组合梁界面相对滑移微分方程：

$$\frac{\mathrm{d}^2 s_z}{\mathrm{d}z^2}=\left(\frac{1}{EA}+\frac{h^2}{EI_x}\right)k_u s_z-\beta r m_z\sin\left(\frac{z}{r}\right)+\beta r m_z\tan\left(\frac{L}{2r}\right)\cos\left(\frac{z}{r}\right)$$

界面相对滑移微分方程通解为

$$s_z=A_2\mathrm{e}^{\alpha z}+A_1\mathrm{e}^{-\alpha z}+\frac{r^2\left[\beta'\sin\left(\frac{z}{r}\right)-\beta'\tan\left(\frac{L}{2r}\right)\cos\left(\frac{z}{r}\right)\right]}{(\alpha r)^2+1}$$

式中，$\beta'=\beta r m_z$。

利用边界条件：$z=\frac{L}{2}$时，$s_z=0$；$z=0$时，$\frac{\mathrm{d}s_z}{\mathrm{d}z}=0$。整理可得到曲线组合梁界面相对滑移计算公式为

$$s_z=-\frac{r\beta'}{\alpha\left[(\alpha r)^2+1\right]\left(1+\mathrm{e}^{\alpha L}\right)}\mathrm{e}^{\alpha z}+\frac{r\beta'\mathrm{e}^{\alpha L}}{\alpha\left[(\alpha r)^2+1\right]\left(1+\mathrm{e}^{\alpha L}\right)}\mathrm{e}^{-\alpha z}$$

$$+\frac{r^2\left[\beta'\sin\left(\frac{z}{r}\right)-\beta'\tan\left(\frac{L}{2r}\right)\cos\left(\frac{z}{r}\right)\right]}{(\alpha r)^2+1}$$

3）任意集中荷载作用

将任意集中荷载作用下简支超静定曲线组合梁的扭矩及剪力计算公式代入式（3-1）中，可得组合梁界面相对滑移微分方程为

$$\frac{\mathrm{d}^2 s_{zl}}{\mathrm{d}z^2}-\alpha^2 s_{zl}=\beta'+\delta'\cos\left(\frac{z}{L}\right)\qquad(0\leqslant z\leqslant z_P)$$

$$\frac{\mathrm{d}^2 s_{zr}}{\mathrm{d}z^2}-\alpha^2 s_{zr}=\beta''+\delta''\cos\left(\frac{L-z}{r}\right)\qquad(z_P\leqslant z\leqslant L)$$

式中，$\beta'=P(\beta r+\gamma)\left(1-\frac{z_P}{L}\right)$；$\delta'=-\beta r P\frac{\sin\left(\frac{L-z_P}{r}\right)}{\sin\left(\frac{L}{r}\right)}$；$\beta''=-P(\beta r+\gamma)\frac{z_P}{L}$；

$\delta'' = \beta r P \dfrac{\sin\left(\dfrac{z_P}{r}\right)}{\sin\left(\dfrac{L}{r}\right)}$。

整理得到组合梁界面相对滑移微分方程通解为

$$s_{zl} = A_{2l}\mathrm{e}^{\alpha z} + A_{1l}\mathrm{e}^{-\alpha z} - \frac{L^2\delta'\cos\left(\dfrac{z}{L}\right)}{(\alpha L)^2+1} - \frac{\beta'}{\alpha^2} \qquad (0 \leqslant z \leqslant z_P)$$

$$s_{zr} = A_{2r}\mathrm{e}^{\alpha z} + A_{1r}\mathrm{e}^{-\alpha z} - \frac{r^2\delta''\cos\left(\dfrac{L-z}{r}\right)}{(\alpha r)^2+1} - \frac{\beta''}{\alpha^2} \qquad (z_P \leqslant z \leqslant L)$$

利用边界条件：$z = z_P$ 时，$s_{zl} = s_{zr} = 0$；$z = 0$ 时，$\dfrac{\mathrm{d}s_{zl}}{\mathrm{d}z} = 0$；$z = L$ 时，$\dfrac{\mathrm{d}s_{zr}}{\mathrm{d}z} = 0$。整理得到组合梁界面相对滑移计算公式为

$$s_{zl} = \frac{\dfrac{L^2\delta'\cos\left(\dfrac{z_P}{L}\right)}{(\alpha L)^2+1} + \dfrac{\beta'}{\alpha^2}}{\mathrm{e}^{\alpha z_P} + \mathrm{e}^{-\alpha z_P}}(\mathrm{e}^{\alpha z} + \mathrm{e}^{-\alpha z}) - \frac{L^2\delta'\cos\left(\dfrac{z}{L}\right)}{(\alpha L)^2+1} - \frac{\beta'}{\alpha^2} \qquad (0 \leqslant z \leqslant z_P)$$

$$s_{zr} = \frac{\dfrac{r^2\delta''\cos\left(\dfrac{L-z_P}{r}\right)}{(\alpha r)^2+1} + \dfrac{\beta''}{\alpha^2}}{\mathrm{e}^{\alpha z_P} + \mathrm{e}^{2\alpha L - \alpha z_P}}\mathrm{e}^{\alpha z} + \frac{\dfrac{r^2\delta''\cos\left(\dfrac{L-z_P}{r}\right)}{(\alpha r)^2+1} + \dfrac{\beta''}{\alpha^2}}{\mathrm{e}^{\alpha z_P - 2\alpha L} + \mathrm{e}^{-\alpha z_P}}\mathrm{e}^{-\alpha z} - \frac{r^2\delta''\cos\left(\dfrac{L-z}{r}\right)}{(\alpha r)^2+1} - \frac{\beta''}{\alpha^2} \qquad (z_P \leqslant z \leqslant L)$$

4）集中扭矩作用

将任意集中扭矩作用下组合梁的扭矩与剪力计算公式代入式（3-1）中，可得任意集中扭矩作用下的组合梁界面相对滑移微分方程为

$$\frac{\mathrm{d}^2 s_{zl}}{\mathrm{d}z^2} - \alpha^2 s_{zl} = \gamma'\cos\left(\frac{z}{r}\right) \qquad (0 \leqslant z \leqslant z_T)$$

$$\frac{\mathrm{d}^2 s_{zr}}{\mathrm{d}z^2} - \alpha^2 s_{zr} = \beta''\sin\left(\frac{z}{r}\right) + \gamma''\cos\left(\frac{z}{r}\right) \qquad (z_T \leqslant z \leqslant L)$$

式中，$\gamma' = -\beta T_0 \dfrac{\sin\left(\dfrac{L-z_T}{r}\right)}{\sin\left(\dfrac{L}{r}\right)}$；$\beta'' = \beta T_0 \sin\left(\dfrac{z_T}{r}\right)$；$\gamma'' = \beta T_0 \cot\left(\dfrac{L}{r}\right)\sin\left(\dfrac{z_T}{r}\right)$。

组合梁界面相对滑移微分方程通解为

$$s_{zl}=A_{2l}\mathrm{e}^{\alpha z}+A_{1l}\mathrm{e}^{-\alpha z}-\frac{r^2\gamma'\cos\left(\frac{z}{r}\right)}{(\alpha r)^2+1}\qquad(0\leqslant z\leqslant z_T)$$

$$s_{zr}=A_{2r}\mathrm{e}^{\alpha z}+A_{1r}\mathrm{e}^{-\alpha z}-\frac{r^2\left[\beta''\sin\left(\frac{z}{r}\right)+\gamma''\cos\left(\frac{z}{r}\right)\right]}{(\alpha r)^2+1}\qquad(z_T\leqslant z\leqslant L)$$

根据边界条件：$z=z_T$ 时，$s_{zl}=s_{zr}=0$；$z=0$ 时，$\frac{\mathrm{d}s_{zl}}{\mathrm{d}z}=0$；$z=L$ 时，$\frac{\mathrm{d}s_{zr}}{\mathrm{d}z}=0$。可得简支超静定曲线组合梁的界面相对滑移计算公式为

$$s_{zl}=\frac{r^2\gamma'\cos\left(\frac{z_T}{r}\right)\mathrm{e}^{\alpha z_T}}{\left[(\alpha r)^2+1\right]\left(1+\mathrm{e}^{2\alpha z_T}\right)}\mathrm{e}^{\alpha z}+\frac{r^2\gamma'\cos\left(\frac{z_T}{r}\right)\mathrm{e}^{\alpha z_T}}{\left[(\alpha r)^2+1\right]\left(1+\mathrm{e}^{2\alpha z_T}\right)}\mathrm{e}^{-\alpha z}-\frac{r^2\gamma'\cos\left(\frac{z}{r}\right)}{(\alpha r)^2+1}\qquad(0\leqslant z\leqslant z_T)$$

$$\begin{aligned}s_{zr}=&\left\{\frac{r^2\left[\beta''\sin\left(\frac{z_T}{r}\right)+\gamma''\cos\left(\frac{z_T}{r}\right)\right]}{\left[(\alpha r)^2+1\right]\left(\mathrm{e}^{2\alpha z_T}+\mathrm{e}^{2\alpha L}\right)}\mathrm{e}^{\alpha z_T}+\frac{r\left[\beta''\cos\left(\frac{L}{r}\right)-\gamma''\sin\left(\frac{L}{r}\right)\right]}{\alpha\left[(\alpha r)^2+1\right]\left(\mathrm{e}^{2\alpha z_T}+\mathrm{e}^{2\alpha L}\right)}\mathrm{e}^{\alpha L}\right\}\mathrm{e}^{\alpha z}\\&+\left\{\frac{r^2\left[\beta''\sin\left(\frac{z_T}{r}\right)+\gamma''\cos\left(\frac{z_T}{r}\right)\right]}{\left[(\alpha r)^2+1\right]\left[1+\mathrm{e}^{2\alpha(L-z_T)}\right]}\mathrm{e}^{2\alpha L-\alpha z_T}-\frac{r\left[\beta''\cos\left(\frac{L}{r}\right)-\gamma''\sin\left(\frac{L}{r}\right)\right]}{\alpha\left[(\alpha r)^2+1\right]\left[1+\mathrm{e}^{2\alpha(L-z_T)}\right]}\mathrm{e}^{\alpha L}\right\}\mathrm{e}^{-\alpha z}\\&-\frac{r^2\left[\beta''\sin\left(\frac{z}{r}\right)+\gamma''\cos\left(\frac{z}{r}\right)\right]}{(\alpha r)^2+1}\qquad(z_T\leqslant z\leqslant L)\end{aligned}$$

3.2　基于弹性理论的组合截面轴向力

在外荷载作用下，曲线组合梁中的连接件对钢梁和混凝土板产生轴向力作用。本节基于弹性理论，给出组合截面轴向力基本方程，以及简支静定曲线组合梁和简支超静定曲线组合梁的截面轴向力计算公式。

3.2.1　轴向力基本方程

在外荷载作用下，剪力连接件在传递钢梁与混凝土板界面剪力的同时，剪力连接件作用使混凝土板和钢梁产生轴向力。由基本假定，界面剪力与相对滑移的关系为 $q_{zk}=k_u s_z$，则有

$$\frac{\mathrm{d}q_{zk}}{\mathrm{d}z}=k_u\frac{\mathrm{d}s_z}{\mathrm{d}z}=k_u\left(\frac{N_s}{E_sA_s}-\frac{N_c}{E_cA_c}-hk_x\right)$$

整理得到

$$\frac{\partial^2 N_c}{\partial z^2}=\frac{1}{r}\frac{\partial Q_{cx}}{\partial z}-\frac{\partial q_{cz}}{\partial z}-k_u\left(\frac{N_s}{E_sA_s}-\frac{N_c}{E_cA_c}-hk_x\right)$$

外力作用产生的弯矩：

$$M_x=M_{cx}+M_{sx}+Nh$$

根据弯矩与曲率关系：

$$k_x=-\frac{M_x-Nh}{EI_x}+\frac{\phi}{r}$$

整理可得

$$\frac{\partial^2 N_c}{\partial z^2}=\frac{1}{r}\frac{\partial Q_{cx}}{\partial z}-\frac{\partial q_{cz}}{\partial z}-k_u\left(\frac{N_s}{E_sA_s}-\frac{N_c}{E_cA_c}+h\frac{M_x-Nh}{EI_x}-h\frac{\phi}{r}\right)$$

利用$\frac{\partial Q_{cx}}{\partial z}=-\frac{N_c}{r}$，$\frac{\partial Q_{sx}}{\partial z}=-\frac{N_s}{r}$，依据$N=N_c=-N_s$，忽略$\frac{\partial q_{cz}}{\partial z}$，则有曲线组合梁轴向力基本方程：

$$\frac{\partial^2 N}{\partial z^2}-\alpha^2 N=\beta M_x+\gamma\phi \tag{3-2}$$

式中，$\alpha^2=\frac{k_u}{EA}+\frac{k_uh^2}{EI_x}-\frac{1}{r^2}$；$\beta=-\frac{hk_u}{EI_x}$；$\gamma=\frac{hk_u}{r}$。

曲线组合梁扭转角与扭矩的关系为

$$\frac{\mathrm{d}\phi}{\mathrm{d}z}=\frac{T}{GI_d} \tag{3-3}$$

3.2.2　简支静定曲线组合梁

1）竖向均布荷载作用

将竖向均布荷载作用下组合梁的扭矩计算公式代入式（3-3）中，并利用边界条件：$z=0$时，$\phi=0$。得到曲线组合梁扭转角计算公式为

$$\phi=\frac{r^2q_y}{GI_d}\left[-r\cos\left(\frac{z}{r}\right)-r\tan\left(\frac{L}{2r}\right)\sin\left(\frac{z}{r}\right)-\frac{z^2}{2r}+z\tan\left(\frac{L}{2r}\right)+r\right]$$

将竖向均布荷载作用下简支曲线组合梁的弯矩和扭转角计算公式代入轴向力微分方程（3-2）中得到

$$\frac{\partial^2 N}{\partial z^2}-\alpha^2 N=r^2 q_y\left(\beta-\frac{\gamma r}{GI_d}\right)\cos\left(\frac{z}{r}\right)+r^2 q_y\tan\left(\frac{L}{2r}\right)\left(\beta-\frac{\gamma r}{GI_d}\right)\sin\left(\frac{z}{r}\right)$$

$$-\frac{\gamma r q_y}{2GI_d}z^2+\frac{\gamma r^2 q_y}{GI_d}z\tan\left(\frac{L}{2r}\right)+\frac{\gamma r^3 q_y}{GI_d}-\beta r^2 q_y$$

整理得到轴向力微分方程通解：

$$N=A_2\mathrm{e}^{\alpha z}+A_1\mathrm{e}^{-\alpha z}-\frac{\beta' r^2\left[\tan\left(\frac{L}{2r}\right)\sin\left(\frac{z}{r}\right)+\cos\left(\frac{z}{r}\right)\right]}{\alpha^2 r^2+1}$$

$$+\frac{\gamma'}{2\alpha^2}z^2-\frac{\gamma' r\tan\left(\frac{L}{2r}\right)}{\alpha^2}z-\frac{\gamma' r^2}{\alpha^2}+\frac{\beta r^2 q_y}{\alpha^2}$$

式中，$\beta'=r^2 q_y\left(\beta-\frac{\gamma r}{GI_d}\right)$；$\gamma'=\frac{\gamma r q_y}{GI_d}$。

根据边界条件：$z=\frac{L}{2}$ 时，$\frac{\partial N}{\partial z}=0$；$z=0$ 时，$\frac{\partial^2 N}{\partial z^2}=0$。可得到曲线组合梁的组合截面轴向力计算公式为

$$N=\left(\frac{1}{\alpha^3\left(\mathrm{e}^{\frac{\alpha L}{2}}+\mathrm{e}^{-\frac{\alpha L}{2}}\right)}\left\{\frac{\gamma'\left[L-2r\tan\left(\frac{L}{2r}\right)\right]}{2}-\frac{\left[\alpha\beta'+\frac{\gamma'}{\alpha}\left(\alpha^2 r^2+1\right)\right]\mathrm{e}^{-\frac{\alpha L}{2}}}{\alpha^2 r^2+1}\right\}\right)\mathrm{e}^{\alpha z}$$

$$+\left(-\frac{1}{\alpha^3\left(\mathrm{e}^{\frac{\alpha L}{2}}+\mathrm{e}^{-\frac{\alpha L}{2}}\right)}\left\{\frac{\gamma'\left[L-2r\tan\left(\frac{L}{2r}\right)\right]}{2}+\frac{\left[\alpha\beta'+\frac{\gamma'}{\alpha}\left(\alpha^2 r^2+1\right)\right]\mathrm{e}^{\frac{\alpha L}{2}}}{\alpha^2 r^2+1}\right\}\right)\mathrm{e}^{-\alpha z}$$

$$-\frac{\beta' r^2\left[\tan\left(\frac{L}{2r}\right)\sin\left(\frac{z}{r}\right)+\cos\left(\frac{z}{r}\right)\right]}{\alpha^2 r^2+1}+\frac{\gamma'}{2\alpha^2}z^2-\frac{\gamma' r\tan\left(\frac{L}{2r}\right)}{\alpha^2}z-\frac{\gamma' r^2}{\alpha^2}+\frac{\beta r^2 q_y}{\alpha^2}$$

2）均布扭矩作用

将均布扭矩作用下组合梁扭矩计算公式代入式（3-3）中，并利用边界条件：$z=0$，$\phi=0$。得到曲线组合梁的扭转角计算公式为

$$\phi=\frac{-rm_z}{GI_d}\left[-r\cos\left(\frac{z}{r}\right)-r\tan\left(\frac{L}{2r}\right)\sin\left(\frac{z}{r}\right)+z\tan\left(\frac{L}{2r}\right)+r\right]$$

将均布扭矩作用下的组合梁弯矩和扭转角计算公式代入轴向力计算微分方程（3-2）中得到

$$\frac{\partial^2 N}{\partial z^2}-\alpha^2 N=\beta r m_z \sin\left(\frac{z}{r}\right)\left[\tan\left(\frac{z}{2r}\right)-\tan\left(\frac{L}{2r}\right)\right]$$

$$+\gamma\left\{\frac{-rm_z}{GI_d}\left[-r\cos\left(\frac{z}{r}\right)-r\tan\left(\frac{L}{2r}\right)\sin\left(\frac{z}{r}\right)+z\tan\left(\frac{L}{2r}\right)+r\right]\right\}$$

整理可得

$$\frac{\partial^2 N}{\partial z^2}-\alpha^2 N=rm_z\left(\frac{\gamma r}{GI_d}-\beta\right)\cos\left(\frac{z}{r}\right)+rm_z\tan\left(\frac{L}{2r}\right)\left(\frac{\gamma r}{GI_d}-\beta\right)\sin\left(\frac{z}{r}\right)$$

$$-\frac{\gamma r m_z}{GI_d}z\tan\left(\frac{L}{2r}\right)-\frac{\gamma r^2 m_z}{GI_d}+\beta r m_z$$

整理得到截面轴向力方程通解：

$$N=A_2\mathrm{e}^{\alpha z}+A_1\mathrm{e}^{-\alpha z}-\frac{\beta' r^2\left[\tan\left(\frac{L}{2r}\right)\sin\left(\frac{z}{r}\right)+\cos\left(\frac{z}{r}\right)\right]}{\alpha^2 r^2+1}-\frac{\gamma' r\tan\left(\frac{L}{2r}\right)}{\alpha^2}z-\frac{\gamma' r^2}{\alpha^2}-\frac{\beta r m_z}{\alpha^2}$$

式中，$\beta'=rm_z\left(\frac{\gamma r}{GI_d}-\beta\right)$；$\gamma'=-\frac{\gamma m_z}{GI_d}$。

根据边界条件：$z=\frac{L}{2}$时，$\frac{\partial N}{\partial z}=0$；$z=0$时，$\frac{\partial^2 N}{\partial z^2}=0$。得到曲线组合梁的轴向力计算公式为

$$N=\left\{\frac{1}{\alpha^3\left(\mathrm{e}^{\frac{\alpha L}{2}}+\mathrm{e}^{-\frac{\alpha L}{2}}\right)}\left[\gamma' r\tan\left(\frac{L}{2r}\right)-\frac{\alpha\beta'\mathrm{e}^{-\frac{\alpha L}{2}}}{\alpha^2 r^2+1}\right]\right\}\mathrm{e}^{\alpha z}$$

$$+\left\{-\frac{1}{\alpha^3\left(\mathrm{e}^{\frac{\alpha L}{2}}+\mathrm{e}^{-\frac{\alpha L}{2}}\right)}\left[\gamma' r\tan\left(\frac{L}{2r}\right)+\frac{\alpha\beta'\mathrm{e}^{\frac{\alpha L}{2}}}{\alpha^2 r^2+1}\right]\right\}\mathrm{e}^{-\alpha z}$$

$$-\frac{\beta' r^2\left[\tan\left(\frac{L}{2r}\right)\sin\left(\frac{z}{r}\right)+\cos\left(\frac{z}{r}\right)\right]}{\alpha^2 r^2+1}-\frac{\gamma' r\tan\left(\frac{L}{2r}\right)}{\alpha^2}z-\frac{\gamma' r^2}{\alpha^2}-\frac{\beta r m_z}{\alpha^2}$$

3）任意集中荷载作用

将任意集中荷载作用下的组合梁集中扭矩计算公式代入式（3-3）中，并利用边界条件：$z=0$时，$\phi_l=0$；$z=z_P$时，$\phi_l=\phi_r$。可得曲线组合梁的扭转角计算公式为

$$\frac{\mathrm{d}\phi_l}{\mathrm{d}z}=\frac{T_l}{GI_d}=\frac{rP\sin\left(\frac{L-z_P}{r}\right)}{GI_d\sin\left(\frac{L}{r}\right)}\left[1-\cos\left(\frac{z}{r}\right)\right]$$

$$\phi_l = \frac{rP\sin\left(\dfrac{L-z_P}{r}\right)}{GI_d\sin\left(\dfrac{L}{r}\right)}\left[z - r\sin\left(\frac{z}{r}\right)\right] \qquad (0\leqslant z\leqslant z_P)$$

$$\frac{\mathrm{d}\phi_r}{\mathrm{d}z} = \frac{T_r}{GI_d} = \frac{rP}{GI_d}\left[\frac{\sin\left(\dfrac{L-z_P}{r}\right)}{\sin\left(\dfrac{L}{r}\right)} - 1\right] + \frac{rP\sin\left(\dfrac{z_P}{r}\right)}{GI_d\sin\left(\dfrac{L}{r}\right)}\cos\left(\frac{L-z}{r}\right)$$

$$\phi_r = \frac{rP}{GI_d}\left[\frac{\sin\left(\dfrac{L-z_P}{r}\right)}{\sin\left(\dfrac{L}{r}\right)} - 1\right]z - \frac{r^2P\sin\left(\dfrac{z_P}{r}\right)}{GI_d\sin\left(\dfrac{L}{r}\right)}\sin\left(\frac{L-z}{r}\right) + \frac{rP}{GI_d}z_P \qquad (z_P\leqslant z\leqslant L)$$

将任意集中荷载作用下组合梁的弯矩和扭转角计算公式代入轴向力微分方程（3-2）中可得

$$\frac{\partial^2 N_l}{\partial z^2} - \alpha^2 N_l = \beta rP\frac{\sin\left(\dfrac{L-z_P}{r}\right)}{\sin\left(\dfrac{L}{r}\right)}\sin\left(\frac{z}{r}\right) + \frac{\gamma rP\sin\left(\dfrac{L-z_P}{r}\right)}{GI_d\sin\left(\dfrac{L}{r}\right)}\left[z - r\sin\left(\frac{z}{r}\right)\right]$$

$$\frac{\partial^2 N_r}{\partial z^2} - \alpha^2 N_r = \beta rP\frac{\sin\left(\dfrac{z_P}{r}\right)}{\sin\left(\dfrac{L}{r}\right)}\sin\left(\frac{L-z}{r}\right)$$

$$+\gamma\left\{\frac{rP}{GI_d}\left[\frac{\sin\left(\dfrac{L-z_P}{r}\right)}{\sin\dfrac{L}{r}} - 1\right]z - \frac{r^2P\sin\left(\dfrac{z_P}{r}\right)}{GI_d\sin\left(\dfrac{L}{r}\right)}\sin\left(\frac{L-z}{r}\right) + \frac{rP}{GI_d}z_P\right\}$$

化简为

$$\frac{\partial^2 N_l}{\partial z^2} - \alpha^2 N_l = \beta'\sin\left(\frac{z}{r}\right) + \delta'\left[z - r\sin\left(\frac{z}{r}\right)\right] \qquad (0\leqslant z\leqslant z_P)$$

$$\frac{\partial^2 N_r}{\partial z^2} - \alpha^2 N_r = \beta''\sin\left(\frac{L-z}{r}\right) + \delta'' z + \frac{\gamma rP}{GI_d}z_P \qquad (z_P\leqslant z\leqslant L)$$

式中，$\beta' = \beta rP\dfrac{\sin\left(\dfrac{L-z_P}{r}\right)}{\sin\left(\dfrac{L}{r}\right)}$；$\delta' = \dfrac{\gamma rP\sin\left(\dfrac{L-z_P}{r}\right)}{GI_d\sin\left(\dfrac{L}{r}\right)}$；$\beta'' = \beta rP\dfrac{\sin\left(\dfrac{z_P}{r}\right)}{\sin\left(\dfrac{L}{r}\right)} - \dfrac{\gamma r^2P\sin\left(\dfrac{z_P}{r}\right)}{GI_d\sin\left(\dfrac{L}{r}\right)}$；

$\delta'' = \dfrac{\gamma rP}{GI_d}\left[\dfrac{\sin\left(\dfrac{L-z_P}{r}\right)}{\sin\left(\dfrac{L}{r}\right)} - 1\right]$。

整理得到轴向力微分方程通解：

$$N_l = A_{1l}\mathrm{e}^{\alpha z} + A_{2l}\mathrm{e}^{-\alpha z} + \frac{\delta' r - \beta'}{\left(\frac{1}{r^2} + \alpha^2\right)}\sin\left(\frac{z}{r}\right) - \frac{\delta'}{\alpha^2}z \qquad (0 \leqslant z \leqslant z_P)$$

$$N_r = A_{1r}\mathrm{e}^{\alpha z} + A_{2r}\mathrm{e}^{-\alpha z} - \frac{\beta''}{\left(\frac{1}{r^2} + \alpha^2\right)}\sin\left(\frac{L-z}{r}\right) - \frac{\delta''}{\alpha^2}z - \frac{\gamma r P}{\alpha^2 G I_d}z_P \qquad (z_P \leqslant z \leqslant L)$$

利用边界条件：$z=0$ 时，$\frac{\partial^2 N_l(0)}{\partial z^2}=0$；$z=L$ 时，$\frac{\partial^2 N_r(L)}{\partial z^2}=0$；$z=z_P$ 时，$\frac{\partial N_r(z_P)}{\partial z}=\frac{\partial N_l(z_P)}{\partial z}$，$\frac{\partial^2 N_r(z_P)}{\partial z^2}=\frac{\partial^2 N_l(z_P)}{\partial z^2}$。得到集中荷载作用下的曲线组合梁轴向力计算公式为

$$\begin{aligned}
N_l = &\left(\frac{\left(\mathrm{e}^{\alpha z_P} - \mathrm{e}^{2\alpha L}\mathrm{e}^{-\alpha z_P}\right)}{\alpha^3 r\left(2-2\mathrm{e}^{2\alpha L}\right)\left(\frac{1}{r^2}+\alpha^2\right)}\left\{\alpha^2\left[\beta''\cos\left(\frac{L-z_P}{r}\right)-(\delta' r-\beta')\cos\left(\frac{z_P}{r}\right)\right]\right.\right.\\
&\left.-r(\delta''-\delta')\left(\frac{1}{r^2}+\alpha^2\right)\right\} - \frac{\left(\mathrm{e}^{\alpha z_P}+\mathrm{e}^{2\alpha L}\mathrm{e}^{-\alpha z_P}\right)}{\alpha^2 r^2\left(2-2\mathrm{e}^{2\alpha L}\right)\left(\frac{1}{r^2}+\alpha^2\right)}\\
&\left.\times\left[\beta''\sin\left(\frac{L-z_P}{r}\right)+(\delta' r-\beta')\sin\left(\frac{z_P}{r}\right)\right]\right)\mathrm{e}^{\alpha z}\\
&-\left(\frac{\left(\mathrm{e}^{\alpha z_P} - \mathrm{e}^{2\alpha L}\mathrm{e}^{-\alpha z_P}\right)}{\alpha^3 r\left(2-2\mathrm{e}^{2\alpha L}\right)\left(\frac{1}{r^2}+\alpha^2\right)}\left\{\alpha^2\left[\beta''\cos\left(\frac{L-z_P}{r}\right)-(\delta' r-\beta')\cos\left(\frac{z_P}{r}\right)\right]\right.\right.\\
&\left.-r(\delta''-\delta')\left(\frac{1}{r^2}+\alpha^2\right)\right\} - \frac{\left(\mathrm{e}^{\alpha z_P}+\mathrm{e}^{2\alpha L}\mathrm{e}^{-\alpha z_P}\right)}{\alpha^2 r^2\left(2-2\mathrm{e}^{2\alpha L}\right)\left(\frac{1}{r^2}+\alpha^2\right)}\\
&\left.\times\left[\beta''\sin\left(\frac{L-z_P}{r}\right)+(\delta' r-\beta')\sin\left(\frac{z_P}{r}\right)\right]\right)\mathrm{e}^{-\alpha z}\\
&+\frac{\delta' r-\beta'}{\frac{1}{r^2}+\alpha^2}\sin\left(\frac{z}{r}\right)-\frac{\delta'}{\alpha^2}z \qquad (0 \leqslant z \leqslant z_P)
\end{aligned}$$

$$N_r=\left(\frac{\left(e^{\alpha z_P}-e^{-\alpha z_P}\right)}{\alpha^3 r\left(2-2e^{2\alpha L}\right)\left(\frac{1}{r^2}+\alpha^2\right)}\left\{\alpha^2\left[\beta''\cos\left(\frac{L-z_P}{r}\right)-(\delta' r-\beta')\cos\left(\frac{z_P}{r}\right)\right]\right.\right.$$

$$\left.-r\left(\delta''-\delta'\right)\left(\frac{1}{r^2}+\alpha^2\right)\right\}-\frac{\left(e^{\alpha z_P}+e^{-\alpha z_P}\right)}{\alpha^2 r^2\left(2-2e^{2\alpha L}\right)\left(\frac{1}{r^2}+\alpha^2\right)}$$

$$\left.\times\left[\beta''\sin\left(\frac{L-z_P}{r}\right)+(\delta' r-\beta')\sin\left(\frac{z_P}{r}\right)\right]\right)e^{\alpha z}$$

$$-\left(\frac{\left(e^{\alpha z_P}-e^{-\alpha z_P}\right)}{\alpha^3 r\left(2-2e^{2\alpha L}\right)\left(\frac{1}{r^2}+\alpha^2\right)}\left\{\alpha^2\left[\beta''\cos\left(\frac{L-z_P}{r}\right)-(\delta' r-\beta')\cos\left(\frac{z_P}{r}\right)\right]\right.\right.$$

$$\left.-r\left(\delta''-\delta'\right)\left(\frac{1}{r^2}+\alpha^2\right)\right\}-\frac{\left(e^{\alpha z_P}+e^{-\alpha z_P}\right)}{\alpha^2 r^2\left(2-2e^{2\alpha L}\right)\left(\frac{1}{r^2}+\alpha^2\right)}$$

$$\left.\times\left[\beta''\sin\left(\frac{L-z_P}{r}\right)+\left(\delta' r-\beta'\right)\sin\left(\frac{z_P}{r}\right)\right]\right)e^{(2\alpha L-\alpha z)}$$

$$-\frac{\beta''}{\left(\frac{1}{r^2}+\alpha^2\right)}\sin\left(\frac{L-z}{r}\right)-\frac{\delta''}{\alpha^2}z-\frac{\gamma rP}{\alpha^2 GI_d}z_P \qquad (z_P\leqslant z\leqslant L)$$

4）集中扭矩作用

将集中扭矩作用下的组合梁集中扭矩计算公式代入式（3-3）中，并利用边界条件：$z=0$ 时，$\phi_l=0$；$z=z_T$ 时，$\phi_l=\phi_r$。可得曲线组合梁的扭转角计算公式为

$$\phi_l=T_0\frac{\sin\left(\frac{L-z_T}{r}\right)}{\sin\frac{L}{r}GI_d}\left[z-r\sin\left(\frac{z}{r}\right)\right] \qquad (0\leqslant z\leqslant z_T)$$

$$\phi_r=\frac{T_0 r\sin\left(\frac{z_T}{r}\right)}{\sin\frac{L}{r}GI_d}\left[\sin\left(\frac{z}{r}\right)\cos\left(\frac{L}{r}\right)-\sin\left(\frac{L}{r}\right)\cos\left(\frac{z}{r}\right)\right]+\frac{T_0 r\sin\left(\frac{L-z_T}{r}\right)}{\sin\left(\frac{L}{r}\right)GI_d}z$$

$$(z_T\leqslant z\leqslant L)$$

将集中扭矩作用下组合梁的弯矩和扭转角计算公式代入轴向力计算微分

方程（3-2）中可得到

$$\frac{\partial^2 N_l}{\partial z^2}-\alpha^2 N_l=\beta'\sin\left(\frac{z}{r}\right)+\delta' z \qquad (0\leqslant z\leqslant z_T)$$

$$\frac{\partial^2 N_r}{\partial z^2}-\alpha^2 N_r=\beta''\sin\left(\frac{z}{r}\right)+\gamma''\cos\left(\frac{z}{r}\right)+\delta'' z \qquad (z_T\leqslant z\leqslant L)$$

式中，$\beta'=\dfrac{T_0\sin\left(\dfrac{L-z_T}{r}\right)}{\sin\left(\dfrac{L}{r}\right)}\left(\beta-\dfrac{\gamma r}{GI_d}\right)$；$\delta'=\gamma\dfrac{T_0\sin\left(\dfrac{L-z_T}{r}\right)}{GI_d\sin\left(\dfrac{L}{r}\right)}$；

$\beta''=\left(\beta-\dfrac{\gamma r}{GI_d}\right)T_0\sin\left(\dfrac{z_T}{r}\right)\cot\left(\dfrac{L}{r}\right)$；$\gamma''=\left(\beta-\dfrac{\gamma r}{GI_d}\right)T_0\sin\left(\dfrac{z_T}{r}\right)$；$\delta''=\gamma\dfrac{T_0\sin\left(\dfrac{L-z_T}{r}\right)}{GI_d\sin\left(\dfrac{L}{r}\right)}$。

整理得到轴向力微分方程通解：

$$N_l=A_{2l}\mathrm{e}^{\alpha z}+A_{1l}\mathrm{e}^{-\alpha z}-\frac{\beta' r^2\sin\left(\dfrac{z}{r}\right)}{\alpha^2 r^2+1}-\frac{\delta'}{\alpha^2}z \qquad (0\leqslant z\leqslant z_T)$$

$$N_r=A_{2r}\mathrm{e}^{\alpha z}+A_{1r}\mathrm{e}^{-\alpha z}-\frac{r^2\left[\beta''\sin\left(\dfrac{z}{r}\right)+\gamma''\cos\left(\dfrac{z}{r}\right)\right]}{\alpha^2 r^2+1}-\frac{\delta''}{\alpha^2}z \qquad (z_T\leqslant z\leqslant L)$$

利用边界条件：$z=0$ 时，$\dfrac{\partial^2 N_l(0)}{\partial z^2}=0$；$z=L$ 时，$\dfrac{\partial^2 N_r(L)}{\partial z^2}=0$；$z=z_T$ 时，$\dfrac{\partial N_r(z_T)}{\partial z}=\dfrac{\partial N_l(z_T)}{\partial z}$，$\dfrac{\partial^2 N_r(z_T)}{\partial z^2}=\dfrac{\partial^2 N_l(z_T)}{\partial z^2}$。可得到集中扭矩作用下曲线组合梁的轴向力计算公式为

$$\begin{aligned}N_l=&\left\{\frac{\left[\beta''\sin\left(\dfrac{z_T}{r}\right)+\gamma''\cos\left(\dfrac{z_T}{r}\right)-\beta'\sin\left(\dfrac{z_T}{r}\right)\right]\left(\mathrm{e}^{\alpha z_T}+\mathrm{e}^{2\alpha L-\alpha z_T}\right)}{2\alpha^2\left(\alpha^2 r^2+1\right)\left(\mathrm{e}^{2\alpha L}-1\right)}\right.\\&\left.+\frac{r\left[\beta''\cos\left(\dfrac{z_T}{r}\right)-\gamma''\sin\left(\dfrac{z_T}{r}\right)-\beta'\sin\left(\dfrac{z_T}{r}\right)\right]\left(\mathrm{e}^{\alpha z_T}-\mathrm{e}^{2\alpha L-\alpha z_T}\right)}{2\alpha\left(\alpha^2 r^2+1\right)\left(\mathrm{e}^{2\alpha L}-1\right)}\right\}\mathrm{e}^{\alpha z}\\&-\left\{\frac{\left[\beta''\sin\left(\dfrac{z_T}{r}\right)+\gamma''\cos\left(\dfrac{z_T}{r}\right)-\beta'\sin\left(\dfrac{z_T}{r}\right)\right]\left(\mathrm{e}^{\alpha z_T}+\mathrm{e}^{2\alpha L-\alpha z_T}\right)}{2\alpha^2\left(\alpha^2 r^2+1\right)\left(\mathrm{e}^{2\alpha L}-1\right)}\right.\\&\left.+\frac{r\left[\beta''\cos\left(\dfrac{z_T}{r}\right)-\gamma''\sin\left(\dfrac{z_T}{r}\right)-\beta'\sin\left(\dfrac{z_T}{r}\right)\right]\left(\mathrm{e}^{\alpha z_T}-\mathrm{e}^{2\alpha L-\alpha z_T}\right)}{2\alpha\left(\alpha^2 r^2+1\right)\left(\mathrm{e}^{2\alpha L}-1\right)}\right\}\mathrm{e}^{-\alpha z}\end{aligned}$$

$$-\frac{\beta' r^2 \sin\left(\frac{z}{r}\right)}{\alpha^2 r^2+1}-\frac{\delta'}{\alpha^2}z \qquad (0 \leqslant z \leqslant z_T)$$

$$N_r=\left\{\frac{\left[\beta''\sin\left(\frac{z_T}{r}\right)+\gamma''\cos\left(\frac{z_T}{r}\right)-\beta'\sin\left(\frac{z_T}{r}\right)\right]\left(\mathrm{e}^{\alpha z_T}+\mathrm{e}^{-\alpha z_T}\right)}{2\alpha^2\left(\alpha^2 r^2+1\right)\left(\mathrm{e}^{2\alpha L}-1\right)}\right.$$

$$\left.+\frac{r\left[\beta''\cos\left(\frac{z_T}{r}\right)-\gamma''\sin\left(\frac{z_T}{r}\right)-\beta'\sin\left(\frac{z_T}{r}\right)\right]\left(\mathrm{e}^{\alpha z_T}-\mathrm{e}^{-\alpha z_T}\right)}{2\alpha\left(\alpha^2 r^2+1\right)\left(\mathrm{e}^{2\alpha L}-1\right)}\right\}\mathrm{e}^{\alpha z}$$

$$-\left\{\frac{\left[\beta''\sin\left(\frac{z_T}{r}\right)+\gamma''\cos\left(\frac{z_T}{r}\right)-\beta'\sin\left(\frac{z_T}{r}\right)\right]\left(\mathrm{e}^{\alpha z_T}+\mathrm{e}^{-\alpha z_T}\right)\mathrm{e}^{2\alpha L}}{2\alpha^2\left(\alpha^2 r^2+1\right)\left(\mathrm{e}^{2\alpha L}-1\right)}\right.$$

$$\left.+\frac{r\left[\beta''\cos\left(\frac{z_T}{r}\right)-\gamma''\sin\left(\frac{z_T}{r}\right)-\beta'\sin\left(\frac{z_T}{r}\right)\right]\left(\mathrm{e}^{\alpha z_T}-\mathrm{e}^{-\alpha z_T}\right)\mathrm{e}^{2\alpha L}}{2\alpha\left(\alpha^2 r^2+1\right)\left(\mathrm{e}^{2\alpha L}-1\right)}\right\}\mathrm{e}^{-\alpha z}$$

$$-\frac{r^2\left[\beta''\sin\left(\frac{z}{r}\right)+\gamma''\cos\left(\frac{z}{r}\right)\right]}{\alpha^2 r^2+1}-\frac{\delta''}{\alpha^2}z \qquad (z_T \leqslant z \leqslant L)$$

3.2.3 简支超静定曲线组合梁

1）竖向均布荷载作用

将竖向均布荷载作用下组合梁的扭矩计算公式代入式（3-3）中，利用边界条件：$z=0$ 时，$\phi=0$；$z=\frac{L}{2}$ 时，$T=0$。得到曲线组合梁扭转角计算公式为

$$\phi=\frac{r^2 q_y}{GI_d}\left[-r\cos\left(\frac{z}{r}\right)-r\tan\left(\frac{L}{2r}\right)\sin\left(\frac{z}{r}\right)-\frac{z^2}{2r}+\frac{zL}{2r}+r\right]$$

将组合梁的弯矩和扭转角计算公式代入轴向力微分方程（3-2）中得到

$$\frac{\partial^2 N}{\partial z^2}-\alpha^2 N=\left(\beta q_y-\gamma'\right)r^2\cos\left(\frac{z}{r}\right)+\beta'\sin\left(\frac{z}{r}\right)-\gamma'\left(\frac{1}{2}z^2+\frac{1}{2}Lz+r^2\right)-\beta r^2 q_y$$

式中，$\beta'=r^2 q_y\tan\left(\frac{L}{2r}\right)\left(\beta-\frac{\gamma r}{GI_d}\right)$；$\gamma'=\frac{\gamma r q_y}{GI_d}$。

整理得到轴向力微分方程通解：

$$N = A_2 e^{\alpha z} + A_1 e^{-\alpha z} - \frac{\left(\beta q_y - \gamma'\right) r^4}{\alpha^2 r^2 + 1} \cos\left(\frac{z}{r}\right) - \frac{\beta' r^2}{\alpha^2 r^2 + 1} \sin\left(\frac{z}{r}\right) + \frac{\gamma'}{2\alpha^2} z^2 - \frac{\gamma' L}{2\alpha^2} z - \frac{\gamma' r^2}{\alpha^2} + \frac{\beta r^2 q_y}{\alpha^2}$$

根据边界条件：$z = \frac{L}{2}$ 时，$\frac{\partial N}{\partial z} = 0$；$z = 0$ 时，$\frac{\partial^2 N}{\partial z^2} = 0$。可得到曲线组合梁的组合截面轴向力计算公式为

$$\begin{aligned} N = & \frac{1}{\alpha^2\left(e^{\frac{L}{2}\alpha} + e^{-\frac{L}{2}\alpha}\right)} \left\{ -\left[\frac{\left(\beta q_y - \gamma'\right) r^2}{\alpha^2 r^2 + 1} + \frac{\gamma'}{\alpha^2}\right] e^{-\frac{L}{2}\alpha} + \frac{\alpha \beta' r \cos\left(\frac{L}{2r}\right) - \alpha\left(\beta q_y - \gamma'\right) r^3 \sin\left(\frac{L}{2r}\right)}{\alpha^2 r^2 + 1} \right\} e^{\alpha z} \\ & + \frac{1}{\alpha^2\left(e^{\frac{L}{2}\alpha} + e^{-\frac{L}{2}\alpha}\right)} \left\{ -\left[\frac{\left(\beta q_y - \gamma'\right) r^2}{\alpha^2 r^2 + 1} + \frac{\gamma'}{\alpha^2}\right] e^{\frac{L}{2}\alpha} - \frac{\alpha \beta' r \cos\left(\frac{L}{2r}\right) - \alpha\left(\beta q_y - \gamma'\right) r^3 \sin\left(\frac{L}{2r}\right)}{\alpha^2 r^2 + 1} \right\} e^{-\alpha z} \\ & - \frac{\left(\beta q_y - \gamma'\right) r^4}{\alpha^2 r^2 + 1} \cos\left(\frac{z}{r}\right) - \frac{\beta' r^2}{\alpha^2 r^2 + 1} \sin\left(\frac{z}{r}\right) + \frac{\gamma'}{2\alpha^2}\left(z^2 - Lz - 2r^2\right) + \frac{\beta r^2 q_y}{\alpha^2} \end{aligned}$$

2）均布扭矩作用

将均布扭矩作用下的组合梁扭矩代入式（3-3）中，整理得到

$$\frac{d\phi}{dz} = \frac{T}{GI_d} = \frac{-r m_z \cos\left(\frac{z}{r}\right)\left[\tan\left(\frac{z}{r}\right) - \tan\left(\frac{L}{2r}\right)\right]}{GI_d}$$

利用边界条件：$z = 0$ 时，$\phi = 0$。得到曲线组合梁的扭转角计算公式为

$$\phi = -\frac{r m_z}{GI_d}\left[-r\cos\left(\frac{z}{r}\right) - r\tan\left(\frac{L}{2r}\right)\sin\left(\frac{z}{r}\right) + r\right]$$

将均布扭矩作用下组合梁弯矩和扭转角计算公式代入轴向力计算微分方程（3-2）中，可得

$$\frac{\partial^2 N}{\partial z^2} - \alpha^2 N = r m_z\left(\frac{\gamma r}{GI_d} - \beta\right)\cos\left(\frac{z}{r}\right) + r m_z \tan\left(\frac{L}{2r}\right)\left(\frac{\gamma r}{GI_d} - \beta\right)\sin\left(\frac{z}{r}\right) - \frac{\gamma r^2 m_z}{GI_d} + \beta r m_z$$

整理得到轴向力微分方程通解：

$$N = A_1 e^{\alpha z} + A_2 e^{-\alpha z} - \frac{\beta' r^2\left[\tan\left(\frac{L}{2r}\right)\sin\left(\frac{z}{r}\right) + \cos\left(\frac{z}{r}\right)\right]}{\alpha^2 r^2 + 1} - \frac{\gamma' r^2}{\alpha^2} - \frac{\beta r m_z}{\alpha^2}$$

式中，$\beta' = r m_z\left(\frac{\gamma r}{GI_d} - \beta\right)$；$\gamma' = -\frac{\gamma m_z}{GI_d}$。

根据边界条件：$z=\dfrac{L}{2}$ 时，$\dfrac{\partial N}{\partial z}=0$；$z=0$ 时，$\dfrac{\partial^2 N}{\partial z^2}=0$ 。可以得到曲线组合梁的轴向力计算公式为

$$N=-\frac{\beta'}{\alpha^2r^2+1}\frac{1}{\alpha^2\left(1+\mathrm{e}^{\alpha L}\right)}\mathrm{e}^{\alpha z}-\frac{\beta'}{\alpha^2r^2+1}\frac{\mathrm{e}^{\alpha L}}{\alpha^2\left(1+\mathrm{e}^{\alpha L}\right)}\mathrm{e}^{-\alpha z}$$

$$-\frac{\beta'r^2\left[\tan\left(\dfrac{L}{2r}\right)\sin\left(\dfrac{z}{r}\right)+\cos\left(\dfrac{z}{r}\right)\right]}{\alpha^2r^2+1}-\frac{\gamma'r^2}{\alpha^2}-\frac{\beta rm_z}{\alpha^2}$$

3）集中荷载作用

将集中荷载作用下的组合梁集中扭矩代入式(3-3)中，并利用边界条件：$z=0$ 时，$\phi_l=0$；$z=z_P$ 时，$\phi_l=\phi_r$，可得曲线组合梁的扭转角计算公式：

$$\phi_l=\frac{rP}{GI_d}\left[z-\frac{zz_P}{L}-\frac{L\sin\left(\dfrac{z}{L}\right)\sin\left(\dfrac{L-z_P}{r}\right)}{\sin\left(\dfrac{L}{r}\right)}\right]\qquad(0\leqslant z\leqslant z_P)$$

$$\phi_r=\frac{rP}{GI_d}\left\{z_P-\frac{zz_P}{L}+\frac{\left[r\sin\left(\dfrac{z_P}{r}\right)-L\sin\left(\dfrac{z_P}{L}\right)\right]\sin\left(\dfrac{L-z_P}{r}\right)}{\sin\left(\dfrac{L}{r}\right)}-\frac{r\sin\left(\dfrac{z_P}{r}\right)\sin\left(\dfrac{L-z}{r}\right)}{\sin\left(\dfrac{L}{r}\right)}\right\}$$
$$(z_P\leqslant z\leqslant L)$$

将组合梁弯矩和扭转角计算公式代入轴向力计算微分方程（3-2）中，得到轴向力微分方程通解：

$$N_l=A_2\mathrm{e}^{\alpha z}+A_1\mathrm{e}^{-\alpha z}-\frac{\beta r^3P\varphi_2}{\mu_1\cos\left(\dfrac{z_P}{L}\right)}\sin\left(\frac{z}{r}\right)-\frac{\lambda\left(L-z_P\right)}{\alpha^2L}z$$

$$+\frac{\lambda L^3\varphi_2}{\mu_2\cos\left(\dfrac{z_P}{L}\right)}\sin\left(\frac{z}{L}\right)\qquad(0\leqslant z\leqslant z_P)$$

$$N_r=A_3\mathrm{e}^{\alpha z}+A_4\mathrm{e}^{-\alpha z}-\frac{\left(\beta r^3P-\lambda r^3\right)\varphi_1}{\mu_1\cos\left(\dfrac{L-z_P}{r}\right)}\sin\left(\frac{L-z}{r}\right)$$

$$+\frac{\lambda z_P}{L\alpha^2}z-\frac{\lambda\left(r\theta_2-L\theta_1+z_P\right)}{\alpha^2}\qquad(z_P\leqslant z\leqslant L)$$

式中，$\mu_1=\alpha^2r^2+1$；$\mu_2=\alpha^2L^2+1$；$\lambda=\dfrac{hk_uP}{GI_d}$；$\varphi_1=\dfrac{\sin\left(\dfrac{z_P}{r}\right)\cos\left(\dfrac{L-z_P}{r}\right)}{\sin\left(\dfrac{L}{r}\right)}$；

$$\varphi_2=\frac{\sin\left(\frac{L-z_P}{r}\right)\cos\left(\frac{z_P}{L}\right)}{\sin\left(\frac{L}{r}\right)}；\ \theta_1=\frac{\sin\left(\frac{z_P}{L}\right)\sin\left(\frac{L-z_P}{r}\right)}{\sin\left(\frac{L}{r}\right)}；\ \theta_2=\frac{\sin\left(\frac{z_P}{r}\right)\sin\left(\frac{L-z_P}{r}\right)}{\sin\left(\frac{L}{r}\right)}。$$

利用边界条件：$z=0$时，$\frac{\partial^2 N_l(0)}{\partial z^2}=0$；$z=L$时，$\frac{\partial^2 N_r(L)}{\partial z^2}=0$；$z=z_P$时，$\frac{\partial N_r(z_P)}{\partial z}=\frac{\partial N_l(z_P)}{\partial z}$，$\frac{\partial^2 N_r(z_P)}{\partial z^2}=\frac{\partial^2 N_l(z_P)}{\partial z^2}$。整理得到集中荷载作用下曲线组合梁的轴向力计算公式为

$$\begin{aligned}N_l=&\frac{\left[\frac{r^2(\beta P-\lambda\varphi_1)}{\alpha\mu_1}+\frac{\lambda}{\alpha^3}-\frac{\lambda L^2\varphi_2}{\alpha\mu_2}\right](e^{2\alpha z_P}-e^{2\alpha L})-\left(\frac{\lambda L\theta_1}{\alpha^2\mu_2}-\frac{\lambda r\theta_2}{\alpha^2\mu_1}\right)(e^{2\alpha z_P}+e^{2\alpha L})}{2e^{\alpha z_P}(1-e^{2\alpha L})}e^{\alpha z}\\&+\frac{\left[\frac{r^2(\beta P-\lambda\varphi_1)}{\alpha\mu_1}+\frac{\lambda}{\alpha^3}-\frac{\lambda L^2\varphi_2}{\alpha\mu_2}\right](e^{2\alpha z_P}-e^{2\alpha L})-\left(\frac{\lambda L\theta_1}{\alpha^2\mu_2}-\frac{\lambda r\theta_2}{\alpha^2\mu_1}\right)(e^{2\alpha z_P}+e^{2\alpha L})}{2e^{\alpha z_P}(e^{2\alpha L}-1)}e^{-\alpha z}\\&-\frac{\beta r^3P\varphi_2}{\mu_1\cos\left(\frac{z_P}{L}\right)}\sin\left(\frac{z}{r}\right)+\frac{\lambda L^3\varphi_2}{\mu_2\cos\left(\frac{z_P}{L}\right)}\sin\left(\frac{z}{L}\right)-\frac{\lambda(L-z_P)}{\alpha^2 L}z\qquad(0\leqslant z\leqslant z_P)\end{aligned}$$

$$\begin{aligned}N_r=&\frac{\left[\frac{r^2(\beta P-\lambda\varphi_1)}{\alpha\mu_1}+\frac{\lambda}{\alpha^3}-\frac{\lambda L^2\varphi_2}{\alpha\mu_2}\right](e^{2\alpha z_P}-1)-\left(\frac{\lambda L\theta_1}{\alpha^2\mu_2}-\frac{\lambda r\theta_2}{\alpha^2\mu_1}\right)(e^{2\alpha z_P}+1)}{2e^{\alpha z_P}(1-e^{2\alpha L})}e^{\alpha z}\\&+\frac{\left[\frac{r^2(\beta P-\lambda\varphi_1)}{\alpha\mu_1}+\frac{\lambda}{\alpha^3}-\frac{\lambda L^2\varphi_2}{\alpha\mu_2}\right]\left[e^{2\alpha(z_P+L)}-e^{2\alpha L}\right]-\left(\frac{\lambda L\theta_1}{\alpha^2\mu_2}-\frac{\lambda r\theta_2}{\alpha^2\mu_1}\right)\left[e^{2\alpha(z_P+L)}+e^{2\alpha L}\right]}{2e^{\alpha z_P}(e^{2\alpha L}-1)}e^{-\alpha z}\\&-\frac{(\beta r^3P-\lambda r^3)\varphi_1}{\mu_1\cos\left(\frac{L-z_P}{r}\right)}\sin\left(\frac{L-z}{r}\right)+\frac{\lambda z_P}{L\alpha^2}z-\frac{\lambda(r\theta_2-L\theta_1+z_P)}{\alpha^2}\qquad(z_P\leqslant z\leqslant L)\end{aligned}$$

4）集中扭矩作用

将集中扭矩作用下的组合梁集中扭矩计算公式代入式（3-3）中，并利用边界条件：$z=0$时，$\phi_l=0$；$z=z_T$时，$\phi_l=\phi_r$。可得曲线组合梁的扭转角计算公式为

$$\phi_l=-\frac{T_0 r\sin\left(\frac{L-z_T}{r}\right)\sin\left(\frac{z}{r}\right)}{GI_d\sin\left(\frac{L}{r}\right)}\qquad(0\leqslant z\leqslant z_T)$$

$$\phi_r = -\frac{T_0 r \sin\left(\frac{z_T}{r}\right)\sin\left(\frac{L-z}{r}\right)}{GI_d \sin\left(\frac{L}{r}\right)} \qquad (z_T \leqslant z \leqslant L)$$

将组合梁的弯矩和扭转角计算公式代入轴向力计算微分方程（3-2）中得到

$$\frac{\partial^2 N_l}{\partial z^2} - \alpha^2 N_l = T_0\left(\beta - \frac{\gamma r}{GI_d}\right)\frac{\sin\left(\frac{L-z_T}{r}\right)}{\sin\left(\frac{L}{r}\right)}\sin\left(\frac{z}{r}\right) = \beta' \sin\left(\frac{z}{r}\right) \qquad (0 \leqslant z \leqslant z_T)$$

$$\frac{\partial^2 N_r}{\partial z^2} - \alpha^2 N_r = T_0\left(\beta - \frac{\gamma r}{GI_d}\right)\frac{\sin\left(\frac{z_T}{r}\right)}{\sin\left(\frac{L}{r}\right)}\sin\left(\frac{L-z}{r}\right) = \beta'' \sin\left(\frac{L-z}{r}\right) \qquad (z_T \leqslant z \leqslant L)$$

式中，$\beta' = T_0\left(\beta - \frac{\gamma r}{GI_d}\right)\frac{\sin\left(\frac{L-z_T}{r}\right)}{\sin\left(\frac{L}{r}\right)}$；$\beta'' = T_0\left(\beta - \frac{\gamma r}{GI_d}\right)\frac{\sin\left(\frac{z_T}{r}\right)}{\sin\left(\frac{L}{r}\right)}$。

整理得到轴向力微分方程通解：

$$N_l = A_{2l}\mathrm{e}^{\alpha z} + A_{1l}\mathrm{e}^{-\alpha z} - \frac{\beta' r^2}{1+\alpha^2 r^2}\sin\left(\frac{z}{r}\right) \qquad (0 \leqslant z \leqslant z_T)$$

$$N_r = A_{2r}\mathrm{e}^{\alpha z} + A_{1r}\mathrm{e}^{-\alpha z} - \frac{\beta'' r^2}{1+\alpha^2 r^2}\sin\left(\frac{L-z}{r}\right) \qquad (z_T \leqslant z \leqslant L)$$

边界条件：$z=0$ 时，$\frac{\partial^2 N_l(0)}{\partial z^2}=0$；$z=L$ 时，$\frac{\partial^2 N_r(L)}{\partial z^2}=0$；$z=z_T$ 时，$\frac{\partial N_r(z_T)}{\partial z}=\frac{\partial N_l(z_T)}{\partial z}$，$\frac{\partial^2 N_r(z_T)}{\partial z^2}=\frac{\partial^2 N_l(z_T)}{\partial z^2}$。整理得到集中扭矩作用下的曲线组合梁轴向力计算公式为

$$N_l = \left\{\frac{r\left[\mathrm{e}^{\alpha z_T} - \mathrm{e}^{(2\alpha L - \alpha z_T)}\right]\left[\beta'\cos\left(\frac{z_T}{r}\right) + \beta''\cos\left(\frac{L-z_T}{r}\right)\right]}{2\alpha(1-\mathrm{e}^{2\alpha L})(1+\alpha^2 r^2)}\right.$$
$$\left. - \frac{\left[\mathrm{e}^{\alpha z_T} + \mathrm{e}^{(2\alpha L - \alpha z_T)}\right]\left[-\beta'\sin\left(\frac{z_T}{r}\right) + \beta''\sin\left(\frac{L-z_T}{r}\right)\right]}{2\alpha^2(1-\mathrm{e}^{2\alpha L})(1+\alpha^2 r^2)}\right\}\mathrm{e}^{\alpha z}$$
$$-\left\{\frac{r\left[\mathrm{e}^{\alpha z_T} - \mathrm{e}^{(2\alpha L - \alpha z_T)}\right]\left[\beta'\cos\left(\frac{z_T}{r}\right) + \beta''\cos\left(\frac{L-z_T}{r}\right)\right]}{2\alpha(1-\mathrm{e}^{2\alpha L})(1+\alpha^2 r^2)}\right.$$

$$
\left.-\frac{\left[\mathrm{e}^{\alpha z_T}+\mathrm{e}^{(2\alpha L-\alpha z_T)}\right]\left[-\beta'\sin\left(\frac{z_T}{r}\right)+\beta''\sin\left(\frac{L-z_T}{r}\right)\right]}{2\alpha^2(1-\mathrm{e}^{2\alpha L})(1+\alpha^2r^2)}\right\}\mathrm{e}^{-\alpha z}
$$

$$
-\frac{\beta' r^2}{1+\alpha^2r^2}\sin\left(\frac{z}{r}\right) \qquad (0\leqslant z\leqslant z_T)
$$

$$
N_r=\left\{\frac{r\left[\mathrm{e}^{\alpha z_T}-\mathrm{e}^{-\alpha z_T}\right]\left[\beta'\cos\left(\frac{z_T}{r}\right)+\beta''\cos\left(\frac{L-z_T}{r}\right)\right]}{2\alpha(1-\mathrm{e}^{2\alpha L})(1+\alpha^2r^2)}\right.
$$

$$
\left.-\frac{\left[\mathrm{e}^{\alpha z_T}+\mathrm{e}^{-\alpha z_T}\right]\left[-\beta'\sin\left(\frac{z_T}{r}\right)+\beta''\sin\left(\frac{L-z_T}{r}\right)\right]}{2\alpha^2(1-\mathrm{e}^{2\alpha L})(1+\alpha^2r^2)}\right\}\mathrm{e}^{\alpha z}
$$

$$
-\left\{\frac{r\left[\mathrm{e}^{\alpha z_T}-\mathrm{e}^{-\alpha z_T}\right]\left[\beta'\cos\left(\frac{z_T}{r}\right)+\beta''\cos\left(\frac{L-z_T}{r}\right)\right]}{2\alpha(1-\mathrm{e}^{2\alpha L})(1+\alpha^2r^2)}\right.
$$

$$
\left.-\frac{\left[\mathrm{e}^{\alpha z_T}+\mathrm{e}^{-\alpha z_T}\right]\left[-\beta'\sin\left(\frac{z_T}{r}\right)+\beta''\sin\left(\frac{L-z_T}{r}\right)\right]}{2\alpha^2(1-\mathrm{e}^{2\alpha L})(1+\alpha^2r^2)}\right\}\mathrm{e}^{(2\alpha L-\alpha z)}
$$

$$
-\frac{\beta'' r^2}{1+\alpha^2r^2}\sin\left(\frac{L-z}{r}\right) \qquad (z_T\leqslant z\leqslant L)
$$

3.3　基于能量变分理论的界面相对滑移与截面轴向力

曲线组合梁由钢梁、混凝土板及剪力连接件等部件组成，在外荷载作用下，组合梁遵守能量守恒定律，基于能量变分理论，本节给出曲线组合梁的截面轴向力和界面相对滑移微分方程。

根据胡克定理，可得到钢梁和混凝土板的应力分别为

$$
\sigma_{sz}=E_s\frac{\partial u_s}{\partial z}=E_s u_s'
$$

$$
\sigma_{cz}=E_c\frac{\partial u_c}{\partial z}=E_c u_c'
$$

组合梁中的组件主要有钢梁、混凝土板及剪力连接件，组件的应变能如下。

钢梁应变能：

$$
\Pi_s=\frac{1}{2}E_s\int_s\int_{A_s}u_s'^2\mathrm{d}A\mathrm{d}z+\frac{1}{2}E_sI_{sx}\int w''^2\mathrm{d}z
$$

混凝土板应变能：

$$\Pi_c = \frac{1}{2}E_c\int_s\int_{A_c} u_c'^2 \mathrm{d}A\mathrm{d}z + \frac{1}{2}E_c I_{cx}\int w''^2 \mathrm{d}z$$

剪力连接件应变能：

$$\Pi_{sc} = \frac{1}{2}\int_s k_u\left(u_s - u_c + \frac{h}{2}w'\right)^2 \mathrm{d}z$$

混凝土板的外力势能如下。

横向荷载作用：

$$\overline{V}_{q_{cx}} = -\int_{r_1}^{r_2} q_{cx}v_c \mathrm{d}x\,,\qquad \overline{V}_{q_{cy}} = -\int_0^s q_{cy}w\mathrm{d}z\,,\qquad \overline{V}_{q_{cz}} = -\int_0^s q_{cz}u_c \mathrm{d}z$$

分布弯矩作用：

$$\overline{V}_{m_{cx}} = -\int_0^s m_{cx}w'\mathrm{d}z\,,\qquad \overline{V}_{m_{cy}} = -\int_{r_1}^{r_2} m_{cy}v_c'\mathrm{d}x$$

分布扭矩作用：

$$\overline{V}_{m_{cz}} = -\int_0^s m_{cz}\phi\mathrm{d}z$$

端弯矩：

$$\overline{V}_{M_{cx}} = \left[M_{cx}w'\right]_0^s,\qquad \overline{V}_{M_{cy}} = \left[M_{cy}v_c'\right]_{r_1}^{r_2}$$

端剪力：

$$\overline{V}_{Q_{cy}} = \left[Q_{cy}w'\right]_0^s,\qquad \overline{V}_{Q_{cx}} = \left[Q_{cx}v_c'\right]_{r_1}^{r_2}$$

端扭矩：

$$\overline{V}_{T_c} = \left[T_c\phi\right]_0^s$$

钢梁的外力势能如下。

横向荷载作用：

$$\overline{V}_{q_{sx}} = -\int_{r_1}^{r_2} q_{sx}v_s \mathrm{d}x\,,\qquad \overline{V}_{q_{sy}} = -\int_0^s q_{sy}w\mathrm{d}z\,,\qquad \overline{V}_{q_{sz}} = -\int_0^s q_{sz}u_s \mathrm{d}z$$

分布弯矩作用：

$$\overline{V}_{m_{sx}} = -\int_0^s m_{sx}w'\mathrm{d}z\,,\qquad \overline{V}_{m_{sy}} = -\int_{r_1}^{r_2} m_{sy}v_s'\mathrm{d}x$$

分布扭矩作用：

$$\overline{V}_{m_{sz}} = -\int_0^s m_{sz}\phi\mathrm{d}z$$

端弯矩：

$$\overline{V}_{M_{sx}} = \left[M_{sx}w'\right]_0^s,\qquad \overline{V}_{M_{sy}} = \left[M_{sy}v_s'\right]_{r_1}^{r_2}$$

端剪力：

$$\overline{V}_{Q_{sy}}=\left[Q_{sy}w'\right]_0^s,\qquad \overline{V}_{Q_{sx}}=\left[Q_{sx}\ v_s'\right]_{r_1}^{r_2}$$

端扭矩：

$$\overline{V}_{T_s}=\left[T_s\ \phi\right]_0^s$$

总的外力势能为

$$\Pi_0=-\int_0^s\left(q_yw+q_{cz}u_c+q_{sz}u_s+m_xw'+m_z\phi\right)\mathrm{d}z-\int_{r_1}^{r_2}\left(q_xv+m_yv_s'\right)\mathrm{d}x$$
$$+\left[\left(M_x+Q_y\right)w'+T\phi\right]_0^s+\left[\left(M_y+Q_x\right)v'\right]_{r_1}^{r_2}$$

组合梁的总能量为

$$\Pi=\frac{1}{2}E_s\int_s\int_{A_s}u_s'^2\mathrm{d}A\,\mathrm{d}z+\frac{1}{2}EI_x\int w''^2\mathrm{d}z+\frac{1}{2}E_c\int_s\int_{A_c}u_c'^2\mathrm{d}A\mathrm{d}z+\frac{1}{2}\int_s k_u\left(u_s-u_c+\frac{h}{2}w'\right)^2\mathrm{d}x$$
$$-\int_0^s\left(q_yw+q_{cz}u_c+q_{sz}u_s+m_xw'+m_z\phi\right)\mathrm{d}z-\int_{r_1}^{r_2}\left(q_xv+m_yv'\right)\mathrm{d}x+\left[\left(M_y+Q_x\right)v'\right]_{r_1}^{r_2}$$
$$+\left[\left(M_x+Q_y\right)w'+T\phi\right]_0^s$$

式中，$EI_x=E_cI_{cx}+E_sI_{sx}$，I_{cx} 和 I_{sx} 分别为混凝土板、钢梁绕 x 轴的惯性矩；A_c 和 A_s 分别为混凝土板、钢梁的截面面积；k_u 为单位梁长的纵向和横向滑移刚度；r_1 和 r_2 分别为曲线组合梁的内半径和外半径；u、v 和 w 分别为组合梁沿 z 轴、x 轴和 y 轴的位移。

对总能量进行变分得

$$\delta\Pi=\int_s\left[-E_sA_su_s''+k_u\left(u_s-u_c+w'\frac{h}{2}\right)-q_{sz}\right]\delta u_s\mathrm{d}z-\int_s k_u\left(u_s'-u_c'+w''\frac{h}{2}\right)\frac{h}{2}\delta w\mathrm{d}z$$
$$+\int_s\left[-E_cA_cu_c''-k_u\left(u_s-u_c+w'\frac{h}{2}\right)-q_{cz}\right]\delta u_c\mathrm{d}z+\int_s EI_xw^{(4)}\delta w\mathrm{d}z$$
$$-\int_s\left(q_y-m_x\right)\delta w\mathrm{d}z-\int_s m_z\delta\phi\mathrm{d}z+E_sA_su_s'\delta u_s\,|_s+E_cA_cu_c'\delta u_c\,|_s$$
$$+k_u\left(u_s-u_c+\frac{h}{2}w'\right)h\delta w\,|_s+m_x\delta w\,|_s+EI_xw''\delta w'\,|_s-EI_xw'''\delta w\,|_s=0$$

因为上式中 δu_c、δu_s 及 δw 相互独立，则有

$$-E_sA_su_s''+k_u\left(u_s-u_c+w'\frac{h}{2}\right)-q_{sz}=0$$

$$-E_cA_cu_c''-k_u\left(u_s-u_c+w'\frac{h}{2}\right)-q_{cz}=0$$

$$\int_s EI_xw^{(4)}-\int_s k_u\left(u_s'-u_c'+w''\frac{h}{2}\right)\frac{h}{2}-\left(q_y-m_x\right)=0$$

整理得到

$$N_s'' + \frac{E_s A_s u_s''}{r} - k_u\left(\frac{N_s}{E_s A_s} - \frac{N_c}{E_c A_c} + w''\frac{h}{2}\right) + q_{sz}' = 0$$

$$N_c'' + \frac{E_c A_c u_c''}{r} + k_u\left(\frac{N_s}{E_s A_s} - \frac{N_c}{E_c A_c} + w''\frac{h}{2}\right) + q_{cz}' = 0$$

弯矩和曲率的关系为

$$k_x = -\frac{M_x - Nh}{EI_x} + \frac{\phi}{r}$$

根据内力平衡 $N = N_c = -N_s$，得到曲线组合梁轴向力的基本微分方程：

$$\frac{\partial^2 N}{\partial z^2} - \alpha^2 N = \beta M_x + \gamma\phi \tag{3-4}$$

组合界面的相对滑移应变：

$$\frac{\mathrm{d}s_z}{\mathrm{d}z} = \varepsilon_s - \varepsilon_c = \left(\frac{1}{E_s A_s} + \frac{1}{E_c A_c}\right)N - hk_x$$

由基本假定 $\frac{\mathrm{d}N}{\mathrm{d}z} = q_{zk}$，$q_{zk} = k_u s_z$，整理后得到曲线组合梁界面的相对滑移计算微分方程为

$$\frac{\mathrm{d}^2 s_z}{\mathrm{d}z^2} - \alpha^2 s_z = \beta T + \gamma Q_y \tag{3-5}$$

3.4　徐变效应影响的界面相对滑移

混凝土徐变效应对组合梁的界面相对滑移和截面轴向力的影响不容忽视，本节利用弹性理论，将混凝土徐变效应引入组合梁界面相对滑移和轴向力分析中，给出混凝土徐变效应影响下简支静定曲线组合梁的界面相对滑移和截面轴向力计算公式。

3.4.1　界面相对滑移基本方程

根据叠加原理，在 t_0 时刻对混凝土板施加应力 $\sigma(t_0)$ 作用后，不同的 t_i 时刻分阶段施加应力增量 $\Delta\sigma(t_i)$，在任何 t 时刻，混凝土板的总应变为

$$\varepsilon(t,t_0) = \frac{\sigma(t_0)}{E(t_0)}\left[1+\varphi(t,t_0)\right] + \sum_{t_i=t_0}^{t}\frac{\Delta\sigma(t_i)}{E(t_i)}\left[1+\varphi(t,t_0)\right]$$

式中，$\varphi(t,t_0)$ 为从 t_0~t 时段的徐变系数；$E(t_i)$ 为混凝土在 t_i 时刻的弹性模量。

考虑应力变化为连续变化，则有

$$\varepsilon(t,t_0)=\frac{\sigma(t_0)}{E(t_0)}\left[1+\varphi(t,t_0)\right]+\int_{t_0}^{t}\frac{\partial\sigma(\tau)}{\partial\tau}\frac{\left[1+\varphi(t,\tau)\right]}{E(\tau)}\mathrm{d}\tau$$

令 $\varepsilon(t)=\varepsilon(t,t_0)$，则有

$$\Delta\varepsilon_\theta(t,t_0)=\varepsilon(t)-\frac{\sigma(t_0)}{E(t_0)}$$

$$\Delta\sigma_\theta(t,t_0)=\sigma(t)-\sigma(t_0)$$

式中，$\Delta\varepsilon_\theta(t,t_0)$ 为 $t_0\sim t$ 时段产生的徐变应变增量；$\Delta\sigma_\theta(t,t_0)$ 为 $t_0\sim t$ 时段产生的徐变应力增量；$\sigma(t)$ 和 $\sigma(t_0)$ 分别为 t 时刻和 t_0 时刻对混凝土板施加的应力。

$$\begin{aligned}\Delta\varepsilon_\theta(t,t_0)&=\frac{\sigma(t_0)}{E(t_0)}\varphi(t,t_0)+\int_{t_0}^{t}\frac{\partial\sigma(\tau)}{\partial\tau}\frac{\left[1+\varphi(t,\tau)\right]}{E(\tau)}\mathrm{d}\tau\\&=\frac{\sigma(t_0)}{E(t_0)}\varphi(t,t_0)+\frac{\Delta\sigma_\theta(t,t_0)}{E(t_0)}\left[1+\chi(t,t_0)\varphi(t,t_0)\right]\end{aligned}$$

式中，$\chi(t,t_0)$ 为从 t_0 时刻加载到 t 时刻的混凝土的老化系数，

$$\chi(t,t_0)=\frac{E(t_0)}{\varphi(t,t_0)\left[\sigma(t)-\sigma(t_0)\right]}\int_{t_0}^{t}\frac{\partial\sigma(\tau)}{\partial\tau}\frac{\left[1+\varphi(t,\tau)\right]}{E(\tau)}\mathrm{d}\tau-\frac{1}{\varphi(t,t_0)}$$

整理可得徐变分析的基本方程：

$$\Delta\varepsilon_\theta(t,t_0)=\frac{\sigma(t_0)}{E(t_0)}\varphi(t,t_0)+\frac{\sigma_\theta(t,t_0)}{E_\varphi(t,t_0)}$$

式中，$E_\varphi(t,t_0)$ 为按照龄期调整的有效模量，$E_\varphi(t,t_0)=\dfrac{E(t_0)}{\left[1+\chi(t,t_0)\varphi(t,t_0)\right]}$；$E(t_0)$ 为 t_0 时刻混凝土的弹性模量。

混凝土的徐变系数计算公式：

$$\varphi(t,t_0)=\varphi_0\beta_c(t-t_0)$$

名义徐变系数为

$$\varphi_0=\varphi_{\mathrm{RH}}\beta f_{cm}\beta(t_0)=\left[1+\frac{1-\mathrm{RH}/\mathrm{RH}_0}{0.46\left(h_\varphi/h_0\right)^{\frac{1}{3}}}\right]\left[\frac{5.3}{\left(f_{cm}/f_{cm0}\right)^{0.5}}\right]\left[\frac{1}{0.1+\left(t_0/t_1\right)^{0.2}}\right]$$

$$\beta_c(t-t_0)=\left[\frac{(t-t_0)/t_1}{\beta_H+(t-t_0)/t_1}\right]^{0.3}$$

$$\beta_H=150\left[1+\left(1.2\frac{\mathrm{RH}}{\mathrm{RH}_0}\right)^{18}\right]\frac{h_\varphi}{h_0}+250\leqslant1500$$

式中，$\beta_c(t-t_0)$为加载后徐变随时间的发展系数；f_{cm}为 28d 龄期时，强度等级为 C20～C50 的混凝土的平均立方体抗压强度，$f_{cm}=0.8f_{cu,k}$，其中$f_{cu,k}$为 28d 龄期时，具有 95%保证率的混凝土立方体抗压强度标准值（MPa）；RH 为环境年平均相对湿度，为 70%；h_φ为构件理论厚度（mm），$h_\varphi=2A/u$，其中A为构件截面面积，u为构件与大气接触面的周长。

初始情况下对应的参数为$\mathrm{RH}_0=100\%$，$h_0=100\mathrm{mm}$，$t_1=1\mathrm{d}$，$f_{cm0}=10\mathrm{MPa}$。

在t_0~t时间段，曲线组合梁会因混凝土的徐变作用而发生应力和应变的改变，故需考虑混凝土徐变效应的影响。在组合梁中，混凝土发生徐变，钢梁与混凝土板的曲率仍然相同，故曲率变化也相同，则钢梁上翼缘顶面的应变增量$\Delta\varepsilon_s$和混凝土板底面的应变增量$\Delta\varepsilon_c$分别为

$$\Delta\varepsilon_s=\frac{N_s}{E_sA_s}-\frac{h_s}{2}k_x$$

$$\Delta\varepsilon_c=\frac{h_c}{2}k_x+\frac{\Delta N_c}{E_c(t,t_0)A_c(t)}-\frac{\sigma(t_0)}{E(t_0)}\varphi(t,t_0)-\frac{\Delta\sigma(t,t_0)}{E_\varphi(t,t_0)}$$

式中，h_s为钢梁高度；h_c为混凝土板高度。

滑移应变增量$\frac{\mathrm{d}\Delta s_z}{\mathrm{d}z}$为

$$\frac{\mathrm{d}\Delta s_z}{\mathrm{d}z}=\Delta\varepsilon_s-\Delta\varepsilon_c=\frac{N_s}{E_sA_s}-\frac{h_s}{2}k_x-\frac{h_c}{2}k_x-\frac{\Delta N_c}{E_c(t,t_0)A_c(t)}+\frac{\sigma(t_0)}{E(t_0)}\varphi(t,t_0)+\frac{\Delta\sigma(t,t_0)}{E(t,t_0)}$$

综合整理得

$$\frac{\mathrm{d}\Delta s_z}{\mathrm{d}z}=-h'k_x+\frac{N(t_0)}{E(t_0)A(t_0)}\varphi(t,t_0)+\frac{\Delta\sigma(t)-\Delta\sigma(t_0)}{E_\varphi(t,t_0)}+\frac{N_s}{E_sA_s}-\frac{\Delta N_c}{E_c(t,t_0)A_c(t)}$$

$$\Delta N=\sum_{i=1}^{n}E_{si}A_{si}\varphi(t,t_0)\left[-\frac{N(t_0)}{E_c(t_0)A_c(t_0)}+h_{sr}(t_0)k_x\right]=\rho\left[-\frac{N(t_0)}{E_c(t_0)A_c(t_0)}+h_{sr}(t_0)k_x\right]$$

式中，A_{si}为混凝土板中第i层钢筋的截面面积；E_{si}为混凝土板中第i层钢筋的弹性模量；h'为钢梁形心与混凝土板形心的距离，$h'=\frac{1}{2}(h_s+h_c)$；$h_{sr}(t_0)$为t_0时刻混凝土板内钢筋至混凝土板换算截面形心的竖向距离，仅此处规定形心轴以下为正、以上为负。

整理可得

$$\frac{\mathrm{d}\Delta s_z}{\mathrm{d}z}=-h'k_x+\frac{N(t_0)}{E(t_0)A(t_0)}\varphi(t,t_0)+\frac{\rho\left[-\frac{N(t_0)}{E_c(t_0)A_c(t_0)}+\frac{1}{2}h_ck_x\right]}{E_\varphi(t,t_0)A(t_0)}+\frac{N_s}{E_sA_s}-\frac{\Delta N_c}{E_c(t,t_0)A_c(t)}$$

对上式求一次导数可得

$$\frac{\mathrm{d}^2\Delta s_z}{\mathrm{d}z^2}=-h'\frac{\partial k_x}{\partial z}+\frac{1}{E_sA_s}\frac{\partial N_s}{\partial z}-\frac{1}{E_c(t,t_0)A_c(t)}\frac{\partial N_c}{\partial z}+\frac{\varphi(t,t_0)}{E(t_0)A(t_0)}\frac{\partial N(t_0)}{\partial z}$$

$$-\frac{\dfrac{\rho}{E_c(t_0)A_c(t_0)}}{E_\varphi(t,t_0)A(t_0)}\frac{\partial N(t_0)}{\partial z}+\frac{\rho h_c}{2E_\varphi(t,t_0)A(t_0)}\frac{\partial k_x}{\partial z}$$

根据曲线组合梁弯矩、曲率及扭转角之间的关系：

$$k_x=-\frac{M_x-Nh}{EI_x}+\frac{\phi}{r}$$

对其求一次导数得

$$\frac{\partial k_x}{\partial z}=-\frac{1}{EI_x}\frac{\partial M_x}{\partial z}+\frac{1}{r}\frac{\partial \phi}{\partial z}=\frac{1}{EI_x}\left(\frac{T}{r}-Q_y+m_x\right)+\frac{T}{rGI_d}$$

整理得到

$$\frac{\mathrm{d}^2\Delta s_z}{\mathrm{d}z^2}=-h'\left[\frac{1}{EI_x}\left(\frac{T}{r}-Q_y+m_x\right)+\frac{T}{rGI_d}\right]+\left[\frac{1}{E_sA_s}+\frac{1}{E_c(t,t_0)A_c(t)}\right]k_us_z$$

$$+\frac{\rho h_c}{2E_\varphi(t,t_0)A(t_0)}\left[\frac{1}{EI_x}\left(\frac{T}{r}-Q_y+m_x\right)+\frac{T}{rGI_d}\right]$$

$$+\frac{\varphi(t,t_0)}{E(t_0)A(t_0)}\frac{\partial N(t_0)}{\partial z}-\frac{\dfrac{\rho}{E_c(t_0)A_c(t_0)}}{E_\varphi(t,t_0)A(t_0)}\frac{\partial N(t_0)}{\partial z}$$

利用 $q_z=k_us_z$ 得到

$$\frac{\mathrm{d}^2\Delta s_z}{\mathrm{d}z^2}=\left[\frac{1}{E_sA_s}+\frac{1}{E_c(t,t_0)A_c(t)}+\frac{h'^2}{EI_x}-\frac{\rho h_c}{2E_\varphi(t,t_0)A(t_0)}\frac{h'}{EI_x}\right]k_us_z$$

$$+\frac{1}{r}\left(\frac{1}{EI_x}+\frac{1}{GI_d}\right)\left[-h'+\frac{\rho h_c}{2E_\varphi(t,t_0)A(t_0)}\right]T$$

$$+\frac{1}{EI_x}\left[h'-\frac{\rho h_c}{2E_\varphi(t,t_0)A(t_0)}\right]Q_y$$

$$+\left[\frac{\varphi(t,t_0)}{E(t_0)A(t_0)}-\frac{\dfrac{\rho}{E_c(t_0)A_c(t_0)}}{E_\varphi(t,t_0)A(t_0)}\right]\frac{\partial N(t_0)}{\partial z}$$

从而可得考虑混凝土徐变效应影响的曲线组合梁界面相对滑移微分方程：

$$\frac{\mathrm{d}^2s_z}{\mathrm{d}z^2}-\alpha^2s_z=\beta T+\gamma Q_y+\phi\frac{\partial N(t_0)}{\partial z}\tag{3-6}$$

式中，

$$\alpha^2=\left[\frac{1}{E_sA_s}+\frac{1}{E_c(t,t_0)A_c(t)}+\frac{h'^2}{EI_x}-\frac{\rho h_c}{2E_\varphi(t,t_0)A(t_0)}\frac{h'}{EI_x}\right]k_u$$

$$\beta=\frac{1}{r}\left(\frac{1}{EI_x}+\frac{1}{GI_d}\right)\left[-h'+\frac{\rho h_c}{2E_\varphi(t,t_0)A(t_0)}\right]$$

$$\gamma=\frac{1}{EI_x}\left[h'-\frac{\rho h_c}{2E_\varphi(t,t_0)A(t_0)}\right]$$

$$\phi=\left[\frac{\varphi(t,t_0)}{E(t_0)A(t_0)}-\frac{\dfrac{\rho}{E_c(t_0)A_c(t_0)}}{E_\varphi(t,t_0)A(t_0)}\right]$$

3.4.2　界面相对滑移计算公式

不同外荷载作用下，曲线组合梁有不同的界面相对滑移计算公式，下面以承受竖向均布荷载作用的简支曲线组合梁为例，给出组合梁的界面相对滑移计算公式。

将竖向均布荷载作用下简支曲线组合梁的扭矩、剪力及初始状态下的轴向力计算公式代入式（3-6）中，整理得到

$$\frac{\mathrm{d}^2s_z}{\mathrm{d}z^2}-\alpha^2s_z=\beta'\sin\left(\frac{z}{r}\right)-\beta'\tan\left(\frac{L}{2r}\right)\cos\left(\frac{z}{r}\right)+\delta z+r\tan\left(\frac{L}{2r}\right)\delta$$

式中，$\beta'=\beta r^2q_y$；$\delta=-(\beta r+\gamma)q_y$。

求解上面的微分方程，可得徐变影响下的界面相对滑移微分方程通解为

$$s_z=A_2\mathrm{e}^{\alpha z}+A_1\mathrm{e}^{-\alpha z}-\frac{r^2\left[\beta'\sin\left(\frac{z}{r}\right)-\beta'\tan\left(\frac{L}{2r}\right)\cos\left(\frac{z}{r}\right)\right]}{(\alpha r)^2+1}-\frac{\delta}{\alpha^2}z-\frac{r\tan\left(\frac{L}{2r}\right)\delta}{\alpha^2}$$

对上式进行求导，利用边界条件：$z=\frac{L}{2}$时，$s_z=0$；$z=0$时，$\frac{\mathrm{d}s_z}{\mathrm{d}z}=0$。可得到徐变效应影响下曲线组合梁的界面相对滑移计算公式为

$$s_z=\left\{\frac{r\beta' e^{-\frac{\alpha L}{2}}}{\alpha\left[(\alpha r)^2+1\right]\left(e^{-\frac{\alpha L}{2}}+e^{\frac{\alpha L}{2}}\right)}+\frac{\alpha\delta\left[L+2r\tan\left(\frac{L}{2r}\right)\right]+2\delta e^{-\frac{\alpha L}{2}}}{2\alpha^3\left(e^{-\frac{\alpha L}{2}}+e^{\frac{\alpha L}{2}}\right)}\right\}e^{\alpha z}$$

$$+\left\{-\frac{r\beta' e^{\frac{\alpha L}{2}}}{\alpha\left[(\alpha r)^2+1\right]\left(e^{-\frac{\alpha L}{2}}+e^{\frac{\alpha L}{2}}\right)}+\frac{\alpha\delta\left[L+2r\tan\left(\frac{L}{2r}\right)\right]-2\delta e^{\frac{\alpha L}{2}}}{2\alpha^3\left(e^{-\frac{\alpha L}{2}}+e^{\frac{\alpha L}{2}}\right)}\right\}e^{-\alpha z}$$

$$-\frac{r^2\left[\beta'\sin\left(\frac{z}{r}\right)-\beta'\tan\left(\frac{L}{2r}\right)\cos\left(\frac{z}{r}\right)\right]}{(\alpha r)^2+1}-\frac{\delta}{\alpha^2}z-\frac{r\tan\left(\frac{L}{2r}\right)\delta}{\alpha^2}$$

3.5　徐变效应影响的组合截面轴向力

3.5.1　轴向力基本方程

利用弹性理论，考虑混凝土徐变效应影响的曲线组合梁的轴向力计算公式为

$$\frac{d\Delta s_z}{dz}=-h'k_x+\frac{N(t_0)}{E(t_0)A(t_0)}\varphi(t,t_0)+\frac{\rho\left[-\frac{N(t_0)}{E_c(t_0)A_c(t_0)}+\frac{1}{2}h_ck_x\right]}{E_\varphi(t,t_0)A(t_0)}+\frac{N_s}{E_sA_s}-\frac{\Delta N_c}{E_c(t,t_0)A_c(t)}$$

将 $q_{zk}=k_us_z$ 代入上式，整理可得

$$\frac{dq_{zk}}{dz}=k_u\left\{-h'k_x+\frac{N(t_0)}{E(t_0)A(t_0)}\varphi(t,t_0)+\frac{\rho\left[-\frac{N(t_0)}{E_c(t_0)A_c(t_0)}+\frac{1}{2}h_ck_x\right]}{E_\varphi(t,t_0)A(t_0)}+\frac{N_s}{E_sA_s}-\frac{\Delta N_c}{E_c(t,t_0)A_c(t)}\right\}$$

组合截面的轴向力微分方程：

$$\frac{\partial^2N_c}{\partial z^2}-\frac{\partial Q_{cx}}{r\partial z}+\frac{\partial q_{cz}}{\partial z}+\frac{\partial q_{zk}}{\partial z}=0$$

整理可得

$$\frac{\partial^2 N_c}{\partial z^2}=\frac{1}{r}\frac{\partial Q_{cx}}{\partial z}-\frac{\partial q_{cz}}{\partial z}$$

$$-k_u\left\{-h'k_x+\frac{N(t_0)}{E(t_0)A(t_0)}\varphi(t,t_0)+\frac{\rho\left[-\frac{N(t_0)}{E_c(t_0)A_c(t_0)}+\frac{1}{2}h_c k_x\right]}{E_\varphi(t,t_0)A(t_0)}+\frac{N_s}{E_s A_s}-\frac{\Delta N_c}{E_c(t,t_0)A_c(t)}\right\}$$

引入组合梁的弯矩与曲率的关系：

$$k_x=-\frac{M_x-Nh}{EI_x}+\frac{\phi}{r}$$

整理可得

$$\frac{\partial^2 N}{\partial z^2}=\frac{1}{r}\frac{\partial Q_{cx}}{\partial z}-\frac{\partial q_{cz}}{\partial z}-k_u\left\{\left[\frac{\varphi(t,t_0)}{E(t_0)A(t_0)}-\frac{\frac{\rho}{E_c(t_0)A_c(t_0)}}{E_\varphi(t,t_0)A(t_0)}\right]N(t_0)\right.$$

$$\left.-h'\left(-\frac{M_x-Nh}{EI_x}+\frac{\phi}{r}\right)+\frac{N_s}{E_sA_s}-\frac{\Delta N_c}{E_c(t,t_0)A_c(t)}+\frac{\rho h_c}{2E_\varphi(t,t_0)A(t_0)}\left(-\frac{M_x-Nh'}{EI_x}+\frac{\phi}{r}\right)\right\}$$

根据内力计算可知：

$$\frac{\partial Q_{cx}}{\partial z}=-\frac{N_c}{r}$$

$$\frac{\partial Q_{sx}}{\partial z}=-\frac{N_s}{r}$$

考虑到 $N=N_c=-N_s$，忽略 $\frac{\partial q_{cz}}{\partial z}$，可得到曲线组合梁组合截面的轴向力计算微分方程为

$$\frac{\partial^2 N}{\partial z^2}-\alpha^2 N=\delta N(t_0)+\beta M_x+\gamma\phi \tag{3-7}$$

式中，

$$\alpha^2=\frac{k_u}{E_sA_s}+\frac{k_u}{E_c(t,t_0)A_c(t)}+\frac{k_u h'^2}{EI_x}-\frac{\rho h_c}{2E_\varphi(t,t_0)A(t_0)}\frac{k_u h'}{EI_x}-\frac{1}{r^2}$$

$$\delta=-k_u\left[\frac{\varphi(t,t_0)}{E(t_0)A(t_0)}-\frac{\frac{\rho}{E_c(t_0)A_c(t_0)}}{E_\varphi(t,t_0)A(t_0)}\right]$$

$$\beta=-k_u\left[\frac{h'}{EI_x}-\frac{\rho h_c}{2E_\varphi(t,t_0)A(t_0)}\frac{1}{EI_x}\right]$$

$$\gamma=-k_u\left[\frac{\rho h_c}{2rE_\varphi(t,t_0)A(t_0)}-\frac{h'}{r}\right]$$

3.5.2 轴向力计算公式

不同外荷载作用下，曲线组合梁有不同的轴向力计算公式，下面以竖向均布荷载作用的简支曲线组合梁为例，给出组合截面轴向力计算公式。

根据曲线组合梁扭转角与扭矩的关系：

$$\frac{\mathrm{d}\phi}{\mathrm{d}z}=\frac{T}{GI_d}$$

可得到扭转角方程：

$$\phi=\frac{r^2q_y}{GI_d}\left[-r\cos\left(\frac{z}{r}\right)-r\tan\left(\frac{L}{2r}\right)\sin\left(\frac{z}{r}\right)-\frac{z^2}{2r}+z\tan\left(\frac{L}{2r}\right)\right]+C$$

利用边界条件：$z=0$时，$\phi=0$。得到曲线组合梁扭转角计算公式为

$$\phi=\frac{r^2q_y}{GI_d}\left[-r\cos\left(\frac{z}{r}\right)-r\tan\left(\frac{L}{2r}\right)\sin\left(\frac{z}{r}\right)-\frac{z^2}{2r}+z\tan\left(\frac{L}{2r}\right)+r\right]$$

将简支曲线组合梁的弯矩计算公式代入式（3-7）中，整理得到

$$\frac{\partial^2N}{\partial z^2}-\alpha^2N=r^2q_y\left(\beta-\frac{\gamma r}{GI_d}\right)\cos\left(\frac{z}{r}\right)+r^2q_y\tan\left(\frac{L}{2r}\right)\left(\beta-\frac{\gamma r}{GI_d}\right)\sin\left(\frac{z}{r}\right)$$
$$-\frac{\gamma rq_y}{2GI_d}z^2+\frac{\gamma r^2q_y}{GI_d}z\tan\left(\frac{L}{2r}\right)+\frac{\gamma r^3q_y}{GI_d}$$

简化可得

$$\frac{\partial^2N}{\partial z^2}-\alpha^2N=\beta'\cos\left(\frac{z}{r}\right)+\beta'\tan\left(\frac{L}{2r}\right)\sin\left(\frac{z}{r}\right)-\frac{\gamma'}{2}z^2+\gamma'rz\tan\left(\frac{L}{2r}\right)+\gamma'r^2$$

式中，$\beta'=r^2q_y\left(\beta-\frac{\gamma r}{GI_d}\right)$；$\gamma'=\frac{\gamma rq_y}{GI_d}$。

求解上面的微分方程，可得徐变影响下组合截面的轴向力微分方程的通解：

$$N=A_2\mathrm{e}^{\alpha z}+A_1\mathrm{e}^{-\alpha z}-\frac{\beta'r\left[\tan\left(\frac{L}{2r}\right)\sin\left(\frac{z}{r}\right)+\cos\left(\frac{z}{r}\right)\right]}{\alpha^2r^2+1}$$
$$+\frac{\gamma'}{2\alpha^2}z^2-\frac{\gamma'r\tan\left(\frac{L}{2r}\right)}{\alpha^2}z+\frac{\gamma'\left(1-\alpha^2r^2\right)}{\alpha^4}$$

利用边界条件：$z=\dfrac{L}{2}$时，$\dfrac{\partial N}{\partial z}=0$；$z=0$时，$\dfrac{\partial^2 N}{\partial z^2}=0$。得到曲线组合梁组合截面的轴向力计算公式为

$$
\begin{aligned}
N=&\frac{e^{-\alpha z}-e^{\alpha z}}{\alpha^3\left(e^{\frac{\alpha L}{2}}+e^{-\frac{\alpha L}{2}}\right)}\\
&\left\{\frac{\gamma'\left[L-2r\tan\left(\dfrac{L}{2r}\right)\right]}{2}-\frac{\left[\alpha^2\beta'+\gamma'\left(\alpha^2 r^2+1\right)\right]+\alpha^3\beta' r\left[-\sin\left(\dfrac{L}{2r}\right)+\tan\left(\dfrac{L}{2r}\right)\cos\left(\dfrac{L}{2r}\right)\right]}{\alpha^2 r^2+1}\right\}\\
&-\left[\frac{\beta'\alpha^2+\gamma'\left(\alpha^2 r^2+1\right)}{\alpha^4\left(\alpha^2 r^2+1\right)}\right]e^{\alpha z}-\frac{\beta' r\left[\tan\left(\dfrac{L}{2r}\right)\sin\left(\dfrac{z}{r}\right)+\cos\left(\dfrac{z}{r}\right)\right]}{\alpha^2 r^2+1}\\
&+\frac{\gamma'}{\alpha^2}\left[\frac{z^2}{2}-rz\tan\left(\frac{L}{2r}\right)+\frac{1-\alpha^2 r^2}{\alpha^2}\right]
\end{aligned}
$$

式中，

$$
\alpha^2=\frac{k_u}{E_s A_s}+\frac{k_u}{E_c\left(t,t_0\right)A_c(t)}+\frac{k_u h'^2}{EI_x}-\frac{\rho h_c}{2E_\varphi\left(t,t_0\right)A\left(t_0\right)}\frac{k_u h'}{EI_x}-\frac{1}{r^2}
$$

$$
\delta=-k_u\left[\frac{\varphi\left(t,t_0\right)}{E\left(t_0\right)A\left(t_0\right)}-\frac{\dfrac{\rho}{E_c\left(t_0\right)A_c\left(t_0\right)}}{E_\varphi\left(t,t_0\right)A\left(t_0\right)}\right]
$$

$$
\beta=-k_u\left[\frac{h'}{EI_x}-\frac{\rho h_c}{2E_\varphi\left(t,t_0\right)A\left(t_0\right)}\frac{1}{EI_x}\right]
$$

第 4 章　曲线钢与混凝土简支组合梁内力

曲线组合梁的受力与变形性能相对更为复杂，荷载作用方式和支撑条件不同时，曲线组合梁的内力也不同。在分析曲线组合梁内力时，可以采用两种方法：一种方法是，将曲线组合梁按整体曲线梁进行内力分析；另一种方法是，将曲线组合梁中的混凝土板和钢梁分开考虑，分别对混凝土板和钢梁进行内力分析。目前，国内外对简支曲线组合梁的内力研究相对较少。基于文献[1]研究曲线梁和文献[69]～[72]研究曲线组合梁内力的基础上，本章给出不同荷载作用下的简支静定曲线组合梁和简支超静定曲线组合梁的内力计算公式。

4.1　简支静定曲线组合梁内力

本节给出不同荷载作用下简支静定曲线组合梁、混凝土板和钢梁的内力计算公式。

4.1.1　竖向均布荷载作用下的简支静定曲线组合梁

1. 组合梁内力

在竖向均布荷载作用下，简支静定曲线组合梁的内力方程中只有 q_y、q_{cy} 及 q_{sy} 三个未知量，即 m_z、m_{cz} 及 m_{sz} 均为 0，简支静定曲线组合梁内力计算简图见图 4-1，内力计算公式中均含有常数 C_1、C_2 和 C_3，可以利用边界条件求解。

1）弯矩计算公式

根据式（2-11），得到组合梁弯矩：

$$M_x = C_1 \cos\frac{z}{r} + C_2 \sin\frac{z}{r} - r^2 q_y$$

利用边界条件：$z=0$ 和 $z=L$ 时，$M_x = 0$。可求得组合梁的弯矩计算公式为

$$M_x = r^2 q_y \sin\frac{z}{r}\left(\tan\frac{L}{2r} - \tan\frac{z}{2r}\right)$$

2）扭矩计算公式

根据式（2-12），由 $M_x = 0$，得到组合梁扭矩：

$$T = C_1 \sin\frac{z}{r} - C_2 \cos\frac{z}{r} - r\int q_y \mathrm{d}z + C_3$$

利用边界条件：当 $z=0$ 时，$T=0$。可求得组合梁的扭矩计算公式为

$$T = r^2 q_y \sin\frac{z}{r}\left(1 + \tan\frac{L}{2r}\tan\frac{z}{2r} - \frac{z}{r\sin\dfrac{z}{r}}\right)$$

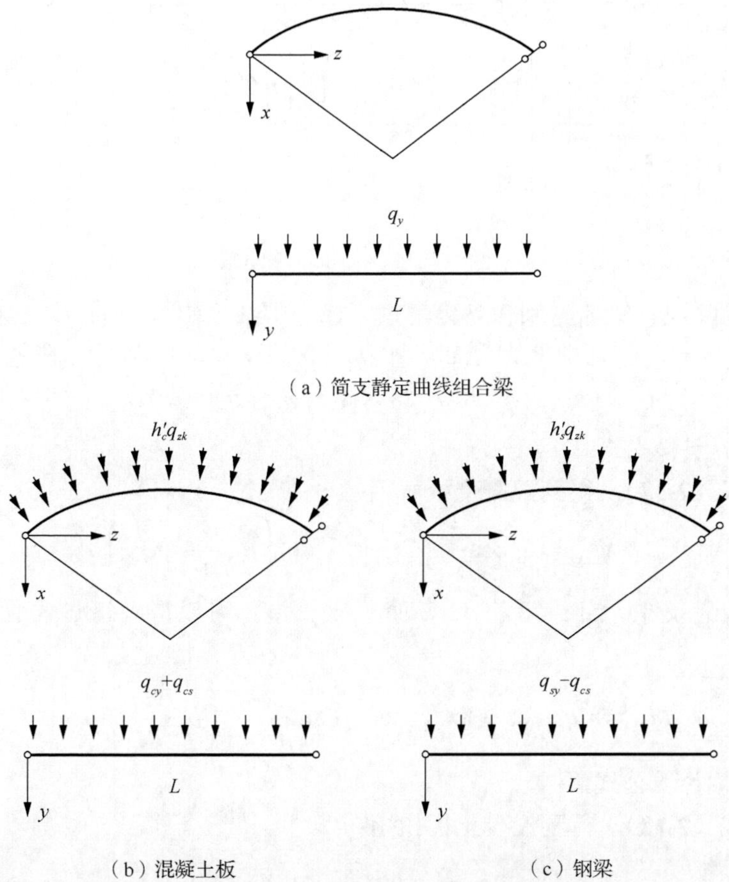

图 4-1　均布荷载作用下的简支静定曲线组合梁内力计算简图

3）剪力计算公式

根据式（2-13），前三项等于零，得到组合梁剪力：

$$Q_y = -q_y z + \frac{C_3}{r}$$

求解可得组合梁的剪力计算公式：

$$Q_y = r q_y \left(\tan\frac{L}{2r} - \frac{z}{r}\right)$$

4）界面分布剪力

利用轴向力计算公式，得到界面分布剪力：

$$q_{zk}=\frac{\partial N}{\partial z}=A\left(\mathrm{e}^{\alpha z}+\mathrm{e}^{-\alpha z}\right)-\frac{\beta' r\left(-\sin\dfrac{z}{r}+\tan\dfrac{L}{2r}\cos\dfrac{z}{r}\right)}{\alpha^2 r^2+1}+\frac{\gamma'}{\alpha^2}z-\frac{\gamma' r\tan\dfrac{L}{2r}}{\alpha^2}$$

式中，$A=\dfrac{1}{\alpha^2\left(\mathrm{e}^{\frac{\alpha L}{2}}+\mathrm{e}^{-\frac{\alpha L}{2}}\right)}\left\{\dfrac{\gamma'\left(L-2r\tan\dfrac{L}{2r}\right)}{2}-\dfrac{\left[\alpha\beta'+\dfrac{\gamma'}{\alpha}\left(\alpha^2r^2+1\right)\right]\mathrm{e}^{-\frac{\alpha L}{2}}}{\alpha^2r^2+1}\right\}$。

2. 混凝土板内力

根据曲线组合梁的结构和受力特点，作如下基本假定：①忽略径向滑移，即 $q_{xk}=0$，$v_c=v_s$；②忽略竖向翘曲，即 $q_{cs}=0$，$w_c=w_s$。另外，在竖向均布荷载作用下，m_{cx}、m_{cy}、m_{cz}、q_{cx} 和 q_{cz} 均为零，只有 q_{cy} 存在。

1）弯矩计算公式

根据式（2-17），得到混凝土板弯矩：

$$M_{cx}=C_{1c}\cos\frac{z}{r}+C_{2c}\sin\frac{z}{r}-r^2\left(h_c'\frac{\partial q_{zk}}{\partial z}+q_{cy}\right)$$

利用边界条件，当 $z=0$ 和 $z=L$ 时，$M_{cx}=0$，可以得到忽略微小量的混凝土板弯矩：

$$M_{cx}=r^2q_{cy}\cos\frac{z}{r}+r^2q_{cy}\tan\frac{L}{2r}\sin\frac{z}{r}-r^2\left(h_c'\frac{\partial q_{zk}}{\partial z}+q_{cy}\right)$$

2）扭矩计算公式

根据式（2-18），得到混凝土板扭矩：

$$T_c=C_{1c}\sin\frac{z}{r}-C_{2c}\cos\frac{z}{r}-rq_{cy}z-rh_c'q_{zk}+C_{3c}$$

利用边界条件，当 $z=0$ 时，$T_c=0$，得到混凝土板的扭矩计算公式：

$$T_c=r^2q_{cy}\sin\frac{z}{r}-r^2q_{cy}\tan\frac{L}{2r}\cos\frac{z}{r}-rq_{cy}z-rh_c'q_{zk}+r^2q_{cy}\tan\frac{L}{2r}+rh_c'q_{zk}$$

3）剪力计算公式

根据式（2-19），得到混凝土板的剪力：

$$Q_{cy}=-r^2h_c'q_{zk}''-q_{cy}z+\frac{C_{3c}}{r}$$

求解可得混凝土板的剪力计算公式：

$$Q_{cy}=-r^2h_c'q_{zk}''-q_{cy}z+rq_{cy}\tan\frac{L}{2r}+h_c'q_{zk}$$

3. 钢梁内力

1）弯矩计算公式

根据式（2-23），得到钢梁弯矩：

$$M_{sx}=C_{1s}\cos\frac{z}{r}+C_{2s}\sin\frac{z}{r}-h_s'r^2\frac{\partial q_{zk}}{\partial z}-r^2q_{sy}$$

利用边界条件，当 $z=0$ 和 $z=L$ 时，$M_{sx}=0$，忽略微小量得到钢梁的弯矩计算公式：

$$M_{sx}=r^2q_{sy}\cos\frac{z}{r}+r^2q_{sy}\tan\frac{L}{2r}\sin\frac{z}{r}-h_s'r^2\frac{\partial q_{zk}}{\partial z}-r^2q_{sy}$$

2）扭矩计算公式

根据式（2-24），得到钢梁的扭矩：

$$T_s=C_{1s}\sin\frac{z}{r}-C_{2s}\cos\frac{z}{r}-rq_{sy}z-rh_s'q_{zk}+C_{3s}$$

利用边界条件，当 $z=0$ 时，$T_s=0$，得到钢梁的扭矩计算公式：

$$T_s=r^2q_{sy}\sin\frac{z}{r}-r^2q_{sy}\tan\frac{L}{2r}\cos\frac{z}{r}-rq_{sy}z-rh_s'q_{zk}+r^2q_{cy}\tan\frac{L}{2r}+h_s'q_{zk}$$

3）剪力计算公式

根据式（2-25），得到钢梁的剪力：

$$Q_{sy}=-r^2h_s'q_{zk}''-q_{sy}z+\frac{C_{3s}}{r}$$

求解可得钢梁的剪力计算公式：

$$Q_{sy}=-r^2h_s'q_{zk}''-q_{sy}z+rq_{cy}\tan\frac{L}{2r}+h_s'q_{zk}$$

4.1.2 均布扭矩作用下的简支静定曲线组合梁

1. 组合梁内力

在均布扭矩作用下，简支静定曲线组合梁的内力方程中只有 m_z、m_{cz} 和 m_{sz} 三个未知量，q_y、q_{cy} 和 q_{sy} 均为 0，简支静定曲线组合梁内力计算简图见图 4-2。下面给出简支静定曲线组合梁内力计算公式。

1）弯矩计算公式

根据式（2-11），可得组合梁弯矩：

$$M_x=C_1\cos\frac{z}{r}+C_2\sin\frac{z}{r}+rm_z$$

利用边界条件，当 $z=0$ 和 $z=L$ 时，$M_x=0$，得到组合梁的弯矩计算公式：

$$M_x=rm_z\sin\frac{z}{r}\left(\tan\frac{z}{2r}-\tan\frac{L}{2r}\right)$$

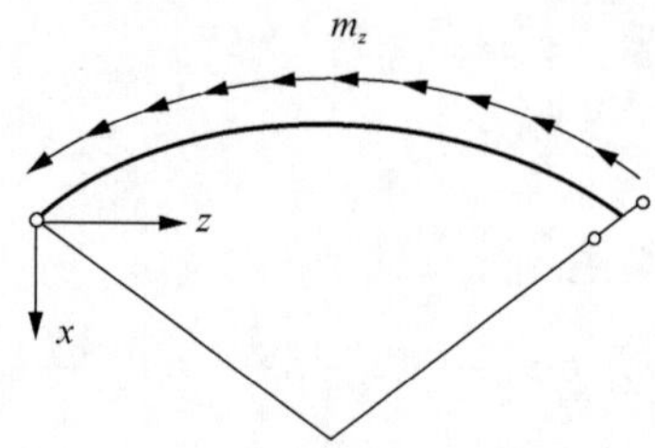

（a）简支静定曲线组合梁

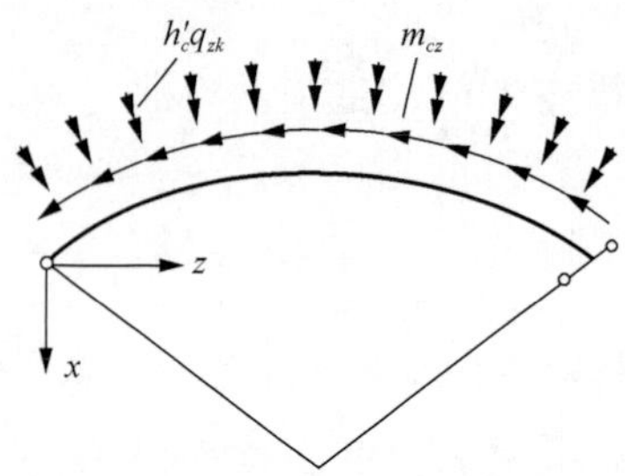

（b）混凝土板

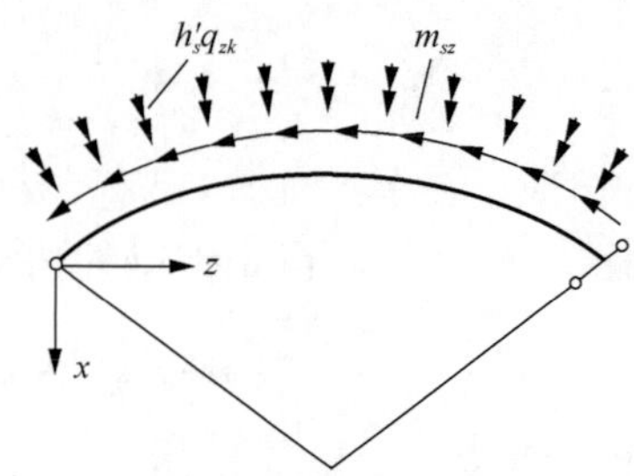

（c）钢梁

图 4-2　均布扭矩作用下的简支静定曲线组合梁内力计算简图

2）扭矩计算公式

根据式（2-12），可得组合梁扭矩：

$$T = C_1 \sin\frac{z}{r} - C_2 \cos\frac{z}{r} + C_3$$

利用边界条件，当 $z=0$ 时，$T=0$，得到组合梁的扭矩计算公式：

$$T = -rm_z \sin\frac{z}{r}\left(1+\tan\frac{L}{2r}\tan\frac{z}{2r}\right)$$

3）剪力计算公式

根据式（2-13），可得组合梁剪力：

$$Q_y = \frac{C_3}{r}$$

求解可得组合梁剪力计算公式：

$$Q_y = -m_z \tan\frac{L}{2r}$$

4）界面分布剪力

利用轴向力计算公式，得到界面分布剪力：

$$q_{zk} = \frac{\partial N}{\partial z} = A\left(\mathrm{e}^{\alpha z}+\mathrm{e}^{-\alpha z}\right) - \frac{\beta' r\left(-\sin\frac{z}{r}+\tan\frac{L}{2r}\cos\frac{z}{r}\right)}{\alpha^2 r^2+1} - \frac{\gamma' r\tan\frac{L}{2r}}{\alpha^2}$$

式中，$A=\dfrac{1}{\alpha^2\left(\mathrm{e}^{\frac{\alpha L}{2}}+\mathrm{e}^{-\frac{\alpha L}{2}}\right)}\left(\gamma' r\tan\dfrac{L}{2r}-\dfrac{\alpha\beta'\mathrm{e}^{-\frac{\alpha L}{2}}}{\alpha^2 r^2+1}\right)$。

2. 混凝土板内力

组合梁中的混凝土板受力情况见图 4-2（b），作基本假设：①忽略径向滑移，即 $q_{xk}=0$，$v_c=v_s$；②忽略竖向翘曲，即 $q_{cs}=0$，$w_c=w_s$。在这种情况下，只有 m_{cz} 存在。

1）弯矩计算公式

根据式（2-17），可得

$$M_{cx}=C_{1c}\cos\frac{z}{r}+C_{2c}\sin\frac{z}{r}+rm_{cz}-r^2h_c'\frac{\partial q_{zk}}{\partial z}$$

利用边界条件，当 $z=0$ 和 $z=L$ 时，$M_{cx}(0)=M_{cx}(L)=0$，并忽略微小量，得到混凝土板的弯矩计算公式：

$$M_{cx}=\left(rm_{cz}-r^2h_c'\frac{\partial q_{zk}}{\partial z}\right)\sin\frac{z}{r}\left(\tan\frac{z}{2r}-\tan\frac{L}{2r}\right)$$

2）扭矩计算公式

根据式（2-18），可得混凝土板扭矩：

$$T_c=C_{1c}\sin\frac{z}{r}-C_{2c}\cos\frac{z}{r}-rh_c'q_{zk}+C_{3c}$$

利用边界条件：当 $z=0$ 时，$T_c=0$，得到混凝土板的扭矩计算公式：

$$T_c=\left(r^2h_c'\frac{\partial q_{zk}}{\partial z}-rm_{cz}\right)\left(\sin\frac{z}{r}-\tan\frac{L}{2r}\cos\frac{z}{r}+\tan\frac{L}{2r}\right)$$

3）剪力计算公式

根据式（2-19），可得混凝土板的剪力计算公式：

$$Q_{cy}=-rm_{cz}'-r^2h_c'q_{zk}''+\frac{C_{3c}}{r}$$

3. 钢梁内力

组合梁中的钢梁受力情况见图 4-2（c）。均布扭矩作用下，m_{sx}、m_{sy}、q_{sx}、q_{sy} 和 q_{sz} 都为零，只有 m_{sz} 存在。

1）弯矩计算公式

根据式（2-23），可得钢梁的弯矩：

$$M_{sx}=C_{1s}\cos\frac{z}{r}+C_{2s}\sin\frac{z}{r}+rm_{sz}-r^2h_s'\frac{\partial q_{zk}}{\partial z}$$

利用边界条件，当$z=0$和$z=L$时，$M_{sx}(0)=M_{sx}(L)=0$，并忽略微小量，得到钢梁的弯矩计算公式：

$$M_{sx}=\left(rm_{sz}-r^2h_s'\frac{\partial q_{zk}}{\partial z}\right)\sin\frac{z}{r}\left(\tan\frac{z}{2r}-\tan\frac{L}{2r}\right)$$

2）扭矩计算公式

根据式（2-24），可得钢梁扭矩：

$$T_s=C_{1s}\sin\frac{z}{r}-C_{2s}\cos\frac{z}{r}-rh_s'q_{zk}+C_{3s}$$

利用边界条件，当$z=0$时，$T_s=0$，得到钢梁的扭矩计算公式：

$$T_s=\left(r^2h_s'q_{zk}'-rm_{sz}\right)\left(\sin\frac{z}{r}-\tan\frac{L}{2r}\cos\frac{z}{r}+\tan\frac{L}{2r}\right)$$

3）剪力计算公式

根据式（2-25），可得到钢梁剪力：

$$Q_{sy}=-r^2h_s'q_{zk}''+\frac{C_{3s}}{r}$$

求解可得钢梁的剪力计算公式：

$$Q_{sy}=rm_{sz}'-r^2h_s'q_{zk}''+\left(rh_s'q_{zk}'-m_{sz}\right)\tan\frac{L}{2r}+h_s'q_{zk}$$

4.1.3　集中荷载作用下的简支静定曲线组合梁

1. 组合梁内力

以任意集中荷载P的作用点z_P为界，将曲线组合梁划分为$0\leqslant z\leqslant z_P$和$z_P\leqslant z\leqslant L$两个区段，简支静定曲线组合梁内力计算简图见图4-3。

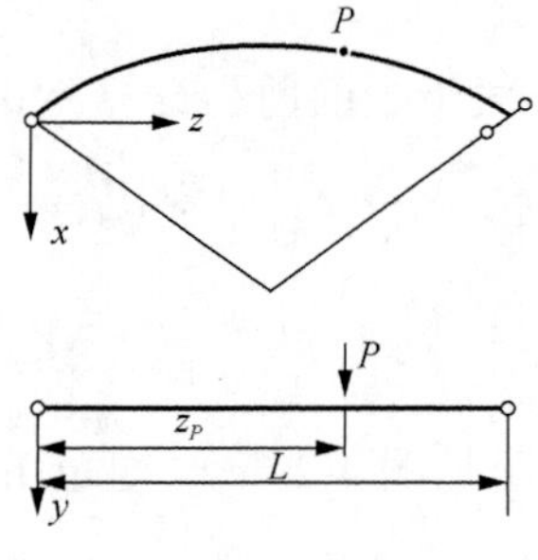

（a）简支静定曲线组合梁

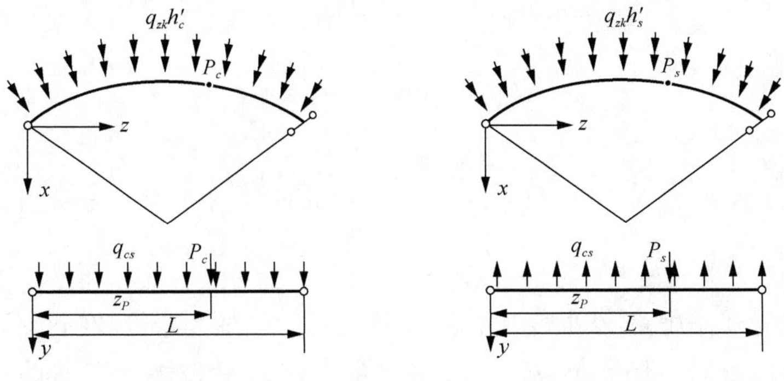

（b）混凝土板　　　　（c）钢梁

图 4-3　集中荷载作用下的简支静定曲线组合梁内力计算简图

在 $0 \leqslant z \leqslant z_P$ 区段取一微元，则剪力只在 z_P 处发生突变，即所取微元各处剪力相等，由式（2-11）～式（2-13）得到

$$\frac{\partial M_{xl}}{\partial z} + \frac{T_l}{r} - Q_{yl} = 0$$

$$\frac{\partial T_l}{\partial z} - \frac{M_{xl}}{r} = 0$$

$$\frac{\partial Q_{yl}}{\partial z} = 0$$

$$\frac{\partial^2 M_{xl}}{\partial z^2} + \frac{M_{xl}}{r^2} = 0$$

求解得到

$$M_{xl} = C_1 \cos\frac{z}{r} + C_2 \sin\frac{z}{r}$$

$$T_l = C_1 \sin\frac{z}{r} - C_2 \cos\frac{z}{r} + C_3$$

$$Q_{yl} = \frac{C_3}{r}$$

同理，在 $z_P \leqslant z \leqslant L$ 区段取一微元，其中弯矩、剪力和扭矩分别用 M_{xr}、Q_{yr} 和 T_r 表示，则有

$$\frac{\partial M_{xr}}{\partial z} + \frac{T_r}{r} - Q_{yr} = 0$$

$$\frac{\partial T_r}{\partial z} - \frac{M_{xr}}{r} = 0$$

$$\frac{\partial^2 M_{xr}}{\partial z^2} + \frac{M_{xr}}{r^2} = 0$$

求解可得

$$M_{xr}=D_1\cos\frac{z}{r}+D_2\sin\frac{z}{r}$$

$$T_r=D_1\sin\frac{z}{r}-D_2\cos\frac{z}{r}+D_3$$

$$Q_{yr}=\frac{D_3}{r}$$

在集中荷载作用点 z_P 处，只有竖向剪力发生突变，弯矩和扭矩保持相同，即 $M_{xl}(z_P)=M_{xr}(z_P)$，$T_l(z_P)=T_r(z_P)$。竖向剪力在 z_P 处发生突变，即 $Q_{yr}=Q_{yl}-P$。$z=0$ 时，$M_{xl}(0)=0$，$T_l(0)=0$；$z=L$ 时，$M_{xr}(L)=0$。

当 $0\leqslant z\leqslant z_P$ 时，组合梁的弯矩、扭矩及竖向剪力计算公式如下：

$$M_{xl}=rP\frac{\sin\left(\dfrac{L-z_P}{r}\right)}{\sin\dfrac{L}{r}}\sin\frac{z}{r}$$

$$T_l=-rP\frac{\sin\left(\dfrac{L-z_P}{r}\right)}{\sin\dfrac{L}{r}}\cos\frac{z}{r}+rP\frac{\sin\left(\dfrac{L-z_P}{r}\right)}{\sin\dfrac{L}{r}}=rP\frac{\sin\left(\dfrac{L-z_P}{r}\right)}{\sin\dfrac{L}{r}}\left(1-\cos\frac{z}{r}\right)$$

$$Q_{yl}=\frac{C_3}{r}=P\frac{\sin\left(\dfrac{L-z_P}{r}\right)}{\sin\dfrac{L}{r}}$$

当 $z_P\leqslant z\leqslant L$ 时，组合梁的弯矩、扭矩及竖向剪力计算公式如下：

$$M_{xr}=rP\frac{\sin\dfrac{z_P}{r}\sin\dfrac{L-z}{r}}{\sin\dfrac{L}{r}}$$

$$T_r=rP\left[\frac{\sin\left(\dfrac{L-z_P}{r}\right)+\cos\left(\dfrac{L-z}{r}\right)\sin\dfrac{z_P}{r}}{\sin\dfrac{L}{r}}-1\right]$$

$$Q_{yr}=P\left[\frac{\sin\left(\dfrac{L-z_P}{r}\right)}{\sin\dfrac{L}{r}}-1\right]$$

根据轴向力计算公式，得到界面分布剪力：

$$q_{zkl}=\frac{\partial N_l}{\partial z}=A_1\left(\mathrm{e}^{\alpha z}+\mathrm{e}^{-\alpha z}\right)+\frac{\delta' r-\beta'}{\dfrac{1}{r^3}+\dfrac{\alpha^2}{r}}\cos\frac{z}{r}-\frac{\delta'}{\alpha^2}\qquad(0\leqslant z\leqslant z_P)$$

$$q_{zkr}=\frac{\partial N_r}{\partial z}=A_2\left[\mathrm{e}^{\alpha z}+\mathrm{e}^{\alpha(2L-z)}\right]+\frac{\beta''}{\dfrac{1}{r^3}+\dfrac{\alpha^2}{r}}\cos\left(\frac{L-z}{r}\right)-\frac{\delta''}{\alpha^2}\qquad(z_P\leqslant z\leqslant L)$$

式中，

$$A_1=\frac{\mathrm{e}^{\alpha z_P}-\mathrm{e}^{\alpha(2L-z_P)}}{\alpha^2 r\left(2-2\mathrm{e}^{2\alpha L}\right)\left(\dfrac{1}{r^2}+\alpha^2\right)}$$
$$\left\{\alpha^2\left[\beta''\cos\left(\frac{L-z_P}{r}\right)-\left(\delta' r-\beta'\right)\cos\frac{z_P}{r}\right]-r\left(\delta''-\delta'\right)\left(\frac{1}{r^2}+\alpha^2\right)\right\}$$
$$-\frac{\left[\mathrm{e}^{\alpha z_P}+\mathrm{e}^{\alpha(2L-z_P)}\right]}{\alpha^2 r^2\left(2-2\mathrm{e}^{2\alpha L}\right)\left(\dfrac{1}{r^2}+\alpha^2\right)}\left[\beta''\sin\left(\frac{L-z_P}{r}\right)+\left(\delta' r-\beta'\right)\sin\frac{z_P}{r}\right]$$

$$A_2=\frac{\mathrm{e}^{\alpha z_P}-\mathrm{e}^{-\alpha z_P}}{\alpha^2 r\left(2-2\mathrm{e}^{2\alpha L}\right)\left(\dfrac{1}{r^2}+\alpha^2\right)}$$
$$\left\{\alpha^2\left[\beta''\cos\left(\frac{L-z_P}{r}\right)-\left(\delta' r-\beta'\right)\cos\frac{z_P}{r}\right]-r\left(\delta''-\delta'\right)\left(\frac{1}{r^2}+\alpha^2\right)\right\}$$
$$-\frac{\left(\mathrm{e}^{\alpha z_P}+\mathrm{e}^{-\alpha z_P}\right)}{\alpha^2 r^2\left(2-2\mathrm{e}^{2\alpha L}\right)\left(\dfrac{1}{r^2}+\alpha^2\right)}\left[\beta''\sin\left(\frac{L-z_P}{r}\right)+\left(\delta' r-\beta'\right)\sin\frac{z_P}{r}\right]$$

2. *混凝土板内力*

设集中荷载 P 作用在 z_P 的位置上，作用在混凝土板和钢梁上的集中荷载分别为 P_c 和 P_s。基本假定如下：①忽略横向或径向滑移，即 $q_{xz}=0$，$v_c=v_s$；②忽略竖向翘曲，即 $q_{cs}=0$，$w_c=w_s$。

1）弯矩计算公式

根据式（2-17），整理得到

$$M_{cxl}=C_{1c}\cos\frac{z}{r}+C_{2c}\sin\frac{z}{r}-r^2h_c'\frac{\partial q_{zk}}{\partial z}\qquad(0\leqslant z\leqslant z_P)$$

$$M_{cxr}=D_{1c}\cos\frac{z}{r}+D_{2c}\sin\frac{z}{r}-r^2h_c'\frac{\partial q_{zk}}{\partial z}\qquad(z_P\leqslant z\leqslant L)$$

利用边界条件，$z=0$ 时，$M_{cxl}(0)=0$；$z=L$ 时，$M_{cxr}(L)=0$，得到混凝土

板的弯矩计算公式：

$$M_{cxl}=rP_c\frac{\sin\left(\dfrac{L-z_P}{r}\right)}{\sin\dfrac{L}{r}}\sin\frac{z}{r}-r^2h_c'\frac{\partial q_{zk}}{\partial z}\qquad(0\leqslant z\leqslant z_P)$$

$$M_{cxr}=rP_c\frac{\sin\dfrac{z_P}{r}\sin\left(\dfrac{L-z}{r}\right)}{\sin\dfrac{L}{r}}-r^2h_c'\frac{\partial q_{zk}}{\partial z}\qquad(z_P\leqslant z\leqslant L)$$

2）扭矩计算公式

根据式（2-18）及边界条件，得到混凝土板的扭矩计算公式：

$$T_{cl}=rP_c\frac{\sin\left(\dfrac{L-z_P}{r}\right)}{\sin\dfrac{L}{r}}\left(1-\cos\frac{z}{r}\right)\qquad(0\leqslant z\leqslant z_P)$$

$$T_{cr}=rP_c\left[\frac{\cos\left(\dfrac{L}{r}-\dfrac{z}{r}\right)\sin\dfrac{z_P}{r}+\sin\left(\dfrac{L-z_P}{r}\right)}{\sin\dfrac{L}{r}}-1\right]\qquad(z_P\leqslant z\leqslant L)$$

3）剪力计算公式

根据式（2-19）及边界条件，并忽略高次项，得到混凝土板的剪力计算公式：

$$Q_{cyl}=-r^2h_c'\frac{\partial^2 q_{zk}}{\partial z^2}+h_c'q_{zk}(0)+P_c\frac{\sin\left(\dfrac{L-z_P}{r}\right)}{\sin\dfrac{L}{r}}\approx P_c\frac{\sin\left(\dfrac{L-z_P}{r}\right)}{\sin\dfrac{L}{r}}\qquad(0\leqslant z\leqslant z_P)$$

$$Q_{cyr}=-r^2h_c'\frac{\partial^2 q_{zk}}{\partial z^2}+h_c'q_{zk}(0)+P_c\left[\frac{\sin\left(\dfrac{L-z_P}{r}\right)}{\sin\dfrac{L}{r}}-1\right]\approx P_c\left[\frac{\sin\left(\dfrac{L-z_P}{r}\right)}{\sin\dfrac{L}{r}}-1\right]$$
$$(z_P\leqslant z\leqslant L)$$

3. 钢梁内力

1）弯矩计算公式

根据式（2-23），得到钢梁的弯矩：

$$M_{sxl}=C_{1s}\cos\frac{z}{r}+C_{2s}\sin\frac{z}{r}-r^2h_s'\frac{\partial q_{zk}}{\partial z}\qquad(0\leqslant z\leqslant z_P)$$

$$M_{sxr}=D_{1s}\cos\frac{z}{r}+D_{2s}\sin\frac{z}{r}-r^2h_s'\frac{\partial q_{zk}}{\partial z}\qquad(z_P\leqslant z\leqslant L)$$

利用边界条件，$z=0$时，$M_{sxl}(0)=0$；$z=L$时，$M_{sxr}(L)=0$，得到钢梁的弯矩计算公式：

$$M_{sxl}=rP_s\frac{\sin\left(\dfrac{L-z_P}{r}\right)}{\sin\dfrac{L}{r}}\sin\frac{z}{r}-r^2h_s'\frac{\partial q_{zk}}{\partial z}\qquad(0\leqslant z\leqslant z_P)$$

$$M_{sxr}=rP_s\frac{\sin\dfrac{z_P}{r}\sin\left(\dfrac{L-z}{r}\right)}{\sin\dfrac{L}{r}}-r^2h_s'\frac{\partial q_{zk}}{\partial z}\qquad(z_P\leqslant z\leqslant L)$$

2）扭矩计算公式

根据式（2-24）及边界条件，忽略高次项，得到钢梁的扭矩计算公式：

$$T_{sl}=rP_s\frac{\sin\left(\dfrac{L-z_P}{r}\right)}{\sin\dfrac{L}{r}}\left(1-\cos\frac{z}{r}\right)\qquad(0\leqslant z\leqslant z_P)$$

$$T_{sr}=rP_s\left[\frac{\cos\left(\dfrac{L}{r}-\dfrac{z}{r}\right)\sin\dfrac{z_P}{r}+\sin\left(\dfrac{L-z_P}{r}\right)}{\sin\dfrac{L}{r}}-1\right]\qquad(z_P\leqslant z\leqslant L)$$

3）剪力计算公式

根据式（2-25）及边界条件，并忽略高次项，得到钢梁的剪力计算公式：

$$Q_{syl}=P_s\frac{\sin\left(\dfrac{L-z_P}{r}\right)}{\sin\dfrac{L}{r}}\qquad(0\leqslant z\leqslant z_P)$$

$$Q_{syr}=P_s\left[\frac{\sin\left(\dfrac{L-z_P}{r}\right)}{\sin\dfrac{L}{r}}-1\right]\qquad(z_P\leqslant z\leqslant L)$$

4.1.4　集中扭矩作用下的简支静定曲线组合梁

1. 组合梁内力

以任意集中扭矩 T_0 的作用点 z_T 为界，将曲线组合梁划分为 $0\leqslant z\leqslant z_T$ 和 $z_T\leqslant z\leqslant L$ 两个区段，简支静定曲线组合梁内力计算简图见图 4-4。

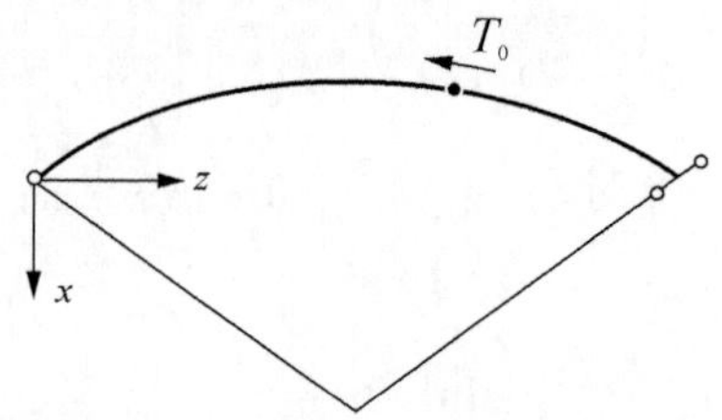

（a）简支静定曲线组合梁

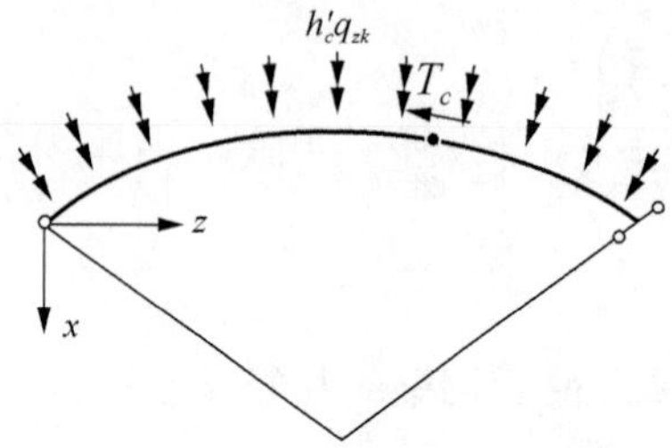

（b）混凝土板

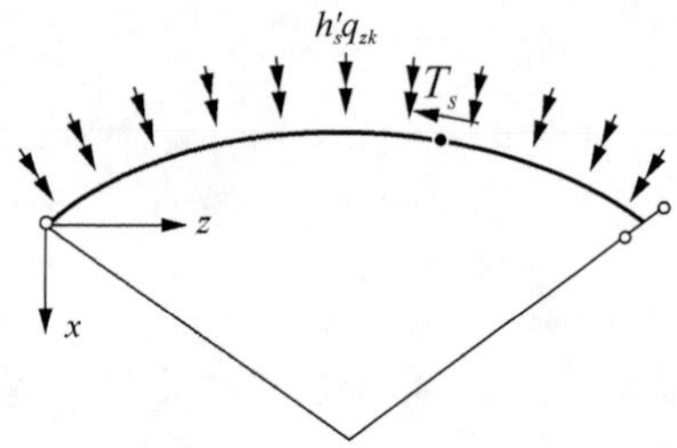

（c）钢梁

图 4-4　集中扭矩作用下的简支静定曲线组合梁内力计算简图

由式（2-11）～式（2-13），可得简支静定曲线组合梁的内力计算公式。

当$0 \leqslant z \leqslant z_T$时，弯矩、扭矩及竖向剪力计算公式如下：

$$M_{xl} = C_1 \cos\frac{z}{r} + C_2 \sin\frac{z}{r}$$

$$T_l = C_1 \sin\frac{z}{r} - C_2 \cos\frac{z}{r} + C_3$$

$$Q_{yl} = \frac{C_3}{r}$$

当$z_T \leqslant z \leqslant L$时，弯矩、扭矩及竖向剪力计算公式如下：

$$M_{xr} = D_1 \cos\frac{z}{r} + D_2 \sin\frac{z}{r}$$

$$T_r = D_1 \sin\frac{z}{r} - D_2 \cos\frac{z}{r} + D_3$$

$$Q_{yr} = \frac{D_3}{r}$$

当集中扭矩T_0作用于z_T处时，组合梁的扭矩发生突变，弯矩和剪力不发生变化，即$T_r(z_T) = T_l(z_T) + T_0$，$M_{xl}(z_T) = M_{xr}(z_T)$，$Q_{yl}(z_T) = Q_{yr}(z_T)$。梁端的弯矩为零，即$z = 0$时，$M_{xl}(0) = 0$；$z = L$时，$M_{xr}(L) = 0$，可求得集中扭矩$T_0$作用下组合梁的弯矩、扭矩及竖向剪力。

当$0\leqslant z\leqslant z_T$时，弯矩、扭矩及竖向剪力计算公式如下：

$$M_{xl}=T_0\frac{\sin\left(\dfrac{L-z_T}{r}\right)}{\sin\dfrac{L}{r}}\sin\frac{z}{r}$$

$$T_l=T_0\frac{\sin\left(\dfrac{L-z_T}{r}\right)}{\sin\dfrac{L}{r}}\left(1-\cos\frac{z}{r}\right)$$

$$Q_{yl}=T_0\frac{\sin\left(\dfrac{L-z_T}{r}\right)}{r\sin\dfrac{L}{r}}$$

当$z_T\leqslant z\leqslant L$时，弯矩、扭矩及竖向剪力计算公式如下：

$$M_{xr}=\frac{T_0\sin\dfrac{z_T}{r}\sin\left(\dfrac{L-z}{r}\right)}{\sin\dfrac{L}{r}}$$

$$T_r=T_0\left[\frac{\sin\left(\dfrac{L-z_T}{r}\right)+\cos\left(\dfrac{L-z}{r}\right)\sin\dfrac{z_T}{r}}{\sin\dfrac{L}{r}}\right]$$

$$Q_{yr}=T_0\frac{\sin\left(\dfrac{L-z_T}{r}\right)}{r\sin\dfrac{L}{r}}$$

根据轴向力计算公式，得到界面分布剪力：

$$q_{zkl}=\frac{\partial N_l}{\partial z}=A_1\left(e^{\alpha z}+e^{-\alpha z}\right)-\frac{r\beta'\cos\dfrac{z}{r}}{(\alpha r)^2+1}-\frac{\delta'}{\alpha^2}\qquad(0\leqslant z\leqslant z_T)$$

$$q_{zkr}=\frac{\partial N_r}{\partial z}=A_2\left[e^{\alpha z}+e^{\alpha(2L-z)}\right]-\frac{r\beta'\cos\dfrac{z}{r}-\gamma''\sin\dfrac{z}{r}}{(\alpha r)^2+1}-\frac{\delta''}{\alpha^2}\qquad(z_T\leqslant z\leqslant L)$$

式中，

$$A_1=\frac{\left(\beta''\sin\dfrac{z_T}{r}+\gamma''\cos\dfrac{z_T}{r}-\beta'\sin\dfrac{z_T}{r}\right)\left[e^{\alpha z_T}+e^{(2\alpha L-\alpha z_T)}\right]}{2\alpha\left(\alpha^2r^2+1\right)\left(e^{2\alpha L}-1\right)}$$

$$+\frac{r\left(\beta''\cos\frac{z_T}{r}-\gamma''\sin\frac{z_T}{r}-\beta'\sin\frac{z_T}{r}\right)\left[\mathrm{e}^{\alpha z_T}-\mathrm{e}^{(2\alpha L-\alpha z_T)}\right]}{2\left(\alpha^2r^2+1\right)\left(\mathrm{e}^{2\alpha L}-1\right)}$$

$$A_2=\frac{\left(\beta''\sin\frac{z_T}{r}+\gamma''\cos\frac{z_T}{r}-\beta'\sin\frac{z_T}{r}\right)\left(\mathrm{e}^{\alpha z_T}+\mathrm{e}^{-\alpha z_T}\right)}{2\alpha^2\left(\alpha^2r^2+1\right)\left(\mathrm{e}^{2\alpha L}-1\right)}$$

$$+\frac{r\left(\beta''\cos\frac{z_T}{r}-\gamma''\sin\frac{z_T}{r}-\beta'\sin\frac{z_T}{r}\right)\left(\mathrm{e}^{\alpha z_T}-\mathrm{e}^{-\alpha z_T}\right)}{2\alpha\left(\alpha^2r^2+1\right)\left(\mathrm{e}^{2\alpha L}-1\right)}$$

2. 混凝土板内力

设集中扭矩 T_0 作用在 z_T 的位置上，作用在混凝土板和钢梁上的集中扭矩分别为 T_{c0} 和 T_{s0}。作基本假定：①忽略横向或径向滑移，即 $q_{xk}=0$， $v_c=v_s$；②忽略竖向翘曲，即 $q_{cs}=0$， $w_c=w_s$。

1）弯矩计算公式

根据式（2-17)，得到混凝土板的弯矩：

$$M_{cxl}=C_{1c}\cos\frac{z}{r}+C_{2c}\sin\frac{z}{r}-r^2h_c'\frac{\partial q_{zk}}{\partial z}\qquad(0\leqslant z\leqslant z_T)$$

$$M_{cxr}=D_{1c}\cos\frac{z}{r}+D_{2c}\sin\frac{z}{r}-r^2h_c'\frac{\partial q_{zk}}{\partial z}\qquad(z_T\leqslant z\leqslant L)$$

利用边界条件， $z=0$ 时， $M_{cxl}(0)=0$； $z=L$ 时， $M_{cxr}(L)=0$，得到混凝土板的弯矩计算公式：

$$M_{cxl}=T_{c0}\frac{\sin\left(\frac{L-z_T}{r}\right)}{\sin\frac{L}{r}}\sin\frac{z}{r}-r^2h_c'\frac{\partial q_{zk}}{\partial z}\qquad(0\leqslant z\leqslant z_T)$$

$$M_{cxr}=T_{c0}\frac{\sin\frac{z_T}{r}\sin\left(\frac{L-z}{r}\right)}{\sin\frac{L}{r}}-r^2h_c'\frac{\partial q_{zk}}{\partial z}\qquad(z_T\leqslant z\leqslant L)$$

2）扭矩计算公式

根据式（2-18）及边界条件，得到混凝土板的扭矩计算公式：

$$T_{cl}=T_{c0}\frac{\sin\left(\frac{L-z_T}{r}\right)}{\sin\frac{L}{r}}\left(1-\cos\frac{z}{r}\right)\qquad(0\leqslant z\leqslant z_T)$$

$$T_{cr}=T_{c0}\frac{\cos\left(\frac{L}{r}-\frac{z}{r}\right)\sin\frac{z_T}{r}+\sin\left(\frac{L-z_T}{r}\right)}{\sin\frac{L}{r}}\qquad(z_T\leqslant z\leqslant L)$$

3）剪力计算公式

根据式（2-19）及边界条件，并忽略高次项，得到混凝土板的剪力计算公式：

$$Q_{cyl}=T_{c0}\frac{\sin\left(\frac{L-z_T}{r}\right)}{r\sin\frac{L}{r}}\qquad(0\leqslant z\leqslant z_T)$$

$$Q_{cyr}=T_{c0}\frac{\sin\left(\frac{L-z_T}{r}\right)}{r\sin\frac{L}{r}}\qquad(z_T\leqslant z\leqslant L)$$

3. 钢梁内力

1）弯矩计算公式

根据式（2-23），得到钢梁的弯矩：

$$M_{sxl}=C_{1s}\cos\frac{z}{r}+C_{2s}\sin\frac{z}{r}-r^2h_s'\frac{\partial q_{zk}}{\partial z}\qquad(0\leqslant z\leqslant z_T)$$

$$M_{sxr}=D_{1s}\cos\frac{z}{r}+D_{2s}\sin\frac{z}{r}-r^2h_s'\frac{\partial q_{zk}}{\partial z}\qquad(z_T\leqslant z\leqslant L)$$

利用边界条件，$z=0$时，$M_{sxl}(0)=0$；$z=L$时，$M_{sxr}(L)=0$，得到钢梁的弯矩计算公式：

$$M_{sxl}=T_{s0}\frac{\sin\left(\frac{L-z_T}{r}\right)}{\sin\frac{L}{r}}\sin\frac{z}{r}-r^2h_s'\frac{\partial q_{zk}}{\partial z}\qquad(0\leqslant z\leqslant z_T)$$

$$M_{sxr}=T_{s0}\frac{\sin\frac{z_T}{r}\sin\left(\frac{L-z}{r}\right)}{\sin\frac{L}{r}}-r^2h_s'\frac{\partial q_{zk}}{\partial z}\qquad(z_T\leqslant z\leqslant L)$$

2）扭矩计算公式

根据式（2-24）及边界条件，忽略高次项，得到钢梁的扭矩计算公式：

$$T_{sl}=T_{s0}\frac{\sin\left(\frac{L-z_T}{r}\right)}{\sin\frac{L}{r}}\left(1-\cos\frac{z}{r}\right)\qquad(0\leqslant z\leqslant z_T)$$

$$T_{sr} = T_{s0}\frac{\cos\left(\frac{L}{r}-\frac{z}{r}\right)\sin\frac{z_T}{r}+\sin\left(\frac{L-z_T}{r}\right)}{\sin\frac{L}{r}} \quad (z_T \leqslant z \leqslant L)$$

3）剪力计算公式

根据式（2-25）及边界条件，并忽略高次项，得到钢梁的剪力计算公式：

$$Q_{syl} = T_{s0}\frac{\sin\left(\frac{L-z_T}{r}\right)}{r\sin\frac{L}{r}} \quad (0 \leqslant z \leqslant z_T)$$

$$Q_{syr} = T_{s0}\frac{\sin\left(\frac{L-z_T}{r}\right)}{r\sin\frac{L}{r}} \quad (z_T \leqslant z \leqslant L)$$

4.2　简支超静定曲线组合梁内力

简支超静定曲线组合梁是一种比较常见的结构，其结构形式及受力特点与简支静定曲线组合梁类似，主要区别是边界条件。本节仅给出几种常见荷载作用下简支超静定曲线组合梁的内力计算公式。

4.2.1　竖向均布荷载作用下的简支超静定曲线组合梁

1. 组合梁内力

在竖向均布荷载作用下，简支超静定曲线组合梁内力计算简图见图 4-5。

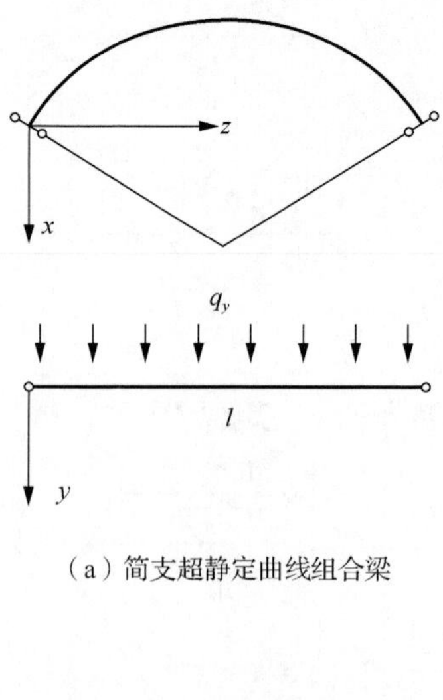

（a）简支超静定曲线组合梁

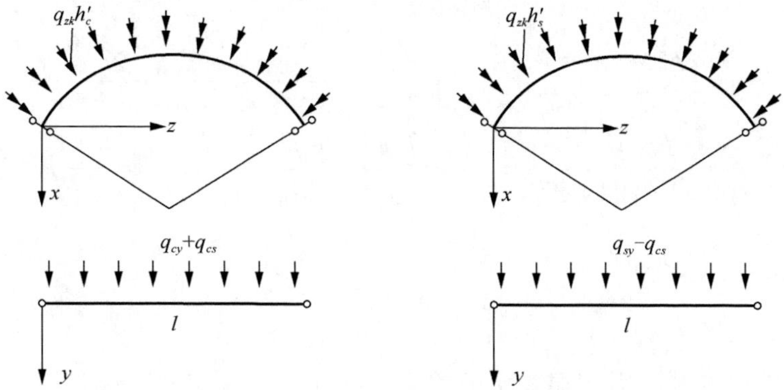

（b）混凝土板　　（c）钢梁

图 4-5　竖向均布荷载作用下的简支超静定曲线组合梁内力计算简图

1）弯矩计算公式

根据式（2-11），可得组合梁弯矩：

$$M_x = C_1\cos\frac{z}{r} + C_2\sin\frac{z}{r} - r^2 q_y$$

由边界条件，当 $z = 0$ 和 $z = L$ 时，$M_x = 0$，得到组合梁的弯矩计算公式：

$$M_x = r^2 q_y \sin\frac{z}{r}\left(\tan\frac{L}{2r} - \tan\frac{z}{2r}\right)$$

2）扭矩计算公式

根据式（2-12）及边界条件，可得组合梁扭矩：

$$T = C_1\sin\frac{z}{r} - C_2\cos\frac{z}{r} - rq_y z + C_3$$

利用边界条件，当 $z = \frac{L}{2}$ 时，$T = 0$，得到组合梁的扭矩计算公式：

$$T = r^2 q_y \sin\frac{z}{r}\left(1 - \tan\frac{L}{2r}\cot\frac{z}{r} - \frac{z}{r\sin\frac{z}{r}} + \frac{L}{2r\sin\frac{z}{r}}\right)$$

3）剪力计算公式

根据式（2-13）及边界条件，得到组合梁的剪力计算公式：

$$Q_y = q_y\left(\frac{L}{2} - z\right)$$

4）界面分布剪力

根据轴向力计算公式，得到界面分布剪力：

$$q_{zk}=\frac{\partial N}{\partial z}=A_1\left[\mathrm{e}^{\alpha z}-\mathrm{e}^{\alpha(L-z)}\right]+\frac{\beta\left(r^3q_y\sin\dfrac{z}{r}+r^3q_y\tan\dfrac{L}{2r}\cos\dfrac{z}{r}\right)}{\alpha^2r^2+1}$$

式中，$A_1=\dfrac{\beta r^2q_y}{\alpha\left(\alpha^2r^2+1\right)\left(1+\mathrm{e}^{\alpha L}\right)}$；$\alpha^2=\left(\dfrac{k_u}{EA}+\dfrac{k_uh^2}{EI_x}-\dfrac{1}{r^2}\right)$；$\beta=-\dfrac{hk_u}{EI_x}$。

2. 混凝土板内力

1）弯矩计算公式

根据式（2-17），得到混凝土板的弯矩：

$$M_{cx}=C_{1c}\cos\frac{z}{r}+C_{2c}\sin\frac{z}{r}-r^2\left(h_c'\frac{\partial q_{zk}}{\partial z}+q_{cy}\right)$$

利用边界条件，当$z=0$和$z=L$时，均有$M_{cx}=0$，整理得到混凝土板的弯矩计算公式：

$$M_{cx}=r^2\left(h_c'\frac{\partial q_{zk}}{\partial z}+q_{cy}\right)\left(\cos\frac{z}{r}+\tan\frac{L}{2r}\sin\frac{z}{r}-1\right)$$

组合界面分布剪力：

$$\frac{\partial q_{zk}}{\partial z}=\frac{\partial^2N}{\partial z^2}=\alpha^2A_1\mathrm{e}^{\alpha z}+\alpha^2A_2\mathrm{e}^{-\alpha z}+\frac{\beta r^2q_{cy}\left(\cos\dfrac{z}{r}-\tan\dfrac{L}{2r}\sin\dfrac{z}{r}\right)}{\alpha^2r^2+1}$$

2）扭矩计算公式

根据式（2-18）得到混凝土板的扭矩：

$$T_c=C_{1c}\sin\frac{z}{r}-C_{2c}\cos\frac{z}{r}-rq_{cy}z-rh_c'q_{zk}+C_{3c}$$

利用边界条件，当$z=\dfrac{L}{2}$时，$T_c=0$，整理得到混凝土板的扭矩计算公式：

$$T_c=r^2q_{cy}\sin\frac{z}{r}-r^2q_{cy}\tan\frac{L}{2r}\cos\frac{z}{r}-rq_{cy}z+\frac{rq_{cy}L}{2}$$

3）剪力计算公式

根据式（2-19）得到混凝土板的剪力计算公式：

$$Q_{cy}=-q_{cy}z-r^2h_c'q_{zk}''+q_{zk}h_c'+\frac{q_{cy}L}{2}$$

3. 钢梁内力

1）弯矩计算公式

根据式（2-23），可得钢梁的弯矩：

$$M_{sx}=C_{1s}\cos\frac{z}{r}+C_{2s}\sin\frac{z}{r}-r^2\left(h_s'\frac{\partial q_{zk}}{\partial z}+q_{sy}\right)$$

利用边界条件，当 $z=0$ 和 $z=L$ 时，均有 $M_{sx}=0$，整理得到钢梁的弯矩计算公式：

$$M_{sx}=r^2\left(h_s'\frac{\partial q_{zk}}{\partial z}+q_{sy}\right)\left(\cos\frac{z}{r}+\tan\frac{L}{2r}\sin\frac{z}{r}-1\right)$$

2）扭矩计算公式

根据式（2-24），可得钢梁的扭矩：

$$T_s=C_{1s}\sin\frac{z}{r}-C_{2s}\cos\frac{z}{r}-rq_{sy}z-rh_s'q_{zk}+C_{3s}$$

利用边界条件，当 $z=\frac{L}{2}$ 时，$T_s=0$，整理得到钢梁的扭矩计算公式：

$$T_s=r^2q_{sy}\sin\frac{z}{r}-r^2q_{sy}\tan\frac{L}{2r}\cos\frac{z}{r}-rq_{sy}z+\frac{rq_{sy}L}{2}$$

3）剪力计算公式

根据式（2-25），可得钢梁的剪力计算公式：

$$Q_{sy}=-r^2h_s'q_{zk}''-q_{sy}z+q_{zk}h_s'+\frac{q_{sy}L}{2}$$

4.2.2　均布扭矩作用下的简支超静定曲线组合梁

1. 组合梁内力

在均布扭矩作用下，简支超静定曲线组合梁内力计算简图见图 4-6。均布扭矩作用下，无剪力作用。

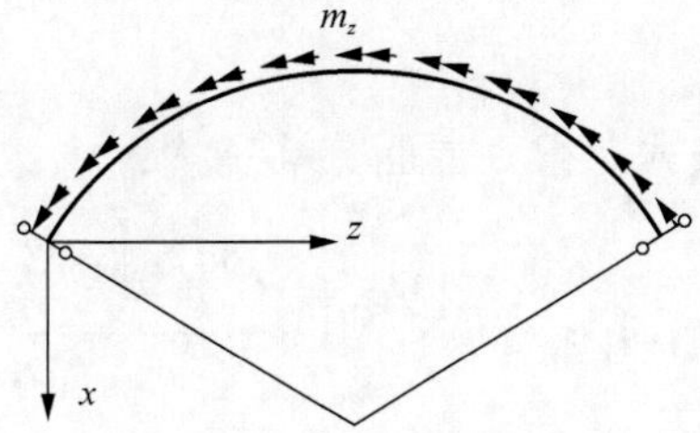

（a）简支超静定曲线组合梁

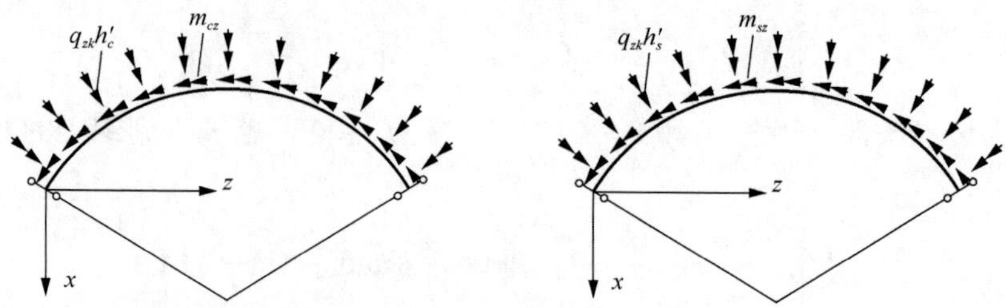

（b）混凝土板　　（c）钢梁

图 4-6　均布扭矩作用下的简支超静定曲线组合梁内力计算简图

1）弯矩计算公式

根据式（2-11），可得组合梁弯矩：

$$M_x = C_1 \cos\frac{z}{r} + C_2 \sin\frac{z}{r} + rm_z$$

利用边界条件，当 $z=0$ 和 $z=L$ 时，均有 $M_x=0$，得到组合梁的弯矩计算公式：

$$M_x = rm_z \sin\frac{z}{r}\left(\tan\frac{z}{2r} - \tan\frac{L}{2r}\right)$$

2）扭矩计算公式

根据式（2-12），可得组合梁扭矩：

$$T = C_1 \sin\frac{z}{r} - C_2 \cos\frac{z}{r} + C_3$$

利用边界条件，当 $z=\dfrac{L}{2}$ 时，$T=0$，得到组合梁的扭矩计算公式：

$$T = -rm_z \cos\frac{z}{r}\left(\tan\frac{z}{r} - \tan\frac{L}{2r}\right)$$

3）界面分布剪力

根据轴向力计算公式，得到界面分布剪力：

$$q_{zk} = \frac{\partial N}{\partial z} = A_1\left[\mathrm{e}^{\alpha z} - \mathrm{e}^{\alpha(L-z)}\right] + \frac{\beta r^2 m_z\left(\sin\dfrac{z}{r} + \tan\dfrac{L}{2r}\cos\dfrac{z}{r}\right)}{\alpha^2 r^2 + 1}$$

式中，$A_1 = \dfrac{\beta r m_z}{\alpha^2\left(\alpha^2 r^2 + 1\right)\left(1 + \mathrm{e}^{\alpha L}\right)}$。

2. 混凝土板内力

1）弯矩计算公式

根据式（2-17），可得混凝土板的弯矩：

$$M_{cx}=C_{1c}\cos\frac{z}{r}+C_{2c}\sin\frac{z}{r}+rm_{cz}-r^2h_c'\frac{\partial q_{zk}}{\partial z}$$

利用边界条件，当 $z=0$ 和 $z=L$ 时，$M_{cx}(0)=M_{cx}(L)=0$，整理得到混凝土板的弯矩计算公式：

$$M_{cx}=rm_{cz}\sin\frac{z}{r}\left(\tan\frac{z}{2r}-\tan\frac{L}{2r}\right)-r^2h_c'\frac{\partial q_{zk}}{\partial z}$$

式中，$\dfrac{\partial q_{zk}}{\partial z}=\dfrac{\partial^2 N}{\partial z^2}=\alpha^2A_1\mathrm{e}^{\alpha z}+\alpha^2A_2\mathrm{e}^{-\alpha z}+\dfrac{\beta rm_{cz}\left(\cos\dfrac{z}{r}-\tan\dfrac{L}{2r}\sin\dfrac{z}{r}\right)}{\alpha^2r^2+1}$。

2）扭矩计算公式

根据式（2-18），可得混凝土板的扭矩：

$$T_c=C_{1c}\sin\frac{z}{r}-C_{2c}\cos\frac{z}{r}-rh_c'q_{zk}+C_{3c}$$

利用边界条件，当 $z=\dfrac{L}{2}$ 时，$T_c=0$，整理得到混凝土板的扭矩计算公式：

$$T_c=rm_{cz}\sin\frac{z}{r}+rm_{cz}\tan\frac{L}{2r}\cos\frac{z}{r}-rh_c'q_{zk}$$

3）剪力计算公式

根据式（2-19），可得混凝土板的剪力：

$$Q_{cy}=-r^2h_c'q_{zk}''+\frac{C_{3c}}{r}$$

可求得混凝土板的剪力计算公式：

$$Q_{cy}=-r^2h_c'q_{zk}''$$

3. 钢梁内力

1）弯矩计算公式

根据式（2-23），可得钢梁的弯矩：

$$M_{sx}=C_{1s}\cos\frac{z}{r}+C_{2s}\sin\frac{z}{r}+rm_{sz}-r^2h_s'\frac{\partial q_{zk}}{\partial z}$$

利用边界条件，当 $z=0$ 和 $z=L$ 时，$M_{sx}(0)=M_{sx}(L)=0$，整理得到钢梁的弯矩计算公式：

$$M_{sx}=rm_{sz}\sin\frac{z}{r}\left(\tan\frac{z}{2r}-\tan\frac{L}{2r}\right)-r^2h_s'\frac{\partial q_{zk}}{\partial z}$$

2）扭矩计算公式

根据式（2-24），可得钢梁的扭矩：

$$T_s = C_{1s}\sin\frac{z}{r} - C_{2s}\cos\frac{z}{r} - rh_s' q_{zk} + C_{3s}$$

利用边界条件，当 $z=\dfrac{L}{2}$ 时，$T_s = 0$，整理得到钢梁的扭矩计算公式：

$$T_s = -rm_{sz}\sin\frac{z}{r} + rm_{sz}\tan\frac{L}{2r}\cos\frac{z}{r} - rh_s' q_{zk}$$

3）剪力计算公式

根据式（2-25）可得钢梁的剪力：

$$Q_{sy} = -r^2 h_s' q_{zk}'' + \frac{C_{3s}}{r}$$

可求得钢梁的剪力计算公式：

$$Q_{sy} = -r^2 h_s' q_{zk}''$$

4.2.3　集中荷载作用下的简支超静定曲线组合梁

1. 组合梁内力

在竖向集中荷载作用下，简支超静定曲线组合梁计算简图见图 4-7。

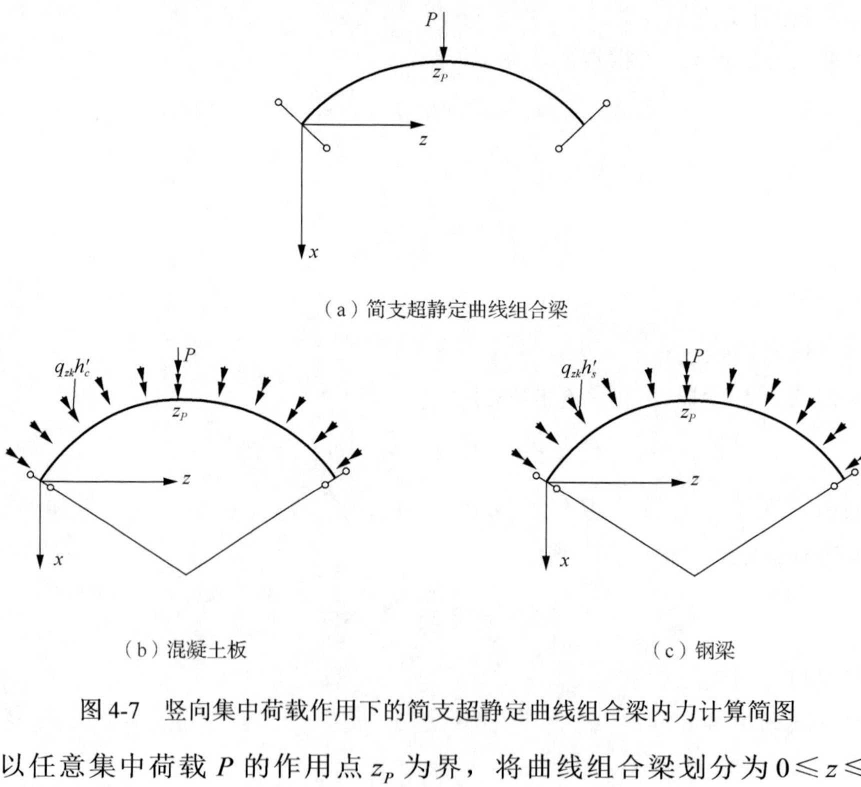

（a）简支超静定曲线组合梁

（b）混凝土板　　（c）钢梁

图 4-7　竖向集中荷载作用下的简支超静定曲线组合梁内力计算简图

以任意集中荷载 P 的作用点 z_P 为界，将曲线组合梁划分为 $0 \leqslant z \leqslant z_P$ 和

$z_P \leqslant z \leqslant L$ 两个区段。在 P 作用点左侧 $(0 \leqslant z \leqslant z_P)$ 取一微元，则剪力只在 z_P 处发生突变，即所取微元各处剪力相等。曲线组合梁的弯矩、扭矩及竖向剪力计算公式如下：

$$M_{xl} = C_1 \cos\frac{z}{r} + C_2 \sin\frac{z}{r}$$

$$T_l = C_1 \sin\frac{z}{r} - C_2 \cos\frac{z}{r} + C_3$$

$$Q_{yl} = \frac{C_3}{r}$$

在作用点 P 右侧（$z_P \leqslant z \leqslant L$）取一微元，可得曲线组合梁的弯矩、扭矩及竖向剪力计算公式：

$$M_{xr} = D_1 \cos\frac{z}{r} + D_2 \sin\frac{z}{r}$$

$$T_r = D_1 \sin\frac{z}{r} - D_2 \cos\frac{z}{r} + D_3$$

$$Q_{yr} = \frac{D_3}{r}$$

在集中荷载作用点 z_P 处，只有竖向剪力发生突变，弯矩和扭矩保持不变，即 $Q_{yr}(z_P) = Q_{yl}(z_P) - P$，$M_{xr}(z_P) = M_{xl}(z_P)$，$T_r(z_P) = T_l(z_P)$。利用边界条件：当 $z = 0$ 时，$M_{xl}(0) = 0$；当 $z = z_P$ 时，$T_l(z_P) = 0$；当 $z = L$ 时，$M_{xr}(L) = 0$。并根据式(2-11)～式（2-13），可求得集中荷载作用下任意曲线组合梁的内力计算公式。

1）弯矩、扭矩和剪力

当 $0 \leqslant z \leqslant z_P$ 时，组合梁的弯矩、扭矩和剪力如下：

$$M_{xl} = rP\frac{\sin\left(\dfrac{L - z_P}{r}\right)}{\sin\dfrac{L}{r}}\sin\frac{z}{r}$$

$$T_l = rP\left[1 - \frac{z_P}{L} - \frac{\sin\left(\dfrac{L - z_P}{r}\right)}{\sin\dfrac{L}{r}}\cos\frac{z}{L}\right]$$

$$Q_{yl} = P\left(1 - \frac{z_P}{L}\right)$$

当 $z_P \leqslant z \leqslant L$ 时，组合梁的弯矩、扭矩和剪力如下：

$$M_{xr}=rP\frac{\sin\frac{z_P}{r}\sin\left(\frac{L-z}{r}\right)}{\sin\frac{L}{r}}$$

$$T_r=rP\left[\frac{\sin\frac{z_P}{r}}{\sin\frac{L}{r}}\cos\left(\frac{L-z}{r}\right)-\frac{z_P}{L}\right]$$

$$Q_{yr}=-P\frac{z_P}{L}$$

2）界面分布剪力

根据轴向力计算公式，得到界面分布剪力：

$$\begin{cases} q_{zkl}=\dfrac{\partial N_l}{\partial z}=A_1\left(\mathrm{e}^{\alpha z}+\mathrm{e}^{-\alpha z}\right)+\dfrac{\beta r^2P\sin\left(\dfrac{L-z_P}{r}\right)}{\left(1+\alpha^2r^2\right)\sin\dfrac{L}{r}}\cos\dfrac{z}{r} & (0\leqslant z\leqslant z_P) \\ q_{zkr}=\dfrac{\partial N_r}{\partial z}=A_2\left(\mathrm{e}^{\alpha z}+\mathrm{e}^{-\alpha z}\right)-\dfrac{\beta r^2P\sin\dfrac{z_P}{r}\cos\left(\dfrac{L-z}{r}\right)}{\left(1+\alpha^2r^2\right)\sin\dfrac{L}{r}} & (z_P\leqslant z\leqslant L) \end{cases}$$

式中，$A_1=\dfrac{\beta rP\left[\mathrm{e}^{\alpha z_P}-\mathrm{e}^{\alpha\left(2L-z_P\right)}\right]}{2\left(\alpha^2r^2+1\right)\left(\mathrm{e}^{2\alpha L}-1\right)}$；$A_2=\dfrac{\beta rP\left(\mathrm{e}^{\alpha z_P}-\mathrm{e}^{-\alpha z_P}\right)}{2\alpha\left(\alpha^2r^2+1\right)\left(\mathrm{e}^{2\alpha L}-1\right)}$。

2. 混凝土板内力

1）弯矩计算公式

根据式（2-17），得到混凝土板的弯矩：

$$M_{cxl}=C_{1c}\cos\frac{z}{r}+C_{2c}\sin\frac{z}{r}-r^2h_c'\frac{\partial q_{zk}}{\partial z}\qquad(0\leqslant z\leqslant z_P)$$

$$M_{cxr}=D_{1c}\cos\frac{z}{r}+D_{2c}\sin\frac{z}{r}-r^2h_c'\frac{\partial q_{zk}}{\partial z}\qquad(z_P\leqslant z\leqslant L)$$

利用边界条件，$z=0$ 时，$M_{cxl}(0)=0$；$z=L$ 时，$M_{cxr}(L)=0$；$z=z_P$ 时，$M_{cxl}(z_P)=M_{cxr}(z_P)$，整理得到混凝土板的弯矩计算公式：

$$M_{cxl}=rP_c\frac{\sin\left(\frac{L-z_P}{r}\right)}{\sin\frac{L}{r}}\sin\frac{z}{r}-r^2h_c'\frac{\partial q_{zk}}{\partial z}\qquad(0\leqslant z\leqslant z_P)$$

$$M_{cxr}=rP_c\sin\frac{z_P}{r}\sin\left(\frac{L-z}{r}\right)-r^2h_c'\frac{\partial q_{zk}}{\partial z}\qquad (z_P\leqslant z\leqslant L)$$

2）扭矩计算公式

根据式（2-18），得到混凝土板的扭矩：

$$T_c=C_{1c}\sin\frac{z}{r}-C_{2c}\cos\frac{z}{r}-rh_c'q_{zk}+C_{3c}$$

整理得到混凝土板的扭矩计算公式：

$$T_{cl}=rP_c\frac{\sin\left(\dfrac{L-z_P}{r}\right)}{\sin\dfrac{L}{r}}\left(1-\cos\frac{z}{r}\right)-rh_c'q_{zk}+rh_c'q_{zk}(0)\qquad (0\leqslant z\leqslant z_P)$$

$$T_{cr}=rP_c\left[\frac{\sin\left(\dfrac{L-z_P}{r}\right)}{\sin\dfrac{L}{r}}+\frac{\sin\left(\dfrac{L+z}{r}\right)}{\cos\dfrac{L}{r}}-1\right]-rh_c'q_{zk}+rh_c'q_{zk}(0)\qquad (z_P\leqslant z\leqslant L)$$

3）剪力计算公式

根据式（2-19），得到剪力计算公式：

$$Q_{cyl}=-r^2h_c'\frac{\partial^2 q_{zk}}{\partial z^2}+h_c'q_{zk}(0)+P_c\frac{\sin\left(\dfrac{L-z_P}{r}\right)}{\sin\dfrac{L}{r}}\qquad (0\leqslant z\leqslant z_P)$$

$$Q_{cyr}=-r^2h_c'\frac{\partial^2 q_{zk}}{\partial z^2}+h_c'q_{zk}(0)+P_c\left[\frac{\sin\left(\dfrac{L-z_P}{r}\right)}{\sin\dfrac{L}{r}}-1\right]\qquad (z_P\leqslant z\leqslant L)$$

3. 钢梁内力

1）弯矩计算公式

根据式（2-23），得到钢梁的弯矩：

$$M_{sxl}=C_{1s}\cos\frac{z}{r}+C_{2s}\sin\frac{z}{r}-r^2h_s'\frac{\partial q_{zk}}{\partial z}\qquad (0\leqslant z\leqslant z_P)$$

$$M_{sxr}=D_{1s}\cos\frac{z}{r}+D_{2s}\sin\frac{z}{r}-r^2h_s'\frac{\partial q_{zk}}{\partial z}\qquad (z_P\leqslant z\leqslant L)$$

利用边界条件，$z=0$ 时，$M_{sxl}(0)=0$；$z=L$ 时，$M_{sxr}(L)=0$；$z=z_P$ 时，$M_{sxl}(z_P)=M_{sxr}(z_P)$，整理得到钢梁的弯矩计算公式：

$$M_{sxl}=rP_s\frac{\sin\left(\dfrac{L-z_P}{r}\right)}{\sin\dfrac{L}{r}}\sin\frac{z}{r}-r^2h_s'\frac{\partial q_{zk}}{\partial z}\qquad(0\leqslant z\leqslant z_P)$$

$$M_{sxr}=rP_s\sin\frac{z_P}{r}\sin\left(\frac{L-z}{r}\right)-r^2h_s'\frac{\partial q_{zk}}{\partial z}\qquad(z_P\leqslant z\leqslant L)$$

2）扭矩计算公式

根据式（2-24），得到钢梁的扭矩：

$$T_s=C_{1s}\sin\frac{z}{r}-C_{2s}\cos\frac{z}{r}-rh_s'q_{zk}+C_{3s}$$

整理得到钢梁的扭矩计算公式：

$$T_{sl}=rP_s\frac{\sin\left(\dfrac{L-z_P}{r}\right)}{\sin\dfrac{L}{r}}\left(1-\cos\frac{z}{r}\right)-rh_s'q_{zk}+rh_s'q_{zk}(0)\qquad(0\leqslant z\leqslant z_P)$$

$$T_{sr}=rP_s\sin\frac{z_P}{r}\left(1+\cot\frac{L}{r}\cos\frac{z}{r}\right)-rh_s'q_{zk}+rP_s\left[\frac{\sin\left(\dfrac{L-z_P}{r}\right)}{\sin\dfrac{L}{r}}-1\right]+rh_s'q_{zk}(0)$$

$$(z_P\leqslant z\leqslant L)$$

3）剪力计算公式

根据式（2-25），得到剪力计算公式：

$$Q_{syl}=-r^2h_s'\frac{\partial^2 q_{zk}}{\partial z^2}+h_s'q_{zk}(0)+P_s\frac{\sin\left(\dfrac{L-z_P}{r}\right)}{\sin\dfrac{L}{r}}\qquad(0\leqslant z\leqslant z_P)$$

$$Q_{syr}=-r^2h_s'\frac{\partial^2 q_{zk}}{\partial z^2}+h_s'q_{zk}(0)+P_s\left[\frac{\sin\left(\dfrac{L-z_P}{r}\right)}{\sin\dfrac{L}{r}}-1\right]\qquad(z_P\leqslant z\leqslant L)$$

4.2.4　集中扭矩作用下的简支超静定曲线组合梁

1. 组合梁内力

在集中扭矩作用下，简支超静定曲线组合梁的内力计算简图见图 4-8。

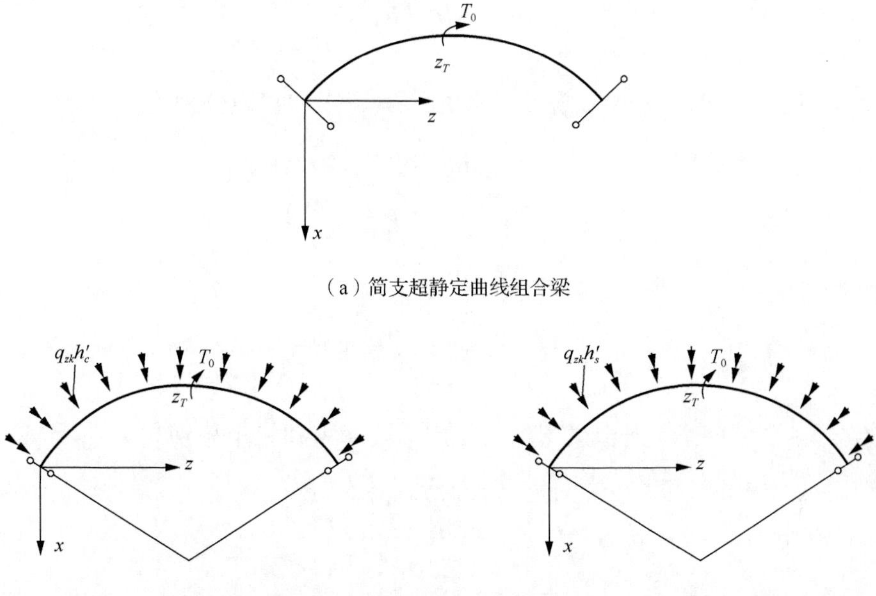

（a）简支超静定曲线组合梁

（b）混凝土板　　　　（c）钢梁

图 4-8　集中扭矩作用下的简支超静定曲线组合梁内力计算简图

以任意集中扭矩 T_0 的作用点 z_T 为界，将曲线组合梁划分为 $0 \leqslant z \leqslant z_T$ 和 $z_T \leqslant z \leqslant L$ 两个区段。根据式（2-11）～式（2-13），当 $0 \leqslant z \leqslant z_T$ 时，任意曲线组合梁的弯矩、扭矩及竖向剪力计算公式：

$$M_{xl} = C_1 \cos\frac{z}{r} + C_2 \sin\frac{z}{r}$$

$$T_l = C_1 \sin\frac{z}{r} - C_2 \cos\frac{z}{r} + C_3$$

$$Q_{yl} = \frac{C_3}{r}$$

当 $z_T \leqslant z \leqslant L$ 时，任意曲线组合梁的弯矩、扭矩及竖向剪力计算公式如下：

$$M_{xr} = D_1 \cos\frac{z}{r} + D_2 \sin\frac{z}{r}$$

$$T_r = D_1 \sin\frac{z}{r} - D_2 \cos\frac{z}{r} + D_3$$

$$Q_{yr} = \frac{D_3}{r}$$

在集中扭矩 T_0 作用点 z_T 处，曲线组合梁的扭矩发生突变，但弯矩和剪力不发生变化，即当 $z = z_T$ 时，$M_{xr}(z_T) = M_{xl}(z_T)$，$T_r(z_T) = T_l(z_T) + T_0$，$Q_{yr}(z_T) = Q_{yl}(z_T)$；

当$z=0$时，$M_{xl}(0)=0$；当$z=L$时，$M_{xr}(L)=0$。

1）曲线组合梁的弯矩和扭矩

当$0\leqslant z\leqslant z_T$时，组合梁无剪力作用，其弯矩和扭矩分别为

$$M_{xl}=T_0\frac{\sin\left(\dfrac{L-z_T}{r}\right)}{\sin\dfrac{L}{r}}\sin\frac{z}{r}$$

$$T_l=-T_0\frac{\sin(\dfrac{L-z_T}{r})}{\sin\dfrac{L}{r}}\cos\frac{z}{r}$$

当$z_T\leqslant z\leqslant L$时，组合梁无剪力作用，其弯矩和扭矩分别为

$$M_{xr}=\frac{T_0\sin\dfrac{z_T}{r}\sin\left(\dfrac{L-z}{r}\right)}{\sin\dfrac{L}{r}}$$

$$T_r=T_0\frac{\sin\dfrac{z_T}{r}}{\sin\dfrac{L}{r}}\cos\left(\frac{L-z}{r}\right)$$

2）界面分布剪力

根据轴向力计算公式，得到界面分布剪力：

$$\begin{cases}q_{zkl}=\dfrac{\partial N_l}{\partial z}=A_1\left(\mathrm{e}^{\alpha z}+\mathrm{e}^{-\alpha z}\right)+\dfrac{\dfrac{\beta}{r}\left[\dfrac{T_0\sin\left(\dfrac{L-z_T}{r}\right)}{\sin\dfrac{L}{r}}\right]}{\alpha^2r^2+1}\cos\dfrac{z}{r} & (0\leqslant z\leqslant z_T)\\ q_{zkr}=\dfrac{\partial N_r}{\partial z}=A_2\left(\mathrm{e}^{\alpha z}+\mathrm{e}^{-\alpha z}\right)-\beta r\left[\dfrac{T_0\sin\dfrac{z_T}{r}\cos\left(\dfrac{L-z}{r}\right)}{\sin\dfrac{L}{r}\left(\alpha^2r^2+1\right)}\right] & (z_T\leqslant z\leqslant L)\end{cases}$$

式中，$A_1=\dfrac{\beta rT\left[\mathrm{e}^{\alpha z_T}-\mathrm{e}^{\alpha(2L-z_T)}\right]}{2\alpha\left(\alpha^2r^2+1\right)\left(\mathrm{e}^{2\alpha L}-1\right)}$；$A_2=\dfrac{\beta rT\left(\mathrm{e}^{\alpha z_T}-\mathrm{e}^{-\alpha z_T}\right)}{2\alpha\left(\alpha^2r^2+1\right)\left(\mathrm{e}^{2\alpha L}-1\right)}$。

2. 混凝土板内力

1）弯矩计算公式

根据式（2-17），可以得到混凝土板的弯矩：

$$M_{cxl}=C_{1c}\cos\frac{z}{r}+C_{2c}\sin\frac{z}{r}-r^2h_c'\frac{\partial q_{zk}}{\partial z}\qquad(0\leqslant z\leqslant z_T)$$

$$M_{cxr}=D_{1c}\cos\frac{z}{r}+D_{2c}\sin\frac{z}{r}-r^2h_c'\frac{\partial q_{zk}}{\partial z}\qquad(z_T\leqslant z\leqslant L)$$

利用边界条件，$z=0$，$M_{cxl}(0)=0$；$z=L$，$M_{cxr}(L)=0$；$z=z_T$，$M_{cxr}(z_T)=M_{cxl}(z_T)$，整理得到混凝土板的弯矩计算公式：

$$M_{cxl}=\frac{T_0\sin\left(\frac{L-z_T}{r}\right)}{\sin\frac{L}{r}}\sin\frac{z}{r}-r^2h_c'\frac{\partial q_{zk}}{\partial z}\qquad(0\leqslant z\leqslant z_T)$$

$$M_{cxr}=\frac{T_0\sin\frac{z_T}{r}\sin\left(\frac{L-z}{r}\right)}{\sin\frac{L}{r}}-r^2h_c'\frac{\partial q_{zk}}{\partial z}\qquad(z_T\leqslant z\leqslant L)$$

2）扭矩计算公式

根据式（2-18），得到混凝土板的扭矩：

$$T_c=C_{1c}\sin\frac{z}{r}-C_{2c}\cos\frac{z}{r}-rh_c'q_{zk}+C_{3c}$$

整理得到混凝土板的扭矩计算公式：

$$T_{cl}=T_0\frac{\sin\left(\frac{L-z_T}{r}\right)}{\sin\frac{L}{r}}\left(1-\cos\frac{z}{r}\right)-rh_c'q_{zk}+rh_c'q_{zk}(0)\qquad(0\leqslant z\leqslant z_T)$$

$$T_{cr}=T_0\frac{\cos\left(\frac{L-z}{r}\right)\sin\frac{z_T}{r}+\sin\left(\frac{L-z_T}{r}\right)}{\sin\frac{L}{r}}-rh_c'q_{zk}+rh_c'q_{zk}(0)\qquad(z_T\leqslant z\leqslant L)$$

3）剪力计算公式

根据式（2-19），得到集中扭矩作用下混凝土板的剪力计算公式：

$$Q_{cyl}=Q_{cyr}=-r^2h_c'\frac{\partial^2 q_{zk}}{\partial z^2}+h_c'q_{zk}(0)+T_0\frac{\sin\left(\frac{L-z_T}{r}\right)}{r\sin\frac{L}{r}}$$

3. 钢梁内力

1）弯矩计算公式

根据式（2-23），得到钢梁的弯矩：

$$M_{sxl}=C_{1s}\cos\frac{z}{r}+C_{2s}\sin\frac{z}{r}-r^2h_s'\frac{\partial q_{zk}}{\partial z}\qquad(0\leqslant z\leqslant z_T)$$

$$M_{sxr}=D_{1s}\cos\frac{z}{r}+D_{2s}\sin\frac{z}{r}-r^2h_s'\frac{\partial q_{zk}}{\partial z}\qquad(z_T\leqslant z\leqslant L)$$

利用边界条件，$z=0$ 时，$M_{sxl}(0)=0$；$z=L$ 时，$M_{sxr}(L)=0$；$z=z_T$ 时，$M_{sxr}(z_T)=M_{sxl}(z_T)$，得到钢梁的弯矩计算公式：

$$M_{sxl}=\frac{T_0\sin\left(\frac{L-z_T}{r}\right)}{\sin\frac{L}{r}}\sin\frac{z}{r}-r^2h_s'\frac{\partial q_{zk}}{\partial z}\qquad(0\leqslant z\leqslant z_T)$$

$$M_{sxr}=\frac{T_0\sin\frac{z_T}{r}\sin\left(\frac{L-z}{r}\right)}{\sin\frac{L}{r}}-r^2h_s'\frac{\partial q_{zk}}{\partial z}\qquad(z_T\leqslant z\leqslant L)$$

2）扭矩计算公式

根据式（2-24），得到钢梁的扭矩：

$$T_s=C_{1s}\sin\frac{z}{r}-C_{2s}\cos\frac{z}{r}-rh_s'q_{zk}+C_{3s}$$

整理得到钢梁的扭矩计算公式：

$$T_{sl}=T_0\frac{\sin\left(\frac{L-z_T}{r}\right)}{\sin\frac{L}{r}}\left(1-\cos\frac{z}{r}\right)-rh_s'q_{zk}+rh_s'q_{zk}(0)\qquad(0\leqslant z\leqslant z_T)$$

$$T_{sr}=T_0\frac{\cos\left(\frac{L-z}{r}\right)\sin\frac{z_T}{r}+\sin\left(\frac{L-z_T}{r}\right)}{\sin\frac{L}{r}}-rh_s'q_{zk}+rh_s'q_{zk}(0)\qquad(z_T\leqslant z\leqslant L)$$

3）剪力计算公式

根据式（2-25），得到钢梁的剪力计算公式：

$$Q_{syl}=Q_{syr}=-r^2h_s'\frac{\partial^2 q_{zk}}{\partial z^2}+h_s'q_{zk}(0)+T_0\frac{\sin\left(\frac{L-z_T}{r}\right)}{r\sin\frac{L}{r}}$$

第 5 章　曲线钢与混凝土简支组合梁变形

曲线组合梁的变形计算中可以假定钢梁与混凝土板完全交互作用，即忽略钢梁与混凝土板的界面相对滑移和竖向掀起，可以采用换算截面法，将其中一种材料等效转换成另一种材料，然后按同种材料来计算曲线组合梁的变形。事实上，在外荷载作用下，钢梁与混凝土板之间会产生界面相对滑移，这种滑移会引起组合梁内力重新分布，导致组合梁变形增大，因此计算曲线组合梁变形时，应该考虑钢梁与混凝土板界面的相对滑移对变形的影响。本章在文献[1]研究曲线梁和文献[71]～[74]研究曲线组合梁变形的基础上，基于弹性理论和能量变分理论，建立曲线组合梁的变形计算基本方程，并给出不同荷载作用下简支静定和简支超静定曲线组合梁的变形计算公式。

5.1　基于弹性理论的曲线组合梁变形

基于弹性理论，本节建立曲线组合梁变形的基本计算方程，分别给出不同荷载作用下简支静定和简支超静定曲线组合梁的变形计算公式。

5.1.1　基本方程

首先给出钢梁与混凝土板完全交互作用下的曲线组合梁变形 w_0，再给出仅考虑钢梁与混凝土板界面相对滑移引起的附加变形 Δw，然后进行简单叠加，得到考虑界面相对滑移影响的曲线组合梁变形计算公式。

1）完全交互作用下的曲线组合梁变形

根据曲线组合梁的结构特点，对曲线组合梁变形、转角的名称和方向进行定义：曲线组合梁的轴切线方向（纵向）为 z 轴，曲线向心方向（横向）为 x 轴，垂直于曲线平面并向下为 y 轴。轴向（z 轴）位移为 $u(z)$，径向（x 轴）位移为 $v(z)$，竖向（y 轴）位移为 $w(z)$，截面扭转角为 ϕ。曲线组合梁上任意一点的荷载可用分布荷载 q_x、q_y 和 q_z，以及三个分布扭矩 m_x、m_y 和 m_z 表示。建立三维直角流动坐标系，变形（位移和转角）的方向规定见图 5-1。

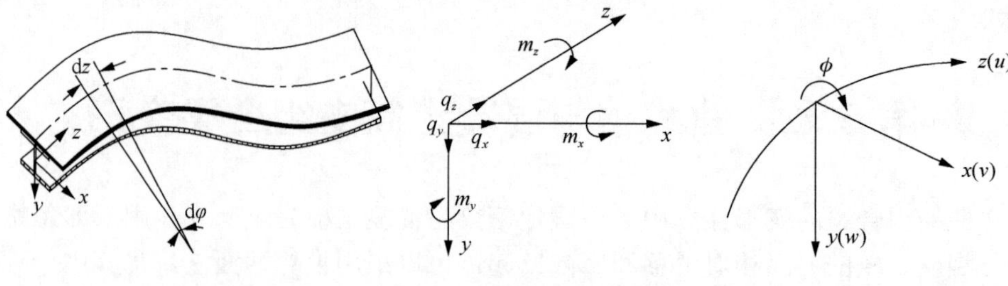

（a）曲线组合梁　　（b）三维直角流动坐标系　　（c）位移和转角的方向

图 5-1　三维直角流动坐标系及变形（位移和转角）的方向

由组合截面内力与变形的关系式得到

$$\frac{\mathrm{d}^2 w}{\mathrm{d}z^2}-\frac{\phi}{r}=-\frac{M_x}{EI}$$

$$\frac{\mathrm{d}\phi}{\mathrm{d}z}+\frac{1}{r}\frac{\mathrm{d}w}{\mathrm{d}z}=\frac{T}{GI_d}$$

整理得到

$$\frac{\mathrm{d}^3 w}{\mathrm{d}z^3}-\frac{1}{r}\frac{\mathrm{d}\phi}{\mathrm{d}z}=-\frac{1}{EI}\frac{\mathrm{d}M_x}{\mathrm{d}z}$$

$$\frac{1}{r}\frac{\mathrm{d}\phi}{\mathrm{d}z}+\frac{1}{r^2}\frac{\mathrm{d}w}{\mathrm{d}z}=\frac{1}{r}\frac{T}{GI_d}$$

曲线组合梁的弯曲变形、弯曲转角和扭转角基本方程:

$$\frac{\mathrm{d}^3 w}{\mathrm{d}z^3}+\frac{1}{r^2}\frac{\mathrm{d}w}{\mathrm{d}z}=\frac{1}{rEI}\left[\left(1+k\right)T-rQ_y\right] \tag{5-1a}$$

式中，$k=\dfrac{EI}{GI_d}$。

$$\theta=\frac{\mathrm{d}w}{\mathrm{d}z} \tag{5-1b}$$

$$\phi=r\left(\frac{\mathrm{d}^2 w}{\mathrm{d}z^2}+\frac{M_x}{EI}\right) \tag{5-1c}$$

同理，得到组合梁中混凝土板的变形、弯曲转角和扭转角计算公式:

$$\frac{\mathrm{d}^3 w_c}{\mathrm{d}z^3}+\frac{1}{r^2}\frac{\mathrm{d}w_c}{\mathrm{d}z}=\frac{1}{rE_cI}\left[\left(1+k\right)T_c-rQ_{cy}\right] \tag{5-2a}$$

$$\theta_c=\frac{\mathrm{d}w_c}{\mathrm{d}z} \tag{5-2b}$$

$$\phi_c=\left(\frac{\mathrm{d}^2 w_c}{\mathrm{d}z^2}+\frac{M_{cx}}{E_cI}\right)r \tag{5-2c}$$

组合梁中钢梁的变形、弯曲转角和扭转角计算公式:

$$\frac{\mathrm{d}^3 w_s}{\mathrm{d}z^3}+\frac{1}{r^2}\frac{\mathrm{d}w_s}{\mathrm{d}z}=\frac{1}{rE_sI}\left[\left(1+k\right)T_s-rQ_{sy}\right] \tag{5-3a}$$

$$\theta_s=\frac{\mathrm{d}w_s}{\mathrm{d}z} \tag{5-3b}$$

$$\phi_s=\left(\frac{\mathrm{d}^2 w_s}{\mathrm{d}z^2}+\frac{M_{sx}}{E_sI}\right)r \tag{5-3c}$$

2）界面相对滑移引起的附加变形

界面相对滑移引起的附加变形可以利用滑移引起的附加曲率来计算，由基本假定可知，滑移引起的附加曲率为

$$\Delta k_x=\frac{\varepsilon_s}{h_c+h_s}=\frac{\mathrm{d}s_z}{\mathrm{d}z}$$

式中，ε_s 为滑移应变；s_z 为界面相对滑移。

根据虚功原理得到附加变形：

$$\Delta w=\int\bar{M}\Delta k_x\mathrm{d}x$$

式中，$\bar{M}$ 为虚力产生的弯矩。

将完全交互作用下的变形与界面相对滑移引起的附加变形进行简单叠加，得到考虑界面相对滑移影响的曲线组合梁总变形计算公式：

$$w=w_0+\Delta w$$

5.1.2　简支静定曲线组合梁

简支静定曲线组合梁的计算简图和外荷载作用形式见图 5-2。下面给出不同荷载作用下的变形计算公式。

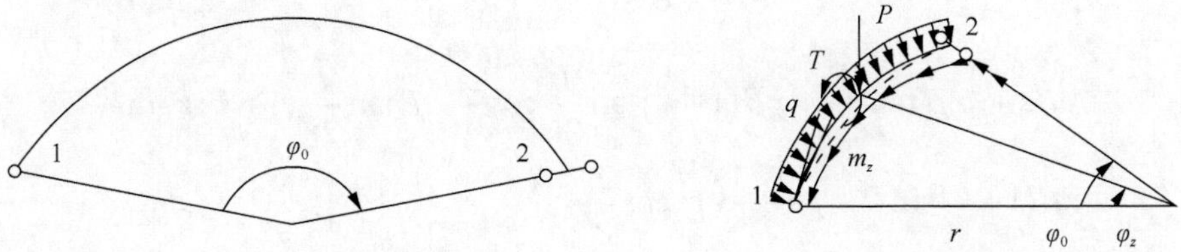

（a）计算简图　　（b）外荷载作用形式

图 5-2　简支静定曲线组合梁计算简图与外荷载作用形式

1）均布荷载作用

将均布荷载作用下的简支静定曲线组合梁的扭矩和剪力计算公式代入式（5-1）中，可得

$$\frac{\mathrm{d}^3 w}{\mathrm{d}z^3}+\frac{1}{r^2}\frac{\mathrm{d}w}{\mathrm{d}z}=\frac{rq_y}{EI}\left[\left(1+k\right)\sin\frac{z}{r}+\left(1+k\right)\tan\frac{L}{2r}\cos\frac{z}{r}+k\tan\frac{L}{2r}-k\frac{z}{r}\right]$$

组合梁的变形微分方程通解：

$$
\begin{aligned}
w = & C_1\cos\frac{z}{r} + C_2\sin\frac{z}{r} - \frac{k}{2}\beta z^2 + kr\beta z\tan\frac{L}{2r} \\
& + r\beta(1+k)z\tan\frac{L}{2r}\cos\frac{z}{r} - r\beta(1+k)z\sin\frac{z}{r} + C_3
\end{aligned}
$$

式中，$\beta = \dfrac{r^2 q_y}{EI}$。

根据边界条件，$z=0$ 时，$w=0$；$z=L$ 时，$w=0$，$\phi=0$，整理得到组合梁的变形计算公式：

$$
\begin{aligned}
w = & \left[kr\beta L\tan\frac{L}{2r} - 2r^2\beta(1+k) - kr^2\beta - \frac{k}{2}\beta L^2\right]\cos\frac{z}{r} \\
& + \left[r\beta(1+k)L - (1+2k)r\beta\frac{\cos\dfrac{L}{r}}{1+\cos\dfrac{L}{r}}L - r^2\beta(2+3k)\tan\frac{L}{2r} + \frac{k\beta L^2}{2\tan\dfrac{L}{r}}\right]\sin\frac{z}{r} \\
& - \frac{k}{2}\beta z^2 + kr\beta z\tan\frac{L}{2r} + r\beta(1+k)z\tan\frac{L}{2r}\cos\frac{z}{r} - r\beta(1+k)z\sin\frac{z}{r} \\
& - kr\beta L\tan\frac{L}{2r} + 2r^2\beta(1+k) + kr^2\beta + \frac{k}{2}\beta L^2
\end{aligned}
$$

组合梁的弯曲转角计算公式：

$$
\begin{aligned}
\theta = & -\left[k\beta L\tan\frac{L}{2r} - 2r\beta(1+k) - kr\beta - \frac{k}{2r}\beta L^2\right]\sin\frac{z}{r} \\
& + \left[\beta(1+k)L - (1+2k)\beta\frac{\cos\dfrac{L}{r}}{1+\cos\dfrac{L}{r}}L - r\beta(2+3k)\tan\frac{L}{2r} + \frac{k\beta L^2}{2r\tan\dfrac{L}{r}}\right]\cos\frac{z}{r} \\
& - k\beta z + kr\beta\tan\frac{L}{2r} + r\beta(1+k)\tan\frac{L}{2r}\cos\frac{z}{r} - \beta\tan\frac{L}{2r}(1+k)z\sin\frac{z}{r} \\
& - r\beta(1+k)\sin\frac{z}{r} - \beta(1+k)z\cos\frac{z}{r}
\end{aligned}
$$

组合梁的扭转角计算公式：

$$\phi=-\left[k\beta L\tan\frac{L}{2r}-2r\beta(1+k)-kr\beta-\frac{k}{2r}\beta L^2\right]\cos\frac{z}{r}$$
$$-\left[\beta(1+k)L-(1+2k)\beta\frac{\cos\frac{L}{r}}{1+\cos\frac{L}{r}}L-r\beta(2+3k)\tan\frac{L}{2r}+\frac{k\beta L^2}{2r\tan\frac{L}{r}}\right]\sin\frac{z}{r}$$
$$-kr\beta-2r\beta(1+k)\tan\frac{L}{2r}\sin\frac{z}{r}-\beta(1+k)z\tan\frac{L}{2r}\cos\frac{z}{r}-2r\beta(1+k)\cos\frac{z}{r}$$
$$+\beta(1+k)z\sin\frac{z}{r}+r\beta\tan\frac{L}{2r}\sin\frac{z}{r}-r\beta\sin\frac{z}{r}\tan\frac{z}{2r}$$

2）均布扭矩作用

将均布扭矩作用下的简支静定曲线组合梁扭矩和剪力计算公式代入式（5-1）中，可得

$$\frac{d^3w}{dz^3}+\frac{1}{r^2}\frac{dw}{dz}=\frac{1+k}{EI}m_z\tan\frac{L}{2r}\cos\frac{z}{r}-\frac{1+k}{EI}m_z\sin\frac{z}{r}+\frac{m_z}{EI}\tan\frac{L}{2r}-\frac{1+k}{EI}m_z\tan\frac{L}{2r}$$

整理得到组合梁的弯曲变形微分方程通解：

$$w=rA_1\sin\frac{z}{r}-rA_2\cos\frac{z}{r}+\frac{(1+k)r^2m_z}{2EI}\left(z\sin\frac{z}{r}+r\cos\frac{z}{r}\right)$$
$$-\frac{(1+k)r^2m_z}{2EI}\tan\frac{L}{2r}\left(z\cos\frac{z}{r}-r\sin\frac{z}{r}\right)-kr^2\frac{m_z}{EI}\tan\frac{L}{2r}z+A_3$$

利用边界条件，$z=0$ 时，$w=0$；$z=L$ 时，$w=0$，$\phi=r\left(\frac{d^2w}{dz^2}+\frac{M}{EI}\right)=0$，整理得到组合梁的变形计算公式：

$$w=\beta\left(\frac{kL}{1+k}\tan\frac{L}{2r}\cot\frac{L}{r}+r\csc\frac{L}{r}\sin^2\frac{L}{2r}-\frac{L}{2}\csc\frac{L}{r}\tan\frac{L}{2r}+\frac{z}{2}+\frac{r}{2}\tan\frac{L}{2r}\right)\sin\frac{z}{r}$$
$$+\beta\left(\frac{-kL}{1+k}\tan\frac{L}{2r}+r-\frac{z}{2}\tan\frac{L}{2r}\right)\cos\frac{z}{r}+\beta\left(\frac{-k}{1+k}\tan\frac{L}{2r}z+\frac{kL}{1+k}\tan\frac{L}{2r}-r\right)$$

式中，$\beta=\frac{(1+k)r^2m_z}{EI}$。

组合梁的弯曲转角计算公式：

$$\theta=\beta\left[\frac{kL}{r(1+k)}\tan\frac{L}{2r}\cot\frac{L}{r}+\csc\frac{L}{r}\sin^2\frac{L}{2r}-\frac{L}{2r}\csc\frac{L}{r}\tan\frac{L}{2r}+\frac{z}{2r}\right]\cos\frac{z}{r}$$
$$+\beta\left[\frac{kL}{r(1+k)}\tan\frac{L}{2r}+\frac{z}{2r}\tan\frac{L}{2r}-\frac{1}{2}\right]\sin\frac{z}{r}-\frac{\beta k}{1+k}\tan\frac{L}{2r}$$

组合梁的扭转角计算公式：

$$\phi=\beta\left[-\frac{kL}{r(1+k)}\tan\frac{L}{2r}\cot\frac{L}{r}-\csc\frac{L}{r}\sin^2\frac{L}{2r}+\frac{L}{2r}\csc\frac{L}{r}\tan\frac{L}{2r}\right.$$
$$\left.+\frac{1}{2}\tan\frac{L}{2r}-\frac{z}{2r}+\frac{1}{1+k}\left(\tan\frac{z}{2r}-\tan\frac{L}{2r}\right)\right]\sin\frac{z}{r}$$
$$+\beta\left[\frac{kL}{r(1+k)}\tan\frac{L}{2r}+\frac{z}{2r}\tan\frac{L}{2r}\right]\cos\frac{z}{r}$$

3）任意集中荷载作用

以任意集中荷载 P 的作用点 z_P 为界，将曲线组合梁划分为 $0\leqslant z\leqslant z_P$ 和 $z_P\leqslant z\leqslant L$ 两个区段。将任意集中荷载作用下的简支静定曲线组合梁的扭矩和剪力计算公式代入式（5-1）中，可得

$$\frac{\mathrm{d}^3w_l}{\mathrm{d}z^3}+\frac{1}{r^2}\frac{\mathrm{d}w_l}{\mathrm{d}z}=\frac{1}{rEI}\left[(1+k)rP\frac{\sin\left(\frac{L-z_P}{r}\right)}{\sin\frac{L}{r}}\left(1-\cos\frac{z}{r}\right)-rP\frac{\sin\left(\frac{L-z_P}{r}\right)}{\sin\frac{L}{r}}\right]\quad(0\leqslant z\leqslant z_P)$$

$$\frac{\mathrm{d}^3w_r}{\mathrm{d}z^3}+\frac{1}{r^2}\frac{\mathrm{d}w_r}{\mathrm{d}z}$$
$$=\frac{1}{rEI}\left\{(1+k)rP\left[\frac{\sin\left(\frac{L-z_P}{r}\right)+\cos\left(\frac{L-z}{r}\right)\sin\frac{z_P}{r}}{\sin\frac{L}{r}}-1\right]-rP\left[\frac{\sin\left(\frac{L-z_P}{r}\right)}{\sin\frac{L}{r}}-1\right]\right\}\quad(z_P\leqslant z\leqslant L)$$

简化为

$$\frac{\mathrm{d}^3w_l}{\mathrm{d}z^3}+\frac{1}{r^2}\frac{\mathrm{d}w_l}{\mathrm{d}z}=k\beta-(1+k)\beta\cos\frac{z}{r}\qquad(0\leqslant z\leqslant z_P)$$
$$\frac{\mathrm{d}^3w_r}{\mathrm{d}z^3}+\frac{1}{r^2}\frac{\mathrm{d}w_r}{\mathrm{d}z}=k(\beta-\eta)+(1+k)\delta\cos\left(\frac{L-z}{r}\right)\qquad(z_P\leqslant z\leqslant L)$$

式中，$\beta=\dfrac{P}{EI}\dfrac{\sin\left(\frac{L-z_P}{r}\right)}{\sin\frac{L}{r}}$；$\delta=\dfrac{P}{EI}\dfrac{\sin\frac{z_P}{r}}{\sin\frac{L}{r}}$；$\eta=\dfrac{P}{EI}$。

组合梁的变形微分方程通解：

$$w_l=A_1+\left[A_2r-\frac{(1+k)\beta r^3}{2}\right]\sin\frac{z}{r}-A_3r\cos\frac{z}{r}+k\beta r^2z+\frac{(1+k)\beta r^2}{2}z\cos\frac{z}{r}\qquad(0\leqslant z\leqslant z_P)$$

$$w_r = A_4 + A_5 r\sin\frac{z}{r} - A_6 r\cos\frac{z}{r} + k(\beta-\eta)r^2 z - \frac{(1+k)\delta r^2}{2}\left[z\cos\left(\frac{L-z}{r}\right) + r\sin\left(\frac{L-z}{r}\right)\right] \quad (z_P \leqslant z \leqslant L)$$

根据边界条件，$z=0$ 时，$w_l=0$；$z=L$ 时，$w_r=0$；$z=z_P$ 时，$w_l=w_r$，$\frac{\mathrm{d}w_l}{\mathrm{d}z}=\frac{\mathrm{d}w_r}{\mathrm{d}z}$，$\frac{\mathrm{d}^2 w_l}{\mathrm{d}z^2}=\frac{\mathrm{d}^2 w_r}{\mathrm{d}z^2}$；$z=L$ 时，$\frac{\mathrm{d}^2 w_r}{\mathrm{d}z^2}+\frac{M_r}{EI}=0$，整理得到组合梁的变形计算公式：

$$\begin{aligned}
w_l &= kr^2(\eta L - \beta L - \eta z_P)\left(1-\cos\frac{z}{r}\right) + k\beta r^2 z + \frac{1}{2}(1+k)\beta r^2 z\cos\frac{z}{r} \\
&\quad + \left[\frac{1}{2}(1+k)r^2\left(\delta L\csc\frac{L}{r} - \eta z_P\cot\frac{L}{r}\cos\frac{z_P}{r} - \eta z_P\sin\frac{z_P}{r} - \beta r\right)\right. \\
&\quad \left. + kr^2\cot\frac{L}{r}\left(\eta L - \beta L - \eta z_P + \eta r\sin\frac{z_P}{r}\right) - k\eta r^3\cos\frac{z_P}{r}\right]\sin\frac{z}{r} \quad (0 \leqslant z \leqslant z_P)
\end{aligned}$$

$$\begin{aligned}
w_r &= kr^2(\eta-\beta)(L-z) - \frac{1}{2}(1+k)\delta r^2\left[z\cos\left(\frac{L-z}{r}\right) + r\sin\left(\frac{L-z}{r}\right)\right] \\
&\quad + \left[\frac{1}{2}(1+k)r^2\left(\delta L\csc\frac{L}{r} - \eta z_P\cot\frac{L}{r}\cos\frac{z_P}{r}\right)\right. \\
&\quad \left. + kr^2\cot\frac{L}{r}\left(\eta L - \beta L - \eta z_P + \eta r\sin\frac{z_P}{r}\right)\right]\sin\frac{z}{r} \\
&\quad - \left[kr^2\left(\eta L - \beta L - \eta z_P + \eta r\sin\frac{z_P}{r}\right)\right. \\
&\quad \left. - \frac{1}{2}(1+k)\eta r^2 z_P\cos\frac{z_P}{r}\right]\cos\frac{z}{r} \quad (z_P \leqslant z \leqslant L)
\end{aligned}$$

组合梁的弯曲转角计算公式：

$$\begin{aligned}
\theta_l &= \left[\frac{1}{2}(1+k)r\left(\delta L\csc\frac{L}{r} - \eta z_P\cot\frac{L}{r}\cos\frac{z_P}{r} - \eta z_P\sin\frac{z_P}{r}\right)\right. \\
&\quad \left. + kr\cot\frac{L}{r}\left(\eta L - \beta L - \eta z_P + \eta r\sin\frac{z_P}{r}\right) - k\eta r^2\cos\frac{z_P}{r}\right]\cos\frac{z}{r} \\
&\quad + \left[kr(\eta L - \beta L - \eta z_P) - \frac{1}{2}(1+k)\beta rz\right]\sin\frac{z}{r} + k\beta r^2 \quad (0 \leqslant z \leqslant z_P)
\end{aligned}$$

$$\begin{aligned}\theta_r=&\left[\frac{1}{2}(1+k)r\left(\delta L\csc\frac{L}{r}-\eta z_P\cot\frac{L}{r}\cos\frac{z_P}{r}\right)\right.\\&\left.+kr\cot\frac{L}{r}\left(\eta L-\beta L-\eta z_P+\eta r\sin\frac{z_P}{r}\right)\right]\cos\frac{z}{r}\\&+\left[kr\left(\eta L-\beta L-\eta z_P+\eta r\sin\frac{z_P}{r}\right)\right.\\&\left.-\frac{1}{2}(1+k)\eta r z_P\cos\frac{z_P}{r}\right]\sin\frac{z}{r}\\&-\frac{1}{2}(1+k)\delta rz\sin\left(\frac{L-z}{r}\right)+k(\beta-\eta)r^2\qquad(z_P\leqslant z\leqslant L)\end{aligned}$$

组合梁的扭转角计算公式：

$$\begin{aligned}\phi_l=&\left[kr(\eta L-\beta L-\eta z_P)-\frac{1}{2}(1+k)\beta zr\right]\cos\frac{z}{r}\\&-\left[\frac{1}{2}(1+k)r\left(\delta L\csc\frac{L}{r}-\eta z_P\cot\frac{L}{r}\cos\frac{z_P}{r}-\eta z_P\sin\frac{z_P}{r}\right)\right.\\&\left.+kr\cot\frac{L}{r}\left(\eta L-\beta L-\eta z_P+\eta r\sin\frac{z_P}{r}\right)-k\eta r^2\cos\frac{z_P}{r}+\frac{1}{2}(k-1)\beta r^2\right]\sin\frac{z}{r}\\&\qquad(0\leqslant z\leqslant z_P)\end{aligned}$$

$$\begin{aligned}\phi_r=&\left[kr\left(\eta L-\beta L-\eta z_P+\eta r\sin\frac{z_P}{r}\right)-\frac{1}{2}(1+k)\eta r z_P\cos\frac{z_P}{r}\right]\cos\frac{z}{r}\\&-\left[\frac{1}{2}(1+k)r\left(\delta L\csc\frac{L}{r}-\eta z_P\cot\frac{L}{r}\cos\frac{z_P}{r}\right)\right.\\&\left.+kr\cot\frac{L}{r}\left(\eta L-\beta L-\eta z_P+\eta r\sin\frac{z_P}{r}\right)\right]\sin\frac{z}{r}\\&-\frac{1}{2}(k-1)\delta r^2\sin\left(\frac{L-z}{r}\right)+\frac{1}{2}(1+k)\delta rz\cos\left(\frac{L-z}{r}\right)\qquad(z_P\leqslant z\leqslant L)\end{aligned}$$

4）集中扭矩作用

以任意集中扭矩 T_0 的作用点 z_T 为界，将曲线组合梁划分为 $0\leqslant z\leqslant z_T$ 和 $z_T\leqslant z\leqslant L$ 两个区段。将集中扭矩作用下简支静定曲线组合梁的扭矩计算公式和剪力计算公式代入式（5-1）中，可得

$$\frac{\mathrm{d}^3w_l}{\mathrm{d}z^3}+\frac{1}{r^2}\frac{\mathrm{d}w_l}{\mathrm{d}z}=-(1+k)\beta\cos\frac{z}{r}+k\beta\qquad(0\leqslant z\leqslant z_T)$$

$$\frac{\mathrm{d}^3w_r}{\mathrm{d}z^3}+\frac{1}{r^2}\frac{\mathrm{d}w_r}{\mathrm{d}z}=(1+k)\beta'\cos\left(\frac{L-z}{r}\right)+k\beta\qquad(z_T\leqslant z\leqslant L)$$

式中，$\beta=\dfrac{T_0\sin\left(\dfrac{L-z_T}{r}\right)}{rEI\sin\dfrac{L}{r}}$；$\beta'=\dfrac{T_0\sin\dfrac{z_T}{r}}{rEI\sin\dfrac{L}{r}}$。

整理得到组合梁的弯曲变形方程：

$$w_l=\left[rA_1-\frac{r^3(1+k)\beta}{2}\right]\sin\frac{z}{r}-\left[rA_2-\frac{r^2(1+k)\beta z}{2}\right]\cos\frac{z}{r}+k\beta r^2z+A_3\quad(0\leqslant z\leqslant z_T)$$

$$w_r=A_4r\sin\frac{z}{r}-A_5r\cos\frac{z}{r}-\frac{(1+k)\beta' r^3}{2}\sin\left(\frac{L-z}{r}\right)-\frac{(1+k)\beta' r^2z}{2}\cos\left(\frac{L-z}{r}\right)+k\beta r^2z+A_6\quad(z_T\leqslant z\leqslant L)$$

利用边界条件，$z=0$ 时，$w_l=0$；$z=L$ 时，$w_r=0$；$z=z_T$ 时，$w_l=w_r$，$\dfrac{\mathrm{d}w_l}{\mathrm{d}z}=\dfrac{\mathrm{d}w_r}{\mathrm{d}z}$，$\dfrac{\mathrm{d}^2w_l}{\mathrm{d}z^2}=\dfrac{\mathrm{d}^2w_r}{\mathrm{d}z^2}$；$z=L$ 时，$\dfrac{\mathrm{d}^2w_r}{\mathrm{d}z^2}+\dfrac{M_r}{EI}=0$，整理得到组合梁的变形计算公式：

$$w_l=\left\{\cot\frac{L}{r}\left[-kr^2L\beta-\frac{(1+k)rT_0z_T}{2EI}\cos\frac{z_T}{r}\right]+\frac{(1+k)r^2\beta' L}{2\sin\dfrac{L}{r}}-\frac{(1+k)rT_0z_T}{2EI}\sin\frac{z_T}{r}-\frac{(1+k)r^3\beta}{2}\right\}\sin\frac{z}{r}+\left[kr^2L\beta+\frac{(1+k)r^2\beta z}{2}\right]\cos\frac{z}{r}+kr^2\beta z-kr^2\beta L\quad(0\leqslant z\leqslant z_T)$$

$$w_r=\left[\cot\frac{L}{r}\left(-kr^2L\beta-\frac{(1+k)rT_0z_T}{2EI}\cos\frac{z_T}{r}\right)+\frac{(1+k)r^2\beta' L}{2\sin\dfrac{L}{r}}\right]\sin\frac{z}{r}+\left[kr^2L\beta+\frac{(1+k)rT_0z_T}{2EI}\cos\frac{z_T}{r}\right]\cos\frac{z}{r}-\frac{(1+k)\beta' r^3}{2}\sin\left(\frac{L-z}{r}\right)-\frac{(1+k)\beta' r^2z}{2}\cos\left(\frac{L-z}{r}\right)+k\beta r^2z-r^2k\beta L\quad(z_T\leqslant z\leqslant L)$$

组合梁的弯曲转角计算公式：

$$\theta_l=\left\{\cot\frac{L}{r}\left[-krL\beta-\frac{(1+k)T_0z_T}{2EI}\cos\frac{z_T}{r}\right]+\frac{(1+k)r\beta' L}{2\sin\dfrac{L}{r}}-\frac{(1+k)T_0z_T}{2EI}\sin\frac{z_T}{r}\right\}\cos\frac{z}{r}$$

$$-\left[krL\beta+\frac{(1+k)r\beta z}{2}\right]\sin\frac{z}{r}+k\beta r^2 \qquad (0\leqslant z\leqslant z_T)$$

$$\theta_r=\left\{\cot\frac{L}{r}\left[-krL\beta-\frac{(1+k)T_0z_T}{2EI}\cos\frac{z_T}{r}\right]+\frac{(1+k)r\beta' L}{2\sin\dfrac{L}{r}}\right\}\cos\frac{z}{r}$$

$$-\left[krL\beta+\frac{(1+k)T_0z_T}{2EI}\cos\frac{z_T}{r}\right]\sin\frac{z}{r}-\frac{(1+k)\beta' rz}{2}\sin\left(\frac{L-z}{r}\right)+k\beta r^2$$

$$(z_T\leqslant z\leqslant L)$$

组合梁的扭转角计算公式：

$$\phi_l=\left\{\cot\frac{L}{r}\left[krL\beta+\frac{(1+k)T_0z_T}{2EI}\cos\frac{z_T}{r}\right]-\frac{(1+k)r\beta' L}{2\sin\dfrac{L}{r}}\right.$$

$$\left.+\frac{(1+k)T_0z_T}{2EI}\sin\frac{z_T}{r}+\frac{T_0r\sin\dfrac{(L-z_T)}{r}}{EI\sin\dfrac{L}{r}}-\frac{(1+k)r^2\beta}{2}\right\}\sin\frac{z}{r}$$

$$-\left[krL\beta+\frac{(1+k)r\beta z}{2}\right]\cos\frac{z}{r} \qquad (0\leqslant z\leqslant z_T)$$

$$\phi_r=\left\{\cot\frac{L}{r}\left[krL\beta+\frac{(1+k)T_0z_T}{2EI}\cos\frac{z_T}{r}\right]-\frac{(1+k)r\beta' L}{2\sin\dfrac{L}{r}}\right\}\sin\frac{z}{r}$$

$$-\left[krL\beta+\frac{(1+k)T_0z_T}{2EI}\cos\frac{z_T}{r}\right]\cos\frac{z}{r}+\left[\frac{T_0r\sin\dfrac{z_T}{r}}{EI\sin\dfrac{L}{r}}-\frac{(1+k)\beta' r^2}{2}\right]\sin\left(\frac{L-z}{r}\right)$$

$$+\frac{(1+k)\beta' rz}{2}\cos\left(\frac{L-z}{r}\right) \qquad (z_T\leqslant z\leqslant L)$$

5.1.3　简支超静定曲线组合梁

简支超静定曲线组合梁的计算简图和外荷载作用形式见图 5-3。下面给出不同荷载作用下的变形计算公式。

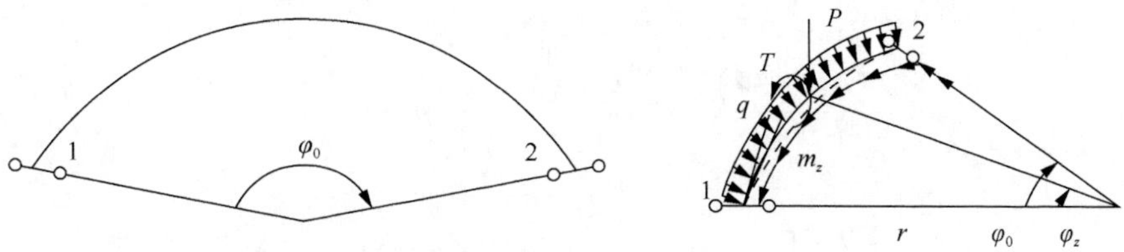

（a）计算简图　　（b）外荷载作用形式

图 5-3　简支超静定曲线组合梁的计算简图与外荷载作用形式

1）均布荷载作用

将均布荷载作用下简支超静定曲线组合梁的扭矩和剪力计算公式代入式（5-1）中，引入 $z=r\varphi_z$，$L=r\varphi_0$，可得

$$\frac{\mathrm{d}^3 w}{\mathrm{d}\varphi_z{}^3}+\frac{\mathrm{d}w}{\mathrm{d}\varphi_z}=\frac{r^4 q_y}{EI}\left[(1+k)\left(\sin\varphi_z-\tan\frac{\varphi_0}{2}\cos\varphi_z\right)+k\left(\frac{\varphi_0}{2}-\varphi_z\right)\right]$$

组合梁的弯曲变形微分方程通解：

$$w=B_1+B_2\sin\varphi_z+B_3\cos\varphi_z+\frac{r^4 q_y}{2EI}\varphi_z\left[k(\varphi_0-\varphi_z)-(1+k)\sin\left(\varphi_z-\frac{\varphi_0}{2}\right)\Big/\cos\frac{\varphi_0}{2}\right]$$

利用边界条件，变形 $w(0)=w(\varphi_0)=0$；扭转角 $\phi(0)=\phi(\varphi_0)=0$；弯曲转角 $\theta\left(\frac{\varphi_0}{2}\right)=0$，整理得到均布荷载作用下组合梁的变形计算公式：

$$w=\frac{q_y r^4}{EI}\left\{(1+2k)\left[1-\frac{\cos\left(\varphi_z-\frac{\varphi_0}{2}\right)}{\cos\frac{\varphi_0}{2}}\right]+\frac{k}{2}\left(\varphi_0\varphi_z-\varphi_z^2\right)\right.$$
$$\left.+\frac{(1+k)}{2}\left[\frac{\varphi_0}{2}\left(1+\tan^2\frac{\varphi_0}{2}\right)\sin\varphi_z-\frac{\sin\left(\varphi_z-\frac{\varphi_0}{2}\right)}{\cos\frac{\varphi_0}{2}}\right]\right\}$$

组合梁的弯曲转角计算公式：

$$\theta=\frac{q_y r^3}{EI}\left\{\frac{(1+3k)}{2}\frac{\sin\left(\varphi_z-\frac{\varphi_0}{2}\right)}{\cos\frac{\varphi_0}{2}}+\frac{k}{2}(\varphi_0-2\varphi_z)\right.$$

$$\left.+\frac{(1+k)}{2}\left[\frac{\varphi_0}{2}\left(1+\tan^2\frac{\varphi_0}{2}\right)\cos\varphi_z-\frac{\cos\left(\varphi_z-\frac{\varphi_0}{2}\right)}{\cos\frac{\varphi_0}{2}}\varphi_z\right]\right\}$$

组合梁的扭转角计算公式：

$$\phi=\frac{q_y r^3}{EI}\left\{k\left[\frac{\cos\left(\varphi_z-\frac{\varphi_0}{2}\right)}{\cos\frac{\varphi_0}{2}}-1\right]+\sin\varphi_z\left(\tan\frac{\varphi_0}{2}-\tan\frac{\varphi_z}{2}\right)\right.$$

$$\left.-\frac{(1+k)}{2}\left[\frac{\varphi_0}{2}\left(1+\tan^2\frac{\varphi_0}{2}\right)\sin\varphi_z-\frac{\sin\left(\varphi_z-\frac{\varphi_0}{2}\right)}{\cos\frac{\varphi_0}{2}}\varphi_z\right]\right\}$$

2）均布扭矩作用

将均布扭矩 m_z 作用下简支超静定曲线组合梁的内力计算公式代入式（5-1），利用 $z=r\varphi_z$ ，$L=r\varphi_0$ 可得

$$\frac{\mathrm{d}^3 w}{\mathrm{d}\varphi_z^3}+\frac{\mathrm{d}w}{\mathrm{d}\varphi_z}=\frac{r^3 m_z}{EI}\left[-(1+k)\sin\varphi_z+\tan\frac{\varphi_0}{2}\cos\varphi_z\right]$$

组合梁的弯曲变形微分方程通解：

$$w=B_1+B_2\sin\varphi_z+B_3\cos\varphi_z+\frac{r^3 m_z}{2EI}\left[(1+k)\varphi_z\left(\tan\frac{\varphi_0}{2}\cos\varphi_z-\sin\varphi_z\right)\right]$$

利用边界条件，变形 $w(0)=w(\varphi_0)=0$；扭转角 $\phi(0)=\phi(\varphi_0)=0$ ，整理得到均布扭矩作用下组合梁的变形计算公式：

$$w=\frac{m_z r^3(1+k)}{EI}\left[1-\frac{\sin\varphi_0-\frac{\varphi_0}{2}}{(1+\cos\varphi_0)}\sin\varphi_z-\cos\varphi_z-\frac{\varphi_z\sin\left(\varphi_z-\frac{\varphi_0}{2}\right)}{2\cos\frac{\varphi_0}{2}}\right]$$

弯曲转角计算公式：

$$\theta=\frac{m_z r^2(1+k)}{EI}\left[\sin\varphi_z-\frac{2\sin\varphi_0-\varphi_0}{2(1+\cos\varphi_0)}\cos\varphi_z-\frac{\sin\left(\varphi_z-\frac{\varphi_0}{2}\right)+\varphi_z\cos\left(\varphi_z-\frac{\varphi_0}{2}\right)}{2\cos\frac{\varphi_0}{2}}\right]$$

扭转角计算公式：

$$\phi=\frac{m_z r^2}{EI}(1+k)\left[\frac{2\sin\varphi_0-\varphi_0}{2(1+\cos\varphi_0)}\sin\varphi_z+\cos\varphi_z-\frac{\cos\left(\varphi_z-\frac{\varphi_0}{2}\right)-\frac{\varphi_z}{2}\sin\left(\varphi_z-\frac{\varphi_0}{2}\right)}{\cos\frac{\varphi_0}{2}}\right]$$

$$+\frac{m_z r^2}{EI}\sin\varphi_z\left(\tan\frac{\varphi_0}{2}-\tan\frac{\varphi_z}{2}\right)$$

3）任意集中荷载作用

将任意集中荷载 P 作用下简支超静定组合梁的内力计算公式代入式(5-1)中，利用 $z=r\varphi_z$ 可得

$$\frac{\mathrm{d}^3 w_l}{\mathrm{d}^3\varphi_z}+\frac{\mathrm{d}w_l}{\mathrm{d}\varphi_z}=\frac{r^3P}{EI}\left[-(1+k)\frac{\sin(\varphi_0-\varphi_P)}{\sin\varphi_0}\cos\varphi_z+k\left(1-\frac{\varphi_P}{\varphi_0}\right)\right]\quad(0\leqslant\varphi_z\leqslant\varphi_P)$$

$$\frac{\mathrm{d}^3 w_r}{\mathrm{d}^3\varphi_z}+\frac{\mathrm{d}w_r}{\mathrm{d}\varphi_z}=\frac{r^3P}{EI}\left[(1+k)\frac{\sin\varphi_P}{\sin\varphi_0}\cos\left(\varphi_0-\varphi_z-k\frac{\varphi_P}{\varphi_0}\right)\right]\quad(\varphi_P\leqslant\varphi_z\leqslant\varphi_0)$$

组合梁的弯曲变形微分方程通解：

$$w_l=B_1+B_2\sin\varphi_z+B_3\cos\varphi_z+\frac{r^3P}{EI}\left[\frac{(1+k)}{2}\frac{\sin(\varphi_0-\varphi_P)}{\sin\varphi_0}\varphi_z\cos\varphi_z+k\varphi_z\left(1-\frac{\varphi_P}{\varphi_0}\right)\right]\quad(0\leqslant\varphi_z\leqslant\varphi_P)$$

$$w_r=B_4+B_5\sin\varphi_z+B_6\cos\varphi_z-\frac{r^3P}{EI}\left[\frac{(1+k)}{2}\frac{\sin\varphi_P}{\sin\varphi_0}\varphi_z\cos(\varphi_0-\varphi_z)+k\frac{\varphi_P}{\varphi_0}\varphi_z\right]\quad(\varphi_P\leqslant\varphi_z\leqslant\varphi_0)$$

利用边界条件，$w_l(0)=0$，$w_l''(0)=0$；$w_l(\varphi_P)=w_r(\varphi_P)$，$w_l'(\varphi_P)=w_r'(\varphi_P)$，$w_l''(\varphi_P)=w_r''(\varphi_P)$；$w_r(\varphi_0)=0$，$w_r''(\varphi_0)=0$，整理得到任意集中荷载作用下组合梁的变形计算公式：

$$w_l=\frac{r^3P}{2EI}\left\{\frac{1+k}{\sin\varphi_0}\left[\frac{\varphi_0\sin\varphi_P\sin\varphi_z}{\sin\varphi_0}-\varphi_P\cos(\varphi_0-\varphi_P)\sin\varphi_z+\varphi_z\sin(\varphi_0-\varphi_P)\cos\varphi_z\right]\right.$$

$$\left.-(1+3k)\frac{\sin(\varphi_0-\varphi_P)}{\sin\varphi_0}\sin\varphi_z+2k\left(1-\frac{\varphi_P}{\varphi_0}\right)\varphi_z\right\}\quad(0\leqslant\varphi_z\leqslant\varphi_P)$$

$$w_r=\frac{r^3P}{2EI}\left\{\frac{1+k}{\sin\varphi_0}\left[\frac{\varphi_0\sin\varphi_P}{\sin\varphi_0}\sin\varphi_z+\varphi_P\cos\varphi_P\sin(\varphi_0-\varphi_z)-\varphi_z\sin\varphi_P\cos(\varphi_0-\varphi_z)\right]\right.$$
$$\left.-(1+3k)\frac{\sin\varphi_P}{\sin\varphi_0}\sin(\varphi_0-\varphi_z)+2k\varphi_P\left(1-\frac{\varphi_z}{\varphi_0}\right)\right\}\qquad(\varphi_P\leqslant\varphi_z\leqslant\varphi_0)$$

弯曲转角计算公式：

$$\theta_l=\frac{r^2P}{2EI}\left\{\frac{1+k}{\sin\varphi_0}\left[\frac{\varphi_0\sin\varphi_P}{\sin\varphi_0}\cos\varphi_z-\varphi_P\cos(\varphi_0-\varphi_P)\cos\varphi_z-\varphi_z\sin(\varphi_0-\varphi_P)\sin\varphi_z\right]\right.$$
$$\left.-2k\left[\frac{\sin(\varphi_0-\varphi_P)}{\sin\varphi_0}\cos\varphi_z-1+\frac{\varphi_P}{\varphi_0}\right]\right\}\qquad(0\leqslant\varphi_z\leqslant\varphi_P)$$

$$\theta_r=\frac{r^2P}{2EI}\left\{\frac{1+k}{\sin\varphi_0}\left[\frac{\varphi_0\sin\varphi_P}{\sin\varphi_0}\cos\varphi_z-\varphi_P\cos\varphi_P\cos(\varphi_0-\varphi_z)-\varphi_z\sin\varphi_P\sin(\varphi_0-\varphi_z)\right]\right.$$
$$\left.+2k\left[\frac{\sin\varphi_P}{\sin\varphi_0}\cos(\varphi_z-\varphi_z)-\frac{\varphi_P}{\varphi_0}\right]\right\}\qquad(\varphi_P\leqslant\varphi_z\leqslant\varphi_0)$$

扭转角计算公式：

$$\phi_l=\frac{r^2P}{2EI}\left\{\frac{1+k}{\sin\varphi_0}\left[\varphi_P\cos(\varphi_0-\varphi_P)\sin\varphi_z-\frac{\varphi_0\sin\varphi_P}{\sin\varphi_0}\sin\varphi_z\right.\right.$$
$$\left.\left.-\sin(\varphi_0-\varphi_P)(\varphi_z\cos\varphi_z-\sin\varphi_z)\right]\right\}\qquad(0\leqslant\varphi_z\leqslant\varphi_P)$$

$$\phi_r=\frac{r^2P}{2EI}\left\{\frac{1+k}{\sin\varphi_0}\left[\varphi_z\sin\varphi_P\cos(\varphi_0-\varphi_z)-\frac{\varphi_0\sin\varphi_P}{\sin\varphi_0}\sin\varphi_z\right.\right.$$
$$\left.\left.-\sin(\varphi_0-\varphi_z)(\varphi_P\cos\varphi_P-\sin\varphi_P)\right]\right\}\qquad(\varphi_P\leqslant\varphi_z\leqslant\varphi_0)$$

4）任意集中扭矩作用

将任意集中扭矩T_0作用下简支超静定曲线组合梁的内力计算公式代入式（5-1）中，利用$z=r\varphi_z$可得

$$\frac{\mathrm{d}^3w_l}{\mathrm{d}^3\varphi_z}+\frac{\mathrm{d}w_l}{\mathrm{d}\varphi_z}=-\frac{r^2T_0}{EI}(1+k)\frac{\sin(\varphi_0-\varphi_T)}{\sin\varphi_z}\cos\varphi_z\qquad(0\leqslant\varphi_z\leqslant\varphi_T)$$
$$\frac{\mathrm{d}^3w_r}{\mathrm{d}^3\varphi_z}+\frac{\mathrm{d}w_r}{\mathrm{d}\varphi_z}=-\frac{r^2T_0}{EI}(1+k)\frac{\sin\varphi_T}{\sin\varphi_z}\cos(\varphi_0-\varphi_z)\qquad(\varphi_T\leqslant\varphi_z\leqslant\varphi_0)$$

组合梁的弯曲变形微分方程通解：

$$w_l=B_1+B_2\sin\varphi_z+B_3\cos\varphi_z+\frac{r^2T_0(1+k)\sin(\varphi_0-\varphi_T)}{2EI\sin\varphi_0}\varphi_z\cos\varphi_z\qquad(0\leqslant\varphi_z\leqslant\varphi_T)$$

$$w_r = B_4 + B_5 \sin\varphi_z + B_6 \cos\varphi_z - \frac{r^2 T_0 (1+k) \sin\varphi_T}{2EI \sin\varphi_0} \cos(\varphi_0 - \varphi_z) \qquad (\varphi_T \leqslant \varphi_z \leqslant \varphi_0)$$

利用边界条件，$w_l(0)=0$，$w_l''(0)=0$；$w_l(\varphi_T)=w_r(\varphi_T)$，$w_l'(\varphi_T)=w_r'(\varphi_T)$，$w_l''(\varphi_T)=w_r''(\varphi_T)$；$w_r(\varphi_0)=0$，$w_r''(\varphi_0)=0$，整理得到任意集中扭矩作用下组合梁的变形计算公式：

$$w_l = \frac{r^2 T_0}{2EI} \left\{ \frac{1+k}{\sin\varphi_0} \left[\frac{\varphi_0 \sin\varphi_T}{\sin\varphi_0} \sin\varphi_z - \varphi_T \cos(\varphi_0 - \varphi_T) \sin\varphi_z + \varphi_z \sin(\varphi_0 - \varphi_T) \cos\varphi_z - \sin(\varphi_0 - \varphi_T) \sin\varphi_z \right] \right\} \qquad (0 \leqslant \varphi_z \leqslant \varphi_T)$$

$$w_r = \frac{r^2 T_0}{2EI} \frac{1+k}{\sin\varphi_0} \left[\frac{\varphi_0 \sin\varphi_T}{\sin\varphi_0} \sin\varphi_z + \varphi_T \cos\varphi_T \sin(\varphi_0 - \varphi_z) - \varphi_z \sin\varphi_T \cos(\varphi_0 - \varphi_z) - \sin\varphi_T \sin(\varphi_0 - \varphi_z) \right] \qquad (\varphi_T \leqslant \varphi_z \leqslant \varphi_0)$$

弯曲转角计算公式：

$$\theta_l = \frac{T_0 r (1+k)}{EI \sin\varphi_0} \left[\frac{\varphi_0 \sin\varphi_T}{\sin\varphi_0} \cos\varphi_z - \varphi_T \cos(\varphi_0 - \varphi_T) \cos\varphi_z - \varphi_z \sin(\varphi_0 - \varphi_T) \sin\varphi_z \right] \qquad (0 \leqslant \varphi_z \leqslant \varphi_T)$$

$$\theta_r = \frac{T_0 r (1+k)}{2EI \sin\varphi_0} \left[\frac{\varphi_0 \sin\varphi_T}{\sin\varphi_0} \cos\varphi_z - \varphi_T \cos\varphi_T \cos(\varphi_0 - \varphi_z) - \varphi_z \sin\varphi_T \sin(\varphi_0 - \varphi_z) \right] \qquad (\varphi_T \leqslant \varphi_z \leqslant \varphi_0)$$

扭转角计算公式：

$$\phi_l = \frac{T_0 r}{EI} \left\{ \frac{1+k}{2\sin\varphi_0} \left[\varphi_T \cos(\varphi_0 - \varphi_T) \sin\varphi_z - \frac{\varphi_0 \sin\varphi_T \sin\varphi_z}{\sin\varphi_0} - \sin(\varphi_0 - \varphi_T)(\varphi_z \cos\varphi_z - \sin\varphi_z) \right] - k \frac{\sin\varphi_z}{\sin\varphi_0} \sin(\varphi_0 - \varphi_T) \right\} \qquad (0 \leqslant \varphi_z \leqslant \varphi_T)$$

$$\phi_r = \frac{T_0 r}{EI} \left\{ \frac{1+k}{2\sin\varphi_0} \left[\varphi_T \sin\varphi_T \cos(\varphi_0 - \varphi_z) - \frac{\varphi_0 \sin\varphi_T \sin\varphi_z}{\sin\varphi_0} - \sin(\varphi_0 - \varphi_z)(\varphi_T \cos\varphi_T - \sin\varphi_T) \right] - k \frac{\sin(\varphi_0 - \varphi_z)}{\sin\varphi_0} \sin\varphi_T \right\} \qquad (\varphi_T \leqslant \varphi_z \leqslant \varphi_0)$$

5）梁端弯矩作用

梁端弯矩作用下的简支超静定曲线组合梁计算简图见图 5-4，可以利用虚功原理计算左端 $M_1=1$ 作用下组合梁任意截面的变形。

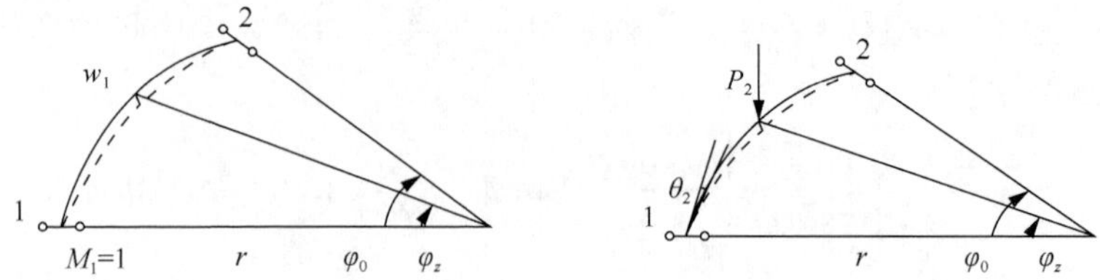

（a）M_1=1作用下的状态Ⅰ　（b）P_2=1作用下的状态Ⅱ

图 5-4　梁端弯矩作用下的简支超静定曲线组合梁计算简图

平衡方程：

$$P_2 w_1 = M_1 \theta_2$$

式中，w_1 为状态Ⅰ中，曲线组合梁端部 1 处作用 $M_1=1$ 时，在与 $P_2=1$ 截面同位置处的挠度；θ_2 为状态Ⅱ中，曲线组合梁上作用 $P_2=1$ 时，在曲线梁端部 1 位置处的弯曲转角。

曲线组合梁端部 1 作用 $M_1=1$ 时，任意截面的弯矩为

$$M_{zM_1}(\varphi_z)=\frac{\sin(\varphi_0-\varphi_z)}{\sin\varphi_0}$$

当 $P_2=1$，$M_1=1$ 时，$w_1=\theta_2$。用 φ_z 置换简支超静定曲线组合梁在任意集中荷载作用下的变形计算公式中的 φ_P，整理得到曲线组合梁端部 1 作用 $M_1=1$ 时，任意截面的挠度计算公式，记为 $w_{M_1}(\varphi_z)$：

$$w_{M_1}(\varphi_z)=\frac{r^2}{EI}\left\{\frac{1+k}{2\sin\varphi_0}\left[\frac{\varphi_0\sin\varphi_z}{\sin\varphi_0}-\varphi_z\cos(\varphi_0-\varphi_z)\right]-k\left[\frac{\sin(\varphi_0-\varphi_z)}{\sin\varphi_0}+\frac{\varphi_z-\varphi_0}{\varphi_0}\right]\right\}$$

任意截面的弯曲转角：

$$\theta_{M_1}(\varphi_z)=\frac{\mathrm{d}w(\varphi_z)}{r\mathrm{d}\varphi_z}=\frac{r}{EI}\left\{\frac{1+k}{2\sin\varphi_0}\left[\frac{\varphi_0\cos\varphi_z}{\sin\varphi_0}-\cos(\varphi_0-\varphi_z)-\varphi_z\sin(\varphi_0-\varphi_z)\right]\right.$$
$$\left.-k\left[\frac{1}{\varphi_0}-\frac{\cos(\varphi_0-\varphi_z)}{\sin\varphi_0}\right]\right\}$$

任意截面的扭转角：

$$\phi_{M_1}(\varphi_z)=\frac{\mathrm{d}^2w(\varphi_z)}{r\mathrm{d}\varphi_z^2}+r\frac{M}{EI}=\frac{r}{EI}\left\{\frac{1+k}{2\sin\varphi_0}\left[\varphi_z\cos(\varphi_0-\varphi_z)-\frac{\varphi_0\sin\varphi_z}{\sin\varphi_0}\right]\right\}$$

根据曲线组合梁的对称关系，曲线组合梁端部 2 作用$M_2=1$及端部 1 作用$M_1=1$时，任意截面的弯矩、挠度、弯曲转角和扭转角存在如下关系。

弯矩：

$$M_{zM_2}(\varphi_z)=M_{zM_1}(\varphi_0-\varphi_z)$$

挠度：

$$w_{M_2}(\varphi_z)=w_{M_1}(\varphi_0-\varphi_z)$$

弯曲转角：

$$\theta_{M_2}(\varphi_z)=-\theta_{M_1}(\varphi_0-\varphi_z)$$

扭转角：

$$\phi_{M_2}(\varphi_z)=-\phi_{M_1}(\varphi_0-\varphi_z)$$

整理得到曲线组合梁端部 2 作用$M_2=1$时，任意截面的弯矩为

$$M_{zM_2}(\varphi_z)=\frac{\sin\varphi_z}{\sin\varphi_0}$$

任意截面的挠度、弯曲转角及扭转角：

$$w_{M_2}(\varphi_z)=\frac{r^2}{EI}\left[\frac{1+k}{2\sin\varphi_0}(\varphi_z\cos\varphi_z-\varphi_0\cot\varphi_0\sin\varphi_z)-k\left(\frac{\sin\varphi_z}{\sin\varphi_0}-\frac{\varphi_z}{\varphi_0}\right)\right]$$

$$\theta_{M_2}(\varphi_z)=\frac{r}{EI}\left[\frac{1+k}{2\sin\varphi_0}(\cos\varphi_z-\varphi_z\sin\varphi_z-\varphi_0\cot\varphi_0\cos\varphi_z)-k\left(\frac{\cos\varphi_z}{\sin\varphi_0}-\frac{1}{\varphi_0}\right)\right]$$

$$\phi_{M_2}(\varphi_z)=\frac{r}{EI}\left[\frac{1+k}{2\sin\varphi_0}(\varphi_z\cos\varphi_z-\varphi_0\cot\varphi_0\sin\varphi_z)\right]$$

5.2　基于能量变分理论的曲线组合梁变形

5.2.1　基本方程

在利用能量变分理论建立曲线组合梁变形微分方程时，需考虑界面连接刚度的影响和“弯扭”耦合效应。根据曲线组合梁的结构特点，作如下基本假定：①剪力连接件沿梁长均匀分布，并且每个连接件所受的剪力与滑移呈线性关系；②钢梁与混凝土翼缘板具有相同的弯曲曲率；③考虑组合梁的弯曲曲率很小，故水平位移计算中忽略弯曲曲率的影响；④在z方向，钢梁的水平位移为u_s，混凝土板的水平位移为u_c，组合梁变形为w，连接件的水平位移为$\Delta=u_s-u_c+w'h/2$（h为钢梁和混凝土板高度之和）；⑤忽略组合梁的横向滑移，即连接件在x方向的位移为零。

根据胡克定律，可以得到曲线组合梁中各组件的应力与变形关系如下。

钢梁应力：

$$\sigma_{sz} = E_s \frac{\partial u_s}{\partial z} = E_s u_s'$$

混凝土板应力：

$$\sigma_{cz} = E_c \frac{\partial u_c}{\partial z} = E_c u_c'$$

1）混凝土板外力势能与应变能

横向荷载势能：

$$\overline{V}_{q_{cy}} = -\int_0^s q_{cy} w \mathrm{d}z , \qquad \overline{V}_{q_{cz}} = -\int_0^s q_{cz} u_c \mathrm{d}z$$

分布弯矩势能：

$$\overline{V}_{m_{cx}} = \int_0^s m_{cx} w' \mathrm{d}z$$

分布扭矩势能：

$$\overline{V}_{m_{cz}} = -\int_0^s m_{cz} \phi \mathrm{d}z$$

端弯矩势能：

$$\overline{V}_{M_{cx}} = \left[M_{cx} w' \right]\Big|_0^s$$

端剪力势能：

$$\overline{V}_{Q_{cy}} = \left[Q_{cy} w \right]\Big|_0^s$$

端扭矩势能：

$$\overline{V}_{T_c} = \left[T_c \phi \right]\Big|_0^s$$

混凝土板应变能：

$$\Pi_c = \frac{1}{2} E_c \int_s \int_{A_c} u_c'^2 \mathrm{d}A\mathrm{d}z + \frac{1}{2} E_c I_{cx} \int \left(w'' - \frac{\phi}{r} \right)^2 \mathrm{d}z + \frac{G_c I_{cd}}{2} \int_s \left(\phi' + \frac{w'}{r} \right)^2 \mathrm{d}z$$

2）钢梁外力势能与应变能

横向荷载势能：

$$\overline{V}_{q_{sy}} = -\int_0^s q_{sy} w \mathrm{d}z , \qquad \overline{V}_{q_{sz}} = -\int_0^s q_{sz} u_s \mathrm{d}z$$

分布弯矩势能：

$$\overline{V}_{m_{sx}} = \int_0^s m_{sx} w' \mathrm{d}z$$

分布扭矩势能：

$$\overline{V}_{m_{sz}} = -\int_0^s m_{sz} \phi \mathrm{d}z$$

端弯矩势能：

$$\bar{V}_{M_{sx}} = \left[M_{sx} w' \right]_0^s$$

端剪力势能：

$$\bar{V}_{Q_{sy}} = \left[Q_{sy} w \right]_0^s$$

端扭矩势能：

$$\bar{V}_{T_s} = \left[T_s \phi \right]_0^s$$

钢梁应变能：

$$\Pi_s = \frac{1}{2} E_s \int_s \int_{A_s} u_s'^2 \mathrm{d}A\mathrm{d}z + \frac{1}{2} E_s I_{sx} \int \left(w'' - \frac{\phi}{r} \right)^2 \mathrm{d}z + \frac{G_s I_{sd}}{2} \int_s \left(\phi' + \frac{w'}{r} \right)^2 \mathrm{d}z$$

3）剪力连接件应变能

$$\Pi_{sc} = \frac{1}{2} \int_s k_u \left(u_s - u_c + \frac{h}{2} w' \right)^2 \mathrm{d}z$$

4）曲线组合梁总势能

$$\begin{aligned} \Pi_{总} = & \frac{1}{2} E_c A_c \int_s u_c'^2 \mathrm{d}z + \frac{1}{2} E_s A_s \int_s u_s'^2 \mathrm{d}z + \frac{1}{2} EI \int \left(w'' - \frac{\phi}{r} \right)^2 \mathrm{d}z + \frac{1}{2} GI_d \int_s \left(\phi' + \frac{w'}{r} \right)^2 \mathrm{d}z \\ & + \frac{1}{2} \int_s k_u \left(u_s - u_c + \frac{h}{2} w' \right)^2 \mathrm{d}z - \int_0^s q_{cz} u_c \mathrm{d}z - \int_0^s q_{sz} u_s \mathrm{d}z + \int_0^s m_x w' \mathrm{d}z - \int_0^s m_z \phi \mathrm{d}z \\ & - \int_0^s q_{yw} \mathrm{d}z + \left[M_x w' \right]_0^s + \left[Q_y w \right]_0^s + \left[T \phi \right]_0^s \end{aligned} \tag{5-4}$$

式中，$EI = E_c I_c + E_s I_s$，E_c 和 E_s 分别为混凝土和钢材的弹性模量，I_c 和 I_s 分别为混凝土板和钢梁对 x 轴的惯性矩；$GI_d = G_c I_{cd} + G_s I_{sd}$，$G_c$ 和 G_s 分别为混凝土和钢材的剪切模量，I_{cd} 和 I_{sd} 分别为混凝土板和钢梁绕 z 轴的抗扭惯性矩；A_c 和 A_s 分别为混凝土板和钢梁的截面面积；k_u 为单位梁长的纵向滑移刚度（$k_u = k/u$，u 为曲线组合梁长度）；u_c、u_s、w 和 ϕ 分别为混凝土板和钢梁沿 z 轴方向的位移及曲线组合梁的挠度和扭转角；q_c 和 q_s 分别为混凝土板和钢梁受到的沿轴向的均布荷载。

对式（5-4）进行变分计算，可得曲线组合梁的基本方程：

$$\begin{cases} E_c A_c u_c'' + k_u \left(u_s - u_c + w' \dfrac{h}{2} \right) + q_{cz} = 0 \\ E_s A_s u_s'' - k_u \left(u_s - u_c + w' \dfrac{h}{2} \right) + q_{sz} = 0 \\ EI \left(w^{(4)} - \dfrac{\phi}{r} \right) - GI_d \left(\phi'' + \dfrac{w''}{r} \right) \dfrac{1}{r} - k_u \left(u_s' - u_c' + w'' \dfrac{h}{2} \right) \dfrac{h}{2} - \dfrac{\partial m_x}{\partial z} - q_y = 0 \\ GI_d \left(\phi'' + \dfrac{w''}{r} \right) + EI \left(w'' - \dfrac{\phi}{r} \right) \dfrac{1}{r} + m_z = 0 \end{cases} \tag{5-5}$$

整理得到考虑连接刚度和“弯扭”耦合作用影响的曲线组合梁的变形微分方程：

$$\frac{\mathrm{d}^4 w}{\mathrm{d}z^4}+\frac{1}{r^2}\frac{\mathrm{d}^2 w}{\mathrm{d}z^2}=\frac{1}{EI}\left[\frac{1}{r}\left(1+\frac{EI}{GI_d}\right)\frac{\partial T}{\partial z}-\frac{\partial Q_y}{\partial z}\right]+\frac{1}{EI}\frac{\partial m_x}{\partial z}+\frac{h}{2}\frac{k_u}{EI}\left(u_s'-u_c'+w''\frac{h}{2}\right) \quad (5\text{-}6)$$

5.2.2 变形计算公式

不同支撑条件和不同荷载作用方式下，方程（5-6）有不同的解，本节以简支超静定曲线组合梁为例，给出均布荷载和集中荷载作用下曲线组合梁的变形计算公式。

1. 均布荷载作用下的简支超静定曲线组合梁变形

在仅受均布荷载 q_y 作用时，曲线组合梁的受力如下：$m_x=0$，$N_s=-N_c$，$q_{cz}=q_{sz}=0$。

利用 $N_s=-N_c=N$，将钢梁应力代入式（5-5）中，整理得到

$$E_sA_su_s'''=k_u\left(u_s'-u_c'+w''\frac{h}{2}\right)=N''$$

将上式代入式（5-6）中，得到曲线组合梁变形的微分方程：

$$\frac{\mathrm{d}^4 w}{\mathrm{d}z^4}+\frac{1}{r^2}\frac{\mathrm{d}^2 w}{\mathrm{d}z^2}=\frac{1}{EIr}\left[(1+k)\frac{\partial T}{\partial z}-r\frac{\partial Q_y}{\partial z}\right]+\frac{h}{2EI}N'' \quad (5\text{-}7)$$

引入 $L=\varphi_0 r$，$z=\varphi_z r$，并将均布荷载作用下的曲线组合梁内力代入式（5-7）中，整理得到

$$\frac{\mathrm{d}^4 w}{\mathrm{d}\varphi_z^{\ 4}}+\frac{\mathrm{d}^2 w}{\mathrm{d}\varphi_z^{\ 2}}=\frac{r^2}{EI}\left[r^2q_y(1+k)\left(\cos\varphi_z+\tan\frac{\varphi_0}{2}\sin\varphi_z\right)-kr^2q_y\right]$$
$$+\frac{hr^4\alpha^2}{2EI}\left(A_1\mathrm{e}^{\alpha r\varphi_z}+A_2\mathrm{e}^{-\alpha r\varphi_z}\right)+\frac{hr^6\beta q_y}{2EI\left(\alpha^2r^2+1\right)}\left(\cos\varphi_z+\tan\frac{\varphi_0}{2}\sin\varphi_z\right)$$

简化为

$$\frac{\mathrm{d}^4 w}{\mathrm{d}\varphi_z^{\ 4}}+\frac{\mathrm{d}^2 w}{\mathrm{d}\varphi_z^{\ 2}}=\delta\left(\cos\varphi_z+\tan\frac{\varphi_0}{2}\sin\varphi_z\right)+\xi\left(A_1\mathrm{e}^{\alpha r\varphi_z}+A_2\mathrm{e}^{-\alpha r\varphi_z}\right)-\frac{kq_yr^4}{EI} \quad (5\text{-}8)$$

式中，$A_1=\dfrac{\beta r^2q_y}{\alpha^2\left(\alpha^2r^2+1\right)\left(1+\mathrm{e}^{\alpha L}\right)}$；$A_2=\dfrac{\beta r^2q_y\mathrm{e}^{\alpha L}}{\alpha^2\left(\alpha^2r^2+1\right)\left(1+\mathrm{e}^{\alpha L}\right)}$；$\alpha^2=k_u\left(\dfrac{1}{E_cA_c}+\dfrac{1}{E_sA_s}\right)$；$\beta=\dfrac{k_u\left(h_c+h_s\right)}{EI}$；$\delta=\dfrac{r^4q_y}{EI}\left[(1+k)+\dfrac{hr^2\beta}{2\left(\alpha^2r^2+1\right)}\right]$；$\xi=\dfrac{hr^4\alpha^2}{2EI}$。

方程的通解：

$$W=B_1+B_2\varphi_z+B_3\sin\varphi_z+B_4\cos\varphi_z$$

用待定系数法求式（5-8）的特解：

$$w^* = \varphi_z\left(D_1\cos\varphi_z + D_2\sin\varphi_z\right) + \varphi_z^2\alpha + D_3 e^{\alpha r\varphi_z} + D_4 e^{-\alpha r\varphi_z}$$

对通解中的变量 φ_z 求导二次，对特解中变量 φ_z 求导四次，整理得到

$$\begin{aligned} w &= W + w^* \\ &= B_1 + B_2\varphi_z + B_3\sin\varphi_z + B_4\cos\varphi_z + \frac{\varphi_z\delta}{2}\left(\tan\frac{\varphi_0}{2}\cos\varphi_z - \sin\varphi_z\right) \\ &\quad + \frac{\xi}{\alpha^4 r^4 + \alpha^2 r^2}\left(A_1 e^{\alpha r\varphi_z} + A_2 e^{-\alpha r\varphi_z}\right) - \frac{kq_y r^4}{2EI}\varphi_z^2 \end{aligned}$$

$$\begin{aligned} w' &= B_2 + B_3\cos\varphi_z - B_4\sin\varphi_z + \frac{\delta}{2}\left(\tan\frac{\varphi_0}{2}\cos\varphi_z - \sin\varphi_z\right) - \frac{kq_y r^4}{EI}\varphi_z \\ &\quad - \frac{\delta\varphi_z}{2}\left(\tan\frac{\varphi_0}{2}\sin\varphi_z + \cos\varphi_z\right) + \frac{\xi}{\alpha^3 r^3 + \alpha r}\left(A_1 e^{\alpha r\varphi_z} - A_2 e^{-\alpha r\varphi_z}\right) \end{aligned}$$

$$\begin{aligned} w'' &= -B_3\sin\varphi_z - B_4\cos\varphi_z - \delta\left(\tan\frac{\varphi_0}{2}\sin\varphi_z + \cos\varphi_z\right) \\ &\quad - \frac{\delta}{2}\varphi_z\left(\tan\frac{\varphi_0}{2}\cos\varphi_z - \sin\varphi_z\right) + \frac{\xi}{\alpha^2 r^2 + 1}\left(A_1 e^{\alpha r\varphi_z} + A_2 e^{-\alpha r\varphi_z}\right) - \frac{kq_y r^4}{2EI} \end{aligned}$$

利用边界条件，变形 $w(0) = w(\varphi_0) = 0$；扭转角 $\phi(0) = \phi(\varphi_0) = 0$，整理后得方程（5-8）的解为

$$\begin{aligned} w &= \left[\delta + \frac{kq_y r^4}{EI} - \frac{\xi}{\alpha^2 r^2}\left(A_1 + A_2\right)\right] + \left\{\frac{kq_y r^4}{2EI}\varphi_0 + \frac{1}{\varphi_0}\frac{\xi}{\alpha^2 r^2}\left[A_1\left(1 - e^{\alpha r\varphi_0}\right)\right.\right. \\ &\quad \left.\left. + A_2\left(1 - e^{-\alpha r\varphi_0}\right)\right]\right\}\varphi_z + \left\{-\tan\frac{\varphi_0}{2}\left(\delta + \frac{kq_y r^4}{EI}\right) + \frac{\delta\varphi_0}{2}\frac{\tan\frac{\varphi_0}{2}}{\sin\varphi_0}\right. \\ &\quad \left. + \frac{\xi}{\alpha^2 r^2 + 1}\left[A_1\left(e^{\alpha r\varphi_0} - \cos\varphi_0\right) + A_2\left(e^{-\alpha r\varphi_0} - \cos\varphi_0\right)\right]\right\}\sin\varphi_z \\ &\quad + \left[-\delta - \frac{kq_y r^4}{EI} + \frac{\alpha^2 r^2\xi}{\alpha^4 r^4 + \alpha^2 r^2}\left(A_1 + A_2\right)\right]\cos\varphi_z + \frac{\varphi_z\delta}{2}\left(\tan\frac{\varphi_0}{2}\cos\varphi_z - \sin\varphi_z\right) \\ &\quad - \frac{kq_y r^4}{2EI}\varphi_z^2 + \frac{\xi}{\alpha^4 r^4 + \alpha^2 r^2}\left(A_1 e^{\alpha r\varphi_z} + A_2 e^{-\alpha r\varphi_z}\right) \end{aligned}$$

当 $k_u = 0$ 时，$\alpha = \beta = 0$，整理得到

$$\begin{aligned} w &= -\frac{(1+2k)q_y r^4}{EI}\tan\frac{\varphi_0}{2}\sin\varphi_z + \frac{(1+k)\varphi_z q_y r^4}{2EI}\left(\tan\frac{\varphi_0}{2}\cos\varphi_z - \sin\varphi_z\right) \\ &\quad + \frac{(1+2k)q_y r^4}{EI} + \frac{kq_y r^4}{2EI}\varphi_0\varphi_z - \frac{kq_y r^4}{2EI}\varphi_z^2 \end{aligned} \tag{5-9}$$

化简得

$$w=\frac{q_y r^4}{EI}\left[(1+2k)\left(1-\tan\frac{\varphi_0}{2}\sin\varphi_z\right)+\frac{k}{2}\left(\varphi_0\varphi_z-\varphi_z^2\right)+\frac{1+k}{2}\varphi_z\left(\tan\frac{\varphi_0}{2}\cos\varphi_z-\sin\varphi_z\right)\right] \tag{5-10}$$

2. 集中荷载作用下的简支超静定曲线组合梁变形

在任意集中荷载 P 作用下，简支超静定曲线组合梁的参数如下：$m_x=0$，$N_s=-N_c=N$，$q_{cz}=q_{sz}=0$。对式（5-7）积分一次得到

$$\frac{\mathrm{d}^3w}{\mathrm{d}z^3}+\frac{1}{r^2}\frac{\mathrm{d}w}{\mathrm{d}z}=\frac{1}{EIr}\left[(1+k)T-rQ\right]+\frac{h}{2EI}N'+\eta$$

引入 $L=\varphi_0 r$，$z=\varphi_z r$，将简支超静定曲线组合梁的内力计算公式代入上式中，整理得到

$$\frac{\mathrm{d}^3w_l}{\mathrm{d}{\varphi_z}^3}+\frac{\mathrm{d}w_l}{\mathrm{d}\varphi_z}=\frac{r^2}{EI}\left\{(1+k)rP\left[1-\frac{\varphi_P}{\varphi_0}-\frac{\sin(\varphi_0-\varphi_P)}{\sin\varphi_0}\cos\varphi_z\right]-rP\left(1-\frac{\varphi_P}{\varphi_0}\right)\right\}$$
$$+\frac{hr^3}{2EI}\left(\alpha A_1\mathrm{e}^{\alpha r\varphi_0}-\alpha A_2\mathrm{e}^{-\alpha r\varphi_0}\right)+\frac{hr^3}{2EI}\frac{\beta r^2P\sin(\varphi_0-\varphi_P)}{(1+\alpha^2r^2)\sin\varphi_0}\cos\varphi_z+\eta$$

$(0\leqslant z\leqslant z_P)$

$$\frac{\mathrm{d}^3w_r}{\mathrm{d}{\varphi_z}^3}+\frac{\mathrm{d}w_r}{\mathrm{d}\varphi_z}=\frac{r^2}{EI}\left\{(1+k)rP\left[\frac{\sin\varphi_P}{\sin\varphi_0}\cos(\varphi_0-\varphi_z)-\frac{\varphi_P}{\varphi_0}\right]+rP\frac{\varphi_P}{\varphi_0}\right\}$$
$$+\frac{hr^3}{2EI}\left(\alpha A_3\mathrm{e}^{\alpha r\varphi_z}-\alpha A_4\mathrm{e}^{-\alpha r\varphi_z}\right)-\frac{hr^3}{2EI}\frac{\beta r^2P\sin\varphi_P}{(1+\alpha^2r^2)\sin\varphi_0}\cos(\varphi_0-\varphi_z)+\eta$$

$(z_P\leqslant z\leqslant L)$

整理得

$$\frac{\mathrm{d}^3w_l}{\mathrm{d}{\varphi_z}^3}+\frac{\mathrm{d}w_l}{\mathrm{d}\varphi_z}=-\delta\frac{\sin(\varphi_0-\varphi_P)}{\sin\varphi_0}\cos\varphi_z+\frac{kr^3P}{EI}\left(1-\frac{\varphi_P}{\varphi_0}\right)$$
$$+\xi\left(A_1\mathrm{e}^{\alpha r\varphi_0}-A_2\mathrm{e}^{-\alpha r\varphi_0}\right)+\eta\quad(0\leqslant z\leqslant z_P) \tag{5-11a}$$

$$\frac{\mathrm{d}^3w_r}{\mathrm{d}{\varphi_z}^3}+\frac{\mathrm{d}w_r}{\mathrm{d}\varphi_z}=\delta\frac{\sin\varphi_P}{\sin\varphi_0}\cos(\varphi_0-\varphi_z)-\frac{r^3Pk}{EI}\frac{\varphi_P}{\varphi_0}$$
$$+\xi\left(A_3\mathrm{e}^{\alpha r\varphi_z}-A_4\mathrm{e}^{-\alpha r\varphi_z}\right)+\eta\quad(z_P\leqslant z\leqslant L) \tag{5-11b}$$

式中，$\delta=\dfrac{r^3P}{EI}\left[(1+k)-\dfrac{hr^2\beta}{2(\alpha^2r^2+1)}\right]$；$\xi=\dfrac{hr^3\alpha}{2EI}$。

求得式（5-11）的通解，并对通解两次求导，整理得到

$$w_l = B_1 + B_2 \sin\varphi_z + B_3 \cos\varphi_z + \frac{\delta}{2}\frac{\sin(\varphi_0 - \varphi_P)}{\sin\varphi_0}\varphi_z \cos\varphi_z$$

$$+\frac{\xi}{\alpha^3 r^3 + \alpha r}\left(A_1 e^{\alpha r \varphi_z} + A_2 e^{-\alpha r \varphi_z}\right) + \left[\frac{kPr^3}{EI}\left(1 - \frac{\varphi_P}{\varphi_0}\right) + \eta\right]\varphi_z$$

$$w_l' = B_2 \cos\varphi_z - B_3 \sin\varphi_z + \frac{\delta}{2}\frac{\sin(\varphi_0 - \varphi_P)}{\sin\varphi_0}\cos\varphi_z - \frac{\delta}{2}\frac{\sin(\varphi_0 - \varphi_P)}{\sin\varphi_0}\varphi_z \sin\varphi_z$$

$$+\frac{\xi}{\alpha^2 r^2 + 1}\left(A_1 e^{\alpha r \varphi_z} - A_2 e^{-\alpha r \varphi_z}\right) + \frac{kPr^3}{EI}\left(1 - \frac{\varphi_P}{\varphi_0}\right) + \eta$$

$$w_l'' = -B_2 \sin\varphi_z - B_3 \cos\varphi_z - \delta\frac{\sin(\varphi_0 - \varphi_P)}{\sin\varphi_0}\sin\varphi_z - \frac{\delta}{2}\frac{\sin(\varphi_0 - \varphi_P)}{\sin\varphi_0}\varphi_z \cos\varphi_z$$

$$+\frac{\alpha r \xi}{\alpha^2 r^2 + 1}\left(A_1 e^{\alpha r \varphi_z} + A_2 e^{-\alpha r \varphi_z}\right)$$

$$w_r = B_4 + B_5 \sin\varphi_z + B_6 \cos\varphi_z - \frac{\delta}{2}\frac{\sin\varphi_P}{\sin\varphi_0}\varphi_z \cos(\varphi_0 - \varphi_z)$$

$$+\frac{\xi}{\alpha^3 r^3 + \alpha r}\left(A_3 e^{\alpha r \varphi_z} + A_4 e^{-\alpha r \varphi_z}\right) + \left(\eta - \frac{kPr^3}{EI}\frac{\varphi_P}{\varphi_0}\right)\varphi_z$$

$$w_r' = B_5 \cos\varphi_z - B_6 \sin\varphi_z - \frac{\delta}{2}\frac{\sin\varphi_P}{\sin\varphi_0}\cos(\varphi_0 - \varphi_z) - \frac{\delta}{2}\frac{\sin\varphi_P}{\sin\varphi_0}\varphi_z \sin(\varphi_0 - \varphi_z)$$

$$+\frac{\xi}{\alpha^2 r^2 + 1}\left(A_3 e^{\alpha r \varphi_z} - A_4 e^{-\alpha r \varphi_z}\right) + \left(\eta - \frac{kPr^3}{EI}\frac{\varphi_P}{\varphi_0}\right)$$

$$w_r'' = -B_5 \sin\varphi_z - B_6 \cos\varphi_z - \delta\frac{\sin\varphi_P}{\sin\varphi_0}\sin(\varphi_0 - \varphi_z) + \frac{\delta}{2}\frac{\sin\varphi_P}{\sin\varphi_0}\varphi_z \cos(\varphi_0 - \varphi_z)$$

$$+\frac{\alpha r \xi}{\alpha^2 r^2 + 1}\left(A_3 e^{\alpha r \varphi_z} + A_4 e^{-\alpha r \varphi_z}\right)$$

利用边界条件，$w_l(0) = w_r(\varphi_0) = 0$；$\phi(0) = \phi(\varphi_0) = 0$；$w_l(\varphi_P) = w_r(\varphi_P)$；$w_l'(\varphi_P) = w_r'(\varphi_P)$；$w_l''(\varphi_P) = w_r''(\varphi_P)$。整理后得到方程（5-11）的通解为

$$w_l = \left[-\frac{\delta}{2}\varphi_P \frac{\cos(\varphi_0 - \varphi_P)}{\sin\varphi_0} + \frac{\delta}{2}\varphi_0\left(1 + \cot^2\varphi_0\right)\sin\varphi_P - \frac{\delta}{2}\frac{\sin(\varphi_0 - \varphi_P)}{\sin\varphi_0} - \frac{kr^3 P}{EI}\frac{\sin(\varphi_0 - \varphi_P)}{\sin\varphi_0}\right]\sin\varphi_z$$

$$+\frac{\xi\beta r^3 P}{\alpha r\left(\alpha^2 r^2 + 1\right)^2}\frac{\sin(\varphi_0 - \varphi_P)}{\sin\varphi_0}\sin\varphi_z + \frac{\delta}{2}\frac{\sin(\varphi_0 - \varphi_P)}{\sin\varphi_0}\varphi_z \cos\varphi_z$$

$$+\frac{\xi}{\alpha^3 r^3 + \alpha r}\left(A_1 e^{\alpha r \varphi_z} + A_2 e^{-\alpha r \varphi_z}\right) + \frac{kPr^3}{EI}\left(1 - \frac{\varphi_P}{\varphi_0}\right)\varphi_z$$

$$
\begin{aligned}
w_r = &\frac{kPr^3}{EI}\varphi_P + \left[\frac{\delta\varphi_0}{2}\left(1+\cot^2\varphi_0\right)\sin\varphi_P - \frac{\delta\cot\varphi_0}{2}\left(\varphi_P\cos\varphi_P - \sin\varphi_P\right)\right. \\
&\left. + \frac{kr^3P}{EI}\sin\varphi_P\cot\varphi_0 - \frac{\xi\beta r^3P}{\alpha r\left(\alpha^2r^2+1\right)^2}\sin\varphi_P\cot\varphi_0\right]\sin\varphi_z \\
&+ \left[\frac{\delta}{2}\left(\varphi_P\cos\varphi_P - \sin\varphi_P\right) - \frac{kr^3P}{EI}\sin\varphi_P + \frac{\xi\beta r^3P}{\alpha r\left(\alpha^2r^2+1\right)^2}\sin\varphi_P\right]\cos\varphi_z \\
&- \frac{\delta}{2}\frac{\sin\varphi_P}{\sin\varphi_0}\varphi_z\cos\left(\varphi_0-\varphi_z\right) + \frac{\xi}{\alpha^3r^3+\alpha r}\left(A_3\mathrm{e}^{\alpha r\varphi_z} + A_4\mathrm{e}^{-\alpha r\varphi_z}\right) - \frac{kPr^3}{EI}\frac{\varphi_P}{\varphi_0}\varphi_z
\end{aligned}
$$

式中，

$$A_1 = \frac{\beta rP\left(\mathrm{e}^{\alpha z_P} - \mathrm{e}^{2\alpha L-\alpha z_P}\right)}{2\alpha\left(\alpha^2r^2+1\right)\left(\mathrm{e}^{2\alpha L}-1\right)}$$

$$A_2 = \frac{\beta rP\left(\mathrm{e}^{\alpha z_P} - \mathrm{e}^{2\alpha L-\alpha z_P}\right)}{2\alpha\left(\alpha^2r^2+1\right)\left(1-\mathrm{e}^{2\alpha L}\right)}$$

$$A_3 = \frac{\beta rP\left(\mathrm{e}^{\alpha z_P} - \mathrm{e}^{-\alpha z_P}\right)}{2\alpha\left(\alpha^2r^2+1\right)\left(\mathrm{e}^{2\alpha L}-1\right)}$$

$$A_4 = \frac{\beta rP\mathrm{e}^{2\alpha L}\left(\mathrm{e}^{\alpha z_P} - \mathrm{e}^{-\alpha z_P}\right)}{2\alpha\left(\alpha^2r^2+1\right)\left(1-\mathrm{e}^{-2\alpha L}\right)}$$

$$\alpha^2 = k_u\left(\frac{1}{E_cA_c} + \frac{1}{E_sA_s}\right)$$

$$\beta = \frac{k_u\left(h_c+h_s\right)}{EI}$$

$$\xi = \frac{hr^3\alpha}{2EI}$$

$$\delta = \frac{r^3P}{EI}\left[\left(1+k\right) - \frac{hr^2\beta}{2\left(\alpha^2r^2+1\right)}\right]$$

当 $k_u=0$ 时，$\alpha=\beta=0$，则有

$$\delta = \frac{r^3P\left(1+k\right)}{EI}, \qquad \xi = 0$$

整理得到

$$w_l = \frac{r^3P}{2EI}\left\{\frac{1+k}{\sin\varphi_0}\left[\frac{\varphi_0\sin\varphi_P}{\sin\varphi_0}\sin\varphi_z - \varphi_P\cos\left(\varphi_0-\varphi_P\right)\sin\varphi_z + \varphi_z\sin\left(\varphi_0-\varphi_P\right)\cos\varphi_z\right]\right.$$

$$-\left(1+3k\right)\frac{\sin\left(\varphi_0-\varphi_P\right)}{\sin\varphi_0}\sin\varphi_z+2k\left(1-\frac{\varphi_P}{\varphi_0}\right)\varphi_z\Bigg\}\tag{5-12a}$$

$$w_r=\frac{r^3P}{2EI}\left\{\frac{1+k}{\sin\varphi_0}\left[\frac{\varphi_0\sin\varphi_P}{\sin\varphi_0}\sin\varphi_z+\varphi_P\cos\varphi_P\sin\left(\varphi_0-\varphi_z\right)-\varphi_z\sin\varphi_P\cos\left(\varphi_0-\varphi_z\right)\right]\right.$$

$$-\left(1+3k\right)\frac{\sin\varphi_P}{\sin\varphi_0}\sin\left(\varphi_0-\varphi_z\right)+2k\left(1-\frac{\varphi_z}{\varphi_0}\right)\varphi_P\Bigg\}\tag{5-12b}$$

式（5-9）和式（5-12）与基于弹性理论建立的均布荷载作用和集中荷载作用下简支超静定曲线组合梁的变形计算公式相同，说明：对于复杂结构的弯曲变形，可以采用弹性理论和能量变分理论来计算。

以上是基于能量变分理论得到的曲线组合梁的弯曲变形计算公式，利用弯曲变形与弯曲转角的关系［式（5-2）］及弯曲变形与扭转角的关系［式（5-3）］，可以得到相应的弯曲转角和扭转角计算公式。

第 6 章　曲线钢与混凝土连续组合梁内力

曲线钢与混凝土组合梁连续通过几个支座形成的梁称为曲线钢与混凝土连续组合梁（简称连续曲线组合梁）。组合梁形成多跨连续之后，可以提高其承载能力和刚度，并增加跨度，经济效益良好。在外荷载作用下，连续曲线组合梁中有部分区域承受正弯矩作用、部分区域承受负弯矩作用。在正弯矩区域，钢梁处于受拉状态，混凝土板处于受压状态；在负弯矩区域，钢梁处于受压状态，混凝土板处于受拉状态。理论分析与试验证明，连续曲线组合梁中钢梁与混凝土板之间的界面相对滑移对组合梁的承载能力和刚度影响均较小，并且，在负弯矩区域，界面相对滑移使混凝土板顶部拉应变减小，有利于阻止混凝土裂缝形成和发展。因此，在连续曲线组合梁的弹性受力分析中，可以忽略界面相对滑移对组合截面的应力分布的影响，即可以按完全交互作用进行连续曲线组合梁的内力计算。在文献[1]研究曲线连续梁和文献[75]～[77]研究连续曲线组合梁受力性能的基础上，本章给出两跨和三跨连续曲线组合梁的内力计算公式。

6.1　两跨连续曲线组合梁内力

两跨连续曲线组合梁有中间支座，属于超静定结构，在实际工程中应用相对较多。本节给出两跨连续曲线组合梁的内力和变形的基本方程，以及不同荷载作用下曲线组合梁、混凝土板和钢梁的内力计算公式。

6.1.1　基本方程

两跨连续曲线组合梁的支座可以有两种布置方式：一种是所有支点均是采用横向抗扭固定，而纵向铰支的抗扭简支支座，见图 6-1（a)；另一种是部分支座采用抗扭简支，而部分采用既无抗扭约束也无抗弯约束的点铰支座，见图 6-1（b)。

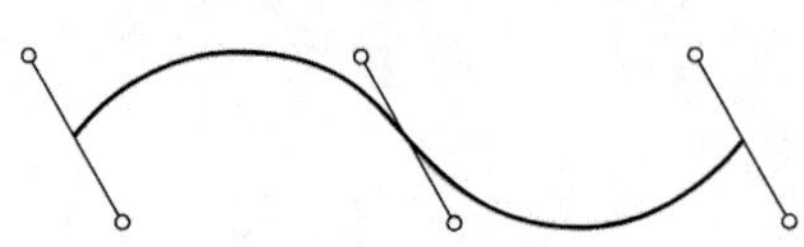

（a）全部抗扭简支支座

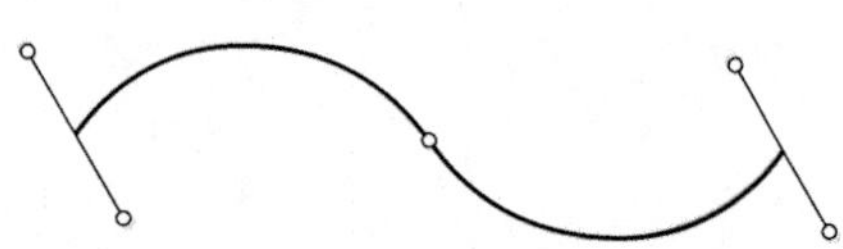

（b）部分点铰支座

图 6-1　两跨连续曲线组合梁的支座布置

对于全部支点采取抗扭简支支座的多跨连续曲线组合梁，为了减少多余未知力的数目，将组合梁在支点处切开，使各支座仍然保持抗扭固定，并可以采取一个支点、一个多余未知力的超静定简支曲线组合梁作为基本体系。结构与原结构受力保持一致，使得各支点处相邻梁段的变形条件满足协调条件，据此，可得到各个支点的多余未知弯矩，利用叠加原理计算各跨任意截面的内力。

求解具有 m 个多余未知力的力法典型方程：

$$\begin{cases}\delta_{11}X_1+\cdots+\delta_{1(n-1)}X_{n-1}+\delta_{1n}X_n+\delta_{1(n+1)}X_{n+1}+\cdots+\delta_{1m}X_m+\varDelta_1=0\\ \cdots\cdots\\ \delta_{n1}X_1+\cdots+\delta_{n(n-1)}X_{n-1}+\delta_{nn}X_n+\delta_{n(n+1)}X_{n+1}+\cdots+\delta_{nm}X_m+\varDelta_n=0\\ \cdots\cdots\\ \delta_{m1}X_1+\cdots+\delta_{m(n-1)}X_{n-1}+\delta_{mn}X_n+\delta_{m(n+1)}X_{n+1}+\cdots+\delta_{mm}X_m+\varDelta_m=0\end{cases}$$

由于所取基本结构中每个支点的多余单位力只对相邻两跨的内力有贡献，在任意支座 m 的力学典型方程中，除了 $\delta_{n(n-1)}$、δ_{nn} 和 $\delta_{n(n+1)}$ 外，其余各项副系数均为零，则可简化为

$$\delta_{n(n-1)}X_{n-1}+\delta_{nn}X_n+\delta_{n(n+1)}X_{n+1}+\varDelta_n=0$$

即

$$\delta_{n(n-1)}M_{n-1}+\delta_{nn}M_n+\delta_{n(n+1)}M_{n+1}+\varDelta_n=0$$

式中，$\delta_{n(n-1)}$、δ_{nn} 和 $\delta_{n(n+1)}$ 分别为简支超静定组合梁的梁端 $(n-1)$、梁端 n 和梁端 $(n+1)$ 在单位弯矩作用下梁端 n 的转角位移；$\varDelta_n$ 为不同外荷载作用下梁端 n 的转角位移。

连续曲线组合梁的每一个中间支座都有一个类似的方程，因此可以求出所有中间支点的多余未知弯矩，利用叠加原理计算各跨任意截面的内力：

$$\begin{cases}M_z^n=M_{z(x)}^n+M_{zM_A}^n M_{n-1}+M_{zM_B}^n M_n\\ T_z^n=T_{z(x)}^n+T_{zM_A}^n M_{n-1}+T_{zM_B}^n M_n\\ Q_z^n=Q_{z(x)}^n+Q_{zM_A}^n M_{n-1}+Q_{zM_B}^n M_n\end{cases}\tag{6-1}$$

式中，$M_{z(x)}^n$、$T_{z(x)}^n$ 和 $Q_{z(x)}^n$ 分别为不同外荷载作用下的第 n 跨基本体系中任意截面的弯矩、扭矩和剪力；$M_{zM_A}^n$、$T_{zM_A}^n$ 和 $Q_{zM_A}^n$ 分别为在左端 $M_A=1$ 作用下的第 n 跨基本体系中任意截面的弯矩、扭矩和剪力；$M_{zM_B}^n$、$T_{zM_B}^n$ 和 $Q_{zM_B}^n$ 分别为在右端 $M_B=1$ 作用下的第 n 跨基本体系中任意截面的弯矩、扭矩和剪力。

混凝土板内力：

$$\begin{cases} M_{cz}^n = M_{cz(x)}^n + M_{czM_A}^n M_{n-1} + M_{czM_B}^n M_n \\ T_{cz}^n = T_{cz(x)}^n + T_{czM_A}^n M_{n-1} + T_{czM_B}^n M_n \\ Q_{cz}^n = Q_{cz(x)}^n + Q_{czM_A}^n M_{n-1} + Q_{czM_B}^n M_n \end{cases} \tag{6-2}$$

钢梁内力：

$$\begin{cases} M_{sz}^n = M_{sz(x)}^n + M_{szM_A}^n M_{n-1} + M_{szM_B}^n M_n \\ T_{sz}^n = T_{sz(x)}^n + T_{szM_A}^n M_{n-1} + T_{szM_B}^n M_n \\ Q_{sz}^n = Q_{sz(x)}^n + Q_{szM_A}^n M_{n-1} + Q_{szM_B}^n M_n \end{cases} \tag{6-3}$$

两跨连续曲线组合梁和基本结构见图 6-2，需求解一个多余未知力。

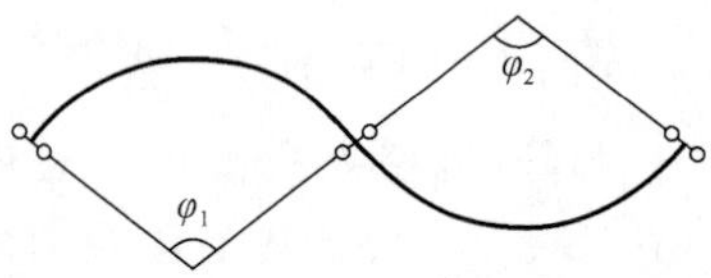

（a）两跨连续曲线组合梁

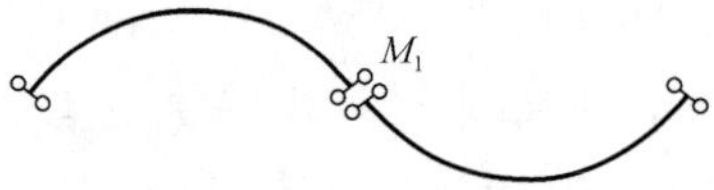

（b）基本结构

图 6-2　两跨连续曲线组合梁和基本结构

典型方程为

$$\delta_{11}X_1 + \Delta_1 = 0$$

即

$$\left(\theta_{BB}^1 - \theta_{AA}^2\right)M_1 + \theta_{B(X)}^1 - \theta_{A(X)}^2 = 0$$

式中，θ_{BB}^1 为第一跨右端在单位弯矩作用下的转角；$\theta_{B(X)}^1$ 为第一跨右端在不同荷载作用下的转角；θ_{AA}^2 为第二跨左端在单位弯矩作用下的转角；$\theta_{A(X)}^2$ 为第二跨左端在不同荷载作用下的转角。

整理得到

$$M_1 = -\frac{\theta_{B(X)}^1 - \theta_{A(X)}^2}{\theta_{BB}^1 - \theta_{AA}^2} \tag{6-4}$$

6.1.2　竖向均布荷载作用下的曲线组合梁

1. 组合梁内力

竖向均布荷载作用时，可将式（6-4）改写成

$$M_1 = -\frac{\theta_{B(q_y)}^1 - \theta_{A(q_y)}^2}{\theta_{BB}^1 - \theta_{AA}^2}$$

竖向均布荷载作用下曲线组合梁的弯曲转角计算公式：

$$\theta(\varphi_z=0)=\frac{r^3q_y}{EI}\left[-\frac{(1+3k)}{2}\tan\frac{\varphi_0}{2}+\frac{k\varphi_0}{2}+\frac{(1+k)}{4}\varphi_0\left(1+\tan^2\frac{\varphi_0}{2}\right)\right]$$

$$\theta(\varphi_z=\varphi_0)=-\theta(\varphi_z=0)$$

整理得到

$$M_1=-\frac{(1+3k)\tan\dfrac{\varphi_0}{2}-k\varphi_0-\dfrac{(1+k)}{2}\left(1+\tan^2\dfrac{\varphi_0}{2}\right)}{(1+k)\left(\cot\varphi_0-\varphi_0-\varphi_0\cot^2\varphi_0\right)-2k\left(\cot\varphi_0-\dfrac{1}{\varphi_0}\right)}q_yr^2$$

对于第 n 跨的 M_1，需要将上式中的 φ_0 变换为 φ_n。

1）第一跨组合梁内力

弯矩：

$$M_z^1=M_{zq_y}^1+M_{zM_B}^1M_1$$

式中，$M_{zq_y}^1$ 为简支超静定梁任意截面在竖向均布荷载作用下的弯矩；$M_{zM_B}^1$ 为任意截面在右端单位弯矩作用下的弯矩。

分别利用均布荷载和单位弯矩作用下简支超静定组合梁的弯矩计算公式，可以求得 $M_{zq_y}^1$ 和 $M_{zM_B}^1$，并将其与 M_1 代入上式中，整理得到

$$M_z^1=q_yr^2\left\{\left(\tan\frac{\varphi_1}{2}-\tan\frac{\varphi_z}{2}\right)\sin\varphi_z\right.$$

$$\left.-\frac{\left[(1+3k)\tan\dfrac{\varphi_1}{2}-k\varphi_1-\dfrac{1+k}{2}\left(1+\tan^2\dfrac{\varphi_1}{2}\right)\right]\sin(\varphi_1-\varphi_z)}{\left[(1+k)\left(\cot\varphi_1-\varphi_1-\varphi_1\cot^2\varphi_1\right)-2k\left(\cot\varphi_1-\dfrac{1}{\varphi_1}\right)\right]\sin\varphi_1}\right\}$$

扭矩：

$$T_z^1=T_{zq_y}^1+T_{zM_B}^1M_1$$

式中，$T_{zq_y}^1$ 为简支超静定梁任意截面在竖向均布荷载作用下的扭矩；$T_{zM_B}^1$ 为简支超静定梁任意截面在右端单位弯矩作用下的扭矩。

同理，求得 $T_{zq_y}^1$ 和 $T_{zM_B}^1$，并与 M_1 代入上式中，整理得到

$$T_z^1=q_yr^2\left\{\sin\varphi_z-\tan\frac{\varphi_1}{2}\cos\varphi_z-\varphi_z+\tan\frac{\varphi_1}{2}\right.$$

$$-\frac{(1+3k)\tan\frac{\varphi_1}{2}-k\varphi_1-\frac{1+k}{2}\left(1+\tan^2\frac{\varphi_1}{2}\right)}{(1+k)\left(\cot\varphi_1-\varphi_1-\varphi_1\cot^2\varphi_1\right)-2k\left(\cot\varphi_1-\frac{1}{\varphi_1}\right)}\left[\frac{\cos(\varphi_1-\varphi_z)}{\sin\varphi_1}-\frac{1}{\varphi_1}\right]\Bigg\}$$

剪力：

$$Q_z^1=Q_{zq_y}^1+Q_{zM_B}^1M_1$$

式中，$Q_{zq_y}^1$ 为简支超静定梁任意截面在竖向均布荷载作用下的剪力；$Q_{zM_B}^1$ 为简支超静定梁任意截面在右端单位弯矩作用下的剪力。

同理，求得 $Q_{zq_y}^1$ 和 $Q_{zM_B}^1$，并与 M_1 代入上式中，整理得到

$$Q_z^1=q_yr\left\{\tan\frac{\varphi_1}{2}-\varphi_z-\frac{(1+3k)\tan\frac{\varphi_1}{2}-k\varphi_1-\frac{1+k}{2}\left(1+\tan^2\frac{\varphi_1}{2}\right)}{\varphi_1\left[(1+k)\left(\cot\varphi_1-\varphi_1-\varphi_1\cot^2\varphi_1\right)-2k\left(\cot\varphi_1-\frac{1}{\varphi_1}\right)\right]}\right\}$$

2）第二跨组合梁内力

同理，得到第二跨组合梁内力：

$$M_z^2=q_yr^2\left\{\left(\tan\frac{\varphi_2}{2}-\tan\frac{\varphi_z}{2}\right)\sin\varphi_z\right.$$

$$\left.-\frac{\left[(1+3k)\tan\frac{\varphi_2}{2}-k\varphi_2-\frac{1+k}{2}\left(1+\tan^2\frac{\varphi_2}{2}\right)\right]\sin\varphi_z}{\left[(1+k)\left(\cot\varphi_2-\varphi_2-\varphi_2\cot^2\varphi_2\right)-2k\left(\cot\varphi_2-\frac{1}{\varphi_2}\right)\right]\sin\varphi_2}\right\}$$

$$T_z^2=q_yr^2\left\{\sin\varphi_z-\tan\frac{\varphi_2}{2}\cos\varphi_z-\varphi_z+\tan\frac{\varphi_2}{2}\right.$$

$$\left.-\frac{(1+3k)\tan\frac{\varphi_2}{2}-k\varphi_2-\frac{1+k}{2}\left(1+\tan^2\frac{\varphi_2}{2}\right)}{(1+k)\left(\cot\varphi_2-\varphi_2-\varphi_2\cot^2\varphi_2\right)-2k\left(\cot\varphi_2-\frac{1}{\varphi_2}\right)}\left(\frac{1}{\varphi_2}-\frac{\cos\varphi_z}{\sin\varphi_2}\right)\right\}$$

$$Q_z^2 = q_y r\left\{\tan\frac{\varphi_2}{2} - \varphi_z + \frac{(1+3k)\tan\dfrac{\varphi_2}{2} - k\varphi_2 - \dfrac{1+k}{2}\left(1+\tan^2\dfrac{\varphi_2}{2}\right)}{\varphi_2\left[(1+k)\left(\cot\varphi_2 - \varphi_2 - \varphi_2\cot^2\varphi_2\right) - 2k\left(\cot\varphi_2 - \dfrac{1}{\varphi_2}\right)\right]}\right\}$$

2. 混凝土板内力

弯矩：

$$M_{cz} = M_{czq_y} + M_{zM_B}M_1$$

扭矩：

$$T_{cz} = T_{czq_y} + T_{czM_B}M_1$$

剪力：

$$Q_{cz} = Q_{czq_y} + Q_{czM_B}M_1$$

利用式（5-2）计算得到混凝土板的变形计算公式：

$$\frac{\mathrm{d}^3 w_c}{\mathrm{d}\varphi_z^{\ 3}} + \frac{\mathrm{d}w_c}{\mathrm{d}\varphi_z} = \frac{r^2}{E_c I}\left[(1+k)\left(r^2 q_{cy}\sin\varphi_z - r^2 q_{cy}\tan\frac{\varphi_1}{2}\cos\varphi_z - rq_{cy}z + r^2 q_{cy}\tan\frac{\varphi_1}{2}\right) - r\left(-q_{cy}z - r^2 h_c' q_{zk}'' + rq_{cy}\tan\frac{\varphi_1}{2} + h_c' q_{zk}\right)\right]$$

将竖向均布荷载作用下混凝土板的内力和变形计算公式代入式（6-2）中，整理得到

1）第一跨混凝土板内力

$$M_{cz}^1 = r^2 q_{cy}\left[\cos\varphi_z + \tan\frac{\varphi_1}{2}\sin\varphi_z - 1 - \frac{(1+3k)\tan\dfrac{\varphi_1}{2} - k\varphi_1 - \dfrac{1+k}{2}\left(1+\tan^2\dfrac{\varphi_1}{2}\right)}{(1+k)\left(\cot\varphi_1 - \varphi_1 - \varphi_1\cot^2\varphi_1\right) - 2k\left(\cot\varphi_1 - \dfrac{1}{\varphi_1}\right)}\frac{\sin(\varphi_1 - \varphi_z)}{\sin\varphi_1}\right] - r^2 h_c'\frac{\partial q_{zk}}{\partial z}$$

$$T_{cz}^1 = r^2 q_{cy}\left\{\sin\varphi_z - \tan\frac{\varphi_1}{2}\cos\varphi_z + \tan\frac{\varphi_1}{2} - \varphi_z\right.$$

$$
-\frac{(1+3k)\tan\frac{\varphi_1}{2}-k\varphi_1-\frac{1+k}{2}\left(1+\tan^2\frac{\varphi_1}{2}\right)}{(1+k)\left[\cot\varphi_1-\varphi_1-\varphi_1\cot^2\varphi_1-2k\left(\cot\varphi_1-\frac{1}{\varphi_1}\right)\right]}\left[\frac{\cos(\varphi_1-\varphi_z)}{\sin\varphi_1}-\frac{1}{\varphi_1}\right]\Bigg\}
$$

$$
Q_{cz}^1=-q_{cy}z-r^2h_c'q_{zk}''+rq_{cy}\tan\frac{\varphi_1}{2}+h_c'q_{zk}
$$

$$
-\frac{(1+3k)\tan\frac{\varphi_1}{2}-k\varphi_1-\frac{1+k}{2}\left(1+\tan^2\frac{\varphi_1}{2}\right)}{\varphi_1\left[(1+k)\left(\cot\varphi_1-\varphi_1-\varphi_1\cot^2\varphi_1\right)-2k\left(\cot\varphi_1-\frac{1}{\varphi_1}\right)\right]}
$$

2）第二跨混凝土板内力

$$
M_{cz}^2=r^2q_{cy}\Bigg\{\cos\varphi_z+\tan\frac{\varphi_2}{2}\sin\varphi_z-1
$$

$$
-\frac{(1+3k)\tan\frac{\varphi_2}{2}-k\varphi_2-\frac{1+k}{2}\left(1+\tan^2\frac{\varphi_2}{2}\right)}{(1+k)\left(\cot\varphi_2-\varphi_2-\varphi_2\cot^2\varphi_2\right)-2k\left(\cot\varphi_2-\frac{1}{\varphi_2}\right)}\frac{\sin\varphi_z}{\sin\varphi_2}\Bigg\}-r^2h_c'\frac{\partial q_{zk}}{\partial z}
$$

$$
T_{cz}^2=r^2q_{cy}\Bigg\{\sin\varphi_z-\tan\frac{\varphi_2}{2}\cos\varphi_z+\tan\frac{\varphi_2}{2}-\varphi_z
$$

$$
-\frac{(1+3k)\tan\frac{\varphi_2}{2}-k\varphi_2-\frac{1+k}{2}\left(1+\tan^2\frac{\varphi_2}{2}\right)}{(1+k)\left[\cot\varphi_2-\varphi_2-\varphi_2\cot^2\varphi_2-2k\left(\cot\varphi_2-\frac{1}{\varphi_2}\right)\right]}\left[\frac{\cos(\varphi_2-\varphi_z)}{\sin\varphi_2}-\frac{1}{\varphi_2}\right]\Bigg\}
$$

$$
Q_{cz}^2=-q_{cy}z-r^2h_c'q_{zk}''+rq_{cy}\tan\frac{\varphi_2}{2}+h_c'q_{zk}
$$

$$
-\frac{(1+3k)\tan\frac{\varphi_2}{2}-k\varphi_2-\frac{1+k}{2}\left(1+\tan^2\frac{\varphi_2}{2}\right)}{\varphi_2\left[(1+k)\left(\cot\varphi_2-\varphi_2-\varphi_2\cot^2\varphi_2\right)-2k\left(\cot\varphi_2-\frac{1}{\varphi_2}\right)\right]}
$$

3. 钢梁内力

弯矩：

$$M_{sz}=M_{szq_y}+M_{zM_B}M_1$$

扭矩：

$$T_{sz}=T_{szq_y}+T_{szM_B}M_1$$

剪力：

$$Q_{sz}=Q_{szq_y}+Q_{szM_B}M_1$$

利用式（5-3）计算得到钢梁的变形计算公式：

$$\frac{\mathrm{d}^3w_s}{\mathrm{d}\varphi_z{}^3}+\frac{\mathrm{d}w_s}{\mathrm{d}\varphi_z}=\frac{r^2}{E_sI}\left[(1+k)\left(r^2q_{sy}\sin\varphi_2-r^2q_{sy}\tan\frac{\varphi_1}{2}\cos\frac{z}{r}-rq_{sy}z+r^2q_{sy}\tan\frac{\varphi_1}{2}\right)\right.$$
$$\left.-r\left(-r^2h_s'q_{zk}''-q_{sy}z+rq_{sy}\tan\frac{\varphi_1}{2}+h_s'q_{zk}\right)\right]$$

将竖向均布荷载作用下钢梁的内力和变形计算公式代入式（6-3）中，整理得到第一跨钢梁内力和第二跨钢梁内力。

1）第一跨钢梁内力

$$M_{sz}^1=r^2q_{sy}\left[\cos\varphi_z+\tan\frac{\varphi_1}{2}\sin\varphi_z-1\right.$$
$$\left.-\frac{(1+3k)\tan\frac{\varphi_1}{2}-k\varphi_1-\frac{1+k}{2}\left(1+\tan^2\frac{\varphi_1}{2}\right)}{(1+k)\left(\cot\varphi_1-\varphi_1-\varphi_1\cot^2\varphi_1\right)-2k\left(\cot\varphi_1-\frac{1}{\varphi_1}\right)}\frac{\sin(\varphi_1-\varphi_z)}{\sin\varphi_1}\right]-r^2h_s'\frac{\partial q_{zk}}{\partial z}$$

$$T_{sz}^1=r^2q_{sy}\left\{\sin\varphi_z-\tan\frac{\varphi_2}{2}\cos\varphi_z+\tan\frac{\varphi_2}{2}-\varphi_z\right.$$
$$\left.-\frac{(1+3k)\tan\frac{\varphi_1}{2}-k\varphi_1-\frac{1+k}{2}\left(1+\tan^2\frac{\varphi_1}{2}\right)}{(1+k)\left[\cot\varphi_1-\varphi_1-\varphi_1\cot^2\varphi_1-2k\left(\cot\varphi_1-\frac{1}{\varphi_1}\right)\right]}\left[\frac{\cos(\varphi_1-\varphi_z)}{\sin\varphi_1}-\frac{1}{\varphi_1}\right]\right\}$$

$$Q_{sz}^{1}=-r^{2}h_{s}'q_{zk}''-q_{sy}z+rq_{sy}\tan\frac{\varphi_1}{2}+h_{s}'q_{zk}-\frac{(1+3k)\tan\dfrac{\varphi_1}{2}-k\varphi_1-\dfrac{1+k}{2}\left(1+\tan^{2}\dfrac{\varphi_1}{2}\right)}{\varphi_1\left[(1+k)\left(\cot\varphi_1-\varphi_1-\varphi_1\cot^{2}\varphi_1\right)-2k\left(\cot\varphi_1-\dfrac{1}{\varphi_1}\right)\right]}$$

2）第二跨钢梁内力

$$M_{sz}^{2}=r^{2}q_{sy}\left[\cos\varphi_z+\tan\frac{\varphi_2}{2}\sin\varphi_z-1-\frac{(1+3k)\tan\dfrac{\varphi_2}{2}-k\varphi_2-\dfrac{1+k}{2}\left(1+\tan^{2}\dfrac{\varphi_2}{2}\right)}{(1+k)\left(\cot\varphi_2-\varphi_2-\varphi_2\cot^{2}\varphi_2\right)-2k\left(\cot\varphi_2-\dfrac{1}{\varphi_2}\right)}\frac{\sin\varphi_z}{\sin\varphi_2}\right]-r^{2}h_{s}'\frac{\partial q_{zk}}{\partial z}$$

$$T_{sz}^{2}=r^{2}q_{sy}\left\{\sin\varphi_z-\tan\frac{\varphi_2}{2}\cos\varphi_z+\tan\frac{\varphi_2}{2}-\varphi_z-\frac{(1+3k)\tan\dfrac{\varphi_2}{2}-k\varphi_2-\dfrac{1+k}{2}\left(1+\tan^{2}\dfrac{\varphi_2}{2}\right)}{(1+k)\left[\cot\varphi_2-\varphi_2-\varphi_2\cot^{2}\varphi_2-2k\left(\cot\varphi_2-\dfrac{1}{\varphi_2}\right)\right]}\left[\frac{\cos(\varphi_2-\varphi_z)}{\sin\varphi_2}-\frac{1}{\varphi_2}\right]\right\}$$

$$Q_{sz}^{2}=-r^{2}h_{s}'q_{zk}''-q_{sy}z+rq_{sy}\tan\frac{\varphi_2}{2}+h_{s}'q_{zk}-\frac{(1+3k)\tan\dfrac{\varphi_2}{2}-k\varphi_2-\dfrac{1+k}{2}\left(1+\tan^{2}\dfrac{\varphi_2}{2}\right)}{\varphi_2\left[(1+k)\left(\cot\varphi_2-\varphi_2-\varphi_2\cot^{2}\varphi_2\right)-2k\left(\cot\varphi_2-\dfrac{1}{\varphi_2}\right)\right]}$$

6.1.3 均布扭矩作用下的曲线组合梁

1．组合梁内力

均布扭矩作用时，式（6-4）变为

$$M_1 = -\frac{\theta^1_{B(m_z)} - \theta^2_{A(m_z)}}{\theta^1_{BB} - \theta^2_{AA}}$$

均布扭矩作用下的简支超静定曲线组合梁的弯曲转角计算公式：

$$\theta(\varphi_z = 0) = \frac{r^2 m_z}{EI}(1+k)\left[\frac{1}{2}\tan\frac{\varphi_0}{2} - \frac{2\sin\varphi_0 - \varphi_0}{2(1+\cos\varphi_0)}\right]$$

$$\theta(\varphi_z = \varphi_0) = -\theta(\varphi_z = 0)$$

整理得到

$$M_1 = -rm_z\frac{\dfrac{2\sin\varphi_0 - \varphi_0}{(1+\cos\varphi_0)} - \tan\dfrac{\varphi_0}{2}}{\cot\varphi_0 - \varphi_0 - \varphi_0\cos^2\varphi_0 - \dfrac{2k}{1+k}\left(\cot\varphi_0 - \dfrac{1}{\varphi_0}\right)}$$

1）第一跨组合梁内力

弯矩：

$$M^1_z = M^1_{zm_z} + M^1_{zM_B}M_1$$

式中，$M^1_{zm_z}$ 为均布扭矩作用下简支超静定梁任意截面的弯矩。

分别利用均布扭矩和单位弯矩作用下简支超静定组合梁的弯矩计算公式，可以求得 $M^1_{zm_z}$ 和 $M^1_{zM_B}$，并将其与 M_1 代入上式中，整理得到

$$M^1_z = -rm_z\left[\sin\varphi_z\left(\tan\frac{\varphi_1}{2} - \tan\frac{\varphi_z}{2}\right) + \frac{\dfrac{2\sin\varphi_1 - \varphi_1}{(1+\cos\varphi_1)} - \tan\dfrac{\varphi_1}{2}}{\cot\varphi_1 - \varphi_1 - \varphi_1\cos^2\varphi_1 - \dfrac{2k}{1+k}\left(\cot\varphi_1 - \dfrac{1}{\varphi_1}\right)}\frac{\sin(\varphi_1 - \varphi_z)}{\sin\varphi_1}\right]$$

扭矩：

$$T^1_z = T^1_{zm_z} + T^1_{zM_B}M_1$$

式中，$T^1_{zm_z}$ 为均布扭矩作用下简支超静定梁任意截面的扭矩。

同理，求得 $T^1_{zm_z}$ 和 $T^1_{zM_B}$，并将其与 M_1 代入上式中，整理得到

$$T_z^1=-rm_z\left\{\sin\varphi_z-\tan\frac{\varphi_1}{2}\cos\varphi_z+\tan\frac{\varphi_1}{2}\right.$$

$$\left.+\frac{\dfrac{2\sin\varphi_1-\varphi_1}{\left(1+\cos\varphi_1\right)}-\tan\dfrac{\varphi_1}{2}}{\cot\varphi_1-\varphi_1-\varphi_1\cos^2\varphi_1-\dfrac{2k}{1+k}\left(\cot\varphi_1-\dfrac{1}{\varphi_1}\right)}\left[\frac{\cos\left(\varphi_1-\varphi_z\right)}{\sin\varphi_1}-\frac{1}{\varphi_1}\right]\right\}$$

剪力：

$$Q_z^1=Q_{zm_z}^1+Q_{zM_B}^1M_1$$

式中，$Q_{zm_z}^1$ 为均布扭矩作用下简支超静定梁任意截面的剪力。

同理，求得 $Q_{zm_z}^1$ 和 $Q_{zM_B}^1$，并将其与 M_1 代入上式中，整理得到

$$Q_z^1=-\frac{\left[\dfrac{2\sin\varphi_1-\varphi_1}{\left(1+\cos\varphi_1\right)}-\tan\dfrac{\varphi_1}{2}\right]m_z\tan\dfrac{\varphi_1}{2}}{\cot\varphi_1-\varphi_1-\varphi_1\cos^2\varphi_1-\dfrac{2k}{1+k}\left(\cot\varphi_1-\dfrac{1}{\varphi_1}\right)}$$

2）第二跨组合梁内力

同理，得到第二跨组合梁内力：

$$M_z^2=-rm_z\left[\sin\varphi_z\left(\tan\frac{\varphi_2}{2}-\tan\frac{\varphi_z}{2}\right)\right.$$

$$\left.+\frac{\dfrac{2\sin\varphi_2-\varphi_2}{\left(1+\cos\varphi_2\right)}-\tan\dfrac{\varphi_2}{2}}{\cot\varphi_2-\varphi_2-\varphi_2\cos^2\varphi_2-\dfrac{2k}{1+k}\left(\cot\varphi_2-\dfrac{1}{\varphi_2}\right)}\frac{\sin\varphi_z}{\sin\varphi_2}\right]$$

$$T_z^2 = -rm_z \left[\sin\varphi_z - \tan\frac{\varphi_2}{2}\cos\varphi_z + \tan\frac{\varphi_2}{2} \right.$$

$$\left. + \frac{\dfrac{2\sin\varphi_2 - \varphi_2}{\left(1+\cos\varphi_2\right)} - \tan\dfrac{\varphi_2}{2}}{\cot\varphi_2 - \varphi_2 - \varphi_2\cos^2\varphi_2 - \dfrac{2k}{1+k}\left(\cot\varphi_2 - \dfrac{1}{\varphi_2}\right)} \left(\frac{1}{\varphi_z} - \frac{\cos\varphi_z}{\sin\varphi_2}\right) \right]$$

$$Q_z^2 = -\frac{\left[\dfrac{2\sin\varphi_2 - \varphi_2}{\left(1+\cos\varphi_2\right)} - \tan\dfrac{\varphi_2}{2}\right] m_z \tan\dfrac{\varphi_2}{2}}{\varphi_2\left[\cot\varphi_2 - \varphi_2 - \varphi_2\cos^2\varphi_2 - \dfrac{2k}{1+k}\left(\cot\varphi_2 - \dfrac{1}{\varphi_2}\right)\right]}$$

2. 混凝土板内力

弯矩：

$$M_{cz} = M_{czm_z} + M_{czM_B} M_1$$

扭矩：

$$T_{cz} = T_{czm_z} + T_{czM_B} M_1$$

剪力：

$$Q_{cz} = Q_{czm_z} + Q_{czM_B} M_1$$

利用式（5-2）计算得到混凝土板的变形计算公式：

$$\frac{\mathrm{d}^3 w_c}{\mathrm{d}\varphi_z^3} + \frac{\mathrm{d}w_c}{\mathrm{d}\varphi_z} = \frac{r^2}{E_c I}\left[\left(1+k\right)\left(rm_{cz} - r^2 h_c' \frac{\partial q_{zk}}{\partial z} \right)\sin\varphi_2 \left(\tan\frac{\varphi_1}{2} - \tan\frac{\varphi_1}{2} \right) \right.$$

$$\left. + r^3 h_c' q_{zk}'' - rh_c' q_{zk} - r\left(rh_c' q_{zk}' - m_{cz} \right)\tan\frac{\varphi_1}{2} \right]$$

将均布扭矩作用下混凝土板的内力和变形计算公式代入式（6-2）中，整理得到混凝土板内力。

1）第一跨混凝土板内力

$$M_{cz}^{1}=rm_{cz}\left[\sin\varphi_z\left(\tan\frac{\varphi_1}{2}-\tan\frac{\varphi_z}{2}\right)\right.$$

$$\left.+\frac{\dfrac{2\sin\varphi_1-\varphi_1}{(1+\cos\varphi_1)}-\tan\dfrac{\varphi_1}{2}}{\cot\varphi_1-\varphi_1-\varphi_1\cos^2\varphi_1-\dfrac{2k}{1+k}\left(\cot\varphi_1-\dfrac{1}{\varphi_1}\right)}\frac{\sin(\varphi_1-\varphi_z)}{\sin\varphi_1}\right]-r^2h_c'\frac{\partial q_{zk}}{\partial z}$$

$$T_{cz}^{1}=rm_{cz}\left\{\sin\varphi_z-\tan\frac{\varphi_1}{2}\cos\varphi_z+\tan\frac{\varphi_1}{2}\right.$$

$$\left.+\frac{\dfrac{2\sin\varphi_1-\varphi_1}{(1+\cos\varphi_1)}-\tan\dfrac{\varphi_1}{2}}{\cot\varphi_1-\varphi_1-\varphi_1\cos^2\varphi_1-\dfrac{2k}{1+k}\left(\cot\varphi_1-\dfrac{1}{\varphi_1}\right)}\left[\frac{\cos(\varphi_1-\varphi_z)}{\sin\varphi_1}-\frac{1}{\varphi_1}\right]\right\}$$

$$Q_{cz}^{1}=-\frac{\left[\dfrac{2\sin\varphi_1-\varphi_1}{(1+\cos\varphi_1)}-\tan\dfrac{\varphi_1}{2}\right]m_{cz}\tan\dfrac{\varphi_1}{2}-r^2h_c'q_{zk}''+h_c'q_{zk}}{\varphi_1\left[\cot\varphi_1-\varphi_1-\varphi_1\cos^2\varphi_1-\dfrac{2k}{1+k}\left(\cot\varphi_1-\dfrac{1}{\varphi_1}\right)\right]}$$

2）第二跨混凝土板内力

$$M_{cz}^{2}=rm_{cz}\left[\sin\varphi_z\left(\tan\frac{\varphi_2}{2}-\tan\frac{\varphi_z}{2}\right)\right.$$

$$\left.+\frac{\dfrac{2\sin\varphi_2-\varphi_2}{(1+\cos\varphi_2)}-\tan\dfrac{\varphi_2}{2}}{\cot\varphi_2-\varphi_2-\varphi_2\cos^2\varphi_2-\dfrac{2k}{1+k}\left(\cot\varphi_2-\dfrac{1}{\varphi_2}\right)}\frac{\sin\varphi_z}{\sin\varphi_2}\right]-r^2h_c'\frac{\partial q_{zk}}{\partial z}$$

$$T_{cz}^2 = rm_{cz}\left\{\sin\varphi_z - \tan\frac{\varphi_2}{2}\cos\varphi_z + \tan\frac{\varphi_2}{2}\right.$$

$$\left. + \frac{\dfrac{2\sin\varphi_2 - \varphi_2}{(1+\cos\varphi_2)} - \tan\dfrac{\varphi_2}{2}}{\cot\varphi_2 - \varphi_2 - \varphi_2\cos^2\varphi_2 - \dfrac{2k}{1+k}\left(\cot\varphi_2 - \dfrac{1}{\varphi_2}\right)}\left[\frac{\cos(\varphi_2 - \varphi_z)}{\sin\varphi_2} - \frac{1}{\varphi_2}\right]\right\}$$

$$Q_{cz}^2 = -\frac{\left[\dfrac{2\sin\varphi_2 - \varphi_2}{(1+\cos\varphi_2)} - \tan\dfrac{\varphi_2}{2}\right]m_{cz}\tan\dfrac{\varphi_2}{2} - r^2 h_c' q_{zk}'' + h_c' q_{zk}}{\varphi_2\left[\cot\varphi_2 - \varphi_2 - \varphi_2\cos^2\varphi_2 - \dfrac{2k}{1+k}\left(\cot\varphi_2 - \dfrac{1}{\varphi_2}\right)\right]}$$

3. 钢梁内力

弯矩：

$$M_{sz} = M_{szm_z} + M_{szM_B} M_1$$

扭矩：

$$T_{sz} = T_{szm_z} + T_{szM_B} M_1$$

剪力：

$$Q_{sz} = Q_{szm_z} + Q_{szM_B} M_1$$

利用式（5-3）计算得到钢梁的变形计算公式：

$$\frac{\mathrm{d}^3 w_s}{\mathrm{d}\varphi_z^3} + \frac{\mathrm{d}w_s}{\mathrm{d}\varphi_z} = \frac{r^2}{E_s I}\left[(1+k)\left(rm_{sz} - r^2 h_s' \frac{\partial q_{zk}}{\partial z}\right)\sin\varphi_2\left(\tan\frac{\varphi_2}{2} - \tan\frac{\varphi_1}{2}\right)\right.$$

$$\left. + r^3 h_s' q_{zk}'' - rh_s' q_{zk} - r\left(rh_s' q_{zk}' - m_{sz}\right)\tan\frac{\varphi_1}{2}\right]$$

将均布扭矩作用下钢梁的内力和变形计算公式代入式（6-3）中，整理得到钢梁内力。

1）第一跨钢梁内力

$$M_{sz}^1 = rm_{sz}\left[\sin\varphi_z\left(\tan\frac{\varphi_1}{2} - \tan\frac{\varphi_z}{2}\right)\right.$$

$$
\left.+\frac{\dfrac{2\sin\varphi_1-\varphi_1}{(1+\cos\varphi_1)}-\tan\dfrac{\varphi_1}{2}}{\cot\varphi_1-\varphi_1-\varphi_1\cos^2\varphi_1-\dfrac{2k}{1+k}\left(\cot\varphi_1-\dfrac{1}{\varphi_1}\right)}\frac{\sin(\varphi_1-\varphi_z)}{\sin\varphi_1}\right]-r^2h_s'\frac{\partial q_{zk}}{\partial z}
$$

$$
T_{sz}^1=rm_{sz}\left\{\sin\varphi_z-\tan\frac{\varphi_1}{2}\cos\varphi_z+\tan\frac{\varphi_1}{2}\right.
$$

$$
\left.+\frac{\dfrac{2\sin\varphi_1-\varphi_1}{(1+\cos\varphi_1)}-\tan\dfrac{\varphi_1}{2}}{\cot\varphi_1-\varphi_1-\varphi_1\cos^2\varphi_1-\dfrac{2k}{1+k}\left(\cot\varphi_1-\dfrac{1}{\varphi_1}\right)}\left[\frac{\cos(\varphi_1-\varphi_z)}{\sin\varphi_1}-\frac{1}{\varphi_1}\right]\right\}
$$

$$
Q_{sz}^1=-\frac{\left[\dfrac{2\sin\varphi_1-\varphi_1}{(1+\cos\varphi_1)}-\tan\dfrac{\varphi_1}{2}\right]m_{sz}\tan\dfrac{\varphi_1}{2}-r^2h_s'q_{zk}''+h_s'q_{zk}}{\varphi_1\left[\cot\varphi_1-\varphi_1-\varphi_1\cos^2\varphi_1-\dfrac{2k}{(1+k)}\left(\cot\varphi_1-\dfrac{1}{\varphi_1}\right)\right]}
$$

2）第二跨钢梁内力

$$
M_{sz}^2=rm_{sz}\left[\sin\varphi_z\left(\tan\frac{\varphi_2}{2}-\tan\frac{\varphi_z}{2}\right)\right.
$$

$$
\left.+\frac{\dfrac{2\sin\varphi_2-\varphi_2}{(1+\cos\varphi_2)}-\tan\dfrac{\varphi_2}{2}}{\cot\varphi_2-\varphi_2-\varphi_2\cos^2\varphi_2-\dfrac{2k}{(1+k)}\left(\cot\varphi_2-\dfrac{1}{\varphi_2}\right)}\frac{\sin\varphi_z}{\sin\varphi_2}\right]-r^2h_s'\frac{\partial q_{zk}}{\partial z}
$$

$$
T_{sz}^2=rm_{sz}\left\{\sin\varphi_z-\tan\frac{\varphi_2}{2}\cos\varphi_z+\tan\frac{\varphi_2}{2}\right.
$$

$$+\frac{\dfrac{2\sin\varphi_2-\varphi_2}{\left(1+\cos\varphi_2\right)}-\tan\dfrac{\varphi_2}{2}}{\cot\varphi_2-\varphi_2-\varphi_2\cos^2\varphi_2-\dfrac{2k}{1+k}\left(\cot\varphi_2-\dfrac{1}{\varphi_2}\right)}\left[\frac{\cos\left(\varphi_2-\varphi_z\right)}{\sin\varphi_2}-\frac{1}{\varphi_2}\right]\Bigg\}$$

$$Q_{sz}^2=-\frac{\left[\dfrac{2\sin\varphi_2-\varphi_2}{\left(1+\cos\varphi_2\right)}-\tan\dfrac{\varphi_2}{2}\right]m_{sz}\tan\dfrac{\varphi_2}{2}-r^2h_s'q_{zk}''+h_s'q_{zk}}{\varphi_2\left[\cot\varphi_2-\varphi_2-\varphi_2\cos^2\varphi_2-\dfrac{2k}{1+k}\left(\cot\varphi_2-\dfrac{1}{\varphi_2}\right)\right]}$$

6.1.4　集中荷载作用下的曲线组合梁

1. 组合梁内力

当两跨内分别作用集中荷载 P_1 和 P_2 时，将式（6-4）写成

$$M_1=-\frac{\theta_{B(P_1)}^1-\theta_{A(P_2)}^2}{\theta_{BB}^1-\theta_{AA}^2}$$

任意集中荷载作用下曲线组合梁的弯曲转角计算公式：

$$\theta\left(\varphi_z=0\right)=\frac{r^2P_1}{2EI}\left\{\frac{1+k}{\sin\varphi_0}\left[\frac{\varphi_0\sin\varphi_{P_1}}{\sin\varphi_0}-\varphi_{P_1}\cos\left(\varphi_0-\varphi_{P_1}\right)\right]-2k\left[\frac{\sin\left(\varphi_0-\varphi_{P_1}\right)}{\sin\varphi_0}-1+\frac{\varphi_{P_1}}{\varphi_0}\right]\right\}$$

$$\theta\left(\varphi_z=\varphi_0\right)=\frac{r^2P_2}{2EI}\left\{\frac{1+k}{\sin\varphi_0}\left[\frac{\varphi_0\sin\varphi_{P_2}}{\tan\varphi_0}-\varphi_{P_2}\cos\varphi_{P_2}\right]+2k\left[\frac{\sin\varphi_{P_2}}{\sin\varphi_0}-\frac{\varphi_{P_2}}{\varphi_0}\right]\right\}$$

整理得到

$$M_1=-\frac{\dfrac{P_1r\left(1+k\right)}{2\sin\varphi_0}\left[\dfrac{\varphi_0\sin\varphi_{P_1}}{\sin\varphi_0}-\varphi_{P_1}\cos\left(\varphi_0-\varphi_{P_1}\right)\right]-P_1rk\left[\dfrac{\sin\left(\varphi_0-\varphi_{P_1}\right)}{\sin\varphi_0}-1+\dfrac{\varphi_{P_1}}{\varphi_0}\right]}{\left(1+k\right)\left(\cot\varphi_0-\varphi_0-\varphi_0\cot^2\varphi_0\right)-2k\left(\cot\varphi_0-\dfrac{1}{\varphi_0}\right)}$$

$$-\frac{\dfrac{P_2r\left(1+k\right)}{2\sin\varphi_0}\left(\varphi_0\cot\varphi_0\sin\varphi_{P_2}-\varphi_{P_2}\cos\varphi_{P_2}\right)+P_2rk\left(\dfrac{\sin\varphi_{P_2}}{\sin\varphi_0}-\dfrac{\varphi_{P_2}}{\varphi_0}\right)}{\left(1+k\right)\left(\cot\varphi_0-\varphi_0-\varphi_0\cot^2\varphi_0\right)-2k\left(\cot\varphi_0-\dfrac{1}{\varphi_0}\right)}$$

当只有第一跨内有荷载 P_1 时，$P_2=0$；当只有第二跨内有荷载 P_2 时，$P_1=0$。

1）第一跨组合梁内力

弯矩：

$$M_z^1 = M_{zP}^1 + M_{zM_B}^1 M_1$$

式中，M_{zP}^1 为集中荷载 P_1 作用下简支超静定梁任意截面的弯矩；$M_{zM_B}^1$ 为在右端单位弯矩作用下简支超静定梁任意截面的弯矩。

整理得到

$$M_z^1 = rP_1 \frac{\sin\left(\varphi_1 - \varphi_{z_P}\right)}{\sin\varphi_1} \sin\varphi_z + \frac{\sin\left(\varphi_1 - \varphi_z\right)}{\sin\varphi_1} M_1\left(\varphi_1\right) \qquad \left(0 \leqslant \varphi_z \leqslant \varphi_{z_P}\right)$$

$$M_z^1 = rP_1 \frac{\sin\left(\varphi_1 - \varphi_z\right)}{\sin\varphi_1} \sin\varphi_{z_P} + \frac{\sin\left(\varphi_1 - \varphi_z\right)}{\sin\varphi_1} M_1\left(\varphi_1\right) \qquad \left(\varphi_{z_P} \leqslant \varphi_z \leqslant \varphi_1\right)$$

扭矩：

$$T_z^1 = T_{zP}^1 + T_{zM_B}^1 M_1$$

式中，T_{zP}^1 为集中荷载 P_1 作用下简支超静定梁任意截面的扭矩；$T_{zM_B}^1$ 为在右端单位弯矩作用下简支超静定梁任意截面的扭矩。

整理得到

$$T_z^1 = rP_1\left[1 - \varphi_{z_P} - \frac{\sin\left(\varphi_1 - \varphi_{z_P}\right)}{\sin\varphi_1}\cos\varphi_z\right] + \left[\frac{\cos\left(\varphi_1 - \varphi_z\right)}{\sin\varphi_1} - \frac{1}{\varphi_1}\right] M_1\left(\varphi_1\right) \qquad \left(0 \leqslant \varphi_z \leqslant \varphi_{z_P}\right)$$

$$T_z^1 = rP_1\left[\frac{\sin\varphi_{z_P}}{\sin\varphi_1}\cos\left(\varphi_1 - \varphi_z\right) - \varphi_{z_P}\right] + \left[\frac{\cos\left(\varphi_1 - \varphi_z\right)}{\sin\varphi_1} - \frac{1}{\varphi_1}\right] M_1\left(\varphi_1\right) \qquad \left(\varphi_{z_P} \leqslant \varphi_z \leqslant \varphi_1\right)$$

剪力：

$$Q_z^1 = Q_{zP}^1 + Q_{zM_B}^1 M_1$$

式中，Q_{zP}^1 为集中荷载 P_1 作用下简支超静定梁任意截面的剪力；$Q_{zM_B}^1$ 为在右端单位弯矩作用下简支超静定梁任意截面的剪力。

整理得到

$$Q_z^1 = P_1\left(1 - \varphi_{z_P}\right) + \frac{1}{r\varphi_1} M_1\left(\varphi_1\right) \qquad \left(0 \leqslant \varphi_z \leqslant \varphi_{z_P}\right)$$

$$Q_z^1 = -P_1\varphi_{z_P} + \frac{1}{r\varphi_1} M_1\left(\varphi_1\right) \qquad \left(\varphi_{z_P} \leqslant \varphi_z \leqslant \varphi_1\right)$$

2）第二跨组合梁内力

弯矩：

$$M_z^2 = M_{zP}^2 + M_{zM_A}^2 M_1$$

式中，M_{zP}^2 为集中荷载 P_2 作用下简支超静定梁任意截面的弯矩；$M_{zM_A}^2$ 为在左端单位弯矩作用下简支超静定梁任意截面的弯矩。

整理得到

$$M_z^2 = rP_2 \frac{\sin\left(\varphi_2 - \varphi_{z_P}\right)}{\sin\varphi_1}\sin\varphi_z + \frac{\sin\left(\varphi_2 - \varphi_z\right)}{\sin\varphi_2}M_1\left(\varphi_2\right) \qquad \left(0 \leqslant \varphi_z \leqslant \varphi_{z_P}\right)$$

$$M_z^2 = rP_2 \frac{\sin\left(\varphi_2 - \varphi_z\right)}{\sin\varphi_1}\sin\varphi_{z_P} + \frac{\sin\left(\varphi_2 - \varphi_z\right)}{\sin\varphi_2}M_1\left(\varphi_2\right) \qquad \left(\varphi_{z_P} \leqslant \varphi_z \leqslant \varphi_2\right)$$

扭矩：

$$T_z^2 = T_{zP}^2 + T_{zM_A}^2 M_1$$

式中，T_{zP}^2 为集中荷载 P_2 作用下简支超静定梁任意截面的扭矩；$T_{zM_A}^2$ 为在左端单位弯矩作用下简支超静定梁任意截面的扭矩。

整理得到

$$T_z^2 = rP_2\left[1 - \varphi_{z_P} - \frac{\sin\left(\varphi_2 - \varphi_{z_P}\right)}{\sin\varphi_2}\cos\varphi_z\right] + \left[\frac{1}{\varphi_2} - \frac{\cos\varphi_z}{\sin\varphi_2}\right]M_1\left(\varphi_2\right) \qquad \left(0 \leqslant \varphi_z \leqslant \varphi_{z_P}\right)$$

$$T_z^2 = rP_2\left[\frac{\sin\varphi_{z_P}}{\sin\varphi_2}\cos\left(\varphi_2 - \varphi_z\right) - \varphi_{z_P}\right] + \left[\frac{1}{\varphi_2} - \frac{\cos\varphi_z}{\sin\varphi_2}\right]M_1\left(\varphi_2\right) \qquad \left(\varphi_{z_P} \leqslant \varphi_z \leqslant \varphi_2\right)$$

剪力：

$$Q_z^2 = Q_{zP}^2 + Q_{zM_A}^2 M_1$$

式中，Q_{zP}^2 为集中荷载 P_2 作用下简支超静定梁任意截面的剪力；$Q_{zM_A}^2$ 为在左端单位弯矩作用下简支超静定梁任意截面的剪力。

整理得到

$$Q_z^2 = P_2\left(1 - \varphi_{z_P}\right) + \frac{1}{r\varphi_2}M_1\left(\varphi_2\right) \qquad \left(0 \leqslant \varphi_z \leqslant \varphi_{z_P}\right)$$

$$Q_z^2 = -P_2\varphi_{z_P} + \frac{1}{r\varphi_2}M_1\left(\varphi_2\right) \qquad \left(\varphi_{z_P} \leqslant \varphi_z \leqslant \varphi_2\right)$$

2. 混凝土板内力

1）第一跨混凝土板内力

弯矩：

$$M_{cz}^1 = M_{czP}^1 + M_{czM_B}^1 M_1$$

式中，M_{czP}^1 为集中荷载 P_1 作用下简支超静定梁中混凝土板任意截面的弯矩；$M_{czM_B}^1$ 为在右端单位弯矩作用下简支超静定梁混凝土板任意截面的弯矩。

利用式（5-2）得到混凝土板变形计算公式：

$$\frac{\mathrm{d}^3 w_c}{\mathrm{d}\varphi_z^3} + \frac{\mathrm{d}w_c}{\mathrm{d}\varphi_z} = \frac{r^2}{E_c I}\left\{\left(1+k\right)\left[rP_1\frac{\sin\left(\varphi_1 - \varphi_{z_P}\right)}{\sin\varphi_1}\left(1 - \cos\varphi_z\right) - rh_c' q_{zk} + rh_c' q_{zk}\left(0\right)\right]\right.$$

$$-r\left[-r^2h_c'q_{zk}''+h_c'q_{zk}(0)+P_1\frac{\sin\left(\varphi_1-\varphi_{z_P}\right)}{\sin\varphi_1}\right]\Bigg\}\qquad (0\leqslant\varphi_z\leqslant\varphi_{z_P})$$

$$\frac{\mathrm{d}^3w_c}{\mathrm{d}\varphi_z^3}+\frac{\mathrm{d}w_c}{\mathrm{d}\varphi_z}=\frac{r^2}{E_cI}\Bigg\{(1+k)\Bigg[rP_1\sin\varphi_{z_P}\sin\varphi_z+rP_1\sin\varphi_{z_P}\cot\varphi_1\cos\varphi_z+rP_1\frac{\sin\left(\varphi_1-\varphi_{z_P}\right)}{\sin\varphi_1}$$

$$-rP_1-rh_c'q_{zk}+rh_c'q_{zk}(0)\Bigg]-r\left[-r^2h_c'q_{zk}''+h_c'q_{zk}(0)+P_c\frac{\sin\left(\varphi_1-\varphi_{z_P}\right)}{\sin\varphi_1}-P_c\right]\Bigg\}$$

$$(\varphi_{z_P}\leqslant\varphi_z\leqslant\varphi_1)$$

将集中荷载作用下混凝土板的内力和变形计算公式代入式（6-2）中，整理得到

$$M_{cz}^1=rP_1\frac{\sin\left(\varphi_1-\varphi_{z_P}\right)}{\sin\varphi_1}\sin\varphi_z-r^2h_c'\frac{\partial q_{zk}}{\partial z}+\frac{\sin\left(\varphi_1-\varphi_{z_P}\right)}{\sin\varphi_1}M_1(\varphi_1)\qquad (0\leqslant\varphi_z\leqslant\varphi_{z_P})$$

$$M_{cz}^1=rP_1\frac{\sin\left(\varphi_1-\varphi_z\right)}{\sin\varphi_1}\sin\varphi_{z_P}-r^2h_c'\frac{\partial q_{zk}}{\partial z}+\frac{\sin\left(\varphi_1-\varphi_z\right)}{\sin\varphi_1}M_1(\varphi_1)\qquad (\varphi_{z_P}\leqslant\varphi_z\leqslant\varphi_1)$$

扭矩：

$$T_{cz}^1=T_{czP}^1+T_{czM_B}^1M_1$$

式中，T_{czP}^1为集中荷载P_1作用下简支超静定组合梁中混凝土板任意截面的扭矩；$T_{czM_B}^1$为在右端单位弯矩作用下混凝土板任意截面的扭矩。

同理，整理得到

$$T_{cz}^1=rP_1\left[1-\varphi_{z_P}-\frac{\sin\left(\varphi_1-\varphi_{z_P}\right)}{\sin\varphi_1}\cos\varphi_z\right]-rh_c'q_{zk}+rh_c'q_{zk}(0)+\left[\frac{\cos\left(\varphi_1-\varphi_z\right)}{\sin\varphi_1}-\frac{1}{\varphi_1}\right]M_1(\varphi_1)$$

$$(0\leqslant\varphi_z\leqslant\varphi_{z_P})$$

$$T_{cz}^1=rP_1\left[\frac{\sin\varphi_{z_P}}{\sin\varphi_1}\cos\left(\varphi_1-\varphi_z\right)-\varphi_{z_P}\right]-rh_c'q_{zk}+rh_c'q_{zk}(0)+\left[\frac{\cos\left(\varphi_1-\varphi_z\right)}{\sin\varphi_1}-\frac{1}{\varphi_1}\right]M_1(\varphi_1)$$

$$(\varphi_{z_P}\leqslant\varphi_z\leqslant\varphi_1)$$

剪力：

$$Q_{cz}^1=Q_{czP}^1+Q_{czM_B}^1M_1$$

式中，Q_{czP}^1为集中荷载P_1作用下简支超静定组合梁中混凝土板任意截面的剪力；$Q_{czM_B}^1$为在右端单位弯矩作用下混凝土板任意截面的剪力。

同理，整理得到

$$Q_{cy}^{1}=-r^{2}h_{c}'\frac{\partial^{2}q_{zk}}{\partial z^{2}}+h_{c}'q_{zk}(0)+P_{1}\frac{\sin(\varphi_{1}-\varphi_{z_{P}})}{\sin\varphi_{1}}+\frac{1}{r\varphi_{1}}M_{1}(\varphi_{1})\qquad(0\leqslant\varphi_{z}\leqslant\varphi_{z_{P}})$$

$$Q_{cy}^{1}=-r^{2}h_{c}'\frac{\partial^{2}q_{zk}}{\partial z^{2}}+h_{c}'q_{zk}(0)+P_{1}\left[\frac{\sin(\varphi_{1}-\varphi_{z_{P}})}{\sin\varphi_{1}}-1\right]+\frac{1}{r\varphi_{1}}M_{1}(\varphi_{1})\quad(\varphi_{z_{P}}\leqslant\varphi_{z}\leqslant\varphi_{1})$$

2）第二跨混凝土板内力

弯矩：

$$M_{cz}^{2}=M_{czP}^{2}+M_{czM_{A}}^{2}M_{1}$$

式中，M_{czP}^{2} 为集中荷载 P_2 作用下简支超静定组合梁中混凝土板任意截面的弯矩；$M_{czM_{A}}^{2}$ 为在左端单位弯矩作用下混凝土板任意截面的弯矩。

整理得到

$$M_{cz}^{2}=rP_{2}\frac{\sin(\varphi_{2}-\varphi_{z_{P}})}{\sin\varphi_{2}}\sin\varphi_{z}-r^{2}h_{c}'\frac{\partial q_{zk}}{\partial z}+\frac{\sin\varphi_{z}}{\sin\varphi_{2}}M_{1}(\varphi_{2})\qquad(0\leqslant\varphi_{z}\leqslant\varphi_{z_{P}})$$

$$M_{cz}^{2}=rP_{2}\frac{\sin(\varphi_{2}-\varphi_{z})}{\sin\varphi_{2}}\sin\varphi_{z_{P}}-r^{2}h_{c}'\frac{\partial q_{zk}}{\partial z}+\frac{\sin\varphi_{z}}{\sin\varphi_{2}}M_{1}(\varphi_{2})\qquad(\varphi_{z_{P}}\leqslant\varphi_{z}\leqslant\varphi_{2})$$

扭矩：

$$T_{cz}^{2}=T_{czP}^{2}+T_{czM_{A}}^{2}M_{1}$$

式中，T_{czP}^{2} 为集中荷载 P_2 作用下简支超静定组合梁中混凝土板任意截面的扭矩；$T_{czM_{A}}^{2}$ 为在左端单位弯矩作用下混凝土板任意截面的扭矩。

整理得到

$$T_{cz}^{2}=rP_{2}\left[1-\varphi_{z_{P}}-\frac{\sin(\varphi_{2}-\varphi_{z_{P}})}{\sin\varphi_{2}}\cos\varphi_{z}\right]-rh_{c}'q_{zk}+rh_{c}'q_{zk}(0)+\left[\frac{1}{\varphi_{2}}-\frac{\cos\varphi_{z}}{\sin\varphi_{2}}\right]M_{1}(\varphi_{2})$$
$$(0\leqslant\varphi_{z}\leqslant\varphi_{z_{P}})$$

$$T_{cz}^{2}=rP_{2}\left[\frac{\sin\varphi_{z_{P}}}{\sin\varphi_{2}}\cos(\varphi_{2}-\varphi_{z})-\varphi_{z_{P}}\right]-rh_{c}'q_{zk}+rh_{c}'q_{zk}(0)+\left[\frac{1}{\varphi_{2}}-\frac{\cos\varphi_{z}}{\sin\varphi_{2}}\right]M_{1}(\varphi_{2})$$
$$(\varphi_{z_{P}}\leqslant\varphi_{z}\leqslant\varphi_{2})$$

剪力：

$$Q_{cz}^{2}=Q_{czP}^{2}+Q_{czM_{A}}^{2}M_{1}$$

式中，Q_{czP}^{2} 为集中荷载 P_2 作用下简支超静定组合梁中混凝土板任意截面的剪力；$Q_{czM_{A}}^{2}$ 为在左端单位弯矩作用下混凝土板任意截面的剪力。

整理得到

$$Q_{cz}^{2}=-r^{2}h_{c}'\frac{\partial^{2}q_{zk}}{\partial z^{2}}+h_{c}'q_{zk}(0)+P_{2}\frac{\sin(\varphi_{2}-\varphi_{z_P})}{\sin\varphi_{2}}+\frac{1}{r\varphi_{2}}M_{1}(\varphi_{2})\qquad(0\leqslant\varphi_{z}\leqslant\varphi_{z_P})$$

$$Q_{cz}^{2}=-r^{2}h_{c}'\frac{\partial^{2}q_{zk}}{\partial z^{2}}+h_{c}'q_{zk}(0)+P_{2}\left[\frac{\sin(\varphi_{2}-\varphi_{z_P})}{\sin\varphi_{2}}-1\right]+\frac{1}{r\varphi_{2}}M_{1}(\varphi_{2})\quad(\varphi_{z_P}\leqslant\varphi_{z}\leqslant\varphi_{2})$$

3. 钢梁内力

1）第一跨钢梁的内力

弯矩：

$$M_{sz}^{1}=M_{szP}^{1}+M_{szM_B}^{1}M_{1}$$

式中，M_{szP}^{1} 为集中荷载 P_1 作用下简支超静定组合梁中钢梁任意截面的弯矩；$M_{szM_B}^{1}$ 为在右端单位弯矩作用下钢梁任意截面的弯矩。

利用式（5-3）得到钢梁变形为

$$\begin{aligned}\frac{d^{3}w_{s}}{d\varphi_{z}^{3}}+\frac{dw_{s}}{d\varphi_{z}}=\frac{r^{2}}{E_{s}I}\Bigg\{&(1+k)\left[rP_{1}\frac{\sin(\varphi_{1}-\varphi_{z_P})}{\sin\varphi_{1}}\left(1-\cos\frac{z}{r}\right)-rh_{s}'q_{zk}+rh_{s}'q_{zk}(0)\right]\\&-r\left[-r^{2}h_{s}'q_{zk}''+h_{s}'q_{zk}(0)+P_{1}\frac{\sin(\varphi_{1}-\varphi_{z_P})}{\sin\varphi_{1}}\right]\Bigg\}\qquad(0\leqslant\varphi_{z}\leqslant\varphi_{z_P})\end{aligned}$$

$$\begin{aligned}\frac{d^{3}w_{s}}{d\varphi_{z}^{3}}+\frac{dw_{s}}{d\varphi_{z}}=\frac{r^{2}}{E_{s}I}\Bigg\{&(1+k)\Bigg[rP_{1}\sin\varphi_{z_P}\sin\varphi_{2}+rP_{1}\sin\varphi_{z_P}\cot\varphi_{1}\cos\varphi_{2}\\&+rP_{1}\frac{\sin(\varphi_{1}-\varphi_{z_P})}{\sin\varphi_{1}}-rP_{1}-rh_{s}'q_{zk}+rh_{s}'q_{zk}(0)\Bigg]\\&-r\left[-r^{2}h_{s}'q_{zk}''+h_{s}'q_{zk}(0)+P_{1}\frac{\sin\left(\dfrac{L-z_{P}}{r}\right)}{\sin\dfrac{L}{r}}-P_{1}\right]\Bigg\}\qquad(\varphi_{z_P}\leqslant\varphi_{z}\leqslant\varphi_{1})\end{aligned}$$

将集中荷载作用下钢梁的内力和变形计算公式代入式（6-3）中，整理得到

$$M_{sz}^{1}=rP_{1}\frac{\sin(\varphi_{1}-\varphi_{z_P})}{\sin\varphi_{1}}\sin\varphi_{z}-r^{2}h_{s}'\frac{\partial q_{zk}}{\partial z}+\frac{\sin(\varphi_{1}-\varphi_{z_P})}{\sin\varphi_{1}}M_{1}(\varphi_{1})\qquad(0\leqslant\varphi_{z}\leqslant\varphi_{z_P})$$

$$M_{sz}^{1}=rP_{1}\frac{\sin(\varphi_{1}-\varphi_{z})}{\sin\varphi_{1}}\sin\varphi_{z_P}-r^{2}h_{s}'\frac{\partial q_{zk}}{\partial z}+\frac{\sin(\varphi_{1}-\varphi_{z})}{\sin\varphi_{1}}M_{1}(\varphi_{1})\qquad(\varphi_{z_P}\leqslant\varphi_{z}\leqslant\varphi_{1})$$

扭矩：

$$T_{sz}^{1}=T_{szP}^{1}+T_{szM_B}^{1}M_1$$

式中，T_{szP}^{1} 为集中荷载 P_1 作用下简支超静定组合梁中钢梁任意截面的扭矩；$T_{szM_B}^{1}$ 为在右端单位弯矩作用下钢梁任意截面的扭矩。

整理得到

$$T_{sz}^{1}=rP_1\left[1-\varphi_{z_P}-\frac{\sin\left(\varphi_1-\varphi_{z_P}\right)}{\sin\varphi_1}\cos\varphi_z\right]-rh_s'q_{zk}+rh_s'q_{zk}\left(0\right)+\left[\frac{\cos\left(\varphi_1-\varphi_z\right)}{\sin\varphi_1}-\frac{1}{\varphi_1}\right]M_1\left(\varphi_1\right)$$
$$\left(0\leqslant\varphi_z\leqslant\varphi_{z_P}\right)$$

$$T_{sz}^{1}=rP_1\left[\frac{\sin\varphi_{z_P}}{\sin\varphi_1}\cos\left(\varphi_1-\varphi_z\right)-\varphi_{z_P}\right]-rh_s'q_{zk}+rh_s'q_{zk}\left(0\right)+\left[\frac{\cos\left(\varphi_1-\varphi_z\right)}{\sin\varphi_1}-\frac{1}{\varphi_1}\right]M_1\left(\varphi_1\right)$$
$$\left(\varphi_{z_P}\leqslant\varphi_z\leqslant\varphi_1\right)$$

剪力：

$$Q_{sz}^{1}=Q_{szP}^{1}+Q_{szM_B}^{1}M_1$$

式中，Q_{szP}^{1} 为集中荷载 P_1 作用下简支超静定组合梁中钢梁任意截面的剪力；$Q_{szM_B}^{1}$ 为在右端单位弯矩作用下钢梁任意截面的剪力。

整理得到

$$Q_{sz}^{1}=-r^2h_s'\frac{\partial^2 q_{zk}}{\partial z^2}+h_s'q_{zk}\left(0\right)+P_1\frac{\sin\left(\varphi_1-\varphi_{z_P}\right)}{\sin\varphi_1}+\frac{1}{r\varphi_1}M_1\left(\varphi_1\right)\qquad\left(0\leqslant\varphi_z\leqslant\varphi_{z_P}\right)$$

$$Q_{sz}^{1}=-r^2h_s'\frac{\partial^2 q_{zk}}{\partial z^2}+h_s'q_{zk}\left(0\right)+P_1\left[\frac{\sin\left(\varphi_1-\varphi_{z_P}\right)}{\sin\varphi_1}-1\right]+\frac{1}{r\varphi_1}M_1\left(\varphi_1\right)\quad\left(\varphi_{z_P}\leqslant\varphi_z\leqslant\varphi_1\right)$$

2）第二跨钢梁内力

弯矩：

$$M_{sz}^{2}=M_{szP}^{2}+M_{szM_A}^{2}M_1$$

式中，M_{szP}^{2} 为集中荷载 P_2 作用下简支超静定组合梁中钢梁任意截面的弯矩；$M_{szM_A}^{2}$ 为在左端单位弯矩作用下钢梁任意截面的弯矩。

整理得到

$$M_{sz}^{2}=rP_2\frac{\sin\left(\varphi_2-\varphi_{z_P}\right)}{\sin\varphi_2}\sin\varphi_z-r^2h_s'\frac{\partial q_{zk}}{\partial z}+\frac{\sin\varphi_z}{\sin\varphi_2}M_1\left(\varphi_2\right)\qquad\left(0\leqslant\varphi_z\leqslant\varphi_{z_P}\right)$$

$$M_{sz}^{2}=rP_2\frac{\sin\left(\varphi_2-\varphi_z\right)}{\sin\varphi_2}\sin\varphi_{z_P}-r^2h_s'\frac{\partial q_{zk}}{\partial z}+\frac{\sin\varphi_z}{\sin\varphi_2}M_1\left(\varphi_2\right)\qquad\left(\varphi_{z_P}\leqslant\varphi_z\leqslant\varphi_1\right)$$

扭矩：

$$T_{sz}^2 = T_{szP}^2 + T_{szM_A}^2 M_1$$

式中，T_{szP}^2 为集中荷载 P_2 作用下简支超静定组合梁中钢梁任意截面的扭矩；$T_{szM_A}^2$ 为在左端单位弯矩作用下钢梁任意截面的扭矩。

整理得到

$$T_{sz}^2 = rP_2\left[1-\varphi_{z_P} - \frac{\sin\left(\varphi_2-\varphi_{z_P}\right)}{\sin\varphi_2}\cos\varphi_z\right] - rh_s'q_{zk} + rh_s'q_{zk}(0) + \left(\frac{1}{\varphi_2} - \frac{\cos\varphi_z}{\sin\varphi_2}\right)M_1(\varphi_2)$$

$$(0 \leqslant \varphi_z \leqslant \varphi_{z_P})$$

$$T_{sz}^2 = rP_2\left[\frac{\sin\varphi_{z_P}}{\sin\varphi_2}\cos\left(\varphi_2-\varphi_z\right) - \varphi_{z_P}\right] - rh_s'q_{zk} + rh_s'q_{zk}(0) + \left(\frac{1}{\varphi_2} - \frac{\cos\varphi_z}{\sin\varphi_2}\right)M_1(\varphi_2)$$

$$(\varphi_{z_P} \leqslant \varphi_z \leqslant \varphi_1)$$

剪力：

$$Q_{sz}^2 = Q_{szP}^2 + Q_{szM_A}^2 M_1$$

式中，Q_{szP}^2 为集中荷载 P_2 作用下简支超静定组合梁中钢梁任意截面的剪力；$Q_{szM_A}^2$ 为在左端单位弯矩作用下钢梁任意截面的剪力。

整理得到

$$Q_{sz}^2 = -r^2h_s'\frac{\partial^2 q_{zk}}{\partial z^2} + h_s'q_{zk}(0) + P_2\frac{\sin\left(\varphi_2-\varphi_{z_P}\right)}{\sin\varphi_2} + \frac{1}{r\varphi_2}M_1(\varphi_2) \quad (0 \leqslant \varphi_z \leqslant \varphi_{z_P})$$

$$Q_{sz}^2 = -r^2h_s'\frac{\partial^2 q_{zk}}{\partial z^2} + h_s'q_{zk}(0) + P_1\left[\frac{\sin\left(\varphi_2-\varphi_{z_P}\right)}{\sin\varphi_2} - 1\right] + \frac{1}{r\varphi_2}M_1(\varphi_2) \quad (\varphi_{z_P} \leqslant \varphi_z \leqslant \varphi_2)$$

6.1.5　集中扭矩作用下的曲线组合梁

1. 组合梁内力

当两跨内分别作用集中扭矩 T_1 和 T_2 时，将式（6-4）写成

$$M_1 = -\frac{\theta_{B(T_1)}^1 - \theta_{A(T_2)}^2}{\theta_{BB}^1 - \theta_{AA}^2}$$

集中扭矩作用下曲线组合梁的弯曲转角计算公式：

$$\theta_l(\varphi_z = 0) = \frac{T_1(1+k)}{2EI\sin\varphi_0}\left[\frac{\varphi_0\sin\varphi_{T_1}}{\sin\varphi_0} - \varphi_{T_1}\cos\left(\varphi_0-\varphi_{T_1}\right)\right]$$

$$\theta_r(\varphi_z = \varphi_0) = \frac{T_2(1+k)}{2EI\sin\varphi_0}\left(\frac{\varphi_0\sin\varphi_{T_2}}{\tan\varphi_0} - \varphi_{T_2}\cos\varphi_{T_2}\right)$$

整理得到

$$M_1=\frac{\dfrac{-T_1(1+k)}{2\sin\varphi_0}\left[\dfrac{\varphi_0\sin\varphi_{T_1}}{\sin\varphi_0}-\varphi_T\cos(\varphi_0-\varphi_{T_1})\right]+\dfrac{T_2(1+k)}{2\sin\varphi_0}\left(\dfrac{\varphi_0\sin\varphi_{T_2}}{\tan\varphi_0}-\varphi_{T_2}\cos\varphi_{T_2}\right)}{(1+k)(\cot\varphi_0-\varphi_0-\varphi_0\cot^2\varphi_0)-2k\left(\cot\varphi_0-\dfrac{1}{\varphi_0}\right)}$$

当仅第一跨内有扭矩作用时，取 $T_2=0$；当仅第二跨内有扭矩作用时，取 $T_1=0$。

1）第一跨组合梁内力

弯矩：

$$M_z^1=M_{zT}^1+M_{zM_B}^1M_1$$

式中，M_{zT}^1 为左跨集中扭矩 T_1 作用下简支超静定梁任意截面的弯矩；$M_{zM_B}^1$ 为在右端单位弯矩作用下任意截面的弯矩。

整理得到

$$M_z^1=T_1\frac{\sin(\varphi_1-\varphi_{z_T})}{\sin\varphi_1}\sin\varphi_z+\frac{\sin(\varphi_1-\varphi_z)}{\sin\varphi_1}M_1(\varphi_1)\qquad(0\leqslant\varphi_z\leqslant\varphi_{z_T})$$

$$M_z^1=T_1\frac{\sin(\varphi_1-\varphi_z)}{\sin\varphi_1}\sin\varphi_{z_T}+\frac{\sin(\varphi_1-\varphi_z)}{\sin\varphi_1}M_1(\varphi_1)\qquad(\varphi_{z_T}\leqslant\varphi_z\leqslant\varphi_1)$$

扭矩：

$$T_z^1=T_{zT}^1+T_{zM_B}^1M_1$$

式中，T_{zT}^1 为左跨集中扭矩 T_1 作用下简支超静定梁任意截面的扭矩；$T_{zM_B}^1$ 为在右端单位弯矩作用下组合梁任意截面的扭矩。

整理得到

$$T_z^1=T_1\frac{\sin(\varphi_1-\varphi_{z_T})}{\sin\varphi_1}\cos\varphi_z+\left[\frac{\cos(\varphi_1-\varphi_z)}{\sin\varphi_1}-\frac{1}{\varphi_1}\right]M_1(\varphi_1)\qquad(0\leqslant\varphi_z\leqslant\varphi_{z_T})$$

$$T_z^1=T_1\frac{\sin\varphi_{z_T}}{\sin\varphi_1}\cos(\varphi_1-\varphi_z)+\left[\frac{\cos(\varphi_1-\varphi_z)}{\sin\varphi_1}-\frac{1}{\varphi_1}\right]M_1(\varphi_1)\qquad(\varphi_{z_T}\leqslant\varphi_z\leqslant\varphi_1)$$

剪力：

$$Q_z^1=Q_{zT}^1+Q_{zM_B}^1M_1$$

式中，Q_{zT}^1 为左跨集中扭矩 T_1 作用下简支超静定梁任意截面的剪力；$Q_{zM_B}^1$ 为在右端单位弯矩作用下组合梁任意截面的剪力。

整理得到

$$Q_z^1=\frac{1}{r\varphi_1}M_1(\varphi_1)\qquad(0\leqslant\varphi_z\leqslant\varphi_1)$$

2）第二跨组合梁的内力

弯矩：

$$M_z^2 = M_{zT}^2 + M_{zM_A}^2 M_1$$

式中，M_{zT}^2 为右跨集中扭矩 T_2 作用下简支超静定梁任意截面的弯矩；$M_{zM_A}^2$ 为在左端单位弯矩作用下组合梁任意截面的弯矩。

整理得到

$$M_z^2 = T_2 \frac{\sin\left(\varphi_2 - \varphi_{z_T}\right)}{\sin\varphi_2}\sin\varphi_z + \frac{\sin\varphi_z}{\sin\varphi_2}M_1\left(\varphi_2\right) \qquad \left(0 \leqslant \varphi_z \leqslant \varphi_{z_T}\right)$$

$$M_z^2 = T_2 \frac{\sin\left(\varphi_2 - \varphi_z\right)}{\sin\varphi_2}\sin\varphi_{z_T} + \frac{\sin\varphi_z}{\sin\varphi_2}M_1\left(\varphi_2\right) \qquad \left(\varphi_{z_T} \leqslant \varphi_z \leqslant \varphi_1\right)$$

扭矩：

$$T_z^2 = T_{zT}^2 + T_{zM_A}^2 M_1$$

式中，T_{zT}^2 为右跨集中扭矩 T_2 作用下简支超静定梁任意截面的扭矩；$T_{zM_A}^2$ 为在左端单位弯矩作用下组合梁任意截面的扭矩。

整理得到

$$T_z^2 = T_2 \frac{\sin\left(\varphi_2 - \varphi_{z_T}\right)}{\sin\varphi_2}\cos\varphi_z + \left(\frac{1}{\varphi_2} - \frac{\cos\varphi_z}{\sin\varphi_2}\right)M_1\left(\varphi_2\right) \qquad \left(0 \leqslant \varphi_z \leqslant \varphi_{z_T}\right)$$

$$T_z^2 = T_2 \frac{\sin\varphi_{z_T}}{\sin\varphi_2}\cos\left(\varphi_2 - \varphi_z\right) + \left(\frac{1}{\varphi_2} - \frac{\cos\varphi_z}{\sin\varphi_2}\right)M_1\left(\varphi_2\right) \qquad \left(\varphi_{z_T} \leqslant \varphi_z \leqslant \varphi_2\right)$$

剪力：

$$Q_z^2 = Q_{zT}^2 + Q_{zM_A}^2 M_1$$

式中，Q_{zT}^2 为右跨集中扭矩 T_2 作用下简支超静定梁任意截面的剪力；$Q_{zM_A}^2$ 为在左端单位弯矩作用下组合梁任意截面的剪力。

整理得到

$$Q_z^2 = \frac{1}{r\varphi_2}M_1\left(\varphi_2\right) \qquad \left(0 \leqslant \varphi_z \leqslant \varphi_2\right)$$

2. 混凝土板内力

1）第一跨混凝土板内力

弯矩：

$$M_{cz}^1 = M_{czT}^1 + M_{czM_B}^1 M_1$$

式中，M_{czT}^1 为左跨集中扭矩 T_1 作用下简支超静定组合梁中混凝土板任意截面的弯矩；$M^1_{czM_B}$ 为在右端单位弯矩作用下混凝土板任意截面的弯矩。

利用式（5-2）得到混凝土板的变形计算公式为

$$\frac{d^3 w_c}{d\varphi_z^3}+\frac{dw_c}{d\varphi_z}=\frac{r^2}{E_c I}\left\{(1+k)\left[T_1\frac{\sin(\varphi_1-\varphi_{z_T})}{\sin\varphi_1}(1-\cos\varphi_z)-rh_c'q_{zk}+rh_c'q_{zk}(0)\right]\right.$$
$$\left.-r\left[-r^2h_c'q_{zk}''+h_c'q_{zk}(0)+T_1\frac{\sin(\varphi_1-\varphi_{z_T})}{\sin\varphi_1}\right]\right\}\qquad(0\leqslant\varphi_z\leqslant\varphi_{z_T})$$

$$\frac{d^3 w_c}{d\varphi_z^3}+\frac{dw_c}{d\varphi_z}=\frac{r^2}{E_c I}\left\{(1+k)\left[\frac{T_1\cos(\varphi_1-\varphi_z)\sin\varphi_{z_T}+T_0\sin(\varphi_1-\varphi_{z_T})}{\sin\varphi_1}-rh_c'q_{zk}+rh_c'q_{zk}(0)\right]\right.$$
$$\left.-r\left[-r^2h_c'q_{zk}''+h_c'q_{zk}(0)+T_1\frac{\sin(\varphi_1-\varphi_{z_T})}{\sin\varphi_1}\right]\right\}\qquad(\varphi_{z_T}\leqslant\varphi_z\leqslant\varphi_1)$$

将集中扭矩作用下混凝土板的内力和变形计算公式代入混凝土板的弯矩计算公式（6-2）中，整理得到

$$M^1_{cz}=T_1\frac{\sin(\varphi_1-\varphi_{z_T})}{\sin\varphi_1}\sin\varphi_z-r^2h_c'\frac{\partial q_{zk}}{\partial z}+\frac{\sin(\varphi_1-\varphi_z)}{\sin\varphi_1}M_1(\varphi_1)\qquad(0\leqslant\varphi_z\leqslant\varphi_{z_T})$$

$$M^1_{cz}=T_1\frac{\sin(\varphi_1-\varphi_z)}{\sin\varphi_1}\sin\varphi_{z_T}-r^2h_c'\frac{\partial q_{zk}}{\partial z}+\frac{\sin(\varphi_1-\varphi_z)}{\sin\varphi_1}M_1(\varphi_1)\qquad(\varphi_{z_T}\leqslant\varphi_z\leqslant\varphi_1)$$

扭矩：

$$T^1_{cz}=T^1_{czT}+T^1_{czM_B}M_1$$

式中，T^1_{czT} 为左跨集中扭矩 T_1 作用下简支超静定组合梁中混凝土板任意截面的扭矩；$T^1_{czM_B}$ 为在右端单位弯矩作用下混凝土板任意截面的扭矩。

整理得到

$$T^1_{cz}=T_1\frac{\sin(\varphi_1-\varphi_{z_T})}{\sin\varphi_1}(1-\cos\varphi_z)-rh_c'q_{zk}+rh_c'q_{zk}(0)+\left[\frac{\cos(\varphi_1-\varphi_z)}{\sin\varphi_1}-\frac{1}{\varphi_1}\right]M_1(\varphi_1)$$
$$(0\leqslant\varphi_z\leqslant\varphi_{z_T})$$

$$T^1_{cz}=T_1\frac{\sin\varphi_{z_T}\cos(\varphi_1-\varphi_z)+\sin(\varphi_1-\varphi_{z_T})}{\sin\varphi_1}-rh_c'q_{zk}$$
$$+rh_c'q_{zk}(0)+\left[\frac{\cos(\varphi_1-\varphi_z)}{\sin\varphi_1}-\frac{1}{\varphi_1}\right]M_1(\varphi_1)\qquad(\varphi_{z_T}\leqslant\varphi_z\leqslant\varphi_1)$$

剪力：

$$Q^1_{cz}=Q^1_{czT}+Q^1_{czM_B}M_1$$

式中，Q_{czT}^{1} 为左跨集中扭矩 T_1 作用下简支超静定组合梁中混凝土板任意截面的剪力；$Q_{czM_B}^{1}$ 为在右端单位弯矩作用下混凝土板任意截面的剪力。

整理得到

$$Q_{cz}^{1}=-r^2h_c'\frac{\partial^2 q_{zk}}{\partial z^2}+h_c'q_{zk}\left(0\right)+T_1\frac{\sin\left(\varphi_1-\varphi_{z_T}\right)}{r\sin\varphi_1}+\frac{1}{r\varphi_1}M_1\left(\varphi_1\right)\qquad(0\leqslant\varphi_z\leqslant\varphi_1)$$

2）第二跨混凝土板内力

弯矩：

$$M_{cz}^{2}=M_{czT}^{2}+M_{czM_A}^{2}M_1$$

式中，M_{czT}^{2} 为右跨集中扭矩 T_2 作用下简支超静定组合梁中混凝土板任意截面的弯矩；$M_{czM_A}^{2}$ 为在左端单位弯矩作用下混凝土板任意截面的弯矩。

整理得到

$$M_{cz}^{2}=T_2\frac{\sin\left(\varphi_2-\varphi_{z_T}\right)}{\sin\varphi_2}\sin\varphi_z-r^2h_c'\frac{\partial q_{zk}}{\partial z}+\frac{\sin\varphi_z}{\sin\varphi_2}M_1\left(\varphi_2\right)\qquad(0\leqslant\varphi_z\leqslant\varphi_{z_T})$$

$$M_{cz}^{2}=T_2\frac{\sin\left(\varphi_2-\varphi_z\right)}{\sin\varphi_2}\sin\varphi_{z_T}-r^2h_c'\frac{\partial q_{zk}}{\partial z}+\frac{\sin\varphi_z}{\sin\varphi_2}M_1\left(\varphi_2\right)\qquad(\varphi_{z_T}\leqslant\varphi_z\leqslant\varphi_1)$$

扭矩：

$$T_{cz}^{2}=T_{czT}^{2}+T_{czM_A}^{2}M_1$$

式中，T_{czT}^{2} 为右跨集中扭矩 T_2 作用下简支超静定组合梁中混凝土板任意截面的扭矩；$T_{czM_A}^{2}$ 为在左端单位弯矩作用下混凝土板任意截面的扭矩。

整理得到

$$T_{cz}^{2}=T_2\frac{\sin\left(\varphi_2-\varphi_{z_T}\right)}{\sin\varphi_2}\left(1-\cos\varphi_z\right)-rh_c'q_{zk}+rh_c'q_{zk}\left(0\right)+\left(\frac{1}{\varphi_2}-\frac{\cos\varphi_z}{\sin\varphi_2}\right)M_1\left(\varphi_2\right)$$
$$(0\leqslant\varphi_z\leqslant\varphi_{z_T})$$

$$T_{cz}^{2}=T_2\frac{\sin\varphi_{z_T}\cos\left(\varphi_2-\varphi_z\right)+\sin\left(\varphi_2-\varphi_{z_T}\right)}{\sin\varphi_2}-rh_c'q_{zk}+rh_c'q_{zk}\left(0\right)+\left(\frac{1}{\varphi_2}-\frac{\cos\varphi_z}{\sin\varphi_2}\right)M_1\left(\varphi_2\right)$$
$$(\varphi_{z_T}\leqslant\varphi_z\leqslant\varphi_2)$$

剪力：

$$Q_{cz}^{2}=Q_{czT}^{2}+Q_{czM_A}^{2}M_1$$

式中，Q_{czT}^{2} 为右跨集中扭矩 T_2 作用下简支超静定组合梁中混凝土板任意截面的剪力；$Q_{czM_A}^{2}$ 为在左端单位弯矩作用下混凝土板任意截面的剪力。

整理得到

$$Q_{cz}^{2}=-r^{2}h_{c}'\frac{\partial^{2}q_{zk}}{\partial z^{2}}+h_{c}'q_{zk}(0)+T_{2}\frac{\sin(\varphi_{2}-\varphi_{z_{T}})}{r\sin\varphi_{2}}+\frac{1}{r\varphi_{2}}M_{1}(\varphi_{2})\qquad(0\leqslant\varphi_{z}\leqslant\varphi_{2})$$

3. 钢梁内力

1）第一跨钢梁内力

弯矩：

$$M_{sz}^{1}=M_{szT}^{1}+M_{szM_{B}}^{1}M_{1}$$

式中，M_{szT}^{1} 为左跨集中扭矩 T_1 作用下简支超静定组合梁中钢梁任意截面的弯矩；$M_{szM_{B}}^{1}$ 为在右端单位弯矩作用下钢梁任意截面的弯矩。

利用式（5-3）得到钢梁变形计算公式：

$$\frac{\mathrm{d}^{3}w_{s}}{\mathrm{d}\varphi_{z}^{3}}+\frac{\mathrm{d}w_{s}}{\mathrm{d}\varphi_{z}}=\frac{r^{2}}{E_{s}I}\left\{(1+k)\left[T_{1}\frac{\sin(\varphi_{1}-\varphi_{z_{T}})}{\sin\varphi_{1}}(1-\cos\varphi_{z})-rh_{s}'q_{zk}+rh_{s}'q_{zk}(0)\right]\right.$$
$$\left.-r\left[-r^{2}h_{s}'q_{zk}''+h_{s}'q_{zk}(0)+T_{1}\frac{\sin(\varphi_{1}-\varphi_{z_{T}})}{\sin\varphi_{1}}\right]\right\}\qquad(0\leqslant\varphi_{z}\leqslant\varphi_{z_{T}})$$

$$\frac{\mathrm{d}^{3}w_{s}}{\mathrm{d}\varphi_{z}^{3}}+\frac{\mathrm{d}w_{s}}{\mathrm{d}\varphi_{z}}=\frac{r^{2}}{E_{s}I}\left\{(1+k)\left[\frac{T_{1}\cos(\varphi_{1}-\varphi_{z})\sin\varphi_{z_{T}}+T_{1}\sin(\varphi_{1}-\varphi_{z_{T}})}{\sin\varphi_{1}}-rh_{s}'q_{zk}+rh_{s}'q_{zk}(0)\right]\right.$$
$$\left.-r\left[-r^{2}h_{s}'q_{zk}''+h_{s}'q_{zk}(0)+T_{1}\frac{\sin(\varphi_{1}-\varphi_{z_{T}})}{\sin\varphi_{1}}\right]\right\}\qquad(\varphi_{z_{T}}\leqslant\varphi_{z}\leqslant\varphi_{1})$$

将集中扭矩作用下钢梁的内力和变形计算公式代入钢梁弯矩计算公式（6-3）中，整理得到

$$M_{sz}^{1}=T_{1}\frac{\sin(\varphi_{1}-\varphi_{z_{T}})}{\sin\varphi_{1}}\sin\varphi_{z}-r^{2}h_{s}'\frac{\partial q_{zk}}{\partial z}+\frac{\sin(\varphi_{1}-\varphi_{z})}{\sin\varphi_{1}}M_{1}(\varphi_{1})\qquad(0\leqslant\varphi_{z}\leqslant\varphi_{z_{T}})$$

$$M_{sz}^{1}=T_{1}\frac{\sin(\varphi_{1}-\varphi_{z})}{\sin\varphi_{1}}\sin\varphi_{z_{T}}-r^{2}h_{s}'\frac{\partial q_{zk}}{\partial z}+\frac{\sin(\varphi_{1}-\varphi_{z})}{\sin\varphi_{1}}M_{1}(\varphi_{1})\qquad(\varphi_{z_{T}}\leqslant\varphi_{z}\leqslant\varphi_{1})$$

扭矩：

$$T_{sz}^{1}=T_{szT}^{1}+T_{szM_{B}}^{1}M_{1}$$

式中，T_{szT}^{1} 为左跨集中扭矩 T_1 作用下简支超静定组合梁中钢梁任意截面的扭矩；$T_{szM_{B}}^{1}$ 为在右端单位弯矩作用下钢梁任意截面的扭矩。

整理得到

$$T_{sz}^{1}=T_{1}\frac{\sin\left(\varphi_{1}-\varphi_{z_{T}}\right)}{\sin\varphi_{1}}\left(1-\cos\varphi_{z}\right)-rh_{s}'q_{zk}+rh_{s}'q_{zk}\left(0\right)+\left[\frac{\cos\left(\varphi_{1}-\varphi_{z}\right)}{\sin\varphi_{1}}-\frac{1}{\varphi_{1}}\right]M_{1}\left(\varphi_{1}\right)\qquad\left(0\leqslant\varphi_{z}\leqslant\varphi_{z_{T}}\right)$$

$$T_{sz}^{1}=T_{1}\left[\frac{\sin\varphi_{z_{T}}\cos\left(\varphi_{1}-\varphi_{z}\right)+\sin\left(\varphi_{1}-\varphi_{z_{T}}\right)}{\sin\varphi_{1}}\right]-rh_{s}'q_{zk}+rh_{s}'q_{zk}\left(0\right)+\left[\frac{\cos\left(\varphi_{1}-\varphi_{z}\right)}{\sin\varphi_{1}}-\frac{1}{\varphi_{1}}\right]M_{1}\left(\varphi_{1}\right)\qquad\left(\varphi_{z_{T}}\leqslant\varphi_{z}\leqslant\varphi_{1}\right)$$

剪力：

$$Q_{sz}^{1}=Q_{szT}^{1}+Q_{szM_{B}}^{1}M_{1}$$

式中，Q_{szT}^{1} 为左跨集中扭矩 T_1 作用下简支超静定组合梁中钢梁任意截面的剪力；$Q_{szM_{B}}^{1}$ 为在右端单位弯矩作用下钢梁任意截面的剪力。

整理得到

$$Q_{sz}^{1}=-r^{2}h_{s}'\frac{\partial^{2}q_{zk}}{\partial z^{2}}+h_{s}'q_{zk}\left(0\right)+T_{1}\frac{\sin\left(\varphi_{1}-\varphi_{z_{T}}\right)}{r\sin\varphi_{1}}+\frac{1}{r\varphi_{1}}M_{1}\left(\varphi_{1}\right)\qquad\left(0\leqslant\varphi_{z}\leqslant\varphi_{1}\right)$$

2）第二跨钢梁内力

弯矩：

$$M_{sz}^{2}=M_{szT}^{2}+M_{szM_{A}}^{2}M_{1}$$

式中，M_{szT}^{2} 为右跨集中扭矩 T_2 作用下简支超静定组合梁中钢梁任意截面的弯矩；$M_{szM_{A}}^{2}$ 为在左端单位弯矩作用下钢梁任意截面的弯矩。

整理得到

$$M_{sz}^{2}=T_{2}\frac{\sin\left(\varphi_{2}-\varphi_{z_{T}}\right)}{\sin\varphi_{2}}\sin\varphi_{z}-r^{2}h_{s}'\frac{\partial q_{zk}}{\partial z}+\frac{\sin\varphi_{z}}{\sin\varphi_{2}}M_{1}\left(\varphi_{2}\right)\qquad\left(0\leqslant\varphi_{z}\leqslant\varphi_{z_{T}}\right)$$

$$M_{sz}^{2}=T_{2}\frac{\sin\left(\varphi_{2}-\varphi_{z}\right)}{\sin\varphi_{2}}\sin\varphi_{z_{T}}-r^{2}h_{s}'\frac{\partial q_{zk}}{\partial z}+\frac{\sin\varphi_{z}}{\sin\varphi_{2}}M_{1}\left(\varphi_{2}\right)\qquad\left(\varphi_{z_{T}}\leqslant\varphi_{z}\leqslant\varphi_{2}\right)$$

扭矩：

$$T_{sz}^{2}=T_{szT}^{2}+T_{szM_{A}}^{2}M_{1}$$

式中，T_{szT}^{2} 为右跨集中扭矩 T_2 作用下简支超静定组合梁中钢梁任意截面的扭矩；$T_{szM_{A}}^{2}$ 为在左端单位弯矩作用下钢梁任意截面的扭矩。

整理得到

$$T_{sz}^{2}=T_{2}\frac{\sin\left(\varphi_{2}-\varphi_{z_{T}}\right)}{\sin\varphi_{2}}\left(1-\cos\varphi_{z}\right)-rh_{s}'q_{zk}+rh_{s}'q_{zk}\left(0\right)+\left(\frac{1}{\varphi_{2}}-\frac{\cos\varphi_{z}}{\sin\varphi_{2}}\right)M_{1}\left(\varphi_{2}\right)$$

$$(0 \leqslant \varphi_z \leqslant \varphi_{z_T})$$

$$T_{sz}^2 = T_2 \frac{\sin\varphi_{z_T}\cos(\varphi_2-\varphi_z)+\sin(\varphi_2-\varphi_{z_T})}{\sin\varphi_2} - rh_s' q_{zk} + rh_s' q_{zk}(0) + \left(\frac{1}{\varphi_2} - \frac{\cos\varphi_z}{\sin\varphi_2}\right) M_1(\varphi_2)$$

$$(\varphi_{z_T} \leqslant \varphi_z \leqslant \varphi_1)$$

剪力：

$$Q_{sz}^2 = Q_{szT}^2 + Q_{szM_A}^2 M_1$$

式中，Q_{szT}^2 为右跨集中扭矩 T_2 作用下简支超静定组合梁中钢梁任意截面的剪力；$Q_{szM_A}^2$ 为在左端单位弯矩作用下钢梁任意截面的剪力。

整理得到

$$Q_{sz}^2 = -r^2 h_s' \frac{\partial^2 q_{zk}}{\partial z^2} + h_s' q_{zk}(0) + T_2 \frac{\sin(\varphi_2-\varphi_{z_T})}{r\sin\varphi_2} + \frac{1}{r\varphi_2} M_1(\varphi_2) \qquad (0 \leqslant \varphi_z \leqslant \varphi_2)$$

6.2　三跨连续曲线组合梁内力

三跨连续曲线组合梁是带两个中间支座的连续梁，本节给出三跨连续曲线组合梁的内力和变形的基本方程，以及不同荷载作用下的曲线组合梁、混凝土板和钢梁的内力计算公式。取五次超静定结构的三跨连续曲线组合梁及其基本结构，见图 6-3。

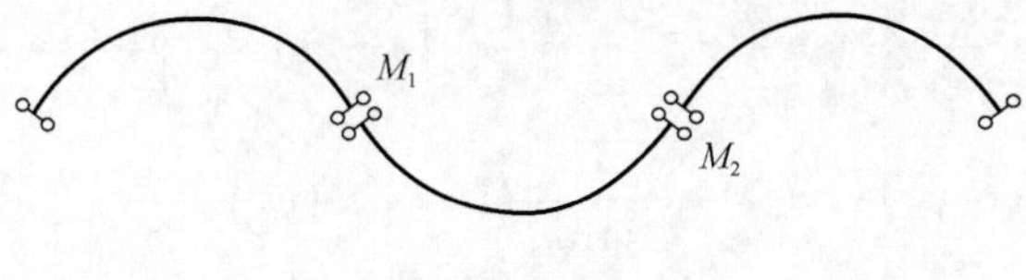

（a）三跨连续曲线组合梁

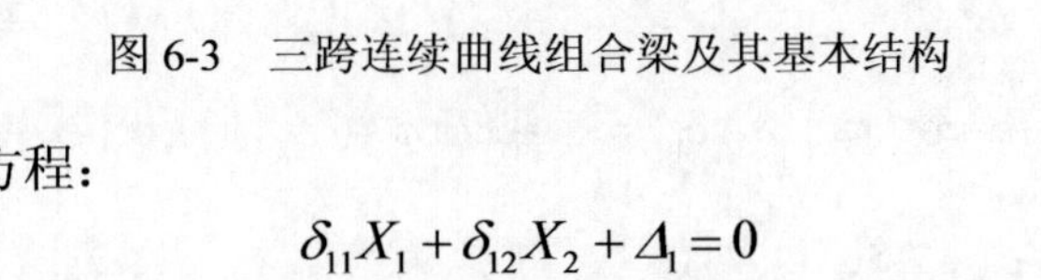

（b）基本结构

图 6-3　三跨连续曲线组合梁及其基本结构

力法的典型方程：

$$\delta_{11}X_1 + \delta_{12}X_2 + \varDelta_1 = 0$$
$$\delta_{21}X_1 + \delta_{22}X_2 + \varDelta_2 = 0$$

解得

$$X_1 = M_1 = \frac{\Delta_2\delta_{12} - \Delta_1\delta_{22}}{\delta_{11}\delta_{22} - \delta_{12}^2}$$

$$X_2 = M_2 = \frac{\Delta_1\delta_{12} - \Delta_2\delta_{11}}{\delta_{11}\delta_{22} - \delta_{12}^2}$$

求得多余弯矩 M_1 和 M_2 后，就可以利用叠加原理来求各跨任意截面的内力。

6.2.1　均布荷载作用下的曲线组合梁

1. 曲线组合梁内力

均布荷载作用下曲线组合梁的多余弯矩：

$$M_1 = \frac{\Delta_2\delta_{12} - \Delta_1\delta_{22}}{\delta_{11}\delta_{22} - \delta_{12}^2} = \frac{\left(\theta_{Bq_y}^2 - \theta_{Aq_y}^3\right)\theta_{BA}^3 - \left(\theta_{Bq_y}^1 + \theta_{Bq_y}^2\right)\left(\theta_{BB}^2 + \theta_{BB}^3\right)}{\left(\theta_{BB}^1 + \theta_{BB}^2\right)\left(\theta_{BB}^2 + \theta_{BB}^3\right) - \theta_{BA}^2\theta_{BA}^2}$$

$$M_2 = \frac{\Delta_1\delta_{12} - \Delta_2\delta_{11}}{\delta_{11}\delta_{22} - \delta_{12}^2} = \frac{\left(\theta_{Bq_y}^1 + \theta_{Bq_y}^2\right)\theta_{BA}^2 - \left(\theta_{Bq_y}^2 + \theta_{Bq_y}^3\right)\left(\theta_{BB}^1 + \theta_{BB}^2\right)}{\left(\theta_{BB}^1 + \theta_{BB}^2\right)\left(\theta_{BB}^2 + \theta_{BB}^3\right) - \theta_{BB}^2\theta_{BB}^2}$$

式中，右上角的角标 1、2 和 3 分别表示第一跨、第二跨和第三跨。

将竖向均布荷载作用下简支超静定曲线组合梁的梁端转角计算公式代入上式中，整理得到

$$M_1 = -q_y r^2 \frac{\left[(c_1 + c_2k) + (c_3 + c_4k)\right](c_5 + c_6k) + \left[(c_7 + c_8k) + (c_1 + c_2k)\right]\left[(c_9 + c_{10}k) + (c_{11} + c_{12}k)\right]}{(c_5 + c_6k)^2 - \left[(c_{13} + c_{14}k) + (c_9 + c_{10}k)\right]\left[(c_9 + c_{10}k) + (c_{11} + c_{12}k)\right]}$$

$$M_2 = -q_y r^2 \frac{\left[(c_7 + c_8k) + (c_1 + c_2k)\right](c_5 + c_6k) + \left[(c_1 + c_2k) + (c_3 + c_4k)\right]\left[(c_{13} + c_{14}k) + (c_9 + c_{10}k)\right]}{(c_5 + c_6k)^2 - \left[(c_{13} + c_{14}k) + (c_9 + c_{10}k)\right]\left[(c_9 + c_{10}k) + (c_{11} + c_{12}k)\right]}$$

式中，$c_1 = \frac{1}{2}\left[\frac{1}{2}\varphi_2\left(1 + \tan^2\frac{\varphi_2}{2}\right) - \tan\frac{\varphi_2}{2}\right]$； $c_2 = \frac{1}{4}\varphi_2\left(1 + \tan^2\frac{\varphi_2}{2}\right) + \frac{\varphi_2}{2} - \frac{3}{2}\tan\frac{\varphi_2}{2}$；

$c_3 = \frac{1}{2}\left[\frac{1}{2}\varphi_3\left(1 + \tan^2\frac{\varphi_3}{2}\right) - \tan\frac{\varphi_3}{2}\right]$； $c_4 = \frac{1}{4}\varphi_3\left(1 + \tan^2\frac{\varphi_3}{2}\right) + \frac{\varphi_3}{2} - \frac{3}{2}\tan\frac{\varphi_3}{2}$；

$c_5 = \frac{1}{2\sin\varphi_2}(1 - \varphi_2\cot\varphi_2)$； $c_6 = -\frac{1}{2\sin\varphi_2}(1 + \varphi_2\cot\varphi_2) + \frac{1}{\varphi_2}$；

$c_7 = \frac{1}{2}\left[\frac{1}{2}\varphi_1\left(1 + \tan^2\frac{\varphi_1}{2}\right) - \tan\frac{\varphi_1}{2}\right]$； $c_8 = \frac{1}{4}\varphi_1\left(1 + \tan^2\frac{\varphi_1}{2}\right) + \frac{\varphi_1}{2} - \frac{3}{2}\tan\frac{\varphi_1}{2}$；

$c_9 = \frac{1}{2}\left[\cot\varphi_2 - \varphi_2\left(1 + \cot^2\varphi_2\right)\right]$； $c_{10} = -\frac{1}{2}\left[\cot\varphi_2 + \varphi_2\left(1 + \cot^2\varphi_2\right)\right] + \frac{1}{\varphi_2}$；

$c_{11} = \frac{1}{2}\left[\cot\varphi_3 - \varphi_3\left(1 + \cot^2\varphi_3\right)\right]$； $c_{12} = -\frac{1}{2}\left[\cot\varphi_3 + \varphi_3\left(1 + \cot^2\varphi_3\right)\right] + \frac{1}{\varphi_3}$；

$c_{13}=\frac{1}{2}\left[\cot\varphi_1-\varphi_1\left(1+\cot^2\varphi_1\right)\right]$；$c_{14}=-\frac{1}{2}\left[\cot\varphi_1+\varphi_1\left(1+\cot^2\varphi_1\right)\right]+\frac{1}{\varphi_1}$。

M_1 和 M_2 化简为

$$M_1=-m_{1q}q_y r^2$$

$$M_2=-m_{2q}q_y r^2$$

式中，

$$m_{1q}=\frac{\left[(c_1+c_2k)+(c_3+c_4k)\right](c_5+c_6k)+\left[(c_7+c_8k)+(c_1+c_2k)\right]\left[(c_9+c_{10}k)+(c_{11}+c_{12}k)\right]}{(c_5+c_6k)^2-\left[(c_{13}+c_{14}k)+(c_9+c_{10}k)\right]\left[(c_9+c_{10}k)+(c_{11}+c_{12}k)\right]}$$

$$m_{2q}=\frac{\left[(c_7+c_8k)+(c_1+c_2k)\right](c_5+c_6k)+\left[(c_1+c_2k)+(c_3+c_4k)\right]\left[(c_{13}+c_{14}k)+(c_9+c_{10}k)\right]}{(c_5+c_6k)^2-\left[(c_{13}+c_{14}k)+(c_9+c_{10}k)\right]\left[(c_9+c_{10}k)+(c_{11}+c_{12}k)\right]}$$

将竖向均布荷载作用下简支超静定曲线组合梁的弯矩代入式（6-1）中，整理得到组合梁内力。

1）第一跨组合梁内力

$$M_z^1=M_{zq}^1+M_{zM_B}^1M_1=q_yr^2\left[\left(\tan\frac{\varphi_1}{2}-\tan\frac{\varphi_z}{2}\right)\sin\varphi_z-m_{1q}\frac{\sin(\varphi_1-\varphi_z)}{\sin\varphi_1}\right]$$

$$T_z^1=T_{zq}^1+T_{zM_B}^1M_1=q_yr^2\left\{\sin\varphi_z-\tan\frac{\varphi_1}{2}\cos\varphi_z-\varphi_z+\tan\frac{\varphi_1}{2}-m_{1q}\left[\frac{\cos(\varphi_1-\varphi_z)}{\sin\varphi_1}-\frac{1}{\varphi_1}\right]\right\}$$

$$Q_z^1=Q_{zq}^1+Q_{zM_B}^1M_1=q_yr\left(\varphi_z-\frac{\varphi_1}{2}-m_{1q}\frac{1}{\varphi_1}\right)$$

2）第二跨组合梁内力

$$\begin{aligned}M_z^2&=M_{zq}^2+M_{zM_A}^2M_1+M_{zM_B}^2M_2\\&=q_yr^2\left[\left(\tan\frac{\varphi_2}{2}-\tan\frac{\varphi_z}{2}\right)\sin\varphi_z-m_{1q}\frac{\sin\varphi_z}{\sin\varphi_2}-m_{2q}\frac{\sin(\varphi_2-\varphi_z)}{\sin\varphi_2}\right]\end{aligned}$$

$$\begin{aligned}T_z^2=T_{zq}^2+T_{zM_A}^2M_1+T_{zM_B}^2M_2=q_yr^2\Bigg[&\sin\varphi_z-\tan\frac{\varphi_2}{2}\cos\varphi_z-\varphi_z+\tan\frac{\varphi_2}{2}\\&-m_{1q}\left(\frac{1}{\varphi_2}-\frac{\cos\varphi_z}{\sin\varphi_2}\right)-m_{2q}\left(\frac{\cos(\varphi_2-\varphi_z)}{\sin\varphi_2}-\frac{1}{\varphi_2}\right)\Bigg]\end{aligned}$$

$$Q_z^2=Q_{zq}^2+Q_{zM_A}^2M_1+Q_{zM_B}^2M_2=q_yr\left(\varphi_z-\tan\frac{\varphi_2}{2}+m_{1q}\frac{1}{\varphi_2}-m_{2q}\frac{1}{\varphi_2}\right)$$

3）第三跨组合梁内力

$$M_z^3=M_{zq}^3+M_{zM_A}^3M_2=q_yr^2\left[\left(\tan\frac{\varphi_3}{2}-\tan\frac{\varphi_z}{2}\right)\sin\varphi_z-m_{2q}\frac{\sin\varphi_z}{\sin\varphi_3}\right]$$

$$T_z^3 = T_{zq}^3 + T_{zM_A}^3 M_2 = q_y r^2 \left[\sin\varphi_z - \tan\frac{\varphi_3}{2}\cos\varphi_z - \varphi_z + \tan\frac{\varphi_3}{2} - m_{2q}\left(\frac{1}{\varphi_3} - \frac{\cos\varphi_z}{\sin\varphi_3}\right)\right]$$

$$Q_z^3 = Q_{zq}^3 + Q_{zM_A}^3 M_2 = q_y r\left(\varphi_z - \tan\frac{\varphi_3}{2} + m_{2q}\frac{1}{\varphi_3}\right)$$

2. 混凝土板内力

将竖向均布荷载作用下简支超静定曲线组合梁中混凝土板的弯矩代入式（6-2）中，整理得到混凝土板内力。

1）第一跨混凝土板内力

$$M_{cz}^1 = M_{czq}^1 + M_{czM_B}^1 M_1 = q_{cy} r^2 \left[\cos\varphi_z + \tan\frac{\varphi_1}{2}\sin\varphi_z - 1 - m_{1q}\frac{\sin(\varphi_1 - \varphi_z)}{\sin\varphi_1}\right] - r^2 h_c' \frac{\partial q_{zk}}{\partial z}$$

$$T_{cz}^1 = q_{cy} r^2 \left\{\sin\varphi_z - \tan\frac{\varphi_1}{2}\cos\varphi_z - \varphi_z + \tan\frac{\varphi_1}{2} - m_{1q}\left[\frac{\cos(\varphi_1 - \varphi_z)}{\sin\varphi_1} - \frac{1}{\varphi_1}\right]\right\}$$

$$Q_{cz}^1 = -q_{cy} z - r^2 h_c q_{z1}'' + r q_{cy}\tan\frac{\varphi_1}{2} - \frac{m_{1q}}{\varphi_1}$$

2）第二跨混凝土板内力

$$\begin{aligned} M_{cz}^2 &= M_{czq}^2 + M_{czM_A}^2 M_1 + M_{czM_B}^2 M_2 \\ &= q_{cy} r^2 \left[\cos\varphi_z + \tan\frac{\varphi_2}{2}\sin\varphi_z - 1 - m_{1q}\frac{\sin\varphi_z}{\sin\varphi_2} - m_{2q}\frac{\sin(\varphi_2 - \varphi_z)}{\sin\varphi_2}\right] - r^2 h_c' \frac{\partial q_{zk}}{\partial z} \end{aligned}$$

$$\begin{aligned} T_{cz}^2 = T_{czq}^2 + T_{czM_A}^2 M_1 + T_{czM_B}^2 M_2 = q_{cy} r^2 \Bigg\{ &\sin\varphi_z - \tan\frac{\varphi_2}{2}\cos\varphi_z - \varphi_z + \tan\frac{\varphi_2}{2} \\ &- m_{1q}\left(\frac{1}{\varphi_2} - \frac{\cos\varphi_z}{\sin\varphi_2}\right) - m_{2q}\left[\frac{\cos(\varphi_2 - \varphi_z)}{\sin\varphi_2} - \frac{1}{\varphi_2}\right]\Bigg\} \end{aligned}$$

$$\begin{aligned} Q_{cz}^2 &= Q_{czq}^2 + Q_{czM_A}^2 M_1 + Q_{czM_B}^2 M_2 \\ &= q_{cy} r\left(\varphi_z - \tan\frac{\varphi_2}{2} + m_{1q}\frac{1}{\varphi_2} - m_{2q}\frac{1}{\varphi_2}\right) - r^2 h_c' q_{zk}'' + h_c' q_{zk} \end{aligned}$$

3）第三跨混凝土板内力

$$M_{cz}^3 = M_{czq}^3 + M_{czM_A}^3 M_2 = q_{cy} r^2 \left(\cos\varphi_z + \tan\frac{\varphi_3}{2}\sin\varphi_z - 1 - m_{2q}\frac{\sin\varphi_z}{\sin\varphi_3}\right) - r^2 h_c' \frac{\partial q_{zk}}{\partial z}$$

$$T_{cz}^3 = T_{czq}^3 + T_{czM_A}^3 M_2 = q_{cy} r^2 \left[\sin\varphi_z - \tan\frac{\varphi_3}{2}\cos\varphi_z - \varphi_z + \tan\frac{\varphi_3}{2} - m_{2q}\left(\frac{1}{\varphi_3} - \frac{\cos\varphi_z}{\sin\varphi_3}\right)\right]$$

$$Q_{cz}^{3}=Q_{czq}^{3}+Q_{czM_A}^{3}M_2=q_{cy}r\left(\varphi_z-\tan\frac{\varphi_3}{2}+m_{2q}\frac{1}{\varphi_3}\right)-r^2h_c'q_{zk}''$$

3. 钢梁内力

将竖向均布荷载作用下简支超静定曲线组合梁中钢梁的弯矩计算公式代入式（6-3）中，整理得到钢梁内力。

1）第一跨钢梁内力

$$M_{sz}^{1}=M_{szq}^{1}+M_{szM_B}^{1}M_1=q_{sy}r^2\left[\cos\varphi_z+\tan\frac{\varphi_1}{2}\sin\varphi_z-1-m_{1q}\frac{\sin(\varphi_1-\varphi_z)}{\sin\varphi_1}\right]-r^2h_s'\frac{\partial q_{zk}}{\partial z}$$

$$T_{sz}^{1}=q_{sy}r^2\left\{\sin\varphi_z-\tan\frac{\varphi_1}{2}\cos\varphi_z-\varphi_z+\tan\frac{\varphi_1}{2}-m_{1q}\left[\frac{\cos(\varphi_1-\varphi_z)}{\sin\varphi_1}-\frac{1}{\varphi_1}\right]\right\}$$

$$Q_{sz}^{1}=-q_{sy}z-r^2h_s'q_{zk}''+rq_{sy}\tan\frac{\varphi_1}{2}+h_s'q_{zk}-\frac{m_{1q}}{\varphi_1}$$

2）第二跨钢梁内力

$$\begin{aligned}M_{sz}^{2}&=M_{szq}^{2}+M_{szM_A}^{2}M_1+M_{szM_B}^{2}M_2\\&=q_{sy}r^2\left[\cos\varphi_z+\tan\frac{\varphi_2}{2}\sin\varphi_z-1-m_{1q}\frac{\sin\varphi_z}{\sin\varphi_2}-m_{2q}\frac{\sin(\varphi_2-\varphi_z)}{\sin\varphi_2}\right]-r^2h_s'\frac{\partial q_{zk}}{\partial z}\end{aligned}$$

$$\begin{aligned}T_{sz}^{2}=T_{szq}^{2}+T_{czM_A}^{2}M_1+T_{szM_B}^{2}M_2=q_{sy}r^2\Bigg\{&\sin\varphi_z-\tan\frac{\varphi_2}{2}\cos\varphi_z-\varphi_z+\tan\frac{\varphi_2}{2}\\&-m_{1q}\left(\frac{1}{\varphi_2}-\frac{\cos\varphi_z}{\sin\varphi_2}\right)-m_{2q}\left[\frac{\cos(\varphi_2-\varphi_z)}{\sin\varphi_2}-\frac{1}{\varphi_2}\right]\Bigg\}-rh_s'q_{zk}\end{aligned}$$

$$Q_{sz}^{2}=Q_{szq}^{2}+Q_{szM_A}^{2}M_1+Q_{szM_B}^{2}M_2=q_{sy}r\left(\varphi_z-\tan\frac{\varphi_2}{2}+m_{1q}\frac{1}{\varphi_2}-m_{2q}\frac{1}{\varphi_2}\right)-r^2h_s'q_{zk}''+h_s'q_{zk}$$

3）第三跨钢梁内力

$$M_{sz}^{3}=M_{szq}^{3}+M_{szM_A}^{3}M_2=q_{sy}r^2\left(\cos\varphi_z+\tan\frac{\varphi_3}{2}\sin\varphi_z-1-m_{2q}\frac{\sin\varphi_z}{\sin\varphi_3}\right)-r^2h_s'\frac{\partial q_{zk}}{\partial z}$$

$$T_{sz}^{3}=T_{szq}^{3}+T_{szM_A}^{3}M_2=q_{sy}r^2\left[\sin\varphi_z-\tan\frac{\varphi_3}{2}\cos\varphi_z-\varphi_z+\tan\frac{\varphi_3}{2}-m_{2q}\left(\frac{1}{\varphi_3}-\frac{\cos\varphi_z}{\sin\varphi_3}\right)\right]$$

$$Q_{sz}^{3}=Q_{szq}^{3}+Q_{szM_A}^{3}M_2=q_{sy}r\left(\varphi_z-\tan\frac{\varphi_3}{2}+m_{2q}\frac{1}{\varphi_3}\right)-r^2h_s'q_{zk}''$$

6.2.2　均布扭矩作用下的曲线组合梁

1. 曲线组合梁内力

均布扭矩作用下曲线组合梁的多余弯矩：

$$M_1=\frac{\varDelta_2\delta_{12}-\varDelta_1\delta_{22}}{\delta_{11}\delta_{22}-\delta_{12}^2}=\frac{\left(\theta_{Bm_z}^2-\theta_{Am_z}^3\right)\theta_{BA}^3-\left(\theta_{Bm_z}^1+\theta_{Bm_z}^2\right)\left(\theta_{BB}^2+\theta_{BB}^3\right)}{\left(\theta_{BB}^1+\theta_{BB}^2\right)\left(\theta_{BB}^2+\theta_{BB}^3\right)-\theta_{BA}^2\theta_{BA}^2}$$

$$M_2=\frac{\varDelta_1\delta_{12}-\varDelta_2\delta_{11}}{\delta_{11}\delta_{22}-\delta_{12}^2}=\frac{\left(\theta_{Bm_z}^1+\theta_{Bm_z}^2\right)\theta_{BA}^2-\left(\theta_{Bm_z}^2+\theta_{Bm_z}^3\right)\left(\theta_{BB}^1+\theta_{BB}^2\right)}{\left(\theta_{BB}^1+\theta_{BB}^2\right)\left(\theta_{BB}^2+\theta_{BB}^3\right)-\theta_{BB}^2\theta_{BB}^2}$$

将均布扭矩作用下简支超静定曲线组合梁的梁端转角计算公式代入上式中，整理得到

$$M_1=-rm_z\frac{\left[(1+k)c_{15}+(1+k)c_{16}\right](c_5+c_6k)+\left[(1+k)c_{15}+(1+k)c_{17}\right]\left[(c_{11}+c_{12}k)+(c_9+c_{10}k)\right]}{(c_5+c_6k)^2-\left[(c_{13}+c_{14}k)+(c_9+c_{10}k)\right]\left[(c_9+c_{10}k)+(c_{11}+c_{12}k)\right]}$$

$$M_2=-rm_z\frac{\left[(1+k)c_{15}+(1+k)c_{17}\right](c_5+c_6k)+\left[(1+k)c_{15}+(1+k)c_{16}\right]\left[(c_{13}+c_{14}k)+(c_9+c_{10}k)\right]}{(c_5+c_6k)^2-\left[(c_{13}+c_{14}k)+(c_9+c_{10}k)\right]\left[(c_9+c_{10}k)+(c_{11}+c_{12}k)\right]}$$

M_1 和 M_2 化简为

$$M_1=-m_{1m_z}rm_z$$

$$M_2=-m_{2m_z}rm_z$$

式中，$c_{15}=\dfrac{1}{2}\left(\tan\dfrac{\varphi_2}{2}-\dfrac{2\sin\varphi_2-\varphi_2}{1+\cos\varphi_2}\right)$；

$c_{16}=\dfrac{1}{2}\left(\tan\dfrac{\varphi_3}{2}-\dfrac{2\sin\varphi_3-\varphi_3}{1+\cos\varphi_3}\right)$；

$c_{17}=\dfrac{1}{2}\left(\tan\dfrac{\varphi_1}{2}-\dfrac{2\sin\varphi_1-\varphi_1}{1+\cos\varphi_1}\right)$；

$m_{1m_z}=\dfrac{\left[(1+k)c_{15}+(1+k)c_{16}\right](c_5+c_6k)+\left[(1+k)c_{15}+(1+k)c_{17}\right]\left[(c_{11}+c_{12}k)+(c_9+c_{10}k)\right]}{(c_5+c_6k)^2-\left[(c_{13}+c_{14}k)+(c_9+c_{10}k)\right]\left[(c_9+c_{10}k)+(c_{11}+c_{12}k)\right]}$；

$m_{2m_z}=\dfrac{\left[(1+k)c_{15}+(1+k)c_{17}\right](c_5+c_6k)+\left[(1+k)c_{15}+(1+k)c_{16}\right]\left[(c_{13}+c_{14}k)+(c_9+c_{10}k)\right]}{(c_5+c_6k)^2-\left[(c_{13}+c_{14}k)+(c_9+c_{10}k)\right]\left[(c_9+c_{10}k)+(c_{11}+c_{12}k)\right]}$。

将均布扭矩作用下简支超静定曲线组合梁的弯矩计算公式代入式（6-1）中，整理得到组合梁内力。

1）第一跨组合梁内力

$$M_z^1=rm_z\left[\sin\varphi_z\left(\tan\frac{\varphi_1}{2}-\tan\frac{\varphi_z}{2}\right)-m_{1m_z}\frac{\sin(\varphi_1-\varphi_z)}{\sin\varphi_1}\right]$$

$$T_z^1 = rm_z\left\{\sin\varphi_z - \tan\frac{\varphi_1}{2}\cos\varphi_z + \tan\varphi_z - m_{1m_z}\left[\frac{\cos(\varphi_1-\varphi_z)}{\sin\varphi_1} - \frac{1}{\varphi_1}\right]\right\}$$

$$Q_z^1 = -m_{1m_z}m_z\tan\frac{\varphi_2}{2}$$

2）第二跨组合梁内力

$$M_z^2 = rm_z\left[\sin\varphi_z\left(\tan\frac{\varphi_2}{2} - \tan\frac{\varphi_z}{2}\right) - m_{1m_z}\frac{\sin\varphi_z}{\sin\varphi_2} - m_{2m_z}\frac{\sin(\varphi_2-\varphi_z)}{\sin\varphi_2}\right]$$

$$T_z^2 = rm_z\left\{\sin\varphi_z - \tan\frac{\varphi_2}{2}\cos\varphi_z + \tan\frac{\varphi_2}{2} - m_{1m_z}\left(\frac{1}{\varphi_z} - \frac{\cos\varphi_z}{\sin\varphi_2}\right) - m_{2m_z}\left[\frac{\cos(\varphi_2-\varphi_z)}{\sin\varphi_2} - \frac{1}{\varphi_z}\right]\right\}$$

$$Q_z^2 = m_z\left(m_{1m_z} - m_{2m_z}\right)\tan\frac{\varphi_1}{2}$$

3）第三跨组合梁内力

$$M_z^3 = rm_z\left[\sin\varphi_z\left(\tan\frac{\varphi_3}{2} - \tan\frac{\varphi_z}{2}\right) - m_{2m_z}\frac{\sin\varphi_z}{\sin\varphi_3}\right]$$

$$T_z^3 = rm_z\left[\sin\varphi_z - \tan\frac{\varphi_3}{2}\cos\varphi_z + \tan\frac{\varphi_3}{2} - m_{2m_z}\left(\frac{1}{\varphi_3} - \frac{\cos\varphi_z}{\sin\varphi_3}\right)\right]$$

$$Q_z^3 = m_{2m_z}m_z\tan\frac{\varphi_3}{2}$$

2. 混凝土板内力

将均布扭矩作用下简支超静定曲线组合梁中混凝土板的弯矩计算公式代入式（6-2）中，整理得到混凝土板的内力。

1）第一跨混凝土板内力

$$M_{cz}^1 = rm_{cz}\left[\sin\varphi_z\left(\tan\frac{\varphi_1}{2} - \tan\frac{\varphi_z}{2}\right) - m_{1m_z}\frac{\sin(\varphi_1-\varphi_z)}{\sin\varphi_1}\right] - rh_c'\frac{\partial q_{zk}}{\partial z}$$

$$T_{cz}^1 = rm_{cz}\left\{\sin\varphi_z - \tan\frac{\varphi_1}{2}\cos\varphi_z - m_{1m_z}\left[\frac{\cos(\varphi_1-\varphi_z)}{\sin\varphi_1} - \frac{1}{\varphi_1}\right]\right\}$$

$$Q_{cz}^1 = m_{1m_z}m_{cz}\tan\varphi_1 - r^2h_c'q_{zk}'' + h_c'q_{zk}$$

2）第二跨混凝土板内力

$$M_{cz}^2 = rm_{cz}\left[\sin\varphi_z\left(\tan\frac{\varphi_2}{2} - \tan\frac{\varphi_z}{2}\right) - m_{1m_z}\frac{\sin\varphi_z}{\sin\varphi_2} - m_{2m_z}\frac{\sin(\varphi_2-\varphi_z)}{\sin\varphi_2}\right] - rh_c'\frac{\partial q_{zk}}{\partial z}$$

$$T_{cz}^2 = rm_{cz}\left\{\sin\varphi_z - \tan\frac{\varphi_2}{2}\cos\varphi_z + \tan\frac{\varphi_2}{2} - m_{1m_z}\left(\frac{1}{\varphi_z} - \frac{\cos\varphi_z}{\sin\varphi_2}\right) - m_{2m_z}\left[\frac{\cos(\varphi_2-\varphi_z)}{\sin\varphi_2} - \frac{1}{\varphi_z}\right]\right\}$$

$$Q_{cz}^2 = \frac{m_{cz}}{\varphi_2}\left(m_{1m_z} - m_{2m_z}\right) - r^2 h_c' q_{zk}'' + h_c' q_{zk}$$

3）第三跨混凝土板内力

$$M_{cz}^3 = rm_{cz}\left[\sin\varphi_z\left(\tan\frac{\varphi_3}{2} - \tan\frac{\varphi_z}{2}\right) - m_{2m_z}\frac{\sin\varphi_z}{\sin\varphi_3}\right] - rh_c'\frac{\partial q_{zk}}{\partial z}$$

$$T_{cz}^3 = rm_{cz}\left[\sin\varphi_z - \tan\frac{\varphi_3}{2}\cos\varphi_z + \tan\frac{\varphi_3}{2} - m_{2m_z}\left(\frac{1}{\varphi_3} - \frac{\cos\varphi_z}{\sin\varphi_3}\right)\right]$$

$$Q_{cz}^3 = m_{2m_z} m_{cz}\tan\frac{\varphi_3}{2} - r^2 h_c' q_{zk}'' + h_c' q_{zk}$$

3. 钢梁内力

将均布扭矩作用下简支超静定曲线组合梁中钢梁的弯矩计算公式代入式（6-3）中，整理得到钢梁的内力。

1）第一跨钢梁内力

$$M_{sz}^1 = rm_{sz}\left[\sin\varphi_z\left(\tan\frac{\varphi_1}{2} - \tan\frac{\varphi_z}{2}\right) - m_{1m_z}\frac{\sin(\varphi_1 - \varphi_z)}{\sin\varphi_1}\right] - rh_s'\frac{\partial q_{zk}}{\partial z}$$

$$T_{sz}^1 = rm_{sz}\left\{\sin\varphi_z - \tan\frac{\varphi_1}{2}\cos\varphi_z + \tan\frac{\varphi_1}{2} - m_{1m_z}\left[\frac{\cos(\varphi_1 - \varphi_z)}{\sin\varphi_1} - \frac{1}{\varphi_1}\right]\right\}$$

$$Q_{sz}^1 = m_{2m_z} m_{sz}\tan\frac{\varphi_1}{2} - r^2 h_s' q_{zk}'' + h_s' q_{zk}$$

2）第二跨钢梁内力

$$M_{sz}^2 = rm_{sz}\left[\sin\varphi_z\left(\tan\frac{\varphi_2}{2} - \tan\frac{\varphi_z}{2}\right) - m_{1m_z}\frac{\sin\varphi_z}{\sin\varphi_2} - m_{2m_z}\frac{\sin(\varphi_2 - \varphi_z)}{\sin\varphi_2}\right] - rh_s'\frac{\partial q_{zk}}{\partial z}$$

$$T_{sz}^2 = rm_{sz}\left\{\sin\varphi_z - \tan\frac{\varphi_2}{2}\cos\varphi_z + \tan\frac{\varphi_2}{2} - m_{1m_z}\left(\frac{1}{\varphi_z} - \frac{\cos\varphi_z}{\sin\varphi_2}\right) - m_{2m_z}\left[\frac{\cos(\varphi_2 - \varphi_z)}{\sin\varphi_2} - \frac{1}{\varphi_z}\right]\right\}$$

$$Q_{sz}^2 = m_{sz}\left(m_{1m_z} - m_{2m_z}\right)\tan\frac{\varphi_2}{2} - r^2 h_s' q_{zk}'' + h_s' q_{zk}$$

3）第三跨钢梁内力

$$M_{sz}^3 = rm_{sz}\left[\sin\varphi_z\left(\tan\frac{\varphi_3}{2} - \tan\frac{\varphi_z}{2}\right) - m_{2m_z}\frac{\sin\varphi_z}{\sin\varphi_3}\right] - rh_s'\frac{\partial q_{zk}}{\partial z}$$

$$T_{sz}^3 = rm_{sz}\left[\sin\varphi_z - \tan\frac{\varphi_3}{2}\cos\varphi_z + \tan\frac{\varphi_3}{2} - m_{2m_z}\left(\frac{1}{\varphi_3} - \frac{\cos\varphi_z}{\sin\varphi_3}\right)\right]$$

$$Q_{sz}^3 = m_{2m_z} m_{sz}\tan\frac{\varphi_3}{2} - r^2 h_s' q_{zk}'' + h_s' q_{zk}$$

6.2.3 集中荷载作用下的曲线组合梁

1. 曲线组合梁内力

任意集中荷载作用下曲线组合梁的多余弯矩为

$$M_1=\frac{\varDelta_2\delta_{12}-\varDelta_1\delta_{22}}{\delta_{11}\delta_{22}-\delta_{12}^2}=\frac{\left(\theta_{BP}^2-\theta_{AP}^3\right)\theta_{BA}^3-\left(\theta_{BP}^1+\theta_{BP}^2\right)\left(\theta_{BB}^2+\theta_{BB}^3\right)}{\left(\theta_{BB}^1+\theta_{BB}^2\right)\left(\theta_{BB}^2+\theta_{BB}^3\right)-\theta_{BA}^2\theta_{BA}^2}$$

$$M_2=\frac{\varDelta_1\delta_{12}-\varDelta_2\delta_{11}}{\delta_{11}\delta_{22}-\delta_{12}^2}=\frac{\left(\theta_{BP}^1+\theta_{BP}^2\right)\theta_{BA}^2-\left(\theta_{BP}^2+\theta_{BP}^3\right)\left(\theta_{BB}^1+\theta_{BB}^2\right)}{\left(\theta_{BB}^1+\theta_{BB}^2\right)\left(\theta_{BB}^2+\theta_{BB}^3\right)-\theta_{BB}^2\theta_{BB}^2}$$

将任意集中荷载作用下简支超静定曲线组合梁的梁端转角计算公式代入上式中，整理得到

$$M_1=-r^2P_1\frac{\left(c_{18}-c_{19}\right)\left(c_5+c_6k\right)+\left(c_{19}+c_{20}\right)\left[\left(c_{11}+c_{12}k\right)+\left(c_9+c_{10}k\right)\right]}{\left(c_5+c_6k\right)^2-\left[\left(c_{13}+c_{14}k\right)+\left(c_9+c_{10}k\right)\right]\left[\left(c_9+c_{10}k\right)+\left(c_{11}+c_{12}k\right)\right]}$$

$$M_2=-r^2P_1\frac{\left(c_{19}+c_{20}\right)\left(c_5+c_6k\right)+\left(c_{19}+c_{21}\right)\left[\left(c_{13}+c_{14}k\right)+\left(c_9+c_{10}k\right)\right]}{\left(c_5+c_6k\right)^2-\left[\left(c_{13}+c_{14}k\right)+\left(c_9+c_{10}k\right)\right]\left[\left(c_9+c_{10}k\right)+\left(c_{11}+c_{12}k\right)\right]}$$

式中，$c_{18}=\theta\left(\varphi_z=\varphi_2\right)=r^2P_2\left[\frac{(1+k)}{\sin\varphi_2}\left(\frac{\varphi_2\sin\varphi_{P_2}}{\tan\varphi_2}-\varphi_{P_2}\cos\varphi_{P_2}\right)+2k\left(\frac{\sin\varphi_{P_2}}{\sin\varphi_2}-\frac{\varphi_{P_2}}{\varphi_2}\right)\right]$；

$$c_{19}=\theta\left(\varphi_z=0\right)=r^2P_3\left\{\frac{1+k}{\sin\varphi_3}\left[\frac{\varphi_3\sin\varphi_{P_3}}{\sin\varphi_3}-\varphi_{P_3}\cos\left(\varphi_3-\varphi_{P_3}\right)\right]-2k\left[\frac{\sin\left(\varphi_3-\varphi_{P_3}\right)}{\sin\varphi_3}-1+\frac{\varphi_{P_3}}{\varphi_3}\right]\right\};$$

$$c_{20}=\theta\left(\varphi_z=\varphi_1\right)=r^2P_1\left[\frac{1+k}{\sin\varphi_1}\left(\frac{\varphi_1\sin\varphi_{P_1}}{\tan\varphi_1}-\varphi_{P_1}\cos\varphi_{P_1}\right)+2k\left(\frac{\sin\varphi_{P_1}}{\sin\varphi_1}-\frac{\varphi_{P_1}}{\varphi_1}\right)\right];$$

$$c_{21}=\theta\left(\varphi_z=\varphi_3\right)=r^2P_3\left[\frac{1+k}{\sin\varphi_3}\left(\frac{\varphi_3\sin\varphi_{P_3}}{\tan\varphi_3}-\varphi_{P_3}\cos\varphi_{P_3}\right)+2k\left(\frac{\sin\varphi_{P_3}}{\sin\varphi_3}-\frac{\varphi_{P_3}}{\varphi_3}\right)\right]。$$

将任意集中作用下简支超静定曲线组合梁的弯矩计算公式代入式（6-1）中，整理得到组合梁内力。

1）第一跨组合梁内力

当$0\leqslant\varphi_z\leqslant\varphi_{z_{P_1}}$时，任意曲线组合梁的内力计算公式：

$$M_z^1=rP_1\frac{\sin\left(\varphi_1-\varphi_{z_{P_1}}\right)}{\sin\varphi_1}\sin\varphi_z+\frac{\sin\left(\varphi_1-\varphi_z\right)}{\sin\varphi_1}M_1$$

$$T_z^1=rP_1\left[1-\varphi_{z_{P_1}}-\frac{\sin\left(\varphi_1-\varphi_{z_{P_1}}\right)}{\sin\varphi_1}\cos\varphi_1\right]+\left[\frac{\cos\left(\varphi_1-\varphi_z\right)}{\sin\varphi_1}-\frac{1}{\varphi_1}\right]M_1$$

$$Q_z^1 = P_1\left(1-\varphi_{z_{P_1}}\right)+\frac{1}{r\varphi_1}M_1$$

当$\varphi_{z_{P_1}} \leqslant \varphi_z \leqslant \varphi_1$时，任意曲线组合梁的内力计算公式：

$$M_z^1 = rP_1\frac{\sin\varphi_{z_{P_1}}\sin\left(\varphi_1-\varphi_z\right)}{\sin\varphi_1}+\frac{\sin\left(\varphi_1-\varphi_z\right)}{\sin\varphi_1}M_1$$

$$T_z^1 = rP_1\left[\frac{\sin\varphi_{z_{P_1}}}{\sin\varphi_1}\cos\left(\varphi_1-\varphi_z\right)-\varphi_{z_{P_1}}\right]+\left[\frac{\cos\left(\varphi_1-\varphi_z\right)}{\sin\varphi_1}-\frac{1}{\varphi_1}\right]M_1$$

$$Q_z^1 = -P_1\varphi_{z_{P_1}}+\frac{1}{r\varphi_1}M_1$$

2）第二跨组合梁内力

当$0 \leqslant \varphi_z \leqslant \varphi_{z_{P_2}}$时，任意曲线组合梁的内力计算公式：

$$M_z^2 = rP_2\frac{\sin\left(\varphi_2-\varphi_{z_{P_2}}\right)}{\sin\varphi_2}\sin\varphi_z+\frac{\sin\varphi_z}{\sin\varphi_2}M_1+\frac{\sin\left(\varphi_2-\varphi_z\right)}{\sin\varphi_2}M_2$$

$$T_z^2 = rP_2\left[1-\varphi_{z_{P_2}}-\frac{\sin\left(\varphi_2-\varphi_{z_{P_2}}\right)}{\sin\varphi_2}\cos\varphi_2\right]+\left(\frac{1}{\varphi_2}-\frac{\cos\varphi_z}{\sin\varphi_2}\right)M_1+\left[\frac{\cos\left(\varphi_2-\varphi_z\right)}{\sin\varphi_2}-\frac{1}{\varphi_2}\right]M_2$$

$$Q_z^2 = P_2(1-\varphi_{z_{P_2}})+\frac{1}{r\varphi_2}\left(M_1+M_2\right)$$

当$\varphi_{z_{P_2}} \leqslant \varphi_z \leqslant \varphi_2$时，任意曲线组合梁的内力计算公式：

$$M_z^2 = rP_2\frac{\sin\varphi_{z_{P_2}}\sin\left(\varphi_2-\varphi_z\right)}{\sin\varphi_2}+\frac{\sin\varphi_z}{\sin\varphi_2}M_1+\frac{\sin\left(\varphi_2-\varphi_z\right)}{\sin\varphi_2}M_2$$

$$T_z^2 = rP_2\left[\frac{\sin\varphi_{z_{P_2}}}{\sin\varphi_2}\cos\left(\varphi_2-\varphi_z\right)-\varphi_{z_{P_2}}\right]+\left(\frac{1}{\varphi_2}-\frac{\cos\varphi_z}{\sin\varphi_2}\right)M_1+\left[\frac{\cos\left(\varphi_2-\varphi_z\right)}{\sin\varphi_2}-\frac{1}{\varphi_2}\right]M_2$$

$$Q_z^2 = -P_2\varphi_{z_{P_2}}+\frac{1}{r\varphi_2}\left(M_1+M_2\right)$$

3）第三跨组合梁内力

当$0 \leqslant \varphi_z \leqslant \varphi_{z_{P_3}}$时，任意曲线组合梁的内力计算公式：

$$M_z^3 = rP_3\frac{\sin\left(\varphi_3-\varphi_{z_{P_3}}\right)}{\sin\varphi_3}\sin\varphi_z+\frac{\sin\varphi_z}{\sin\varphi_3}M_2$$

$$T_z^3 = rP_3\left[1-\varphi_{z_{P_3}}-\frac{\sin\left(\varphi_3-\varphi_{z_{P_3}}\right)}{\sin\varphi_3}\cos\varphi_z\right]+\left(\frac{1}{\varphi_3}-\frac{\cos\varphi_z}{\sin\varphi_3}\right)M_2$$

$$Q_z^3 = P_3(1-\varphi_{z_{P_3}}) + \frac{1}{r\varphi_3} M_2$$

当$\varphi_{z_{P_3}} \leqslant \varphi_z \leqslant \varphi_3$时，任意曲线组合梁的内力计算公式：

$$M_z^3 = rP_3 \frac{\sin\varphi_{z_{P_3}} \sin(\varphi_3 - \varphi_z)}{\sin\varphi_3} + \frac{\sin\varphi_z}{\sin\varphi_3} M_2$$

$$T_z^3 = rP_3\left[\frac{\sin\varphi_{z_{P_3}}}{\sin\varphi_3}\cos(\varphi_3-\varphi_z) - \varphi_{z_{P_3}}\right] + \left(\frac{1}{\varphi_3} - \frac{\cos\varphi_z}{\sin\varphi_3}\right) M_2$$

$$Q_z^3 = -P_3\varphi_{z_{P_3}} + \frac{1}{r\varphi_3} M_2$$

2. 混凝土板内力

将集中荷载作用下简支超静定曲线组合梁中混凝土板的弯矩计算公式代入式（6-2）中，整理得到混凝土板的内力。

1）第一跨混凝土板内力

当$0 \leqslant \varphi_z \leqslant \varphi_{z_{P_1}}$时，混凝土板的内力计算公式：

$$M_{cz}^1 = rP_1 \frac{\sin(\varphi_1 - \varphi_{z_{P_1}})}{\sin\varphi_1} \sin\varphi_z - r^2 h_c' \frac{\partial q_{zk}}{\partial z} + \frac{\sin(\varphi_1 - \varphi_z)}{\sin\varphi_1} M_1$$

$$T_{cz}^1 = rP_1\left[1 - \varphi_{z_{P_1}} - \frac{\sin(\varphi_1 - \varphi_{z_{P_1}})}{\sin\varphi_1}\cos\varphi_z\right] - rh_c' q_{zk} + rh_c' q_{zk}(0) + \left[\frac{\cos(\varphi_1 - \varphi_z)}{\sin\varphi_1} - \frac{1}{\varphi_1}\right] M_1$$

$$Q_{cz}^1 = -r^2 h_c' \frac{\partial^2 q_{zk}}{\partial z^2} + h_c' q_{zk}(0) + P_1 \frac{\sin(\varphi_1 - \varphi_{z_{P_1}})}{\sin\varphi_1} + \frac{1}{r\varphi_1} M_1$$

当$\varphi_{z_{P_1}} \leqslant \varphi_z \leqslant \varphi_1$时，混凝土板的内力计算公式：

$$M_{cz}^1 = rP_1 \frac{\sin\varphi_{z_{P_1}} \sin(\varphi_1 - \varphi_z)}{\sin\varphi_1} - r^2 h_c' \frac{\partial q_{zk}}{\partial z} + \frac{\sin(\varphi_1 - \varphi_z)}{\sin\varphi_1} M_1$$

$$T_{cz}^1 = rP_1\left[\frac{\sin\varphi_{z_{P_1}}}{\sin\varphi_1}\cos(\varphi_1 - \varphi_z) - \varphi_{z_{P_1}}\right] - rh_c' q_{zk} + rh_c' q_{zk}(0) + \left[\frac{\cos(\varphi_1 - \varphi_z)}{\sin\varphi_1} - \frac{1}{\varphi_1}\right] M_1$$

$$Q_{cz}^1 = -r^2 h_c' \frac{\partial^2 q_{zk}}{\partial z^2} + h_c' q_{zk}(0) + P_1\left[\frac{\sin(\varphi_1 - \varphi_{z_{P_1}})}{\sin\varphi_1} - 1\right] + \frac{1}{r\varphi_1} M_1$$

2）第二跨混凝土板内力

当$0 \leqslant \varphi_z \leqslant \varphi_{z_{P_2}}$时，混凝土板的内力计算公式：

$$M_{cz}^2 = rP_2 \frac{\sin\left(\varphi_2 - \varphi_{z_{P_2}}\right)}{\sin\varphi_2}\sin\varphi_z - r^2 h_c' \frac{\partial q_{zk}}{\partial z} + \frac{\sin\varphi_z}{\sin\varphi_2}M_1 + \frac{\sin(\varphi_2 - \varphi_z)}{\sin\varphi_2}M_2$$

$$T_{cz}^2 = rP_2\left[1 - \varphi_{z_{P_2}} - \frac{\sin\left(\varphi_2 - \varphi_{z_{P_2}}\right)}{\sin\varphi_2}\cos\varphi_z\right] - rh_c' q_{zk} + rh_c' q_{zk}(0)$$
$$+\left(\frac{1}{\varphi_2} - \frac{\cos\varphi_z}{\sin\varphi_2}\right)M_1 + \left[\frac{\cos(\varphi_2 - \varphi_z)}{\sin\varphi_2} - \frac{1}{\varphi_2}\right]M_2$$

$$Q_{cz}^2 = -r^2 h_c' \frac{\partial^2 q_{zk}}{\partial z^2} + h_c' q_{zk}(0) + P_2\frac{\sin\left(\varphi_2 - \varphi_{z_{P_2}}\right)}{\sin\varphi_2} + \frac{1}{r\varphi_2}(M_1 + M_2)$$

当$\varphi_{z_{P_2}} \leqslant \varphi_z \leqslant \varphi_2$时，混凝土板的内力计算公式：

$$M_{cz}^2 = rP_2 \frac{\sin\varphi_{z_{P_2}}\sin(\varphi_2 - \varphi_z)}{\sin\varphi_2} - r^2 h_c' \frac{\partial q_{zk}}{\partial z} + \frac{\sin\varphi_z}{\sin\varphi_2}M_1 + \frac{\sin(\varphi_2 - \varphi_z)}{\sin\varphi_2}M_2$$

$$T_{cz}^2 = rP_2\left[\frac{\sin\varphi_{z_{P_2}}}{\sin\varphi_2}\cos(\varphi_2 - \varphi_z) - \varphi_{z_{P_2}}\right] - rh_c' q_{zk} + rh_c' q_{zk}(0)$$
$$+\left(\frac{1}{\varphi_2} - \frac{\cos\varphi_z}{\sin\varphi_2}\right)M_1 + \left[\frac{\cos(\varphi_2 - \varphi_z)}{\sin\varphi_2} - \frac{1}{\varphi_2}\right]M_2$$

$$Q_{cz}^2 = -r^2 h_c' \frac{\partial^2 q_{zk}}{\partial z^2} + h_c' q_{zk}(0) + P_2\left[\frac{\sin\left(\varphi_2 - \varphi_{z_{P_2}}\right)}{\sin\varphi_2} - 1\right] + \frac{1}{r\varphi_2}(M_1 + M_2)$$

3）第三跨混凝土板内力

当$0 \leqslant \varphi_z \leqslant \varphi_{z_{P_3}}$时，混凝土板的内力计算公式：

$$M_{cz}^3 = rP_3 \frac{\sin\left(\varphi_3 - \varphi_{z_{P_3}}\right)}{\sin\varphi_3}\sin\varphi_z - r^2 h_c' \frac{\partial q_{zk}}{\partial z} + \frac{\sin\varphi_z}{\sin\varphi_3}M_2$$

$$T_{cz}^3 = rP_3\left[1 - \varphi_{z_{P_3}} - \frac{\sin\left(\varphi_3 - \varphi_{z_{P_3}}\right)}{\sin\varphi_3}\cos\varphi_z\right] - rh_c' q_{zk} + rh_c' q_{zk}(0) + \left(\frac{1}{\varphi_3} - \frac{\cos\varphi_z}{\sin\varphi_3}\right)M_2$$

$$Q_{cz}^3 = -r^2 h_c' \frac{\partial^2 q_{zk}}{\partial z^2} + h_c' q_{zk}(0) + P_3\frac{\sin\left(\varphi_3 - \varphi_{z_{P_3}}\right)}{\sin\varphi_3} + \frac{1}{r\varphi_3}M_2$$

当$\varphi_{z_{P_3}} \leqslant \varphi_z \leqslant \varphi_3$时，混凝土板的内力计算公式：

$$M_{cz}^3 = rP_3 \frac{\sin\varphi_{z_{P_3}}\sin(\varphi_3 - \varphi_z)}{\sin\varphi_3} - r^2 h_c' \frac{\partial q_{zk}}{\partial z} + \frac{\sin\varphi_z}{\sin\varphi_3}M_2$$

$$T_{cz}^{3}=rP_{3}\left[\frac{\sin\varphi_{z_{P_3}}}{\sin\varphi_{3}}\cos\left(\varphi_{3}-\varphi_{z}\right)-\varphi_{z_{P_3}}\right]-rh_{c}'q_{zk}+rh_{c}'q_{zk}\left(0\right)+\left(\frac{1}{\varphi_{3}}-\frac{\cos\varphi_{z}}{\sin\varphi_{3}}\right)M_{2}$$

$$Q_{cz}^{3}=-r^{2}h_{c}'\frac{\partial^{2}q_{zk}}{\partial z^{2}}+h_{c}'q_{zk}\left(0\right)+P_{3}\left[\frac{\sin\left(\varphi_{3}-\varphi_{z_{P_3}}\right)}{\sin\varphi_{3}}-1\right]+\frac{1}{r\varphi_{3}}M_{2}$$

3. 钢梁内力

将集中荷载作用下简支超静定曲线组合梁中钢梁的弯矩计算公式代入式（6-3）中，整理得到钢梁的内力。

1）第一跨钢梁内力

当$0\leqslant\varphi_{z}\leqslant\varphi_{z_{P_1}}$时，钢梁的内力计算公式：

$$M_{sz}^{1}=rP_{1}\frac{\sin\left(\varphi_{1}-\varphi_{z_{P_1}}\right)}{\sin\varphi_{1}}\sin\varphi_{z}-r^{2}h_{s}'\frac{\partial q_{zk}}{\partial z}+\frac{\sin\left(\varphi_{1}-\varphi_{z}\right)}{\sin\varphi_{1}}M_{1}$$

$$T_{sz}^{1}=rP_{1}\left[1-\varphi_{z_{P_1}}-\frac{\sin\left(\varphi_{1}-\varphi_{z_{P_1}}\right)}{\sin\varphi_{1}}\cos\varphi_{z}\right]-rh_{s}'q_{zk}+rh_{s}'q_{zk}\left(0\right)+\left[\frac{\cos\left(\varphi_{1}-\varphi_{z}\right)}{\sin\varphi_{1}}-\frac{1}{\varphi_{1}}\right]M_{1}$$

$$Q_{sz}^{1}=-r^{2}h_{s}'\frac{\partial^{2}q_{zk}}{\partial z^{2}}+h_{s}'q_{zk}\left(0\right)+P_{1}\frac{\sin\left(\varphi_{1}-\varphi_{z_{P_1}}\right)}{\sin\varphi_{1}}+\frac{1}{r\varphi_{1}}M_{1}$$

当$\varphi_{z_{P_1}}\leqslant\varphi_{z}\leqslant\varphi_{1}$时，钢梁的内力计算公式：

$$M_{sz}^{1}=rP_{1}\frac{\sin\varphi_{z_{P_1}}\sin\left(\varphi_{1}-\varphi_{z}\right)}{\sin\varphi_{1}}-r^{2}h_{s}'\frac{\partial q_{zk}}{\partial z}+\frac{\sin\left(\varphi_{1}-\varphi_{z}\right)}{\sin\varphi_{1}}M_{1}$$

$$T_{sz}^{1}=rP_{1}\left[\frac{\sin\varphi_{z_{P_1}}}{\sin\varphi_{1}}\cos\left(\varphi_{1}-\varphi_{z}\right)-\varphi_{z_{P_1}}\right]-rh_{s}'q_{zk}+rh_{s}'q_{zk}\left(0\right)+\left[\frac{\cos\left(\varphi_{1}-\varphi_{z}\right)}{\sin\varphi_{1}}-\frac{1}{\varphi_{1}}\right]M_{1}$$

$$Q_{sz}^{1}=-r^{2}h_{s}'\frac{\partial^{2}q_{zk}}{\partial z^{2}}+h_{s}'q_{zk}\left(0\right)+P_{1}\left[\frac{\sin\left(\varphi_{1}-\varphi_{z_{P_1}}\right)}{\sin\varphi_{1}}-1\right]+\frac{1}{r\varphi_{1}}M_{1}$$

2）第二跨钢梁内力

当$0\leqslant\varphi_{z}\leqslant\varphi_{z_{P_2}}$时，钢梁的内力计算公式：

$$M_{sz}^{2}=rP_{2}\frac{\sin\left(\varphi_{2}-\varphi_{z_{P_2}}\right)}{\sin\varphi_{2}}\sin\varphi_{z}-r^{2}h_{s}'\frac{\partial q_{zk}}{\partial z}+\frac{\sin\varphi_{z}}{\sin\varphi_{2}}M_{1}+\frac{\sin\left(\varphi_{2}-\varphi_{z}\right)}{\sin\varphi_{2}}M_{2}$$

$$T_{sz}^2 = rP_2\left[1-\varphi_{z_{P_2}}-\frac{\sin\left(\varphi_2-\varphi_{z_{P_2}}\right)}{\sin\varphi_2}\cos\varphi_z\right]-rh_s'q_{zk}+rh_s'q_{zk}(0)$$

$$+\left(\frac{1}{\varphi_2}-\frac{\cos\varphi_z}{\sin\varphi_2}\right)M_1+\left[\frac{\cos(\varphi_2-\varphi_z)}{\sin\varphi_2}-\frac{1}{\varphi_2}\right]M_2$$

$$Q_{sz}^2 = -r^2h_s'\frac{\partial^2 q_{zk}}{\partial z^2}+h_s'q_{zk}(0)+P_2\frac{\sin\left(\varphi_2-\varphi_{z_{P_2}}\right)}{\sin\varphi_2}+\frac{1}{r\varphi_2}(M_1+M_2)$$

当$\varphi_{z_{P_2}} \leqslant \varphi_z \leqslant \varphi_2$时，钢梁的内力计算公式：

$$M_{sz}^2 = rP_2\frac{\sin\varphi_{z_{P_2}}\sin(\varphi_2-\varphi_z)}{\sin\varphi_2}-r^2h_s'\frac{\partial q_{zk}}{\partial z}+\frac{\sin\varphi_z}{\sin\varphi_2}M_1+\frac{\sin(\varphi_2-\varphi_z)}{\sin\varphi_2}M_2$$

$$T_{sz}^2 = rP_2\left[\frac{\sin\varphi_{z_{P_2}}}{\sin\varphi_2}\cos(\varphi_2-\varphi_z)-\varphi_{z_{P_2}}\right]-rh_s'q_{zk}+rh_s'q_{zk}(0)$$

$$+\left(\frac{1}{\varphi_2}-\frac{\cos\varphi_z}{\sin\varphi_2}\right)M_1+\left[\frac{\cos(\varphi_2-\varphi_z)}{\sin\varphi_2}-\frac{1}{\varphi_2}\right]M_2$$

$$Q_{sz}^2 = -r^2h_s'\frac{\partial^2 q_{zk}}{\partial z^2}+h_s'q_{zk}(0)+P_2\left[\frac{\sin\left(\varphi_2-\varphi_{z_{P_2}}\right)}{\sin\varphi_2}-1\right]+\frac{1}{r\varphi_2}(M_1+M_2)$$

3）第三跨钢梁内力

当$0 \leqslant \varphi_z \leqslant \varphi_{z_{P_3}}$时，钢梁的内力计算公式：

$$M_{sz}^3 = rP_3\frac{\sin\left(\varphi_3-\varphi_{z_{P_3}}\right)}{\sin\varphi_3}\sin\varphi_z-r^2h_s'\frac{\partial q_{zk}}{\partial z}+\frac{\sin\varphi_z}{\sin\varphi_3}M_2$$

$$T_{sz}^3 = rP_3\left[1-\varphi_{z_{P_3}}-\frac{\sin\left(\varphi_3-\varphi_{z_{P_3}}\right)}{\sin\varphi_3}\cos\varphi_z\right]-rh_s'q_{zk}+rh_s'q_{zk}(0)+\left(\frac{1}{\varphi_3}-\frac{\cos\varphi_z}{\sin\varphi_3}\right)M_2$$

$$Q_{sz}^3 = -r^2h_s'\frac{\partial^2 q_{zk}}{\partial z^2}+h_s'q_{zk}(0)+P_3\frac{\sin\left(\varphi_3-\varphi_{z_{P_3}}\right)}{\sin\varphi_3}+\frac{1}{r\varphi_3}M_2$$

当$\varphi_{z_{P_3}} \leqslant \varphi_z \leqslant \varphi_3$时，钢梁的内力计算公式：

$$M_{sz}^3 = rP_3\frac{\sin\varphi_{z_{P_3}}\sin(\varphi_3-\varphi_z)}{\sin\varphi_3}-r^2h_s'\frac{\partial q_{zk}}{\partial z}+\frac{\sin\varphi_z}{\sin\varphi_3}M_2$$

$$T_{sz}^3 = rP_3\left[\frac{\sin\varphi_{z_{P_3}}}{\sin\varphi_3}\cos(\varphi_3-\varphi_z)-\varphi_{z_{P_3}}\right]-rh_s'q_{zk}+rh_s'q_{zk}(0)+\left(\frac{1}{\varphi_3}-\frac{\cos\varphi_z}{\sin\varphi_3}\right)M_2$$

$$Q_{sz}^3 = -r^2 h_s' \frac{\partial^2 q_{zk}}{\partial z^2} + h_s' q_{zk}(0) + P_3 \left[\frac{\sin(\varphi_3 - \varphi_{z_{P_3}})}{\sin\varphi_3} - 1 \right] + \frac{1}{r\varphi_3} M_2$$

6.2.4 集中扭矩作用下的曲线组合梁

1. 曲线组合梁内力

集中扭矩作用下曲线组合梁的多余弯矩：

$$M_1 = \frac{\Delta_2\delta_{12} - \Delta_1\delta_{22}}{\delta_{11}\delta_{22} - \delta_{12}^2} = \frac{(\theta_{BT}^2 - \theta_{AT}^3)\theta_{BA}^3 - (\theta_{BT}^1 + \theta_{BT}^2)(\theta_{BB}^2 + \theta_{BB}^3)}{(\theta_{BB}^1 + \theta_{BB}^2)(\theta_{BB}^2 + \theta_{BB}^3) - \theta_{BA}^2\theta_{BA}^2}$$

$$M_2 = \frac{\Delta_1\delta_{12} - \Delta_2\delta_{11}}{\delta_{11}\delta_{22} - \delta_{12}^2} = \frac{(\theta_{BT}^1 + \theta_{BT}^2)\theta_{BA}^2 - (\theta_{BT}^2 + \theta_{BT}^3)(\theta_{BB}^1 + \theta_{BB}^2)}{(\theta_{BB}^1 + \theta_{BB}^2)(\theta_{BB}^2 + \theta_{BB}^3) - \theta_{BB}^2\theta_{BB}^2}$$

将集中扭矩作用下简支超静定曲线组合梁的梁端转角计算公式代入上式中，整理得到

$$M_1 = -rT_1 \frac{(c_{22} - c_{23})(c_5 + c_6 k) + (c_{24} + c_{23})[(c_{11} + c_{12}k) + (c_9 + c_{10})k]}{(c_5 + c_6 k)^2 - [(c_{13} + c_{14}k) + (c_9 + c_{10})k][(c_9 + c_{10}k) + (c_{11} + c_{12}k)]}$$

$$M_2 = -rT_2 \frac{(c_{24} + c_{23})(c_5 + c_6 k) + (c_{23} + c_{25})[(c_{13} + c_{14}k) + (c_9 + c_{10}k)]}{(c_5 + c_6 k)^2 - [(c_{13} + c_{14}k) + (c_9 + c_{10}k)][(c_9 + c_{10}k) + (c_{11} + c_{12}k)]}$$

式中，$c_{22} = \dfrac{T_2 r(1+k)}{2EI\sin\varphi_2}\left(\dfrac{\varphi_2 \sin\varphi_{T_2}}{\tan\varphi_2} - \varphi_{T_2}\cos\varphi_{T_2}\right)$；

$c_{23} = \dfrac{T_3 r(1+k)}{2EI\sin\varphi_3}\left[\dfrac{\varphi_3 \sin\varphi_T}{\sin\varphi_3} - \varphi_T\cos(\varphi_3 - \varphi_T)\right]$；

$c_{24} = \dfrac{T_1 r(1+k)}{2EI\sin\varphi_1}\left(\dfrac{\varphi_1 \sin\varphi_{T_1}}{\tan\varphi_1} - \varphi_{T_1}\cos\varphi_{T_1}\right)$；

$c_{25} = \dfrac{T_3 r(1+k)}{2EI\sin\varphi_3}\left(\dfrac{\varphi_3 \sin\varphi_{T_3}}{\tan\varphi_3} - \varphi_{T_3}\cos\varphi_{T_3}\right)$。

将集中扭矩作用下简支超静定曲线组合梁的弯矩计算公式代入式（6-1）中，整理得到组合梁内力。

1）第一跨组合梁内力

弯矩：

$$M_z^1 = T_1 \frac{\sin(\varphi_1 - \varphi_{z_{T_1}})}{\sin\varphi_1}\sin\varphi_z + \frac{\sin(\varphi_1 - \varphi_z)}{\sin\varphi_1} M_1 \qquad (0 \leqslant \varphi_z \leqslant \varphi_{z_{T_1}})$$

$$M_z^1 = T_1 \frac{\sin\varphi_{z_{T_1}} \sin(\varphi_1 - \varphi_z)}{\sin\varphi_1} + \frac{\sin(\varphi_1 - \varphi_z)}{\sin\varphi_1} M_1 \qquad (\varphi_{z_{T_1}} \leqslant \varphi_z \leqslant \varphi_1)$$

扭矩：

$$T_z^1 = T_1 \frac{\sin\left(\varphi_1 - \varphi_{z_{T_1}}\right)}{\sin\varphi_1} \cos(\varphi_1 - \varphi_z) + \left[\frac{\cos(\varphi_1 - \varphi_z)}{\sin\varphi_1} - \frac{1}{\varphi_1}\right] M_1 \qquad (0 \leqslant \varphi_z \leqslant \varphi_{z_{T_1}})$$

$$T_z^1 = T_1 \frac{\sin\varphi_{z_{T_1}}}{\sin\varphi_1} \cos(\varphi_1 - \varphi_z) + \left[\frac{\cos(\varphi_1 - \varphi_z)}{\sin\varphi_1} - \frac{1}{\varphi_1}\right] M_1 \qquad (\varphi_{z_{T_1}} \leqslant \varphi_z \leqslant \varphi_1)$$

剪力：

$$Q_z^1 = \frac{1}{r\varphi_1} M_1 \qquad (0 \leqslant \varphi_z \leqslant \varphi_1)$$

2）第二跨组合梁内力

弯矩：

$$M_z^2 = T_2 \frac{\sin\left(\varphi_2 - \varphi_{z_{T_2}}\right)}{\sin\varphi_2} \sin\varphi_z + \frac{\sin\varphi_z}{\sin\varphi_2} M_1 + \frac{\sin(\varphi_2 - \varphi_z)}{\sin\varphi_2} M_2 \qquad (0 \leqslant \varphi_z \leqslant \varphi_{z_{T_2}})$$

$$M_z^2 = T_2 \frac{\sin\varphi_{z_{T_2}} \sin(\varphi_2 - \varphi_z)}{\sin\varphi_2} + \frac{\sin\varphi_z}{\sin\varphi_2} M_1 + \frac{\sin(\varphi_2 - \varphi_z)}{\sin\varphi_2} M_2 \qquad (\varphi_{z_{T_2}} \leqslant \varphi_z \leqslant \varphi_2)$$

扭矩：

$$T_z^2 = T_2 \frac{\sin\varphi_{z_{T_2}}}{\sin\varphi_2} \cos\left(\varphi_2 - \varphi_{z_{T_2}}\right) + \left(\frac{1}{\varphi_2} - \frac{\cos\varphi_z}{\sin\varphi_2}\right) M_1 + \left[\frac{\cos(\varphi_2 - \varphi_z)}{\sin\varphi_2} - \frac{1}{\varphi_2}\right] M_2$$
$$(0 \leqslant \varphi_z \leqslant \varphi_{z_{T_2}})$$

$$T_z^2 = T_2 \frac{\sin\varphi_{z_{T_2}}}{\sin\varphi_2} \cos\left(\varphi_2 - \varphi_{z_{T_2}}\right) + \left(\frac{1}{\varphi_2} - \frac{\cos\varphi_z}{\sin\varphi_2}\right) M_1 + \left[\frac{\cos(\varphi_2 - \varphi_z)}{\sin\varphi_2} - \frac{1}{\varphi_2}\right] M_2$$
$$(\varphi_{z_{T_2}} \leqslant \varphi_z \leqslant \varphi_2)$$

剪力：

$$Q_z^2 = \frac{1}{r\varphi_2}(M_1 + M_2) \qquad (0 \leqslant \varphi_z \leqslant \varphi_2)$$

3）第三跨组合梁内力

弯矩：

$$M_z^3 = T_3 \frac{\sin\left(\varphi_3 - \varphi_{T_3}\right)}{\sin\varphi_3} \sin\varphi_z + \frac{\sin\varphi_z}{\sin\varphi_3} M_2 \qquad (0 \leqslant \varphi_z \leqslant \varphi_{z_{T_3}})$$

$$M_z^3 = T_3 \frac{\sin\varphi_{z_{T_3}} \sin(\varphi_3 - \varphi_z)}{\sin\varphi_3} + \frac{\sin\varphi_z}{\sin\varphi_3} M_2 \qquad (\varphi_{z_{T_3}} \leqslant \varphi_z \leqslant \varphi_3)$$

扭矩：

$$T_z^3 = T_3\frac{\sin\left(\varphi_3-\varphi_{z_{T_1}}\right)}{\sin\varphi_3}\cos\left(\varphi_3-\varphi_z\right)+\left[\frac{\cos\left(\varphi_3-\varphi_z\right)}{\sin\varphi_3}-\frac{1}{\varphi_3}\right]M_2 \qquad (0\leqslant\varphi_z\leqslant\varphi_{z_{T_3}})$$

$$T_z^3 = T_3\frac{\sin\varphi_{z_{T_3}}}{\sin\varphi_3}\cos\left(\varphi_3-\varphi_{z_{T_3}}\right)+\left(\frac{1}{\varphi_3}-\frac{\cos\varphi_z}{\sin\varphi_3}\right)M_2 \qquad (\varphi_{z_{T_3}}\leqslant\varphi_z\leqslant\varphi_3)$$

剪力：

$$Q_z^3 = \frac{1}{r\varphi_3}M_2 \qquad (0\leqslant\varphi_z\leqslant\varphi_3)$$

2. 混凝土板内力

将集中扭矩作用下简支超静定曲线组合梁中混凝土板的弯矩计算公式代入式（6-2）中，整理得到混凝土板的内力。

1）第一跨混凝土板内力

弯矩：

$$M_{cz}^1 = T_1\frac{\sin\left(\varphi_1-\varphi_{z_{T_1}}\right)}{\sin\varphi_1}\sin\varphi_z - r^2h_c'\frac{\partial q_{zk}}{\partial z}+\frac{\sin\left(\varphi_1-\varphi_z\right)}{\sin\varphi_1}M_1 \qquad (0\leqslant\varphi_z\leqslant\varphi_{z_{T_1}})$$

$$M_{cz}^1 = T_1\frac{\sin\varphi_{z_{T_1}}\sin\left(\varphi_1-\varphi_z\right)}{\sin\varphi_1} - r^2h_c'\frac{\partial q_{zk}}{\partial z}+\frac{\sin\left(\varphi_1-\varphi_z\right)}{\sin\varphi_1}M_1 \qquad (\varphi_{z_{T_1}}\leqslant\varphi_z\leqslant\varphi_1)$$

扭矩：

$$T_{cz}^1 = T_1\frac{\sin\left(\varphi_1-\varphi_{z_{T_1}}\right)}{\sin\varphi_1}\left(1-\cos\varphi_z\right)+\left[\frac{\cos\left(\varphi_1-\varphi_z\right)}{\sin\varphi_1}-\frac{1}{\varphi_1}\right]M_1 \qquad (0\leqslant\varphi_z\leqslant\varphi_{z_{T_1}})$$

$$T_{cz}^1 = T_1\frac{\sin\left(\varphi_1-\varphi_{z_{T_1}}\right)+\cos\left(\varphi_1-\varphi_z\right)\sin\varphi_{z_{T_1}}}{\sin\varphi_1}+\left[\frac{\cos\left(\varphi_1-\varphi_z\right)}{\sin\varphi_1}-\frac{1}{\varphi_1}\right]M_1 \qquad (\varphi_{z_{T_1}}\leqslant\varphi_z\leqslant\varphi_1)$$

剪力：

$$Q_{cz}^1 = -r^2h_c'\frac{\partial^2 q_{zk}}{\partial z^2}+h_c'q_{zk}(0)+T_1\frac{\sin\left(\varphi_1-\varphi_{z_{T_1}}\right)}{\sin\varphi_1}+\frac{1}{r\varphi_1}M_1 \qquad (0\leqslant\varphi_z\leqslant\varphi_1)$$

2）第二跨混凝土板内力

弯矩：

$$M_{cz}^2 = T_2\frac{\sin\left(\varphi_2-\varphi_{z_{T_2}}\right)}{\sin\varphi_2}\sin\varphi_z - r^2h_c'\frac{\partial q_{zk}}{\partial z}+\frac{\sin\varphi_z}{\sin\varphi_2}M_1+\frac{\sin\left(\varphi_2-\varphi_z\right)}{\sin\varphi_2}M_2 \qquad (0\leqslant\varphi_z\leqslant\varphi_{z_{T_2}})$$

$$M_{cz}^{2}=T_{2}\frac{\sin\varphi_{z_{T_2}}\sin\left(\varphi_{2}-\varphi_{z}\right)}{\sin\varphi_{2}}-r^{2}h_{c}'\frac{\partial q_{zk}}{\partial z}+\frac{\sin\varphi_{z}}{\sin\varphi_{2}}M_{1}+\frac{\sin\left(\varphi_{2}-\varphi_{z}\right)}{\sin\varphi_{2}}M_{2}\qquad\left(\varphi_{z_{T_2}}\leqslant\varphi_{z}\leqslant\varphi_{2}\right)$$

扭矩：

$$T_{cz}^{2}=T_{2}\frac{\sin\left(\varphi_{2}-\varphi_{z_{T_2}}\right)}{\sin\varphi_{2}}\left(1-\cos\varphi_{z}\right)+\left(\frac{1}{\varphi_{2}}-\frac{\cos\varphi_{z}}{\sin\varphi_{2}}\right)M_{1}+\left[\frac{\cos\left(\varphi_{2}-\varphi_{z}\right)}{\sin\varphi_{2}}-\frac{1}{\varphi_{2}}\right]M_{2}\qquad\left(0\leqslant\varphi_{z}\leqslant\varphi_{z_{T_2}}\right)$$

$$\begin{aligned}T_{cz}^{2}=&T_{2}\frac{\sin\left(\varphi_{2}-\varphi_{z_{T_2}}\right)+\cos\left(\varphi_{2}-\varphi_{z}\right)\sin\varphi_{z_{T_2}}}{\sin\varphi_{2}}\\&+\left(\frac{1}{\varphi_{2}}-\frac{\cos\varphi_{z}}{\sin\varphi_{2}}\right)M_{1}+\left[\frac{\cos\left(\varphi_{2}-\varphi_{z}\right)}{\sin\varphi_{2}}-\frac{1}{\varphi_{2}}\right]M_{2}\qquad\left(\varphi_{z_{T_2}}\leqslant\varphi_{z}\leqslant\varphi_{2}\right)\end{aligned}$$

剪力：

$$Q_{cz}^{2}=-r^{2}h_{c}'\frac{\partial^{2}q_{zk}}{\partial z^{2}}+h_{c}'q_{zk}\left(0\right)+T_{2}\frac{\sin\left(\varphi_{2}-\varphi_{z_{T_2}}\right)}{\sin\varphi_{2}}+\frac{1}{r\varphi_{2}}\left(M_{1}+M_{2}\right)\qquad\left(0\leqslant\varphi_{z}\leqslant\varphi_{2}\right)$$

3）第三跨混凝土板内力

弯矩：

$$M_{cz}^{3}=T_{3}\frac{\sin\left(\varphi_{3}-\varphi_{z_{T_3}}\right)}{\sin\varphi_{3}}\sin\varphi_{z}-r^{2}h_{c}'\frac{\partial q_{zk}}{\partial z}+\frac{\sin\varphi_{z}}{\sin\varphi_{3}}M_{2}\qquad\left(0\leqslant\varphi_{z}\leqslant\varphi_{z_{T_3}}\right)$$

$$M_{cz}^{3}=T_{3}\frac{\sin\varphi_{z_{T_3}}\sin\left(\varphi_{3}-\varphi_{z}\right)}{\sin\varphi_{3}}-r^{2}h_{c}'\frac{\partial q_{zk}}{\partial z}+\frac{\sin\varphi_{z}}{\sin\varphi_{3}}M_{2}\qquad\left(\varphi_{z_{T_3}}\leqslant\varphi_{z}\leqslant\varphi_{3}\right)$$

扭矩：

$$T_{cz}^{3}=T_{3}\frac{\sin\left(\varphi_{3}-\varphi_{z_{T_3}}\right)}{\sin\varphi_{3}}\left(1-\cos\varphi_{z}\right)+\left(\frac{1}{\varphi_{3}}-\frac{\cos\varphi_{z}}{\sin\varphi_{3}}\right)M_{2}\qquad\left(0\leqslant\varphi_{z}\leqslant\varphi_{z_{T_3}}\right)$$

$$T_{cz}^{3}=T_{3}\frac{\sin\left(\varphi_{3}-\varphi_{z_{T_3}}\right)+\cos\left(\varphi_{3}-\varphi_{z}\right)\sin\varphi_{z_{T_3}}}{\sin\varphi_{3}}+\left(\frac{1}{\varphi_{3}}-\frac{\cos\varphi_{z}}{\sin\varphi_{3}}\right)M_{2}\qquad\left(\varphi_{z_{T_3}}\leqslant\varphi_{z}\leqslant\varphi_{3}\right)$$

剪力：

$$Q_{cz}^{3}=-r^{2}h_{c}'\frac{\partial^{2}q_{zk}}{\partial z^{2}}+h_{c}'q_{zk}\left(0\right)+T_{3}\frac{\sin\left(\varphi_{3}-\varphi_{z_{T_3}}\right)}{\sin\varphi_{3}}+\frac{1}{r\varphi_{3}}M_{2}\qquad\left(0\leqslant\varphi_{z}\leqslant\varphi_{3}\right)$$

3. 钢梁内力

将集中扭矩作用下简支超静定曲线组合梁中钢梁的弯矩计算公式代入式（6-3）中，整理得到钢梁的内力。

1）第一跨钢梁内力

弯矩：

$$M_{sz}^{1}=T_{1}\frac{\sin\left(\varphi_{1}-\varphi_{z_{T_{1}}}\right)}{\sin\varphi_{1}}\sin\varphi_{z}-r^{2}h_{s}'\frac{\partial q_{zk}}{\partial z}+\frac{\sin\left(\varphi_{1}-\varphi_{z}\right)}{\sin\varphi_{1}}M_{1}\qquad\left(0\leqslant\varphi_{z}\leqslant\varphi_{z_{T_{1}}}\right)$$

$$M_{sz}^{1}=T_{1}\frac{\sin\varphi_{z_{T_{1}}}\sin\left(\varphi_{1}-\varphi_{z}\right)}{\sin\varphi_{1}}-r^{2}h_{s}'\frac{\partial q_{zk}}{\partial z}+\frac{\sin\left(\varphi_{1}-\varphi_{z}\right)}{\sin\varphi_{1}}M_{1}\qquad\left(\varphi_{z_{T_{1}}}\leqslant\varphi_{z}\leqslant\varphi_{1}\right)$$

扭矩：

$$T_{sz}^{1}=T_{1}\frac{\sin\left(\varphi_{1}-\varphi_{z_{T_{1}}}\right)}{\sin\varphi_{1}}\left(1-\cos\varphi_{z}\right)+\left[\frac{\cos\left(\varphi_{1}-\varphi_{z}\right)}{\sin\varphi_{1}}-\frac{1}{\varphi_{1}}\right]M_{1}\qquad\left(0\leqslant\varphi_{z}\leqslant\varphi_{z_{T_{1}}}\right)$$

$$T_{sz}^{1}=T_{1}\frac{\sin\left(\varphi_{1}-\varphi_{z_{T_{1}}}\right)+\cos\left(\varphi_{1}-\varphi_{z}\right)\sin\varphi_{z_{T_{1}}}}{\sin\varphi_{1}}+\left[\frac{\cos\left(\varphi_{1}-\varphi_{z}\right)}{\sin\varphi_{1}}-\frac{1}{\varphi_{1}}\right]M_{1}$$
$$\left(\varphi_{z_{T_{1}}}\leqslant\varphi_{z}\leqslant\varphi_{1}\right)$$

剪力：

$$Q_{sz}^{1}=-r^{2}h_{s}'\frac{\partial^{2}q_{zk}}{\partial z^{2}}+h_{s}'q_{zk}\left(0\right)+T_{1}\frac{\sin\left(\varphi_{1}-\varphi_{z_{T_{1}}}\right)}{\sin\varphi_{1}}+\frac{1}{r\varphi_{1}}M_{1}\qquad\left(0\leqslant\varphi_{z}\leqslant\varphi_{1}\right)$$

2）第二跨钢梁内力

弯矩：

$$M_{sz}^{2}=T_{2}\frac{\sin\left(\varphi_{2}-\varphi_{z_{T_{2}}}\right)}{\sin\varphi_{2}}\sin\varphi_{z}-r^{2}h_{s}'\frac{\partial q_{zk}}{\partial z}+\frac{\sin\varphi_{z}}{\sin\varphi_{2}}M_{1}+\frac{\sin\left(\varphi_{2}-\varphi_{z}\right)}{\sin\varphi_{2}}M_{2}$$
$$\left(0\leqslant\varphi_{z}\leqslant\varphi_{z_{T_{2}}}\right)$$

$$M_{sz}^{2}=T_{2}\frac{\sin\varphi_{z_{T_{2}}}\sin\left(\varphi_{2}-\varphi_{z}\right)}{\sin\varphi_{2}}-r^{2}h_{s}'\frac{\partial q_{zk}}{\partial z}+\frac{\sin\varphi_{z}}{\sin\varphi_{2}}M_{1}+\frac{\sin\left(\varphi_{2}-\varphi_{z}\right)}{\sin\varphi_{2}}M_{2}$$
$$\left(\varphi_{z_{T_{2}}}\leqslant\varphi_{z}\leqslant\varphi_{2}\right)$$

扭矩：

$$T_{sz}^{2}=T_{2}\frac{\sin\left(\varphi_{2}-\varphi_{z_{T_{2}}}\right)}{\sin\varphi_{2}}\left(1-\cos\varphi_{z}\right)+\left(\frac{1}{\varphi_{2}}-\frac{\cos\varphi_{z}}{\sin\varphi_{2}}\right)M_{1}+\left[\frac{\cos\left(\varphi_{2}-\varphi_{z}\right)}{\sin\varphi_{2}}-\frac{1}{\varphi_{2}}\right]M_{2}$$
$$\left(0\leqslant\varphi_{z}\leqslant\varphi_{z_{T_{2}}}\right)$$

$$T_{sz}^2 = T_2 \frac{\sin\left(\varphi_2 - \varphi_{z_{T_2}}\right) + \cos\left(\varphi_2 - \varphi_z\right)\sin\varphi_{z_{T_2}}}{\sin\varphi_2} + \left(\frac{1}{\varphi_2} - \frac{\cos\varphi_z}{\sin\varphi_2}\right)M_1 + \left[\frac{\cos\left(\varphi_2 - \varphi_z\right)}{\sin\varphi_2} - \frac{1}{\varphi_2}\right]M_2 \quad (\varphi_{z_{T_2}} \leqslant \varphi_z \leqslant \varphi_2)$$

剪力：

$$Q_{sz}^2 = -r^2 h_s' \frac{\partial^2 q_{zk}}{\partial z^2} + h_s' q_{zk}(0) + T_2 \frac{\sin\left(\varphi_2 - \varphi_{z_{T_2}}\right)}{\sin\varphi_2} + \frac{1}{r\varphi_2}\left(M_1 + M_2\right) \quad (0 \leqslant \varphi_z \leqslant \varphi_2)$$

3）第三跨钢梁内力

弯矩：

$$M_{sz}^3 = T_3 \frac{\sin\left(\varphi_3 - \varphi_{z_{T_3}}\right)}{\sin\varphi_3}\sin\varphi_z - r^2 h_s' \frac{\partial q_{zk}}{\partial z} + \frac{\sin\varphi_z}{\sin\varphi_3}M_2 \quad (0 \leqslant \varphi_z \leqslant \varphi_{z_{T_3}})$$

$$M_{sz}^3 = T_3 \frac{\sin\varphi_{z_{T_3}}\sin\left(\varphi_3 - \varphi_z\right)}{\sin\varphi_3} - r^2 h_s' \frac{\partial q_{zk}}{\partial z} + \frac{\sin\varphi_z}{\sin\varphi_3}M_2 \quad (\varphi_{z_{T_3}} \leqslant \varphi_z \leqslant \varphi_3)$$

扭矩：

$$T_{sz}^3 = T_3 \frac{\sin\left(\varphi_3 - \varphi_{z_{T_3}}\right)}{\sin\varphi_3}\left(1 - \cos\varphi_z\right) + \left(\frac{1}{\varphi_3} - \frac{\cos\varphi_z}{\sin\varphi_3}\right)M_2 \quad (0 \leqslant \varphi_z \leqslant \varphi_{z_{T_3}})$$

$$T_{sz}^3 = T_3 \frac{\sin\left(\varphi_3 - \varphi_{z_{T_3}}\right) + \cos\left(\varphi_3 - \varphi_z\right)\sin\varphi_{z_{T_1}}}{\sin\varphi_3} + \left(\frac{1}{\varphi_3} - \frac{\cos\varphi_z}{\sin\varphi_3}\right)M_2 \quad (\varphi_{z_{T_3}} \leqslant \varphi_z \leqslant \varphi_3)$$

剪力：

$$Q_{sz}^3 = -r^2 h_s' \frac{\partial^2 q_{zk}}{\partial z^2} + h_s' q_{zk}(0) + T_3 \frac{\sin\left(\varphi_3 - \varphi_{z_{T_3}}\right)}{\sin\varphi_3} + \frac{1}{r\varphi_3}M_2 \quad (0 \leqslant \varphi_z \leqslant \varphi_3)$$

第 7 章　曲线钢与混凝土组合梁稳定性

曲线组合梁的稳定性是设计和施工中非常关键问题之一。曲线组合梁的稳定性分为局部稳定性和整体稳定性，失稳破坏可能发生在施工阶段和使用阶段。对于现浇混凝土组合梁，在施工阶段，钢梁与混凝土板还没有进行连接，组合梁的稳定性就是钢梁的稳定性问题，只需按钢梁稳定性分析即可。在使用阶段，钢梁与混凝土板成为一体，需要考虑组合梁的稳定性。对于预制混凝土组合梁，在施工阶段，钢梁与混凝土板通过连接件紧密连接，组合梁的稳定性与钢梁不同，在施工和使用阶段都需要考虑组合梁的稳定性。目前，国内外专家、学者对直线组合梁稳定性的研究相对较多，而对曲线组合梁稳定性的研究较少。在曲线梁和曲线组合梁稳定性的基础上，本章介绍承受正弯矩作用的曲线组合梁整体稳定性、承受负弯矩作用的曲线组合梁稳定性及施工吊装阶段的曲线组合梁稳定性。

7.1　圆弧形组合梁稳定性

圆弧形曲线组合梁的半径是一个常数，在承受正弯矩作用时，圆弧形曲线组合梁会发生整体侧向失稳，可以通过弹性理论得到圆弧形曲线组合梁的内力平衡微分方程。在文献[78]研究曲线梁和文献[79]研究曲线组合梁稳定性的基础上，本节分析圆弧形曲线工字钢与混凝土组合梁的稳定性。

7.1.1　侧向屈曲基本方程

采用三维流动直角坐标系 $O\text{-}x\text{-}y\text{-}z$ 和三维固定直角坐标系 $O'\text{-}\zeta\text{-}\eta\text{-}\varepsilon$，截面的形心分别为 O 和 O'。流动直角坐标系规定：垂直于圆弧形组合梁切线且指向圆心方向为 x 方向，位移为 v；垂直于圆弧形组合梁平面并竖直向下为 y 方向，位移为 w；圆弧形组合梁轴切线方向为 z 方向，位移为 u；截面绕 z 轴的扭转角为 ϕ。固定直角坐标系规定：以圆弧形组合梁的圆心 O' 为原点，圆弧形组合梁平面内水平向右为 ζ 方向，垂直于水平方向并指向圆弧形组合梁的方向为 η 方向，垂直于圆弧形组合梁平面向下为 ε 方向，见图 7-1。

圆弧形曲线组合梁的几何方程：

$$k_x = \frac{\mathrm{d}^2 w}{\mathrm{d}z^2} - \frac{\phi}{r}$$

$$k_y = \frac{\mathrm{d}^2 v}{\mathrm{d}z^2} + \frac{v}{r^2}$$

$$k_z = \frac{\mathrm{d}\phi}{\mathrm{d}z} + \frac{1}{r}\frac{\mathrm{d}w}{\mathrm{d}z}$$

式中，k_x、k_y 分别为圆弧形曲线组合梁绕 x 轴和 y 轴的曲率；k_z 为圆弧曲线形组合梁绕 z 轴的曲率；r 为圆弧形曲线组合梁的曲率半径。

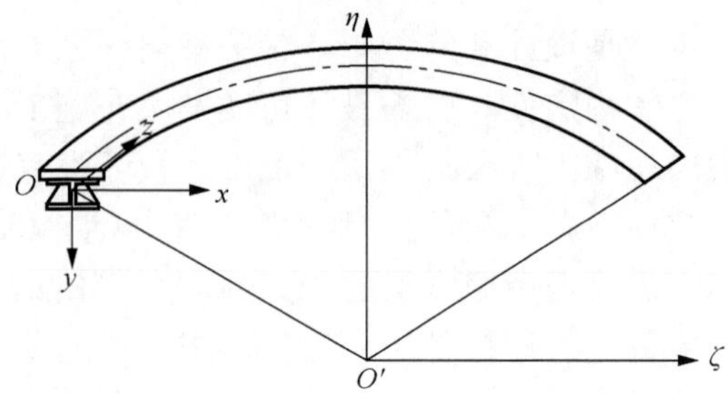

图 7-1　直角坐标系下的圆弧形曲线组合梁

根据小变形原理，忽略圆弧形曲线组合梁扭转对弯曲变形的影响，曲率可简化为

$$k_z = \frac{\mathrm{d}\phi}{\mathrm{d}z}$$

在外荷载作用下，组合梁的平衡微分方程为

$$M = EI_x\left(\frac{\mathrm{d}^2 w}{\mathrm{d}z^2} - \frac{\phi}{r}\right) + EA\left(h_s' + h_c'\right)^2\left(\frac{\mathrm{d}^2 w}{\mathrm{d}z^2} - \frac{\phi}{r}\right)$$

$$M\phi = EI_y\left(\frac{\mathrm{d}^2 v}{\mathrm{d}z^2} + \frac{v}{r^2}\right) + W$$

$$T = -\frac{\mathrm{d}v}{\mathrm{d}z}M - GI_d\frac{\mathrm{d}\phi}{\mathrm{d}z} + E_s I_{s\omega}\frac{\mathrm{d}^3\phi}{\mathrm{d}z^3}$$

式中，EA 为组合梁截面的抗拉刚度，$EA = \dfrac{E_s A_s \cdot E_c A_c}{E_s A_s + E_c A_c}$；$EI_x$ 和 EI_y 分别为组合梁截面对 x 轴和 y 轴的抗弯刚度；h_s' 和 h_c' 分别为钢梁高度和混凝土板厚度的一半；W 为组合梁支座处因侧向弯曲产生的端部弯矩，$W = W_c + W_s$；GI_d 为组合梁抗扭刚度；$E_s I_{s\omega}$ 为钢梁抗扭刚度；T 为组合梁任意截面的扭矩。

对扭矩求导并忽略高次项，整理得到

$$\frac{\mathrm{d}T}{\mathrm{d}z} + M\frac{\mathrm{d}^2 v}{\mathrm{d}z^2} = E_s I_{s\omega}\frac{\mathrm{d}^4\phi}{\mathrm{d}z^4} - GI_d\frac{\mathrm{d}^2\phi}{\mathrm{d}z^2} \tag{7-1}$$

结合弯矩计算公式，整理得到

$$\frac{\mathrm{d}T}{\mathrm{d}z} + \frac{M^2}{EI_y}\phi - \frac{WM}{EI_y} + \frac{Mv}{R^2} = E_s I_{s\omega}\frac{\mathrm{d}^4\phi}{\mathrm{d}z^4} - GI_d\frac{\mathrm{d}^2\phi}{\mathrm{d}z^2}$$

由于$v \ll R$，上式化简为

$$\frac{\mathrm{d}T}{\mathrm{d}z}+\frac{M^2}{EI_y}\phi-\frac{WM}{EI_y}=E_sI_{s\omega}\frac{\mathrm{d}^4\phi}{\mathrm{d}z^4}-GI_d\frac{\mathrm{d}^2\phi}{\mathrm{d}z^2} \tag{7-2}$$

在圆弧形曲线组合梁上任取一微段，微段起始端的截面内力有剪力Q_y、扭矩T，以及弯矩M_x和M_y，经过微段长度dz产生增量，见图 7-2。

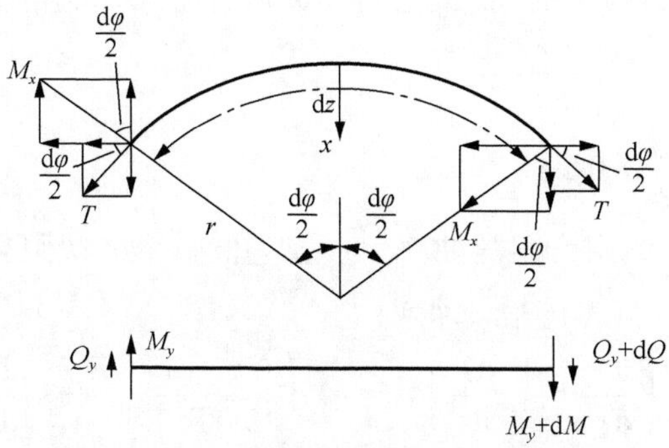

图 7-2　圆弧形曲线组合梁微段受力示意图

由圆弧形曲线组合梁微段沿z轴方向的力矩平衡$\sum M_z=0$得

$$-M_x\sin\frac{\mathrm{d}\varphi}{2}-T\cos\frac{\mathrm{d}\varphi}{2}-\left(M_x+\frac{\partial M_x}{\partial z}\mathrm{d}z\right)\sin\frac{\mathrm{d}\varphi}{2}+\left(T+\frac{\partial T}{\partial z}\mathrm{d}z\right)\cos\frac{\mathrm{d}\varphi}{2}$$

$$-Q_y\left(r-r\cos\frac{\mathrm{d}\varphi}{2}\right)+\left(Q_y+\frac{\partial Q_y}{\partial z}\mathrm{d}z\right)\left(r-r\cos\frac{\mathrm{d}\varphi}{2}\right)=0$$

考虑简化计算，取$\cos\frac{\mathrm{d}\varphi}{2}\approx 1$，$\sin\frac{\mathrm{d}\varphi}{2}\approx\frac{\mathrm{d}\varphi}{2}$，$\mathrm{d}z=r\mathrm{d}\varphi$，$M_x=M$，并略去高阶微量有

$$\frac{\mathrm{d}T}{\mathrm{d}z}=\frac{M}{R}$$

利用式（7-2），整理得圆弧形曲线组合梁发生侧向屈曲的扭转角基本方程：

$$\frac{\mathrm{d}^2\phi}{\mathrm{d}z^2}-\frac{E_sI_{s\omega}}{GI_d}\frac{\mathrm{d}^4\phi}{\mathrm{d}z^4}+\frac{M^2}{EI_yGI_d}\phi=\frac{WM}{EI_yGI_d}-\frac{M}{rGI_d}$$

以圆心为原点建立极坐标系，见图 7-3，用φ表示的基本方程为

$$\frac{\mathrm{d}^2\phi}{\mathrm{d}\varphi^2}-\frac{E_sI_{s\omega}}{r^2GI_d}\frac{\mathrm{d}^4\phi}{\mathrm{d}\varphi^4}+\frac{r^2M^2}{EI_yGI_d}\phi$$

$$=\frac{rM}{EI_yGI_d}\left(rW-EI_y\right)$$

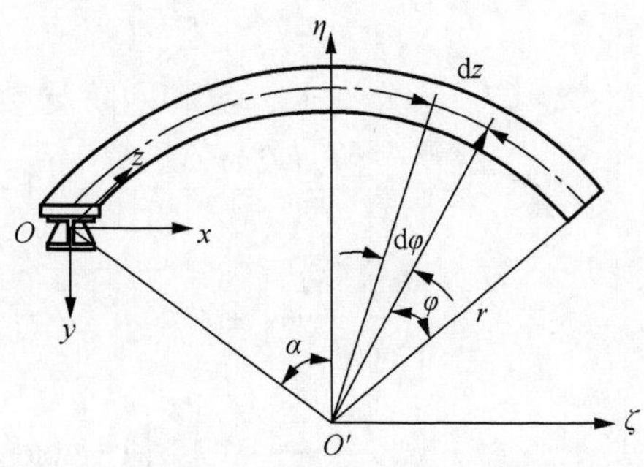

图 7-3　极坐标系下的圆弧形曲线组合梁

7.1.2 屈曲荷载

曲线组合梁的结构形式和荷载作用方式都会影响其侧向屈曲稳定性计算公式。下面以承受对称荷载作用的圆弧形组合梁为例，给出其侧向屈曲稳定计算公式。圆弧形组合梁为对称结构，荷载作用形式对称，因此圆弧形曲线组合梁产生的变形也对称。取一半圆弧形曲线组合梁为研究对象，边界条件如下。

当$\varphi=0$时，$\phi=0$，$\dfrac{\mathrm{d}v}{\mathrm{d}z}-\phi=0$；

当$\varphi=\alpha$时，$\dfrac{\mathrm{d}\phi}{\mathrm{d}\varphi}=0$。

式中，ϕ为圆弧形曲线组合梁的曲率角；α为圆弧形曲线组合梁圆心角的一半。

利用边界条件，由式（7-1）得到

$$\frac{\mathrm{d}v}{\mathrm{d}z}-\phi=\int_0^L\left(\frac{\mathrm{d}^2v}{\mathrm{d}z^2}+\frac{1}{M}\frac{\mathrm{d}T}{\mathrm{d}z}\right)\mathrm{d}z=-\int_0^L\left(\frac{GI_d}{M}\frac{\mathrm{d}^2\phi}{\mathrm{d}z^2}-\frac{E_sI_{s\omega}}{M}\frac{\mathrm{d}^4\phi}{\mathrm{d}z^4}\right)\mathrm{d}z=0$$

则有

$$\int_0^{2\alpha}\left(\frac{GI_d}{r^2M}\frac{\mathrm{d}^2\phi}{\mathrm{d}\varphi^2}-\frac{E_sI_{s\omega}}{r^4M}\frac{\mathrm{d}^4\phi}{\mathrm{d}\varphi^4}\right)r\mathrm{d}\varphi=\int_0^{2\alpha}\left(\frac{GI_d}{rM}\frac{\mathrm{d}^2\phi}{\mathrm{d}\varphi^2}-\frac{E_sI_{s\omega}}{r^3M}\frac{\mathrm{d}^4\phi}{\mathrm{d}\varphi^4}\right)\mathrm{d}\varphi=0$$

整理得到

$$\frac{EI_yGI_d}{rM}\frac{1}{rW-EI_y}\frac{\mathrm{d}^2\phi}{\mathrm{d}\varphi^2}-\frac{EI_yGI_d}{rM}\frac{1}{rW-EI_y}\frac{E_sI_{s\omega}}{r^2GI_d}\frac{\mathrm{d}^4\phi}{\mathrm{d}\varphi^4}=\cos(2\mu\varphi)$$

式中，$\mu=\dfrac{\pi}{2\alpha}$。

求得

$$\phi=\frac{rW-EI_y}{rM}\left[1-\cos(2\mu\varphi)\right] \tag{7-3}$$

$$\frac{\mathrm{d}^2\phi}{\mathrm{d}\varphi^2}-\frac{E_sI_{s\omega}}{r^2GI_d}\frac{\mathrm{d}^4\phi}{\mathrm{d}\varphi^4}=\frac{rM}{EI_yGI_d}(rW-EI_y)\cos(2\mu\varphi)$$

对式（7-3）分别求二阶和四阶导数得到

$$\phi''=\frac{rW-EI_y}{rM}\left(\frac{2M'^2}{M^2}-\frac{M''}{M}\right)\left[1-\cos(2\mu\varphi)\right]-2\frac{rW-EI_y}{rM}\frac{M'}{M}\left[2\mu\sin(2\mu\varphi)\right]$$
$$+\frac{rW-EI_y}{rM}\left[4\mu^2\cos(2\mu\varphi)\right]$$

$$\phi''''=\left(\frac{rW-EI_y}{rM}\right)''''\left[1-\cos(2\mu\varphi)\right]+4\left(\frac{rW-EI_y}{rM}\right)'''\left[2\mu\sin(2\mu\varphi)\right]$$

$$+6\left(\frac{rW-EI_y}{rM}\right)''\left[4\mu^2\cos(2\mu\varphi)\right]+4\left(\frac{rW-EI_y}{rM}\right)'\left[-8\mu^3\sin(2\mu\varphi)\right]$$

$$+\frac{rW-EI_y}{rM}\left[-16\mu^4\cos(2\mu\varphi)\right]$$

整理得到

$$\begin{aligned}\frac{rM}{EI_yGI_d}(rW-EI_y)\cos(2\mu\varphi)=&-\frac{E_sI_{s\omega}}{r^2GI_d}\left\{\left(\frac{rW-EI_y}{rM}\right)''''\left[1-\cos(2\mu\varphi)\right]\right.\\&+4\left(\frac{rW-EI_y}{rM}\right)'''\left[2\mu\sin(2\mu\varphi)\right]\\&+6\left(\frac{rW-EI_y}{rM}\right)''\left[4\mu^2\cos(2\mu\varphi)\right]\\&+4\left(\frac{rW-EI_y}{rM}\right)'\left[-8\mu^3\sin(2\mu\varphi)\right]\\&\left.+\frac{rW-EI_y}{rM}\left[-16\mu^4\cos(2\mu\varphi)\right]\right\}\\&+\frac{rW-EI_y}{rM}\left(\frac{2M'^2}{M^2}-\frac{M''}{M}\right)\left[1-\cos(2\mu\varphi)\right]\\&-2\frac{rW-EI_y}{rM}\frac{M'}{M}\left[2\mu\sin(2\mu\varphi)\right]\\&+\frac{rW-EI_y}{rM}\left[4\mu^2\cos(2\mu\varphi)\right]\end{aligned}$$

圆弧形曲线组合梁的稳定条件是在支座处的扭转角为 0，即，当$\varphi=0$时，$\phi=0$，整理得到临界荷载计算公式：

$$\frac{r^2M^2}{4\mu^2EI_yGI_d}=1-\frac{E_sI_{s\omega}}{r^2GI_d}\left[6\left(\frac{2M'^2}{M^2}-\frac{M''}{M}\right)-4\mu^2\right] \tag{7-4}$$

式（7-4）适用于圆弧形曲线组合梁的任意截面。根据作用在圆弧形曲线组合梁的荷载类型、支撑条件，代入最不利截面的弯矩，即可求出圆弧形曲线组合梁发生侧向屈曲的临界荷载计算公式。下面以简支圆弧形曲线组合梁和两端固定圆弧形曲线组合梁为例，给出其临界荷载计算公式。

1）简支圆弧形曲线组合梁

在均布荷载作用下，简支圆弧形曲线组合梁沿全跨布置均布荷载q，见图 7-4。

考虑组合梁一半长度，即$0\leqslant\varphi\leqslant\alpha$，则弯矩为

$$M=-\alpha qr^2\sin\varphi+\int_0^{\varphi}qr\sin\varphi\mathrm{d}z=-\alpha qr^2\sin\varphi+qr^2(1-\cos\varphi)$$

跨中外截面应变能最大，属于最危险截面，即当$\varphi=\alpha$时，在跨中截面有

$$M=\left(-\alpha\sin\alpha+1-\cos\alpha\right)qr^2$$

$$M'=\left(-\alpha\cos\alpha+\sin\alpha\right)qr^2$$

$$M''=\left(\alpha\sin\alpha+\cos\alpha\right)qr^2$$

代入式（7-4）中，得到屈曲荷载：

$$q=\pm\frac{\pi\sqrt{EI_yGI_d}}{\alpha\left(-\alpha\sin\alpha+1-\cos\alpha\right)r^3}\times\sqrt{1-\frac{E_sI_{s\omega}}{r^2GI_d}\left[\frac{12\left(-\alpha\cos\alpha+\sin\alpha\right)^2}{\left(-\alpha\sin\alpha+1-\cos\alpha\right)^2}-\frac{6}{-\alpha\sin\alpha+1-\cos\alpha}+6-\frac{\pi^2}{\alpha^2}\right]}$$

当$\alpha=\dfrac{\pi}{2}$时，为均布荷载作用下的简支半圆弧形曲线组合梁，见图 7-5。

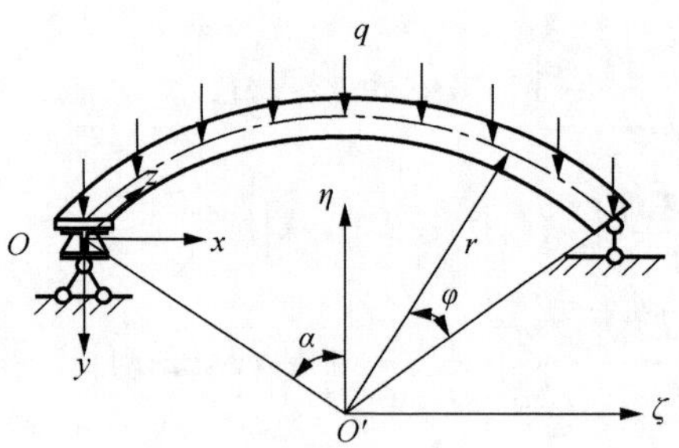

图 7-4　简支圆弧形曲线组合梁

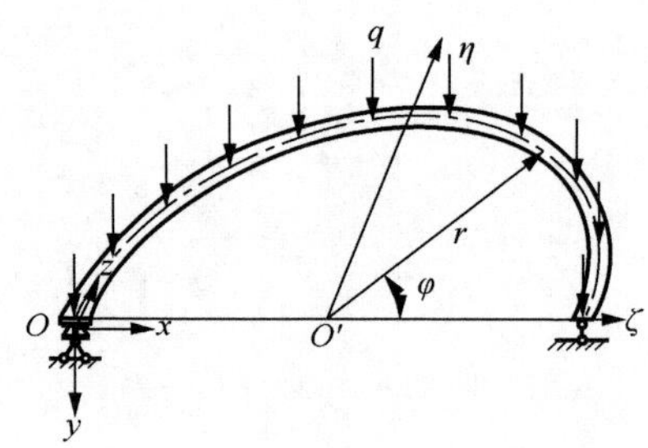

图 7-5　简支半圆弧形曲线组合梁

屈曲荷载：

$$q=\pm\frac{2\sqrt{EI_yGI_d}}{\left(1-0.5\pi\right)r^3}\sqrt{1-\frac{E_sI_{s\omega}}{r^2GI_d}\left[\frac{12}{\left(1-0.5\pi\right)^2}-\frac{6}{1-0.5\pi}+2\right]}$$

整理得到

$$q=\pm\frac{3.5\sqrt{EI_yGI_d}}{r^3}\sqrt{1-49.34\frac{E_sI_{s\omega}}{r^2GI_d}}$$

2）两端固定圆弧形曲线组合梁

在均布荷载作用下，两端固定圆弧形曲线组合梁沿全跨布置均布荷载q，见图 7-6。

设圆弧形曲线组合梁端部弯矩和扭矩分别为

$$M_0=\lambda_m qr^2$$

$$T_0=\lambda_t qr^2$$

式中，λ_m 为固端弯矩系数；λ_t 为固端扭矩系数。

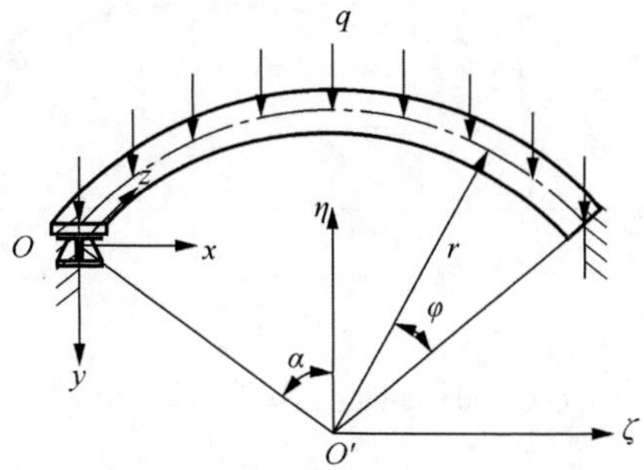

图 7-6　两端固定圆弧形曲线组合梁

考虑组合梁一半的长度，弯矩为

$$M=\lambda_m qr^2\cos\varphi-\lambda_t qr^2\sin\varphi-\alpha qr^2\sin\varphi+qr^2(1-\cos\varphi)$$

当 $\varphi=\alpha$ 时，在跨中截面有

$$M=(\lambda_m\cos\alpha-\lambda_t\sin\alpha-\alpha\sin\alpha+1-\cos\alpha)qr^2$$

$$M'=(-\lambda_m\sin\alpha-\lambda_t\cos\alpha-\alpha\cos\alpha+\sin\alpha)qr^2$$

$$M''=(-\lambda_m\cos\alpha+\lambda_t\sin\alpha+\alpha\sin\alpha+\cos\alpha)qr^2$$

代入式（7-4）中，整理得到

$$\begin{aligned}&\frac{(\lambda_m\cos\alpha-\lambda_t\sin\alpha-\alpha\sin\alpha+1-\cos\alpha)^2 q^2r^6}{4\mu^2 EI_yGI_d}\\&=1-\frac{E_sI_{s\omega}}{r^2GI_d}\left[12\left(\frac{-\lambda_m\sin\alpha-\lambda_t\cos\alpha-\alpha\cos\alpha+\sin\alpha}{\lambda_m\cos\alpha-\lambda_t\sin\alpha-\alpha\sin\alpha+1-\cos\alpha}\right)^2\right.\\&\left.\quad-6\frac{-\lambda_m\cos\alpha+\lambda_t\sin\alpha+\alpha\sin\alpha+\cos\alpha}{\lambda_m\cos\alpha-\lambda_t\sin\alpha-\alpha\sin\alpha+1-\cos\alpha}-4\mu^2\right]\end{aligned}$$

屈曲荷载：

$$\begin{aligned}q=&\pm\frac{\pi\sqrt{EI_yGI_d}}{\alpha(\lambda_m\cos\alpha-\lambda_t\sin\alpha-\alpha\sin\alpha+1-\cos\alpha)r^3}\\&\times\sqrt{1-\frac{E_sI_{s\omega}}{r^2GI_d}\left[12\frac{(-\lambda_m\sin\alpha-\lambda_t\cos\alpha-\alpha\cos\alpha+\sin\alpha)^2}{(\lambda_m\cos\alpha-\lambda_t\sin\alpha-\alpha\sin\alpha+1-\cos\alpha)^2}-\frac{6}{\lambda_m\cos\alpha-\lambda_t\sin\alpha-\alpha\sin\alpha+1-\cos\alpha}+6-\frac{\pi^2}{\alpha^2}\right]}\end{aligned}$$

当 $\alpha=\dfrac{\pi}{2}$ 时，为均布荷载作用下的两端固定半圆弧形曲线组合梁，见图 7-7。

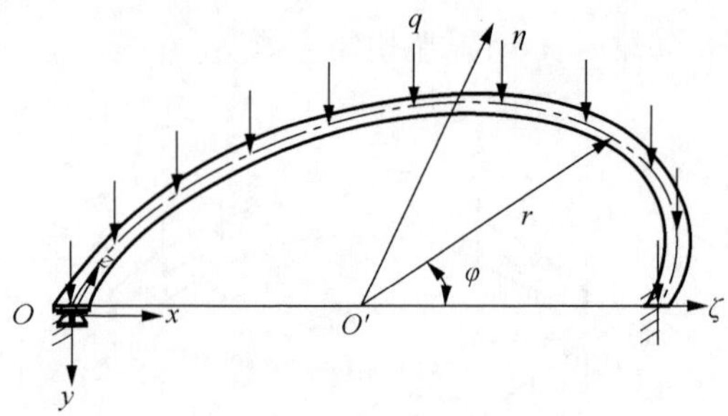

图 7-7　两端固定半圆弧形曲线组合梁

屈曲荷载：

$$q = \pm\frac{2\sqrt{EI_y GI_d}}{(\lambda_t + 0.57)r^3}\sqrt{1 - \frac{E_s I_{s\omega}}{r^2 GI_d}\left[\frac{12(\lambda_m - 1)^2}{(\lambda_t + 0.57)^2} + \frac{6}{\lambda_t + 0.57} + 2\right]}$$

7.2　任意曲线组合梁稳定性

任意曲线组合梁的曲率半径是一个变量，并且组合梁端部扭矩是一个函数，可以通过任意曲线组合梁的内力平衡微分方程，利用微分法求得任意曲线组合梁的屈曲临界荷载。本节在文献[78]研究曲线梁和文献[79]研究曲线组合梁侧向稳定性的基础上，分析二次抛物线形和半椭圆形工字钢与混凝土组合梁的稳定性。

7.2.1　侧向屈曲基本方程

采用三维流动直角坐标系 O-x-y-z，截面的形心为 O。直角坐标系规定：在曲线组合梁中，曲线组合梁向心方向为 x 方向，位移为 v；垂直于曲线组合梁平面并向下为 y 方向，位移为 w；曲线组合梁轴线的切线方向为 z 方向，位移为 u；截面绕 z 轴的扭转角为 ϕ，见图 7-8。取曲线组合梁的微段，微段长度为 $\mathrm{d}z$，微段对应的圆心角度为 $\mathrm{d}\varphi$，见图 7-9。

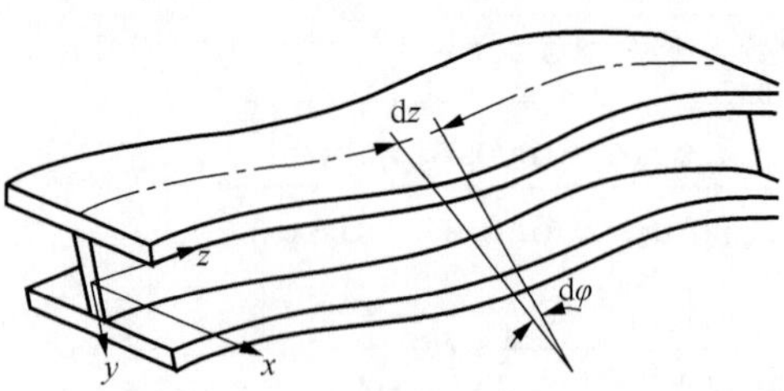

图 7-8　直角坐标系下的曲线组合梁

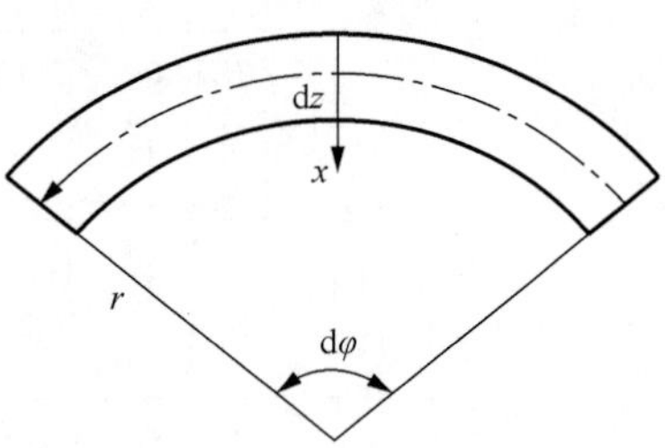

图 7-9　曲线组合梁微段示意图

以对称曲线组合梁的形心 O'为极坐标原点，建立极坐标系，见图 7-10。

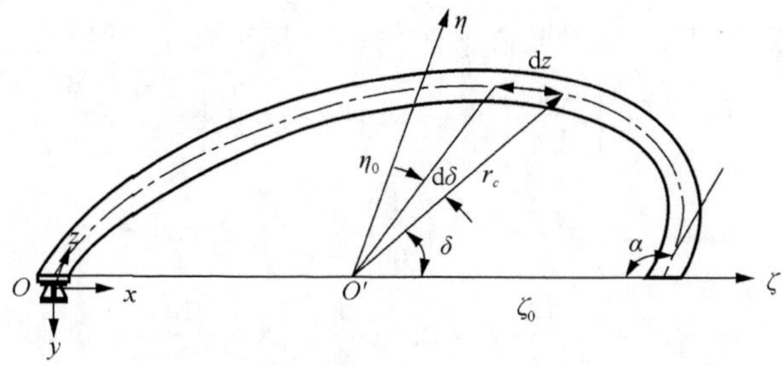

图 7-10 极坐标系下的曲线组合梁

直角坐标系与极坐标系的换算关系：

$$\eta = r_c \sin\delta$$

$$\zeta = r_c \cos\delta$$

则有

$$\mathrm{d}z = r\mathrm{d}\varphi = \sqrt{r_c^2 + \left(\frac{\mathrm{d}r_c}{\mathrm{d}\delta}\right)^2}\,\mathrm{d}\delta$$

$$\tan\left(180^\circ - \beta - \delta\right) = r_c \frac{\mathrm{d}\delta}{\mathrm{d}r_c}$$

$$\frac{\mathrm{d}\delta}{\mathrm{d}\varphi} = \frac{r\sin\left(\delta+\beta\right)}{r_c}$$

$$\frac{\mathrm{d}r_c}{\mathrm{d}\varphi} = \frac{\mathrm{d}r_c}{\mathrm{d}\delta}\frac{\mathrm{d}\delta}{\mathrm{d}\varphi} = -r\cos\left(\delta+\beta\right)$$

$$\frac{\mathrm{d}^2\delta}{\mathrm{d}\varphi^2} = \frac{\sin\left(\delta+\beta\right)}{r_c}\frac{\mathrm{d}r}{\mathrm{d}\varphi} + 2\frac{r^2}{r_c^2}\sin\left(\delta+\beta\right)\cos\left(\delta+\beta\right) - \frac{r\cos\left(\delta+\beta\right)}{r_c}$$

$$\frac{\mathrm{d}^2 r_c}{\mathrm{d}\varphi^2} = -\frac{\mathrm{d}r}{\mathrm{d}\varphi}\cos\left(\delta+\beta\right) + \frac{r^2\sin^2\left(\delta+\beta\right)}{r_c} - r\sin\left(\delta+\beta\right)$$

式中，r 为曲线组合梁任意截面的曲率半径；β 为曲线组合梁轴线切线与水平方向的夹角。

曲率与位移的关系：

$$k_x = \frac{\mathrm{d}^2 w}{\mathrm{d}z^2} - \frac{\phi}{r}$$

$$k_y = \frac{\mathrm{d}^2 v}{\mathrm{d}z^2} + \frac{v}{r^2}$$

$$k_z = \frac{\mathrm{d}\phi}{\mathrm{d}z} + \frac{1}{r}\frac{\mathrm{d}w}{\mathrm{d}z}$$

根据小变形原理，忽略曲线组合梁扭转对弯曲变形的影响，曲率可简化为

$$k_z = \frac{\mathrm{d}\phi}{\mathrm{d}z}$$

利用内力平衡方程，得到组合梁的弯矩、扭矩和变形关系：

$$M = EI_x\left(\frac{\mathrm{d}^2 w}{\mathrm{d}z^2}-\frac{\phi}{r}\right)+EA\left(h_c'+h_s'\right)^2\left(\frac{\mathrm{d}^2 w}{\mathrm{d}z^2}-\frac{\phi}{r}\right)$$

$$M\phi = EI_y\left(\frac{\mathrm{d}^2 v}{\mathrm{d}z^2}+\frac{v}{r^2}\right)+W$$

$$T+\frac{\mathrm{d}v}{\mathrm{d}z}M = E_s I_{s\omega}\frac{\mathrm{d}^3\phi}{\mathrm{d}z^3}-GI_d\frac{\mathrm{d}\phi}{\mathrm{d}z}$$

对上式求导，并忽略高次项得到

$$-\frac{\mathrm{d}T}{\mathrm{d}z}-M\frac{\mathrm{d}^2 v}{\mathrm{d}z^2}=GI_d\frac{\mathrm{d}^2\phi}{\mathrm{d}z^2}-E_s I_{s\omega}\frac{\mathrm{d}^4\phi}{\mathrm{d}z^4} \tag{7-5}$$

整理得到扭转角：

$$\frac{\mathrm{d}^2\phi}{\mathrm{d}z^2}-\frac{E_s I_{s\omega}}{GI_d}\frac{\mathrm{d}^4\phi}{\mathrm{d}z^4}+\frac{M^2}{GI_d EI_y}\phi=\frac{M}{rEI_y GI_d}\left(rW-EI_y\right)$$

在极坐标系下的扭转角：

$$\frac{\mathrm{d}^2\phi}{\mathrm{d}\varphi^2}-\frac{E_s I_{s\omega}}{r^2 GI_d}\frac{\mathrm{d}^4\phi}{\mathrm{d}\varphi^4}+\frac{r^2M^2}{EI_y GI_d}\phi=\frac{rM}{EI_y GI_d}\left(rW-EI_y\right) \tag{7-6}$$

曲线组合梁结构形式和荷载作用方式都会影响其侧向屈曲稳定性计算公式。下面以承受对称荷载作用的曲线组合梁为例，给出其侧向屈曲稳定计算公式。组合梁为对称结构，且荷载作用形式对称，所以曲线组合梁产生的变形也对称，取一半曲线组合梁为研究对象，边界条件如下：当 $\varphi=0$ 时，$\phi=0$，$\frac{\mathrm{d}v}{\mathrm{d}z}-\phi=0$；当 $\varphi=\alpha$ 时，$\frac{\mathrm{d}\phi}{\mathrm{d}\varphi}=0$ 。

曲线组合梁的曲率半径是一个变化量，采用积分法求解比较复杂，而且得到的结果误差也很大，可以分别采用微分法和积分法求解曲线组合梁发生侧向屈曲的临界荷载计算公式，下面仅介绍微分法的求解方法。

为满足边界条件，由式（7-5）可知：

$$\frac{\mathrm{d}v}{\mathrm{d}z}-\phi=-\int_0^L\left(\frac{GI_d}{M}\frac{\mathrm{d}^2\phi}{\mathrm{d}z^2}-\frac{E_s I_{s\omega}}{M}\frac{\mathrm{d}^4\phi}{\mathrm{d}z^4}\right)\mathrm{d}z=0$$

整理得到

$$\int_0^{\pi}\left[\frac{EI_y GI_d}{rM\left(rW-EI_y\right)}\frac{\mathrm{d}^2\phi}{\mathrm{d}\varphi^2}-\frac{EI_y E_s I_{s\omega}}{r^3M\left(rW-EI_y\right)}\frac{\mathrm{d}^4\phi}{\mathrm{d}\varphi^4}\right]\mathrm{d}\varphi=\int_0^{\pi}\cos(2\varphi)\mathrm{d}\varphi$$

则有

$$\frac{EI_y GI_d}{rM\left(rW-EI_y\right)}\frac{\mathrm{d}^2\phi}{\mathrm{d}\varphi^2}-\frac{EI_y E_s I_{s\omega}}{r^3M\left(rW-EI_y\right)}\frac{\mathrm{d}^4\phi}{\mathrm{d}\varphi^4}=\cos(2\varphi)$$

此公式能满足边界条件，代入式（7-6）整理得

$$\phi = \xi\left[1-\cos(2\varphi)\right] \tag{7-7}$$

$$\frac{\mathrm{d}^2\phi}{\mathrm{d}\varphi^2}-\frac{E_sI_{s\omega}}{r^2GI_d}\frac{\mathrm{d}^4\phi}{\mathrm{d}\varphi^4}=\frac{r^2M^2}{EI_yGI_d}\xi\cos(2\varphi)$$

式中，$\xi=\dfrac{rW-EI_y}{rM}$。

对式（7-7）分别求二阶和四阶导数得到

$$\phi''=\xi\left[1-\cos(2\varphi)\right]+4\xi'\sin(2\varphi)+4\xi''\cos(2\varphi)$$

$$\phi''''=\xi''''\left[1-\cos(2\varphi)\right]+8\xi'''\sin(2\varphi)+24\xi''\cos(2\varphi)-32\xi'\sin(2\varphi)-16\xi\cos(2\varphi)$$

整理得到

$$\begin{aligned}\frac{r^2M^2}{EI_yGI_d}\xi\cos(2\varphi)=&\ \xi''\left[1-\cos(2\varphi)\right]+4\xi'\sin(2\varphi)+4\xi\cos(2\varphi)\\&-\frac{E_sI_{s\omega}}{r^2GI_d}\Big\{\xi''''\left[1-\cos(2\varphi)\right]+8\xi'''\sin(2\varphi)+24\xi''\cos(2\varphi)\\&-32\xi'\sin(2\varphi)-16\xi\cos(2\varphi)\Big\}\end{aligned}$$

曲线组合梁的稳定条件是在支座处扭转角为 0，即当$\varphi=0$时，$\phi=0$，整理得到

$$\frac{r^2M^2}{EI_yGI_d}\xi=4\xi-\frac{E_sI_{s\omega}}{r^2GI_d}\left(24\xi''-16\xi\right)$$

解得

$$M=\pm\frac{2\sqrt{EI_yGI_d}}{r}\sqrt{1-\frac{E_sI_{s\omega}}{r^2GI_d}\left(6\frac{\xi''}{\xi}-4\right)}$$

因为$\xi=\dfrac{rW-EI_y}{rM}$，则有

$$\xi''=W\left(\frac{M'^2}{M^3}-\frac{M''}{M^2}\right)-\frac{EI_y}{M}\left(\frac{r'^2}{r^3}-\frac{r''}{r^2}\right)-2EI_y\frac{M'}{M^2}\frac{r'}{r^2}-\frac{EI_y}{r}\left(\frac{M'^2}{M^3}-\frac{M''}{M^2}\right)$$

$$\frac{\xi''}{\xi}=\left(\frac{M'^2}{M^2}-\frac{M''}{M}\right)-\frac{EI_y}{rW-EI_y}\left(\frac{r'^2}{r^2}+2\frac{M'}{M}\frac{r'}{r}-\frac{r''}{r}\right)$$

临界弯矩：

$$M=\pm\frac{2\sqrt{EI_yGI_d}}{r}\sqrt{1-\frac{E_sI_{s\omega}}{r^2GI_d}\left[6\left(\frac{M'^2}{M^2}-\frac{M''}{M}\right)-\frac{EI_y}{rW-EI_y}\left(\frac{r'^2}{r^2}+2\frac{M'}{M}\frac{r'}{r}-\frac{r''}{r}\right)-4\right]} \tag{7-8}$$

7.2.2 二次抛物线形曲线组合梁的屈曲荷载

二次抛物线形曲线组合梁示意图见图 7-11。

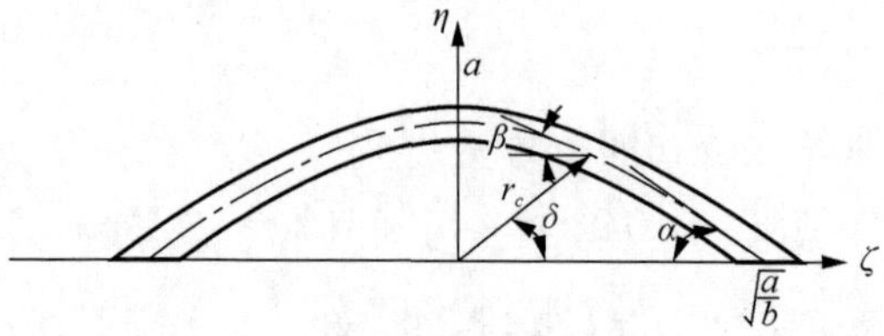

图 7-11 二次抛物线形曲线组合梁示意图

设二次抛物线形曲线组合梁方程为

$$\eta = a - b\zeta^2$$

则有

$$\eta' = -2b\zeta\ , \qquad \eta'' = -2b$$

曲率半径：

$$r = \frac{1}{k} = \frac{\left(1+\eta'^2\right)^{\frac{3}{2}}}{\left|\eta''\right|} \tag{7-9}$$

整理得到

$$r = \frac{\left(1+4b^2\zeta^2\right)^{\frac{3}{2}}}{2b}$$

在极坐标系下的曲率半径

$$r = \frac{\left(1+4b^2r_c^2\cos^2\delta\right)^{\frac{3}{2}}}{2b}$$

上式对 φ 求两次导，整理得到

$$r'' = 24b^3r_c^2r^2\cos^2\delta\cos^2\beta\left(1+4b^2r_c^2\cos^2\delta\right)^{-\frac{1}{2}} + 6br^2\cos^2\beta\left(1+4b^2r_c^2\cos^2\delta\right)^{\frac{1}{2}}$$
$$+36b^2r_c^2r\cos^2\delta\cos^2\beta\left(1+4b^2r_c^2\cos^2\delta\right) - 6br_cr\cos\delta\sin\beta\left(1+4b^2r_c^2\cos^2\delta\right)^{\frac{1}{2}}$$

在不同支撑条件和不同荷载作用方式下，会得到不同的二次抛物线形曲线组合梁的具体表达式。由于二次抛物线形曲线组合梁是对称结构，若荷载作用形式对称，则可得

$$\beta = 0\ , \qquad \varphi = \alpha\ , \qquad \zeta_0 = \sqrt{\frac{a}{b}}\ , \qquad \eta_0 = a$$

$$\delta = \frac{\pi}{2}\ , \qquad \frac{\mathrm{d}\delta}{\mathrm{d}\varphi} = \frac{1}{2ab}\ , \qquad \frac{\mathrm{d}^2\delta}{\mathrm{d}\varphi^2} = 0$$

$$r_c = a\,,\qquad \frac{\mathrm{d}r_c}{\mathrm{d}\varphi}=0\,,\qquad \frac{\mathrm{d}^2 r_c}{\mathrm{d}\varphi^2}=\frac{1-2ab}{4ab^2}$$

$$r=\frac{1}{2b}\,,\qquad \frac{\mathrm{d}r}{\mathrm{d}\varphi}=0\,,\qquad \frac{\mathrm{d}^2 r}{\mathrm{d}\varphi^2}=\frac{3}{2b}$$

式中，α 为曲线组合梁支座处的轴线切线与水平方向的夹角；β 为曲线组合梁轴线切线与水平方向的夹角；ζ_0 为曲线组合梁沿 ζ 轴方向的最大坐标值；η_0 为曲线组合梁沿 η 轴方向的最大坐标值。

下面以均布荷载作用为例，给出简支曲线组合梁和两端固定曲线组合梁屈曲荷载的计算公式。

1）简支曲线组合梁

简支曲线组合梁沿全跨布置均布荷载 q，见图 7-12。

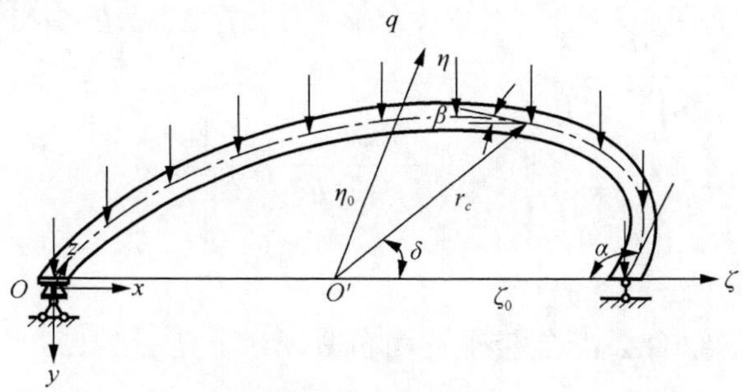

图 7-12　简支曲线组合梁

考虑组合梁的一半长度，弯矩为

$$\begin{aligned}M&=-0.5qL\left(\zeta_0-r_c\cos\delta\right)\cos\beta-0.5qLr_c\sin\delta\sin\beta+\sin\beta\int_0^{\delta}q\left(r_c\sin\delta-\eta\right)\mathrm{d}z\\&\quad+\cos\beta\int_0^{\delta}q\left(\zeta-r_c\cos\delta\right)\mathrm{d}z=-0.5qL\zeta_0\cos\beta+0.5qLr_c\cos\left(\delta+\beta\right)\\&\quad+\sin\beta\int_0^{\delta}q\left(r_c\sin\delta-\eta\right)\mathrm{d}z+\cos\beta\int_0^{\delta}q\left(\zeta-r_c\cos\delta\right)\mathrm{d}z\end{aligned}$$

分别将 M 对 φ 求一次和二次导数得到

$$\begin{aligned}M'&=-0.5qL\zeta_0\sin\beta-0.5qLr+0.5qLr_c\sin\left(\delta+\beta\right)-\cos\beta\int_0^{\delta}q\left(r_c\sin\delta-\eta\right)\mathrm{d}z\\&\quad+\sin\beta\int_0^{\delta}q\left(\zeta-r_c\cos\delta\right)\mathrm{d}z\end{aligned}$$

$$\begin{aligned}M''&=0.5qL\zeta_0\cos\beta-0.5qL\frac{\mathrm{d}r}{\mathrm{d}\varphi}-0.5qLr_c\cos\left(\delta+\beta\right)-\sin\beta\int_0^{\delta}q\left(r_c\sin\delta-\eta\right)\mathrm{d}z\\&\quad-\cos\beta\int_0^{\delta}q\left(\zeta-r_c\cos\delta\right)\mathrm{d}z\end{aligned}$$

在二次抛物线形曲线组合梁的跨中截面处有

$$M=-0.5\sqrt{\frac{a}{b}}qL+q\int_0^{0.5\pi}\zeta\,\mathrm{d}z$$

$$M' = -\frac{qL}{4b} + 0.5aqL - q\int_0^{0.5\pi}(a-\eta)\mathrm{d}z$$

$$M'' = 0.5\sqrt{\frac{a}{b}}qL - \int_0^{0.5\pi} q\zeta\mathrm{d}z$$

代入式（7-8）中得到组合梁的屈曲弯矩计算公式：

$$M = \pm 4b\sqrt{EI_yGI_d}\sqrt{1-\frac{4b^2E_sI_{s\omega}}{GI_d}\left[6\left(\frac{-L+2abL-4b\int_0^{0.5\pi}(a-\eta)\mathrm{d}z}{2\sqrt{ab}L-4b\int_0^{0.5\pi}\zeta\mathrm{d}z}\right)^2+\frac{36bEI_y}{W-2bEI_y}+2\right]}$$

屈曲荷载：

$$q = \pm\frac{8b^2\sqrt{EI_yGI_d}}{-\sqrt{ab}L+2b\int_0^{0.5\pi}\zeta\mathrm{d}z}\sqrt{1-4b^2\frac{E_sI_{s\omega}}{GI_d}\left[6\left(\frac{-L+2abL-4b\int_0^{0.5\pi}(a-\eta)\mathrm{d}z}{2\sqrt{ab}L-4b\int_0^{0.5\pi}\zeta\mathrm{d}z}\right)^2+\frac{36bEI_y}{W-2bEI_y}+2\right]}$$

2）两端固定曲线组合梁

两端固定曲线组合梁沿全跨布置均布荷载q，见图 7-13。

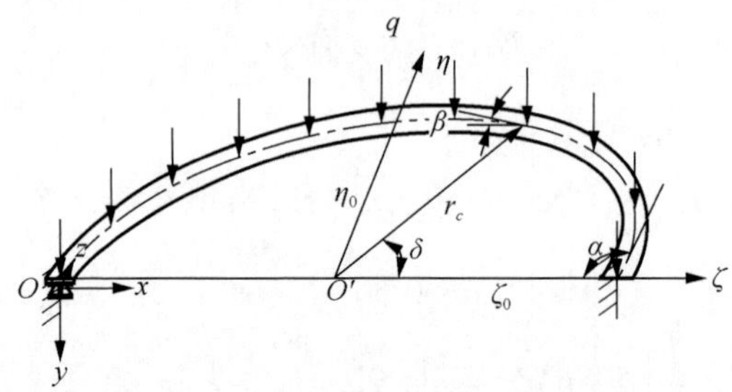

图 7-13 两端固定曲线组合梁

设组合梁端部弯矩为

$$M_0 = \lambda_m\eta_0 qL = \lambda_m aqL$$

扭矩为

$$T_0 = \lambda_t\zeta_0 qL = \lambda_t\sqrt{\frac{a}{b}}qL$$

考虑组合梁一半长度，弯矩为

$$M = M_0\cos\varphi - T_0\sin\varphi - 0.5qL\zeta_0\cos\beta + 0.5qLr_c\cos(\delta+\beta) + \sin\beta\int_0^{\delta} q(r_c\sin\delta-\eta)\mathrm{d}z + \cos\beta\int_0^{\delta} q(\zeta-r_c\cos\delta)\mathrm{d}z$$

M 对 φ 求二次导数得到

$$M''=-M_0\cos\varphi+T_0\sin\varphi+0.5qL\zeta_0\cos\beta-0.5qL\frac{\mathrm{d}r}{\mathrm{d}\varphi}-0.5qLr_c\cos(\delta+\beta)$$

$$-\sin\beta\int_0^{\delta}q(r_c\sin\delta-\eta)\mathrm{d}z-\cos\beta\int_0^{\delta}q(\zeta-r_c\cos\delta)\mathrm{d}z$$

在二次抛物线形曲线组合梁跨中截面处有

$$M=\lambda_m aqL\cos\alpha-\lambda_t\sqrt{\frac{a}{b}}qL\sin\alpha-0.5\sqrt{\frac{a}{b}}qL+q\int_0^{0.5\pi}\zeta\,\mathrm{d}z$$

$$M'=-\lambda_m aqL\sin\alpha-\lambda_t\sqrt{\frac{a}{b}}qL\cos\alpha-\frac{qL}{4b}+0.5aqL-q\int_0^{0.5\pi}(a-\eta)\mathrm{d}z$$

$$M''=-\lambda_m aqL\cos\alpha+\lambda_t\sqrt{\frac{a}{b}}qL\sin\alpha+0.5\sqrt{\frac{a}{b}}qL-\int_0^{0.5\pi}q\zeta\,\mathrm{d}z$$

代入式（7-8）中得到屈曲弯矩计算公式：

$$M=\pm4b\sqrt{EI_yGI_d}\times\sqrt{1-\frac{4b^2E_sI_{s\omega}}{GI_d}\left[6\left(\frac{-4\lambda_m abL\sin\alpha-4\lambda_t\sqrt{ab}L\cos\alpha-L+2abL-4b\int_0^{0.5\pi}(a-\eta)\mathrm{d}z}{-4\lambda_m abL\cos\alpha+4\lambda_t\sqrt{ab}L\sin\alpha+2\sqrt{ab}L-4b\int_0^{0.5\pi}\zeta\,\mathrm{d}z}\right)^2+\frac{36bEI_y}{W-2bEI_y}+2\right]}$$

屈曲荷载：

$$q=\pm\frac{8b^2\sqrt{EI_yGI_d}}{2\lambda_m abL\cos\alpha-2\lambda_t\sqrt{ab}L\sin\alpha-\sqrt{ab}L+2b\int_0^{0.5\pi}\zeta\,\mathrm{d}z}\times\sqrt{1-4b^2\frac{E_sI_{s\omega}}{GI_d}\left[6\left(\frac{-4\lambda_m abL\sin\alpha-4\lambda_t\sqrt{ab}L\cos\alpha-L+2abL-4b\int_0^{0.5\pi}(a-\eta)\mathrm{d}z}{-4\lambda_m abL\cos\alpha+4\lambda_t\sqrt{ab}L\sin\alpha+2\sqrt{ab}L-4b\int_0^{0.5\pi}\zeta\,\mathrm{d}z}\right)^2+\frac{36bEI_y}{W-2bEI_y}+2\right]}$$

7.2.3　半椭圆形组合梁的屈曲荷载

半椭圆形曲线组合梁计算简图见图 7-14。

设半椭圆形曲线组合梁方程为

$$\frac{\eta^2}{a^2}+\frac{\zeta^2}{b^2}=1$$

可以表示为

$$\eta=\frac{a}{b}\sqrt{b^2-\zeta^2}=\frac{a}{b}\left(b^2-\zeta^2\right)^{\frac{1}{2}}$$

则有

$$\eta'=-\frac{a}{b}\zeta\left(b^2-\zeta^2\right)^{-\frac{1}{2}}$$

$$\eta''=-\frac{a}{b}\left(b^2-\zeta^2\right)^{-\frac{1}{2}}-\frac{a}{b}\zeta^2\left(b^2-\zeta^2\right)^{-\frac{1}{2}}$$

代入式（7-9）中，整理得到

$$r=\frac{\left(a^4\zeta^2+b^4\eta^2\right)^{\frac{3}{2}}}{a^4b^4}$$

在极坐标系下，曲率半径为

$$r=\frac{\left(a^4r_c^2\cos^2\delta+b^4r_c^2\sin^2\delta\right)^{\frac{3}{2}}}{a^4b^4}$$

上式对 φ 求二次导数得到

$$\begin{aligned}r''=&3\frac{\left(a^4r_c^2\cos^2\delta+b^4r_c^2\sin^2\delta\right)^{-\frac{1}{2}}}{a^4b^4}\left(-a^4r_cr\cos\delta\cos\beta+b^4r_cr\sin\delta\sin\beta\right)^2\\&+3\frac{\left(a^4r_c^2\cos^2\delta+b^4r_c^2\sin^2\delta\right)^{\frac{1}{2}}}{a^4b^4}\left(a^4r^2\cos^2\beta-a^4r_c\frac{\mathrm{d}r}{\mathrm{d}\theta}\cos\delta\cos\beta-a^4r_cr\cos\delta\sin\beta\right.\\&\left.+b^4r^2\sin^2\beta+b^4r_c\frac{\mathrm{d}r}{\mathrm{d}\theta}\sin\delta\sin\beta-b^4r_cr\sin\delta\cos\beta\right)\end{aligned}$$

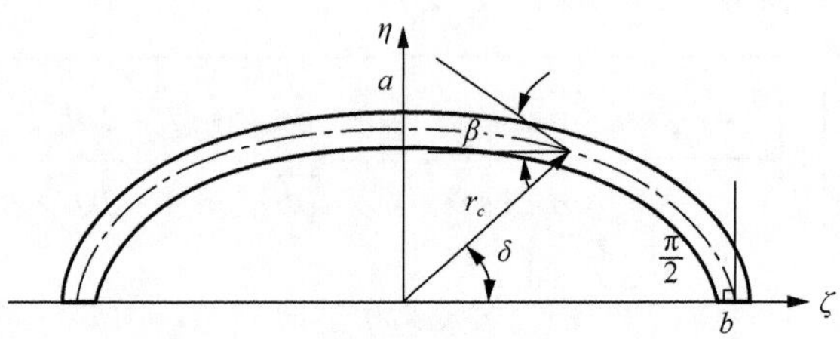

图 7-14　半椭圆形曲线组合梁示意图

在不同支撑条件和荷载作用方式下，会得到不同的具体计算公式。由于半椭圆形曲线组合梁是对称结构，若荷载作用形式对称，则整理得到

$$\beta=0,\quad \varphi=\frac{\pi}{2},\quad \zeta_0=b,\quad \eta_0=a$$

$$\delta=\frac{\pi}{2},\quad \frac{\mathrm{d}\delta}{\mathrm{d}\varphi}=\frac{b^2}{a^2},\quad \frac{\mathrm{d}^2\delta}{\mathrm{d}\varphi^2}=0$$

$$r_c = a\,,\qquad \frac{\mathrm{d}r_c}{\mathrm{d}\varphi} = 0\,,\qquad \frac{\mathrm{d}^2 r_c}{\mathrm{d}\varphi^2} = \frac{b^4}{a^3} - \frac{b^2}{a}$$

$$r = \frac{b^2}{a}\,,\qquad \frac{\mathrm{d}r}{\mathrm{d}\varphi} = 0\,,\qquad \frac{\mathrm{d}^2 r}{\mathrm{d}\varphi^2} = 3\frac{a^2b^2 - b^4}{a^3}$$

下面以均布荷载作用为例，给出简支半椭圆形曲线组合梁和两端固定半椭圆形曲线组合梁的屈曲荷载的计算公式。

1）简支半椭圆形曲线组合梁

在简支半椭圆形曲线组合梁跨中截面处的弯矩为

$$M = -0.5bqL + q\int_0^{0.5\pi} \zeta\,\mathrm{d}z$$

$$M' = -\frac{b^2}{2a}qL + 0.5aqL - q\int_0^{0.5\pi}(a-\eta)\,\mathrm{d}z$$

$$M'' = 0.5bqL - q\int_0^{0.5\pi} \zeta\,\mathrm{d}z$$

代入式（7-8）得到屈曲弯矩计算公式：

$$M = \pm\frac{2a\sqrt{EI_yGI_d}}{b^2}\sqrt{1 - \frac{a^2E_sI_{s\omega}}{b^4GI_d}\left[6\left(\frac{-b^2L + a^2L - 2a\int_0^{0.5\pi}(a-\eta)\,\mathrm{d}z}{-abL + 2a\int_0^{0.5\pi}\zeta\,\mathrm{d}z}\right)^2 + \frac{18EI_y\left(a^2 - b^2\right)}{ab^2W - a^2EI_y} + 2\right]}$$

屈曲荷载：

$$q = \pm\frac{2a\sqrt{EI_yGI_d}}{\left(-0.5bL + \int_0^{0.5\pi}\zeta\,\mathrm{d}z\right)b^2}\sqrt{1 - \frac{a^2E_sI_{s\omega}}{b^4GI_d}\left[6\left(\frac{-b^2L + a^2L - 2a\int_0^{0.5\pi}(a-\eta)\,\mathrm{d}z}{-abL + 2a\int_0^{0.5\pi}\zeta\,\mathrm{d}z}\right)^2 + 18\frac{EI_y\left(a^2 - b^2\right)}{ab^2W - a^2EI_y} + 2\right]}$$

2）两端固定半椭圆形曲线组合梁

组合梁端部弯矩为

$$M_0 = \lambda_m\eta_0 qL = \lambda_m aqL$$

扭矩为

$$T_0 = \lambda_t\zeta_0 qL = \lambda_t bqL$$

两端固定半椭圆形曲线组合梁跨中截面处的弯矩为

$$M = -\lambda_t bqL - 0.5bqL + q\int_0^{0.5\pi}\zeta\,\mathrm{d}z$$

$$M' = -\lambda_m aqL - \frac{b^2}{2a} qL + 0.5aqL - q\int_0^{0.5\pi} (a-\eta) \mathrm{d}z$$

$$M'' = \lambda_t bqL + 0.5bqL - q\int_0^{0.5\pi} \zeta \mathrm{d}z$$

代入式（7-8）中得到屈曲弯矩计算公式：

$$M = \pm \frac{2a\sqrt{EI_y GI_d}}{b^2} \sqrt{1 - \frac{a^2 E_s I_{s\omega}}{b^4 GI_d} \left[6\left(\frac{2\lambda_m a^2 L + b^2 L - a^2 L + 2a\int_0^{0.5\pi}(a-\eta)\mathrm{d}z}{2\lambda_t abL + abL - 2a\int_0^{0.5\pi} \zeta \mathrm{d}z} \right)^2 + \frac{18EI_y (a^2 - b^2)}{ab^2 W - a^2 EI_y} + 2 \right]}$$

屈曲荷载：

$$q = \pm \frac{2a\sqrt{EI_y GI_d}}{\left(-\lambda_t bL - 0.5bL + \int_0^{0.5\pi} \zeta \mathrm{d}z\right) b^2} \times \sqrt{1 - \frac{a^2 E_s I_{s\omega}}{b^4 GI_d} \left[6\left(\frac{2\lambda_m a^2 L + b^2 L - a^2 L + 2a\int_0^{0.5\pi}(a-\eta)\mathrm{d}z}{2\lambda_t abL + abL - 2a\int_0^{0.5\pi} \zeta \mathrm{d}z} \right)^2 + 18\frac{EI_y (a^2 - b^2)}{ab^2 W - a^2 EI_y} + 2 \right]}$$

7.3 工字曲线组合梁负弯矩区稳定性

曲线组合梁的常用形式主要有简支曲线组合梁和连续曲线组合梁。简支曲线组合梁承受正弯矩时，钢梁处于受拉区，混凝土翼缘板处于受压区，因此简支组合梁需要考虑整体稳定性。在连续曲线组合梁中，中间支座附近属于负弯矩区域，混凝土翼缘板处于受拉状态，钢梁处于受压状态，因此连续曲线组合梁中负弯矩区的钢梁稳定性就成了一个十分重要的问题。本节在文献[80]～[88]研究直线组合梁和曲线组合梁稳定性问题的基础上，分析工字钢梁与混凝土板曲线组合梁（工字曲线组合梁）负弯矩区的稳定性。

7.3.1 组合截面应力

工字曲线组合梁的截面形式及空间坐标系见图 7-15，图中，b_c 和 h_c 分别为混凝土板的宽度和厚度；b_{tf} 和 t_{tf} 分别为钢梁的上翼缘宽度和厚度；b_{bf} 和 t_{bf} 分别为钢梁的下翼缘宽度和厚度；t_w 和 h_w 分别为钢梁腹板的厚度和高度；h 为钢梁高度；h_0 为钢梁上翼缘重心轴至下翼缘重心轴的距离。

为了便于研究问题，依据曲线组合梁的结构特点，作如下基本假定：曲线组合梁为等截面；曲线组合梁的侧向变形微小；不考虑平面失稳前的弯曲变形对曲线组合梁侧向弯曲的影响；侧向失稳时，曲线组合梁中钢梁翼缘形状的变化可忽略不计；不考虑曲线组合梁的初始缺陷、残余应力及扭转变形。

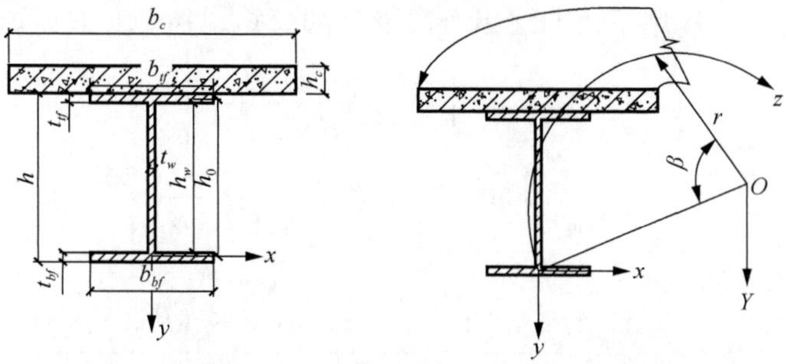

（a）截面形式　　（b）空间坐标系

图 7-15　工字曲线组合梁的截面形式及空间坐标系

曲线组合梁的坐标系规定：r-β-Y 为圆柱坐标系，原点在组合梁的曲率中心及圆柱圆心，用于确定组合梁变形前后的空间位置；x-y-z 为直角坐标系，曲线向心方向为 x，垂直平面曲线方向向下为 y，曲线组合梁轴线切线方向为 z，符合右手螺旋定则。

在外荷载作用下，曲线组合梁需要考虑“弯扭”耦合作用，曲线组合梁的扭转均属于约束扭转，受力分析比较复杂。对于静定的曲线组合梁，可根据力的平衡条件来确定弯矩和扭矩，根据变形协调条件确定双力矩。

1）端部作用相等弯矩

在端部弯矩 M 作用下，曲线组合梁受到的弯矩、扭矩和双力矩分别为

$$M_x = M\frac{\cos(\beta/2-\beta_M)}{\cos(\beta/2)}$$

$$T_z = M\frac{\sin(\beta/2-\beta_M)}{\cos(\beta/2)}$$

$$B_\omega = r\eta M\left\{\frac{\cos(\beta/2-\beta_M)}{\cos(\beta/2)}-\frac{\mathrm{ch}\left[Kr(\beta/2-\beta_M)\right]}{\mathrm{ch}\left[Kr(\beta/2)\right]}\right\}$$

2）跨中作用集中荷载

在跨中集中荷载 P 作用下，曲线组合梁受到的弯矩、扭矩和双力矩分别为

$$M_x = \frac{Pr}{2}\frac{\sin\beta_P}{\cos(\beta/2)}$$

$$T_z = \frac{Pr}{2}\left[\frac{\cos\beta_P}{\cos(\beta/2)}-1\right]$$

$$B_{\omega}=\eta\frac{Pr^{3}}{2}\left[\frac{\sin\beta_{P}}{\cos(\beta/2)}-\frac{\operatorname{sh}(Kr\beta_{P})}{\operatorname{ch}\left[Kr(\beta/2)\right]}\right]$$

3）均布荷载

在均布荷载 q 作用下，曲线组合梁受到的弯矩、扭矩和双力矩分别为

$$M_{x}=qr^{2}\left[\frac{\cos\left(\beta/2-\beta_{q}\right)}{\cos(\beta/2)}-1\right]$$

$$T_{z}=qr^{2}\left[\frac{\sin\left(\beta/2-\beta_{q}\right)}{\cos(\beta/2)}-\left(\beta/2-\beta_{q}\right)\right]$$

$$B_{\omega}=\eta qr^{4}\left\{\frac{\cos\left(\beta/2-\beta_{q}\right)}{\cos(\beta/2)}-1+\frac{1}{(Kr)^{2}}\left[\frac{\operatorname{ch}\left[Kr\left(\beta/2-\beta_{q}\right)\right]}{\operatorname{ch}\left[Kr(\beta/2)\right]}-1\right]\right\}$$

式中，M_x 为绕曲线组合梁 x 轴的弯矩；T_z 为绕曲线组合梁 z 轴的扭矩；B_ω 为曲线组合梁的双力矩；$K=\sqrt{GI_d/EI_\omega}$；β_M、β_P 和 β_q 分别为等端弯矩作用、跨中集中荷载作用和均布荷载作用下的曲线组合梁上任意截面的圆心角；β 为曲线组合梁的圆心角；η 为与 K 和 r 有关的系数，$\eta=\dfrac{1}{1+(Kr)^{2}}$。

4）等端弯矩作用下的截面应力

曲线组合梁的侧向失稳与钢梁截面的纵向正应力有关，曲线组合梁截面正应力为

$$\sigma_{z}=\frac{M_{x}}{I_{x}}y+\frac{B_{\omega}}{I_{\omega}}\omega$$

钢梁上翼缘正应力为

$$\sigma_{tf}=M\frac{\cos\left(\beta/2-\beta_{M}\right)}{\cos(\beta/2)}\frac{A_{tf}h_{0}+A_{w}\dfrac{h_{0}}{2}+A_{r}y_{r}-h_{0}\left(A_{s}+A_{r}\right)}{I_{x}\left(A_{s}+A_{r}\right)}-r\eta M\left\{\frac{\cos\left(\beta/2-\beta_{M}\right)}{\cos(\beta/2)}-\frac{\operatorname{ch}\left[Kr\left(\beta/2-\beta_{M}\right)\right]}{\operatorname{ch}\left[Kr(\beta/2)\right]}\right\}\frac{h_{0}}{2}x$$

钢梁下翼缘正应力为

$$\sigma_{bf}=M\frac{\cos\left(\beta/2-\beta_{M}\right)}{\cos(\beta/2)}\frac{A_{tf}h_{0}+A_{w}\dfrac{h_{0}}{2}+A_{r}y_{r}}{\left(A_{s}+A_{r}\right)I_{x}}+r\eta M\left\{\frac{\cos\left(\beta/2-\beta_{M}\right)}{\cos(\beta/2)}-\frac{\operatorname{ch}\left[Kr\left(\beta/2-\beta_{M}\right)\right]}{\operatorname{ch}\left[Kr(\beta/2)\right]}\right\}\frac{h_{0}}{2}x$$

钢梁腹板正应力为

$$\sigma_w = M\frac{\cos\left(\beta/2-\beta_M\right)}{\cos\left(\beta/2\right)}\frac{A_{tf}h_0 + A_w\dfrac{h_0}{2} + A_r y_r + y\left(A_s + A_r\right)}{I_x\left(A_s + A_s\right)}$$

式中，$A_s = A_{tf} + A_w + A_{bf}$，$A_{tf}$、$A_w$ 和 A_{bf} 分别为曲线组合梁的钢梁上翼缘、腹板及下翼缘截面面积；A_r 为曲线组合梁截面上的纵向钢筋面积；y_r 为曲线组合梁截面纵向钢筋重心轴至下翼缘重心轴的距离；h_0 为曲线组合梁上翼缘重心轴至下翼缘重心轴的距离。

7.3.2　侧向弯曲失稳临界弯矩

1. 弯曲失稳变形

在曲线组合梁的负弯矩区，当钢梁下翼缘发生侧向弯曲变形时，钢梁的上翼缘受到混凝土的约束，可以认为钢梁上翼缘不发生扭转，也不出现侧向弯曲变形。曲线组合梁的失稳模型见图 7-16，其中钢梁下翼缘的横向位移为 u_B，钢梁腹板的横向位移为 u_w。

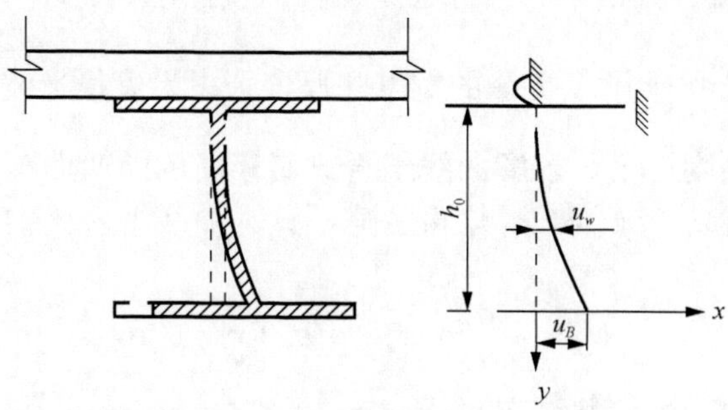

图 7-16　曲线组合梁的失稳模型

钢梁腹板的横向位移：

$$u_w = f\left(y\right)u_B\left(z\right)$$

假设钢梁腹板的横向位移为钢梁下翼缘的横向位移关于坐标 y 的三次多项式，曲线组合梁的变形协调关系为

$$\begin{cases} \left.\dfrac{\partial u_w(y,z)}{\partial y}\right|_{y=0} = 0 \\ \left.u_w(y,z)\right|_{y=0} = u_B \\ \left.\dfrac{\partial u_w(y,z)}{\partial y}\right|_{y=-h_0} = 0 \\ \left.u_w(y,z)\right|_{y=-h_0} = 0 \end{cases}$$

得到曲线组合梁腹板产生的平面外的横向位移为

$$u_w = \left[-2\left(\frac{y}{h_0}\right)^3 - 3\left(\frac{y}{h_0}\right)^2 + 1 \right] u_B(z)$$

2. 临界弯矩

采用能量法计算曲线组合梁的侧向失稳临界弯矩，曲线组合梁截面上的应力分布并不均匀，所以可取底板应力最大处的半波长曲线组合梁段作为分析对象，将应力平均化且等效为直线梁进行计算。

总势能包括应变能和外力势能，即

$$\Pi = U + V$$

忽略压缩应变能和剪切应变能的影响，曲线组合梁的侧向失稳应变能包括钢梁下翼缘侧向弯曲应变能 U_1 和钢梁腹板侧向弯曲应变能 U_2。当组合梁有微小变形时，曲线组合梁钢梁下翼缘侧向弯曲应变能为

$$U_1 = \frac{1}{2}\int_0^{\lambda} E_s I_{yb} u_{B,zz}^2 \mathrm{d}z$$

式中，I_{yb} 为曲线组合梁钢梁下翼缘关于 y 轴的惯性矩，$I_{yb} = \frac{1}{12} b_{bf}^3 t_{bf}$，其中 b_{bf} 和 t_{bf} 分别为曲线组合梁钢梁下翼缘的宽度和厚度；λ 为失稳半波长度；$u_{B,zz}^2 = \frac{\partial_{uB}^2}{\partial z^2}$。

运用薄板小挠度理论，求解曲线组合梁腹板的侧向弯曲，基于所采用的正交坐标系，变形分量 ε_x、γ_{xy} 和 γ_{xz} 均可忽略不计。曲线组合梁钢梁腹板的侧向弯曲应变能为

$$U_2 = \frac{1}{2}\int_v \left(\sigma_y \varepsilon_y + \sigma_z \varepsilon_z + \tau_{yz}\gamma_{yz}\right)\mathrm{d}v$$

由胡克定律知，应力分量为

$$\begin{cases} \sigma_y = \dfrac{E}{1-\mu^2}\left(\varepsilon_y + \mu\varepsilon_z\right) = -\dfrac{Ex}{1-\mu^2}\left(\dfrac{\partial^2 u_w}{\partial y^2} + \mu\dfrac{\partial^2 u_w}{\partial z^2}\right) \\ \sigma_z = \dfrac{E}{1-\mu^2}\left(\varepsilon_z + \mu\varepsilon_y\right) = -\dfrac{Ex}{1-\mu^2}\left(\dfrac{\partial^2 u_w}{\partial z^2} + \mu\dfrac{\partial^2 u_w}{\partial y^2}\right) \\ \tau_{yz} = \dfrac{E}{2(1+\mu)}\gamma_{yz} = -\dfrac{Ex}{1+\mu}\dfrac{\partial^2 u_w}{\partial y \partial z} \end{cases}$$

应变分量：

$$\begin{cases} \varepsilon_y = -\dfrac{\partial^2 u_w}{\partial y^2}x \\ \varepsilon_z = -\dfrac{\partial^2 u_w}{\partial z^2}x \\ \gamma_{yz} = -2\dfrac{\partial^2 u_w}{\partial y \partial z}x \end{cases}$$

整理得到曲线组合梁中钢梁腹板的侧向弯曲应变能：

$$U_2=\frac{E_s t_w^3}{24\left(1-\mu^2\right)}\left[u_{w,yy}^2+2\mu u_{w,yy}u_{w,zz}+u_{w,zz}^2+2\left(1-\mu\right)u_{w,yz}^2\right]$$

式中，$u_{w,zz}=\dfrac{\partial^2 u_w}{\partial z^2}$；$u_{w,yy}=\dfrac{\partial^2 u_w}{\partial y^2}$；$u_{w,yz}=\dfrac{\partial^2 u_w}{\partial y\partial z}$。

将 $u_w=f\left(y\right)u_B\left(z\right)$ 代入上式中，整理得到曲线组合梁中钢梁腹板的侧向弯曲应变能：

$$U_2=\frac{E_s t_w^3}{24\left(1-\mu^2\right)}\int_0^\lambda\left[\frac{12}{h_0^3}u_B^2+\frac{13}{35}h_0u_{B,zz}^2+\frac{12\left(1-\mu\right)}{5h_0}u_{B,z}^2-\frac{12\mu}{5h_0}u_Bu_{B,zz}\right]\mathrm{d}z$$

曲线组合梁的总应变能：

$$U=\frac{1}{2}\int_0^\lambda\left\{\frac{E_s t_w^3}{h_0^3\left(1-\mu^2\right)}u_B^2+\left[\frac{13E_s t_w^3}{420\left(1-\mu^2\right)}h_0+\frac{E_s b_{bf}^3 t_{bf}}{12}\right]u_{B,zz}^2\right.$$
$$\left.+\frac{E_s t_w^3}{5\left(1+\mu\right)h_0}u_{B,z}^2-\frac{\mu E_s t_w^3}{5\left(1-\mu^2\right)h_0}u_Bu_{B,zz}\right\}\mathrm{d}z$$

因为外力势能等于外力功的负值，即

$$V=-W=-\frac{1}{2}\int_0^\lambda\int_{A_w}\sigma_{z3}u_{w,z}^2\mathrm{d}A\mathrm{d}z+\frac{1}{2}\int_0^\lambda\int_{A_b}\sigma_{z2}u_{B,z}^2\mathrm{d}A\mathrm{d}z$$

式中，A_w 为钢梁腹板面积，$A_w=t_wh_w$，t_w 和 h_w 分别为钢梁腹板的厚度和高度。

将截面应力代入上式中，整理得到曲线组合梁的外力势能：

$$V=-\frac{M}{2I_x}\gamma_1\int_0^\lambda\left[\left(\frac{13h_0}{35}y_c-\frac{3}{35}h_0^2\right)t_w+y_cA_{bf}\right]u_{B,z}^2\mathrm{d}z$$

式中，A_{bf} 为下翼缘的面积，$A_{bf}=b_{bf}t_{bf}$；$\gamma_1=\dfrac{1}{\cos\left(\beta/2\right)}$；$y_c$ 为曲线组合梁纵向弯曲中性轴到 x 轴的距离。

曲线组合梁侧向弯曲失稳的总势能：

$$\varPi=\frac{1}{2}\int_0^\lambda\left\{\frac{E_s t_w^3}{h_0^3\left(1-\mu^2\right)}u_B^2+\left[\frac{13E_s t_w^3}{420\left(1-\mu^2\right)}h_0+E_sI_{yb}\right]u_{B,zz}^2\right.$$
$$+\left[\frac{E_s t_w^3}{5\left(1+\mu\right)h_0}-\frac{y_cA_{bf}\gamma_1M}{I_x}-\frac{13y_c-3h_0}{35I_x}\gamma_1Mt_wh_0\right]u_{B,z}^2$$
$$\left.-\frac{\mu E_s t_w^3}{5\left(1-\mu^2\right)h_0}u_Bu_{B,zz}\right\}\mathrm{d}z$$

采用势能驻值原理来求解曲线组合梁的临界弯矩，总势能有驻值的条件为

$$\delta\Pi=\delta\left(U+V\right)=0$$

由侧向弯曲失稳的总势能，得到一个平衡方程：

$$EI_{yb}a_1u_B'''' +\left[b_1\gamma_1M-\frac{E_st_w^3}{5\left(1-\mu^2\right)h_0}\right]u_B'' +\frac{E_st_w^3}{h_0^3\left(1-\mu^2\right)}u_B=0$$

式中，$a_1=1+\dfrac{13t_w^3}{420\left(1-\mu^2\right)I_{yb}}h_0$；$b_1=\dfrac{35y_cA_{bf}+13y_ct_wh_0-3h_0^2t_w}{35I_x}$。

假设曲线组合梁钢梁下翼缘位移均为 n 个半波长为 λ 的正弦曲线，则有 $\lambda=r\beta/n$，其中 n 为失稳半波数，取其中一个半波数为研究对象：

$$u_B=C\sin\frac{\pi z}{\lambda}$$

式中，C 为曲线组合梁钢梁下翼缘位移的最大值。

求解方程得到临界弯矩：

$$M=\frac{1}{b_1\gamma_1}\left[a_1E_sI_{yb}\left(\frac{\pi}{\lambda}\right)^2+\frac{E_st_w^3}{h_0^3\left(1-\mu^2\right)}\left(\frac{\lambda}{\pi}\right)^2+\frac{E_st_w^3}{5\left(1-\mu^2\right)h_0}\right]$$

7.3.3　侧向弯扭失稳临界弯矩

仅仅考虑曲线组合梁负弯矩区钢梁下翼缘的弯曲变形，忽略其扭转变形同曲线组合梁的实际结构受力与变形存在的差异性，事实上，在钢梁下翼缘会同时发生弯曲和扭转变形。虽然钢梁上翼缘受混凝土板约束，但是钢梁上翼缘也会出现侧向弯曲变形和扭转变形（弯扭失稳变形）。

1. 弯扭失稳变形

在曲线组合梁的负弯矩区，当钢梁下翼缘发生侧向弯曲变形时，一般也存在下翼缘的扭转变形 ϕ_B，钢梁下翼缘的横向位移为 u_B，扭转角为 ϕ_B，腹板的横向位移为 u_w；钢梁上翼缘的横向位移为 u_A，扭转角为 ϕ_A，钢梁的侧向弯曲变形和扭转变形，见图 7-17。

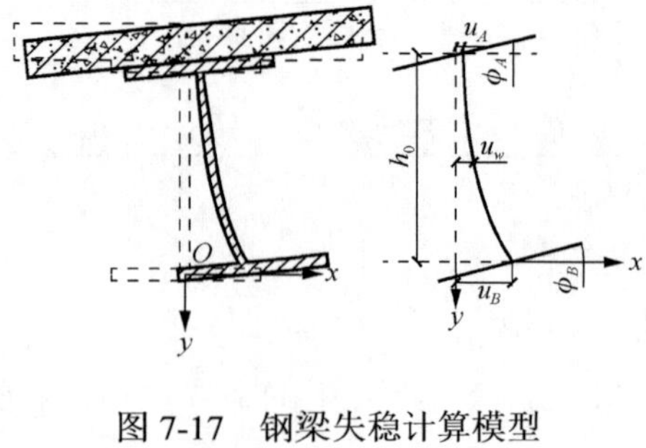

图 7-17　钢梁失稳计算模型

假定钢梁腹板的横向位移为钢梁上、下翼缘横向位移及扭转角关于 y 的三次多项式。

钢梁腹板的横向位移：

$$u_w = f_1(y)u_A(z) + f_2(y)\phi_A(z) + f_3(y)u_B(z) + f_4(y)\phi_B(z)$$

钢梁上、下翼缘的变形协调条件：

$$\begin{cases} \left.\dfrac{\partial u_w(y,z)}{\partial y}\right|_{y=0} = \phi_B \\ u_w(y,z)\big|_{y=0} = u_B \\ \left.\dfrac{\partial u_w(y,z)}{\partial y}\right|_{y=-h_0} = \phi_A \\ u_w(y,z)\big|_{y=-h_0} = u_A \end{cases}$$

整理得到

$$\begin{cases} f_1(y) = \left[2\left(\dfrac{y}{h_0}\right)^3 + 3\left(\dfrac{y}{h_0}\right)^2\right]u_A(z) \\ f_2(y) = h_0\left[\left(\dfrac{y}{h_0}\right)^3 + \left(\dfrac{y}{h_0}\right)^2\right]\phi_A(z) \\ f_3(y) = \left[-2\left(\dfrac{y}{h_0}\right)^3 - 3\left(\dfrac{y}{h_0}\right)^2 + 1\right]u_B(z) \\ f_4(y) = h_0\left[\left(\dfrac{y}{h_0}\right)^3 + 2\left(\dfrac{y}{h_0}\right)^2 + \dfrac{y}{h_0}\right]\phi_B(z) \end{cases}$$

钢梁腹板产生的横向位移：

$$\begin{aligned} u_w = &\left[2\left(\frac{y}{h_0}\right)^3 + 3\left(\frac{y}{h_0}\right)^2\right]u_A(z) + h_0\left[\left(\frac{y}{h_0}\right)^3 + \left(\frac{y}{h_0}\right)^2\right]\phi_A(z) \\ &+ \left[-2\left(\frac{y}{h_0}\right)^3 - 3\left(\frac{y}{h_0}\right)^2 + 1\right]u_B(z) + h_0\left[\left(\frac{y}{h_0}\right)^3 + 2\left(\frac{y}{h_0}\right)^2 + \frac{y}{h_0}\right]\phi_B(z) \end{aligned}$$

2. 临界弯矩

采用能量法计算曲线组合梁的侧向失稳临界弯矩，计算组合梁总势能。

1）钢梁上翼缘侧向弯曲应变能

$$U_1=\frac{1}{2}\int_0^l E_s I_{ya} u_{A,zz}^2 \mathrm{d}z$$

2）钢梁上翼缘扭转应变能

$$U_2=\frac{1}{2}\int_0^l G_s J_a \phi_{A,z}^2 \mathrm{d}z$$

式中，G_s为钢的剪切模量；J_a为钢梁上翼缘的抗扭惯性矩。

3）钢梁腹板侧向弯曲应变能

根据薄板小挠度理论，得到钢梁腹板弯曲应变能：

$$\begin{aligned}U_3=\frac{E_s t_w^3}{24\left(1-\mu^2\right)}\int_0^\lambda\Bigg[&\frac{12}{h_0^3}u_A^2+\frac{12}{h_0^2}u_A\phi_A+\frac{4}{h_0}\phi_A^2-\frac{24}{h_0^3}u_A u_B+\frac{12}{h_0^2}u_A\phi_B-\frac{12}{h_0^2}\phi_A u_B\\
&+\frac{4}{h_0}\phi_A\phi_B+\frac{12}{h_0^3}u_B^2-\frac{12}{h_0^2}u_B\phi_B+\frac{4}{h_0}\phi_B^2+\frac{13}{35}h_0u_{A,zz}^2+\frac{11}{105}h_0^2u_{A,zz}\phi_{A,zz}\\
&+\frac{1}{105}h_0^3\phi_{A,zz}^2+\frac{9}{35}h_0u_{A,zz}u_{B,zz}+\frac{13}{210}h_0^2\phi_{A,zz}u_{B,zz}-\frac{13}{210}h_0^2u_{A,zz}\phi_{B,zz}\\
&-\frac{1}{70}h_0^3\phi_{A,zz}\phi_{B,zz}+\frac{13}{35}h_0u_{B,zz}^2-\frac{11}{105}h_0^2u_{B,zz}\phi_{B,zz}\\
&+\frac{1}{105}h_0^3\phi_{B,zz}^2+\frac{12(1-\mu)}{5h_0}u_{A,z}^2+\frac{2(1-\mu)}{5}u_{A,z}\phi_{A,z}\\
&+\frac{4(1-\mu)}{15}h_0\phi_{A,z}^2-\frac{24(1-\mu)}{5h_0}u_{A,z}u_{B,z}+\frac{2(1-\mu)}{5}u_{A,z}\phi_{B,z}\\
&-\frac{2(1-\mu)}{5}\phi_{A,z}u_{B,z}-\frac{2(1-\mu)}{15}\phi_{A,z}\phi_{B,z}+\frac{12(1-\mu)}{5h_0}u_{B,z}^2\\
&-\frac{2(1-\mu)}{5}u_{B,z}\phi_{B,z}+\frac{4(1-\mu)}{15}h_0\phi_{B,z}^2-\frac{12\mu}{5h_0}u_Au_{A,zz}\\
&-\frac{\mu}{5}u_A\phi_{A,zz}+\frac{12\mu}{5h_0}u_Au_{B,zz}-\frac{\mu}{5}u_A\phi_{B,zz}-\frac{11\mu}{5}\phi_Au_{A,zz}\\
&-\frac{4\mu}{15}h_0\phi_A\phi_{A,zz}+\frac{\mu}{5}\phi_Au_{B,zz}+\frac{\mu}{15}h_0\phi_A\phi_{B,zz}+\frac{12\mu}{5h_0}u_Bu_{A,zz}\\
&+\frac{\mu}{5}u_B\phi_{A,zz}-\frac{12\mu}{5h_0}u_Bu_{B,zz}+\frac{\mu}{5}u_B\phi_{B,zz}-\frac{\mu}{5}\phi_Bu_{A,zz}+\frac{\mu}{15}h_0\phi_B\phi_{A,zz}\\
&+\frac{11\mu}{5}\phi_Bu_{B,zz}-\frac{4\mu}{15}h_0\phi_B\phi_{B,zz}\Bigg]\mathrm{d}z\end{aligned}$$

4）钢梁下翼缘侧向弯曲应变能

$$U_4 = \frac{1}{2}\int_0^l E_s I_{yb} u_{B,zz}^2 \mathrm{d}z$$

5）钢梁下翼缘的扭转应变能

$$U_5 = \frac{1}{2}\int_0^l G_s J_b \phi_{B,z}^2 \mathrm{d}z$$

6）混凝土板约束应变能

$$U_6 = \frac{1}{2}\int_0^l K(\phi_A^2 + u_A^2)\mathrm{d}z$$

7）曲线组合梁的外力功

$$\begin{aligned} W = &\frac{1}{2}\int_0^\lambda \int_{A_a} \sigma_{z1}(x^2\phi_{A,z}^2 + u_{A,z}^2)\mathrm{d}A\mathrm{d}z \\ &+\frac{1}{2}\int_0^\lambda \int_{A_w} \sigma_{z3} u_{w,z}^2 \mathrm{d}A\mathrm{d}z + \frac{1}{2}\int_0^\lambda \int_{A_b} \sigma_{z2}\left(u_{B,z}^2 + x^2\phi_{B,z}^2\right)\mathrm{d}A\mathrm{d}z \end{aligned}$$

积分得到：

$$\begin{aligned} W = &\frac{M(z)}{2I\cos(\beta/2)}\int_0^\lambda \left\{\left[\left(y_c - h_0\right)A_a + \frac{13y_c - 10h_0}{35}t_w h_0\right]u_{A,z}^2\right. \\ &+\left[\left(y_c - h_0\right)I_{ya} + \frac{8y_c - 5h_0}{840}t_w h_0^3\right]\phi_{A,z}^2 \\ &+\left(y_c A_b + \frac{13y_c - 3h_0}{35}t_w h_0\right)u_{B,z}^2 + \left(y_c I_{yb} + \frac{8y_c - 3h_0}{840}t_w h_0^3\right)\phi_{B,z}^2 \\ &+\left(\frac{22y_c - 15h_0}{210}t_w h_0^2\right)u_{A,z}\phi_{A,z} + \left(\frac{18y_c - 9h_0}{70}t_w h_0\right)u_{A,z}u_{B,z} \\ &+\left(\frac{-13y_c + 7h_0}{210}t_w h_0^2\right)u_{A,z}\phi_{B,z} + \left(\frac{13y_c - 6h_0}{210}t_w h_0^2\right)\phi_{A,z}u_{B,z} \\ &\left.+\left(\frac{-2y_c + h_0}{140}t_w h_0^3\right)\phi_{A,z}\phi_{B,z} + \left(\frac{-22y_c + 7h_0}{210}t_w h_0^2\right)u_{B,z}\phi_{B,z}\right\}\mathrm{d}z \end{aligned}$$

式中，y_c 为曲线组合梁纵向弯曲中性轴到 x 轴的距离，$y_c = \dfrac{A_{tf}h_0 + A_w\dfrac{h_0}{2} + A_r y_r}{A_s + A_r}$。

8）曲线组合梁总势能

$$
\begin{aligned}
\Pi=\frac{1}{2}\int_0^{\lambda}\Bigg\{&\left[\frac{13E_st_w^3}{420\left(1-\mu^2\right)}h_0+E_sI_{ya}\right]u_{A,zz}^2+\left[\frac{13E_st_w^3}{420\left(1-\mu^2\right)}h_0+E_sI_{yb}\right]u_{B,zz}^2\\
&+\left[\frac{E_st_w^3}{5(1+\mu)h_0}-\frac{\left(y_c-h_0\right)A_{tf}}{I_x\cos\left(\beta/2\right)}-\frac{13y_c-10h_0}{35I_x\cos\left(\beta/2\right)}t_wh_0\right]u_{A,z}^2\\
&+\left[\frac{E_st_w^3}{5(1+\mu)h_0}-\frac{y_cA_{bf}}{I_x\cos\left(\beta/2\right)}-\frac{13y_c-3h_0}{35I_x\cos\left(\beta/2\right)}t_wh_0\right]u_{B,z}^2+\left[\frac{E_st_w^3}{30(1+\mu)}-\frac{22y_c-15h_0}{210I_x\cos\left(\beta/2\right)}t_wh_0^2\right]u_{A,z}\phi_{A,z}\\
&+\frac{E_st_w^3}{1260\left(1-\mu^2\right)}h_0^3(\phi_{A,zz}^2+\phi_{B,zz}^2)+\left[\frac{E_st_w^3}{45(1+\mu)}h_0+G_sJ_a-\frac{y_cI_{yb}}{I_x\cos\left(\beta/2\right)}-\frac{8y_c-3h_0}{840I_x\cos\left(\beta/2\right)}t_wh_0^3\right]\phi_{B,z}^2\\
&+\left[\frac{E_st_w^3}{h_0^3\left(1-\mu^2\right)}+K\right]u_A^2+\frac{E_st_w^3}{h_0^3\left(1-\mu^2\right)}u_B^2+\frac{E_st_w^3}{h_0^2\left(1-\mu^2\right)}\left(u_A\phi_A-\phi_Au_B-u_B\phi_B\right)\\
&+\left[\frac{E_st_w^3}{3h_0\left(1-\mu^2\right)}+K\right]\phi_A^2+\frac{E_st_w^3}{3h_0\left(1-\mu^2\right)}\left(\phi_A\phi_B+\phi_B^2\right)-\frac{2E_st_w^3}{h_0^3\left(1-\mu^2\right)}u_Au_B-\frac{E_st_w^3}{840\left(1-\mu^2\right)}h_0^3\phi_{A,zz}\phi_{B,zz}\\
&+\frac{E_st_w^3}{h_0^2\left(1-\mu^2\right)}\left(u_A\phi_B-\phi_Au_B\right)+\frac{11E_st_w^3}{1260\left(1-\mu^2\right)}h_0^2\left(u_{A,zz}\phi_{A,zz}-u_{B,zz}\phi_{B,zz}\right)\\
&+\frac{13E_st_w^3}{2520\left(1-\mu^2\right)}h_0^2\left(\phi_{A,zz}u_{B,zz}-u_{A,zz}\phi_{B,zz}\right)+\frac{3E_st_w^3}{140\left(1-\mu^2\right)}h_0u_{A,zz}u_{B,zz}\\
&+\left[\frac{E_st_w^3}{45(1+\mu)}h_0+G_sJ_a-\frac{\left(y_c-h_0\right)I_{ya}}{I_x\cos\left(\beta/2\right)}-\frac{8y_c-5h_0}{840I_x\cos\left(\beta/2\right)}t_wh_0^3\right]\phi_{A,z}^2\\
&-\left[\frac{2E_st_w^3}{5(1+\mu)h_0}+\frac{18y_c-9h_0}{70I_x\cos\left(\beta/2\right)}t_wh_0\right]u_{A,z}u_{B,z}+\left[\frac{E_st_w^3}{30(1+\mu)}-\frac{-13y_c+7h_0}{210I_x\cos\left(\beta/2\right)}t_wh_0^2\right]u_{A,z}\phi_{B,z}\\
&-\left[\frac{E_st_w^3}{30(1+\mu)}+\frac{13y_c-6h_0}{210I_x\cos\left(\beta/2\right)}t_wh_0^2\right]\phi_{A,z}u_{B,z}-\left[\frac{E_st_w^3}{90(1+\mu)}h_0+\frac{-2y_c+h_0}{140I_x\cos\left(\beta/2\right)}t_wh_0^3\right]\phi_{A,z}\phi_{B,z}\\
&-\left[\frac{E_st_w^3}{30(1+\mu)}+\frac{-22y_c+7h_0}{210I_x\cos\left(\beta/2\right)}t_wh_0^2\right]u_{B,z}\phi_{B,z}\\
&+\frac{\mu E_st_w^3}{5\left(1-\mu^2\right)h_0}\left(-u_Au_{A,zz}+u_Au_{B,zz}+u_Bu_{A,zz}-u_Bu_{B,zz}\right)\\
&+\frac{\mu E_st_w^3}{60\left(1-\mu^2\right)}(-u_A\phi_{A,zz}-u_A\phi_{B,zz}+\phi_Au_{B,zz}+u_B\phi_{B,zz}-\phi_Bu_{A,zz}+u_B\phi_{A,zz})\\
&+\frac{11\mu E_st_w^3}{60\left(1-\mu^2\right)}\left(-\phi_Au_{A,zz}+\phi_Bu_{B,zz}\right)\\
&+\frac{\mu E_st_w^3}{180\left(1-\mu^2\right)}h_0\left(\phi_A\phi_{B,zz}+\phi_B\phi_{A,zz}\right)-\frac{\mu E_st_w^3}{45\left(1-\mu^2\right)}h_0\left(\phi_A\phi_{A,zz}+\phi_B\phi_{B,zz}\right)\Bigg\}\mathrm{d}z
\end{aligned}
$$

势能是关于位移场的函数，利用势能驻值定理进行求解。

$$
\Pi=\frac{1}{2}\int_0^{\lambda}F\left(z,u_A,u_B,\phi_A,\phi_B,u_A',u_B',\phi_A',\phi_B',u_A'',u_B'',\phi_A'',\phi_B''\right)\mathrm{d}z
$$

由 $\delta\Pi=0$，得到四个平衡方程：

$$\begin{cases}\dfrac{\partial F}{\partial u_A}-\dfrac{\mathrm{d}}{\mathrm{d}z}\left(\dfrac{\partial F}{\partial u_A'}\right)+\dfrac{\mathrm{d}^2}{\mathrm{d}z^2}\left(\dfrac{\partial F}{\partial u_A''}\right)=0\\ \dfrac{\partial F}{\partial u_B}-\dfrac{\mathrm{d}}{\mathrm{d}z}\left(\dfrac{\partial F}{\partial u_B'}\right)+\dfrac{\mathrm{d}^2}{\mathrm{d}z^2}\left(\dfrac{\partial F}{\partial u_B''}\right)=0\\ \dfrac{\partial F}{\partial \phi_A}-\dfrac{\mathrm{d}}{\mathrm{d}z}\left(\dfrac{\partial F}{\partial \phi_A'}\right)+\dfrac{\mathrm{d}^2}{\mathrm{d}z^2}\left(\dfrac{\partial F}{\partial \phi_A''}\right)=0\\ \dfrac{\partial F}{\partial \phi_B}-\dfrac{\mathrm{d}}{\mathrm{d}z}\left(\dfrac{\partial F}{\partial \phi_B'}\right)+\dfrac{\mathrm{d}^2}{\mathrm{d}z^2}\left(\dfrac{\partial F}{\partial \phi_B''}\right)=0\end{cases}$$

具体表达式：

$$2a_1E_sI_{ya}u_A'''' +\frac{11E_st_w^3}{1260(1-\mu^2)}h_0^2\phi_A'''' -\frac{13E_st_w^3}{2520(1-\mu^2)}h_0^2\phi_B'''' +\frac{3E_st_w^3}{140(1-\mu^2)}h_0u_B''''$$

$$-\left[\frac{2E_st_w^3}{5(1-\mu^2)h_0}-\frac{2b_1M}{\cos(\beta/2)}\right]u_A''+\left[\frac{2E_st_w^3}{5(1-\mu^2)h_0}+\frac{b_2M}{\cos(\beta/2)}\right]u_B''$$

$$-\left[\frac{(5\mu+1)E_st_w^3}{30(1-\mu^2)}-\frac{b_3M}{\cos(\beta/2)}\right]\phi_A''-\left[\frac{E_st_w^3}{30(1-\mu^2)}-\frac{b_4M}{\cos(\beta/2)}\right]\phi_B''$$

$$+2\left[\frac{E_st_w^3}{h_0^3(1-\mu^2)}+K\right]u_A+\frac{E_st_w^3}{h_0^2(1-\mu^2)}\phi_A-\frac{2E_st_w^3}{h_0^3(1-\mu^2)}u_B+\frac{E_st_w^3}{h_0^2(1-\mu^2)}\phi_B=0$$

$$\frac{3E_st_w^3}{140(1-\mu^2)}h_0u_A'''' +2a_2E_sI_{yb}u_B'''' +\frac{13E_st_w^3}{2520(1-\mu^2)}h_0^2\phi_A'''' -\frac{11E_st_w^3h_0^2}{1260(1-\mu^2)}\phi''''$$

$$+\left[\frac{2E_st_w^3}{5(1-\mu^2)h_0}+\frac{b_2M}{\cos(\beta/2)}\right]u_A''-\left[\frac{2E_st_w^3}{5(1-\mu^2)h_0}-\frac{2b_5M}{\cos(\beta/2)}\right]u_B''$$

$$+\left[\frac{E_st_w^3}{30(1-\mu^2)}+\frac{b_6M}{\cos(\beta/2)}\right]\phi_A''+\left[\frac{(5\mu+1)E_st_w^3}{30(1-\mu^2)}+\frac{b_7M}{\cos(\beta/2)}\right]\phi_B''$$

$$-\frac{2E_st_w^3}{h_0^3(1-\mu^2)}u_A+\frac{2E_st_w^3}{h_0^3(1-\mu^2)}u_B-\frac{E_st_w^3}{h_0^2(1-\mu^2)}(\phi_A+\phi_B)=0$$

$$\frac{11E_st_w^3}{1260(1-\mu^2)}h_0^2u_A'''' +\frac{13E_st_w^3}{2520(1-\mu^2)}h_0^2u_B'''' -\frac{E_st_w^3}{630(1-\mu^2)}h_0^3\phi_A'''' -\frac{E_st_w^3}{840(1-\mu^2)}h_0^3\phi_B''''$$

$$-\left[\frac{(5\mu+1)E_st_w^3}{30(1-\mu^2)}-\frac{b_3M}{\cos(\beta/2)}\right]u_A''+\left[\frac{E_st_w^3}{30(1-\mu^2)}-\frac{b_6M}{\cos(\beta/2)}\right]u_B''$$

$$
\begin{aligned}
&-\left\{2\left[a_3G_sJ_a-\frac{b_8M}{\cos(\beta/2)}\right]\right\}\phi_A''+\left[\frac{E_st_w^3}{90\left(1-\mu^2\right)}h_0+\frac{b_9M}{\cos(\beta/2)}\right]\phi_B'' \\
&+\frac{E_st_w^3}{h_0^2\left(1-\mu^2\right)}\left(u_A-u_B\right)+2\left[\frac{E_st_w^3}{3h_0\left(1-\mu^2\right)}+K\right]\phi_A+\frac{E_st_w^3}{3h_0\left(1-\mu^2\right)}\phi_B=0 \\
&-\frac{13E_st_w^3}{2520\left(1-\mu^2\right)}h_0^2u_A''''-\frac{11E_st_w^3}{1260\left(1-\mu^2\right)}h_0^2u_B''''-\frac{E_st_w^3}{840\left(1-\mu^2\right)}h_0^3\phi_A''''+\frac{E_st_w^3}{630\left(1-\mu^2\right)}h_0^3\phi_B'''' \\
&-\left[\frac{E_st_w^3}{30\left(1-\mu^2\right)}-\frac{b_4M}{\cos(\beta/2)}\right]u_A''+\left[\frac{(5\mu+1)E_st_w^3}{30\left(1-\mu^2\right)}+\frac{b_7M}{\cos(\beta/2)}\right]u_B'' \\
&+\left[\frac{E_st_w^3}{90\left(1-\mu^2\right)}h_0+\frac{b_9M}{\cos(\beta/2)}\right]\phi_A''-\left[2\left(a_4G_sJ_b-\frac{b_{10}M}{\cos(\beta/2)}\right)\right]\phi_B'' \\
&+\frac{E_st_w^3}{h_0^2\left(1-\mu^2\right)}\left(-u_B+u_A\right)+\frac{E_st_w^3}{3h_0\left(1-\mu^2\right)}\left(\phi_A+2\phi_B\right)=0
\end{aligned}
$$

式中，$a_1=1+\dfrac{13t_w^3}{420\left(1-\mu^2\right)I_{ya}}h_0$；$a_2=1+\dfrac{13t_w^3}{420\left(1-\mu^2\right)I_{yb}}h_0$；$a_3=1+\dfrac{Et_w^3h_0}{45(1+\mu)G_sJ_a}$；

$a_4=1+\dfrac{Et_w^3h_0}{45(1+\mu)G_sJ_b}$；$b_1=\dfrac{35\left(y_c-h_0\right)A_{tf}+\left(13y_c-10h_0\right)t_wh_0}{35I_x}$；$b_2=\dfrac{18y_c-9h_0}{70I_x}t_wh_0$；

$b_3=\dfrac{22y_c-15h_0}{210I_x}t_wh_0^2$；$b_4=\dfrac{-13y_c+7h_0}{210I_x}t_wh_0^2$；$b_5=\dfrac{35y_cI_{yb}+\left(13y_c-3h_0\right)t_wh_0}{35I_x}$；

$b_6=\dfrac{13y_c-6h_0}{210I_x}t_wh_0^2$；$b_7=\dfrac{-22y_c+7h_0}{210I_x}t_wh_0^2$；$b_8=\dfrac{840\left(y_c-h_0\right)I_{ya}+\left(8y_c-5h_0\right)t_wh_0^3}{840I_x}$；

$b_9=\dfrac{-2y_c+h_0}{140I_x}t_wh_0^3$；$b_{10}=\dfrac{840y_cI_{yb}-\left(8y_c-3h_0\right)t_wh_0^3}{840I_x}$。

假定钢梁上、下翼缘的侧向位移和扭转角都是失稳半波长度的正弦曲线，则有

$$
\begin{Bmatrix} u_A \\ u_B \\ \phi_A \\ \phi_B \end{Bmatrix}=\begin{Bmatrix} C_1 \\ C_2 \\ C_3 \\ C_4 \end{Bmatrix}\sin\frac{\pi z}{\lambda}
$$

式中，C_1、C_2、C_3、C_4 分别为钢梁上、下翼缘侧向位移和扭转角的最大幅值；λ 为失稳半波长度，$\lambda=\dfrac{l}{n_0}$，其中 l 为板件长度，n_0 为正弦半波数。

整理上式得到

$$C_1\left[d_1-\frac{2b_1M}{\cos(\beta/2)}\right]+C_2\left[d_2-\frac{b_2M}{\cos(\beta/2)}\right]+C_3\left[d_3-\frac{b_3M}{\cos(\beta/2)}\right]+C_4\left[d_4-\frac{b_4M}{\cos(\beta/2)}\right]=0$$

$$C_1\left[d_2-\frac{b_2M}{\cos(\beta/2)}\right]+C_2\left[d_5-\frac{2b_5M}{\cos(\beta/2)}\right]+C_3\left[-d_4-\frac{b_6M}{\cos(\beta/2)}\right]+C_4\left[-d_3-\frac{b_7M}{\cos(\beta/2)}\right]=0$$

$$C_1\left[d_3-\frac{b_3M}{\cos(\beta/2)}\right]+C_2\left[-d_4+\frac{b_6M}{\cos(\beta/2)}\right]+C_3\left[d_6-\frac{2b_8M}{\cos(\beta/2)}\right]+C_4\left[d_7-\frac{b_9M}{\cos(\beta/2)}\right]=0$$

$$C_1\left[d_4-\frac{b_4M}{\cos(\beta/2)}\right]+C_2\left[-d_3-\frac{b_7M}{\cos(\beta/2)}\right]+C_3\left[d_7-\frac{b_9M}{\cos(\beta/2)}\right]+C_4\left[d_8-\frac{2b_{10}M}{\cos(\beta/2)}\right]=0$$

式中，$d_1=2a_1E_sI_{ya}\left(\frac{\pi}{\lambda}\right)^2+\frac{2E_st_w^3}{5(1-\mu^2)h_0}+\left[\frac{2E_st_w^3}{h_0^3(1-\mu^2)}+2K\right]\left(\frac{\lambda}{\pi}\right)^2$；

$$d_2=\frac{3E_st_w^3}{140(1-\mu^2)}h_0\left(\frac{\pi}{\lambda}\right)^2-\frac{2E_st_w^3}{5(1-\mu^2)h_0}-\frac{2E_st_w^3}{h_0^3(1-\mu^2)}\left(\frac{\lambda}{\pi}\right)^2;$$

$$d_3=\frac{11E_st_w^3}{1260(1-\mu^2)}h_0^2\left(\frac{\pi}{\lambda}\right)^2+\frac{(5\mu+1)E_st_w^3}{30(1-\mu^2)}+\frac{E_st_w^3}{h_0^2(1-\mu^2)}\left(\frac{\lambda}{\pi}\right)^2;$$

$$d_4=-\frac{13E_st_w^3}{2520(1-\mu^2)}h_0^2\left(\frac{\pi}{\lambda}\right)^2+\frac{E_st_w^3}{30(1-\mu^2)}+\frac{E_st_w^3}{h_0^2(1-\mu^2)}\left(\frac{\lambda}{\pi}\right)^2;$$

$$d_5=2a_2E_sI_{yb}\left(\frac{\pi}{\lambda}\right)^2+\frac{2E_st_w^3}{5(1-\mu^2)h_0}+\frac{2E_st_w^3}{h_0^3(1-\mu^2)}\left(\frac{\lambda}{\pi}\right)^2;$$

$$d_6=-\frac{E_st_w^3}{630(1-\mu^2)}h_0^3\left(\frac{\pi}{\lambda}\right)^2+2a_3G_sJ_a+\left[\frac{2E_st_w^3}{3h_0(1-\mu^2)}+2K\right]\left(\frac{\lambda}{\pi}\right)^2;$$

$$d_7=-\frac{E_st_w^3}{840(1-\mu^2)}h_0^3\left(\frac{\pi}{\lambda}\right)^2-\frac{E_st_w^3}{90(1-\mu^2)}h_0+\frac{E_st_w^3}{3h_0(1-\mu^2)}\left(\frac{\lambda}{\pi}\right)^2;$$

$$d_8=\frac{E_st_w^3}{630(1-\mu^2)}h_0^3\left(\frac{\pi}{\lambda}\right)^2+2a_4G_sJ_b+\frac{2E_st_w^3}{3h_0(1-\mu^2)}\left(\frac{\lambda}{\pi}\right)^2。$$

要使上面的线性齐次方程组有解，必须使其系数行列式为 0，即

$$\begin{vmatrix} d_1-\frac{2b_1M}{\cos(\beta/2)} & d_2-\frac{b_2M}{\cos(\beta/2)} & d_3-\frac{b_3M}{\cos(\beta/2)} & d_4-\frac{b_4M}{\cos(\beta/2)} \\ d_2-\frac{b_2M}{\cos(\beta/2)} & d_5-\frac{2b_5M}{\cos(\beta/2)} & -d_4-\frac{b_6M}{\cos(\beta/2)} & -d_3-\frac{b_7M}{\cos(\beta/2)} \\ d_3-\frac{b_3M}{\cos(\beta/2)} & -d_4+\frac{b_6M}{\cos(\beta/2)} & d_6-\frac{2b_8M}{\cos(\beta/2)} & d_7-\frac{b_9M}{\cos(\beta/2)} \\ d_4-\frac{b_4M}{\cos(\beta/2)} & -d_3-\frac{b_7M}{\cos(\beta/2)} & d_7-\frac{b_9M}{\cos(\beta/2)} & d_8-\frac{2b_{10}M}{\cos(\beta/2)} \end{vmatrix}=0$$

得到临界弯矩的一元四次方程：

$$E_1\left[\frac{M}{\cos(\beta/2)}\right]^4+E_2\left[\frac{M}{\cos(\beta/2)}\right]^3+E_3\left[\frac{M}{\cos(\beta/2)}\right]^2+E_4\frac{M}{\cos(\beta/2)}+E_5=0$$

式中，$E_1=b_3^2b_7^2-b_7^2b_6^2+b_2^2b_9^2-4b_1b_5b_9^2-4b_1b_7^2b_8+4b_1b_6^2b_{10}-4b_4^2b_5b_8-4_3^2b_5b_{10}-4b_2^2b_8b_{10}$
$-2b_2b_3b_7b_9+4b_2b_4b_7b_8+4b_3b_4b_5b_9+16b_1b_5b_8b_{10}$；

$$\begin{aligned}E_2=&-2b_2b_9^2d_2-2b_3b_7^2d_3+2b_3^2b_7d_3-4b_1b_{10}d_4^2+2b_1b_7^2d_6+2b_4b_6^2d_4-2b_1b_6^2d_8+2b_1b_9^2d_5\\&+2b_5b_9^2d_1+2b_4^2b_5d_6+2b_3^2b_5d_8+2b_7^2b_8d_1+2b_4^2b_8d_5-2b_6^2b_{10}d_1+2b_2^2b_8d_8-2b_2^2b_9d_7\\&+2b_2^2b_{10}d_6+2b_3^2b_{10}d_5-2b_2b_3b_9d_3+4b_2b_4b_8d_3-2b_3b_4b_7d_4-8b_1b_7b_8d_3+2b_2b_3b_7d_7\\&+4b_2b_3b_{10}d_4-2b_2b_4b_7d_6-2b_2b_4b_9d_4-4b_3b_4b_5d_7+4b_1b_7b_9d_4-4b_2b_7b_8d_4+2b_2b_7b_9d_3\\&-2b_3b_4b_9d_5-4b_3b_5b_9d_4+8b_3b_5b_{10}d_3+2b_3b_7b_9d_2+8b_4b_5b_8d_4-4b_4b_5b_9d_3-4b_4b_7b_8d_2\\&-8b_1b_5b_8d_8+8b_1b_5b_9d_7-8b_1b_5b_{10}d_6+8b_2b_8b_{10}d_2-8b_1b_8b_{10}d_5-8b_5b_8b_{10}d_1\text{；}\end{aligned}$$

$$\begin{aligned}E_3=&\,b_3^2d_3^2+b_4^2d_4^2+b_2^2d_7^2-b_6^2d_4^2+b_7^2d_3^2+b_9^2d_2^2-4b_5b_{10}d_3^2-4b_1b_8d_3^2-4b_1b_5d_7^2-4b_3b_7d_3^2\\&+2b_2b_9d_3^2+2b_3b_7d_4^2+2b_2b_9d_4^2-4b_5b_8d_4^2-4b_8b_{10}d_2^2-b_7^2d_1d_6-b_4^2d_5d_6+b_6^2d_1d_8\\&-b_9^2d_1d_5-b_2^2d_6d_8-b_3^2d_5d_8-2b_3b_4d_3d_4+2b_2b_3d_3d_7-2b_2b_4d_3d_6+4b_1b_7d_3d_6\\&+4b_1b_9d_3d_4-2b_2b_3d_4d_8+2b_2b_4d_4d_7-4b_2b_8d_3d_4+2b_3b_9d_2d_3-4b_4b_8d_2d_3\\&+2b_4b_7d_3d_4-4b_1b_7d_4d_7-2b_2b_7d_3d_7+2b_2b_7d_4d_6-4b_2b_{10}d_3d_4+2b_3b_4d_5d_7\\&-4b_3b_5d_3d_8+4b_3b_5d_4d_7-2b_3b_7d_2d_7-4b_4b_5d_4d_6+2b_4b_7d_2d_6+2b_4b_9d_2d_4\\&+4b_7b_8d_1d_3+4b_1b_5d_6d_8-4b_3b_{10}d_2d_4-4b_2b_8d_2d_8+4b_2b_9d_2d_7-4b_2b_{10}d_2d_6\\&+2b_3b_9d_4d_5-4b_3b_{10}d_3d_5+4b_4b_5d_3d_7-4b_4b_8d_4d_5+2b_4b_9d_3d_5+4b_5b_9d_3d_4\\&+4b_7b_8d_2d_4-2b_7b_9d_1d_4-2b_7b_9d_2d_3+4b_1b_8d_5d_8-4b_1b_9d_5d_7+4b_1b_{10}d_5d_6\\&+4b_5b_8d_1d_8-4b_5b_9d_1d_7+4b_5b_{10}d_1d_6+4b_8b_{10}d_1d_5\text{；}\end{aligned}$$

$$\begin{aligned}E_4=&-2b_3d_3^3-2b_4d_4^3+2b_7d_3^3+2b_1d_3^2d_6+2b_3d_3d_4^2-2b_2d_2d_7^2+2b_4d_3^2d_4-2b_2d_3^2d_7\\&+2b_8d_1d_3^2+2b_1d_5d_7^2+2b_1d_4^2d_8-2b_2d_4^2d_7+2b_5d_1d_7^2-2b_7d_3d_4^2-2b_9d_2d_3^2+2b_5d_4^2d_6\\&-2b_9d_2d_4^2-2b_4d_2d_4d_7+2b_{10}d_1d_4^2+2b_5d_3^2d_8+2b_8d_4^2d_5+2b_8d_2^2d_8-2b_9d_2^2d_7\\&+2b_{10}{d_2}^2d_6+2b_{10}d_3^2d_5-2b_8d_1d_5d_8+2b_9d_1d_5d_7-4b_1d_3d_4d_7+2b_2d_3d_4d_6\\&-2b_3d_2d_3d_7+2b_4d_2d_3d_6+2b_2d_3d_4d_8+2b_3d_2d_4d_8-2b_7d_1d_3d_6+4b_8d_2d_3d_4\\&-2b_9d_1d_3d_4+2b_2d_2d_6d_8+2b_3d_3d_5d_8-2b_3d_4d_5d_7-2b_4d_3d_5d_7+2b_4d_4d_5d_6\\&-4b_5d_3d_4d_7+2b_7d_1d_4d_7+2b_7d_2d_3d_7-2b_7d_2d_4d_6+4b_{10}d_2d_3d_4-2b_1d_5d_6d_8\\&-2b_5d_1d_6d_8-2b_9d_3d_4d_5-2b_{10}d_1d_5d_6\text{；}\end{aligned}$$

$$\begin{aligned}E_5=&\,d_3^4+d_4^4-2d_3^2d_4^2+d_2^2d_7^2-d_1d_3^2d_6+2d_2d_3^2d_7-d_1d_5d_7^2-d_1d_4^2d_8+2d_2d_4^2d_7-d_4^2d_5d_6\\&-{d_2}^2d_6d_8-{d_3}^2d_5d_8+2d_1d_3d_4d_7-2d_2d_3d_4d_6-2d_2d_3d_4d_8+2d_3d_4d_5d_7+d_1d_5d_6d_8\text{。}\end{aligned}$$

求解一元四次方程则可得到曲线组合梁负弯矩区失稳的临界弯矩，一元四次方程求解较为复杂，根据实际情况，可将失稳模型进行适当的简化。若上翼缘的横向位移为 0 时，可得到此时失稳模型所对应的临界弯矩。

总势能：

$$
\begin{aligned}
\Pi=\frac{1}{2}\int_0^{\lambda}\Bigg\{&\frac{E_s t_w^3}{h_0^3\left(1-\mu^2\right)}u_B^2-\frac{E_s t_w^3}{h_0^2\left(1-\mu^2\right)}\left(\phi_A u_B+u_B\phi_B\right)+\left[\frac{E_s t_w^3}{3h_0\left(1-\mu^2\right)}+K\right]\phi_A^2\\
&+\frac{E_s t_w^3}{3h_0\left(1-\mu^2\right)}\left(\phi_A\phi_B+\phi_B^2\right)-\frac{11E_s t_w^3}{1260\left(1-\mu^2\right)}h_0^2 u_{B,zz}\phi_{B,zz}\\
&+\frac{13E_s t_w^3}{2520\left(1-\mu^2\right)}h_0^2\phi_{A,zz}u_{B,zz}-\frac{E_s t_w^3}{840\left(1-\mu^2\right)}h_0^3\phi_{A,zz}\phi_{B,zz}\\
&+\left[\frac{13E_s t_w^3}{420\left(1-\mu^2\right)}h_0+E_s I_{yb}\right]u_{B,zz}^2+\frac{E_s t_w^3}{1260\left(1-\mu^2\right)}h_0^3(\phi_{A,zz}^2+\phi_{B,zz}^2)\\
&+\left[\frac{E_s t_w^3}{45(1+\mu)}h_0+G_s J_a-\frac{840\left(y_c-h_0\right)I_{ya}+\left(8y_c-5h_0\right)t_w h_0^3}{840I_x\cos\left(\beta/2\right)}M\right]\phi_{A,z}^2\\
&-\left[\frac{E_s t_w^3}{30(1+\mu)}+\frac{13y_c-6h_0}{210I_x\cos\left(\beta/2\right)}Mt_w h_0^2\right]\phi_{A,z}u_{B,z}\\
&-\left[\frac{E_s t_w^3}{90(1+\mu)}h_0-\frac{2y_c-h_0}{140I_x\cos\left(\beta/2\right)}Mt_w h_0^3\right]\phi_{A,z}\phi_{B,z}\\
&+\left[\frac{E_s t_w^3}{5(1+\mu)h_0}-\frac{35y_c A_{bf}+\left(13y_c-3h_0\right)t_w h_0}{35I_x\cos\left(\beta/2\right)}M\right]u_{B,z}^2\\
&-\left[\frac{E_s t_w^3}{30(1+\mu)}-\frac{22y_c-7h_0}{210I_x\cos\left(\beta/2\right)}Mt_w h_0^2\right]u_{B,z}\phi_{B,z}\\
&+\left[\frac{E_s t_w^3}{45(1+\mu)}h_0+G_s J_b-\frac{840y_c I_{yb}+\left(8y_c-3h_0\right)t_w h_0^3}{840I_x\cos\left(\beta/2\right)}M\right]\phi_{B,z}^2\\
&-\frac{\mu E_s t_w^3}{5\left(1-\mu^2\right)h_0}u_B u_{B,zz}+\frac{\mu E_s t_w^3}{60\left(1-\mu^2\right)}\left(\phi_A u_{B,zz}+u_B\phi_{B,zz}+u_B\phi_{A,zz}\right)\\
&+\frac{11\mu E_s t_w^3}{60\left(1-\mu^2\right)}\phi_B u_{B,zz}+\frac{\mu E_s t_w^3}{180\left(1-\mu^2\right)}h_0\left(\phi_A\phi_{B,zz}+\phi_B\phi_{A,zz}\right)\\
&-\frac{\mu E_s t_w^3}{45\left(1-\mu^2\right)}h_0\left(\phi_A\phi_{A,zz}+\phi_B\phi_{B,zz}\right)\Bigg\}\mathrm{d}z
\end{aligned}
$$

整理得到三个平衡方程：

$$E_sI_{yb}a_1'u_B'''' + \frac{13E_st_w^3}{5040(1-\mu^2)}h_0^2\phi_A'''' - \frac{11E_st_w^3h_0^2}{2520(1-\mu^2)}\phi_B'''' + \frac{E_st_w^3}{h_0^3(1-\mu^2)}u_B - \frac{E_st_w^3}{2h_0^2(1-\mu^2)}(\phi_A+\phi_B)$$
$$-\left[\frac{E_st_w^3}{5(1-\mu^2)h_0} - \frac{b_1'M}{\cos(\beta/2)}\right]u_B'' + \left[\frac{E_st_w^3}{60(1-\mu^2)} + \frac{b_4'M}{\cos(\beta/2)}\right]\phi_A''$$
$$+\left[\frac{(1+5\mu)E_st_w^3}{60(1-\mu^2)} - \frac{b_2'M}{\cos(\beta/2)}\right]\phi_B'' = 0$$

$$\frac{11E_st_w^3}{2520(1-\mu^2)}h_0^2u_B'''' + \frac{E_st_w^3}{1680(1-\mu^2)}h_0^3\phi_A'''' - \frac{E_st_w^3}{1260(1-\mu^2)}h_0^3\phi_B'''' - \left[\frac{(1+\mu)E_st_w^3}{60(1-\mu^2)} - \frac{b_2'M}{\cos(\beta/2)}\right]u_B''$$
$$-\left[\frac{E_st_w^3}{180(1-\mu^2)}h_0 - \frac{b_5'M}{\cos(\beta/2)}\right]\phi_A'' + \left[a_2'G_sJ_b - \frac{b_3'M}{\cos(\beta/2)}\right]\phi_B''$$
$$+\frac{E_st_w^3}{2h_0^2(1-\mu^2)}u_B - \frac{E_st_w^3}{6h_0(1-\mu^2)}(\phi_A+2\phi_B) = 0$$

$$\frac{13E_st_w^3}{5040(1-\mu^2)}h_0^2u_B'''' + \frac{E_st_w^3}{1260(1-\mu^2)}h_0^3\phi_A'''' - \frac{E_st_w^3}{1680(1-\mu^2)}h_0^3\phi_B'''' + \left[\frac{E_st_w^3}{60(1-\mu^2)} + \frac{b_4'M}{\cos(\beta/2)}\right]u_B''$$
$$-\left[a_3'G_sJ_a - \frac{b_6'M}{\cos(\beta/2)}\right]\phi_A'' + \left[\frac{E_st_w^3}{180(1-\mu^2)}h_0 - \frac{b_5'M}{\cos(\beta/2)}\right]\phi_B'' - \frac{E_st_w^3}{2h_0^2(1-\mu^2)}u_B$$
$$+\left[\frac{E_st_w^3}{3h_0(1-\mu^2)} + K\right]\phi_A + \frac{E_st_w^3}{6h_0(1-\mu^2)}\phi_B = 0$$

式中，$a_1' = 1 + \frac{13t_w^3}{420(1-\mu^2)I_{yb}}h_0$；$b_1' = \frac{35y_cA_{bf} + 13y_ct_wh_0 - 3h_0^2t_w}{35I_x}$；

$a_2' = 1 + \frac{E_st_w^3}{45(1-\mu^2)G_sJ_b}h_0$；$b_2' = \frac{22y_c - 7h_0}{420I_x}t_wh_0^2$；$a_3' = 1 + \frac{E_st_w^3}{45(1-\mu^2)G_sJ_a}h_0$；

$b_3' = \frac{840y_cI_{yb} + 8y_ct_wh_0^3 - 3t_wh_0^4}{840I_x}$；$b_4' = \frac{13y_c - 6h_0}{420I_x}t_wh_0^2$；$b_5' = \frac{2y_c - h_0}{280I_x}t_wh_0^3$；

$b_6' = \frac{840(y_c - h_0)I_{ya} + (8y_c - 5h_0)t_wh_0^3}{840I_x}$。

曲线组合梁侧向弯扭失稳时的变形：

$$\begin{Bmatrix} u_B \\ \phi_B \\ \phi_A \end{Bmatrix} = \begin{Bmatrix} C_1 \\ C_2 \\ C_3 \end{Bmatrix}\sin\frac{\pi z}{\lambda}$$

整理得到

$$C_1\left[E_sI_{yb}D_1-\frac{b_1'M}{\cos(\beta/2)}\right]-C_2\left[E_sI_wD_2-\frac{b_2'M}{\cos(\beta/2)}\right]+C_3\left[E_sI_wD_4-\frac{b_4'M}{\cos(\beta/2)}\right]=0$$

$$C_1\left[E_sI_wD_2-\frac{b_2'M}{\cos(\beta/2)}\right]-C_2\left[G_sJ_bD_3-\frac{b_3'M}{\cos(\beta/2)}\right]+C_3\left[E_sI_wD_5-\frac{b_5'M}{\cos(\beta/2)}\right]=0$$

$$C_1\left[E_sI_wD_4-\frac{b_4'M}{\cos(\beta/2)}\right]-C_2\left[E_sI_wD_5-\frac{b_5'M}{\cos(\beta/2)}\right]+C_3\left[G_sJ_aD_6-\frac{b_6'M}{\cos(\beta/2)}\right]=0$$

式中，$D_1=a_1'\left(\frac{\pi}{\lambda}\right)^2+\frac{12I_w}{5(1-\mu^2)h_0}\frac{1}{I_{yb}}+\frac{12I_w}{h_0^3(1-\mu^2)I_{yb}}\left(\frac{\lambda}{\pi}\right)^2$；

$$D_2=\frac{11h_0^2}{210(1-\mu^2)}\left(\frac{\pi}{\lambda}\right)^2+\frac{1+5\mu}{5(1-\mu^2)}+\frac{6}{h_0^2(1-\mu^2)}\left(\frac{\lambda}{\pi}\right)^2；$$

$$D_3=\frac{E_sI_w}{105(1-\mu^2)G_sJ_b}h_0^3\left(\frac{\pi}{\lambda}\right)^2+a_2'+\frac{4E_sI_w}{h_0(1-\mu^2)G_sJ_b}\left(\frac{\lambda}{\pi}\right)^2；$$

$$D_4=\frac{13}{420(1-\mu^2)}h_0^2\left(\frac{\pi}{\lambda}\right)^2-\frac{1}{5(1-\mu^2)}-\frac{6}{h_0^2(1-\mu^2)}\left(\frac{\lambda}{\pi}\right)^2；$$

$$D_5=\frac{1}{140(1-\mu^2)}h_0^3\left(\frac{\pi}{\lambda}\right)^2+\frac{1}{15(1-\mu^2)}h_0-\frac{2}{h_0(1-\mu^2)}\left(\frac{\lambda}{\pi}\right)^2；$$

$$D_6=\frac{E_sI_w}{105(1-\mu^2)G_sJ_a}h_0^3\left(\frac{\pi}{\lambda}\right)^2+a_3'+\left[\frac{4E_sI_w}{h_0(1-\mu^2)G_sJ_a}+\frac{K}{G_sJ_a}\right]\left(\frac{\lambda}{\pi}\right)^2。$$

要使上面的线性齐次方程组有解，必须使其系数行列式为 0，即

$$\begin{vmatrix} E_sI_{yb}D_1-\frac{b_1'M}{\cos(\beta/2)} & -\left[E_sI_wD_2-\frac{b_2'M}{\cos(\beta/2)}\right] & E_sI_wD_4-\frac{b_4'M}{\cos(\beta/2)} \\ E_sI_wD_2-\frac{b_2'M}{\cos(\beta/2)} & -\left[G_sJ_bD_3-\frac{b_3'M}{\cos(\beta/2)}\right] & E_sI_wD_5-\frac{b_5'M}{\cos(\beta/2)} \\ E_sI_wD_4-\frac{b_4'M}{\cos(\beta/2)} & -\left[E_sI_wD_5-\frac{b_5'M}{\cos(\beta/2)}\right] & G_sJ_aD_6-\frac{b_6'M}{\cos(\beta/2)} \end{vmatrix}=0$$

可求解得到曲线组合梁临界弯矩的一元三次方程：

$$E_1\left[\frac{M}{\cos(\beta/2)}\right]^3+E_2\left[\frac{M}{\cos(\beta/2)}\right]^2+E_3\frac{M}{\cos(\beta/2)}+E_4=0$$

式中，$E_1=b_1'b_5'^2+b_3'b_4'^2+b_6'b_2'^2-b_1'b_3'b_6'-2b_2'b_4'b_5'$；

$E_2=(b_3'b_6'-b_5'^2)D_1E_sI_{yb}+(b_1'b_6'-b_4'^2)D_3G_sJ_b+(b_1'b_3'-b_2'^2)D_6G_sJ_a$

$$+2\left(b_2'b_4'-b_1'b_5'\right)D_5E_sI_w+2\left(b_4'b_5'D_2+b_2'b_5'D_4-b_3'b_4'D_4-b_2'b_6'D_2\right)E_sI_w\text{；}$$

$$\begin{aligned}E_3=&2b_5'D_1D_5E_sI_wE_sI_{yb}+2b_4'D_3D_4E_sI_wG_sJ_b+2b_2'D_2D_6E_sI_wG_sJ_a\\&+\left(b_3'D_4^2+b_6'D_2^2-2b_5'D_2D_4\right)E_s^2I_w^2-2\left(b_4'D_2+b_2'D_4\right)D_5E_s^2I_w^2\\&+b_1'D_5^2E_s^2I_w^2-b_1'D_3D_6G_sJ_aG_sJ_b-b_6'D_1D_3E_sI_{yb}G_sJ_b-b_3'D_1D_6E_sI_{yb}G_sJ_a\text{；}\end{aligned}$$

$$\begin{aligned}E_4=&D_1D_3D_6E_sI_{yb}G_sJ_aG_sJ_b+2D_2D_4D_5E_s^3I_w^3-D_3D_4^2E_s^2I_w^2G_sJ_b\\&-D_6D_2^2E_s^2I_w^2G_sJ_a-D_1D_5^2E_s^2I_w^2E_sI_{yb}\text{。}\end{aligned}$$

求解一元三次方程即可得到考虑上翼缘扭转的曲线组合梁负弯矩区侧向失稳临界弯矩。对失稳模型进行进一步的简化，当不考虑上翼缘发生形变，即 u_A 和 ϕ_A 均为 0 时，得到曲线组合梁所对应的总势能：

$$\begin{aligned}\Pi=\frac{1}{2}\int_0^{\lambda}\Bigg\{&\frac{E_st_w^3}{h_0^3\left(1-\mu^2\right)}u_B^2-\frac{E_st_w^3}{h_0^2\left(1-\mu^2\right)}u_B\phi_B+\frac{E_st_w^3}{3h_0\left(1-\mu^2\right)}\phi_B^2\\&-\frac{11E_st_w^3}{1260\left(1-\mu^2\right)}h_0^2u_{B,zz}\phi_{B,zz}+\left[\frac{13E_st_w^3}{420\left(1-\mu^2\right)}h_0+E_sI_{yb}\right]u_{B,zz}^2\\&+\frac{E_st_w^3}{1260\left(1-\mu^2\right)}h_0^3\phi_{B,zz}^2\\&+\left[\frac{E_st_w^3}{5(1+\mu)h_0}-\frac{y_cA_bM}{I\cos(\beta/2)}-\frac{13y_c-3h_0}{35I\cos(\beta/2)}Mt_wh_0\right]u_{B,z}^2\\&-\left[\frac{E_st_w^3}{30(1+\mu)}-\frac{22y_c-7h_0}{210I\cos(\beta/2)}Mt_wh_0^2\right]u_{B,z}\phi_{B,z}\\&+\left[\frac{E_st_w^3}{451+\mu}h_0+GJ_b-\frac{y_cI_{yb}M}{I\cos(\beta/2)}-\frac{8y_c-3h_0}{840I\cos(\beta/2)}Mt_wh_0^3\right]\phi_{B,z}^2\\&-\frac{\mu E_st_w^3}{5\left(1-\mu^2\right)h_0}u_Bu_{B,zz}+\frac{\mu E_st_w^3}{60\left(1-\mu^2\right)}u_B\phi_{B,zz}+\frac{11\mu E_st_w^3}{60\left(1-\mu^2\right)}\phi_Bu_{B,zz}\\&-\frac{\mu E_st_w^3}{45\left(1-\mu^2\right)}h_0\phi_B\phi_{B,zz}\Bigg\}\mathrm{d}z\end{aligned}$$

曲线组合梁弯扭失稳的两个平衡方程：

$$\begin{aligned}&E_sI_{yb}A_1u_B''''\ \frac{11E_st_w^3h_0^2}{2520\left(1-\mu^2\right)}\phi_B''''\ -\left[\frac{E_st_w^3}{5\left(1-\mu^2\right)h_0}-\frac{B_1M}{\cos(\beta/2)}\right]u_B''\\&+\left[\frac{(1+5\mu)E_st_w^3}{60\left(1-\mu^2\right)}-\frac{B_2M}{\cos(\beta/2)}\right]\phi_B''+\frac{E_st_w^3}{h_0^3\left(1-\mu^2\right)}u_B-\frac{E_st_w^3}{2h_0^2\left(1-\mu^2\right)}\phi_B=0\end{aligned}$$

$$\frac{11E_st_w^3}{2520\left(1-\mu^2\right)}h_0^2u_B'''' - \frac{E_st_w^3}{1260\left(1-\mu^2\right)}h_0^3\phi_B'''' - \left[\frac{\left(1+5\mu\right)E_st_w^3}{60\left(1-\mu^2\right)} - \frac{B_2M}{\cos\left(\beta/2\right)}\right]u_B''$$

$$+\left[A_2G_sJ_b - \frac{B_3M}{\cos\left(\beta/2\right)}\right]\phi_B'' + \frac{E_st_w^3}{2h_0^2\left(1-\mu^2\right)}u_B - \frac{E_st_w^3}{3h_0\left(1-\mu^2\right)}\phi_B = 0$$

式中，$A_1 = 1+\dfrac{13t_w^3}{420\left(1-\mu^2\right)I_{yb}}h_0$；$A_2 = 1+\dfrac{E_st_w^3}{45\left(1-\mu^2\right)G_sJ_b}h_0$；

$B_1 = \dfrac{35y_cA_b+13y_ct_wh_0-3h_0^2t_w}{35I_x}$；$B_2 = \dfrac{22y_c-7h_0}{420I_x}t_wh_0^2$；$B_3 = \dfrac{840y_cI_{yb}+8y_ct_wh_0^3-3t_wh_0^4}{840I_x}$。

假设曲线组合梁侧向弯扭失稳时的侧向位移为 n 个半波长的正弦函数：

$$\begin{Bmatrix} u_B \\ \phi_B \end{Bmatrix} = \begin{Bmatrix} C_1 \\ C_2 \end{Bmatrix}\sin\frac{\pi z}{\lambda}$$

整理上式得到

$$C_1\left\{A_1E_sI_{yb}\left(\frac{\pi}{\lambda}\right)^4 + \left[\frac{E_st_w^3}{5\left(1-\mu^2\right)h_0} - \frac{B_1M}{\cos\left(\beta/2\right)}\right]\left(\frac{\pi}{\lambda}\right)^2 + \frac{E_st_w^3}{h_0^3\left(1-\mu^2\right)}\right\}$$

$$-C_2\left\{\frac{11E_st_w^3h_0^2}{2520\left(1-\mu^2\right)}\left(\frac{\pi}{\lambda}\right)^4 + \left[\frac{\left(1+5\mu\right)E_st_w^3}{60\left(1-\mu^2\right)} - \frac{B_2M}{\cos\left(\beta/2\right)}\right]\left(\frac{\pi}{\lambda}\right)^2 + \frac{E_st_w^3}{2h_0^2\left(1-\mu^2\right)}\right\} = 0$$

$$C_1\left\{\frac{11E_st_w^3}{2520\left(1-\mu^2\right)}h_0^2\left(\frac{\pi}{\lambda}\right)^4 + \left[\frac{\left(1+5\mu\right)E_st_w^3}{60\left(1-\mu^2\right)} - \frac{B_2M}{\cos\left(\beta/2\right)}\right]\left(\frac{\pi}{\lambda}\right)^2 - \frac{E_st_w^3}{2h_0^2\left(1-\mu^2\right)}\right\}$$

$$-C_2\left\{\frac{E_st_w^3}{1260\left(1-\mu^2\right)}h_0^3\left(\frac{\pi}{\lambda}\right)^4 + \left[A_2G_sJ_b - \frac{B_3M}{\cos\left(\beta/2\right)}\right]\left(\frac{\pi}{\lambda}\right)^2 + \frac{E_st_w^3}{3h_0\left(1-\mu^2\right)}\right\} = 0$$

可简化为

$$C_1\left[E_sI_{yb}F_1 - \frac{B_1M}{\cos\left(\beta/2\right)}\right] - C_2\left[E_sI_wF_2 - \frac{B_2M}{\cos\left(\beta/2\right)}\right] = 0$$

$$C_1\left[E_sI_wF_2 - \frac{B_2M}{\cos\left(\beta/2\right)}\right] - C_2\left[G_sJ_bF_3 - \frac{B_3M}{\cos\left(\beta/2\right)}\right] = 0$$

式中，$F_1 = A_1\left(\dfrac{\pi}{\lambda}\right)^2 + \dfrac{12I_w}{5\left(1-\mu^2\right)h_0}\dfrac{1}{I_{yb}} + \dfrac{12I_w}{h_0^3\left(1-\mu^2\right)I_{yb}}\left(\dfrac{\lambda}{\pi}\right)^2$；

$F_2 = \dfrac{132h_0^2}{2520\left(1-\mu^2\right)}\left(\dfrac{\pi}{\lambda}\right)^2 + \dfrac{1+5\mu}{5\left(1-\mu^2\right)} + \dfrac{6}{h_0^2\left(1-\mu^2\right)}\left(\dfrac{\lambda}{\pi}\right)^2$；

$F_3 = \dfrac{E_sI_w}{105\left(1-\mu^2\right)G_sJ_b}h_0^3\left(\dfrac{\pi}{\lambda}\right)^2 + A_2 + \dfrac{4E_sI_w}{h_0\left(1-\mu^2\right)G_sJ_b}\left(\dfrac{\lambda}{\pi}\right)^2$。

这两个方程为一组线性齐次方程式，有解的条件是其系数行列式为 0，即

$$\begin{vmatrix} E_s I_{yb} F_1 - \dfrac{B_1 M}{\cos(\beta/2)} & -\left[E_s I_w F_2 - \dfrac{B_2 M}{\cos(\beta/2)}\right] \\ E_s I_w F_2 - \dfrac{B_2 M}{\cos(\beta/2)} & -\left[G_s J_b F_3 - \dfrac{B_3 M}{\cos(\beta/2)}\right] \end{vmatrix} = 0$$

临界弯矩的一元二次方程：

$$G_1\left[\frac{1}{\cos(\beta/2)}\right]^2 M^2 + \frac{G_2 M}{\cos(\beta/2)} + G_3 = 0$$

式中，$G_1 = B_2^2 - B_1 B_3$；

$G_2 = E_s I_{yb} F_1 B_3 + G_s J_b F_3 B_1 - 2E_s I_w F_2 B_2$；

$G_3 = -E_s I_{yb} G_s J_b F_1 F_3 + \left(E_s I_w F_2\right)^2$。

得到弯矩的临界值：

$$\begin{cases} M_1 = \dfrac{-G_2 + \sqrt{G_2{}^2 - 4G_1 G_3}}{2G_1 \dfrac{1}{\cos(\beta/2)}} \\ M_2 = \dfrac{-G_2 - \sqrt{G_2{}^2 - 4G_1 G_3}}{2G_1 \dfrac{1}{\cos(\beta/2)}} \end{cases}$$

若下翼缘的扭转角为 0，那么可得到曲线组合梁下翼缘只有横向位移的临界弯矩：

$$M = \frac{\left[1 + \dfrac{13 t_w^3}{420\left(1-\mu^2\right) I_{yb}} h_0\right] E_s I_{yb} \left(\dfrac{\pi}{\lambda}\right)^2 + \dfrac{E_s t_w^3}{h_0^3\left(1-\mu^2\right)}\left(\dfrac{\lambda}{\pi}\right)^2 + \dfrac{E_s t_w^3}{5\left(1-\mu^2\right) h_0}}{\dfrac{35 y_c A_b + 13 y_c t_w h_0 - 3h_0^2 t_w}{35 I_x} \dfrac{1}{\cos(\beta/2)}}$$

7.4 钢箱曲线组合梁负弯矩区稳定性

钢箱曲线组合梁是利用剪力连接件将钢箱梁与混凝土板连接起来，与曲线工字组合梁相比，钢箱曲线组合梁的抗扭及抗翘曲能力提高了很多，在外荷载作用下，不仅要考虑钢箱曲线组合梁的组合效应，还要考虑“弯扭”耦合作用。钢箱曲线组合梁的受扭可以认为是约束扭转，本节在文献[80]～[88]研究直线组合梁和曲线组合梁稳定性问题的基础上，分析钢箱曲线组合梁负弯矩区稳定性。

7.4.1　组合截面应力

钢箱曲线组合梁的截面形式和坐标见图 7-18。

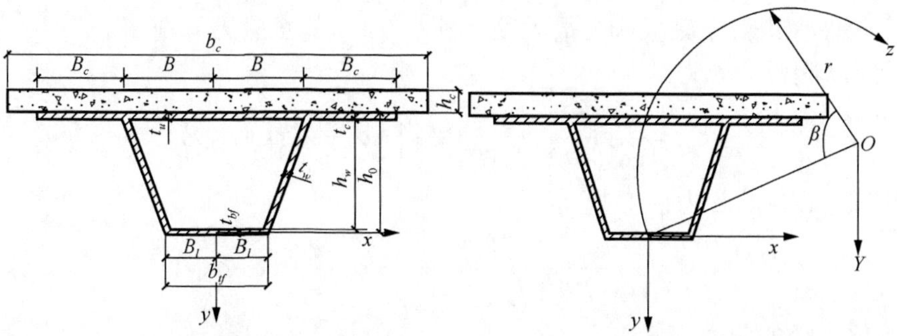

（a）钢箱曲线组合梁截面形式　　（b）钢箱曲线组合梁坐标

图 7-18　钢箱曲线组合梁的截面形式和坐标

钢箱曲线组合梁的钢梁左右腹板、底板和上翼缘的主扇形坐标：

$$\omega_i=(h_0+y_m)B-\psi\frac{B}{t_w}+\frac{2(h_0+y_m)B-\psi\dfrac{B}{t_w}+B\left[\tan\alpha-(h_0+y_m)\right]h_0}{h_0}$$

$$\omega_j=-\left\{\omega_i=(h_0+y_m)B-\psi\frac{B}{t_w}+\frac{2(h_0+y_m)B-\psi\dfrac{B}{t_w}+B\left[\tan\alpha-(h_0+y_m)\right]h_0}{h_0}\right\}$$

$$\omega_b=\frac{2\left(y_mB_l+\psi\dfrac{B_l}{t_{bf}}\right)}{b_{tf}}x$$

$$\omega_a=\frac{2(h_0+y_m)B-2\psi\dfrac{B}{t_u}}{b_{tf}}x$$

式中，ψ 为由钢箱曲线梁截面的几何形状决定的变量；y_m 为形心到扭转中心的距离。

在弯矩 M 作用下，钢箱曲线组合梁中钢梁 i 腹板的应力为

$$\sigma_{zi}=M\frac{\cos(\beta/2-\varphi)}{\cos(\beta/2)}\frac{y+y_c}{I_x}+\frac{\mu r\left[\dfrac{1}{1+(Kr)^2}\right]M}{I_\omega}\left\{\frac{\cos(\beta/2-\varphi)}{\cos(\beta/2)}-\frac{\mathrm{ch}\left[Kr(\beta/2-\varphi)\right]}{\mathrm{ch}\left[Kr(\beta/2)\right]}\right\}$$

$$\cdot\left\{(h_0+y_m)B-\psi\frac{B}{t_w}+\frac{2(h_0+y_m)B-\psi\dfrac{B}{t_w}+B\left[\tan\alpha-(h_0+y_m)\right]h_0}{h_0}\right\}$$

式中，y_c为曲线组合梁纵向弯曲中性轴到x轴的距离；$K=\sqrt{\mu GI_d/EI_\omega}$，其中$\mu$为曲线组合梁截面翘曲的剪切系数，$\mu=1-J/J_p$（$J$和$J_p$分别为组合梁截面的抗扭常数和组合梁截面对形心的极惯性矩）；r为曲率半径。

钢箱曲线组合梁底板应力最大处（$\varphi=\beta/2$）的正应力分别如下。

钢梁i腹板的应力：

$$\sigma_{zi}=\frac{M}{\cos(\beta/2)}\frac{y_c}{I_x}\left(1+\frac{y}{y_c}\right)+\alpha_1\frac{My_c}{I_x}(1+\alpha_2 y)$$

钢梁j腹板的应力：

$$\sigma_{zj}=\frac{M}{\cos(\beta/2)}\frac{y_c}{I_x}\left(1+\frac{y}{y_c}\right)-\alpha_1\frac{My_c}{I_x}(1+\alpha_2 y)$$

钢梁底板的应力：

$$\sigma_b=\frac{M}{\cos(\beta/2)}\frac{y_c}{I_x}-\frac{My_c}{I_x}\alpha_1\alpha_3 x$$

钢梁上翼缘应力：

$$\sigma_a=\frac{M}{\cos(\beta/2)}\frac{y_c}{I_x}-\frac{My_c}{I_x}\alpha_1\alpha_4 x$$

式中，$\alpha_1=\left\{\frac{1}{\cos(\beta/2)}-\frac{1}{\mathrm{ch}\left[Kr(\beta/2)\right]}\right\}\frac{\mu rI\left[\frac{1}{1+(Kr)^2}\right]}{y_c I_w}$；

$$\alpha_2=(h_0+y_m)B-\psi\frac{B}{t_w}+\frac{2(h_0+y_m)B-\psi\frac{B}{t_w}+B\left[\tan\alpha-(h_0+y_m)\right]h_0}{h_0};$$

$$\alpha_3=\frac{2\left(y_m B_l+\psi\frac{B_l}{t_{bf}}\right)}{b_{tf}};\quad \alpha_4=\frac{2(h_0+y_m)B-2\psi\frac{B}{t_u}}{b_{tf}}。$$

7.4.2 组合梁临界弯矩

1. 失稳变形

在实际工程中，当钢梁下翼缘发生侧向弯曲变形时，一般也存在下翼缘的扭转变形，虽然钢梁的上翼缘受到混凝土的约束，但是钢梁上翼缘也会出现侧向弯曲变形和扭转变形，钢箱曲线组合梁失稳形式及失稳计算模型见图 7-19。

钢梁 i 腹板的侧向位移u_{wi}为下翼缘的侧向位移u_B、上翼缘侧向位移u_A、下翼缘扭转角φ_{bi}和上翼缘扭转角φ_{ai}关于y的一元三次函数；钢梁j腹板的侧向位移u_{wj}为下翼缘的侧向位移u_B、上翼缘侧向位移u_A、下翼缘扭转角φ_{bj}和上翼缘扭转

角 φ_{aj} 关于 y 的一元三次函数；上翼缘的竖向位移 ξ_a 为扭转角 φ_{ai} 和 φ_{aj} 关于 x 的一元三次函数；下翼缘的竖向位移 ξ_b 为扭转角 φ_{bi} 和 φ_{bj} 关于 x 的一元三次函数：

$$\begin{cases} u_{wi} = f_1(y)u_A + f_2(y)u_B + f_3(y)\varphi_{ai} + f_4(y)\varphi_{bi} \\ u_{wj} = f_5(y)u_A + f_6(y)u_B + f_7(y)\varphi_{aj} + f_8(y)\varphi_{bj} \\ \xi_a = f_9(x)\varphi_{ai} + f_{10}(x)\varphi_{aj} \\ \xi_b = f_{11}(x)\varphi_{bi} + f_{12}(x)\varphi_{bj} \end{cases}$$

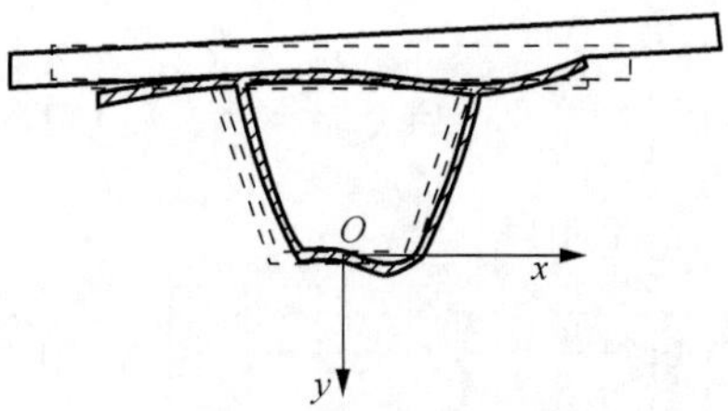

（a）失稳形式

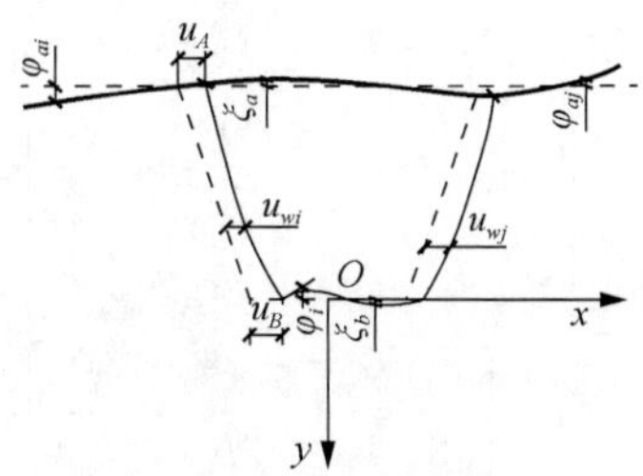

（b）失稳计算模型

图 7-19　钢箱曲线组合梁失稳形式及失稳计算模型

钢箱曲线组合梁左腹板的变形协调关系：

$$\begin{cases} \left.\dfrac{\partial u_{wi}(y,z)}{\partial y}\right|_{y=0} = \varphi_{bi} \\ u_{wi}(y,z)\big|_{y=0} = u_B \\ \left.\dfrac{\partial u_{wi}(y,z)}{\partial y}\right|_{y=-h_0} = \varphi_{ai} \\ u_{wi}(y,z)\big|_{y=-h_0} = u_A \end{cases}$$

钢箱组合梁 i 腹板的变形：

$$u_{wi} = \left(\frac{2}{h_0^3}y^3 + \frac{3}{h_0^2}y^2\right)u_A + \left(-\frac{2}{h_0^3}y^3 - \frac{3}{h_0^2}y^2 + 1\right)u_B + \left(\frac{1}{h_0^2}y^3 + \frac{1}{h_0}y^2\right)\varphi_{ai} + \left(\frac{1}{h_0^2}y^3 + \frac{2}{h_0}y^2 + y\right)\varphi_{bi}$$

钢箱组合梁 j 腹板的变形：

$$u_{wj} = \left(\frac{2}{h_0^3}y^3 + \frac{3}{h_0^2}y^2\right)u_A + \left(-\frac{2}{h_0^3}y^3 - \frac{3}{h_0^2}y^2 + 1\right)u_B + \left(\frac{1}{h_0^2}y^3 + \frac{1}{h_0}y^2\right)\varphi_{aj} + \left(\frac{1}{h_0^2}y^3 + \frac{2}{h_0}y^2 + y\right)\varphi_{bj}$$

钢箱曲线组合梁钢梁上翼缘的变形协调关系：

$$\begin{cases}\left.\dfrac{\partial\xi_a(x,z)}{\partial x}\right|_{x=-b_{tf}/2}=\varphi_{ai}\\ \left.\xi_a(x,z)\right|_{x=-b_{tf}/2}=0\\ \left.\dfrac{\partial\xi_a(x,z)}{\partial x}\right|_{x=b_{tf}/2}=\varphi_{aj}\\ \left.\xi_a(x,z)\right|_{x=b_{tf}/2}=0\end{cases}$$

钢箱组合梁中钢梁上翼缘的变形：

$$\xi_a=\left(\frac{b_{tf}}{8}-\frac{x}{4}-\frac{x^2}{2b_{tf}}+\frac{x^3}{b_{tf}^2}\right)\varphi_{ai}(z)+\left(-\frac{b_{tf}}{8}-\frac{x}{4}+\frac{x^2}{2b_{tf}}+\frac{x^3}{b_{tf}^2}\right)\varphi_{aj}(z)$$

钢箱组合梁中钢梁下翼缘的变形：

$$\xi_b=\left(\frac{b_{tf}}{8}-\frac{x}{4}-\frac{x^2}{2b_{bf}}+\frac{x^3}{b_{bf}^2}\right)\varphi_{bi}(z)+\left(-\frac{b_{tf}}{8}-\frac{x}{4}+\frac{x^2}{2b_{bf}}+\frac{x^3}{b_{bf}^2}\right)\varphi_{bj}(z)$$

2. 总势能

1）曲线组合梁 i 腹板的侧向弯曲应变能

$$\begin{aligned}U_1=\frac{E_s t_w^3}{24\left(1-\mu^2\right)}\int_0^\lambda\Bigg[&\frac{12}{h_0^3}u_A{}^2-\frac{24}{h_0^3}u_Au_B+\frac{12}{h_0^2}u_A\varphi_{ai}+\frac{12}{h_0^2}u_A\varphi_{bi}-\frac{12}{h_0^2}u_B\varphi_{ai}-\frac{12}{h_0^2}u_B\varphi_{bi}\\
&+\frac{12}{h_0^3}u_B{}^2+\frac{4}{h_0}\varphi_{ai}^2+\frac{4}{h_0}\varphi_{ai}\varphi_{bi}+\frac{4}{h_0}\varphi_{bi}^2-\frac{12\mu}{5h_0}u_Au_{A,zz}+\frac{12\mu}{5h_0}u_Au_{B,zz}\\
&-\frac{\mu}{5}u_A\varphi_{ai,zz}-\frac{\mu}{5}u_A\varphi_{bi,zz}+\frac{12\mu}{5h_0}u_Bu_{A,zz}-\frac{12\mu}{5h_0}u_Bu_{B,zz}+\frac{\mu}{5}u_B\varphi_{ai,zz}\\
&+\frac{\mu}{5}u_B\varphi_{bi,zz}+\frac{\mu}{5}u_{A,zz}\varphi_{ai,zz}+\frac{11\mu}{5}u_{A,zz}\varphi_{bi,zz}+\frac{\mu}{5}u_{B,zz}\varphi_{ai,zz}\\
&+\frac{11\mu}{5}u_{B,zz}\varphi_{bi,zz}-\frac{4\mu h_0}{15}\varphi_{ai}\varphi_{ai,zz}+\frac{\mu h_0}{15}\varphi_{bi}\varphi_{ai,zz}-\frac{4\mu h_0}{15}\varphi_{bi}\varphi_{bi,zz}\\
&+\frac{\mu h_0}{15}\varphi_{ai}\varphi_{bi,zz}+\frac{13h_0}{35}u_{A,zz}^2+\frac{9h_0}{35}u_{A,zz}u_{B,zz}+\frac{13h_0}{35}u_{B,zz}^2\\
&+\frac{11h_0^2}{105}u_{A,zz}\varphi_{ai,zz}-\frac{13h_0^2}{210}u_{A,zz}\varphi_{bi,zz}+\frac{13h_0^2}{210}u_{B,zz}\varphi_{ai,zz}-\frac{11h_0^2}{105}u_{B,zz}\varphi_{bi,zz}\\
&-\frac{h_0^3}{70}\varphi_{ai,zz}\varphi_{bi,zz}+\frac{h_0^3}{105}\varphi_{ai,zz}^2+\frac{h_0^3}{105}\varphi_{bi,zz}^2+\frac{12(1-\mu)}{5h_0}u_{A,z}^2\\
&-\frac{24(1-\mu)}{5h_0}u_{A,z}u_{B,z}+\frac{12(1-\mu)}{5h_0}u_{A,z}^2+\frac{2(1-\mu)}{5}u_{A,z}\varphi_{ai,z}\\
&-\frac{2(1-\mu)}{5}u_{B,z}\varphi_{ai,z}+\frac{2(1-\mu)}{5}u_{A,z}\varphi_{bi,z}-\frac{2(1-\mu)}{5}u_{B,z}\varphi_{bi,z}\\
&-\frac{4(1-\mu)h_0}{15}\varphi_{ai,z}^2-\frac{2(1-\mu)h_0}{15}\varphi_{ai,z}\varphi_{bi,z}+\frac{4(1-\mu)h_0}{15}\varphi_{bi,z}^2\Bigg]\mathrm{d}z\end{aligned}$$

2）曲线组合梁 j 腹板侧向弯曲应变能

$$
\begin{aligned}
U_2=\frac{E_s t_w^3}{24\left(1-\mu^2\right)}\int_0^\lambda\Bigg[&\frac{12}{h_0^3}u_A{}^2-\frac{24}{h_0^3}u_A u_B+\frac{12}{h_0^2}u_A\varphi_{aj}+\frac{12}{h_0^2}u_A\varphi_{bj}-\frac{12}{h_0^2}u_B\varphi_{aj}-\frac{12}{h_0^2}u_B\varphi_{bj}\\
&+\frac{12}{h_0^3}u_B{}^2+\frac{4}{h_0}\varphi_{aj}^2+\frac{4}{h_0}\varphi_{aj}\varphi_{bj}+\frac{4}{h_0}\varphi_{bj}^2-\frac{12\mu}{5h_0}u_A u_{A,zz}+\frac{12\mu}{5h_0}u_A u_{B,zz}\\
&-\frac{\mu}{5}u_A\varphi_{aj,zz}-\frac{\mu}{5}u_A\varphi_{bj,zz}+\frac{12\mu}{5h_0}u_B u_{A,zz}-\frac{12\mu}{5h_0}u_B u_{B,zz}\\
&+\frac{\mu}{5}u_B\varphi_{aj,zz}+\frac{\mu}{5}u_B\varphi_{bj,zz}+\frac{\mu}{5}u_{A,zz}\varphi_{aj,zz}+\frac{11\mu}{5}u_{A,zz}\varphi_{bj,zz}\\
&+\frac{\mu}{5}u_{B,zz}\varphi_{aj,zz}+\frac{11\mu}{5}u_{B,zz}\varphi_{bj,zz}-\frac{4\mu h_0}{15}\varphi_{aj}\varphi_{aj,zz}+\frac{\mu h_0}{15}\varphi_{bj}\varphi_{aj,zz}\\
&-\frac{4\mu h_0}{15}\varphi_{bj}\varphi_{bj,zz}+\frac{\mu h_0}{15}\varphi_{aj}\varphi_{bj,zz}+\frac{13h_0}{35}u_{A,zz}^2+\frac{9h_0}{35}u_{A,zz}u_{B,zz}\\
&+\frac{13h_0}{35}u_{B,zz}^2+\frac{11h_0^2}{105}u_{A,zz}\varphi_{aj,zz}-\frac{13h_0^2}{210}u_{A,zz}\varphi_{bj,zz}+\frac{13h_0^2}{210}u_{B,zz}\varphi_{aj,zz}\\
&-\frac{11h_0^2}{105}u_{B,zz}\varphi_{bj,zz}-\frac{h_0^3}{70}\varphi_{aj,zz}\varphi_{bj,zz}+\frac{h_0^3}{105}\varphi_{aj,zz}^2+\frac{h_0^3}{105}\varphi_{bj,zz}^2\\
&+\frac{12(1-\mu)}{5h_0}u_{A,z}^2-\frac{24(1-\mu)}{5h_0}u_{A,z}u_{B,z}+\frac{12(1-\mu)}{5h_0}u_{A,z}^2\\
&+\frac{2(1-\mu)}{5}u_{A,z}\varphi_{aj,z}-\frac{2(1-\mu)}{5}u_{B,z}\varphi_{aj,z}+\frac{2(1-\mu)}{5}u_{A,z}\varphi_{bj,z}\\
&-\frac{2(1-\mu)}{5}u_{B,z}\varphi_{bj,z}-\frac{4(1-\mu)h_0}{15}\varphi_{aj,z}^2-\frac{2(1-\mu)h_0}{15}\varphi_{aj,z}\varphi_{bj,z}\\
&+\frac{4(1-\mu)h_0}{15}\varphi_{bj,z}^2\Bigg]\mathrm{d}z
\end{aligned}
$$

3）钢箱曲线组合梁中钢梁翼缘的侧向弯曲应变能

$$
U_3=\frac{1}{2}\int_0^\lambda\left(E_s I_{yb}u_{B,zz}^2+E_s I_{ya}u_{A,zz}^2\right)\mathrm{d}z
$$

4）钢箱曲线组合梁钢梁下翼缘的弯曲应变能

$$
\begin{aligned}
U_4=\frac{E_s t_{bf}^3}{24(1-\mu^2)}\int_0^\lambda\Bigg[&\frac{4}{b_{bf}}\varphi_{bi}^2+\frac{4}{b_{bf}}\varphi_{bi}\varphi_{bj}+\frac{4}{b_{bf}}\varphi_{bj}^2-\frac{4\mu b_{bf}}{15}\varphi_{bi}\varphi_{bi,zz}+\frac{\mu b_{bf}}{15}\varphi_{bi}\varphi_{bj,zz}\\
&+\frac{\mu b_{bf}}{15}\varphi_{bj}\varphi_{bi,zz}-\frac{4\mu b_{bf}}{15}\varphi_{bj}\varphi_{bj,zz}+\frac{b_{bf}^3}{105}\varphi_{bi,zz}^2-\frac{b_{bf}^3}{70}\varphi_{bi,zz}\varphi_{bj,zz}\\
&+\frac{b_{bf}^3}{105}\varphi_{bj,zz}^2+\frac{4(1-\mu)b_{bf}}{15}\varphi_{bi,z}^2-\frac{2(1-\mu)b_{bf}}{15}\varphi_{bi,z}\varphi_{bj,z}\ \frac{4(1-\mu)b_{bf}}{15}\varphi_{bj,z}^2\Bigg]\mathrm{d}z
\end{aligned}
$$

5）钢箱曲线组合梁上翼缘的弯曲应变能

$$U_5=\frac{E_s t_{tf}^3}{24(1-\mu^2)}\int_0^\lambda\left[\frac{4}{b_{tf}}\varphi_{ai}^2+\frac{4}{b_{tf}}\varphi_{ai}\varphi_{aj}+\frac{4}{b_{tf}}\varphi_{aj}^2-\frac{4\mu b_{tf}}{15}\varphi_{ai}\varphi_{ai,zz}+\frac{\mu b_{tf}}{15}\varphi_{ai}\varphi_{aj,zz}\right.$$
$$+\frac{\mu b_{tf}}{15}\varphi_{aj}\varphi_{ai,zz}-\frac{4\mu b_{tf}}{15}\varphi_{aj}\varphi_{aj,zz}+\frac{b_{tf}^3}{105}\varphi_{ai,zz}^2-\frac{b_{tf}^3}{70}\varphi_{ai,zz}\varphi_{aj,zz}$$
$$+\frac{b_{tf}^3}{105}\varphi_{aj,zz}^2+\frac{4(1-\mu)b_{tf}}{15}\varphi_{ai,z}^2-\frac{2(1-\mu)b_{tf}}{15}\varphi_{ai,z}\varphi_{aj,z}$$
$$\left.+\frac{4(1-\mu)b_{tf}}{15}\varphi_{aj,z}^2\right]\mathrm{d}z$$

6）混凝土板的约束应变能

$$U_6=\frac{1}{2}\int_0^l k(\varphi_{ai}^2+u_A^2+\varphi_{aj}^2)\mathrm{d}z$$

7）钢梁上翼缘的扭转应变能

$$U_7=\frac{1}{2}\int_0^l G_s J_a\left(\varphi_{ai,z}^2+\varphi_{aj,z}^2\right)\mathrm{d}z$$

8）钢梁下翼缘的扭转应变能

$$U_8=\frac{1}{2}\int_0^l G_s J_b\left(\phi_{bi,z}^2+\phi_{bj,z}^2\right)\mathrm{d}z$$

9）外力功

$$W=\frac{1}{2}\int_0^\lambda\int_{A_a}\sigma_a(u_{A,z}^2+\xi_{A,z}^2)\mathrm{d}A\mathrm{d}z+\frac{1}{2}\int_0^\lambda\int_{A_w}(\sigma_{zi}u_{wi,z}^2+\sigma_{zj}u_{wj,z}^2)\mathrm{d}A\mathrm{d}z$$
$$+\frac{1}{2}\int_0^\lambda\int_{A_b}\sigma_b(u_{B,z}^2+\xi_{B,z}^2)\mathrm{d}A\mathrm{d}z$$
$$=\frac{1}{2}\int_0^\lambda\left(\left[\frac{\sigma A_a}{\cos(\beta/2)}+\frac{26t_w h_0}{35}\frac{\sigma}{\cos(\beta/2)}-\frac{4t_w h_0^2}{7}\frac{\sigma}{\cos(\beta/2)y_c}\right]u_{A,z}^2\right.$$
$$+\left[\frac{\sigma A_b}{\cos(\beta/2)}\frac{26t_w h_0}{35}\frac{\sigma}{\cos(\beta/2)}-\frac{6t_w h_0^2}{35}\frac{\sigma}{\cos(\beta/2)y_c}\right]u_{B,z}^2$$
$$+\left[\frac{18t_w h_0}{35}\frac{\sigma}{\cos(\beta/2)}-\frac{9t_w h_0^2}{35}\frac{\sigma}{\cos(\beta/2)y_c}\right]u_{A,z}u_{B,z}$$
$$+\left\{\frac{\sigma}{\cos(\beta/2)}\frac{t_{tf}b_{tf}^3}{105}+\frac{\sigma t_{tf}b_{tf}^4\alpha_1\alpha_4}{840}+\frac{t_w h_0^3}{105}\left[\frac{\sigma}{\cos(\beta/2)}+\alpha_1\sigma\right]+\frac{t_w h_0^4}{168}\left[\frac{\sigma}{\cos(\beta/2)y_c}+\alpha_1\alpha_2\sigma\right]\right\}\varphi_{ai,z}^2$$
$$+\left\{\frac{\sigma}{\cos(\beta/2)}\frac{t_{bf}b_{bf}^3}{105}+\frac{\sigma t_{bf}b_{bf}^4\alpha_1\alpha_3}{840}+\frac{t_w h_0^3}{105}\left[\frac{\sigma}{\cos(\beta/2)}+\alpha_1\sigma\right]-\frac{t_w h_0^4}{280}\left[\frac{\sigma}{\cos(\beta/2)y_c}+\alpha_1\alpha_2\sigma\right]\right\}\varphi_{bi,z}^2$$

$$
\begin{aligned}
&+\left\{\frac{\sigma}{\cos(\beta/2)}\frac{t_{tf}b_{tf}^3}{105}-\frac{\sigma t_{tf}b_{tf}^4\alpha_1\alpha_4}{840}+\frac{t_wh_0^3}{105}\left[\frac{\sigma}{\cos(\beta/2)}-\alpha_1\sigma\right]+\frac{t_wh_0^4}{168}\left[\frac{\sigma}{\cos(\beta/2)y_c}-\alpha_1\alpha_2\sigma\right]\right\}\varphi_{aj,z}^2\\
&+\left\{\frac{\sigma}{\cos(\beta/2)}\frac{t_{bf}b_{bf}^3}{105}-\frac{\sigma t_{bf}b_{bf}^4\alpha_1\alpha_3}{840}+\frac{t_wh_0^3}{105}\left[\frac{\sigma}{\cos(\beta/2)}-\alpha_1\sigma\right]-\frac{t_wh_0^4}{280}\left[\frac{\sigma}{\cos(\beta/2)y_c}-\alpha_1\alpha_2\sigma\right]\right\}\varphi_{bj,z}^2\\
&+\left\{\frac{11t_wh_0^2}{105}\left[\frac{\sigma}{\cos(\beta/2)}+\alpha_1\sigma\right]-\frac{t_wh_0^3}{14}\left[\frac{\sigma}{\cos(\beta/2)y_c}+\alpha_1\alpha_2\sigma\right]\right\}u_{A,z}\varphi_{ai,z}\\
&+\left\{-\frac{13t_wh_0^2}{210}\left[\frac{\sigma}{\cos(\beta/2)}+\alpha_1\sigma\right]+\frac{t_wh_0^3}{30}\left[\frac{\sigma}{\cos(\beta/2)y_c}+\alpha_1\alpha_2\sigma\right]\right\}u_{A,z}\varphi_{bi,z}\\
&+\left\{\frac{13t_wh_0^2}{210}\left[\frac{\sigma}{\cos(\beta/2)}+\alpha_1\sigma\right]-\frac{t_wh_0^3}{35}\left[\frac{\sigma}{\cos(\beta/2)y_c}+\alpha_1\alpha_2\sigma\right]\right\}u_{B,z}\varphi_{ai,z}\\
&+\left\{-\frac{11t_wh_0^2}{105}\left[\frac{\sigma}{\cos(\beta/2)}+\alpha_1\sigma\right]+\frac{t_wh_0^3}{30}\left[\frac{\sigma}{\cos(\beta/2)y_c}+\alpha_1\alpha_2\sigma\right]\right\}u_{B,z}\varphi_{bi,z}\\
&+\left\{-\frac{t_wh_0^3}{70}\left[\frac{\sigma}{\cos(\beta/2)}+\alpha_1\sigma\right]+\frac{t_wh_0^4}{140}\left[\frac{\sigma}{\cos(\beta/2)y_c}+\alpha_1\alpha_2\sigma\right]\right\}\varphi_{ai,z}\varphi_{bi,z}\\
&+\left\{\frac{11t_wh_0^2}{105}\left[\frac{\sigma}{\cos(\beta/2)}-\alpha_1\sigma\right]-\frac{t_wh_0^3}{14}\left[\frac{\sigma}{\cos(\beta/2)y_c}-\alpha_1\alpha_2\sigma\right]\right\}u_{A,z}\varphi_{aj,z}\\
&+\left\{-\frac{13t_wh_0^2}{210}\left[\frac{\sigma}{\cos(\beta/2)}-\alpha_1\sigma\right]+\frac{t_wh_0^3}{30}\left[\frac{\sigma}{\cos(\beta/2)y_c}-\alpha_1\alpha_2\sigma\right]\right\}u_{A,z}\varphi_{bj,z}\\
&+\left\{\frac{13t_wh_0^2}{210}\left[\frac{\sigma}{\cos(\beta/2)}-\alpha_1\sigma\right]-\frac{t_wh_0^3}{35}\left[\frac{\sigma}{\cos(\beta/2)y_c}-\alpha_1\alpha_2\sigma\right]\right\}u_{B,z}\varphi_{aj,z}\\
&+\left\{-\frac{11t_wh_0^2}{105}\left[\frac{\sigma}{\cos(\beta/2)}-\alpha_1\sigma\right]+\frac{t_wh_0^3}{30}\left[\frac{\sigma}{\cos(\beta/2)y_c}-\alpha_1\alpha_2\sigma\right]\right\}u_{B,z}\varphi_{bj,z}\\
&+\left\{-\frac{t_wh_0^3}{70}\left[\frac{\sigma}{\cos(\beta/2)}-\alpha_1\sigma\right]+\frac{t_wh_0^4}{140}\left[\frac{\sigma}{\cos(\beta/2)y_c}-\alpha_1\alpha_2\sigma\right]\right\}\varphi_{aj,z}\varphi_{bj,z}\\
&-\left[\frac{\sigma}{\cos(\beta/2)}\frac{t_{tf}b_{tf}^3}{70}\right]\varphi_{ai,z}\varphi_{aj,z}-\left[\frac{\sigma}{\cos(\beta/2)}\frac{t_{bf}b_{bf}^3}{70}\right]\varphi_{bi,z}\varphi_{bj,z}\Bigg)\mathrm{d}z
\end{aligned}
$$

式中，$\sigma=\dfrac{My_c}{I_x}$。

10）总势能

$$\Pi=\frac{1}{2}\int_0^{\lambda}\Bigg[\left[\frac{2E_st_w^3}{(1-\mu^2)h_0^3}+k\right]u_A{}^2-\frac{4E_st_w^3}{(1-\mu^2)h_0^3}u_Au_B+\frac{E_st_w^3}{(1-\mu^2)h_0^2}u_A\varphi_{ai}+\frac{E_st_w^3}{(1-\mu^2)h_0^2}u_A\varphi_{bi}$$

$$-\frac{E_st_w^3}{(1-\mu^2)h_0^2}u_B\varphi_{ai}-\frac{E_st_w^3}{(1-\mu^2)h_0^2}u_B\varphi_{bi}+\frac{2E_st_w^3}{(1-\mu^2)h_0^3}u_B^2$$

$$+\left[\frac{E_st_w^3}{3(1-\mu^2)h_0}+\frac{E_st_{tf}^3}{3(1-\mu^2)b_{tf}}+k\right]\varphi_{ai}^2+\frac{E_st_w^3}{3(1-\mu^2)h_0}\varphi_{ai}\varphi_{bi}$$

$$+\left[\frac{E_st_w^3}{3(1-\mu^2)h_0}+\frac{E_st_{bf}^3}{3(1-\mu^2)b_{tf}}+k\right]\varphi_{bi}^2-\frac{2E_st_w^3\mu}{5(1-\mu^2)h_0}u_Au_{A,zz}+\frac{2E_st_w^3\mu}{5(1-\mu^2)h_0}u_Au_{B,zz}$$

$$-\frac{\mu E_st_w^3}{60(1-\mu^2)}u_A\varphi_{ai,zz}-\frac{\mu E_st_w^3}{60(1-\mu^2)}u_A\varphi_{bi,zz}+\frac{2E_st_w^3\mu}{5(1-\mu^2)h_0}u_Bu_{A,zz}-\frac{2E_st_w^3\mu}{5(1-\mu^2)h_0}u_Bu_{B,zz}$$

$$+\frac{\mu E_st_w^3}{60(1-\mu^2)}u_B\varphi_{ai,zz}+\frac{\mu E_st_w^3}{60(1-\mu^2)}u_B\varphi_{bi,zz}+\frac{\mu E_st_w^3}{60(1-\mu^2)}u_{A,zz}\varphi_{ai,zz}+\frac{11E_st_w^3\mu}{60(1-\mu^2)}u_{A,zz}\varphi_{bi,zz}$$

$$+\frac{\mu E_st_w^3}{60(1-\mu^2)}u_{B,zz}\varphi_{ai,zz}+\frac{11E_st_w^3\mu}{60(1-\mu^2)}u_{B,zz}\varphi_{bi,zz}-\frac{E_st_w^3\mu h_0}{45(1-\mu^2)}\varphi_{ai}\varphi_{ai,zz}+\frac{\mu E_st_w^3h_0}{180(1-\mu^2)}\varphi_{bi}\varphi_{ai,zz}$$

$$-\frac{\mu E_st_w^3h_0}{45(1-\mu^2)}\varphi_{bi}\varphi_{bi,zz}+\frac{\mu E_st_w^3h_0}{180(1-\mu^2)}\varphi_{ai}\varphi_{bi,zz}+\left[E_sI_{ya}+\frac{13E_st_w^3h_0}{210(1-\mu^2)}\right]u_{A,zz}^2$$

$$+\frac{9E_st_w^3h_0}{210(1-\mu^2)}u_{A,zz}u_{B,zz}+\left[E_sI_{yb}+\frac{13E_st_w^3h_0}{210(1-\mu^2)}\right]u_{B,zz}^2+\frac{11E_st_w^3h_0^2}{1260(1-\mu^2)}u_{A,zz}\varphi_{ai,zz}$$

$$-\frac{13E_st_w^3h_0^2}{2520(1-\mu^2)}u_{A,zz}\varphi_{bi,zz}+\frac{13E_st_w^3h_0^2}{2520(1-\mu^2)}u_{B,zz}\varphi_{ai,zz}-\frac{11E_st_w^3h_0^2}{1260(1-\mu^2)}u_{B,zz}\varphi_{bi,zz}$$

$$-\frac{E_st_w^3h_0^3}{840(1-\mu^2)}\varphi_{ai,zz}\varphi_{bi,zz}+\left[\frac{E_st_w^3h_0^3}{1260(1-\mu^2)}+\frac{E_st_{tf}^3b_{tf}^3}{1260(1-\mu^2)}\right]\varphi_{ai,zz}^2$$

$$+\left[\frac{E_st_w^3h_0^3}{1260(1-\mu^2)}+\frac{E_st_{bf}^3b_{bf}^3}{1260(1-\mu^2)}\right]\varphi_{bi,zz}^2$$

$$+\left\{\frac{2E_st_w^3}{5(1+\mu)h_0}-\left[\frac{\sigma A_a}{\cos(\beta/2)}+\frac{26t_wh_0}{35}\frac{\sigma}{\cos(\beta/2)}-\frac{4t_wh_0^2}{7}\frac{\sigma}{\cos(\beta/2)y_c}\right]\right\}u_{A,z}^2$$

$$+\left\{-\frac{4E_st_w^3}{5(1+\mu)h_0}-\left[\frac{18t_wh_0}{35}\frac{\sigma}{\cos(\beta/2)}-\frac{9t_wh_0^2}{35}\frac{\sigma}{\cos(\beta/2)y_c}\right]\right\}u_{A,z}u_{B,z}$$

$$+\left\{\frac{2E_st_w^3}{5(1+\mu)h_0}-\left[\frac{\sigma A_b}{\cos(\beta/2)}\frac{26t_wh_0}{35}\frac{\sigma}{\cos(\beta/2)}-\frac{6t_wh_0^2}{35}\frac{\sigma}{\cos(\beta/2)y_c}\right]\right\}u_{B,z}^2$$

$$+\left(G_sJ_a-\frac{E_st_w^3h_0}{45(1+\mu)}+\frac{E_st_{tf}^3b_{tf}}{45(1+\mu)}-\left\{\frac{\sigma}{\cos(\beta/2)}\frac{t_{tf}b_{tf}^3}{105}+\frac{\sigma t_{tf}b_{tf}^4\alpha_1\alpha_4}{840}+\frac{t_wh_0^3}{105}\left[\frac{\sigma}{\cos(\beta/2)}+\alpha_1\sigma\right]\right.\right.$$

$$\left.\left.+\frac{t_wh_0^4}{168}\left[\frac{\sigma}{\cos(\beta/2)y_c}+\alpha_1\alpha_2\sigma\right]\right\}\right)\varphi_{ai,z}^2+\left(G_sJ_b+\frac{E_st_w^3h_0}{45(1+\mu)}+\frac{E_st_{bf}^3b_{bf}}{45(1+\mu)}-\left\{\frac{\sigma}{\cos(\beta/2)}\frac{t_{bf}b_{bf}^3}{105}\right.\right.$$

$$\left.\left.+\frac{\sigma t_{bf}b_{bf}^4\alpha_1\alpha_3}{840}+\frac{t_wh_0^3}{105}\left[\frac{\sigma}{\cos(\beta/2)}+\alpha_1\sigma\right]-\frac{t_wh_0^4}{280}\left[\frac{\sigma}{\cos(\beta/2)y_c}+\alpha_1\alpha_2\sigma\right]\right\}\right)\varphi_{bi,z}^2$$

$$+\left(G_sJ_a-\frac{E_st_w^3h_0}{45(1+\mu)}+\frac{E_st_{tf}^3b_{tf}}{45(1+\mu)}-\left\{\frac{\sigma}{\cos(\beta/2)}\frac{t_{tf}b_{tf}^3}{105}-\frac{\sigma t_{tf}b_{tf}^4\alpha_1\alpha_4}{840}+\frac{t_wh_0^3}{105}\left[\frac{\sigma}{\cos(\beta/2)}-\alpha_1\sigma\right]\right.\right.$$

$$\left.\left.+\frac{t_wh_0^4}{168}\left[\frac{\sigma}{\cos(\beta/2)y_c}-\alpha_1\alpha_2\sigma\right]\right\}\right)\varphi_{aj,z}^2+\left(G_sJ_b+\frac{E_st_w^3h_0}{45(1+\mu)}+\frac{E_st_{bf}^3b_{bf}}{45(1+\mu)}-\left\{\frac{\sigma}{\cos(\beta/2)}\frac{t_{bf}b_{bf}^3}{105}\right.\right.$$

$$\left.\left.-\frac{\sigma t_{bf}b_{bf}^4\alpha_1\alpha_3}{840}+\frac{t_wh_0^3}{105}\left[\frac{\sigma}{\cos(\beta/2)}-\alpha_1\sigma\right]-\frac{t_wh_0^4}{280}\left[\frac{\sigma}{\cos(\beta/2)y_c}-\alpha_1\alpha_2\sigma\right]\right\}\right)\varphi_{bj,z}^2$$

$$+\left(\frac{E_st_w^3}{30(1+\mu)}-\left\{\frac{11t_wh_0^2}{105}\left[\frac{\sigma}{\cos(\beta/2)}+\alpha_1\sigma\right]-\frac{t_wh_0^3}{14}\left[\frac{\sigma}{\cos(\beta/2)y_c}+\alpha_1\alpha_2\sigma\right]\right\}\right)u_{A,z}\varphi_{ai,z}$$

$$+\left(\frac{E_st_w^3}{30(1+\mu)}-\left\{-\frac{13t_wh_0^2}{210}\left[\frac{\sigma}{\cos(\beta/2)}+\alpha_1\sigma\right]+\frac{t_wh_0^3}{30}\left[\frac{\sigma}{\cos(\beta/2)y_c}+\alpha_1\alpha_2\sigma\right]\right\}\right)u_{A,z}\varphi_{bi,z}$$

$$+\left(-\frac{E_st_w^3}{30(1+\mu)}-\left\{\frac{13t_wh_0^2}{210}\left[\frac{\sigma}{\cos(\beta/2)}+\alpha_1\sigma\right]-\frac{t_wh_0^3}{35}\left[\frac{\sigma}{\cos(\beta/2)y_c}+\alpha_1\alpha_2\sigma\right]\right\}\right)u_{B,z}\varphi_{ai,z}$$

$$+\left(-\frac{E_st_w^3}{30(1+\mu)}-\left\{\frac{11t_wh_0^2}{105}\left[\frac{\sigma}{\cos(\beta/2)}+\alpha_1\sigma\right]+\frac{t_wh_0^3}{30}\left[\frac{\sigma}{\cos(\beta/2)y_c}+\alpha_1\alpha_2\sigma\right]\right\}\right)u_{B,z}\varphi_{bi,z}$$

$$+\left(-\frac{E_st_w^3h_0}{90(1+\mu)}-\left\{-\frac{t_wh_0^3}{70}\left[\frac{\sigma}{\cos(\beta/2)}+\alpha_1\sigma\right]+\frac{t_wh_0^4}{140}\left[\frac{\sigma}{\cos(\beta/2)y_c}+\alpha_1\alpha_2\sigma\right]\right\}\right)\varphi_{ai,z}\varphi_{bi,z}$$

$$+\left(\frac{E_st_w^3}{30(1+\mu)}-\left\{\frac{11t_wh_0^2}{105}\left[\frac{\sigma}{\cos(\beta/2)}-\alpha_1\sigma\right]-\frac{t_wh_0^3}{14}\left[\frac{\sigma}{\cos(\beta/2)y_c}-\alpha_1\alpha_2\sigma\right]\right\}\right)u_{A,z}\varphi_{aj,z}$$

$$+\left(\frac{E_st_w^3}{30(1+\mu)}-\left\{-\frac{13t_wh_0^2}{210}\left[\frac{\sigma}{\cos(\beta/2)}-\alpha_1\sigma\right]+\frac{t_wh_0^3}{30}\left[\frac{\sigma}{\cos(\beta/2)y_c}-\alpha_1\alpha_2\sigma\right]\right\}\right)u_{A,z}\varphi_{bj,z}$$

$$+\left(-\frac{E_st_w^3}{30(1+\mu)}-\left\{\frac{13t_wh_0^2}{210}\left[\frac{\sigma}{\cos(\beta/2)}-\alpha_1\sigma\right]-\frac{t_wh_0^3}{35}\left[\frac{\sigma}{\cos(\beta/)2y_c}-\alpha_1\alpha_2\sigma\right]\right\}\right)u_{B,z}\varphi_{aj,z}$$

$$
\begin{aligned}
&+\left(-\frac{E_s t_w^3}{30(1+\mu)}-\left\{-\frac{11 t_w h_0^2}{105}\left[\frac{\sigma}{\cos(\beta/2)}-\alpha_1\sigma\right]+\frac{t_w h_0^3}{30}\left[\frac{\sigma}{\cos(\beta/2)y_c}-\alpha_1\alpha_2\sigma\right]\right\}\right)u_{B,z}\varphi_{bj,z}\\
&+\left(-\frac{E_s t_w^3 h_0}{90(1+\mu)}-\left\{-\frac{t_w h_0^3}{70}\left[\frac{\sigma}{\cos(\beta/2)}-\alpha_1\sigma\right]+\frac{t_w h_0^4}{140}\left[\frac{\sigma}{\cos(\beta/2)y_c}-\alpha_1\alpha_2\sigma\right]\right\}\right)\varphi_{aj,z}\varphi_{bj,z}\\
&+\left\{-\frac{E_s t_{bf}^3 b_{bf}}{90(1+\mu)}+\left[\frac{\sigma}{\cos(\beta/2)}\frac{t_{bf}b_{bf}^3}{70}\right]\right\}\varphi_{bi,z}\varphi_{bj,z}+\left\{-\frac{E_s t_{tf}^3 b_{tf}}{90(1+\mu)}+\left[\frac{\sigma}{\cos(\beta/2)}\frac{t_{tf}b_{tf}^3}{70}\right]\right\}\varphi_{ai,z}\varphi_{aj,z}\\
&+\frac{E_s t_w^3}{(1-\mu^2)h_0^2}u_A\varphi_{aj}+\frac{E_s t_w^3}{(1-\mu^2)h_0^2}u_A\varphi_{bj}-\frac{E_s t_w^3}{(1-\mu^2)h_0^2}u_B\varphi_{aj}-\frac{E_s t_w^3}{(1-\mu^2)h_0^2}u_B\varphi_{bj}\\
&+\frac{E_s t_w^3}{3(1-\mu^2)h_0}\varphi_{aj}^2+\frac{E_s t_w^3}{3(1-\mu^2)h_0}\varphi_{aj}\varphi_{bj}+\left[\frac{E_s t_w^3}{3(1-\mu^2)h_0}+\frac{E_s t_{bf}^3}{3(1-\mu^2)b_{tf}}\right]\varphi_{bj}^2\\
&-\frac{\mu E_s t_w^3}{60(1-\mu^2)}u_A\varphi_{aj,zz}-\frac{\mu E_s t_w^3}{60(1-\mu^2)}u_A\varphi_{bj,zz}+\frac{\mu E_s t_w^3}{60(1-\mu^2)}u_B\varphi_{aj,zz}\\
&+\frac{\mu E_s t_w^3}{60(1-\mu^2)}u_B\varphi_{bj,zz}+\frac{\mu E_s t_w^3}{60(1-\mu^2)}u_{A,zz}\varphi_{aj,zz}+\frac{11E_s t_w^3\mu}{60(1-\mu^2)}u_{A,zz}\varphi_{bj,zz}\\
&+\frac{\mu E_s t_w^3}{60(1-\mu^2)}u_{B,zz}\varphi_{aj,zz}+\frac{11E_s t_w^3\mu}{60(1-\mu^2)}u_{B,zz}\varphi_{bj,zz}-\frac{E_s t_w^3\mu h_0}{45(1-\mu^2)}\varphi_{aj}\varphi_{aj,zz}+\frac{\mu E_s t_w^3 h_0}{180(1-\mu^2)}\varphi_{bj}\varphi_{aj,zz}\\
&-\frac{\mu E_s t_w^3 h_0}{45(1-\mu^2)}\varphi_{bj}\varphi_{bj,zz}+\frac{\mu E_s t_w^3 h_0}{180(1-\mu^2)}\varphi_{aj}\varphi_{bj,zz}+\frac{11E_s t_w^3 h_0^2}{1260(1-\mu^2)}u_{A,zz}\varphi_{aj,zz}\\
&-\frac{13E_s t_w^3 h_0^2}{2520(1-\mu^2)}u_{A,zz}\varphi_{bj,zz}+\frac{13E_s t_w^3 h_0^2}{2520(1-\mu^2)}u_{B,zz}\varphi_{aj,zz}-\frac{11E_s t_w^3 h_0^2}{1260(1-\mu^2)}u_{B,zz}\varphi_{bj,zz}\\
&-\frac{E_s t_w^3 h_0^3}{840(1-\mu^2)}\varphi_{aj,zz}\varphi_{bj,zz}+\left[\frac{E_s t_w^3 h_0^3}{1260(1-\mu^2)}+\frac{E_s t_{tf}^3 b_{tf}^3}{1260(1-\mu^2)}\right]\varphi_{aj,zz}^2\\
&+\left[\frac{E_s t_w^3 h_0^3}{1260(1-\mu^2)}+\frac{E_s t_{bf}^3 b_{bf}^3}{1260(1-\mu^2)}\right]\varphi_{bj,zz}^2+\frac{E_s t_{bf}^3}{3(1-\mu^2)b_{tf}}\varphi_{bi}\varphi_{bj}-\frac{E_s t_{bf}^3\mu b_{bf}}{45(1-\mu^2)}\varphi_{bi}\varphi_{bi,zz}\\
&+\frac{\mu E_s t_{bf}^3 b_{bf}}{180(1-\mu^2)}\varphi_{bi}\varphi_{bj,zz}+\frac{\mu E_s t_{bf}^3 b_{bf}}{180(1-\mu^2)}\varphi_{bj}\varphi_{bi,zz}-\frac{E_s t_{bf}^3\mu b_{bf}}{45(1-\mu^2)}\varphi_{bj}\varphi_{bj,zz}-\frac{E_s t_{bf}^3 b_{bf}^3}{840(1-\mu^2)}\varphi_{bi,zz}\varphi_{bj,zz}\\
&+\frac{E_s t_{tf}^3}{3(1-\mu^2)b_{tf}}\varphi_{ai}\varphi_{aj}-\frac{E_s t_{tf}^3\mu b_{tf}}{45(1-\mu^2)}\varphi_{ai}\varphi_{ai,zz}+\frac{\mu E_s t_{tf}^3 b_{tf}}{180(1-\mu^2)}\varphi_{ai}\varphi_{aj,zz}\\
&\left.+\frac{\mu E_s t_{tf}^3 b_{tf}}{180(1-\mu^2)}\varphi_{aj}\varphi_{ai,zz}-\frac{E_s t_{tf}^3\mu b_{tf}}{45(1-\mu^2)}\varphi_{aj}\varphi_{aj,zz}-\frac{E_s t_{tf}^3 b_{tf}^3}{840(1-\mu^2)}\varphi_{ai,zz}\varphi_{aj,zz}\right]\mathrm{d}z
\end{aligned}
$$

3. 临界弯矩

钢箱曲线组合梁的临界弯矩采用势能驻值定理进行求解：

$$\Pi=\frac{1}{2}\int_0^{\lambda}F\left(z,u_A,u_B,\phi_{ai},\phi_{aj},\phi_{bi},\phi_{bj},u_A',u_B',\phi_{ai}',\phi_{aj}',\phi_{bi}',\phi_{bj}',u_A'',u_B'',\phi_{ai}'',\phi_{aj}'',\phi_{bi}'',\phi_{bj}''\right)\mathrm{d}z$$

由 $\delta\Pi=0$ 得到六个平衡方程：

$$\begin{cases}\dfrac{\partial F}{\partial u_A}-\dfrac{\mathrm{d}}{\mathrm{d}z}\left(\dfrac{\partial F}{\partial u_A'}\right)+\dfrac{\mathrm{d}^2}{\mathrm{d}z^2}\left(\dfrac{\partial F}{\partial u_A''}\right)=0\\ \dfrac{\partial F}{\partial u_B}-\dfrac{\mathrm{d}}{\mathrm{d}z}\left(\dfrac{\partial F}{\partial u_B'}\right)+\dfrac{\mathrm{d}^2}{\mathrm{d}z^2}\left(\dfrac{\partial F}{\partial u_B''}\right)=0\\ \dfrac{\partial F}{\partial \phi_{ai}}-\dfrac{\mathrm{d}}{\mathrm{d}z}\left(\dfrac{\partial F}{\partial \phi_{ai}'}\right)+\dfrac{\mathrm{d}^2}{\mathrm{d}z^2}\left(\dfrac{\partial F}{\partial \phi_{ai}''}\right)=0\\ \dfrac{\partial F}{\partial \phi_{aj}}-\dfrac{\mathrm{d}}{\mathrm{d}z}\left(\dfrac{\partial F}{\partial \phi_{aj}'}\right)+\dfrac{\mathrm{d}^2}{\mathrm{d}z^2}\left(\dfrac{\partial F}{\partial \phi_{aj}''}\right)=0\\ \dfrac{\partial F}{\partial \phi_{bi}}-\dfrac{\mathrm{d}}{\mathrm{d}z}\left(\dfrac{\partial F}{\partial \phi_{bi}'}\right)+\dfrac{\mathrm{d}^2}{\mathrm{d}z^2}\left(\dfrac{\partial F}{\partial \phi_{bi}''}\right)=0\\ \dfrac{\partial F}{\partial \phi_{bj}}-\dfrac{\mathrm{d}}{\mathrm{d}z}\left(\dfrac{\partial F}{\partial \phi_{bj}'}\right)+\dfrac{\mathrm{d}^2}{\mathrm{d}z^2}\left(\dfrac{\partial F}{\partial \phi_{bj}''}\right)=0\end{cases}$$

六个方程分别为

$$\begin{aligned}&2a_1u_A''''+\frac{9E_st_w^3h_0}{210\left(1-\mu^2\right)}u_B''''+\frac{E_st_w^3}{60\left(1-\mu^2\right)}\left(\mu+\frac{11h_0^2}{21}\right)\varphi_{ai}''''+\frac{E_st_w^3}{60\left(1-\mu^2\right)}\left(11\mu-\frac{13h_0^2}{42}\right)\varphi_{bi}''''\\&+\frac{E_st_w^3}{60\left(1-\mu^2\right)}\left(\mu+\frac{11h_0^2}{21}\right)\varphi_{aj}''''+\frac{E_st_w^3}{60\left(1-\mu^2\right)}\left(11\mu-\frac{13h_0^2}{42}\right)\varphi_{bj}''''-2\left[\frac{2E_st_w^3}{5\left(1-\mu^2\right)h_0}-b_1\sigma\right]u_A''\\&+\left[\frac{4E_st_w^3}{5\left(1-\mu^2\right)h_0}+b_2\sigma\right]u_B''-\left[\frac{\mu E_st_w^3}{5\left(1-\mu^2\right)}+\frac{E_st_w^3}{30\left(1-\mu^2\right)}-b_3\sigma\right]\varphi_{ai}''\\&-\left[\frac{\mu E_st_w^3}{5\left(1-\mu^2\right)}+\frac{E_st_w^3}{30\left(1+\mu\right)}-b_4\sigma\right]\varphi_{bi}''-\left[\frac{\mu E_st_w^3}{5\left(1-\mu^2\right)}+\frac{E_st_w^3}{30\left(1+\mu\right)}-b_5\sigma\right]\varphi_{aj}''\\&-\left[\frac{\mu E_st_w^3}{5\left(1-\mu^2\right)}+\frac{E_st_w^3}{30\left(1+\mu\right)}-b_6\sigma\right]\varphi_{bj}''+2\left[\frac{2E_st_w^3}{\left(1-\mu^2\right)h_0^3}+k\right]u_A-\frac{4E_st_w^3}{\left(1-\mu^2\right)h_0^3}u_B\\&+\frac{E_st_w^3}{\left(1-\mu^2\right)h_0^2}\varphi_{ai}+\frac{E_st_w^3}{\left(1-\mu^2\right)h_0^2}\varphi_{bi}+\frac{E_st_w^3}{\left(1-\mu^2\right)h_0^2}\varphi_{aj}+\frac{E_st_w^3}{\left(1-\mu^2\right)h_0^2}\varphi_{bj}=0\end{aligned}$$

$$\frac{9E_s t_w^3 h_0}{210\left(1-\mu^2\right)}u_A'''' + 2a_2 u_B'''' + \frac{E_s t_w^3}{60\left(1-\mu^2\right)}\left(\mu + \frac{13h_0^2}{42}\right)\varphi_{ai}'''' + \left[\frac{11E_s t_w^3 \mu}{60\left(1-\mu^2\right)} - \frac{11E_s t_w^3 h_0^2}{1260\left(1-\mu^2\right)}\right]\varphi_{bi}''''$$

$$+\frac{E_s t_w^3}{60\left(1-\mu^2\right)}\left(\mu + \frac{13h_0^2}{42}\right)\varphi_{aj}'''' + \frac{E_s t_w^3}{60\left(1-\mu^2\right)}\left(11\mu - \frac{11h_0^2}{21}\right)\varphi_{bj}'''' + \left[\frac{4E_s t_w^3}{5\left(1-\mu^2\right)h_0} + b_7\sigma\right]u_A''$$

$$-2\left[\frac{2E_s t_w^3}{5\left(1-\mu^2\right)h_0} - b_8\sigma\right]u_B'' + \left[\frac{\mu E_s t_w^3}{5\left(1-\mu^2\right)} + \frac{E_s t_w^3}{30(1+\mu)} + b_9\sigma\right]\varphi_{ai}''$$

$$+\left[\frac{\mu E_s t_w^3}{5\left(1-\mu^2\right)} + \frac{E_s t_w^3}{30(1+\mu)} + b_{10}\sigma\right]\varphi_{bi}'' + \left[\frac{\mu E_s t_w^3}{5\left(1-\mu^2\right)}\varphi_{aj}'' + \frac{E_s t_w^3}{30(1+\mu)}b_{11}\sigma\right]\varphi_{aj}''$$

$$+\left[\frac{\mu E_s t_w^3}{5\left(1-\mu^2\right)}\varphi_{bj}'' + \frac{E_s t_w^3}{30(1+\mu)} + b_{12}\sigma\right]\varphi_{bj}'' - \frac{E_s t_w^3}{\left(1-\mu^2\right)h_0^2}\left(\frac{4}{h_0}u_A + \varphi_{ai} + \varphi_{bi} - 4u_B + \varphi_{aj} + \varphi_{bj}\right) = 0$$

$$\left[\frac{\mu E_s t_w^3}{60\left(1-\mu^2\right)} + \frac{11E_s t_w^3 h_0^2}{1260\left(1-\mu^2\right)}\right]u_A'''' + \left[\frac{\mu E_s t_w^3}{60\left(1-\mu^2\right)} + \frac{13E_s t_w^3 h_0^2}{2520\left(1-\mu^2\right)}\right]u_B''''$$

$$+2\left[\frac{E_s t_w^3 h_0^3}{1260\left(1-\mu^2\right)} + \frac{E_s t_{tf}^3 b_{tf}^3}{1260(1-\mu^2)}\right]\varphi_{ai}'''' - \frac{E_s t_{tf}^3 b_{tf}^3}{840(1-\mu^2)}\varphi_{aj}'''' - \frac{E_s t_w^3 h_0^3}{840\left(1-\mu^2\right)}\varphi_{bi}''''$$

$$-2\left[G_s J_a + \frac{E_s t_w^3 h_0}{45\left(1-\mu^2\right)} + \frac{E_s t_{tf}^3 b_{tf}}{45(1-\mu^2)} - b_{13}\sigma\right]\varphi_{ai}'' - \left[\frac{\mu E_s t_w^3}{5\left(1-\mu^2\right)} + \frac{E_s t_w^3}{30(1+\mu)} - b_3\sigma\right]u_A''$$

$$+\left[\frac{\mu E_s t_w^3}{5\left(1-\mu^2\right)}u_B'' + \frac{E_s t_w^3}{30(1+\mu)} + b_9\sigma\right]u_B'' + \left[\frac{E_s t_w^3 h_0}{90\left(1-\mu^2\right)} + b_{14}\sigma\right]\varphi_{bi}''$$

$$+\left[\frac{E_s t_{tf}^3 b_{tf}}{90(1-\mu^2)} - b_{15}\sigma\right]\varphi_{aj}'' + \frac{E_s t_w^3}{\left(1-\mu^2\right)h_0^2}u_A - \frac{E_s t_w^3}{\left(1-\mu^2\right)h_0^2}u_B$$

$$+2\left[\frac{E_s t_w^3}{3\left(1-\mu^2\right)h_0} + \frac{E_s t_{tf}^3}{3(1-\mu^2)b_{tf}} + k\right]\varphi_{ai} + \frac{E_s t_w^3}{3\left(1-\mu^2\right)h_0}\varphi_{bi} + \frac{E_s t_{tf}^3}{3(1-\mu^2)b_{tf}}\varphi_{aj} = 0$$

$$\frac{E_s t_w^3}{60\left(1-\mu^2\right)}\left(\mu + \frac{11h_0^2}{21}\right)u_A'''' + \frac{E_s t_w^3}{60\left(1-\mu^2\right)}\left(\mu + \frac{13h_0^2}{42}\right)u_B'''' - \frac{E_s t_w^3 h_0^3}{840\left(1-\mu^2\right)}\varphi_{bj}''''$$

$$-\frac{E_s t_{tf}^3 b_{tf}^3}{840(1-\mu^2)}\varphi_{ai}'''' + \frac{E_s}{630\left(1-\mu^2\right)}\left(t_w^3 h_0^3 + t_{tf}^3 b_{tf}^3\right)\varphi_{aj}''''$$

$$-2\left[GJ_a + \frac{E_s t_w^3 h_0}{45\left(1-\mu^2\right)} + \frac{E_s t_{tf}^3 b_{tf}}{45(1-\mu^2)} - b_{16}\sigma\right]\varphi_{aj}'' - \left[\frac{\mu E_s t_w^3}{5\left(1-\mu^2\right)} + \frac{E_s t_w^3}{30(1+\mu)} - b_5\sigma\right]u_A''$$

$$+\left[\frac{\mu E_s t_w^3}{5\left(1-\mu^2\right)}+\frac{E_s t_w^3}{30(1+\mu)}+b_{11}\sigma\right]u_B''+\left[\frac{E_s t_w^3 h_0}{90\left(1-\mu^2\right)}+b_{17}\sigma\right]\varphi_{bj}''+\left[\frac{E_s t_{tf}^3 b_{tf}}{90(1-\mu^2)}-b_{15}\sigma\right]\varphi_{ai}''$$

$$+\frac{E_s t_w^3}{\left(1-\mu^2\right)h_0}\left(\frac{1}{h_0}u_A-\frac{1}{h_0}u_B+\frac{2}{3}\varphi_{aj}+\frac{1}{3}\varphi_{bj}\right)+\frac{E_s t_{tf}^3}{3\left(1-\mu^2\right)b_{tf}}\varphi_{ai}=0$$

$$\frac{E_s t_w^3}{60\left(1-\mu^2\right)}\left(11\mu-\frac{13h_0^2}{42}\right)u_A''''+\frac{E_s t_w^3}{60\left(1-\mu^2\right)}\left(11\mu-\frac{11h_0^2}{21}\right)u_B''''-\frac{E_s t_w^3 h_0^3}{840\left(1-\mu^2\right)}\varphi_{ai}''''$$

$$+\frac{E_s}{630\left(1-\mu^2\right)}\left(t_w^3 h_0^3+t_{bf}^3 b_{bf}^3\right)\varphi_{bi}''''-\frac{E_s t_{bf}^3 b_{bf}^3}{1680(1-\mu^2)}\varphi_{bj}''''$$

$$-2\left[G_s J_b+\frac{E_s t_w^3 h_0}{45\left(1-\mu^2\right)}+\frac{E_s t_{bf}^3 b_{bf}}{45(1-\mu^2)}-b_{19}\sigma\right]\varphi_{bi}''-\left[\frac{\mu E_s t_w^3}{5\left(1-\mu^2\right)}+\frac{E_s t_w^3}{30(1+\mu)}-b_4\sigma\right]u_A''$$

$$-\left[\frac{\mu E_s t_w^3}{5\left(1-\mu^2\right)}+\frac{E_s t_w^3}{30(1+\mu)}-b_{10}\sigma\right]u_B''+\left[\frac{E_s t_w^3 h_0}{90\left(1-\mu^2\right)}+b_{14}\sigma\right]\varphi_{ai}''+\left[\frac{E_s t_{bf}^3 b_{bf}}{90(1-\mu^2)}-b_{18}\sigma\right]\varphi_{bj}''$$

$$+\frac{E_s t_w^3}{\left(1-\mu^2\right)h_0^2}\left(u_A-u_B+\frac{1}{3}h_0\varphi_{ai}\right)+2\left[\frac{E_s t_w^3}{3\left(1-\mu^2\right)h_0}+\frac{E_s t_{bf}^3}{3(1-\mu^2)b_{tf}}+k\right]\varphi_{bi}$$

$$+\frac{E_s t_{bf}^3}{3(1-\mu^2)b_{tf}}\varphi_{bj}=0$$

$$-\frac{E_s t_{bf}^3 b_{bf}^3}{420(1-\mu^2)}\varphi_{bi}''''+\frac{E_s t_w^3}{60\left(1-\mu^2\right)}\left(11\mu-\frac{13h_0^2}{42}\right)u_A''''+\frac{E_s t_w^3}{60\left(1-\mu^2\right)}\left(11\mu-\frac{11h_0^2}{21}\right)u_B''''$$

$$-\frac{E_s t_w^3 h_0^3}{840\left(1-\mu^2\right)}\varphi_{aj}''''+\frac{E_s}{630\left(1-\mu^2\right)}\left(t_w^3 h_0^3+t_{bf}^3 b_{bf}^3\right)\varphi_{bj}''''$$

$$-2\left[G_s J_b+\frac{E_s t_w^3 h_0}{45\left(1-\mu^2\right)}+\frac{E_s t_{bf}^3 b_{bf}}{45(1-\mu^2)}-b_{20}\sigma\right]\varphi_{bj}''-\left[\frac{E_s t_w^3}{5(1+\mu)}+\frac{\mu E_s t_w^3}{60\left(1-\mu^2\right)}-b_6\sigma\right]u_A''$$

$$+\left[\frac{\mu E_s t_w^3}{5\left(1-\mu^2\right)}+\frac{E_s t_w^3}{30(1+\mu)}+b_{12}\sigma\right]u_B''+\left[\frac{E_s t_w^3 h_0}{90\left(1-\mu^2\right)}+b_{17}\sigma\right]\varphi_{aj}''+\left[\frac{E_s t_{bf}^3 b_{bf}}{90(1-\mu^2)}-b_{18}\sigma\right]\varphi_{bi}''$$

$$+\frac{E_s t_w^3}{\left(1-\mu^2\right)h_0^2}\left(u_A-u_B+\frac{1}{3}h_0\varphi_{aj}\right)+\frac{2E_s}{3\left(1-\mu^2\right)}\left[\left(\frac{t_w^3}{h_0}+\frac{t_{bf}^3}{b_{tf}}\right)\varphi_{bj}+\frac{t_{bf}^3}{2b_{tf}}\varphi_{bi}\right]=0$$

式中，$a_1=E_s\left(I_{ya}+\dfrac{13t_w^3 h_0}{210\left(1-\mu^2\right)}\right)$；$a_2=E_s\left(I_{yb}+\dfrac{13t_w^3 h_0}{210\left(1-\mu^2\right)}\right)$；

$$b_1=\frac{A_{tf}}{\cos(\beta/2)}+\frac{26t_wh_0}{35}\frac{1}{\cos(\beta/2)}-\frac{4t_wh_0^2}{7}\frac{1}{\cos(\beta/2)y_c};$$

$$b_2=\frac{18t_wh_0}{35}\frac{1}{\cos(\beta/2)}-\frac{9t_wh_0^2}{35}\frac{1}{\cos(\beta/2)y_c};$$

$$b_3=\frac{11t_wh_0^2}{105}\left[\frac{1}{\cos(\beta/2)}+\alpha_1\right]-\frac{t_wh_0^3}{14}\left[\frac{1}{\cos(\beta/2)y_c}+\alpha_1\alpha_2\right];$$

$$b_4=-\frac{13t_wh_0^2}{210}\left[\frac{1}{\cos(\beta/2)}+\alpha_1\right]+\frac{t_wh_0^3}{30}\left[\frac{1}{\cos(\beta/2)y_c}+\alpha_1\alpha_2\right];$$

$$b_5=\frac{11t_wh_0^2}{105}\left[\frac{1}{\cos(\beta/2)}-\alpha_1\right]-\frac{t_wh_0^3}{14}\left[\frac{1}{\cos(\beta/2)y_c}-\alpha_1\alpha_2\right];$$

$$b_6=-\frac{13t_wh_0^2}{210}\left[\frac{1}{\cos(\beta/2)}-\alpha_1\right]+\frac{t_wh_0^3}{30}\left[\frac{1}{\cos(\beta/2)y_c}-\alpha_1\alpha_2\right];$$

$$b_7=\frac{18t_wh_0}{35}\frac{1}{\cos(\beta/2)}-\frac{9t_wh_0^2}{35}\frac{1}{\cos(\beta/2)y_c};$$

$$b_8=\frac{A_{bf}}{\cos(\beta/2)}\frac{26t_wh_0}{35}-\frac{6t_wh_0^2}{35}\frac{1}{\cos(\beta/2)y_c};$$

$$b_9=\frac{13t_wh_0^2}{210}\left[\frac{1}{\cos(\beta/2)}+\alpha_1\right]-\frac{t_wh_0^3}{35}\left[\frac{1}{\cos(\beta/2)y_c}+\alpha_1\alpha_2\right];$$

$$b_{10}=\frac{11t_wh_0^2}{105}\left[\frac{1}{\cos(\beta/2)}+\alpha_1\right]+\frac{t_wh_0^3}{30}\left[\frac{1}{\cos(\beta/2)y_c}+\alpha_1\alpha_2\right];$$

$$b_{11}=\frac{13t_wh_0^2}{210}\left[\frac{1}{\cos(\beta/2)}-\alpha_1\right]-\frac{t_wh_0^3}{35}\left[\frac{1}{\cos(\beta/2)y_c}-\alpha_1\alpha_2\right];$$

$$b_{12}=-\frac{11t_wh_0^2}{105}\left[\frac{1}{\cos(\beta/2)}-\alpha_1\right]+\frac{t_wh_0^3}{30}\left[\frac{1}{\cos(\beta/2)y_c}-\alpha_1\alpha_2\right];$$

$$b_{13}=\frac{1}{\cos(\beta/2)}\frac{t_{tf}b_{tf}^3}{105}+\frac{t_{tf}b_{tf}^4\alpha_1\alpha_4}{840}+\frac{t_wh_0^3}{105}\left[\frac{1}{\cos(\beta/2)}+\alpha_1\right]+\frac{t_wh_0^4}{168}\left[\frac{1}{\cos(\beta/2)y_c}+\alpha_1\alpha_2\right];$$

$$b_{14}=-\frac{t_wh_0^3}{70}\left[\frac{1}{\cos(\beta/2)}+\alpha_1\right]+\frac{t_wh_0^4}{140}\left[\frac{1}{\cos(\beta/2)y_c}+\alpha_1\alpha_2\right];$$

$$b_{15}=\frac{1}{\cos(\beta/2)}\frac{t_{tf}b_{tf}^3}{70};$$

$$b_{16}=\frac{1}{\cos(\beta/2)}\frac{t_{tf}b_{tf}^3}{105}-\frac{t_{tf}b_{tf}^4\alpha_1\alpha_4}{840}+\frac{t_wh_0^3}{105}\left[\frac{1}{\cos(\beta/2)}-\alpha_1\sigma\right]+\frac{t_wh_0^4}{168}\left[\frac{1}{\cos(\beta/2)y_c}-\alpha_1\alpha_2\right];$$

$$b_{17}=-\frac{t_wh_0^3}{70}\left[\frac{1}{\cos(\beta/2)}-\alpha_1\right]+\frac{t_wh_0^4}{140}\left[\frac{1}{\cos(\beta/2)y_c}-\alpha_1\alpha_2\right];$$

$$b_{18}=\frac{1}{\cos(\beta/2)}\frac{t_{bf}b_{bf}^3}{70};$$

$$b_{19}=\frac{1}{\cos(\beta/2)}\frac{t_{bf}b_{bf}^3}{105}-\frac{t_{bf}b_{bf}^4\alpha_1\alpha_3}{840}+\frac{t_wh_0^3}{105}\left[\frac{1}{\cos(\beta/2)}+\alpha_1\right]-\frac{t_wh_0^4}{280}\left[\frac{1}{\cos(\beta/2)y_c}+\alpha_1\alpha_2\right];$$

$$b_{20}=\frac{1}{\cos(\beta/2)}\frac{t_{bf}b_{bf}^3}{105}-\frac{t_{bf}b_{bf}^4\alpha_1\alpha_3}{840}+\frac{t_wh_0^3}{105}\left[\frac{1}{\cos(\beta/2)}-\alpha_1\right]-\frac{t_wh_0^4}{280}\left[\frac{1}{\cos(\beta/2)y_c}-\alpha_1\alpha_2\right]。$$

假设曲线组合梁的侧向位移和扭转角均为正弦曲线，则有

$$\begin{Bmatrix}u_A\\u_B\\\varphi_{ai}\\\varphi_{aj}\\\varphi_{bi}\\\varphi_{bj}\end{Bmatrix}=\begin{Bmatrix}C_1\\C_2\\C_3\\C_4\\C_5\\C_6\end{Bmatrix}\sin\frac{\pi z}{\lambda}$$

式中，C_1、C_2、C_3、C_4、C_5和C_6分别为钢梁上、下翼缘侧向位移，以及两侧腹板和钢梁上、下翼缘扭转角的最大幅值。

整理得到

$$C_1(D_1-2b_1\sigma)+C_2(D_2-b_2\sigma)+C_3(D_2-b_3\sigma)+C_4(D_3-b_5\sigma)+C_5(D_4-b_4\sigma)$$
$$+C_6(D_4-b_6\sigma)=0$$
$$C_1(D_5-b_7\sigma)+C_2(D_6-2b_8\sigma)+C_3(D_7-b_9\sigma)+C_4(D_7-b_{11}\sigma)+C_5(D_8-b_{10}\sigma)$$
$$+C_6(D_8-b_{12}\sigma)=0$$
$$C_1(D_3-b_3\sigma)+C_2(D_9-b_9\sigma)+C_3(D_{10}-2b_{13}\sigma)+C_4(D_{11}+b_{15}\sigma)+C_5(D_{12}-b_{14}\sigma)=0$$
$$C_1(D_3-b_5\sigma)+C_2(D_7-b_{11}\sigma)+C_3(D_{11}+b_{15}\sigma)+C_4(D_{13}-2b_{16}\sigma)+C_6(D_{12}-b_{17}\sigma)=0$$
$$C_1(D_4-b_4\sigma)+C_2(D_8+b_{10}\sigma)+C_3(D_{11}-b_{12}\sigma)+C_5(D_{14}-2b_{16}\sigma)+C_6(D_{12}-b_{17}\sigma)=0$$
$$C_1(D_4-b_6\sigma)+C_2(D_8-b_{12}\sigma)+C_4(D_{12}-b_{17}\sigma)+C_5(D_{15}+b_{18}\sigma)+C_6(D_{16}+2b_{20}\sigma)=0$$

式中，$D_1=2a_1\left(\frac{\pi}{\lambda}\right)^2+\frac{4E_st_w^3}{5(1-\mu^2)h_0}+2\left[\frac{2E_st_w^3}{(1-\mu^2)h_0^3}+k\right]\left(\frac{\lambda}{\pi}\right)^2$；

$$D_2=\frac{E_st_w^3}{1-\mu^2}\left[\frac{9h_0}{210}\left(\frac{\pi}{\lambda}\right)^2-\frac{4}{5h_0}-\frac{4}{h_0^3}\left(\frac{\lambda}{\pi}\right)^2\right];$$

$$D_3=\frac{E_st_w^3}{1-\mu^2}\left[\left(\frac{\pi}{\lambda}\right)^2\left(\frac{\mu}{60}+\frac{11h_0^2}{1260}\right)+\frac{5\mu+1}{30}+\frac{1}{h_0^2}\left(\frac{\lambda}{\pi}\right)^2\right];$$

$$D_4=\frac{E_st_w^3}{1-\mu^2}\left[\left(\frac{11\mu}{60}-\frac{13h_0^2}{2520}\right)\left(\frac{\pi}{\lambda}\right)^2+\frac{5\mu+1}{30}+\frac{1}{h_0^2}\left(\frac{\lambda}{\pi}\right)^2\right];$$

$$D_5=\frac{E_st_w^3}{1-\mu^2}\left[\frac{9h_0}{210}\left(\frac{\pi}{\lambda}\right)^2-\frac{4}{5h_0}-\frac{4}{h_0^3}\left(\frac{\lambda}{\pi}\right)^2\right];$$

$$D_6=\frac{4E_st_w^3}{\left(1-\mu^2\right)h_0}\left[\frac{1}{5}+\frac{1}{h_0^2}\left(\frac{\lambda}{\pi}\right)^2\right]+2a_2\left(\frac{\pi}{\lambda}\right)^2;$$

$$D_7=\frac{E_st_w^3}{1-\mu^2}\left[\left(\frac{\mu}{60}+\frac{13h_0^2}{2520}\right)\left(\frac{\pi}{\lambda}\right)^2-\frac{5\mu+1}{30}-\frac{1}{h_0^2}\left(\frac{\lambda}{\pi}\right)^2\right];$$

$$D_8=\frac{E_st_w^3}{1-\mu^2}\left[\frac{11}{60}\left(\mu-\frac{h_0^2}{21}\right)\left(\frac{\pi}{\lambda}\right)^2-\frac{5\mu+1}{30}-\frac{1}{h_0^2}\left(\frac{\lambda}{\pi}\right)^2\right];$$

$$D_9=\frac{E_st_w^3}{1-\mu^2}\left\{\left[\frac{1}{60}\left(\mu+\frac{13h_0^2}{42}\right)\right]\left(\frac{\pi}{\lambda}\right)^2-\frac{5\mu+1}{30}-\frac{1}{h_0^2}\left(\frac{\lambda}{\pi}\right)^2\right\};$$

$$D_{10}=2\left[\frac{E_s}{1260\left(1-\mu^2\right)}\left(t_w^3h_0^3+t_{tf}^3b_{tf}^3\right)\right]\left(\frac{\pi}{\lambda}\right)^2+2\left[G_sJ_a+\frac{E_s}{45\left(1-\mu^2\right)}\left(t_w^3h_0+t_{tf}^3b_{tf}\right)\right]$$
$$+2\left[\frac{E_s}{3\left(1-\mu^2\right)}\left(\frac{t_w^3}{h_0}+\frac{t_{tf}^3}{b_{tf}}\right)+k\right]\left(\frac{\pi}{\lambda}\right)^2;$$

$$D_{11}=-\frac{E_st_{tf}^3}{3(1-\mu^2)}\left[\frac{b_{tf}^3}{280}\left(\frac{\pi}{\lambda}\right)^2+\frac{b_{tf}}{30}-\left(\frac{\lambda}{\pi}\right)^2\right];$$

$$D_{12}=-\frac{E_st_w^3h_0^3}{840\left(1-\mu^2\right)}\left(\frac{\pi}{\lambda}\right)^2-\frac{E_st_w^3h_0}{90\left(1-\mu^2\right)}+\frac{E_st_w^3}{3\left(1-\mu^2\right)h_0}\left(\frac{\lambda}{\pi}\right)^2;$$

$$D_{13}=2\left[\frac{E_s}{1260\left(1-\mu^2\right)}\left(t_w^3h_0^3+t_{tf}^3b_{tf}^3\right)\right]\left(\frac{\pi}{\lambda}\right)^4+2\left[G_sJ_a+\frac{E_s}{45\left(1-\mu^2\right)}\left(t_w^3h_0+t_{tf}^3b_{tf}\right)\right]$$
$$+\frac{2E_st_w^3}{3\left(1-\mu^2\right)h_0}\left(\frac{\lambda}{\pi}\right)^2;$$

$$D_{14}=2\left[\frac{E_s}{1260\left(1-\mu^2\right)}\left(t_w^3h_0^3+t_{bf}^3b_{bf}^3\right)\right]\left(\frac{\pi}{\lambda}\right)^2+2\left[G_sJ_b+\frac{E_s}{45\left(1-\mu^2\right)}\left(t_w^3h_0+t_{bf}^3b_{bf}\right)\right]$$
$$+2\left[\frac{E_s}{3\left(1-\mu^2\right)}\left(\frac{t_w^3}{h_0}+\frac{t_{bf}^3}{b_{tf}}\right)+k\right]\left(\frac{\lambda}{\pi}\right)^2;$$

$$D_{15}=-\frac{E_s t_{bf}^3}{3(1-\mu^2)}\left[\frac{b_{bf}^3}{560}\left(\frac{\pi}{\lambda}\right)^2+\frac{b_{bf}}{30}-\frac{1}{b_{tf}}\left(\frac{\lambda}{\pi}\right)^2\right];$$

$$D_{16}=2\left[\frac{E_s}{1260\left(1-\mu^2\right)}\left(t_w^3 h_0^3+t_{bf}^3 b_{bf}^3\right)\right]\left(\frac{\pi}{\lambda}\right)^2-2\left[G_s J_b+\frac{E_s}{45\left(1-\mu^2\right)}\left(t_w^3 h_0+t_{bf}^3 b_{bf}\right)\right]$$
$$+2\left[\frac{E_s}{3\left(1-\mu^2\right)}\left(\frac{t_w^3}{h_0}+\frac{t_{bf}^3}{b_{tf}}\right)\right]\left(\frac{\lambda}{\pi}\right)^2。$$

上面齐次线性方程组有解的条件为系数行列式为 0，即

$$\begin{vmatrix} D_1-2b_1\sigma & D_2-b_2\sigma & D_2-b_3\sigma & D_3-b_5\sigma & D_4-b_4\sigma & D_4-b_6\sigma \\ D_5-b_7\sigma & D_6-2b_8\sigma & D_7-b_9\sigma & D_7-b_{11}\sigma & D_8-b_{10}\sigma & D_8-b_{12}\sigma \\ D_3-b_3\sigma & D_9-b_9\sigma & D_{10}-2b_{13}\sigma & D_{11}+b_{15}\sigma & D_{12}-b_{14}\sigma & 0 \\ D_3-b_5\sigma & D_7-b_{11}\sigma & D_{11}+b_{15}\sigma & D_{11}+b_{15}\sigma & 0 & D_{12}-b_{17}\sigma \\ D_4-b_4\sigma & D_8+b_{10}\sigma & D_{11}-b_{12}\sigma & 0 & D_{14}-2b_{16}\sigma & D_{12}-b_{17}\sigma \\ D_4-b_6\sigma & D_8-b_{12}\sigma & 0 & D_{12}-b_{17}\sigma & D_{15}+b_{18}\sigma & D_{16}+2b_{20}\sigma \end{vmatrix}=0$$

求解行列式可得到应力的计算公式，代入公式 $\sigma=\dfrac{My_c}{I_x}$ 中，即可得到临界弯矩。由行列式可看出，此临界弯矩为一元六次方程，求解非常复杂，在实际计算中需要用到专业的计算软件或采用编程计算，求解过程会简单化，求得的解也会有较高的精度。

为方便计算，不考虑钢箱曲线组合梁的上翼缘变形，求得的临界弯矩会简化许多。若不考虑上翼缘的扭转变形和侧向弯曲，即 $u_A=0$，$\varphi_{ai}=\varphi_{aj}=0$，令下翼缘的侧向弯曲为 u_B，下翼缘的扭转角为 φ_i 和 φ_j，可得到不考虑上翼缘变形的钢箱曲线组合梁的总势能为

$$\begin{aligned}\Pi=\frac{1}{2}\int_0^\lambda\bigg(&\frac{2E_s t_w^3}{(1-\mu^2)h_0^3}u_B^2+\frac{E_s t_w^3}{3(1-\mu^2)h_0}\varphi_i^2+\frac{E_s t_w^3}{3(1-\mu^2)h_0}\varphi_j^2-\frac{E_s t_w^3}{(1-\mu^2)h_0^2}u_B\varphi_i\\ &-\frac{E_s t_w^3}{(1-\mu^2)h_0^2}u_B\varphi_j-\frac{2\mu E_s t_w^3}{5(1-\mu^2)h_0}u_B u_{B,zz}+\frac{\mu E_s t_w^3}{60(1-\mu^2)}u_B\varphi_{i,zz}+\frac{\mu E_s t_w^3}{60(1-\mu^2)}u_B\varphi_{j,zz}\\ &+\frac{11\mu E_s t_w^3}{60(1-\mu^2)}u_{B,zz}\varphi_i+\frac{11\mu E_s t_w^3}{60(1-\mu^2)}u_{B,zz}\varphi_j-\frac{\mu E_s h_0 t_w^3}{45(1-\mu^2)}\varphi_i\varphi_{i,zz}-\frac{\mu E_s h_0 t_w^3}{45(1-\mu^2)}\varphi_j\varphi_{j,zz}\\ &+\left[E_s I_{yb}+\frac{13E_s h_0 t_w^3}{210(1-\mu^2)}\right]u_{B,zz}^2+\frac{E_s h_0^3 t_w^3}{1260(1-\mu^2)}\varphi_{i,zz}^2+\frac{E_s h_0^3 t_w^3}{1260(1-\mu^2)}\varphi_{j,zz}^2\\ &-\frac{11E_s h_0^2 t_w^3}{1260(1-\mu^2)}u_{B,zz}\varphi_{i,zz}-\frac{11E_s h_0^2 t_w^3}{1260(1-\mu^2)}u_{B,zz}\varphi_{j,zz}\end{aligned}$$

$$
\begin{aligned}
&+\left\{\frac{2E_st_w^3}{5(1+\mu)h_0}\frac{\sigma}{\cos(\beta/2)}-\frac{\sigma A_b}{\cos(\beta/2)}-\frac{26t_wh_0}{35}\left[\frac{\sigma}{\cos(\beta/2)}+\alpha_1\sigma\right]\right.\\
&\left.+\frac{6t_wh_0^2}{35}\left[\frac{\sigma}{y_c\cos(\beta/2)}+\alpha_1\alpha_2\sigma\right]\right\}u_{B,z}^2\\
&+\left\{\frac{E_sh_0t_w^3}{45(1+\mu)}-\frac{t_{bf}b_{bf}^3}{105}\frac{\sigma}{\cos(\beta/2)}-\frac{b_{bf}^3t_{bf}\sigma\alpha_1\alpha_3}{840}-\frac{t_wh_0^3}{105}\left[\frac{\sigma}{\cos(\beta/2)}+\alpha_1\sigma\right]\right.\\
&\left.+\frac{t_wh_0^4}{280}\left[\frac{\sigma}{y_c\cos(\beta/2)}+\alpha_1\alpha_2\sigma\right]\right\}\varphi_{i,z}^2\\
&+\left\{\frac{E_sh_0t_w^3}{45(1+\mu)}-\frac{t_{bf}b_{bf}^3}{105}\frac{\sigma}{\cos(\beta/2)}+\frac{b_{bf}^3t_{bf}\sigma\alpha_1\alpha_3}{840}-\frac{t_wh_0^3}{105}\left[\frac{\sigma}{\cos(\beta/2)}-\alpha_1\sigma\right]\right.\\
&\left.+\frac{t_wh_0^4}{280}\left[\frac{\sigma}{y_c\cos(\beta/2)}-\alpha_1\alpha_2\sigma\right]\right\}\varphi_{j,z}^2\\
&-\left\{\frac{E_st_w^3}{30(1+\mu)}-\frac{11t_wh_0^2}{105}\left[\frac{\sigma}{\cos(\beta/2)}+\alpha_1\sigma\right]+\frac{t_wh_0^3}{30}\left[\frac{\sigma}{y_c\cos(\beta/2)}+\alpha_1\alpha_2\sigma\right]\right\}u_{B,z}\varphi_{i,z}\\
&-\left\{\frac{E_st_w^3}{30(1+\mu)}-\frac{11t_wh_0^2}{105}\left[\frac{\sigma}{\cos(\beta/2)}-\alpha_1\sigma\right]+\frac{t_wh_0^3}{30}\left[\frac{\sigma}{y_c\cos(\beta/2)}-\alpha_1\alpha_2\sigma\right]\right\}u_{B,z}\varphi_{j,z}\\
&+\frac{E_st_{bf}^3}{3(1-\mu^2)b_{tf}}\varphi_i^2+\left[-\frac{E_st_{bf}^3b_{bf}}{90(1+\mu)}+\frac{b_{bf}^3t_{bf}}{70}\frac{\sigma}{\cos(\beta/2)}\right]\varphi_{i,z}\varphi_{j,z}+\frac{E_st_{bf}^3}{3(1-\mu^2)b_{tf}}\varphi_i\varphi_j\\
&+\frac{E_st_{bf}^3}{3(1-\mu^2)b_{tf}}\varphi_j^2-\frac{\mu E_st_{bf}^3b_{bf}}{45(1-\mu^2)}\varphi_i\varphi_{i,zz}-\frac{\mu E_st_{bf}^3b_{bf}}{45(1-\mu^2)}\varphi_j\varphi_{j,zz}+\frac{\mu E_st_{bf}^3b_{bf}}{180(1-\mu^2)}\varphi_i\varphi_{j,zz}\\
&+\frac{\mu E_st_{bf}^3b_{bf}}{180(1-\mu^2)}\varphi_j\varphi_{i,zz}+\frac{E_st_{bf}^3b_{bf}^3}{1260(1-\mu^2)}\varphi_{i,zz}^2+\frac{E_st_{bf}^3b_{bf}^3}{1260(1-\mu^2)}\varphi_{j,zz}^2\\
&\left.-\frac{E_st_{bf}^3b_{bf}^3}{840(1-\mu^2)}\varphi_{i,zz}\varphi_{j,zz}+\frac{E_st_{bf}^3b_{bf}}{45(1+\mu)}\varphi_{i,z}^2+\frac{E_st_{bf}^3b_{bf}}{45(1+\mu)}\varphi_{j,z}^2\right)\mathrm{d}z
\end{aligned}
$$

钢箱曲线组合梁的临界弯矩采用势能驻值定理进行求解，根据势能驻值定理得到三个平衡方程：

$$A_1E_sI_{yb}u_B'''' - \frac{11E_sh_0^2t_w^3}{2520(1-\mu^2)}\varphi_i'''' - \frac{11E_sh_0^2t_w^3}{2520(1-\mu^2)}\varphi_j'''' - \left[\frac{2E_st_w^3}{5(1-\mu^2)h_0} + B_1\sigma\right]u_B''$$

$$+\left[\frac{(5\mu+1)E_st_w^3}{60(1-\mu^2)} + B_2\sigma\right]\varphi_i'' + \left[\frac{(5\mu+1)E_st_w^3}{60(1-\mu^2)} + B_3\sigma\right]\varphi_j''$$

$$+\frac{2E_st_w^3}{(1-\mu^2)h_0^3}u_B - \frac{E_st_w^3}{2(1-\mu^2)h_0^2}\varphi_i - \frac{E_st_w^3}{2(1-\mu^2)h_0^2}\varphi_j = 0$$

$$\frac{11E_sh_0^2t_w^3}{2520(1-\mu^2)}u_B'''' - \left[\frac{E_sh_0^3t_w^3}{1260(1-\mu^2)} + \frac{E_st_{bf}^3b_{bf}^3}{1260(1-\mu^2)}\right]\varphi_i'''' + \frac{E_st_{bf}^3b_{tf}^3}{1680(1-\mu^2)}\varphi_j''''$$

$$-\left[\frac{(1+5\mu)E_st_w^3}{60(1-\mu^2)} + B_2\sigma\right]u_B'' + \left[\frac{E_sh_0t_w^3}{45(1-\mu^2)} + \frac{E_st_{bf}^3b_{bf}}{45(1+\mu)} + B_4\sigma\right]\varphi_i''$$

$$-\left[\frac{E_st_{bf}^3b_{bf}}{180(1-\mu^2)} + B_5\sigma\right]\varphi_j'' - \left[\frac{E_st_w^3}{3(1-\mu^2)h_0} + \frac{E_st_{bf}^3}{3(1-\mu^2)b_{tf}}\right]\varphi_i$$

$$+\frac{E_st_w^3}{2(1-\mu^2)h_0^2}u_B - \frac{E_st_w^3}{6(1-\mu^2)h_0}\varphi_j = 0$$

$$\frac{11E_sh_0^2t_w^3}{2520(1-\mu^2)}u_B'''' + \frac{E_st_{bf}^3b_{tf}^3}{1680(1-\mu^2)}\varphi_i'''' - \left[\frac{E_sh_0^3t_w^3}{1260(1-\mu^2)} + \frac{E_st_{bf}^3b_{bf}^3}{1260(1-\mu^2)}\right]\varphi_j''''$$

$$-\left[\frac{(5\mu+1)E_st_w^3}{60(1-\mu^2)} + B_3\sigma\right]u_B'' - \left[\frac{E_st_{bf}^3b_{bf}}{180(1-\mu^2)} + B_5\sigma\right]\varphi_i''$$

$$+\left[\frac{E_sh_0t_w^3}{45(1-\mu^2)} + \frac{E_sbt_{tf}^3}{45(1-\mu^2)} + B_6\sigma\right]\varphi_j'' - \left[\frac{E_st_w^3}{3(1-\mu^2)h_0} + \frac{E_st_{bf}^3}{3(1-\mu^2)b_{tf}}\right]\varphi_j$$

$$+\frac{E_st_w^3}{2(1-\mu^2)h_0^2}u_B - \frac{E_st_w^3}{6(1-\mu^2)h_0}\varphi_i = 0$$

式中，

$$A_1 = 1 + \frac{13h_0t_w^3}{210(1-\mu^2)I_{yb}}$$

$$B_1 = -\frac{A_b}{\cos(\beta/2)} - \frac{26t_wh_0}{35}\left[\frac{1}{\cos(\beta/2)} + \alpha_1\right] + \frac{6t_wh_0^2}{35}\left[\frac{1}{y_c\cos(\beta/2)} + \alpha_1\alpha_2\right]$$

$$B_2 = -\frac{11t_wh_0^2}{210}\left[\frac{1}{\cos(\beta/2)} + \alpha_1\right] + \frac{t_wh_0^3}{60}\left[\frac{1}{y_c\cos(\beta/2)} + \alpha_1\alpha_2\right]$$

$$B_3 = -\frac{11t_wh_0^2}{210}\left[\frac{1}{\cos(\beta/2)} - \alpha_1\right] + \frac{t_wh_0^3}{60}\left[\frac{1}{y_c\cos(\beta/2)} - \alpha_1\alpha_2\right]$$

$$B_4=-\frac{t_{bf}b_{tf}^3\gamma}{105}--\frac{b_{bf}^3t_{bf}\alpha_1\alpha_3}{840}-\frac{t_wh_0^3}{105}\left[\frac{1}{\cos(\beta/2)}+\alpha_1\right]+\frac{t_wh_0^4}{280}\left[\frac{1}{y_c\cos(\beta/2)}+\alpha_1\alpha_2\right]$$

$$B_5=-\frac{b_{bf}^3t_{bf}}{140\cos(\beta/2)}$$

$$B_6=-\frac{t_{bf}b_{bf}^3}{105}\frac{1}{\cos(\beta/2)}+\frac{b_{bf}^3t_{bf}\alpha_1\alpha_3}{840}-\frac{t_wh_0^3}{105}\left[\frac{1}{\cos(\beta/2)}-\alpha_1\right]$$
$$+\frac{t_wh_0^4}{280}\left[\frac{1}{y_c\cos(\beta/2)}-\alpha_1\alpha_2\right]$$

假设曲线组合梁的侧向位移和扭转角均为正弦曲线：

$$\begin{Bmatrix}u_B\\\varphi_i\\\varphi_j\end{Bmatrix}=\begin{Bmatrix}C_1\\C_2\\C_3\end{Bmatrix}\sin\frac{\pi z}{\lambda}$$

式中，C_1、C_2和C_3分别为钢梁下翼缘的侧向位移及左右腹板下翼缘扭转角的最大幅值。

整理得到三个平衡方程：

$$(R_1+B_1\sigma)C_1-(R_2+B_2\sigma)C_2-(R_2+B_3\sigma)C_3=0$$
$$(R_2+B_2\sigma)C_1-(R_3+B_4\sigma)C_2+(R_4+B_5\sigma)C_3=0$$
$$(R_2+B_3\sigma)C_1+(R_4+B_5\sigma)C_2-(R_3+B_6\sigma)C_3=0$$

式中，

$$R_1=A_1E_sI_{yb}\left(\frac{\pi}{\lambda}\right)^2+\frac{2E_st_w^3}{5(1-\mu^2)h_0}+\frac{2E_st_w^3}{(1-\mu^2)h_0^3}\left(\frac{\lambda}{\pi}\right)^2$$

$$R_2=\frac{11E_sh_0^2t_w^3}{2520(1-\mu^2)}\left(\frac{\pi}{\lambda}\right)^2+\frac{(5\mu+1)E_st_w^3}{60(1-\mu^2)}+\frac{E_st_w^3}{2(1-\mu^2)h_0^2}\left(\frac{\lambda}{\pi}\right)^2$$

$$R_3=\left[\frac{E_sh_0^3t_w^3}{1260(1-\mu^2)}+\frac{E_st_{bf}^3b_{bf}^3}{1260(1-\mu^2)}\right]\left(\frac{\pi}{\lambda}\right)^2+\frac{E_sh_0t_w^3}{45(1-\mu^2)}+\frac{E_st_{bf}^3b_{bf}}{45(1+\mu)}$$
$$+\left[\frac{E_st_w^3}{3(1-\mu^2)h_0}+\frac{E_st_{bf}^3}{3(1-\mu^2)b_{tf}}\right]\left(\frac{\lambda}{\pi}\right)^2$$

$$R_4=\frac{E_st_{bf}^3b_{bf}^3}{1680(1-\mu^2)}\left(\frac{\pi}{\lambda}\right)^2+\frac{E_st_{bf}^3b_{bf}}{180(1-\mu^2)}-\frac{E_st_w^3}{6(1-\mu^2)h_0}\left(\frac{\lambda}{\pi}\right)^2$$

这是一组线性齐次方程式，有解条件是系数行列式为 0，即

$$\begin{vmatrix} R_1 + B_1\sigma & -(R_2 + B_2\sigma) & -(R_2 + B_3\sigma) \\ R_2 + B_2\sigma & -(R_3 + B_4\sigma) & R_4 + B_5\sigma \\ R_2 + B_3\sigma & R_4 + B_5\sigma & -(R_3 + B_6\sigma) \end{vmatrix} = 0$$

展开得到

$$E_1\sigma^3 + E_2\sigma^2 + E_3\sigma + E_4 = 0$$

式中，

$$E_1 = B_1B_4B_6 - 2B_2B_3B_5 - B_4B_3^2 - B_1B_5^2 - B_6B_2^2$$

$$\begin{aligned} E_2 = {} & R_3B_1B_4 + R_1B_4B_6 + R_3B_1B_6 - 2R_2B_2B_5 \\ & -2R_2B_3B_5 - 2R_4B_2B_3 - R_3B_3^2 - 2R_2B_3B_4 - R_1B_5^2 - 2R_4B_1B_5 - R_3B_2^2 - 2R_2B_2B_6 \end{aligned}$$

$$\begin{aligned} E_3 = {} & R_1R_3B_4 + R_3^2B_1 + R_1R_3B_6 - 2R_2^2B_5 - 2R_2R_4B_2 - 2R_2R_4B_3 \\ & -R_2^2B_4 - 2R_2R_3B_3 - R_4^2B_1 - 2R_1R_4B_5 - R_2^2B_6 - 2R_2R_3B_2 \end{aligned}$$

$$E_4 = R_1R_3^2 - 2R_4R_2^2 - 2R_3R_2^2 - R_3R_2^2$$

求解一元三次方程即可得到临界弯矩。

7.5　曲线组合梁施工吊装稳定性

曲线组合梁的施工方法一般分为两种情况：可以在工厂内预制曲线组合梁，也可以在施工现场先安设钢梁，再在钢梁上浇筑混凝土形成组合梁。无论采取哪种施工方法，都需要对曲线组合梁或曲线钢梁进行施工吊装，施工吊装稳定性是一个重要问题。本节在文献[60]～[64]研究钢梁吊装稳定性问题的基础上，以曲线工字钢梁与混凝土板组合梁为例，给出施工吊装阶段曲线组合梁的稳定性参数。

1）曲线组合梁重量计算

曲线组合梁比较复杂，重心从组合梁中心线偏离，并且通常具有圆弧的属性，曲线组合梁的重心与支撑线之间存在偏心距，因此在起吊过程中，曲线组合梁会产生旋转，见图 7-20（图中：e 为重心与支撑线之间的偏心距；h_G 为组合梁的重心到梁顶的距离，$h_G = \dfrac{\sum A_i y_i}{\sum A_i}$，$A_i$ 为第 i 个单元的截面面积，需要将混凝土板的面积换算成钢梁的面积进行计算，y_i 为第 i 个单元重心轴距截面顶边的距离）。根据曲线组合梁结构特点，采取两点起吊的吊装方法。为了得到起吊点的位置，应首先计算曲线组合梁重心的位置，曲线组合梁的重心平面示意图见图 7-21。

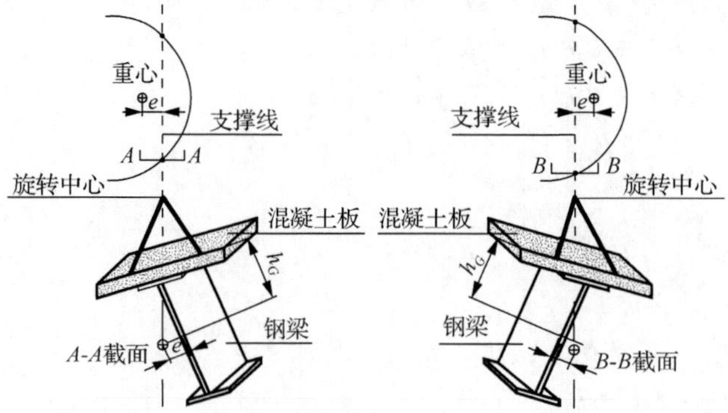

图 7-20　曲线组合梁的重心与支撑线之间的偏心距

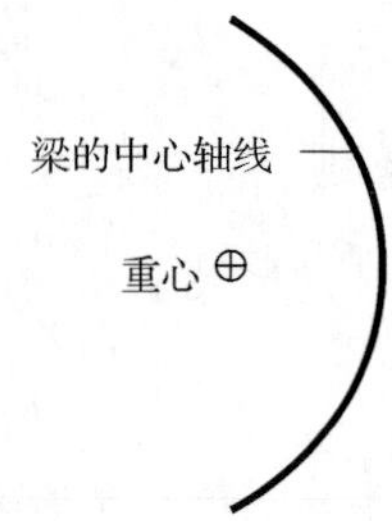

图 7-21　曲线组合梁的重心平面

曲线组合梁起吊时，由吊具梁的两个吊点确定支撑线。由于曲线组合梁的重心不与支撑线重合，不会发生绕支撑线的旋转，直至重心与支撑线重合。曲线组合梁产生旋转的两个重要因素为重心位置（梁几何形状的函数）和起吊位置不受组合梁刚度的影响。曲线组合梁的几何参数见图 7-22（图中：L_1 为梁段 1 的弧线长度；L_2 为梁段 2 的弧线长度；W_1 为梁段 1 单位长度的重量；W_2 为梁段 2 单位长度的重量；θ_1 为梁段 1 的角度；θ_2 为梁段 2 的角度；s 为横撑长度；l_i 为梁端到横撑的弧线长度；R 为梁的曲率半径；θ_j 为横撑的角度）。

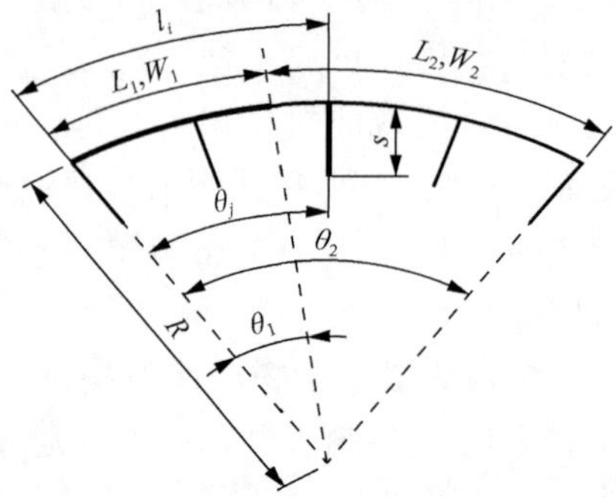

图 7-22　曲线组合梁的几何参数

在一般情况下，曲线组合梁的总重量为

$$W = R\sum_{i=1}^{n'} W_i(\theta_i - \theta_{i-1}) + \sum_{j=1}^{m} W_j$$

式中，n' 为曲线组合梁的梁段数；m 为横撑个数；θ_i 为梁段的角度；W_j 为横撑架的重量。

2）曲线组合梁重心位置计算

为确定曲线组合梁的重心位置，需要计算重心到梁端的角度，曲线组合梁的重心位置见图 7-23（图中：⊕为重心；$\bar{\theta}$ 为重心到梁端的角度；$\bar{L}$ 为梁端到重心的弧线距离；$\bar{D}$ 为重心到圆心的径向距离；H 为梁旋转中心到翼缘上部的高度；t_{tf} 为顶部翼缘厚度；H_G 为重心高度；$\bar{d}$ 为梁重心轴线到重心的径向距离；h_c 为混凝土板的厚度）。

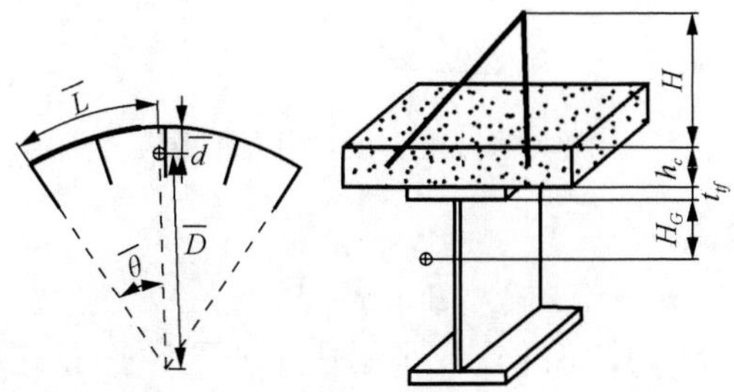

图 7-23　曲线组合梁重心位置

通过每个梁端的角度的加权平均值可确定重心角度：

$$\bar{\theta}=\frac{\dfrac{R\sum_{i=1}^{n}W_i\left(\theta_i^2-\theta_{i-1}^2\right)}{2}+\sum_{j=1}^{m}W_j\theta_j}{R\sum_{i=1}^{n}W_i\left(\theta_i-\theta_{i-1}\right)+\sum_{j=1}^{m}W_j}$$

式中，$\bar{\theta}$ 为重心到梁端的角度；θ_j 为横撑的角度。

梁端到重心的圆弧长度为

$$\bar{L}=\bar{\theta}R$$

重心径向距离见图 7-24，通过曲线组合梁投射到重心所在半径的径向线的加权平均值来确定重心到圆心的径向距离：

$$\bar{D}=\frac{R^2\sum_{i=1}^{n}W_i\left[\sin\left(\theta_i-\bar{\theta}\right)-\sin\left(\theta_{i-1}-\bar{\theta}\right)\right]+\left(R+\alpha\dfrac{s}{2}\right)\sum_{j=1}^{m}W_j\cos\left(\theta_j-\bar{\theta}\right)}{R\sum_{i=1}^{n}W_i\left(\theta_i-\theta_{i-1}\right)+\sum_{j=1}^{m}W_j}$$

当 $\alpha=-1$ 时，横向支撑在曲线梁内侧；当 $\alpha=0$ 时，横向支撑在曲线梁两侧；当 $\alpha=1$ 时，横向支撑在曲线梁外侧。

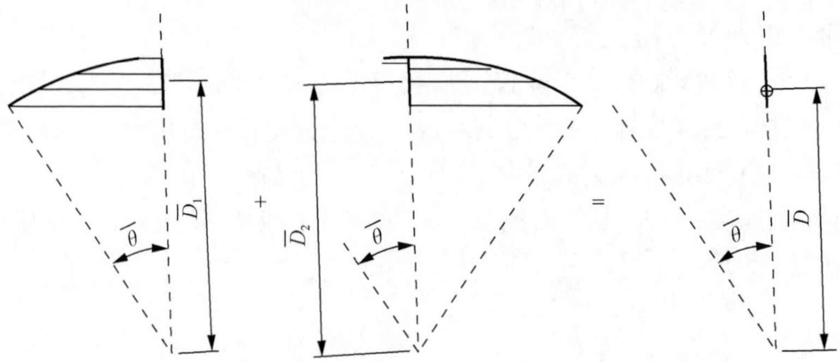

图 7-24　重心径向距离示意图

重心到圆弧的距离：

$$\overline{d} = R - \overline{D}$$

曲线组合梁重心的高度可通过每个梁段重心至顶部翼缘底边的高度平均值来确定，即

$$\overline{H}_G = \frac{R\sum_{i=1}^{n} W_i H_{Gi}\left(\theta_i - \theta_{i-1}\right) + \sum_{j=1}^{m} W_j \theta_j}{R\sum_{i=1}^{n} W_i\left(\theta_i - \theta_{i-1}\right) + \sum_{j=1}^{m} W_j}$$

式中，H_{Gi} 为第 i 个梁段的重心高度。

为防止旋转，支撑线需与重心相交，见图 7-25。梁段的稳定性取决于两个起吊点，两个起吊点的位置见图 7-26。

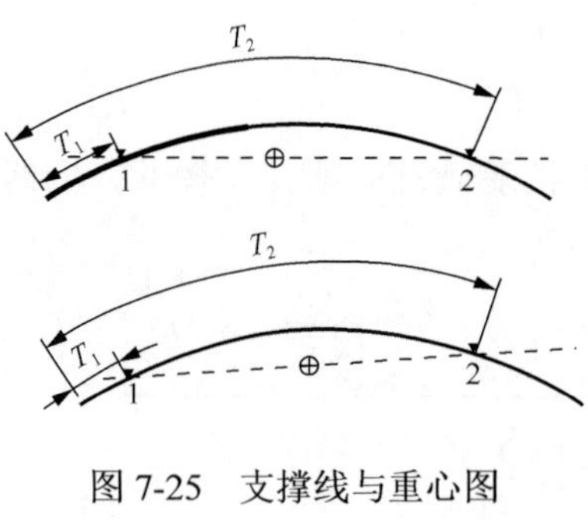

图 7-25　支撑线与重心图

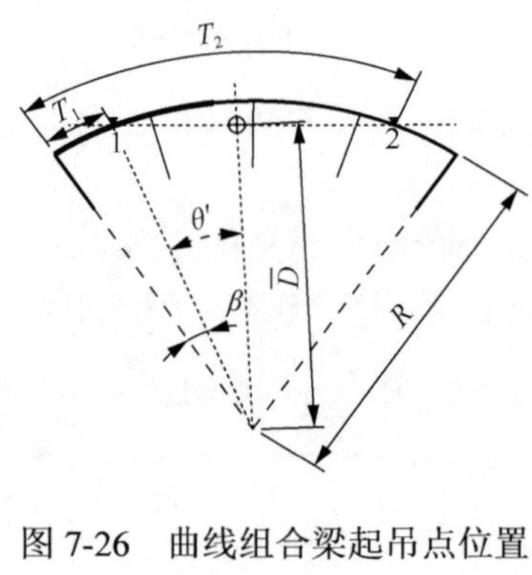

图 7-26　曲线组合梁起吊点位置

若两个起吊点到重心的距离相等，则起吊点提供的力相等，起吊点位置如下：

$$T_1 = R\beta_1$$

$$T_2 = R\left(\beta_1 + 2\theta'\right)$$

式中，θ' 为起吊点 1 到重心的角度，$\theta' = \cos^{-1}\left(\dfrac{\overline{D}}{R}\right)$；$\beta_1$ 为梁端到起吊点 1 的角度，

$\beta_1 = \bar{\theta} - \theta'$；$T_1$ 为梁端到起吊点 1 的长度；T_2 为梁端到起吊点 2 的长度。

3）吊具梁长度计算

通常将吊具梁用作起吊梁的工具，并且可看作起吊点之间的弦，若两个起吊点到重心的距离相等，则吊具梁的长度为

$$\Delta L = 2R\sin\theta'$$

式中，ΔL 为吊具梁的长度。

吊具梁提供的力 F：

$$F = \frac{W}{2}$$

4）曲线组合梁支撑线和重心之间的偏心距

曲线组合梁支撑线和重心之间的偏心距计算示意图见图 7-27（图中：ΔL 为吊点 1 到吊点 2 的弦长（吊具梁的长度）；e 为支撑线与重心之间的偏心距）。

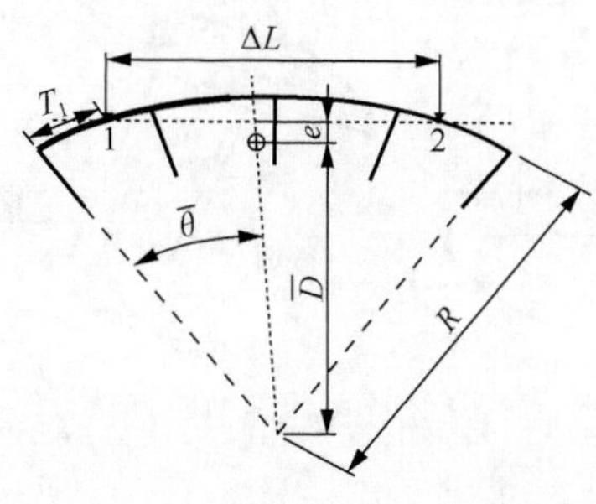

图 7-27　曲线组合梁支撑线和重心之间的偏心距计算示意图

支撑线与重心之间的偏心距可根据起吊点 1、起吊点 2 和重心的位置进行计算。

起吊点 1 的坐标：

$$x_1 = R\sin\left(\frac{T_1}{R}\right)$$

$$y_1 = R\cos\left(\frac{T_1}{R}\right)$$

吊具梁对应的弧线长度：

$$\Delta L_r = 2R\sin^{-1}\left(\frac{\Delta L}{2R}\right)$$

起吊点 2 的坐标：

$$x_2 = R\sin\left(\frac{T_1 + \Delta L_r}{R}\right)$$

$$y_2 = R\cos\left(\frac{T_1 + \Delta L_r}{R}\right)$$

重心的坐标：

$$x_0 = R\sin\overline{\theta}$$

$$y_0 = R\cos\overline{\theta}$$

偏心距：

$$e = \frac{\left|(x_2 - x_1)(y_1 - y_0) - (x_1 - x_0)(y_2 - y_1)\right|}{\sqrt{(x_2 - x_1)^2 + (y_2 - y_1)^2}}$$

5）曲线组合梁的旋转角

曲线组合梁旋转角 θ_R 的计算示意图见图 7-28。

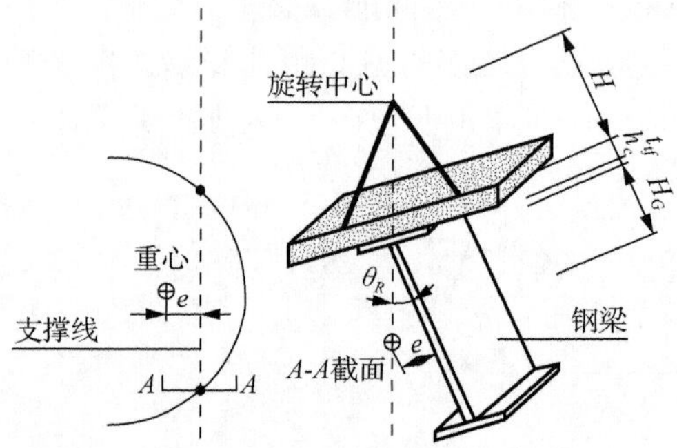

图 7-28 曲线组合梁的旋转角计算示意图

给定曲线组合梁的截面参数和重心位置，曲线组合梁的旋转角为

$$\theta_R = \tan^{-1}\left(\frac{e}{H + h_c + t_{tf} + H_G}\right)$$

根据起吊点到曲线组合梁重心的相对距离，计算梁吊具所提供的两个起吊点外力：

$$R_1 = \left[R\sum_{i=1}^{n} W_i(\theta_i - \theta_{i-1}) + \sum_{j=1}^{m} W_j\right]\frac{T_2 - \overline{L}}{\Delta L_r}$$

$$R_2 = \left[R\sum_{i=1}^{n} W_i(\theta_i - \theta_{i-1}) + \sum_{j=1}^{m} W_j\right]\frac{\overline{L} - T_1}{\Delta L_r}$$

式中，R_1 为起吊点 1 处梁吊具的力；R_2 为起吊点 2 处梁吊具的力。

6）截面扭矩计算

预制曲线组合梁的自重施加的扭转力会产生横截面扭转，从而使曲线组合梁在施工期间产生扭转变形。工字曲线组合梁为开口截面，通常具有相对低的抗扭刚度。对于任何截面，约束扭转都是由自由扭转和翘曲扭转组成，产生的总扭矩为

$$T(z)=T_s(z)+T_\omega(z)$$

式中，$T_s(z)$为自由扭转产生的扭矩，$T_s(z)=GJ\phi'(z)$，$GJ=G_sJ_s+G_cJ_c$，G_s和G_c为分别为钢梁与混凝土板的剪切模量，J_s和J_c分别为钢梁和混凝土板的抗扭惯性矩；$T_\omega(z)$为翘曲扭转产生的扭矩，$T_\omega(z)=EI_\omega\phi'''(z)$，$EI_\omega=E_sI_{\omega s}+E_cI_{\omega c}$，其中$I_{\omega s}$和$I_{\omega c}$分别为钢梁和混凝土板的扇形惯性矩，$E_s$和$E_c$为分别为钢材和混凝土的弹性模量。

扭转角的基本微分方程：

$$\frac{T(z)}{EI_\omega}=\frac{1}{k^2}\phi'+\phi'''$$

$$k=\sqrt{\frac{EI_\omega}{GJ}}$$

扭转角基本微分方程的一般解：

$$\phi(z)=A+B\cosh\left(\frac{z}{k}\right)+C\sinh\left(\frac{z}{k}\right)+\phi_p(z)$$

上式为扭转角的非齐次方程，式中$\phi_p(z)$为微分方程的特定解，取决于曲线组合梁上作用的均布扭矩$t(z)$；常数A、B和C由该问题的边界条件确定。

均布扭矩可由总扭矩进行计算：

$$t(z)=EI_\omega\phi_p''''-DJ\phi_p''$$

对于确定的边界条件和荷载情况，可求出上式的精确解。但大多数情况下，边界条件和荷载情况不能确定，所以提出用近似解替代精确解。

上述的计算分析针对曲线工字钢与混凝土组合梁，其施工吊装阶段曲线组合梁的重心、转动角、起吊点的位置及起吊点提供的力的计算公式同样也适用于钢箱曲线梁与混凝土板组合梁。

现浇曲线组合梁施工是先吊装曲线钢梁，然后在钢梁上浇筑混凝土，因此现浇混凝土曲线组合梁在施工期间实质上是吊装曲线钢梁。曲线钢梁施工阶段吊装方法和计算参数可参照文献[60]～[64]，也可参考预制曲线组合梁施工阶段吊装方法和相关参数。

第 8 章　曲线钢与混凝土组合梁剪力滞效应

曲线组合梁纵向弯曲时，弯曲的法向力在上翼缘和下翼缘之间通过连接腹板来传递，腹板传递的剪力流在腹板与翼缘板连接处取得最大值，并且翼缘板存在剪切变形，在向翼缘板传递的过程中，剪力流会逐渐减小，因此剪切变形沿翼缘板的分布不均匀，导致弯曲法向应力的横向分布呈曲线形状。这种腹板处剪力流向翼缘板中传递的滞后导致翼缘板法向应力沿横向呈现不均匀分布的现象，称为组合梁剪力滞效应。组合梁有多种组合截面，比较常用的有钢箱（钢板焊接箱梁或 U 形梁）与混凝土板组合梁（简称钢箱曲线组合梁）、工字钢与混凝土板组合梁（简称工字钢曲线组合梁）、钢板腹板与混凝土板组合梁（简称钢腹板曲线组合梁）等。

针对上述三种组合梁，本章基于文献[89]～[94]研究组合梁剪力滞效应的基础上，给出曲线组合梁的剪力滞效应控制微分方程和剪力滞计算公式。

8.1　基于抛物线型位移函数的曲线组合梁剪力滞效应

剪力滞翘曲位移可以假定为抛物线型位移函数，本节给出钢腹板曲线组合梁、钢箱曲线组合梁及工字钢曲线组合梁的剪力滞效应控制微分方程，并给出剪力滞计算公式。根据曲线组合梁的结构特点，作如下基本假定：混凝土翼缘板与钢腹板竖向贴合；剪力滞效应只在竖向弯曲中计入；忽略混凝土翼缘板的竖向挤压应变和横向应变；混凝土板和钢板均为线弹性材料。

8.1.1　钢腹板曲线组合梁

1. 剪力滞翘曲位移函数

钢腹板曲线组合梁通过剪力连接件将钢腹板与混凝土翼缘板连接起来，钢腹板可以采用平钢板或波纹钢板。钢腹板曲线组合梁截面见图 8-1。

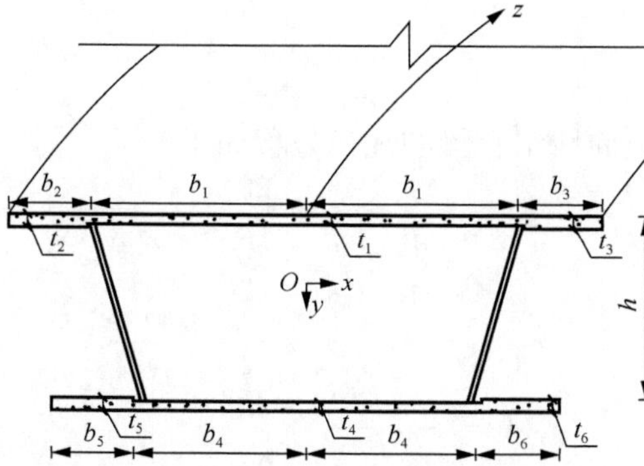

图 8-1　钢腹板曲线组合梁截面

除了考虑钢腹板曲线组合梁上、下翼缘混凝土板服从平面假定的刚性截面竖向位移 $w(z)$ 和扭转角 $\phi(z)$ 外，还假设 6 个不同的剪力滞翘曲位移函数，用来准确描述组合梁上、下翼缘混凝土板的纵向位移沿板宽方向的变化情况：

$$w(x,y,z)=\begin{cases}-h_1\varsigma_1\left(1-\dfrac{x^n}{|b_1|^n}\right)W_1(z) & (0\leqslant x\leqslant b_1) \quad \text{混凝土顶板}\\ -h_2\varsigma_2\left[1-\dfrac{(x+b_1+b_2)^n}{|b_2|^n}\right]W_2(z) & (-b_1-b_2\leqslant x\leqslant -b_1) \quad \text{上部混凝土板外悬臂板}\\ -h_3\varsigma_3\left[1-\dfrac{(x-b_1-b_3)^n}{|b_3|^n}\right]W_3(z) & (b_1\leqslant x\leqslant b_1+b_3) \quad \text{上部混凝土板内悬臂板}\\ h_4\varsigma_4\left(1-\dfrac{x^n}{|b_4|^n}\right)W_4(z) & (0\leqslant x\leqslant b_4) \quad \text{混凝土底板}\\ h_5\varsigma_5\left[1-\dfrac{(x+b_4+b_5)^n}{|b_5|^n}\right]W_5(z) & (-b_4-b_5\leqslant x\leqslant -b_4) \quad \text{下部混凝土板外悬臂板}\\ h_6\varsigma_6\left[1-\dfrac{(x-b_4-b_6)^n}{|b_6|^n}\right]W_6(z) & (b_4\leqslant x\leqslant b_4+b_6) \quad \text{下部混凝土板内悬臂板}\end{cases}$$

式中，b_1 为上翼缘混凝土板宽度的一半；b_2 为上翼缘混凝土板外悬臂板宽度；b_3 为上翼缘混凝土板内悬臂板宽度；b_4 为下翼缘混凝土板宽度的一半；b_5 为下翼缘混凝土板外悬臂板宽度；b_6 为下翼缘混凝土板内悬臂板宽度；h_1、h_2、h_3、h_4、h_5 和 h_6 分别为各组件形心至组合截面形心的距离；$W_1(z)$、$W_2(z)$、$W_3(z)$、$W_4(z)$、$W_5(z)$ 和 $W_6(z)$ 分别为各组件的纵向位移剪切转角差函数；ς_i 为不同翼缘板宽度和边界条件下的修正系数，$\varsigma_1=1$，$\varsigma_2=\left(\dfrac{b_2}{b_1}\right)^2$，$\varsigma_3=\left(\dfrac{b_3}{b_1}\right)^2$，$\varsigma_4=1$，$\varsigma_5=\left(\dfrac{b_5}{b_4}\right)^2$，

$\varsigma_6 = \left(\frac{b_6}{b_4}\right)^2$。

受曲率的影响，钢腹板曲线组合梁的几何方程如下。

轴向应变：

$$\varepsilon_z = \frac{\mathrm{d}u}{\mathrm{d}z} - \frac{v}{r}$$

水平曲率：

$$k_y = \frac{v}{r^2} + \frac{\mathrm{d}^2 v}{\mathrm{d}z^2}$$

竖向曲率：

$$k_x = \frac{\mathrm{d}^2 w}{\mathrm{d}z^2} - \frac{\phi}{r}$$

扭曲率：

$$k_z = \frac{\mathrm{d}\phi}{\mathrm{d}z} + \frac{1}{r}\frac{\mathrm{d}w}{\mathrm{d}z}$$

根据基本假定，上、下翼缘混凝土板的正应变ε_z可分为两部分：第一部分为满足平截面假定的刚性平面产生的正应变ε_{z1}，第二部分为剪力滞翘曲位移产生的正应变ε_{z2}，即

$$\varepsilon_z = \varepsilon_{z1} + \varepsilon_{z2}$$

式中，$\varepsilon_{z1} = h_i k_x$；$\varepsilon_{z2} = h_i w_i'(i = 1,2,3,4,5,6)$。

2. 组件势能及总势能

体系的总势能包括外荷载势能$\overline{V}$和形变势能$\overline{U}$，根据最小势能原理，在外荷载作用下，对处在平衡状态的结构给予任何虚位移，体系总势能的一阶变分为 0，即

$$\delta\Pi = \delta(\overline{U} + \overline{V}) = 0$$

式中，$\overline{U}$为形变势能；$\overline{V}$为外荷载势能。

1）钢腹板弯曲应变能

在钢腹板曲线组合梁中，钢梁高度远小于跨长，故钢梁的剪切变形忽略不计。钢腹板的纵向等效弹性模量比混凝土的弹性模量小得多，因此在不同工况下钢腹板产生的正应力值几乎为 0。由于钢腹板截面面积很小，其在抵抗弯曲变形时的贡献很小，可忽略钢腹板横向变形对体系总应变的影响，则钢腹板的总应变能为

$$\overline{U}_f = \frac{1}{2}\int_0^s \frac{M_x^2}{E_{\mathrm{eff}} I_f}\mathrm{d}z = \frac{1}{2}E_{\mathrm{eff}} I_f \int_0^s \left(w'' - \frac{\phi}{r}\right)^2 \mathrm{d}z$$

式中，E_{eff}为等效弹性模量，平钢板与波纹钢板单独计算；I_f为钢腹板惯性矩。

2）上（下）翼缘混凝土板的应变能

在钢腹板曲线组合梁中，在上、下翼缘混凝土板的不同位置和截面，应变能不同，下面分别给出计算公式。

钢腹板之间上翼缘混凝土板的应变能：

$$\overline{U}_1=\frac{1}{2}\int_0^s\left[\int_0^{b_1}2t_1(E_c\varepsilon_z^2+G_c\gamma_1^2)\mathrm{d}z\right]\mathrm{d}z$$

$$\varepsilon_z=\varepsilon_{z1}+\varepsilon_{z2}=h_1\left(\frac{\mathrm{d}^2w}{\mathrm{d}z^2}-\frac{\phi}{r}\right)-h_1\varsigma_1\left(1-\frac{x^n}{|b_1^n|}\right)w_1'(z)+f_{c1}\eta_1'(z)$$

$$\gamma_1=\frac{\partial u_1(x,y,z)}{\partial x}=\frac{h_1\varsigma_1nx^{n-1}}{b_1^n}W_1(z)$$

$$\gamma_1^2=\frac{h_1^2\varsigma_1^2n^2x^{2(n-1)}}{b_1^{2n}}W_1^2(z)$$

$$f_{c1}=\frac{-E_sA_s}{E_sA_s+E_cA_{c1}}$$

整理得到

$$\overline{U}_1=t_1b_1h_1^2E_c\int_0^s\left[w''^2+\left(\frac{\phi}{r}\right)^2-2w''^2\frac{\phi}{r}+\varsigma_1^2W_1'^2\frac{2n^2}{(2n+1)(n+1)}+\frac{f_{c1}^2\eta_1'^2}{h_1^2}\right.$$
$$\left.-2\varsigma_1\left(w''-\frac{\phi}{r}\right)W_1'\frac{n}{n+1}-\frac{2}{h_1}\varsigma_1W_1'f_{c1}\eta_1'\frac{n}{n+1}+\frac{2}{h_1}\left(w''-\frac{\phi}{r}\right)f_{c1}\eta_1'+\frac{G_c\varsigma_1^2n^2W_1^2}{E_c(2n-1)b_1^2}\right]\mathrm{d}z$$

钢腹板上翼缘混凝土板外悬臂板的应变能：

$$\overline{U}_2=\frac{1}{2}t_2b_2h_2^2E_c\int_0^s\left[w''^2+\left(\frac{\phi}{r}\right)^2-2w''^2\frac{\phi}{r}+\varsigma_2^2W_2'^2\frac{2n^2}{(2n+1)(n+1)}+\frac{f_{c1}^2\eta_1'^2}{h_2^2}\right.$$
$$\left.-2\varsigma_2\left(w''-\frac{\phi}{r}\right)W_2'\frac{n}{n+1}-\frac{2}{h_2}\varsigma_2W_2'f_{c1}\eta_1'\frac{n}{n+1}+\frac{2}{h_2}\left(w''-\frac{\phi}{r}\right)f_{c1}\eta_1'+\frac{G_c\varsigma_2^2n^2W_2^2}{E_c(2n-1)b_2^2}\right]\mathrm{d}z$$

钢腹板上翼缘混凝土板内悬臂板的应变能：

$$\overline{U}_3=\frac{1}{2}t_3b_3h_3^2E_c\int_0^s\left[w''^2+\left(\frac{\phi}{r}\right)^2-2w''^2\frac{\phi}{r}+\varsigma_3^2W_3'^2\frac{2n^2}{(2n+1)(n+1)}+\frac{f_{c1}^2\eta_1'^2}{h_3^2}\right.$$
$$\left.-2\varsigma_3\left(w''-\frac{\phi}{r}\right)W_3'\frac{n}{n+1}-\frac{2}{h_3}\varsigma_3W_3'f_{c1}\eta_1'\frac{n}{n+1}+\frac{2}{h_3}\left(w''-\frac{\phi}{r}\right)f_{c1}\eta_1'+\frac{G_c\varsigma_3^2n^2W_3^2}{E_c(2n-1)b_3^2}\right]\mathrm{d}z$$

钢腹板之间下翼缘混凝土板的应变能：

$$\overline{U}_4=t_4b_4h_4^2E_c\int_0^s\left[w''^2+\left(\frac{\phi}{r}\right)^2-2w''^2\frac{\phi}{r}+\varsigma_4^2W_4'^2\frac{2n^2}{(2n+1)(n+1)}+\frac{f_{c2}^2\eta_2'^2}{h_4^2}\right.$$
$$\left.-2\varsigma_4\left(w''-\frac{\phi}{r}\right)W_4'\frac{n}{n+1}+\frac{2}{h_4}\varsigma_4W_4'f_{c2}\eta_2'\frac{n}{n+1}-\frac{2}{h_4}\left(w''-\frac{\phi}{r}\right)f_{c2}\eta_2'+\frac{G_c\varsigma_4^2n^2W_4^2}{E_c(2n-1)b_4^2}\right]\mathrm{d}z$$

钢腹板下翼缘混凝土外悬臂板的应变能：

$$\overline{U}_5=\frac{1}{2}t_5b_5h_5^2E_c\int_0^s\left[w''^2+\left(\frac{\phi}{r}\right)^2-2w''^2\frac{\phi}{r}+\varsigma_5^2W_5'^2\frac{2n^2}{(2n+1)(n+1)}+\frac{f_{c2}^2\eta_2'^2}{h_5^2}\right.$$

$$\left.-2\varsigma_5\left(w''-\frac{\phi}{r}\right)W_5'\frac{n}{n+1}+\frac{2}{h_5}\varsigma_5W_5'f_{c2}\eta_2'\frac{n}{n+1}-\frac{2}{h_5}\left(w''-\frac{\phi}{r}\right)f_{c2}\eta_2'+\frac{G_c\varsigma_5^2n^2W_5^2}{E_c(2n-1)b_5^2}\right]\mathrm{d}z$$

钢腹板下翼缘混凝土内悬臂板的应变能：

$$\overline{U}_6=\frac{1}{2}t_6b_6h_6^2E_c\int_0^s\left[w''^2+\left(\frac{\phi}{r}\right)^2-2w''^2\frac{\phi}{r}+\varsigma_6^2W_6'^2\frac{2n^2}{(2n+1)(n+1)}+\frac{f_{c2}^2\eta_2'^2}{h_6^2}\right.$$

$$\left.-2\varsigma_6\left(w''-\frac{\phi}{r}\right)W_6'\frac{n}{n+1}+\frac{2}{h_6}\varsigma_6W_6'f_{c2}\eta_2'\frac{n}{n+1}-\frac{2}{h_6}\left(w''-\frac{\phi}{r}\right)f_{c2}\eta_2'+\frac{G_c\varsigma_6^2n^2W_6^2}{E_c(2n-1)b_6^2}\right]\mathrm{d}z$$

式中，η_1' 和 η_2' 分别为上、下混凝土翼缘板与钢腹板之间的应变差；A_{c1} 和 A_{c2} 分别为上、下翼缘混凝土板的横截面积；$f_{c1}=\dfrac{-E_sA_s}{E_sA_s+E_cA_{c1}}$；$f_{c2}=\dfrac{-E_sA_s}{E_sA_s+E_cA_{c2}}$。

钢梁腹板和混凝土板的总应变能：

$$\overline{U}_R=\overline{U}_f+\overline{U}_1+\overline{U}_2+\overline{U}_3+\overline{U}_4+\overline{U}_5+\overline{U}_6$$

3）自由扭转应变能

$$\overline{U}_T=\frac{1}{2}\int_0^s(G_ck_{Tc}+G_sk_{Ts})\left(\phi'+\frac{w'}{r}\right)^2\mathrm{d}z$$

式中，k_{Tc} 为上翼缘混凝土板的抗扭惯性矩；k_{Ts} 为钢腹板的抗扭惯性矩；G_c 和 G_s 分别为混凝土和钢材的剪切模量。

4）翘曲扭转应变能

$$\overline{U}_B=\frac{E}{2}\int_0^sI_\omega\left(\phi''+\frac{w''}{r}\right)^2\mathrm{d}z$$

式中，I_ω 为广义扇形惯性矩。

5）滑移应变能

$$\overline{U}_H=\frac{1}{2}\int_0^sk_d(\eta_1^2+\eta_2^2)\mathrm{d}z$$

式中，k_d 为剪力连接件的分布刚度；η_1 和 η_2 分别为钢梁与上、下混凝土板接触面的滑移量。

6）外荷载势能

竖向均布荷载：

$$\overline{V}_q=-\int_0^sq_yw\mathrm{d}z$$

分布扭矩：

$$\overline{V}_{m_z}=-\int_0^sm_z\phi\mathrm{d}z$$

端弯矩：

$$\overline{V}_M = [M_x w']\big|_0^s$$

端剪力：

$$\overline{V}_Q = -[Q_y w]\big|_0^s$$

端扭矩：

$$\overline{V}_T = -[T_z \phi]\big|_0^s$$

外荷载总势能：

$$\overline{V} = \overline{V}_q + \overline{V}_{m_z} + \overline{V}_M + \overline{V}_Q + \overline{V}_T = -\int_0^s (q_y w + m_z \phi)\mathrm{d}z + [M_x w' - Q_y w - T_z \phi]\big|_0^s$$

总势能：

$$\Pi = \overline{U}_R + \overline{U}_T + \overline{U}_B + \overline{U}_H + \overline{V}$$

则有

$$\begin{aligned}
\Pi &= \int_0^s \left[w''^2 + \left(\frac{\phi}{r}\right)^2 - 2w''^2 \frac{\phi}{r} \right] E_c \left(\sum_{i=1}^6 I_i \right) \mathrm{d}z \\
&+ \int_0^s \frac{2n^2 E_c}{(2n+1)(n+1)} \left(\sum_{i=1}^6 I_i \varsigma_i^2 W_i'^2 \right) \mathrm{d}z - \int_0^s 2\left(w'' - \frac{\phi}{r} \right) \frac{n}{n+1} E_c \left(\sum_{i=1}^6 I_i \varsigma_i W_i' \right) \mathrm{d}z \\
&+ \int_0^s f_{c1}^2 E_c \eta_1'^2 [t_1 b_1 + \frac{1}{2}(t_2 b_2 + t_3 b_3)] + f_{c2}^2 E_c \eta_2'^2 [t_4 b_4 + \frac{1}{2}(t_5 b_5 + t_6 b_6)] \mathrm{d}z \\
&- \int_0^s 2 f_{c1} \frac{n}{n+1} E_c \eta_1' \left(\sum_{i=1}^3 S_i \varsigma_i W_i' \right) \mathrm{d}z + \int_0^s 2 f_{c2} \frac{n}{n+1} E_c \eta_2' \left(\sum_{i=4}^6 S_i \varsigma_i W_i' \right) \mathrm{d}z \\
&+ \int_0^s 2\left(w'' - \frac{\phi}{r} \right) f_{c1} E_c \eta_1' \left(\sum_{i=1}^3 S_i \right) \mathrm{d}z - \int_0^s 2\left(w'' - \frac{\phi}{r} \right) f_{c2} E_c \eta_2' \left(\sum_{i=4}^6 S_i \right) \mathrm{d}z \\
&+ \int_0^s G_c \frac{n^2}{2n-1} \left(\sum_{i=1}^6 \frac{I_i \varsigma_i^2 W_i^2}{b_i^2} \right) \mathrm{d}z + \frac{1}{2} \int_0^s (G_c k_{Tc} + G_s k_{Ts}) \left(\phi' + \frac{w'}{r} \right)^2 \mathrm{d}z \\
&+ \frac{E}{2} \int_0^s I_\omega \left(\phi'' + \frac{w''}{r} \right)^2 \mathrm{d}z + \frac{1}{2} \int_0^s k_d (\eta_1^2 + \eta_2^2) \mathrm{d}z - \int_0^s (q_y w + m_z \phi) \mathrm{d}z \\
&+ [M_x w' - Q_y w - T_z \phi]\big|_0^s + \frac{1}{2} E_{\mathrm{eff}} I_f \int_0^s \left(w'' - \frac{\phi}{r} \right)^2 \mathrm{d}z
\end{aligned}$$

式中，I_i 的取值分别为 $I_1 = t_1 b_1 h_1^2$，$I_2 = \frac{1}{2} t_2 b_2 h_2^2$，$I_3 = \frac{1}{2} t_3 b_3 h_3^2$，$I_4 = t_4 b_4 h_4^2$，$I_5 = \frac{1}{2} t_5 b_5 h_5^2$，$I_6 = \frac{1}{2} t_6 b_6 h_6^2$；$S_i$ 的取值分别为 $S_1 = t_1 b_1 h_1$，$S_2 = \frac{1}{2} t_2 b_2 h_2$，$S_3 = \frac{1}{2} t_3 b_3 h_3$，$S_4 = t_4 b_4 h_4$，$S_5 = \frac{1}{2} t_5 b_5 h_5$，$S_6 = \frac{1}{2} t_6 b_6 h_6$。

3．控制微分方程

由最小势能原理，在外力作用下体系处于平衡状态的条件如下：$\delta\varPi=0$，即

$$\delta\varPi=\delta\int_0^s F(z,w,w',w'',\phi,\phi',\phi'',W_1,W_1',W_2,W_2',W_3,W_3',W_4,W_4',W_5,W_5',W_6,W_6',\eta_1,\eta_1',\eta_2,\eta_2')\mathrm{d}z + \delta\bar{P}^{\mathrm{T}}\bar{\varDelta}\Big|_0^s=0$$

式中，$\bar{P}^{\mathrm{T}}=\{M_x,-Q_y,-T_z\}$；$\bar{\varDelta}=\{w',w,\phi\}^{\mathrm{T}}$。

控制微分方程：

$$\frac{\partial F}{\partial w}-\frac{\mathrm{d}}{\mathrm{d}z}\left(\frac{\partial F}{\partial w'}\right)+\frac{\mathrm{d}^2}{\mathrm{d}z^2}\left(\frac{\partial F}{\partial w''}\right)=0$$

$$\frac{\partial F}{\partial \phi}-\frac{\mathrm{d}}{\mathrm{d}z}\left(\frac{\partial F}{\partial \phi'}\right)+\frac{\mathrm{d}^2}{\mathrm{d}z^2}\left(\frac{\partial F}{\partial \phi''}\right)=0$$

$$\frac{\partial F}{\partial W_1}-\frac{\mathrm{d}}{\mathrm{d}z}\left(\frac{\partial F}{\partial W_1'}\right)=0$$

$$\frac{\partial F}{\partial W_2}-\frac{\mathrm{d}}{\mathrm{d}z}\left(\frac{\partial F}{\partial W_2'}\right)=0$$

$$\frac{\partial F}{\partial W_3}-\frac{\mathrm{d}}{\mathrm{d}z}\left(\frac{\partial F}{\partial W_3'}\right)=0$$

$$\frac{\partial F}{\partial W_4}-\frac{\mathrm{d}}{\mathrm{d}z}\left(\frac{\partial F}{\partial W_4'}\right)=0$$

$$\frac{\partial F}{\partial W_5}-\frac{\mathrm{d}}{\mathrm{d}z}\left(\frac{\partial F}{\partial W_5'}\right)=0$$

$$\frac{\partial F}{\partial W_6}-\frac{\mathrm{d}}{\mathrm{d}z}\left(\frac{\partial F}{\partial W_6'}\right)=0$$

$$\frac{\partial F}{\partial \eta_1}-\frac{\mathrm{d}}{\mathrm{d}z}\left(\frac{\partial F}{\partial \eta_1'}\right)=0$$

$$\frac{\partial F}{\partial \eta_2}-\frac{\mathrm{d}}{\mathrm{d}z}\left(\frac{\partial F}{\partial \eta_2'}\right)=0$$

边界条件：

$$\left[\frac{\partial F}{\partial w'}-\frac{\mathrm{d}}{\mathrm{d}z}\left(\frac{\partial F}{\partial w''}\right)-Q_y\right]\delta w\Bigg|_0^s=0;\quad \left[\frac{\partial F}{\partial w''}+M_x\right]\delta w'\Bigg|_0^s=0$$

$$\left[\frac{\partial F}{\partial \phi'}-\frac{\mathrm{d}}{\mathrm{d}z}\left(\frac{\partial F}{\partial \phi''}\right)-T_z\right]\delta\phi\Bigg|_0^s=0;\quad \frac{\partial F}{\partial \phi''}\delta\phi'\Bigg|_0^s=0;\quad \frac{\partial F}{\partial W_1'}\delta W_1\Bigg|_0^s=0;\quad \frac{\partial F}{\partial W_2'}\delta W_2\Bigg|_0^s=0$$

$$\left.\frac{\partial F}{\partial W_3'}\delta W_3\right|_0^s=0;\quad \left.\frac{\partial F}{\partial W_4'}\delta W_4\right|_0^s=0;\quad \left.\frac{\partial F}{\partial W_5'}\delta W_5\right|_0^s=0;\quad \left.\frac{\partial F}{\partial W_6'}\delta W_6\right|_0^s=0$$

$$\left.\frac{\partial F}{\partial \eta_1'}\delta \eta_1\right|_0^s=0;\quad \left.\frac{\partial F}{\partial \eta_2'}\delta \eta_2\right|_0^s=0$$

式中，

$$\begin{aligned}F=&\frac{1}{2}E_{\text{eff}}I_f\left(w''-\frac{\phi}{r}\right)^2+\left[w''^2+\left(\frac{\phi}{r}\right)^2-2w''^2\frac{\phi}{r}\right]E_c\left(\sum_{i=1}^{6}I_i\right)\mathrm{d}z\\&+\frac{2n^2E_c}{(2n+1)(n+1)}\left(\sum_{i=1}^{6}I_i\varsigma_i^2W_i'^2\right)+f_{c1}^2E_c\eta_1'^2\left[t_1b_1+\frac{1}{2}\left(t_2b_2+t_3b_3\right)\right]\\&+f_{c2}^2E_c\eta_2'^2\left[t_4b_4+\frac{1}{2}\left(t_5b_5+t_6b_6\right)\right]-2\left(w''-\frac{\phi}{r}\right)\frac{n}{n+1}E_c\left(\sum_{i=1}^{6}I_i\varsigma_iW_i'\right)\\&-2f_{c1}\frac{n}{n+1}E_c\eta_1'\left(\sum_{i=1}^{3}S_i\varsigma_iW_i'\right)+2f_{c2}\frac{n}{n+1}E_c\eta_2'\left(\sum_{i=4}^{6}S_i\varsigma_iW_i'\right)\\&+2\left(w''-\frac{\phi}{r}\right)f_{c1}E_c\eta_1'\left(\sum_{i=1}^{3}S_i\right)-2\left(w''-\frac{\phi}{r}\right)f_{c2}E_c\eta_2'\left(\sum_{i=4}^{6}S_i\right)+\frac{n^2}{2n-1}G_c\left(\sum_{i=1}^{6}\frac{I_i\varsigma_i^2W_i^2}{b_i^2}\right)\\&+\frac{1}{2}(G_ck_{Tc}+G_sk_{Ts})\left(\phi'+\frac{w'}{r}\right)^2+\frac{EI_\omega}{2}\left(\phi''+\frac{w''}{r}\right)^2+\frac{1}{2}k_d\left(\eta_1^2+\eta_2^2\right)-\left(q_yw+m_z\phi\right)\end{aligned}$$

则有

$$\frac{\partial F}{\partial w}=-q_y;\qquad \frac{\partial F}{\partial w'}=(G_ck_{Tc}+G_sk_{Ts})\left(\phi'+\frac{w'}{r}\right)$$

$$\frac{\mathrm{d}}{\mathrm{d}z}\left(\frac{\partial F}{\partial w'}\right)=(G_ck_{Tc}+G_sk_{Ts})\left(\phi''+\frac{w''}{r}\right)$$

$$\begin{aligned}\frac{\partial F}{\partial w''}=&\left(2w''-\frac{2\phi}{r}\right)E_c\left(\sum_{i=1}^{6}I_i\right)-2\frac{n}{n+1}E_c\left(\sum_{i=1}^{6}I_i\varsigma_iW_i'\right)+2E_cf_{c1}\eta_1'\left(\sum_{i=1}^{3}S_i\right)-2E_cf_{c2}\eta_2'\left(\sum_{i=4}^{6}S_i\right)\\&+EI_\omega\left(\frac{\phi''}{r}+\frac{w''}{r^2}\right)+E_{\text{eff}}I_f\left(w''-\frac{\phi}{r}\right)\end{aligned}$$

$$\begin{aligned}\frac{\mathrm{d}^2}{\mathrm{d}z^2}\left(\frac{\partial F}{\partial w''}\right)=&\left(2w^{(4)}-\frac{2\phi''}{r}\right)E_c\left(\sum_{i=1}^{6}I_i\right)-2\frac{n}{n+1}E_c\left(\sum_{i=1}^{6}I_i\varsigma_iW_i'''\right)+2E_cf_{c1}\eta_1'''\left(\sum_{i=1}^{3}S_i\right)\\&-2E_cf_{c2}\eta_2'''\left(\sum_{i=4}^{6}S_i\right)+EI_\omega\left(\frac{\phi^{(4)}}{r}+\frac{w^{(4)}}{r^2}\right)+E_{\text{eff}}I_f\left(w^{(4)}-\frac{\phi''}{r}\right)\end{aligned}$$

$$\begin{aligned}\frac{\partial F}{\partial \phi}=&\left(\frac{2\phi}{r^2}-\frac{2w''}{r}\right)E_c\left(\sum_{i=1}^{6}I_i\right)+\frac{2}{r}\frac{n}{n+1}E_c\left(\sum_{i=1}^{6}I_i\varsigma_iW_i'\right)-2\frac{f_{c1}E_c\eta_1'}{r}\left(\sum_{i=1}^{3}S_i\right)\\&+2\frac{f_{c2}E_c\eta_2'}{r}\left(\sum_{i=4}^{6}S_i\right)-\frac{E_{\text{eff}}I_f\left(w''-\dfrac{\phi}{r}\right)}{r}-m_z\end{aligned}$$

$$\frac{\partial F}{\partial \phi'}=(G_c k_{Tc}+G_s k_{Ts})\left(\phi'+\frac{w'}{r}\right);\qquad \frac{\mathrm{d}}{\mathrm{d}z}\left(\frac{\partial F}{\partial \phi'}\right)=(G_c k_{Tc}+G_s k_{Ts})\left(\phi''+\frac{w''}{r}\right);$$

$$\frac{\partial F}{\partial \phi''}=EI_\omega\left(\phi''+\frac{w''}{r}\right);\qquad \frac{\mathrm{d}^2}{\mathrm{d}z^2}\left(\frac{\partial F}{\partial \phi''}\right)=EI_\omega\left(\phi^{(4)}+\frac{w^{(4)}}{r}\right);$$

$$\frac{\partial F}{\partial W_1}=G_c\frac{n^2}{2n-1}\frac{2I_1\varsigma_1^2 W_1}{b_1^2};$$

$$\frac{\partial F}{\partial W_1'}=\frac{n}{n+1}\left[\frac{4nE_c}{2n+1}I_1\varsigma_1^2 W_1'-2\left(w''-\frac{\phi}{r}\right)E_c\varsigma_1 I_1-2f_{c1}E_c\varsigma_1\eta_1' S_1\right];$$

$$\frac{\mathrm{d}}{\mathrm{d}z}\left(\frac{\partial F}{\partial W_1'}\right)=\frac{n}{n+1}\left[\frac{4nE_c}{2n+1}I_1\varsigma_1^2 W_1''-2\left(w'''-\frac{\phi'}{r}\right)E_c\varsigma_1 I_1-2f_{c1}E_c\varsigma_1\eta_1'' S_1\right];$$

$$\frac{\partial F}{\partial W_2}=G_c\frac{n^2}{2n-1}\frac{I_2\varsigma_2^2 W_2}{b_2^2};$$

$$\frac{\partial F}{\partial W_2'}=\frac{n}{n+1}\left[\frac{4nE_c}{2n+1}I_2\varsigma_2^2 W_2'-2\left(w''-\frac{\phi}{r}\right)E_c\varsigma_2 I_2-2f_{c1}E_c\varsigma_2\eta_1' S_2\right];$$

$$\frac{\mathrm{d}}{\mathrm{d}z}\left(\frac{\partial F}{\partial W_2'}\right)=\frac{n}{n+1}\left[\frac{4nE_c}{2n+1}I_2\varsigma_2^2 W_2''-2\left(w'''-\frac{\phi'}{r}\right)E_c\varsigma_2 I_2-2f_{c1}E_c\varsigma_2\eta_1'' S_2\right];$$

$$\frac{\partial F}{\partial W_3}=G_c\frac{n^2}{2n-1}\frac{I_3\varsigma_3^2 W_3}{b_3^2};$$

$$\frac{\partial F}{\partial W_3'}=\frac{n}{n+1}\left[\frac{4nE_c}{2n+1}I_3\varsigma_3^2 W_3'-2\left(w''-\frac{\phi}{r}\right)E_c\varsigma_3 I_3-2f_{c1}E_c\varsigma_3\eta_1' S_3\right];$$

$$\frac{\mathrm{d}}{\mathrm{d}z}\left(\frac{\partial F}{\partial W_3'}\right)=\frac{n}{n+1}\left[\frac{4nE_c}{2n+1}I_3\varsigma_3^2 W_3''-2\left(w'''-\frac{\phi'}{r}\right)E_c\varsigma_3 I_3-2f_{c1}E_c\varsigma_3\eta_1'' S_3\right];$$

$$\frac{\partial F}{\partial W_4}=G_c\frac{n^2}{2n-1}\frac{I_4\varsigma_4^2 W_4}{b_4^2};$$

$$\frac{\partial F}{\partial W_4'}=\frac{n}{n+1}\left[\frac{4nE_c}{2n+1}I_4\varsigma_4^2 W_4'-2\left(w''-\frac{\phi}{r}\right)E_c\varsigma_4 I_4+2f_{c2}E_c\varsigma_4\eta_2' S_4\right];$$

$$\frac{\mathrm{d}}{\mathrm{d}z}\left(\frac{\partial F}{\partial W_4'}\right)=\frac{n}{n+1}\left[\frac{4nE_c}{2n+1}I_4\varsigma_4^2 W_4''-2\left(w'''-\frac{\phi'}{r}\right)E_c\varsigma_4 I_4+2f_{c2}E_c\varsigma_4\eta_2'' S_4\right];$$

$$\frac{\partial F}{\partial W_5}=G_c\frac{n^2}{2n-1}\frac{I_5\varsigma_5^2 W_5}{b_5^2};$$

$$\frac{\partial F}{\partial W_5'}=\frac{n}{n+1}\left[\frac{4nE_c}{2n+1}I_5\varsigma_5^2 W_5'-2\left(w''-\frac{\phi}{r}\right)E_c\varsigma_5 I_5+2f_{c2}+E_c\varsigma_5\eta_2' S_5\right];$$

$$\frac{\mathrm{d}}{\mathrm{d}z}\left(\frac{\partial F}{\partial W_5'}\right)=\frac{n}{n+1}\left[\frac{4nE_c}{2n+1}I_5\varsigma_5^2 W_5''-2\left(w'''-\frac{\phi'}{r}\right)E_c\varsigma_5 I_5+2f_{c2}E_c\varsigma_5\eta_2'' S_5\right];$$

$$\frac{\partial F}{\partial W_6}=G_c\frac{n^2}{2n-1}\frac{I_6\varsigma_6^2W_6}{b_6^2};$$

$$\frac{\partial F}{\partial W_6'}=\frac{n}{n+1}\left[\frac{4nE_c}{2n+1}I_6\varsigma_6^2W_6'-2\left(w''-\frac{\phi}{r}\right)E_c\varsigma_6I_6+2f_{c2}E_c\varsigma_6\eta_2'S_6\right];$$

$$\frac{\mathrm{d}}{\mathrm{d}z}\left(\frac{\partial F}{\partial W_6'}\right)=\frac{n}{n+1}\left[\frac{4nE_c}{2n+1}I_6\varsigma_6^2W_6''-2\left(w'''-\frac{\phi'}{r}\right)E_c\varsigma_6I_6+2f_{c2}E_c\varsigma_6\eta_2''S_6\right];$$

$$\frac{\partial F}{\partial \eta_1}=k_d\eta_1;$$

$$\frac{\partial F}{\partial \eta_1'}=f_{c1}^2E_c\eta_1'[2t_1b_1+(t_2b_2+t_3b_3)]-2f_{c1}\frac{n}{n+1}E_c\left(\sum_{i=1}^{3}S_i\varsigma_iW_i'\right)+2\left(w''-\frac{\phi}{r}\right)f_{c1}E_c\left(\sum_{i=1}^{3}S_i\right);$$

$$\frac{\mathrm{d}}{\mathrm{d}z}\left(\frac{\partial F}{\partial \eta_1'}\right)=f_{c1}^2E_c\eta_1''[2t_1b_1+(t_2b_2+t_3b_3)]-2f_{c1}\frac{n}{n+1}E_c\left(\sum_{i=1}^{3}S_i\varsigma_iW_i''\right)$$
$$+2\left(w'''-\frac{\phi'}{r}\right)f_{c1}E_c\left(\sum_{i=1}^{3}S_i\right);$$

$$\frac{\partial F}{\partial \eta_2}=k_d\eta_2;$$

$$\frac{\partial F}{\partial \eta_2'}=f_{c2}^2E_c\eta_2'[2t_4b_4+(t_5b_5+t_6b_6)]+2f_{c2}\frac{n}{n+1}E_c\left(\sum_{i=4}^{6}S_i\varsigma_iW_i'\right)-2\left(w''-\frac{\phi}{r}\right)f_{c2}E_c\left(\sum_{i=4}^{6}S_i\right);$$

$$\frac{\mathrm{d}}{\mathrm{d}z}\left(\frac{\partial F}{\partial \eta_2'}\right)=f_{c2}^2E_c\eta_2''[2t_4b_4+(t_5b_5+t_6b_6)]+2f_{c2}\frac{n}{n+1}E_c\left(\sum_{i=4}^{6}S_i\varsigma_iW_i''\right)$$
$$-2\left(w'''-\frac{\phi'}{r}\right)f_{c2}E_c\left(\sum_{i=4}^{6}S_i\right)。$$

将以上各式代入前面相应的控制微分方程中，得到考虑弯扭、剪力滞效应及界面相对滑移耦合的控制微分方程：

$$\left[2E_c\left(\sum_{i=1}^{6}I_i\right)+\frac{EI_\omega}{r^2}+E_{\mathrm{eff}}I_f\right]w^{(4)}-\frac{G_ck_{Tc}+G_sk_{Ts}}{r^2}w''+\frac{EI_\omega}{r}\phi^{(4)}$$
$$+\left[\frac{-2E_c\left(\sum_{i=1}^{6}I_i\right)}{r}-\frac{G_ck_{Tc}+G_sk_{Ts}}{r}-\frac{E_{\mathrm{eff}}I_f}{r}\right]\phi''-\frac{2n}{n+1}E_c\left(\sum_{i=1}^{6}I_i\varsigma_iW_i'''\right)$$
$$+2f_{c1}E_c\left(\sum_{i=1}^{3}S_i\right)\eta_1'''-2f_{c2}E_c\left(\sum_{i=4}^{6}S_i\right)\eta_2'''-q_y=0$$

$$\frac{EI_\omega}{r}w^{(4)}+\left[\frac{-2E_c}{r}\left(\sum_{i=1}^{6}I_i\right)-\frac{G_ck_{Tc}+G_sk_{Ts}}{r}-\frac{E_{\mathrm{eff}}I_f}{r}\right]w''+EI_\omega\phi^{(4)}-(G_ck_{Tc}+G_sk_{Ts})\phi''$$

$$\left[\frac{2E_c\left(\sum_{i=1}^{6}I_i\right)}{r^2}+\frac{E_{\text{eff}}I_f}{r^2}\right]\phi+\frac{2}{r}\frac{n}{n+1}E_c\left(\sum_{i=1}^{6}I_i\varsigma_i W_i'\right)-\frac{2E_c f_{c1}}{r}\left(\sum_{i=1}^{3}S_i\right)\eta_1'$$

$$+\frac{2E_c f_{c2}}{r}\left(\sum_{i=4}^{6}S_i\right)\eta_2'-m_z=0$$

$$\frac{2n}{n+1}E_c\varsigma_1 I_1 w''' -\frac{4n^2E_c}{(2n+1)(n+1)}I_1\varsigma_1^2W_1''+\frac{n^2}{2n-1}G_c\frac{2\varsigma_1^2I_1}{b_1^2}W_1-\frac{2n}{r(n+1)}E_c\varsigma_1 I_1\phi'$$

$$+\frac{2n}{n+1}f_{c1}E_c\varsigma_1 S_1\eta_1''=0$$

$$\frac{2n}{n+1}E_c\varsigma_2 I_2 w''' -\frac{4n^2E_c}{(2n+1)(n+1)}I_2\varsigma_2^2W_2''+\frac{n^2}{2n-1}G_c\frac{2\varsigma_2^2I_2}{b_2^2}W_2-\frac{2n}{r(n+1)}E_c\varsigma_2 I_2\phi'$$

$$+\frac{2n}{n+1}f_{c1}E_c\varsigma_2 S_2\eta_1''=0$$

$$\frac{2n}{n+1}E_c\varsigma_3 I_3 w''' -\frac{4n^2E_c}{(2n+1)(n+1)}I_3\varsigma_3^2W_3''+\frac{n^2}{2n-1}G_c\frac{2\varsigma_3^2I_3}{b_3^2}W_3-\frac{2n}{r(n+1)}E_c\varsigma_3 I_3\phi'$$

$$+\frac{2n}{n+1}f_{c1}E_c\varsigma_3 S_3\eta_1''=0$$

$$\frac{2n}{n+1}E_c\varsigma_4 I_4 w''' -\frac{4n^2E_c}{(2n+1)(n+1)}I_4\varsigma_4^2W_4''+\frac{n^2}{2n-1}G_c\frac{2\varsigma_4^2I_4}{b_4^2}W_4-\frac{2n}{r(n+1)}E_c\varsigma_4 I_4\phi'$$

$$-\frac{2n}{n+1}f_{c2}E_c\varsigma_4 S_4\eta_2''=0$$

$$\frac{2n}{n+1}E_c\varsigma_5 I_5 w''' -\frac{4n^2E_c}{(2n+1)(n+1)}I_5\varsigma_5^2W_5''+\frac{n^2}{2n-1}G_c\frac{2\varsigma_5^2I_5}{b_5^2}W_5-\frac{2n}{r(n+1)}E_c\varsigma_5 I_5\phi'$$

$$-\frac{2n}{n+1}f_{c2}E_c\varsigma_5 S_5\eta_2''=0$$

$$\frac{2n}{n+1}E_c\varsigma_6 I_6 w''' -\frac{4n^2E_c}{(2n+1)(n+1)}I_6\varsigma_6^2W_6''+\frac{n^2}{2n-1}G_c\frac{2\varsigma_6^2I_6}{b_6^2}W_4-\frac{2n}{r(n+1)}E_c\varsigma_6 I_6\phi'$$

$$-\frac{2n}{n+1}f_{c2}E_c\varsigma_6 S_6\eta_2''=0$$

$$-2f_{c1}E_c\left(\sum_{i=1}^{3}S_i\right)w''' +\frac{2E_c f_{c1}}{r}\left(\sum_{i=1}^{3}S_i\right)\phi'+\frac{2n}{n+1}f_{c1}E_c\left(\sum_{i=1}^{3}S_i\varsigma_i W_i''\right)$$

$$-f_{c1}^2E_c[2t_1b_1+t_2b_2+t_3b_3)]\eta_1''+k_d\eta_1=0$$

$$2f_{c2}E_c\left(\sum_{i=4}^{6}S_i\right)w''' -\frac{2E_c f_{c2}}{r}\left(\sum_{i=4}^{6}S_i\right)\phi'-\frac{2n}{n+1}f_{c2}E_c\left(\sum_{i=4}^{6}S_i\varsigma_i W_i''\right)$$

$$-f_{c2}^2E_c[2t_4b_4+t_5b_5+t_6b_6)]\eta_2''+k_d\eta_2=0$$

将上式代入控制边界条件中得到对应边界条件：

$$\left\{\left[-2E_c\left(\sum_{i=1}^{6}I_i\right)-\frac{EI_\omega}{r^2}-E_{\text{eff}}I_f\right]w''' +\frac{G_ck_{Tc}+G_sk_{Ts}}{r^2}w'-\frac{EI_\omega}{r}\phi'''\right.$$

$$+\left[\frac{2E_c\left(\sum_{i=1}^{6}I_i\right)}{r}+\frac{G_ck_{Tc}+G_sk_{Ts}}{r}+\frac{E_{\text{eff}}I_f}{r}\right]\phi'+\frac{2n}{n+1}E_c\left(\sum_{i=1}^{6}I_i\varsigma_iW_i''\right)-2E_cf_{c1}\eta_1''\left(\sum_{i=1}^{3}S_i\right)$$

$$\left.+2E_cf_{c2}\eta_2''\left(\sum_{i=4}^{6}S_i\right)-Q_y\right\}\delta w\Big|_0^s=0$$

$$\left\{\left[2E_c\left(\sum_{i=1}^{6}I_i\right)+\frac{EI_\omega}{r^2}+E_{\text{eff}}I_f\right]w''+\frac{EI_\omega}{r}\phi''-\left[\frac{2E_c}{r}\left(\sum_{i=1}^{6}I_i\right)+\frac{E_{\text{eff}}I_f}{r}\right]\phi\right.$$

$$\left.-\frac{2n}{n+1}E_c\left(\sum_{i=1}^{6}I_i\varsigma_iW_i'\right)+2E_cf_{c1}\left(\sum_{i=1}^{3}S_i\right)\eta_1'-2E_cf_{c2}\left(\sum_{i=4}^{6}S_i\right)\eta_2'+M_x\right\}\delta w'\Big|_0^s=0$$

$$\left[-\frac{EI_\omega}{r}w''' +\frac{G_ck_{Tc}+G_sk_{Ts}}{r}w'-EI_\omega\phi''' +(G_ck_{Tc}+G_sk_{Ts})\phi'-T_z\right]\delta\phi\Big|_0^s=0$$

$$\left(\frac{EI_\omega}{r}w''' +EI_\omega\phi''\right)\delta\phi'\Big|_0^s=0$$

$$\left(-E_c\varsigma_1I_1w''+\frac{1}{r}E_c\varsigma_1I_1\phi+\frac{2nE_c}{2n+1}I_1\varsigma_1^2W_1'-f_{c1}E_c\varsigma_1S_1\eta_1'\right)\delta W_1\Big|_0^s=0$$

$$\left(-E_c\varsigma_2I_2w''+\frac{1}{r}E_c\varsigma_2I_2\phi+\frac{2nE_c}{2n+1}I_2\varsigma_2^2W_2'-f_{c1}E_c\varsigma_2S_2\eta_1'\right)\delta W_2\Big|_0^s=0$$

$$\left(-E_c\varsigma_3I_3w''+\frac{1}{r}E_c\varsigma_3I_3\phi+\frac{2nE_c}{2n+1}I_3\varsigma_3^2W_3'-f_{c1}E_c\varsigma_3S_3\eta_1'\right)\delta W_3\Big|_0^s=0$$

$$\left(-E_c\varsigma_4I_4w''+\frac{1}{r}E_c\varsigma_4I_4\phi+\frac{2nE_c}{2n+1}I_4\varsigma_4^2W_4'+f_{c2}E_c\varsigma_4S_4\eta_2'\right)\delta W_4\Big|_0^s=0$$

$$\left(-E_c\varsigma_5I_5w''+\frac{1}{r}E_c\varsigma_5I_5\phi+\frac{2nE_c}{2n+1}I_5\varsigma_5^2W_5'+f_{c2}E_c\varsigma_5S_5\eta_2'\right)\delta W_5\Big|_0^s=0$$

$$\left(-E_c\varsigma_6 I_6 w''+\frac{1}{r}E_c\varsigma_6 I_6\phi+\frac{2nE_c}{2n+1}I_6\varsigma_6^2 W_6'+f_{c2}E_c\varsigma_6 S_6\eta_2'\right)\delta W_6\Big|_0^s=0$$

$$\left[2E_c f_{c1}\left(\sum_{i=1}^{3}S_i\right)w''-\frac{2E_c f_{c1}}{r}\left(\sum_{i=1}^{3}S_i\right)\phi-\frac{2n}{n+1}f_{c1}E_c\left(\sum_{i=1}^{3}S_i\varsigma_i W_i'\right)\right.$$
$$\left.+f_{c1}^2E_c\left(2t_1b_1+t_2b_2+t_3b_3\right)\eta_1'\right]\delta\eta_1\Big|_0^s=0$$

$$\left[-2E_c f_{c2}\left(\sum_{i=4}^{6}S_i\right)w''+\frac{2E_c f_{c2}}{r}\left(\sum_{i=4}^{6}S_i\right)\phi+\frac{2n}{n+1}f_{c2}E_c\left(\sum_{i=4}^{6}S_i\varsigma_i W_i'\right)\right.$$
$$\left.+f_{c2}^2E_c\left(2t_4b_4+t_5b_5+t_6b_6\right)\eta_2'\right]\delta\eta_2\Big|_0^s=0$$

4. 忽略界面相对滑移的简化公式

在分析钢腹板曲线组合梁的剪力滞效应时，可以进行适当简化，主要忽略钢腹板与混凝土板界面相对滑移的影响，下面给出其简化的控制微分方程表达式。

1）控制微分方程

$$\left[2E_c\left(\sum_{i=1}^{6}I_i\right)+\frac{EI_\omega}{r^2}+E_{\text{eff}}I_f\right]w^{(4)}-\frac{G_ck_{Tc}+G_sk_{Ts}}{r^2}w''+\frac{EI_\omega}{r}\phi^{(4)}$$
$$+\left[\frac{-2E_c\left(\sum_{i=1}^{6}I_i\right)}{r}-\frac{G_ck_{Tc}+G_sk_{Ts}}{r}-\frac{E_{\text{eff}}I_f}{r}\right]\phi''$$

$$+\frac{EI_\omega}{r}w^{(4)}+\left[\frac{-2E_c}{r}\left(\sum_{i=1}^{6}I_i\right)-\frac{G_ck_{Tc}+G_sk_{Ts}}{r}-\frac{E_{\text{eff}}I_f}{r}\right]w''+EI_\omega\phi^{(4)}-(G_ck_{Tc}+G_sk_{Ts})\phi''$$
$$+\left[\frac{2E_c\left(\sum_{i=1}^{6}I_i\right)}{r^2}+\frac{E_{\text{eff}}I_f}{r^2}\right]\phi+\frac{2}{r}\frac{n}{n+1}E_c\left(\sum_{i=1}^{6}I_i\varsigma_i W_i'\right)-m_z=0$$

$$\frac{2n}{n+1}E_c\varsigma_1 I_1 w'''-\frac{4n^2E_c}{(2n+1)(n+1)}I_1\varsigma_1^2W_1''+\frac{n^2}{2n-1}G_c\frac{2\varsigma_1^2I_1}{b_1^2}W_1-\frac{2n}{r(n+1)}E_c\varsigma_1 I_1\phi'=0$$

$$\frac{2n}{n+1}E_c\varsigma_2 I_2 w'''-\frac{4n^2E_c}{(2n+1)(n+1)}I_2\varsigma_2^2W_2''+\frac{n^2}{2n-1}G_c\frac{2\varsigma_2^2I_2}{b_2^2}W_1-\frac{2n}{r(n+1)}E_c\varsigma_2 I_2\phi'=0$$

$$\frac{2n}{n+1}E_c\varsigma_3 I_3 w''' - \frac{4n^2 E_c}{(2n+1)(n+1)}I_3\varsigma_3^2 W_3'' + \frac{n^2}{2n-1}G_c\frac{2\varsigma_3^2 I_3}{b_3^2}W_1 - \frac{2n}{r(n+1)}E_c\varsigma_3 I_3\phi' = 0$$

$$\frac{2n}{n+1}E_c\varsigma_4 I_4 w''' - \frac{4n^2 E_c}{(2n+1)(n+1)}I_4\varsigma_4^2 W_4'' + \frac{n^2}{2n-1}G_c\frac{2\varsigma_4^2 I_4}{b_4^2}W_4 - \frac{2n}{r(n+1)}E_c\varsigma_4 I_4\phi' = 0$$

$$\frac{2n}{n+1}E_c\varsigma_5 I_5 w''' - \frac{4n^2 E_c}{(2n+1)(n+1)}I_5\varsigma_5^2 W_5'' + \frac{n^2}{2n-1}G_c\frac{2\varsigma_5^2 I_5}{b_5^2}W_5 - \frac{2n}{r(n+1)}E_c\varsigma_5 I_5\phi' = 0$$

$$\frac{2n}{n+1}E_c\varsigma_6 I_6 w''' - \frac{4n^2 E_c}{(2n+1)(n+1)}I_6\varsigma_6^2 W_6'' + \frac{n^2}{2n-1}G_c\frac{2\varsigma_6^2 I_6}{b_6^2}W_4 - \frac{2n}{r(n+1)}E_c\varsigma_6 I_6\phi' = 0$$

$$-2f_{c1}E_c\left(\sum_{i=1}^{3}S_i\right)w''' + \frac{2E_c f_{c1}}{r}\left(\sum_{i=1}^{3}S_i\right)\phi' + \frac{2n}{n+1}f_{c1}E_c\left(\sum_{i=1}^{3}S_i\varsigma_i W_i''\right) = 0$$

$$2f_{c2}E_c\left(\sum_{i=4}^{6}S_i\right)w''' - \frac{2E_c f_{c2}}{r}\left(\sum_{i=4}^{6}S_i\right)\phi' - \frac{2n}{n+1}f_{c2}E_c\left(\sum_{i=4}^{6}S_i\varsigma_i W_i''\right) = 0$$

2）边界条件

$$\left\{\left[-2E_c\left(\sum_{i=1}^{6}I_i\right) - \frac{EI_\omega}{r^2} - E_{\text{eff}}I_f\right]w''' + \frac{G_c k_{Tc} + G_s k_{Ts}}{r^2}w' - \frac{EI_\omega}{r}\phi''' \right.$$

$$\left. + \left[\frac{2E_c\left(\sum_{i=1}^{6}I_i\right)}{r} + \frac{G_c k_{Tc} + G_s k_{Ts}}{r} + \frac{E_{\text{eff}}I_f}{r}\right]\phi' + \frac{2n}{n+1}E_c\left(\sum_{i=1}^{6}I_i\varsigma_i W_i'\right) - Q_y\right\}\delta w\Bigg|_0^s = 0$$

$$\left\{\left[2E_c\left(\sum_{i=1}^{6}I_i\right) + \frac{EI_\omega}{r^2} + E_{\text{eff}}I_f\right]w'' + \frac{EI_\omega}{r}\phi'' - \left[\frac{2E_c}{r}\left(\sum_{i=1}^{6}I_i\right) + \frac{E_{\text{eff}}I_f}{r}\right]\phi \right.$$

$$\left. - \frac{2n}{n+1}E_c\left(\sum_{i=1}^{6}I_i\varsigma_i W_i'\right) + M_x\right\}\delta w'\Bigg|_0^s = 0$$

$$\left[-\frac{EI_\omega}{r}w''' + \frac{G_c k_{Tc} + G_s k_{Ts}}{r}w' - EI_\omega\phi''' + (G_c k_{Tc} + G_s k_{Ts})\phi' - T_z\right]\delta\phi\Bigg|_0^s = 0$$

$$\left(\frac{EI_\omega}{r}w''' + EI_\omega\phi''\right)\delta\phi'\Bigg|_0^s = 0$$

$$\left(-E_c\varsigma_1 I_1 w'' + \frac{1}{r}E_c\varsigma_1 I_1\phi + \frac{2nE_c}{2n+1}I_1\varsigma_1^2 W_1'\right)\delta W_1\Bigg|_0^s = 0$$

$$\left(-E_c\varsigma_2 I_2 w'' + \frac{1}{r}E_c\varsigma_2 I_2\phi + \frac{2nE_c}{2n+1}I_2\varsigma_2^2 W_2'\right)\delta W_2\Bigg|_0^s = 0$$

$$\left(-E_c\varsigma_3 I_3 w'' + \frac{1}{r}E_c\varsigma_3 I_3\phi + \frac{2nE_c}{2n+1}I_3\varsigma_3^2 W_3'\right)\delta W_3\Big|_0^s = 0$$

$$\left(-E_c\varsigma_4 I_4 w'' + \frac{1}{r}E_c\varsigma_4 I_4\phi + \frac{2nE_c}{2n+1}I_4\varsigma_4^2 W_4'\right)\delta W_4\Big|_0^s = 0$$

$$\left(-E_c\varsigma_5 I_5 w'' + \frac{1}{r}E_c\varsigma_5 I_5\phi + \frac{2nE_c}{2n+1}I_5\varsigma_5^2 W_5'\right)\delta W_5\Big|_0^s = 0$$

$$\left(-E_c\varsigma_6 I_6 w'' + \frac{1}{r}E_c\varsigma_6 I_6\phi + \frac{2nE_c}{2n+1}I_6\varsigma_6^2 W_6'\right)\delta W_6\Big|_0^s = 0$$

$$\left[2E_c f_{c1}\left(\sum_{i=1}^{3}S_i\right)w'' - \frac{2E_c f_{c1}}{r}\left(\sum_{i=1}^{3}S_i\right)\phi - \frac{2n}{n+1}f_{c1}E_c\left(\sum_{i=1}^{3}S_i\varsigma_i W_i'\right)\right]\delta\eta_1\Big|_0^s = 0$$

$$\left[-2E_c f_{c2}\left(\sum_{i=4}^{6}S_i\right)w'' + \frac{2E_c f_{c2}}{r}\left(\sum_{i=4}^{6}S_i\right)\phi + \frac{2n}{n+1}f_{c2}E_c\left(\sum_{i=4}^{6}S_i\varsigma_i W_i'\right)\right]\delta\eta_2\Big|_0^s = 0$$

5. 忽略曲率影响的简化公式

忽略组合箱梁的弯曲曲率的影响，即曲率半径为无穷大，成为直线组合箱梁，下面给出其简化控制微分方程的表达式。

1）控制微分方程

$$\left[2E_c\left(\sum_{i=1}^{6}I_i\right) + E_{\text{eff}}I_f\right]w^{(4)} - \frac{2n}{n+1}E_c\left(\sum_{i=1}^{6}I_i\varsigma_i W_i'''\right) + 2f_{c1}E_c\left(\sum_{i=1}^{3}S_i\right)\eta_1''' - 2f_{c2}E_c\left(\sum_{i=4}^{6}S_i\right)\eta_2''' - q_y = 0$$

$$EI_\omega\phi^{(4)} - (G_c k_{Tc} + G_s k_{Ts})\phi'' - m_z = 0$$

$$E_c\varsigma_1 I_1 w''' - \frac{2nE_c}{2n+1}I_1\varsigma_1^2 W_1'' + \frac{n(n+1)}{2n-1}G_c\frac{\varsigma_1^2 I_1}{b_1^2}W_1 + f_{c1}E_c\varsigma_1 S_1\eta_1'' = 0$$

$$E_c\varsigma_2 I_2 w''' - \frac{2nE_c}{2n+1}I_2\varsigma_2^2 W_2'' + \frac{n(n+1)}{2n-1}G_c\frac{\varsigma_2^2 I_2}{b_2^2}W_2 + f_{c1}E_c\varsigma_2 S_2\eta_1'' = 0$$

$$E_c\varsigma_3 I_3 w''' - \frac{2nE_c}{2n+1}I_3\varsigma_3^2 W_3'' + \frac{n(n+1)}{2n-1}G_c\frac{\varsigma_3^2 I_3}{b_3^2}W_3 + f_{c1}E_c\varsigma_3 S_3\eta_1'' = 0$$

$$E_c\varsigma_4 I_4 w''' - \frac{2nE_c}{2n+1}I_4\varsigma_4^2 W_4'' + \frac{n(n+1)}{2n-1}G_c\frac{\varsigma_4^2 I_4}{b_4^2}W_4 + f_{c2}E_c\varsigma_4 S_4\eta_2'' = 0$$

$$E_c\varsigma_5 I_5 w''' - \frac{2nE_c}{2n+1}I_5\varsigma_5^2 W_5'' + \frac{n(n+1)}{2n-1}G_c\frac{\varsigma_5^2 I_5}{b_5^2}W_5 + f_{c2}E_c\varsigma_5 S_5\eta_2'' = 0$$

$$E_c\varsigma_6 I_6 w''' - \frac{2nE_c}{2n+1} I_6 \varsigma_6^2 W_6'' + \frac{n(n+1)}{2n-1} G_c \frac{\varsigma_6^2 I_6}{b_6^2} W_4 + f_{c2} E_c \varsigma_6 S_6 \eta_2'' = 0$$

$$-2f_{c1}E_c\left(\sum_{i=1}^{3}S_i\right)w''' + \frac{2n}{n+1}f_{c1}E_c\left(\sum_{i=1}^{3}S_i\varsigma_i W_i''\right) - f_{c1}^2 E_c\left(2t_1b_1 + t_2b_2 + t_3b_3\right)\eta_1'' + k_d\eta_1 = 0$$

$$2f_{c2}E_c\left(\sum_{i=4}^{6}S_i\right)w''' - \frac{2n}{n+1}f_{c2}E_c\left(\sum_{i=4}^{6}S_i\varsigma_i W_i''\right) - f_{c2}^2 E_c\left(2t_4b_4 + t_5b_5 + t_6b_6\right)\eta_2'' + k_d\eta_2 = 0$$

2）边界条件

$$\left\{\left[-2E_c\left(\sum_{i=1}^{6}I_i\right) - E_{\text{eff}}I_f\right]w''' + \frac{2n}{n+1}E_c\left(\sum_{i=1}^{6}I_i\varsigma_i W_i''\right) - 2E_c f_{c1}\eta_1''\left(\sum_{i=1}^{3}S_i\right)\right.$$
$$\left. + 2E_c f_{c2}\eta_2''\left(\sum_{i=4}^{6}S_i\right) - Q_y\right\}\delta w\Big|_0^s = 0$$

$$\left\{\left[2E_c\left(\sum_{i=1}^{6}I_i\right) + E_{\text{eff}}I_f\right]w'' - \frac{2n}{n+1}E_c\left(\sum_{i=1}^{6}I_i\varsigma_i W_i'\right) + 2E_c f_{c1}\left(\sum_{i=1}^{3}S_i\right)\eta_1'\right.$$
$$\left. - 2E_c f_{c2}\left(\sum_{i=4}^{6}S_i\right)\eta_2' + M_x\right\}\delta w'\Big|_0^s = 0$$

$$\left[-EI_\omega\phi''' + (G_c k_{Tc} + G_s k_{Ts})\phi' - T_z\right]\delta\phi\Big|_0^s = 0$$

$$\left(-E_c\varsigma_1 I_1 w'' + \frac{2nE_c}{2n+1}I_1\varsigma_1^2 W_1' + f_{c1}E_c\varsigma_1 S_1\eta_1'\right)\delta W_1\Big|_0^s = 0$$

$$\left(-E_c\varsigma_2 I_2 w'' + \frac{2nE_c}{2n+1}I_2\varsigma_2^2 W_2' + f_{c1}E_c\varsigma_2 S_2\eta_1'\right)\delta W_2\Big|_0^s = 0$$

$$\left(-E_c\varsigma_3 I_3 w'' + \frac{2nE_c}{2n+1}I_3\varsigma_3^2 W_3' + f_{c1}E_c\varsigma_3 S_3\eta_1'\right)\delta W_3\Big|_0^s = 0$$

$$\left(-E_c\varsigma_4 I_4 w'' + \frac{2nE_c}{2n+1}I_4\varsigma_4^2 W_4' + f_{c2}E_c\varsigma_4 S_4\eta_2'\right)\delta W_4\Big|_0^s = 0$$

$$\left(-E_c\varsigma_5 I_5 w'' + \frac{2nE_c}{2n+1}I_5\varsigma_5^2 W_5' + f_{c2}E_c\varsigma_5 S_5\eta_2'\right)\delta W_5\Big|_0^s = 0$$

$$\left(-E_c\varsigma_6 I_6 w'' + \frac{2nE_c}{2n+1}I_6\varsigma_6^2 W_6' + f_{c2}E_c\varsigma_6 S_6\eta_2'\right)\delta W_6\Big|_0^s = 0$$

$$\left[2E_c f_{c1}\left(\sum_{i=1}^{3}S_i\right)w'' - \frac{2n}{n+1}f_{c1}E_c\left(\sum_{i=1}^{3}S_i\varsigma_i W_i'\right) + f_{c1}^2 E_c\left(2t_1b_1 + t_2b_2 + t_3b_3\right)\eta_1'\right]\delta\eta_1\Big|_0^s = 0$$

$$\left[-2E_c f_{c2}\left(\sum_{i=4}^{6} S_i\right)w'' + \frac{2n}{n+1} f_{c2} E_c \left(\sum_{i=4}^{6} S_i \varsigma_i W_i'\right) + f_{c2}^2 E_c \left(2t_4 b_4 + t_5 b_5 + t_6 b_6\right)\eta_2'\right]\delta\eta_2\Bigg|_0^s = 0$$

6. 控制微分方程解析解

上述控制微分方程是含有 9 个位移函数耦合的线性高阶常系数微分方程，难以求得闭合解，因此可以考虑用数值解代替。加权余量法和差分法是数值计算中应用较为广泛的两种方法，其中加权余量法又称加权残量法，是一种可以从微分方程（组）求得近似解的数学方法，是基于等效积分形式的近似方法，也是通用数值计算方法；差分法又称有限差分法，是一种以差商代替微商，以差分方程逼近微分方程，通过求网格点上的函数值来解微分方程（组）的数值解法。这种方法把问题的定义域进行网格划分，然后在网格点上按适当的数值公式把微分方程中的微商换成差商，从而把问题离散化为差分格式，最后得到数值解。本节仅介绍伽辽金法（加权余量法的一种）。

伽辽金法采用微分方程对应的弱形式，原理为通过选取有限多项试函数（又称基函数或形函数），将它们叠加，再使结果在求解域内及边界上的加权积分（权函数为试函数本身）满足原方程，便可以得到一组易于求解的线性代数方程，且自然边界条件能够自动满足，常见的曲线组合梁几何边界条件见表 8-1。

表 8-1　曲线组合梁几何边界条件

边界条件	w	w'	ϕ	ϕ'	W	η	η'
自由端	—	—	—	—	—	—	—
点铰端	0	—	—	—	—	—	0
固定端	0	0	0	0	0	0	0
固定铰支端	0	—	0	—	—	—	0
定向支撑端	—	0	—	—	0	—	0

根据边界条件假设试函数和权函数：

$$w = w_n \sin\frac{\pi z}{l}$$

$$\phi = \phi_n \sin\frac{\pi z}{l}$$

$$W_i = W_{in} \cos\frac{\pi z}{l} \quad (i = 1, 2, 3, 4, 5, 6)$$

$$\eta_i = \eta_{in} \cos\frac{\pi z}{l} \quad (i = 1, 2)$$

代入控制微分方程中得

$$\begin{cases}k_{11}w_n+k_{12}\phi_n+k_{13}W_{1n}+k_{14}W_{2n}+k_{15}W_{3n}+k_{16}W_{4n}+k_{17}W_{5n}+k_{18}W_{6n}+k_{19}\eta_{1n}+k_{110}\eta_{2n}=q_n\\k_{21}w_n+k_{22}\phi_n+k_{23}W_{1n}+k_{24}W_{2n}+k_{25}W_{3n}+k_{26}W_{4n}+k_{27}W_{5n}+k_{28}W_{6n}+k_{29}\eta_{1n}+k_{210}\eta_{2n}=m_z\\k_{31}w_n+k_{32}\phi_n+k_{33}W_{1n}+k_{34}W_{2n}+k_{35}W_{3n}+k_{36}W_{4n}+k_{37}W_{5n}+k_{38}W_{6n}+k_{39}\eta_{1n}+k_{310}\eta_{2n}=0\\k_{41}w_n+k_{42}\phi_n+k_{43}W_{1n}+k_{44}W_{2n}+k_{45}W_{3n}+k_{46}W_{4n}+k_{47}W_{5n}+k_{48}W_{6n}+k_{49}\eta_{1n}+k_{410}\eta_{2n}=0\\k_{51}w_n+k_{52}\phi_n+k_{53}W_{1n}+k_{54}W_{2n}+k_{55}W_{3n}+k_{56}W_{4n}+k_{57}W_{5n}+k_{58}W_{6n}+k_{59}\eta_{1n}+k_{510}\eta_{2n}=0\\k_{61}w_n+k_{62}\phi_n+k_{63}W_{1n}+k_{64}W_{2n}+k_{65}W_{3n}+k_{66}W_{4n}+k_{67}W_{5n}+k_{68}W_{6n}+k_{69}\eta_{1n}+k_{610}\eta_{2n}=0\\k_{71}w_n+k_{72}\phi_n+k_{73}W_{1n}+k_{74}W_{2n}+k_{75}W_{3n}+k_{76}W_{4n}+k_{77}W_{5n}+k_{78}W_{6n}+k_{79}\eta_{1n}+k_{710}\eta_{2n}=0\\k_{81}w_n+k_{82}\phi_n+k_{83}W_{1n}+k_{84}W_{2n}+k_{85}W_{3n}+k_{86}W_{4n}+k_{87}W_{5n}+k_{88}W_{6n}+k_{89}\eta_{1n}+k_{810}\eta_{2n}=0\\k_{91}w_n+k_{92}\phi_n+k_{93}W_{1n}+k_{94}W_{2n}+k_{95}W_{3n}+k_{96}W_{4n}+k_{97}W_{5n}+k_{98}W_{6n}+k_{99}\eta_{1n}+k_{910}\eta_{2n}=0\\k_{101}w_n+k_{102}\phi_n+k_{103}W_{1n}+k_{104}W_{2n}+k_{105}W_{3n}+k_{106}W_{4n}+k_{107}W_{5n}+k_{108}W_{6n}+k_{109}\eta_{1n}+k_{1010}\eta_{2n}=0\end{cases}$$

式中，

$$k_{11}=\left[2E_c\left(\sum_{i=1}^{6}I_i\right)+\frac{EI_\omega}{r^2}+E_{\text{eff}}I_f\right]\left(\frac{\pi}{l}\right)^4+\frac{G_ck_{Tc}+G_sk_{Ts}}{r^2}\left(\frac{\pi}{l}\right)^2$$

$$k_{12}=\frac{EI_\omega}{r}\left(\frac{\pi}{l}\right)^4+\left[\frac{2E_c\left(\sum_{i=1}^{6}I_i\right)}{r}+\frac{G_ck_{Tc}+G_sk_{Ts}}{r}+\frac{E_{\text{eff}}I_f}{r}\right]\left(\frac{\pi}{l}\right)^2$$

$$k_{13}=-\frac{2n}{n+1}E_c\varsigma_1I_1\left(\frac{\pi}{l}\right)^3;\quad k_{14}=-\frac{2n}{n+1}E_c\varsigma_2I_2\left(\frac{\pi}{l}\right)^3;\quad k_{15}=-\frac{2n}{n+1}E_c\varsigma_5I_5\left(\frac{\pi}{l}\right)^3$$

$$k_{16}=-\frac{2n}{n+1}E_c\varsigma_6I_6\left(\frac{\pi}{l}\right)^3;\quad k_{17}=-\frac{2n}{n+1}E_c\varsigma_7I_7\left(\frac{\pi}{l}\right)^3;\quad k_{18}=-\frac{2n}{n+1}E_c\varsigma_8I_8\left(\frac{\pi}{l}\right)^3$$

$$k_{19}=2f_{c1}E_c\left(\sum_{i=1}^{3}S_i\right)\left(\frac{\pi}{l}\right)^3;\quad k_{110}=-2f_{c2}E_c\left(\sum_{i=4}^{6}S_i\right)\left(\frac{\pi}{l}\right)^3$$

$$k_{21}=\frac{1}{r}\left(\frac{\pi}{l}\right)^2\left\{\left(\frac{\pi}{l}\right)^2EI_\omega+\left[2E_c\left(\sum_{i=1}^{6}I_i\right)+G_ck_{Tc}+G_sk_{Ts}+E_{\text{eff}}I_f\right]\right\}$$

$$k_{22}=EI_\omega\left(\frac{\pi}{l}\right)^4+(G_ck_{Tc}+G_sk_{Ts})\left(\frac{\pi}{l}\right)^2+\frac{2E_c}{r^2}\left(\sum_{i=1}^{6}I_i\right)+\frac{E_{\text{eff}}I_f}{r^2}$$

$$k_{23}=-\frac{2}{r}\frac{n}{n+1}E_c\varsigma_1I_1\left(\frac{\pi}{l}\right);\quad k_{24}=-\frac{2}{r}\frac{n}{n+1}E_c\varsigma_2I_2\left(\frac{\pi}{l}\right);\quad k_{25}=-\frac{2}{r}\frac{n}{n+1}E_c\varsigma_3I_3\left(\frac{\pi}{l}\right)$$

$$k_{26}=-\frac{2}{r}\frac{n}{n+1}E_c\varsigma_4I_4\left(\frac{\pi}{l}\right);\quad k_{27}=-\frac{2}{r}\frac{n}{n+1}E_c\varsigma_5I_5\left(\frac{\pi}{l}\right);\quad k_{28}=-\frac{2}{r}\frac{n}{n+1}E_c\varsigma_6I_6\left(\frac{\pi}{l}\right)$$

$$k_{29}=\frac{2E_cf_c}{r}\left(\sum_{i=1}^{3}I_i\right)\left(\frac{\pi}{l}\right);\quad k_{210}=-\frac{2E_cf_c}{r}\left(\sum_{i=4}^{6}I_i\right)\left(\frac{\pi}{l}\right);\quad k_{31}=-\frac{2n}{n+1}E_c\varsigma_1I_1\left(\frac{\pi}{l}\right)^3$$

$$k_{32} = -\frac{2n}{r(n+1)} E_c \varsigma_1 I_1 \left(\frac{\pi}{l}\right); \quad k_{33} = \frac{4n^2 E_c}{(2n+1)(n+1)} I_1 \varsigma_1^2 \left(\frac{\pi}{l}\right)^2 + \frac{n^2}{2n-1} G_c \frac{2\varsigma_1^2 I_1}{b_1^2}$$

$$k_{34} = k_{35} = k_{36} = k_{37} = k_{38} = 0; \quad k_{39} = \frac{-2n}{n+1} f_{c1} E_c \varsigma_1 S_1 \left(\frac{\pi}{l}\right)^2; \quad k_{310} = 0$$

$$k_{41} = -\frac{2n}{n+1} E_c \varsigma_2 I_2 \left(\frac{\pi}{l}\right)^3; \quad k_{42} = -\frac{2n}{r(n+1)} E_c \varsigma_2 I_2 \left(\frac{\pi}{l}\right)$$

$$k_{43} = k_{45} = k_{46} = k_{47} = k_{48} = 0; \quad k_{44} = \frac{4n^2 E_c}{(2n+1)(n+1)} I_2 \varsigma_2^2 \left(\frac{\pi}{l}\right)^2 + \frac{n^2}{2n-1} G_c \frac{2\varsigma_2^2 I_2}{b_2^2}$$

$$k_{49} = \frac{-2n}{n+1} f_{c1} E_c \varsigma_2 S_2 \left(\frac{\pi}{l}\right)^2; \quad k_{410} = 0; \quad k_{51} = -\frac{2n}{n+1} E_c \varsigma_3 I_3 \left(\frac{\pi}{l}\right)^3$$

$$k_{52} = -\frac{2n}{r(n+1)} E_c \varsigma_3 I_3 \left(\frac{\pi}{l}\right); \quad k_{53} = k_{54} = k_{56} = k_{57} = k_{58} = 0$$

$$k_{55} = \frac{4n^2 E_c}{(2n+1)(n+1)} I_3 \varsigma_3^2 \left(\frac{\pi}{l}\right)^2 + \frac{n^2}{2n-1} G_c \frac{2\varsigma_3^2 I_3}{b_3^2}; \quad k_{59} = \frac{-2n}{n+1} f_{c1} E_c \varsigma_3 S_3 \left(\frac{\pi}{l}\right)^2$$

$$k_{510} = 0; \quad k_{61} = -\frac{2n}{n+1} E_c \varsigma_4 I_4 \left(\frac{\pi}{l}\right)^3; \quad k_{62} = -\frac{2n}{r(n+1)} E_c \varsigma_4 I_4 \left(\frac{\pi}{l}\right)$$

$$k_{63} = k_{64} = k_{65} = k_{67} = k_{68} = 0; \quad k_{66} = \frac{4n^2 E_c}{(2n+1)(n+1)} I_4 \varsigma_4^2 \left(\frac{\pi}{l}\right)^2 + \frac{n^2}{2n-1} G_c \frac{2\varsigma_4^2 I_4}{b_4^2}$$

$$k_{69} = 0; \quad k_{610} = \frac{2n}{n+1} f_{c2} E_c \varsigma_4 S_4 \left(\frac{\pi}{l}\right)^2; \quad k_{71} = -\frac{2n}{n+1} E_c \varsigma_5 I_5 \left(\frac{\pi}{l}\right)^3$$

$$k_{72} = -\frac{2n}{r(n+1)} E_c \varsigma_5 I_5 \left(\frac{\pi}{l}\right); \quad k_{73} = k_{74} = k_{75} = k_{76} = k_{78} = k_{79} = 0$$

$$k_{77} = \frac{4n^2 E_c}{(2n+1)(n+1)} I_5 \varsigma_5^2 \left(\frac{\pi}{l}\right)^2 + \frac{n^2}{2n-1} G_c \frac{2\varsigma_5^2 I_5}{b_5^2}; \quad k_{710} = \frac{2n}{n+1} f_{c2} E_c \varsigma_5 S_5 \left(\frac{\pi}{l}\right)^2$$

$$k_{81} = -\frac{2n}{n+1} E_c \varsigma_6 I_6 \left(\frac{\pi}{l}\right)^3; \quad k_{82} = -\frac{2n}{r(n+1)} E_c \varsigma_6 I_6 \left(\frac{\pi}{l}\right)$$

$$k_{83} = k_{84} = k_{85} = k_{86} = k_{87} = k_{89} = 0; \quad k_{88} = \frac{4n^2 E_c}{(2n+1)(n+1)} I_6 \varsigma_6^2 \left(\frac{\pi}{l}\right)^2 + \frac{n^2}{2n-1} G_c \frac{2\varsigma_6^2 I_6}{b_6^2}$$

$$k_{810} = \frac{2n}{n+1} f_{c2} E_c \varsigma_6 S_6 \left(\frac{\pi}{l}\right)^2; \quad k_{91} = 2 f_{c1} E_c \left(\sum_{i=1}^{3} S_i\right)\left(\frac{\pi}{l}\right)^3; \quad k_{92} = \frac{2 f_{c1} E_c}{r} \left(\sum_{i=1}^{3} S_i\right)\left(\frac{\pi}{l}\right)$$

$$k_{93} = -\frac{2n f_{c1} E_c}{n+1} \varsigma_1 S_1 \left(\frac{\pi}{l}\right)^2; \quad k_{94} = -\frac{2n f_{c1} E_c}{n+1} \varsigma_2 S_2 \left(\frac{\pi}{l}\right)^2; \quad k_{95} = -\frac{2n f_{c1} E_c}{n+1} \varsigma_3 S_3 \left(\frac{\pi}{l}\right)^2$$

$$k_{96}=k_{97}=k_{98}=k_{910}=0\text{；}\quad k_{99}=f_{c1}^2E_c(2t_1b_1+t_2b_2+t_3b_3)\left(\frac{\pi}{l}\right)^2+k_d$$

$$k_{101}=-2f_{c2}E_c\left(\sum_{i=4}^{6}S_i\right)\left(\frac{\pi}{l}\right)^3\text{；}\quad k_{102}=-\frac{2f_{c2}E_c}{r}\left(\sum_{i=4}^{6}S_i\right)\left(\frac{\pi}{l}\right)$$

$$k_{103}=k_{104}=k_{105}=k_{109}=0\text{；}\quad k_{106}=\frac{2nf_{c1}E_c}{n+1}\varsigma_4S_4\left(\frac{\pi}{l}\right)^2\text{；}\quad k_{107}=\frac{2nf_{c1}E_c}{n+1}\varsigma_5S_5\left(\frac{\pi}{l}\right)^2$$

$$k_{108}=\frac{2nf_{c1}E_c}{n+1}\varsigma_6S_6\left(\frac{\pi}{l}\right)^2\text{；}\quad k_{1010}=f_{c1}^2E_c(2t_4b_4+t_5b_5+t_6b_6)\left(\frac{\pi}{l}\right)^2+k_d$$

联立可求得 w_n、ϕ_n、W_{in} 和 η_{in}，继而可求得上、下翼缘混凝土板不同宽度处的正应力值。

上翼缘混凝土板正应力：

$$\sigma_{ci}=E_c\varepsilon_i=E_c\left[h_i\left(\frac{\mathrm{d}^2w}{\mathrm{d}z^2}-\frac{\phi}{r}\right)-h_i\varsigma_i\left(1-\frac{x^n}{\left|b_i^n\right|}\right)w_i'(z)+f_{c1}\eta_1'(z)\right]\quad(i=1,2,3)$$

下翼缘混凝土板正应力：

$$\sigma_{ci}=E_c\varepsilon_i=E_c\left[-h_i\left(\frac{\mathrm{d}^2w}{\mathrm{d}z^2}-\frac{\phi}{r}\right)+h_i\varsigma_i\left(1-\frac{x^n}{\left|b_i^n\right|}\right)w_i'(z)+f_{c2}\eta_2'(z)\right]\quad(i=4,5,6)$$

有效翼缘宽度 b_{eff} 可定义为

$$b_{\text{eff}}=\frac{\int\varepsilon_c\mathrm{d}x}{\varepsilon_{\max}}$$

有效宽度系数定义为

$$\beta=\frac{b_{\text{eff}}}{b}=\frac{\dfrac{\int\varepsilon_c\mathrm{d}x}{\varepsilon_{\max}}}{b}$$

式中，ε_c 为混凝土板正应变；$\varepsilon_{\max}$ 为混凝土板沿板宽的最大正应变；b 为混凝土板宽度。

8.1.2　钢箱曲线组合梁

钢箱曲线组合梁是指利用剪力连接件将钢箱梁或 U 形钢与混凝土板连接起来，本节分析钢箱曲线组合梁的剪力滞效应。

1. 剪力滞翘曲位移函数

钢箱曲线组合梁截面形式见图 8-2。

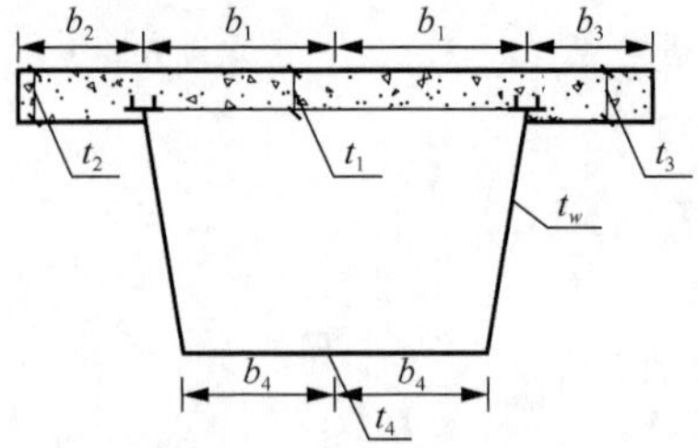

图 8-2　钢箱曲线组合梁截面形式

剪力滞翘曲位移函数：

$$w(x,y,z)=\begin{cases}-h_1\varsigma_1\left(1-\dfrac{x^n}{|b_1|^n}\right)W_1(z) & (0\leqslant x\leqslant b_1) \quad \text{混凝土顶板}\\ -h_2\varsigma_2\left[1-\dfrac{(x+b_1+b_2)^n}{|b_2|^n}\right]W_2(z) & (-b_1-b_2\leqslant x\leqslant -b_1) \quad \text{上部混凝土板外悬臂板}\\ -h_3\varsigma_3\left[1-\dfrac{(x-b_1-b_3)^n}{|b_3|^n}\right]W_3(z) & (b_1\leqslant x\leqslant b_1+b_3) \quad \text{上部混凝土板内悬臂板}\\ h_4\varsigma_4\left(1-\dfrac{x^n}{|b_4|^n}\right)W_4(z) & (0\leqslant x\leqslant b_4) \quad \text{钢底板}\end{cases}$$

式中，$\varsigma_1=\varsigma_4=1$；$\varsigma_2=\left(\dfrac{b_2}{b_1}\right)^2$；$\varsigma_3=\left(\dfrac{b_3}{b_1}\right)^2$；其余各参数含义同钢腹板曲线组合梁。

2. 组件势能

在考虑应变能时，忽略钢箱曲线组合梁中钢梁的剪切变形，但在抵抗弯曲变形的过程中，腹板部分不可忽略。其余组件应变能与钢腹板曲线组合梁类似，即钢腹板应变能$\overline{U}_f$、钢腹板之间上翼缘混凝土板的应变能$\overline{U}_1$、钢腹板上翼缘混凝土外悬臂板的应变能$\overline{U}_2$、钢腹板上翼缘混凝土内悬臂板的应变能$\overline{U}_3$均与钢腹板曲线组合梁相同；钢箱曲线组合梁的扭转变形应变能（包括自由扭转应变能和翘曲扭转应变能）和外荷载势能表达式与钢腹板曲线组合梁相同，见 8.1.1 节，在计算分析中按实际截面计算取值。钢箱曲线组合梁的下翼缘钢板和界面相对滑移应变能需要单独计算。

下翼缘钢板的应变能：

$$\overline{U}_4=t_4b_4h_4^2E_s\int_0^s\left[w''^2+\left(\frac{\phi}{r}\right)^2-2w''\frac{\phi}{r}+\varsigma_4^2W_4'^2\frac{2n^2}{(2n+1)(n+1)}+\frac{f_{c2}^2\eta_2'^2}{h_4^2}\right.$$

$$\left.-2\varsigma_4\left(w''-\frac{\phi}{r}\right)W_4'\frac{n}{n+1}+\frac{2}{h_4}\varsigma_4W_4'f_{c2}\eta_2'\frac{n}{n+1}-\frac{2}{h_4}\left(w''-\frac{\phi}{r}\right)f_{c2}\eta_2'+\frac{G_s\varsigma_4^2n^2W_4^2}{E_s(2n-1)b_4^2}\right]\mathrm{d}z$$

界面相对滑移应变能：

$$\overline{U}_H=\frac{1}{2}\int_0^s k_d\eta_1^2\mathrm{d}z$$

3. 控制微分方程

按钢箱曲线组合梁的控制微分方程建立方法，可以直接给出钢箱曲线组合梁的控制微分方程和边界条件。

控制微分方程：

$$\left[2E_c\left(\sum_{i=1}^3 I_i\right)+\frac{2}{3}E_st_w(h_1^3+h_3^3)+2E_st_4b_4h_4^2+\frac{EI_\omega}{r^2}\right]w^{(4)}-\frac{G_ck_{Tc}+G_sk_{Ts}}{r^2}w''+\frac{EI_\omega}{r}\phi^{(4)}$$

$$+\left[\frac{-2E_c\left(\sum_{i=1}^3 I_i\right)}{r}-\frac{2E_st_w(h_1^3+h_3^3)}{3r}-\frac{2E_st_4b_4h_4^2}{r}-\frac{G_ck_{Tc}+G_sk_{Ts}}{r}\right]\phi''-\frac{2n}{n+1}E_c\left(\sum_{i=1}^3 I_i\varsigma_iW_i'''\right)$$

$$-\frac{2n}{n+1}E_sI_4\varsigma_4W_4'''+2f_cE_c\left(\sum_{i=1}^3 S_i\right)\eta_1'''-2f_sE_st_4b_4h_4\eta_4'''-E_st_w(h_3^2-h_1^2)f_s\eta_1'''-q_y=0$$

$$\frac{EI_\omega}{r}w^{(4)}+\left[\frac{-2E_c}{r}\left(\sum_{i=1}^3 I_i\right)-\frac{2E_st_w(h_1^3+h_3^3)}{3r}+\frac{-2E_sI_4}{r}-\frac{G_ck_{Tc}+G_sk_{Ts}}{r}\right]w''$$

$$+EI_\omega\phi^{(4)}-(G_ck_{Tc}+G_sk_{Ts})\phi''+\left\{\frac{2E_c\left(\sum_{i=1}^3 I_i\right)}{r^2}+\frac{2E_s}{r^2}\left[\frac{1}{3}t_w\left(h_1^3+h_3^3\right)+t_4b_4h_4^2\right]\right\}\phi$$

$$+\frac{2}{r}\frac{n}{n+1}E_c\left(\sum_{i=1}^3 I_i\varsigma_iW_i'\right)+\frac{2}{r}\frac{n}{n+1}E_sI_4\varsigma_4W_4'-\frac{2E_cf_c}{r}\left(\sum_{i=1}^3 S_i\right)\eta_1'$$

$$+\frac{2E_cf_c}{r}\left(\sum_{i=4}^6 S_i\right)\eta_1'+\frac{E_st_w(h_3^2-h_1^2)}{r}f_s\eta_1'-m_z=0$$

$$E_c\varsigma_1I_1w'''-\frac{2nE_c}{(2n+1)}I_1\varsigma_1^2W_1''+\frac{n(n+1)}{2n-1}G_c\frac{\varsigma_1^2I_1}{b_1^2}W_1-\frac{1}{r}E_c\varsigma_1I_1\phi'+f_cE_c\varsigma_1S_1\eta_1''=0$$

$$E_c\varsigma_2I_2w'''-\frac{2nE_c}{(2n+1)}I_2\varsigma_2^2W_2''+\frac{n(n+1)}{2n-1}G_c\frac{\varsigma_2^2I_2}{b_2^2}W_1-\frac{1}{r}E_c\varsigma_2I_2\phi'+f_cE_c\varsigma_2S_2\eta_1''=0$$

$$E_c\varsigma_3 I_3 w''' - \frac{2nE_c}{2n+1}I_3\varsigma_3^2 W_3'' + \frac{n(n+1)}{2n-1}G_c\frac{\varsigma_3^2 I_3}{b_3^2}W_1 - \frac{1}{r}E_c\varsigma_3 I_3\phi' + f_c E_c\varsigma_3 S_3\eta_1'' = 0$$

$$E_s\varsigma_4 I_4 v''' - \frac{2nE_s}{2n+1}I_4\varsigma_4^2 W_4'' + \frac{n(n+1)}{2n-1}G_s\frac{\varsigma_4^2 I_4}{b_4^2}W_4 - \frac{1}{r}E_s\varsigma_4 I_4\phi' - f_s E_s\varsigma_4 S_4\eta_1'' = 0$$

$$\left[-2f_{c1}E_c\left(\sum_{i=1}^{3}S_i\right)+2f_sE_sS_4\right]w''' + \left[\frac{2E_cf_{c1}}{r}\left(\sum_{i=1}^{3}S_i\right)-\frac{2E_sf_sS_4}{r}-\frac{E_sf_st_w(h_3^2-h_1^2)}{r}\right]\phi'$$
$$+\frac{2n}{n+1}f_{c1}E_c\left(\sum_{i=1}^{3}S_i\varsigma_iW_i''\right)-\frac{2n}{n+1}f_sE_sS_4\varsigma_4W_4''-f_{c1}^2E_c\left(2t_1b_1+t_2b_2+t_3b_3\right)\eta_1''$$
$$-2f_s^2E_st_4b_4-2f_s^2E_st_w(h_1+h_3)+k_d\eta_1=0$$

式中，$I_1=t_1b_1h_1^2$；$I_2=\frac{1}{2}t_2b_2h_2^2$；$I_3=\frac{1}{2}t_3b_3h_3^2$；$I_4=t_4b_4h_4^2$；$S_1=t_1b_1h_1$；$S_2=\frac{1}{2}t_2b_2h_2$；$S_3=\frac{1}{2}t_3b_3h_3$；$S_4=t_4b_4h_4$。

边界条件：

$$\left\{\left[-2E_c\left(\sum_{i=1}^{3}I_i\right)\frac{EI_\omega}{r^2}-\frac{2}{3}E_st_w(h_1^3+h_3^3)-2E_st_4b_4h_4^2\right]w'''+\frac{G_ck_{Tc}+G_sk_{Ts}}{r^2}w'-\frac{EI_\omega}{r}\phi'''\right.$$
$$+\left[\frac{2E_c\left(\sum_{i=1}^{3}I_i\right)}{r}+\frac{G_ck_{Tc}+G_sk_{Ts}}{r}+\frac{2E_st_w(h_1^3+h_3^3)}{3r}+\frac{2E_st_4b_4h_4^2}{r}\right]\phi'+\frac{2n}{n+1}E_c\left(\sum_{i=1}^{3}I_i\varsigma_iW_i''\right)$$
$$\left.+\frac{2n}{n+1}E_sI_4\varsigma_4W_4''-2E_cf_c\eta_1''\left(\sum_{i=1}^{3}S_i\right)+2E_sf_s\eta_1''S_4+E_sf_st_w\left(h_3^2-h_1^2\right)\eta_1''-Q_y\right\}\delta w\Big|_0^s=0$$

$$\left\{\left[2E_c\left(\sum_{i=1}^{3}I_i\right)+\frac{EI_\omega}{r^2}+\frac{2}{3}E_st_w\left(h_1^3+h_3^3\right)+2E_sI_4\right]w''+\frac{EI_\omega}{r}\phi''\right.$$
$$-\left[\frac{2E_c}{r}\left(\sum_{i=1}^{3}I_i\right)+\frac{2E_sI_4}{r}+\frac{2E_st_w(h_1^3+h_3^3)}{3r}\right]\phi-\frac{2n}{n+1}E_c\left(\sum_{i=1}^{3}I_i\varsigma_iW_i'\right)$$
$$\left.-\frac{2n}{n+1}E_sI_4\varsigma_4W_4'+2E_cf_c\left(\sum_{i=1}^{3}S_i\right)\eta_1'-2E_sf_sS_4\eta_1'-E_st_w\left(h_3^2-h_1^2\right)f_s\eta_1'+M_x\right\}\delta w'\Big|_0^s=0$$

$$\left[-\frac{EI_\omega}{r}w'''+\frac{G_ck_{Tc}+G_sk_{Ts}}{r}w'-EI_\omega\phi'''+(G_ck_{Tc}+G_sk_{Ts})\phi'-T_z\right]\delta\phi\Big|_0^s=0$$

$$\left(\frac{EI_\omega}{r}w'''+EI_\omega\phi''\right)\delta\phi'\Big|_0^s=0$$

$$\left(-E_c\varsigma_1 I_1 w''+\frac{1}{r}E_c\varsigma_1 I_1\phi+\frac{2nE_c}{2n+1}I_1\varsigma_1^2 W_1'-f_c E_c\varsigma_1 S_1\eta_1'\right)\delta W_1\Bigg|_0^s=0$$

$$\left(-E_c\varsigma_2 I_2 w''+\frac{1}{r}E_c\varsigma_2 I_2\phi+\frac{2nE_c}{2n+1}I_2\varsigma_2^2 W_2'-f_c E_c\varsigma_2 S_2\eta_1'\right)\delta W_2\Bigg|_0^s=0$$

$$\left(-E_c\varsigma_3 I_3 w''+\frac{1}{r}E_c\varsigma_3 I_3\phi+\frac{2nE_c}{2n+1}I_3\varsigma_3^2 W_3'-f_c E_c\varsigma_3 S_3\eta_1'\right)\delta W_3\Bigg|_0^s=0$$

$$\left(-E_c\varsigma_4 I_4 w''+\frac{1}{r}E_c\varsigma_4 I_4\phi+\frac{2nE_c}{2n+1}I_4\varsigma_4^2 W_4'+f_s E_s\varsigma_4 S_4\eta_1'\right)\delta W_4\Bigg|_0^s=0$$

$$\begin{aligned}&\Bigg\{\left[2E_c f_c\left(\sum_{i=1}^{3}S_i\right)-2E_s f_s S_4-E_s f_s t_w\left(h_3^2-h_1^2\right)\right]w''\\&+\left[-\frac{2E_c f_{c1}}{r}\left(\sum_{i=1}^{3}S_i\right)+\frac{2E_s f_s S_4}{r}+\frac{E_s f_s t_w\left(h_3^2-h_1^2\right)}{r}\right]\phi\\&-\frac{2n}{n+1}f_{c1}E_c\left(\sum_{i=1}^{3}S_i\varsigma_i W_i'\right)+\frac{2n}{n+1}f_s E_s S_4\varsigma_4 W_4'+\Big[f_{c1}^2E_c(2t_1b_1+t_2b_2+t_3b_3)\\&+f_s^2E_s t_4 b_4+f_s^2E_s t_w(h_1+h_3)\Big]\eta_1'\Bigg\}\delta\eta_1\Bigg|_0^s=0\end{aligned}$$

4. 控制微分方程解析解

1）直接给出加权余量法公式

可以取

$$W_1(z)=W_2(z)=W_3(z)=W_4(z)=W(z)$$

一般表达式可参照 8.1.1 节钢腹板曲线组合梁的控制微分方程解析解。

控制微分方程的代数形式：

$$\begin{cases}k_{11}w_n+k_{12}\phi_n+k_{13}W_n+k_{14}\eta_{1n}=q_y\\k_{21}w_n+k_{22}\phi_n+k_{23}W_n+k_{24}\eta_{1n}=m_z\\k_{31}w_n+k_{32}\phi_n+k_{33}W_n+k_{34}\eta_{1n}=0\\k_{41}w_n+k_{42}\phi_n+k_{43}W_n+k_{44}\eta_{1n}=0\end{cases}$$

式中，

$$k_{11}=\left[2E_c\left(\sum_{i=1}^{3}I_i\right)+\frac{2}{3}E_s t_w\left(h_1^3+h_3^3\right)+2E_s t_4 b_4 h_4^2+\frac{EI_\omega}{r^2}\right]\left(\frac{\pi}{l}\right)^4+\frac{G_c k_{Tc}+G_s k_{Ts}}{r^2}\left(\frac{\pi}{l}\right)^2$$

$$k_{12}=\left(\frac{\pi}{l}\right)^2\frac{1}{r}\left\{\left(\frac{\pi}{l}\right)^2 EI_{\omega}+\left[2E_c\left(\sum_{i=1}^{3}I_i\right)+\frac{2E_st_w\left(h_1^3+h_3^3\right)}{3}+2E_st_4b_4h_4^2+G_ck_{Tc}+G_sk_{Ts}\right]\right\}$$

$$k_{13}=\left(\frac{\pi}{l}\right)^3\frac{n}{n+1}\left[-\frac{2}{r}E_c\left(\sum_{i=1}^{3}I_i\varsigma_i\right)-\frac{2}{r}E_sI_4\varsigma_4\right]$$

$$k_{14}=\left[2f_cE_c\left(\sum_{i=1}^{3}S_i\right)-2f_sE_sS_4-E_st_w\left(h_3^2-h_1^2\right)\right]\left(\frac{\pi}{l}\right)^3$$

$$k_{21}=\left(\frac{\pi}{l}\right)^4\frac{1}{r}EI_{\omega}+\left[2E_c\left(\sum_{i=1}^{3}I_i\right)+\frac{2E_st_w\left(h_1^3+h_3^3\right)}{3}+2E_st_4b_4h_4^2+G_ck_{Tc}+G_sk_{Ts}\right]$$

$$k_{22}=EI_{\omega}\left(\frac{\pi}{l}\right)^4+(G_ck_{Tc}+G_sk_{Ts})\left(\frac{\pi}{l}\right)^2+\left\{\frac{2E_c\left(\sum_{i=1}^{3}I_i\right)}{r^2}+\frac{2E_s}{r^2}\left[\frac{1}{3}t_w\left(h_1^3+h_3^3\right)+I_4\right]\right\}$$

$$k_{23}=\frac{2}{r}\frac{n}{n+1}\left(\frac{\pi}{l}\right)\left[-E_c\left(\sum_{i=1}^{3}I_i\varsigma_i\right)-E_sI_4\varsigma_4\right]$$

$$k_{24}=\frac{1}{r}\left[2\left(\sum_{i=1}^{3}S_i\right)E_cf_c-2S_4E_sf_s-E_st_w\left(h_3^2-h_1^2\right)f_s\right]$$

$$k_{31}=\frac{2n}{r(n+1)}\left(\frac{\pi}{l}\right)^3\left[-E_c\left(\sum_{i=1}^{3}I_i\varsigma_i\right)-E_sI_4\varsigma_4\right]$$

$$k_{32}=\frac{2n}{r(n+1)}\left(\frac{\pi}{l}\right)\left[-E_c\left(\sum_{i=1}^{3}I_i\varsigma_i\right)-E_sI_4\varsigma_4\right]$$

$$k_{33}=\left(\frac{\pi}{l}\right)^2\frac{4n^2}{(2n+1)(n+1)}\left[E_c\left(\sum_{i=1}^{3}I_i\varsigma_i^2\right)+E_sI_4\varsigma_4^2\right]+\frac{n^2}{2n-1}\left[G_c\left(\sum_{i=1}^{3}\frac{2\varsigma_i^2I_i}{b_i^2}\right)+G_c\frac{2\varsigma_4^2I_4}{b_4^2}\right]$$

$$k_{34}=\frac{2n}{n+1}\left(\frac{\pi}{l}\right)^2\left[-f_cE_c\left(\sum_{i=1}^{3}\varsigma_iS_i\right)+f_sE_s\varsigma_4S_4\right]$$

$$k_{41}=\left[2f_cE_c\left(\sum_{i=1}^{3}S_i\right)-2f_sE_sS_4-E_st_w\left(h_3^2-h_1^2\right)\right]\left(\frac{\pi}{l}\right)^3$$

$$k_{42}=\frac{2E_cf_c}{r}\left(\sum_{i=1}^{3}S_i\right)-\frac{2E_sf_s}{r}S_4-\frac{E_st_w\left(h_3^2-h_1^2\right)}{r}f_s$$

$$k_{43}=\frac{2n}{n+1}\left(\frac{\pi}{l}\right)^2\left[-f_cE_c\left(\sum_{i=1}^{3}\varsigma_iS_i\right)+f_sE_s\varsigma_4S_4\right]$$

$$k_{44}=\left[f_{c1}^2E_c\left(2t_1b_1+t_2b_2+t_3b_3\right)+2f_s^2E_st_4b_4+2f_s^2E_st_w\left(h_1+h_3\right)\right]\left(\frac{\pi^2}{l}\right)+k_d$$

2）上、下翼缘板不同宽度处的正应力表达式

上翼缘混凝土板正应力：

$$\sigma_{ci}=E_c\varepsilon_i=E_c\left[h_i\left(\frac{\mathrm{d}^2w}{\mathrm{d}z^2}-\frac{\phi}{r}\right)-h_i\varsigma_i\left(1-\frac{x^n}{\left|b_i^n\right|}\right)w_i'(z)+f_{c1}\eta_1'(z)\right]\quad(i=1,2,3)$$

下翼缘钢梁底板正应力：

$$\sigma_{s4}=E_s\varepsilon_4=E_s\left[-h_4\left(\frac{\mathrm{d}^2w}{\mathrm{d}z^2}-\frac{\phi}{r}\right)+h_4\varsigma_4\left(1-\frac{x^n}{\left|b_4^n\right|}\right)w_4'(z)+f_{c1}\eta_1'(z)\right]$$

8.1.3 工字钢曲线组合梁

工字钢曲线组合梁是指利用剪力连接件将曲线工字钢与混凝土板连接起来，本节分析工字钢曲线组合梁的剪力滞效应。

1. 剪力滞翘曲位移函数

工字钢曲线组合梁的截面形式见图 8-3。

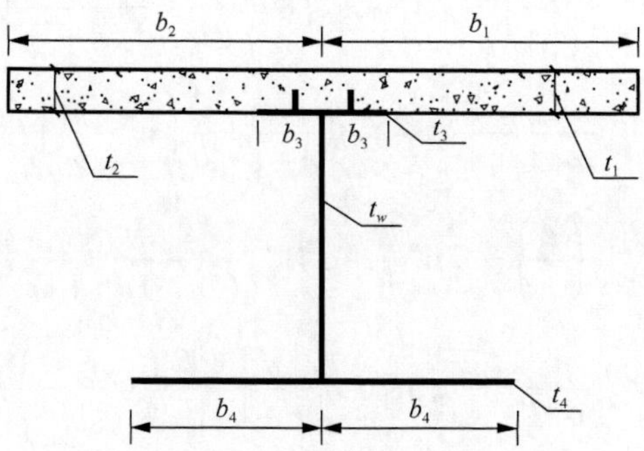

图 8-3　工字钢曲线组合梁的截面形式

剪力滞翘曲位移函数：

$$w(x,y,z)=\begin{cases}-h_1\varsigma_1\left[1-\dfrac{(x+b_1)^n}{|b_1|^n}\right]W_1(z) & (-b_1\leqslant x\leqslant 0)\quad \text{上部混凝土板外悬臂板}\\ -h_2\varsigma_2\left[1-\dfrac{(x-b_2)^n}{|b_2|^n}\right]W_2(z) & (0\leqslant x\leqslant b_2)\quad \text{上部混凝土板内悬臂板}\\ h_4\varsigma_4\left(1-\dfrac{x^n}{|b_4|^n}\right)W_4(z) & (0\leqslant x\leqslant b_4)\quad \text{钢底板}\end{cases}$$

式中，$\varsigma_1=\varsigma_2=\varsigma_4=1$，其余参数与钢腹板组合箱梁和钢箱组合箱梁相同。

2. 组件势能

工字钢曲线组合梁的应变能不考虑剪切作用引起的变形，工字钢部分只考虑下翼缘部分剪力滞引起的位移，上翼缘与混凝土顶板连接，长度较短，故不考虑剪力滞引起的位移，只考虑刚性平面产生的正应变。

1）钢腹板应变能

$$\overline{U}_f=\frac{1}{2}\iiint E_s(-y\phi'+f_s\eta')^2\,\mathrm{d}x\mathrm{d}y\mathrm{d}z=\frac{1}{6}E_st_w(h_1^3+h_3^3)\int k_x^2\mathrm{d}z$$
$$+\frac{1}{2}E_st_w(h_1+h_3)\int f_s^2\eta_1'^2\mathrm{d}z+\frac{1}{2}E_st_w(h_1^2-h_3^2)\int(k_xf_s\eta_1')\mathrm{d}z$$

2）混凝土板翼缘应变能

$$\overline{U}_1=\frac{1}{2}t_1b_1h_1^2E_c\int_0^s\left[w''^2+\left(\frac{\phi}{r}\right)^2-2w''\frac{\phi}{r}+\varsigma_1^2W_1'^2\frac{2n^2}{(2n+1)(n+1)}+\frac{f_c^2\eta_1'^2}{h_1^2}\right.$$
$$\left.-2\varsigma_1\left(w''-\frac{\phi}{r}\right)W_1'\frac{n}{n+1}-\frac{2}{h_1}\varsigma_1W_1'f_c\eta_1'\frac{n}{n+1}+\frac{2}{h_1}\left(w''-\frac{\phi}{r}\right)f_c\eta_1'+\frac{G_c\varsigma_1^2n^2W_1^2}{E_c(2n-1)b_1^2}\right]\mathrm{d}z$$

$$\overline{U}_2=\frac{1}{2}t_2b_2h_2^2E_c\int_0^s\left[w''^2+\left(\frac{\phi}{r}\right)^2-2w''\frac{\phi}{r}+\varsigma_2^2W_2'^2\frac{2n^2}{(2n+1)(n+1)}+\frac{f_c^2\eta_1'^2}{h_2^2}\right.$$
$$\left.-2\varsigma_2\left(w''-\frac{\phi}{r}\right)W_2'\frac{n}{n+1}-\frac{2}{h_2}\varsigma_2W_2'f_c\eta_1'\frac{n}{n+1}+\frac{2}{h_2}\left(w''-\frac{\phi}{r}\right)f_c\eta_1'+\frac{G_c\varsigma_2^2n^2W_2^2}{E_c(2n-1)b_2^2}\right]\mathrm{d}z$$

3）工字钢上翼缘应变能

$$\overline{U}_3=t_3b_3h_3^2E_s\int_0^s\left[w''^2+\left(\frac{\phi}{r}\right)^2-2w''\frac{\phi}{r}+\frac{f_s^2\eta_1'^2}{h_3^2}-\frac{2}{h_3}\left(w''-\frac{\phi}{r}\right)f_s\eta_1'\right]\mathrm{d}z$$

4）工字钢下翼缘应变能

$$\overline{U}_4 = t_4 b_4 h_4^2 E_s \int_0^s \left[w''^2 + \left(\frac{\phi}{r}\right)^2 - 2w''\frac{\phi}{r} + \varsigma_4^2 W_4'^2 \frac{2n^2}{(2n+1)(n+1)} + \frac{f_s^2 \eta_1'^2}{h_4^2} \right.$$

$$\left. -2\varsigma_4\left(w'' - \frac{\phi}{r}\right)W_4'\frac{n}{n+1} + \frac{2}{h_4}\varsigma_4 W_4' f_s \eta_1' \frac{n}{n+1} - \frac{2}{h_4}\left(w'' - \frac{\phi}{r}\right) f_s \eta_1' + \frac{G_s \varsigma_4^2 n^2 W_4^2}{E_s(2n-1)b_4^2}\right] \mathrm{d}z$$

5）扭转变形应变能及外荷载势能

工字钢曲线组合梁的扭转变形应变能（主要包括自由扭转应变能、翘曲扭转应变能和滑移应变能）和外荷载势能的表达式与钢箱曲线组合梁相同，按实际截面计算。

3．控制微分方程

工字钢曲线组合梁的控制微分方程和边界条件，类似钢腹板曲线组合梁和钢箱曲线组合梁，可以直接给出其表达式。

控制微分方程：

$$\left[2E_c\left(\sum_{i=1}^{2} I_i\right) + \frac{1}{3}E_s t_w\left(h_1^3 + h_4^3\right) + 2E_s\left(\sum_{i=3}^{4} I_i\right) + \frac{EI_\omega}{r^2}\right] w^{(4)} - \frac{G_c k_{Tc} + G_s k_{Ts}}{r^2} w'' + \frac{EI_\omega}{r}\phi^{(4)}$$

$$+\left[\frac{-2E_c\left(\sum_{i=1}^{2} I_i\right)}{r} - \frac{2E_s t_w\left(h_1^3 + h_4^3\right)}{3r} - \frac{2E_s\left(\sum_{i=3}^{4} I_i\right)}{r} - \frac{G_c k_{Tc} + G_s k_{Ts}}{r}\right]\phi''$$

$$-\frac{2n}{n+1}E_c\left(\sum_{i=1}^{2} I_i \varsigma_i W_i'''\right) - \frac{2n}{n+1}E_s I_4 \varsigma_4 W_4''' + 2f_c E_c\left(\sum_{i=1}^{2} S_i\right)\eta_1''' - 2f_s E_s\left(\sum_{i=3}^{4} S_i\right)\eta_1'''$$

$$-\frac{1}{2}E_s t_w\left(h_4^2 - h_1^2\right) f_s \eta_1''' - q_y = 0$$

$$\frac{EI_\omega}{r} w^{(4)} + \left[\frac{-2E_c}{r}\left(\sum_{i=1}^{2} I_i\right) - \frac{E_s t_w\left(h_1^3 + h_4^3\right)}{3r} + \frac{-2E_s}{r}\left(\sum_{i=3}^{4} I_i\right) - \frac{G_c k_{Tc} + G_s k_{Ts}}{r}\right] w'' + EI_\omega \phi^{(4)}$$

$$-(G_c k_{Tc} + G_s k_{Ts})\phi'' + \left\{\frac{2E_c\left(\sum_{i=1}^{2} I_i\right)}{r^2} + \frac{2E_s}{r^2}\left[\frac{1}{6}t_w\left(h_1^3 + h_4^3\right) + \left(\sum_{i=3}^{4} I_i\right)\right]\right\}\phi$$

$$+\frac{2}{r}\frac{n}{n+1}E_c\left(\sum_{i=1}^{2} I_i \varsigma_i W_i'\right) + \frac{2}{r}\frac{n}{n+1}E_s I_3 \varsigma_4 W_4' - \frac{2E_c f_c}{r}\left(\sum_{i=1}^{2} S_i\right)\eta_1' + \frac{2E_s f_s}{r}\left(\sum_{i=3}^{4} S_i\right)\eta_1'$$

$$+\frac{E_s t_w\left(h_4^2 - h_1^2\right)}{2r} f_s \eta_1' - m_z = 0$$

$$E_c\varsigma_1 I_1 w''' - \frac{2nE_c}{2n+1} I_1\varsigma_1^2 W_1'' + \frac{n(n+1)}{2n-1} G_c \frac{\varsigma_1^2 I_1}{b_1^2} W_1 - \frac{1}{r} E_c\varsigma_1 I_1\phi' + f_c E_c\varsigma_1 S_1\eta_1'' = 0$$

$$E_c\varsigma_2 I_2 w''' - \frac{2nE_c}{2n+1} I_2\varsigma_2^2 W_2'' + \frac{n(n+1)}{2n-1} G_c \frac{\varsigma_2^2 I_2}{b_2^2} W_2 - \frac{1}{r} E_c\varsigma_2 I_2\phi' + f_c E_c\varsigma_2 S_2\eta_1'' = 0$$

$$E_s\varsigma_4 I_4 w''' - \frac{2nE_s}{2n+1} I_4\varsigma_4^2 W_4'' + \frac{n(n+1)}{2n-1} G_s \frac{\varsigma_4^2 I_4}{b_4^2} W_4 - \frac{1}{r} E_s\varsigma_4 I_4\phi' - f_s E_s\varsigma_4 S_4\eta_1'' = 0$$

$$\left[-2f_c E_c\left(\sum_{i=1}^{2} S_i\right) + 2f_s E_s\left(\sum_{i=3}^{4} S_i\right)\right] w''' + \left[\frac{2E_c f_c}{r}\left(\sum_{i=1}^{2} S_i\right) - \frac{2E_s f_s}{r}\left(\sum_{i=3}^{4} S_i\right) - \frac{E_s f_s t_w\left(h_3^2 - h_1^2\right)}{2r}\right]\phi'$$
$$+\frac{2n}{n+1} f_c E_c\left(\sum_{i=1}^{2} S_i\varsigma_i W_i''\right) - \frac{2n}{n+1} f_s E_s\left(\sum_{i=3}^{4} S_i\varsigma_i W_i''\right)$$
$$-f_c^2 E_c(t_1 b_1 + t_2 b_2)\eta_1'' - 2f_s^2 E_s(t_3 b_3 + t_4 b_4) - f_s^2 E_s t_w(h_1 + h_4) + k_d\eta_1 = 0$$

式中，$I_1 = \frac{1}{2} t_1 b_1 h_1^2$；$I_2 = \frac{1}{2} t_2 b_2 h_2^2$；$I_3 = t_3 b_3 h_3^2$；$I_4 = t_4 b_4 h_4^2$；$S_1 = \frac{1}{2} t_1 b_1 h_1$；$S_2 = \frac{1}{2} t_2 b_2 h_2$；$S_3 = t_3 b_3 h_3$；$S_4 = t_4 b_4 h_4$。

边界条件：

$$\left\{\left[-2E_c\left(\sum_{i=1}^{2} I_i\right) - \frac{EI_\omega}{r^2} - \frac{1}{3}E_s t_w\left(h_1^3 + h_4^3\right) - 2E_s\left(\sum_{i=3}^{4} I_i\right)\right] w''' + \frac{G_c k_{Tc} + G_s k_{Ts}}{r^2} w' - \frac{EI_\omega}{r}\phi'''\right.$$
$$+\left[\frac{2E_c\left(\sum_{i=1}^{2} I_i\right)}{r} + \frac{G_c k_{Tc} + G_s k_{Ts}}{r} + \frac{2E_s t_w\left(h_1^3 + h_4^3\right)}{3r} + \frac{2E_s\left(\sum_{i=3}^{4} I_i\right)}{r}\right]\phi' + \frac{2n}{n+1} E_c\left(\sum_{i=1}^{2} I_i\varsigma_i W_i''\right)$$
$$\left.+\frac{2n}{n+1} E_s I_4\varsigma_4 W_4'' - 2E_c f_c\eta_1''\left(\sum_{i=1}^{2} S_i\right) + 2E_s f_s\eta_1''\left(\sum_{i=3}^{4} S_i\right) + \frac{1}{2} E_s f_s t_w\left(h_4^2 - h_1^2\right) - Q_y\right\}\delta w\Big|_0^s = 0$$

$$\left\{\left[2E_c\left(\sum_{i=1}^{2} I_i\right) + \frac{EI_\omega}{r^2} + \frac{1}{3}E_s t_w\left(h_1^3 + h_4^3\right) + 2E_s\left(\sum_{i=3}^{4} I_i\right)\right] w'' + \frac{EI_\omega}{r}\phi''\right.$$
$$-\left[\frac{2E_c}{r}\left(\sum_{i=1}^{2} I_i\right) + \frac{2E_s}{r}\left(\sum_{i=3}^{4} I_i\right) + \frac{E_s t_w\left(h_1^3 + h_4^3\right)}{3r}\right]\phi - \frac{2n}{n+1} E_c\left(\sum_{i=1}^{2} I_i\varsigma_i W_i'\right)$$
$$-\frac{2n}{n+1} E_s I_4\varsigma_4 W_4' + 2E_c f_c\left(\sum_{i=1}^{2} S_i\right)\eta_1' - 2E_s f_s\left(\sum_{i=3}^{4} S_i\right)\eta_1'$$
$$\left.-\frac{1}{2} E_s t_w\left(h_4^2 - h_1^2\right) f_s\eta_1' + M_x\right\}\delta w'\Big|_0^s = 0$$

$$\left[-\frac{EI_\omega}{r} w''' + \frac{G_c k_{Tc} + G_s k_{Ts}}{r} w' - EI_\omega\phi''' + (G_c k_{Tc} + G_s k_{Ts})\phi' - T_z\right]\delta\phi\Big|_0^s = 0$$

$$\left(\frac{EI_\omega}{r}w''' + EI_\omega\phi''\right)\delta\phi'\Big|_0^s = 0$$

$$\left(-E_c\varsigma_1 I_1 w'' + \frac{1}{r}E_c\varsigma_1 I_1\phi + \frac{2nE_c}{2n+1}I_1\varsigma_1^2 W_1' - f_c E_c\varsigma_1 S_1\eta_1'\right)\delta W_1\Big|_0^s = 0$$

$$\left(-E_c\varsigma_2 I_2 w'' + \frac{1}{r}E_c\varsigma_2 I_2\phi + \frac{2nE_c}{2n+1}I_2\varsigma_2^2 W_2' - f_c E_c\varsigma_2 S_2\eta_1'\right)\delta W_2\Big|_0^s = 0$$

$$\left(-E_c\varsigma_4 I_4 w'' + \frac{1}{r}E_c\varsigma_4 I_4\phi + \frac{2nE_c}{2n+1}I_4\varsigma_4^2 W_4' + f_s E_s\varsigma_4 S_4\eta_1'\right)\delta W_4\Big|_0^s = 0$$

$$\left\{\left[2E_c f_c\left(\sum_{i=1}^{2}S_i\right) - 2E_s f_s\left(\sum_{i=3}^{4}S_i\right) - \frac{1}{2}E_s f_s t_w\left(h_4^2 - h_1^2\right)\right]w'' + \left[-\frac{2E_c f_{c1}}{r}\left(\sum_{i=1}^{2}S_i\right)\right.\right.$$

$$\left. + \frac{2E_s f_s}{r}\left(\sum_{i=3}^{4}S_i\right) + \frac{E_s f_s t_w\left(h_4^2 - h_1^2\right)}{2r}\right]\phi - \frac{2n}{n+1}f_{c1}E_c\left(\sum_{i=1}^{2}S_i\varsigma_i W_i'\right) + \frac{2n}{n+1}f_s E_s S_4\varsigma_4 W_4'$$

$$\left. + f_{c1}^2 E_c\left[\left(2t_1b_1 + t_2b_2 + t_3b_3\right) + 2f_s^2 E_s\left(t_3b_3 + t_4b_4\right) + \frac{1}{2}f_s^2 E_s t_w\left(h_1 + h_4\right)\right]\eta_1'\right\}\delta\eta_1\Big|_0^s = 0$$

4. 控制微分方程解析解

下面仅给出利用加权余量法得到控制微分方程的解。

1）加权余量法计算公式

令 $W_1(z) = W_2(z) = W_4(z) = W(z)$，一般式可参照钢腹板曲线组合梁。

控制微分方程代数形式：

$$\begin{cases} k_{11}w_n + k_{12}\phi_n + k_{13}W_{1n} + k_{14}\eta_{1n} = q_y \\ k_{21}w_n + k_{22}\phi_n + k_{23}W_{1n} + k_{24}\eta_{1n} = m_z \\ k_{31}w_n + k_{32}\phi_n + k_{33}W_{1n} + k_{34}\eta_{1n} = 0 \\ k_{41}w_n + k_{42}\phi_n + k_{43}W_{1n} + k_{44}\eta_{1n} = 0 \end{cases}$$

式中，

$$k_{11} = \left[2E_c\left(\sum_{i=1}^{2}I_i\right) + \frac{1}{3}E_s t_w\left(h_1^3 + h_4^3\right) + 2E_s\left(\sum_{i=3}^{4}I_i\right) + \frac{EI_\omega}{r^2}\right]\left(\frac{\pi}{l}\right)^4 + \frac{G_c k_{Tc} + G_s k_{Ts}}{r^2}\left(\frac{\pi}{l}\right)^2$$

$$k_{12} = \frac{1}{r}\left(\frac{\pi}{l}\right)^2\left\{\left(\frac{\pi}{l}\right)^2 EI_\omega + \left[-2E_c\left(\sum_{i=1}^{2}I_i\right) - \frac{2E_s t_w\left(h_1^3 + h_4^3\right)}{3} - 2E_s\left(\sum_{i=3}^{4}I_i\right) - G_c k_{Tc} + G_s k_{Ts}\right]\right\}$$

$$k_{13} = \frac{2}{r}\frac{n}{n+1}\left(\frac{\pi}{l}\right)^3\left[-E_c\left(\sum_{i=1}^{2}I_i\varsigma_i\right) - E_s I_4\varsigma_4\right]$$

$$k_{14}=\left[2f_cE_c\left(\sum_{i=1}^{2}S_i\right)-2f_sE_s\left(\sum_{i=3}^{4}S_i\right)-\frac{1}{2}E_st_w\left(h_4^2-h_1^2\right)f_s\right]\left(\frac{\pi}{l}\right)^3$$

$$k_{21}=\frac{1}{r}\left(\frac{\pi}{l}\right)^2\left\{\left(\frac{\pi}{l}\right)^2EI_\omega+\left[-2E_c\left(\sum_{i=1}^{2}I_i\right)-\frac{E_st_w\left(h_1^3+h_4^3\right)}{3}+-2E_s\left(\sum_{i=3}^{4}I_i\right)-G_ck_{Tc}+G_sk_{Ts}\right]\right\}$$

$$k_{22}=EI_\omega\left(\frac{\pi}{l}\right)^4+(G_ck_{Tc}+G_sk_{Ts})\left(\frac{\pi}{l}\right)^2+\frac{2E_c\left(\sum_{i=1}^{2}I_i\right)}{r^2}+\frac{2E_s}{r^2}\left[\frac{1}{6}t_w\left(h_1^3+h_4^3\right)+\left(\sum_{i=3}^{4}I_i\right)\right]$$

$$k_{23}=\left[-\frac{2}{r}\frac{n}{n+1}E_c\left(\sum_{i=1}^{2}I_i\varsigma_i\right)-\frac{2}{r}\frac{n}{n+1}E_sI_4\varsigma_4\right]\left(\frac{\pi}{l}\right)$$

$$k_{24}=\frac{2E_cf_c}{r}\left(\sum_{i=1}^{2}S_i\right)-\frac{2E_sf_s}{r}\left(\sum_{i=3}^{4}S_i\right)-\frac{E_st_w\left(h_4^2-h_1^2\right)}{2r}f_s$$

$$k_{31}=-\frac{2}{r}\frac{n}{n+1}\left(\frac{\pi}{l}\right)^3\left[E_c\left(\sum_{i=1}^{2}I_i\varsigma_i\right)+E_sI_4\varsigma_4\right]$$

$$k_{32}=\left[-\frac{2}{r}\frac{n}{n+1}E_c\left(\sum_{i=1}^{2}I_i\varsigma_i\right)-\frac{2}{r}\frac{n}{n+1}E_sI_4\varsigma_4\right]\left(\frac{\pi}{l}\right)$$

$$k_{33}=\left[\frac{4n^2E_c}{(2n+1)(n+1)}\left(\sum_{i=1}^{2}I_i\varsigma_i^2\right)+\frac{4n^2E_s}{(2n+1)(n+1)}I_4\varsigma_4^2\right]\left(\frac{\pi}{l}\right)^2+\frac{n^2}{2n-1}G_c\left(\sum_{i=1}^{2}\frac{2\varsigma_i^2I_i}{b_i^2}\right)$$
$$+\frac{n^2}{2n-1}G_s\frac{2\varsigma_4^2I_4}{b_4^2}$$

$$k_{34}=\frac{2n}{n+1}\left(\frac{\pi}{l}\right)^2\left[-f_cE_c\left(\sum_{i=1}^{2}\varsigma_iS_i\right)+f_sE_s\varsigma_4S_4\right]$$

$$k_{41}=\left[2f_cE_c\left(\sum_{i=1}^{2}S_i\right)-2f_sE_sS_4-\frac{1}{2}E_st_w\left(h_4^2-h_1^2\right)\right]\left(\frac{\pi}{l}\right)^3$$

$$k_{42}=\left[\frac{2E_cf_c}{r}\left(\sum_{i=1}^{2}S_i\right)-\frac{2E_sf_s}{r}\left(\sum_{i=3}^{4}S_i\right)-\frac{E_sf_st_w(h_4^2-h_1^2)}{2r}\right]\frac{\pi}{l}$$

$$k_{43}=\left[-\frac{2n}{n+1}f_cE_c\left(\sum_{i=1}^{2}\varsigma_iS_i\right)+\frac{2n}{n+1}f_sE_s\left(\sum_{i=3}^{4}\varsigma_iS_i\right)\right]\left(\frac{\pi}{l}\right)^2$$

$$k_{44}=\left[f_c^2E_c(t_1b_1+t_2b_2)+2f_s^2E_s(t_3b_3+t_4b_4)+\frac{1}{2}f_s^2E_st_w(h_1+h_4)\right]\left(\frac{\pi^2}{l}\right)+k_d$$

2）上、下翼缘板不同宽度处的应力

混凝土翼缘板正应力：

$$\sigma_{ci}=E_c\varepsilon_i=E_c\left[h_i\left(\frac{\mathrm{d}^2w}{\mathrm{d}z^2}-\frac{\phi}{r}\right)-h_i\varsigma_i\left(1-\frac{x^n}{\left|b_i^n\right|}\right)w_i'(z)+f_{c1}\eta_1'(z)\right]\quad(i=1,2)$$

钢梁底板正应力：

$$\sigma_{s4}=E_s\varepsilon_4=E_s\left[h_4\left(\frac{\mathrm{d}^2w}{\mathrm{d}z^2}-\frac{\phi}{r}\right)-h_4\varsigma_4\left(1-\frac{x^n}{|b_4^n|}\right)w_4'(z)+f_{c1}\eta_1'(z)\right]$$

8.2　基于余弦函数型位移函数的曲线组合梁剪力滞效应

在基于抛物线型剪力滞翘曲位移剪力滞效应分析的基础上，本节给出基于余弦函数型剪力滞翘曲位移的曲线组合梁的剪力滞控制微分方程和剪应力计算公式。

8.2.1　钢腹板曲线组合梁

1. 剪力滞翘曲位移函数

剪力滞翘曲位移：

$$w(x,y,z)=\begin{cases}-\alpha_1\cos\dfrac{\pi x}{|2b_1|}v_1(z) & (0\leqslant x\leqslant b_1) & \text{混凝土顶板}\\ -\alpha_2\cos\dfrac{\pi(x+b_1+b_2)}{|2b_2|}v_2(z) & (-b_1-b_2\leqslant x\leqslant -b_1) & \text{上部混凝土板外悬臂板}\\ -\alpha_3\cos\dfrac{\pi(x-b_1-b_2)}{|2b_3|}v_3(z) & (b_1\leqslant x\leqslant b_1+b_3) & \text{上部混凝土板内悬臂板}\\ \alpha_4\cos\dfrac{\pi x}{|2b_4|}v_4(z) & (0\leqslant x\leqslant b_4) & \text{混凝土底板}\\ \alpha_5\cos\dfrac{\pi(x+b_4+b_5)}{|2b_5|}v_5(z) & (-b_4-b_5\leqslant x\leqslant -b_4) & \text{下部混凝土板外悬臂板}\\ \alpha_6\cos\dfrac{\pi(x-b_4-b_6)}{|2b_6|}v_6(z) & (b_4\leqslant x\leqslant b_4+b_6) & \text{下部混凝土板内悬臂板}\end{cases}$$

式中， $\alpha_1=\alpha_4=1$ ； $\alpha_2=\left(\dfrac{b_2}{b_1}\right)^2$ ； $\alpha_3=\left(\dfrac{b_3}{b_1}\right)^2$ ； $\alpha_5=\left(\dfrac{b_5}{b_4}\right)^2$ ； $\alpha_6=\left(\dfrac{b_6}{b_4}\right)^2$ ； $v_i(z)(i=1,2,3,4,5,6)$ 为翼缘板剪切变形纵向最大位移差函数。

2. 组件势能

组件主要包括组合梁中的钢腹板、上翼缘混凝土板、下翼缘混凝土板等。

1）钢腹板弯曲应变能

$$\overline{U}_f=\frac{1}{2}\int_0^s\frac{M_x^2}{E_{\text{eff}}I_f}\mathrm{d}z=\frac{1}{2}E_{\text{eff}}I_f\int_0^s\left(w''-\frac{\phi}{r}\right)^2\mathrm{d}z$$

2）上、下翼缘混凝土应变能

钢腹板之间上翼缘混凝土板应变能：

$$\overline{U}_1 = t_1 b_1 h_1^2 E_c \int_0^s \left[w''^2 + \left(\frac{\phi}{r}\right)^2 - 2w''\frac{\phi}{r} + \frac{\alpha_1^2 v_1'^2}{2h_1^2} + \frac{f_{c1}^2 \eta_1'^2}{h_1^2} - \frac{4\alpha_1\left(w'' - \frac{\phi}{r}\right)v_1'}{\pi h_1} - \frac{4\alpha_1 u_1' f_{c1}\eta_1'}{\pi h_1^2} \right.$$

$$\left. + \frac{2}{h_1}\left(w'' - \frac{\phi}{r}\right) f_{c1}\eta_1' + \frac{G_c \alpha_1^2 \pi^2 v_1^2}{8E_c b_1^2 h_1^2} \right] \mathrm{d}z$$

钢腹板上翼缘外侧混凝土板应变能：

$$\overline{U}_2 = \frac{1}{2} t_2 b_2 h_2^2 E_c \int_0^s \left[w''^2 + \left(\frac{\phi}{r}\right)^2 - 2w''\frac{\phi}{r} + \frac{\alpha_2^2 v_2'^2}{2h_2^2} + \frac{f_{c1}^2 \eta_1'^2}{h_2^2} - \frac{4\alpha_2\left(w'' - \frac{\phi}{r}\right)v_2'}{\pi h_2} \right.$$

$$\left. - \frac{4\alpha_2 v_2' f_{c1}\eta_1'}{\pi h_2^2} + \frac{2}{h_2}\left(w'' - \frac{\phi}{r}\right) f_{c1}\eta_1' + \frac{G_c \alpha_2^2 \pi^2 v_2^2}{8E_c b_2^2 h_2^2} \right] \mathrm{d}z$$

钢腹板上翼缘内侧混凝土板应变能：

$$\overline{U}_3 = \frac{1}{2} t_3 b_3 h_3^2 E_c \int_0^s \left[w''^2 + \left(\frac{\phi}{r}\right)^2 - 2w''\frac{\phi}{r} + \frac{\alpha_3^2 v_3'^2}{2h_3^2} + \frac{f_{c1}^2 \eta_1'^2}{h_3^2} - \frac{4\alpha_3\left(w'' - \frac{\phi}{r}\right)v_3'}{\pi h_3} \right.$$

$$\left. - \frac{4\alpha_3 v_3' f_{c1}\eta_1'}{\pi h_3^2} + \frac{2}{h_3}\left(w'' - \frac{\phi}{r}\right) f_{c1}\eta_1' + \frac{G_c \alpha_3^2 \pi^2 u_3^2}{8E_c b_3^2 h_3^2} \right] \mathrm{d}z$$

钢腹板之间下翼缘混凝土板应变能：

$$\overline{U}_4 = t_4 b_4 h_4^2 E_c \int_0^s \left[w''^2 + \left(\frac{\phi}{r}\right)^2 - 2w''\frac{\phi}{r} + \frac{\alpha_4^2 v_4'^2}{2h_4^2} + \frac{f_{c2}^2 \eta_2'^2}{h_4^2} - \frac{4\alpha_4\left(w'' - \frac{\phi}{r}\right)v_4'}{\pi h_4} \right.$$

$$\left. - \frac{4\alpha_4 v_4' f_{c2}\eta_2'}{\pi h_4^2} + \frac{2}{h_4}\left(w'' - \frac{\phi}{r}\right) f_{c2}\eta_2' + \frac{G_c \alpha_4^2 \pi^2 v_4^2}{8E_c b_4^2 h_4^2} \right] \mathrm{d}z$$

钢腹板下翼缘外侧混凝土板应变能：

$$\overline{U}_5=\frac{1}{2}t_5b_5h_5^2E_c\int_0^s\left[w''^2+\left(\frac{\phi}{r}\right)^2-2w''\frac{\phi}{r}+\frac{\alpha_5^2v_5'^2}{2h_5^2}+\frac{f_{c2}^2\eta_2'^2}{h_5^2}-\frac{4\alpha_5\left(w''-\frac{\phi}{r}\right)v_5'}{\pi h_5}\right.$$

$$\left.-\frac{4\alpha_5v_5'f_{c2}\eta_2'}{\pi h_5^2}+\frac{2}{h_5}\left(w''-\frac{\phi}{r}\right)f_{c2}\eta_2'+\frac{G_c\alpha_5^2\pi^2v_5^2}{8E_cb_5^2h_5^2}\right]\mathrm{d}z$$

钢腹板下翼缘内侧混凝土板应变能：

$$\overline{U}_6=\frac{1}{2}t_6b_6h_6^2E_c\int_0^s\left[w''^2+\left(\frac{\phi}{r}\right)^2-2w''\frac{\phi}{r}+\frac{\alpha_6^2v_6'^2}{2h_6^2}+\frac{f_{c2}^2\eta_2'^2}{h_6^2}-\frac{4\alpha_6\left(w''-\frac{\phi}{r}\right)v_6'}{\pi h_6}\right.$$

$$\left.-\frac{4\alpha_6v_6'f_{c2}\eta_2'}{\pi h_6^2}+\frac{2}{h_6}\left(w''-\frac{\phi}{r}\right)f_{c2}\eta_2'+\frac{G_c\alpha_6^2\pi^2v_6^2}{8E_cb_6^2h_6^2}\right]\mathrm{d}z$$

3）扭转应变能与外荷载势能

扭转应变能主要包括自由扭转应变能、翘曲扭转应变能和滑移应变能，自由扭转应变能、翘曲扭转应变能、滑移应变能和外荷载势能表达式同 8.1.1 节。

3. 控制微分方程

直接给出控制微分方程和边界条件。

控制微分方程：

$$\left[2E_c\left(\sum_{i=1}^{6}I_i\right)+\frac{EI_\omega}{r^2}+E_{\mathrm{eff}}I_f\right]w^{(4)}-\frac{G_ck_{Tc}+G_sk_{Ts}}{r^2}w''+\frac{EI_\omega}{r}\phi^{(4)}$$

$$+\left[\frac{-2E_c\left(\sum_{i=1}^{6}I_i\right)}{r}-\frac{G_ck_{Tc}+G_sk_{Ts}}{r}-\frac{E_{\mathrm{eff}}I_f}{r}\right]\phi''-\frac{4E_c}{\pi}\left(\sum_{i=1}^{6}S_i\alpha_iv_i'''\right)$$

$$+2f_{c1}E_c\left(\sum_{i=1}^{3}S_i\right)\eta_1'''-2f_{c2}E_c\left(\sum_{i=4}^{6}S_i\right)\eta_2'''-q_y=0$$

$$\frac{EI_\omega}{r}w^{(4)}+\left[\frac{-2E_c}{r}\left(\sum_{i=1}^{6}I_i\right)-\frac{G_ck_{Tc}+G_sk_{Ts}}{r}-\frac{E_{\text{eff}}I_f}{r}\right]w''+EI_\omega\phi^{(4)}-(G_ck_{Tc}+G_sk_{Ts})\phi''$$

$$+\left[\frac{2E_c\left(\sum_{i=1}^{6}I_i\right)}{r^2}+\frac{E_{\text{eff}}I_f}{r^2}\right]\phi+\frac{4E_c}{r\pi}\left(\sum_{i=1}^{6}S_i\alpha_iv_i'\right)-\frac{2E_cf_{c1}}{r}\left(\sum_{i=1}^{3}S_i\right)\eta_1'$$

$$+\frac{2E_cf_{c2}}{r}\left(\sum_{i=4}^{6}S_i\right)\eta_2'-m_z=0$$

$$\frac{4}{\pi}E_c\alpha_1S_1w'''-E_cS_1'\alpha_1^2v_1''+\frac{G_c\pi^2\alpha_1^2S_1'}{4b_1^2}v_1-\frac{4E_c}{r\pi}\alpha_1S_1\phi'+\frac{4}{\pi}f_{c1}E_c\alpha_1S_1'\eta_1''=0$$

$$\frac{4}{\pi}E_c\alpha_2S_2w'''-E_cS_2'\alpha_2^2v_2''+\frac{G_c\pi^2\alpha_2^2S_2'}{4b_2^2}v_2-\frac{4E_c}{r\pi}\alpha_2S_2\phi'+\frac{4}{\pi}f_{c1}E_c\alpha_2S_2'\eta_1''=0$$

$$\frac{4}{\pi}E_c\alpha_3S_3w'''-E_cS_3'\alpha_3^2v_3''+\frac{G_c\pi^2\alpha_3^2S_3'}{4b_3^2}v_3-\frac{4E_c}{r\pi}\alpha_3S_3\phi'+\frac{4}{\pi}f_{c1}E_c\alpha_3S_3'\eta_1''=0$$

$$\frac{4}{\pi}E_c\alpha_4S_4w'''-E_cS_4'\alpha_4^2v_4''+\frac{G_c\pi^2\alpha_4^2S_4'}{4b_4^2}v_4-\frac{4E_c}{r\pi}\alpha_4S_4\phi'-\frac{4}{\pi}f_{c2}E_c\alpha_4S_4'\eta_2''=0$$

$$\frac{4}{\pi}E_c\alpha_5S_5w'''-E_cS_5'\alpha_5^2v_5''+\frac{G_c\pi^2\alpha_5^2S_5'}{4b_5^2}v_5-\frac{4E_c}{r\pi}\alpha_5S_5\phi'-\frac{4}{\pi}f_{c2}E_c\alpha_5S_5'\eta_2''=0$$

$$\frac{4}{\pi}E_c\alpha_6S_6w'''-E_cS_6'\alpha_6^2v_6''+\frac{G_c\pi^2\alpha_6^2S_6'}{4b_6^2}v_6-\frac{4E_c}{r\pi}\alpha_6S_6\phi'-\frac{4}{\pi}f_{c2}E_c\alpha_6S_6'\eta_2''=0$$

$$-2f_{c1}E_c\left(\sum_{i=1}^{3}S_i\right)w'''+\frac{2E_cf_{c1}}{r}\left(\sum_{i=1}^{3}S_i\right)\phi'+\frac{4}{\pi}f_{c1}E_c\left(\sum_{i=1}^{3}S_i'\alpha_iv_i''\right)$$

$$-f_{c1}^2E_c\left(2t_1b_1+t_2b_2+t_3b_3\right)\eta_1''+k_d\eta_1=0$$

$$2f_{c2}E_c\left(\sum_{i=4}^{6}S_i\right)w'''-\frac{2E_cf_{c2}}{r}\left(\sum_{i=4}^{6}S_i\right)\phi'-\frac{4}{\pi}f_{c2}E_c\left(\sum_{i=4}^{6}S_i'\alpha_iv_i''\right)$$

$$-f_{c2}^2E_c\left(2t_4b_4+t_5b_5+t_6b_6\right)\eta_2''+k_d\eta_2=0$$

式中，$I_1=t_1b_1h_1^2$；$I_2=\frac{1}{2}t_2b_2h_2^2$；$I_3=\frac{1}{2}t_3b_3h_3^2$；$I_4=t_4b_4h_4^2$；$I_5=\frac{1}{2}t_5b_5h_5^2$；$I_6=\frac{1}{2}t_6b_6h_6^2$；$S_1'=t_1b_1$；$S_2'=\frac{1}{2}t_2b_2$；$S_3'=\frac{1}{2}t_3b_3$；$S_4'=t_4b_4$；$S_5'=\frac{1}{2}t_5b_5$；$S_6'=\frac{1}{2}t_6b_6$。

边界条件：

$$\left\{\left[-2E_c\left(\sum_{i=1}^{6}I_i\right)-\frac{EI_\omega}{r^2}-E_{\text{eff}}I_f\right]w''' +\frac{G_ck_{Tc}+G_sk_{Ts}}{r^2}w'-\frac{EI_\omega}{r}\phi'''\right.$$

$$+\left[\frac{2E_c\left(\sum_{i=1}^{6}I_i\right)}{r}+\frac{G_ck_{Tc}+G_sk_{Ts}}{r}+\frac{E_{\text{eff}}I_f}{r}\right]\phi'+\frac{4}{\pi}E_c\left(\sum_{i=1}^{6}S_i\alpha_iv_i''\right)$$

$$\left.-2E_cf_{c1}\eta_1''\left(\sum_{i=1}^{3}S_i\right)+2E_cf_{c2}\eta_2''\left(\sum_{i=4}^{6}S_i\right)-Q_y\right\}\delta w\Bigg|_0^s=0$$

$$\left\{\left[2E_c\left(\sum_{i=1}^{6}I_i\right)+\frac{EI_\omega}{r^2}+E_{\text{eff}}I_f\right]w''+\frac{EI_\omega}{r}\phi''-\left[\frac{2E_c}{r}\left(\sum_{i=1}^{6}I_i\right)+\frac{E_{\text{eff}}I_f}{r}\right]\phi-\frac{4}{\pi}E_c\left(\sum_{i=1}^{6}S_i\alpha_iv_i'\right)\right.$$

$$\left.+2E_cf_{c1}\left(\sum_{i=1}^{3}S_i\right)\eta_1'-2E_cf_{c2}\left(\sum_{i=4}^{6}S_i\right)\eta_2'+M_x\right\}\delta w'\Bigg|_0^s=0$$

$$\left[-\frac{EI_\omega}{r}w''' +\frac{G_ck_{Tc}+G_sk_{Ts}}{r}w'-EI_\omega\phi''' +(G_ck_{Tc}+G_sk_{Ts})\phi'-T_z\right]\delta\phi\Bigg|_0^s=0$$

$$\left(\frac{EI_\omega}{r}w''' +EI_\omega\phi''\right)\delta\phi'\Bigg|_0^s=0$$

$$\left(-\frac{4}{\pi}E_c\alpha_1S_1w''+\frac{4}{r\pi}E_c\alpha_1S_1\phi+E_cS_1'\alpha_1^2v_1'-\frac{4}{\pi}f_{c1}E_c\alpha_1S_1'\eta_1'\right)\delta v_1\Bigg|_0^s=0$$

$$\left(-\frac{4}{\pi}E_c\alpha_2S_2w''+\frac{4}{r\pi}E_c\alpha_2S_2\phi+E_cS_2'\alpha_2^2v_2'-\frac{4}{\pi}f_{c1}E_c\alpha_2S_2'\eta_1'\right)\delta v_2\Bigg|_0^s=0$$

$$\left(-\frac{4}{\pi}E_c\alpha_3S_3w''+\frac{4}{r\pi}E_c\alpha_3S_3\phi+E_cS_3'\alpha_3^2v_3'-\frac{4}{\pi}f_{c1}E_c\alpha_3S_3'\eta_1'\right)\delta v_3\Bigg|_0^s=0$$

$$\left(-\frac{4}{\pi}E_c\alpha_4S_4w''+\frac{4}{r\pi}E_c\alpha_4S_4\phi+E_cS_4'\alpha_4^2v_4'+\frac{4}{\pi}f_{c2}E_c\alpha_4S_4'\eta_2'\right)\delta v_4\Bigg|_0^s=0$$

$$\left(-\frac{4}{\pi}E_c\alpha_5S_5w''+\frac{4}{r\pi}E_c\alpha_5S_5\phi+E_cS_5'\alpha_5^2v_5'+\frac{4}{\pi}f_{c2}E_c\alpha_5S_5'\eta_2'\right)\delta v_5\Bigg|_0^s=0$$

$$\left(-\frac{4}{\pi}E_c\alpha_6S_6w''+\frac{4}{r\pi}E_c\alpha_6S_6\phi+E_cS_6'\alpha_6^2v_6'+\frac{4}{\pi}f_{c2}E_c\alpha_6S_6'\eta_2'\right)\delta v_6\Bigg|_0^s=0$$

$$\left[2E_c f_{c1}\left(\sum_{i=1}^{3}S_i\right)w'' - \frac{2E_c f_{c1}}{r}\left(\sum_{i=1}^{3}S_i\right)\phi - \frac{4}{\pi}f_{c1}E_c\left(\sum_{i=1}^{3}S_i'\alpha_i v_i'\right) + f_{c1}^2 E_c\left(2t_1b_1 + t_2b_2 + t_3b_3\right)\eta_1'\right]\delta\eta_1\Bigg|_0^s = 0$$

$$\left[-2E_c f_{c2}\left(\sum_{i=4}^{6}S_i\right)w'' + \frac{2E_c f_{c2}}{r}\left(\sum_{i=4}^{6}S_i\right)\phi + \frac{4}{\pi}f_{c2}E_c\left(\sum_{i=4}^{6}S_i'\alpha_i v_i'\right) + f_{c2}^2 E_c\left(2t_4b_4 + t_5b_5 + t_6b_6\right)\eta_2'\right]\delta\eta_2\Bigg|_0^s = 0$$

4. 控制微分方程解析解

下面仅给出利用加权余量法求解控制方程的解。

1）加权余量法计算公式

令 $w = w_n \sin\dfrac{\pi z}{l}$，$\phi = \phi_n \sin\dfrac{\pi z}{l}$，$W_i = W_{in}\cos\dfrac{\pi z}{l}$ $(i=1,2,3,4,5,6)$，$\eta_i = \eta_{in}\cos\dfrac{\pi z}{l}$ $(i=1,2)$，控制微分方程的代数形式如下：

$$\begin{cases}
k_{11}w_n + k_{12}\phi_n + k_{13}v_{1n} + k_{14}v_{2n} + k_{15}v_{3n} + k_{16}v_{4n} + k_{17}v_{5n} + k_{18}v_{6n} + k_{19}\eta_{1n} + k_{110}\eta_{2n} = q_y \\
k_{21}w_n + k_{22}\phi_n + k_{23}v_{1n} + k_{24}v_{2n} + k_{25}v_{3n} + k_{26}v_{4n} + k_{27}v_{5n} + k_{28}v_{6n} + k_{29}\eta_{1n} + k_{210}\eta_{2n} = m_z \\
k_{31}w_n + k_{32}\phi_n + k_{33}v_{1n} + k_{34}v_{2n} + k_{35}v_{3n} + k_{36}v_{4n} + k_{37}v_{5n} + k_{38}v_{6n} + k_{39}\eta_{1n} + k_{310}\eta_{2n} = 0 \\
k_{41}w_n + k_{42}\phi_n + k_{43}v_{1n} + k_{44}v_{2n} + k_{45}v_{3n} + k_{46}v_{4n} + k_{47}v_{5n} + k_{48}v_{6n} + k_{49}\eta_{1n} + k_{410}\eta_{2n} = 0 \\
k_{51}w_n + k_{52}\phi_n + k_{53}v_{1n} + k_{54}v_{2n} + k_{55}v_{3n} + k_{56}v_{4n} + k_{57}v_{5n} + k_{58}v_{6n} + k_{59}\eta_{1n} + k_{510}\eta_{2n} = 0 \\
k_{61}w_n + k_{62}\phi_n + k_{63}v_{1n} + k_{64}v_{2n} + k_{65}v_{3n} + k_{66}v_{4n} + k_{67}v_{5n} + k_{68}v_{6n} + k_{69}\eta_{1n} + k_{610}\eta_{2n} = 0 \\
k_{71}w_n + k_{72}\phi_n + k_{73}v_{1n} + k_{74}v_{2n} + k_{75}v_{3n} + k_{76}v_{4n} + k_{77}v_{5n} + k_{78}v_{6n} + k_{79}\eta_{1n} + k_{710}\eta_{2n} = 0 \\
k_{81}w_n + k_{82}\phi_n + k_{83}v_{1n} + k_{84}v_{2n} + k_{85}v_{3n} + k_{86}v_{4n} + k_{87}v_{5n} + k_{88}v_{6n} + k_{89}\eta_{1n} + k_{810}\eta_{2n} = 0 \\
k_{91}w_n + k_{92}\phi_n + k_{93}v_{1n} + k_{94}v_{2n} + k_{95}v_{3n} + k_{96}v_{4n} + k_{97}v_{5n} + k_{98}v_{6n} + k_{99}\eta_{1n} + k_{910}\eta_{2n} = 0 \\
k_{101}w_n + k_{102}\phi_n + k_{103}v_{1n} + k_{104}v_{2n} + k_{105}v_{3n} + k_{106}v_{4n} + k_{107}v_{5n} + k_{108}v_{6n} + k_{109}\eta_{1n} + k_{1010}\eta_{2n} = 0
\end{cases}$$

式中，$k_{11} = \left[2E_c\left(\sum\limits_{i=1}^{6}I_i\right) + \dfrac{EI_\omega}{r^2} + E_{\text{eff}}I_f\right]\left(\dfrac{\pi}{l}\right)^4 + \dfrac{G_ck_{Tc} + G_sk_{Ts}}{r^2}\left(\dfrac{\pi}{l}\right)^2$；

$k_{12} = \dfrac{1}{r}\left(\dfrac{\pi}{l}\right)^2\left\{\left(\dfrac{\pi}{l}\right)^2 EI_\omega + \left[2E_c\left(\sum\limits_{i=1}^{6}I_i\right) + G_ck_{Tc} + G_sk_{Ts} + E_{\text{eff}}I_f\right]\right\}$；$k_{13} = -\dfrac{4}{\pi}E_c\alpha_1S_1\left(\dfrac{\pi}{l}\right)^3$；

$k_{14} = -\dfrac{4}{\pi}E_c\alpha_2S_2\left(\dfrac{\pi}{l}\right)^3$；$k_{15} = -\dfrac{4}{\pi}E_c\alpha_3S_3\left(\dfrac{\pi}{l}\right)^3$；$k_{16} = -\dfrac{4}{\pi}E_c\alpha_4S_4\left(\dfrac{\pi}{l}\right)^3$；

$$k_{17}=-\frac{4}{\pi}E_c\alpha_5S_5\left(\frac{\pi}{l}\right)^3;\quad k_{18}=-\frac{4}{\pi}E_c\alpha_6S_6\left(\frac{\pi}{l}\right)^3;\quad k_{19}=2f_{c1}E_c\left(\sum_{i=1}^{3}S_i\right)\left(\frac{\pi}{l}\right)^3;$$

$$k_{110}=-2f_{c2}E_c\left(\sum_{i=4}^{6}S_i\right)\left(\frac{\pi}{l}\right)^3;$$

$$k_{21}=\frac{1}{r}\left(\frac{\pi}{l}\right)^2\left\{\left(\frac{\pi}{l}\right)^2EI_\omega+\left[2E_c\left(\sum_{i=1}^{6}I_i\right)+G_ck_{Tc}+G_sk_{Ts}+E_{\mathrm{eff}}I_f\right]\right\};$$

$$k_{22}=EI_\omega\left(\frac{\pi}{l}\right)^4+(G_ck_{Tc}+G_sk_{Ts})\left(\frac{\pi}{l}\right)^2+\frac{2E_c}{r^2}\left(\sum_{i=1}^{6}I_i\right)+\frac{E_{\mathrm{eff}}I_f}{r^2};\quad k_{23}=-\frac{4}{r\pi}E_c\alpha_1S_1\left(\frac{\pi}{l}\right);$$

$$k_{24}=-\frac{4}{r\pi}E_c\alpha_2S_2\left(\frac{\pi}{l}\right);\quad k_{25}=-\frac{4}{r\pi}E_c\alpha_3S_3\left(\frac{\pi}{l}\right);\quad k_{26}=-\frac{4}{r\pi}E_c\alpha_4S_4\left(\frac{\pi}{l}\right);$$

$$k_{27}=-\frac{4}{r\pi}E_c\alpha_5S_5\left(\frac{\pi}{l}\right);\quad k_{28}=-\frac{4}{r\pi}E_c\alpha_6S_6\left(\frac{\pi}{l}\right);\quad k_{29}=\frac{2E_cf_{c1}}{r}\left(\sum_{i=1}^{3}S_i\right)\left(\frac{\pi}{l}\right);$$

$$k_{210}=-\frac{2E_cf_{c2}}{r}\left(\sum_{i=4}^{6}S_i\right)\left(\frac{\pi}{l}\right);\quad k_{31}=-\frac{4}{\pi}E_c\alpha_1S_1\left(\frac{\pi}{l}\right)^3;\quad k_{32}=-\frac{4}{r\pi}E_c\alpha_1S_1\left(\frac{\pi}{l}\right);$$

$$k_{33}=E_cS_1'\alpha_1^2\left(\frac{\pi}{l}\right)^2+G_c\frac{\pi^2\alpha_1^2S_1'}{4b_1^2};\quad k_{34}=k_{35}=k_{36}=k_{37}=k_{38}=0;$$

$$k_{39}=\frac{-4}{\pi}f_{c1}E_c\alpha_1S_1'\left(\frac{\pi}{l}\right)^2;\quad k_{310}=0;\quad k_{41}=-\frac{4}{\pi}E_c\alpha_2S_2\left(\frac{\pi}{l}\right)^3;\quad k_{42}=-\frac{4}{r\pi}E_c\alpha_2S_2\left(\frac{\pi}{l}\right);$$

$$k_{43}=k_{45}=k_{46}=k_{47}=k_{48}=0;\quad k_{44}=E_cS_2'\alpha_2^2\left(\frac{\pi}{l}\right)^2+G_c\frac{\pi^2\alpha_2^2S_2'}{4b_2^2};$$

$$k_{49}=\frac{-4}{\pi}f_{c1}E_c\alpha_2S_2'\left(\frac{\pi}{l}\right)^2;\quad k_{410}=0;\quad k_{51}=-\frac{4}{\pi}E_c\alpha_3S_3\left(\frac{\pi}{l}\right)^3;\quad k_{52}=-\frac{4}{r\pi}E_c\alpha_3S_3\left(\frac{\pi}{l}\right);$$

$$k_{53}=k_{54}=k_{56}=k_{57}=k_{58}=0;\quad k_{55}=E_cS_3'\alpha_3^2\left(\frac{\pi}{l}\right)^2+G_c\frac{\pi^2\alpha_3^2S_3'}{4b_3^2};$$

$$k_{59}=\frac{-4}{\pi}f_{c1}E_c\alpha_3S_3'\left(\frac{\pi}{l}\right)^2;\quad k_{510}=0;\quad k_{61}=-\frac{4}{\pi}E_c\alpha_4S_4\left(\frac{\pi}{l}\right)^3;\quad k_{62}=-\frac{4}{r\pi}E_c\alpha_4S_4\left(\frac{\pi}{l}\right);$$

$$k_{63}=k_{64}=k_{65}=k_{67}=k_{68}=0;\quad k_{66}=E_cS_4'\alpha_4^2\left(\frac{\pi}{l}\right)^2+G_c\frac{\pi^2\alpha_4^2S_4'}{4b_4^2};\quad k_{69}=0;$$

$$k_{610}=\frac{4}{\pi}f_{c2}E_c\alpha_5S_5'\left(\frac{\pi}{l}\right)^2;\quad k_{71}=-\frac{4}{\pi}E_c\alpha_5S_5\left(\frac{\pi}{l}\right)^3;\quad k_{72}=-\frac{4}{r\pi}E_c\alpha_5S_5\left(\frac{\pi}{l}\right);$$

$$k_{73}=k_{74}=k_{75}=k_{76}=k_{78}=0;\quad k_{77}=E_cS_5'\alpha_5^2\left(\frac{\pi}{l}\right)^2+G_c\frac{\pi^2\alpha_5^2S_5'}{4b_5^2};\quad k_{79}=0;$$

$$k_{710}=\frac{4}{\pi}f_{c2}E_c\alpha_5S_5'\left(\frac{\pi}{l}\right)^2;\quad k_{81}=-\frac{4}{\pi}E_c\alpha_6S_6\left(\frac{\pi}{l}\right)^3;\quad k_{82}=-\frac{4}{r\pi}E_c\alpha_6S_6\left(\frac{\pi}{l}\right);$$

$$k_{83}=k_{84}=k_{85}=k_{86}=k_{87}=0\text{；}\quad k_{88}=E_cS_6'\alpha_6^2\left(\frac{\pi}{l}\right)^2+G_c\frac{\pi^2\alpha_6^2S_6'}{4b_6^2}\text{；}\quad k_{89}=0\text{；}$$

$$k_{810}=\frac{4}{\pi}f_{c2}E_c\alpha_6S_6'\left(\frac{\pi}{l}\right)^2\text{；}\quad k_{91}=2f_{c1}E_c\left(\sum_{i=1}^{3}S_i\right)\left(\frac{\pi}{l}\right)^3\text{；}\quad k_{92}=\frac{2f_{c1}E_c}{r}\left(\sum_{i=1}^{3}S_i\right)\left(\frac{\pi}{l}\right)\text{；}$$

$$k_{93}=-\frac{4f_{c1}E_c}{\pi}\alpha_1S_1'\left(\frac{\pi}{l}\right)^2\text{；}\quad k_{94}=-\frac{4f_{c1}E_c}{\pi}\alpha_2S_2'\left(\frac{\pi}{l}\right)^2\text{；}\quad k_{95}=-\frac{4f_{c1}E_c}{\pi}\alpha_3S_3'\left(\frac{\pi}{l}\right)^2\text{；}$$

$$k_{96}=k_{97}=k_{98}=0\text{；}\quad k_{99}=f_{c1}^2E_c(2t_1b_1+t_2b_2+t_3b_3)\left(\frac{\pi}{l}\right)^2+k_d\text{；}\quad k_{910}=0\text{；}$$

$$k_{101}=-2f_{c2}E_c\left(\sum_{i=4}^{6}S_i\right)\left(\frac{\pi}{l}\right)^3\text{；}\quad k_{102}=-\frac{2f_{c2}E_c}{r}\left(\sum_{i=4}^{6}S_i\right)\left(\frac{\pi}{l}\right)\text{；}\quad k_{103}=k_{104}=k_{105}=0\text{；}$$

$$k_{106}=\frac{4f_{c2}E_c}{\pi}\alpha_4S_4'\left(\frac{\pi}{l}\right)^2\text{；}\quad k_{107}=\frac{4f_{c2}E_c}{\pi}\alpha_5S_5'\left(\frac{\pi}{l}\right)^2\text{；}\quad k_{108}=\frac{4f_{c2}E_c}{\pi}\alpha_6S_6'\left(\frac{\pi}{l}\right)^2\text{；}$$

$$k_{109}=0\text{；}\quad k_{1010}=f_{c1}^2E_c(2t_4b_4+t_5b_5+t_6b_6)\left(\frac{\pi}{l}\right)^2+k_d\text{。}$$

2）上、下翼缘混凝土板不同宽度处的应力表达式

上翼缘混凝土板正应力：

$$\sigma_{ci}=E_c\varepsilon_i=E_c\left[h_i\left(\frac{\mathrm{d}^2w}{\mathrm{d}z^2}-\frac{\phi}{r}\right)-\alpha_i\cos\frac{\pi x}{|2b_i|}v_i'(z)+f_{c1}\eta_1'(z)\right]\quad(i=1,2,3)$$

下翼缘混凝土板正应力：

$$\sigma_{ci}=E_c\varepsilon_i=E_c\left[-h_i\left(\frac{\mathrm{d}^2w}{\mathrm{d}z^2}-\frac{\phi}{r}\right)+\alpha_i\cos\frac{\pi x}{|2b_i|}v_i'(z)+f_{c2}\eta_2'(z)\right]\quad(i=4,5,6)$$

8.2.2　钢箱曲线组合梁

1. 剪力滞翘曲位移函数

剪力滞翘曲位移：

$$w(x,y,z)=\begin{cases}-\alpha_1\cos\dfrac{\pi x}{|2b_1|}v_1(z) & (0\leqslant x\leqslant b_1)\quad\text{混凝土顶板}\\ -\alpha_2\cos\dfrac{\pi(x+b_1+b_2)}{|2b_2|}v_2(z) & (-b_1-b_2\leqslant x\leqslant -b_1)\quad\text{上部混凝土板外悬臂板}\\ -\alpha_3\cos\dfrac{\pi(x-b_1-b_2)}{|2b_3|}v_3(z) & (b_1\leqslant x\leqslant b_1+b_3)\quad\text{上部混凝土板内悬臂板}\\ \alpha_4\cos\dfrac{\pi x}{|2b_4|}v_4(z) & (0\leqslant x\leqslant b_4)\quad\text{钢梁底板}\end{cases}$$

式中，$\alpha_1=\alpha_4=1$；$\alpha_2=\left(\dfrac{b_2}{b_1}\right)^2$；$\alpha_3=\left(\dfrac{b_3}{b_1}\right)^2$；$v_i(z)(i=1,2,3,4)$ 为翼缘板剪切变形纵向最大位移差函数。

2. 组件势能

组件势能主要包括组合梁中的钢腹板弯曲应变能、翼缘混凝土板应变能及钢梁下翼缘钢板应变能等。

1）钢腹板弯曲应变能

$$\overline{U}_f=\frac{1}{2}\iiint E_s(-y\phi'+f_s\eta')^2\mathrm{d}x\mathrm{d}y\mathrm{d}z=\frac{1}{3}E_st_w(h_1^3+h_3^3)\int k_x^2\mathrm{d}z+E_st_w(h_1+h_3)\int f_s^2\eta_1'^2\mathrm{d}z$$
$$+E_st_w(h_1^2-h_3^2)\int(k_xf_s\eta_1')\mathrm{d}z$$

2）钢腹板之间上翼缘混凝土板应变能

$$\overline{U}_1=t_1b_1h_1^2E_c\int_0^s\left[w''^2+\left(\frac{\phi}{r}\right)^2-2w''\frac{\phi}{r}+\frac{\alpha_1^2v_1'^2}{2h_1^2}+\frac{f_{c1}^2\eta_1'^2}{h_1^2}-\frac{4\alpha_1\left(w''-\dfrac{\phi}{r}\right)u_1'}{\pi h_1}-\frac{4\alpha_1v_1'f_{c1}\eta_1'}{\pi h_1^2}\right.$$
$$\left.+\frac{2}{h_1}\left(w''-\frac{\phi}{r}\right)f_{c1}\eta_1'+\frac{G_c\alpha_1^2\pi^2v_1^2}{8E_cb_1^2h_1^2}\right]\mathrm{d}z$$

3）钢腹板上翼缘外侧混凝土板应变能

$$\overline{U}_2=\frac{1}{2}t_2b_2h_2^2E_c\int_0^s\left[w''^2+\left(\frac{\phi}{r}\right)^2-2w''\frac{\phi}{r}+\frac{\alpha_2^2v_2'^2}{2h_2^2}+\frac{f_{c1}^2\eta_1'^2}{h_2^2}-\frac{4\alpha_2\left(w''-\dfrac{\phi}{r}\right)v_2'}{\pi h_2}\right.$$
$$\left.-\frac{4\alpha_2v_2'f_{c1}\eta_1'}{\pi h_2^2}+\frac{2}{h_2}\left(w''-\frac{\phi}{r}\right)f_{c1}\eta_1'+\frac{G_c\alpha_2^2\pi^2v_2^2}{8E_cb_2^2h_2^2}\right]\mathrm{d}z$$

4）钢腹板上翼缘内侧混凝土板应变能

$$\overline{U}_3=\frac{1}{2}t_3b_3h_3^2E_c\int_0^s\left[w''^2+\left(\frac{\phi}{r}\right)^2-2w''\frac{\phi}{r}+\frac{\alpha_3^2v_3'^2}{2h_3^2}+\frac{f_{c1}^2\eta_1'^2}{h_3^2}-\frac{4\alpha_3\left(w''-\dfrac{\phi}{r}\right)v_3'}{\pi h_3}\right.$$

$$-\frac{4\alpha_3 v_3' f_{c1}\eta_1'}{\pi h_3^2}+\frac{2}{h_3}\left(w''-\frac{\phi}{r}\right)f_{c1}\eta_1'+\frac{G_c\alpha_3^2\pi^2 v_3^2}{8E_c b_3^2 h_3^2}\Bigg]\mathrm{d}z$$

5）钢梁下翼缘钢板应变能

$$\overline{U}_4=t_4 b_4 h_4^2 E_s\int_0^s\left[w''^2+\left(\frac{\phi}{r}\right)^2-2w''\frac{\phi}{r}+\frac{\alpha_4^2 v_4'^2}{2h_4^2}+\frac{f_s^2\eta_1'^2}{h_4^2}-\frac{4\alpha_4\left(w''-\frac{\phi}{r}\right)v_4'}{\pi h_4}\right.$$

$$\left.-\frac{4\alpha_4 v_4' f_s\eta_1'}{\pi h_4^2}+\frac{2}{h_4}\left(w''-\frac{\phi}{r}\right)f_s\eta_2'+\frac{G_s\alpha_4^2\pi^2 v_4^2}{8E_s b_4^2 h_4^2}\right]\mathrm{d}z$$

6）扭转应变能与外荷载势能

扭转应变能主要包括自由扭转应变能、翘曲应变能和滑移应变能，自由扭转应变能、翘曲应变能、滑移应变能和外荷载势能表达式见 8.1.2 节。

3. 控制微分方程

直接给出控制微分方程与边界条件。

控制微分方程：

$$\left[2E_c\left(\sum_{i=1}^{3}I_i\right)+\frac{2}{3}E_s t_w(h_1^3+h_3^3)+2E_s t_4 b_4 h_4^2+\frac{EI_\omega}{r^2}\right]w^{(4)}-\frac{G_c k_{Tc}+G_s k_{Ts}}{r^2}w''+\frac{EI_\omega}{r}\phi^{(4)}$$

$$+\left[\frac{-2E_c\left(\sum_{i=1}^{3}I_i\right)}{r}-\frac{2E_s t_w(h_1^3+h_3^3)}{3r}-\frac{2E_s t_4 b_4 h_4^2}{r}-\frac{G_c k_{Tc}+G_s k_{Ts}}{r}\right]\phi''$$

$$-\frac{4E_c}{\pi}\left(\sum_{i=1}^{3}S_i\alpha_i v_i'''\right)-\frac{4E_c}{\pi}S_4\alpha_4 v_4'''+2f_c E_c\left(\sum_{i=1}^{3}S_i\right)\eta_1'''-2f_s E_s S_4\eta_1'''$$

$$-f_s E_s t_w(h_3^2-h_1^2)-q_y=0$$

$$\frac{EI_{\omega}}{r}w^{(4)}+\left[\frac{-2E_c}{r}\left(\sum_{i=1}^{3}I_i\right)-\frac{2E_st_w(h_1^3+h_3^3)}{3r}+\frac{-2}{r}E_sI_4-\frac{G_ck_{Tc}+G_sk_{Ts}}{r}\right]w''+EI_{\omega}\phi^{(4)}$$

$$-(G_ck_{Tc}+G_sk_{Ts})\phi''+\frac{2E_c\left(\sum_{i=1}^{3}I_i\right)}{r^2}+\frac{2E_s}{r^2}\left[\frac{1}{3}t_w(h_1^3+h_3^3)+t_4b_4h_4^2\right]\phi+\frac{4E_c}{r\pi}\left(\sum_{i=1}^{3}S_i\alpha_iv_i'\right)$$

$$+\frac{4E_s}{r\pi}S_4\alpha_4v_4'-\frac{2E_cf_{c1}}{r}\left(\sum_{i=1}^{3}S_i\right)\eta_1'+\frac{2E_sf_s}{r}S_4\eta_1'+\frac{E_st_w(h_3^2-h_1^2)}{r}f_s\eta_1'-m_z=0$$

$$\frac{4}{\pi}E_c\alpha_1S_1w'''-E_cS_1'\alpha_1^2v_1''+\frac{G_c\pi^2\alpha_1^2S_1'}{4b_1^2}v_1-\frac{4E_c}{r\pi}\alpha_1S_1\phi'+\frac{4}{\pi}f_cE_c\alpha_1S_1'\eta_1''=0$$

$$\frac{4}{\pi}E_c\alpha_2S_2w'''-E_cS_2'\alpha_2^2v_2''+\frac{G_c\pi^2\alpha_2^2S_2'}{4b_2^2}v_2-\frac{4E_c}{r\pi}\alpha_2S_2\phi'+\frac{4}{\pi}f_cE_c\alpha_2S_2'\eta_1''=0$$

$$\frac{4}{\pi}E_c\alpha_3S_3w'''-E_cS_3'\alpha_3^2v_3''+\frac{G_c\pi^2\alpha_3^2S_3'}{4b_3^2}v_3-\frac{4E_c}{r\pi}\alpha_3S_3\phi'+\frac{4}{\pi}f_cE_c\alpha_3S_3'\eta_1''=0$$

$$\frac{4}{\pi}E_s\alpha_4S_4w'''-E_sS_4'\alpha_4^2v_4''+\frac{G_s\pi^2\alpha_4^2S_4'}{4b_4^2}v_4-\frac{4E_s}{r\pi}\alpha_4S_4\phi'-\frac{4}{\pi}f_cE_s\alpha_4S_4'\eta_1''=0$$

$$\left[-2f_{c1}E_c\left(\sum_{i=1}^{3}S_i\right)+2f_sE_sS_4\right]w'''+\left[\frac{2E_cf_{c1}}{r}\left(\sum_{i=1}^{3}S_i\right)-\frac{2E_sf_sS_4}{r}-\frac{E_sf_st_w(h_3^2-h_1^2)}{r}\right]\phi'$$

$$+\frac{4}{\pi}f_cE_c\left(\sum_{i=1}^{3}S_i'\alpha_iv_i''\right)-\frac{4}{\pi}f_sE_sS_4'\alpha_4v_4''-f_c^2E_c\left(2t_1b_1+t_2b_2+t_3b_3\right)\eta_1''-2f_s^2E_st_4b_4\eta_1''$$

$$-2f_s^2E_st_w(h_1+h_3)\eta_1''+k_d\eta_1=0$$

式中，$I_1=t_1b_1h_1^2$；$I_2=\frac{1}{2}t_2b_2h_2^2$；$I_3=\frac{1}{2}t_3b_3h_3^2$；$I_4=t_4b_4h_4^2$；$S_1=t_1b_1h_1$；$S_2=\frac{1}{2}t_2b_2h_2$；$S_3=\frac{1}{2}t_3b_3h_3$；$S_4=t_4b_4h_4$；$S_1'=t_1b_1$；$S_2'=\frac{1}{2}t_2b_2$；$S_3'=\frac{1}{2}t_3b_3$；$S_4'=t_4b_4$。

边界条件：

$$\left\{\left[-2E_c\left(\sum_{i=1}^{3}I_i\right)-\frac{EI_{\omega}}{r^2}-\frac{2}{3}E_st_w(h_1^3+h_3^3)-2E_st_4b_4h_4^2\right]w'''+\frac{G_ck_{Tc}+G_sk_{Ts}}{r^2}w'-\frac{EI_{\omega}}{r}\phi'''\right.$$

$$+\left[\frac{2E_c\left(\sum_{i=1}^{3}I_i\right)}{r}+\frac{G_ck_{Tc}+G_sk_{Ts}}{r}+\frac{2E_st_w(h_1^3+h_3^3)}{3r}+\frac{2E_st_4b_4h_4^2}{r}\right]\phi'+\frac{4}{\pi}E_c\left(\sum_{i=1}^{3}S_i\alpha_iv_i''\right)$$

$$\left.+\frac{4}{\pi}E_sS_4\alpha_4v_4''-2E_cf_c\eta_1''\left(\sum_{i=1}^{3}S_i\right)+2E_sf_sS_4\eta_1''+E_sf_st_w(h_3^2-h_1^2)\eta_1''-Q_y\right\}\delta w\Bigg|_0^s=0$$

$$\left\{\left[2E_c\left(\sum_{i=1}^{3}I_i\right)+\frac{EI_\omega}{r^2}+\frac{2}{3}E_st_w(h_1^3+h_3^3)+2E_sI_4\right]w''+\frac{EI_\omega}{r}\phi''-\left[\frac{2E_c}{r}\left(\sum_{i=1}^{3}I_i\right)\right.\right.$$

$$\left.+\frac{2E_sI_4}{r}+\frac{2E_st_w(h_1^3+h_3^3)}{3r}\right]\phi-\frac{4}{\pi}E_c\left(\sum_{i=1}^{3}S_i\alpha_iv_i'\right)-\frac{4}{\pi}E_sS_4\alpha_4v_4'$$

$$\left.+2E_cf_{c1}\left(\sum_{i=1}^{3}S_i\right)\eta_1'-2E_sf_sS_4\eta_1'-E_st_w(h_3^2-h_1^2)f_s\eta_1'+M_x\right\}\delta w'\Bigg|_0^s=0$$

$$\left[-\frac{EI_\omega}{r}w'''+\frac{G_ck_{Tc}+G_sk_{Ts}}{r}w'-EI_\omega\phi'''+(G_ck_{Tc}+G_sk_{Ts})\phi'-T_z\right]\delta\phi\Bigg|_0^s=0$$

$$\left(\frac{EI_\omega}{r}w'''+EI_\omega\phi''\right)\delta\phi'\Bigg|_0^s=0$$

$$\left(-\frac{4}{\pi}E_c\alpha_1S_1w''+\frac{4}{r\pi}E_c\alpha_1S_1\phi+E_cS_1'\alpha_1^2v_1'-\frac{4}{\pi}f_cE_c\alpha_1S_1'\eta_1'\right)\delta v_1\Bigg|_0^s=0$$

$$\left(-\frac{4}{\pi}E_c\alpha_2S_2w''+\frac{4}{r\pi}E_c\alpha_2S_2\phi+E_cS_2'\alpha_2^2v_2'-\frac{4}{\pi}f_cE_c\alpha_2S_2'\eta_1'\right)\delta v_2\Bigg|_0^s=0$$

$$\left(-\frac{4}{\pi}E_c\alpha_3S_3w''+\frac{4}{v\pi}E_c\alpha_3S_3\phi+E_cS_3'\alpha_3^2v_3'-\frac{4}{\pi}f_cE_c\alpha_3S_3'\eta_1'\right)\delta v_3\Bigg|_0^s=0$$

$$\left(-\frac{4}{\pi}E_s\alpha_4S_4w''+\frac{4}{r\pi}E_s\alpha_4S_4\phi+E_cS_4'\alpha_4^2v_4'+\frac{4}{\pi}f_sE_s\alpha_4S_4'\eta_1'\right)\delta v_4\Bigg|_0^s=0$$

$$\left\{\left[2E_cf_c\left(\sum_{i=1}^{3}S_i\right)-2E_sf_sS_4-E_sf_st_w(h_3^2-h_1^2)\right]w''+\left[-\frac{2E_cf_{c1}}{r}\left(\sum_{i=1}^{3}S_i\right)\right.\right.$$

$$\left.+\frac{2E_sf_sS_4}{r}+\frac{E_sf_st_w(h_3^2-h_1^2)}{r}\right]\phi-\frac{4}{\pi}f_cE_c\left(\sum_{i=1}^{3}S_i'\alpha_iv_i'\right)$$

$$+\frac{4}{\pi}f_sE_sS_4'\alpha_4v_4'+f_{c1}^2E_c\left(2t_1b_1+t_2b_2+t_3b_3\right)$$

$$\left.+f_s^2E_st_4b_4+f_s^2E_st_w(h_1+h_3)\eta_1'\right\}\delta\eta_1\Bigg|_0^s=0$$

4. 控制微分方程的解析解

1）加权余量法计算公式

令 $w=w_n\sin\dfrac{\pi z}{l}$， $\phi=\phi_n\sin\dfrac{\pi z}{l}$， $W_i=W_{in}\cos\dfrac{\pi z}{l}$ $(i=1,2,3,4,5,6)$，

$\eta_i=\eta_{in}\cos\dfrac{\pi z}{l}\ \ (i=1,2)$，得到控制微分方程的代数形式：

$$\begin{cases}k_{11}w_n+k_{12}\phi_n+k_{13}v_{1n}+k_{14}v_{2n}+k_{15}\eta_{1n}=q_y\\k_{21}w_n+k_{22}\phi_n+k_{23}v_{1n}+k_{24}v_{2n}+k_{25}\eta_{1n}=m_z\\k_{31}w_n+k_{32}\phi_n+k_{33}v_{1n}+k_{34}v_{2n}+k_{35}\eta_{1n}=0\\k_{41}w_n+k_{42}\phi_n+k_{43}v_{1n}+k_{44}v_{2n}+k_{45}\eta_{1n}=0\\k_{51}w_n+k_{52}\phi_n+k_{53}v_{1n}+k_{54}v_{2n}+k_{55}\eta_{1n}=0\end{cases}$$

式中，$k_{11}=\left[2E_c\left(\sum_{i=1}^{3}I_i\right)+\dfrac{2}{3}E_st_w(h_1^3+h_3^3)+2E_st_4b_4h_4^2+\dfrac{EI_\omega}{r^2}\right]\left(\dfrac{\pi}{l}\right)^4+\dfrac{G_ck_{Tc}+G_sk_{Ts}}{r^2}\left(\dfrac{\pi}{l}\right)^2$；

$$k_{12}=\frac{EI_\omega}{r}\left(\frac{\pi}{l}\right)^4+\left[\frac{-2E_c\left(\sum_{i=1}^{3}I_i\right)}{r}-\frac{2E_st_w(h_1^3+h_3^3)}{3r}-\frac{2E_st_4b_4h_4^2}{r}-\frac{G_ck_{Tc}+G_sk_{Ts}}{r}\right]\left(\frac{\pi}{l}\right)^2;$$

$k_{13}=-\dfrac{4E_c}{\pi}\left(\sum_{i=1}^{3}S_i\alpha_i\right)\left(\dfrac{\pi}{l}\right)^3$；$k_{14}=-\dfrac{4E_c}{\pi}S_4\alpha_4\left(\dfrac{\pi}{l}\right)^3$；

$k_{15}=\left[2f_cE_c\left(\sum_{i=1}^{3}S_i\right)-2f_sE_sS_4\right]\left(\dfrac{\pi}{l}\right)^3$；

$$k_{21}=\frac{1}{r}\left(\frac{\pi}{l}\right)^2\left\{\left(\frac{\pi}{l}\right)^2EI_\omega+\left[2E_c\left(\sum_{i=1}^{3}I_i\right)+\frac{2E_st_w(h_1^3+h_3^3)}{3}+2E_sI_4+G_ck_{Tc}+G_sk_{Ts}\right]\right\};$$

$$k_{22}=EI_\omega\left(\frac{\pi}{l}\right)^4+\left(G_ck_{Tc}+G_sk_{Ts}\right)\left(\frac{\pi}{l}\right)^2+\frac{2E_c\left(\sum_{i=1}^{3}I_i\right)}{r^2}+\frac{2E_s}{r^2}\left[\frac{1}{3}t_w(h_1^3+h_3^3)+t_4b_4h_4^2\right];$$

$k_{23}=-\dfrac{4E_c}{r\pi}\left(\sum_{i=1}^{3}S_i\alpha_i\right)\left(\dfrac{\pi}{l}\right)$；$k_{24}=-\dfrac{4E_s}{r\pi}S_4\alpha_4\left(\dfrac{\pi}{l}\right)$；

$k_{25}=\dfrac{2E_cf_c}{r}\left(\sum_{i=1}^{3}S_i\right)\left(\dfrac{\pi}{l}\right)-\dfrac{2E_sf_s}{r}S_4\left(\dfrac{\pi}{l}\right)-\dfrac{E_sf_st_w(h_3^2-h_1^2)}{r}\left(\dfrac{\pi}{l}\right)$；$k_{31}=\dfrac{4}{\pi}E_c\left(\sum_{i=1}^{3}\alpha_iS_i\right)$；

$k_{32}=-\dfrac{4E_c}{r\pi}\left(\sum_{i=1}^{3}\alpha_iS_i\right)$；$k_{33}=E_c\left(\sum_{i=1}^{3}S_i'\alpha_i^2\right)+G\pi^2\left(\sum_{i=1}^{3}\dfrac{\alpha_1^2S_1'}{4b_1^2}\right)$；$k_{34}=0$；

$k_{35}=-\dfrac{4}{\pi}f_cE_c\left(\sum_{i=1}^{3}\alpha_iS_i'\right)$；$k_{41}=\dfrac{4}{\pi}E_c\alpha_4S_4$；$k_{42}=-\dfrac{4E_c}{r\pi}\alpha_4S_4$；$k_{43}=0$；

$k_{44}=E_cS_4'\alpha_4^2+G_c\pi^2\dfrac{\alpha_4^2S_4'}{4b_4^2}$；$k_{45}=-\dfrac{4}{\pi}f_cE_c\alpha_4S_4'$；$k_{51}=\left[2f_{c1}E_c\left(\sum_{i=1}^{3}S_i\right)-2f_sE_sS_4\right]\left(\dfrac{\pi}{l}\right)^3$；

$$k_{52}=\frac{1}{r}\left(\frac{\pi}{l}\right)\left[2E_cf_{c1}\left(\sum_{i=1}^{3}S_i\right)-2E_sf_sS_4-E_sf_st_w(h_3^2-h_1^2)\right];$$

$$k_{53}=-\frac{4}{\pi}f_cE_c\left(\sum_{i=1}^{3}S_i'\alpha_i\right)\left(\frac{\pi}{l}\right)^2;\quad k_{54}=\frac{4}{\pi}f_sE_sS_4'\alpha_4\left(\frac{\pi}{l}\right)^2;$$

$$k_{55}=[f_c^2E_c(2t_1b_1+t_2b_2+t_3b_3)+2f_s^2E_st_4b_4+2f_s^2E_st_w(h_1+h_3)]\left(\frac{\pi}{l}\right)^2+k_d\text{。}$$

2）上、下翼缘板不同宽度处的应力

上翼缘混凝土板应力：

$$\sigma_{ci}=E_c\varepsilon_i=E_c\left[h_i\left(\frac{\mathrm{d}^2w}{\mathrm{d}z^2}-\frac{\phi}{r}\right)-\alpha_i\cos\frac{\pi x}{|2b_i|}v_i'(z)+f_{c1}\eta_1'(z)\right]\quad(i=1,2,3)$$

下翼缘钢板应力：

$$\sigma_{ci}=E_s\varepsilon_4=E_c\left[h_4\left(\frac{\mathrm{d}^2w}{\mathrm{d}z^2}-\frac{\phi}{r}\right)-\alpha_4\cos\frac{\pi x}{|2b_4|}v_4'(z)+f_{c1}\eta_1'(z)\right]$$

8.2.3 工字钢曲线组合梁

1. 剪力滞翘曲位移函数

剪力滞翘曲位移函数为

$$w(x,y,z)=\begin{cases}-\alpha_1\cos\dfrac{\pi x}{|2b_1|}v_1(z) & (0\leqslant x\leqslant b_1)\quad\text{上部混凝土板外悬臂板}\\ -\alpha_1\cos\dfrac{\pi x}{|2b_2|}v_2(z) & (0\leqslant x\leqslant b_2)\quad\text{上部混凝土板内悬臂板}\\ \alpha_4\cos\dfrac{\pi x}{|2b_4|}v_4(z) & (0\leqslant x\leqslant b_4)\quad\text{钢梁底板}\end{cases}$$

式中，$\alpha_1=\alpha_2=\alpha_3=1$；$v_i(z)(i=1,2,3,4)$为翼缘板剪切变形纵向最大位移差函数。

2. 组件势能

组件主要包括组合梁中的混凝土翼缘板、工字钢腹板和工字钢上、下翼缘等。

1）钢梁腹板弯曲应变能

$$\overline{U}_f=\frac{1}{2}\iiint E_s(-y\phi'+f_s\eta')^2\mathrm{d}x\mathrm{d}y\mathrm{d}z=\frac{1}{6}E_st_w(h_1^3+h_3^3)\int k_x^2\mathrm{d}z+\frac{1}{2}E_st_w(h_1+h_3)\int f_s^2\eta_1'^2\mathrm{d}z$$
$$+\frac{1}{2}E_st_w(h_1^2-h_3^2)\int(k_xf_s\eta_1')\mathrm{d}z$$

2）上翼缘混凝土内侧悬臂板应变能

$$\overline{U}_1=\frac{1}{2}t_1b_1h_1^2E_c\int_0^s\left[w''^2+\left(\frac{\phi}{r}\right)^2-2w''\frac{\phi}{r}+\frac{\alpha_1^2v_1'^2}{2h_1^2}+\frac{f_c^2\eta_1'^2}{h_1^2}-\frac{4\alpha_1\left(w''-\frac{\phi}{r}\right)v_1'}{\pi h_1}-\frac{4f_c\alpha_1v_1'}{\pi h_1^2}\eta_1'\right.$$

$$\left.+\frac{2f_c}{h_1}\left(w''-\frac{\phi}{r}\right)\eta_1'+\frac{\pi G_c\alpha_1^2v_1^2}{8E_cb_1^2h_1^2}\right]\mathrm{d}z$$

3）上翼缘混凝土外侧悬臂板应变能

$$\overline{U}_2=\frac{1}{2}t_2b_2h_2^2E_c\int_0^s\left[w''^2+\left(\frac{\phi}{r}\right)^2-2w''\frac{\phi}{r}+\frac{\alpha_2^2v_2'^2}{2h_2^2}+\frac{f_c^2\eta_1'^2}{h_2^2}-\frac{4\alpha_2\left(w''-\frac{\phi}{r}\right)v_2'}{\pi h_2}\right.$$

$$\left.-\frac{4f_c\alpha_2v_2'}{\pi h_2^2}\eta_1'+\frac{2f_c}{h_2}\left(w''-\frac{\phi}{r}\right)\eta_2'+\frac{\pi G_c\alpha_2^2v_2^2}{8E_cb_2^2h_2^2}\right]\mathrm{d}z$$

4）钢梁上翼缘应变能

$$\overline{U}_3=t_3b_3h_3^2E_s\int_0^s\left[w''^2+\left(\frac{\phi}{r}\right)^2-2w''\frac{\phi}{r}+\frac{f_s^2\eta_1'^2}{h_3^2}-\frac{2}{h_3}\left(w''-\frac{\phi}{r}\right)f_s\eta_1'\right]\mathrm{d}z$$

5）钢梁下翼缘应变能

$$\overline{U}_4=t_4b_4h_4^2E_s\int_0^s\left[w''^2+\left(\frac{\phi}{r}\right)^2-2w''\frac{\phi}{r}+\frac{\alpha_4^2v_4'^2}{2h_4^2}+\frac{f_s^2\eta_1'^2}{h_4^2}-\frac{4\alpha_4\left(w''-\frac{\phi}{r}\right)v_4'}{\pi h_4}\right.$$

$$\left.+\frac{4f_s\alpha_4v_4'}{\pi h_4^2}\eta_1'-\frac{2f_s}{h_4}\left(w''-\frac{\phi}{r}\right)\eta_1'+\frac{\pi G_s\alpha_4^2v_4^2}{8E_sb_4^2h_4^2}\right]\mathrm{d}z$$

6）扭转应变能与外荷载势能

扭转应变能主要包括自由扭转应变能、翘曲应变能和滑移应变能。自由扭转应变能、翘曲应变能、滑移应变能和外荷载势能表达式见 8.1.3 节。

3. 控制微分方程

直接给出控制微分方程和边界条件。

控制微分方程：

$$\left[2E_c\left(\sum_{i=1}^{2}I_i\right)+\frac{1}{3}E_st_w(h_1^3+h_4^3)+2E_s\left(\sum_{i=3}^{4}I_i\right)+\frac{EI_\omega}{r^2}\right]w^{(4)}-\frac{G_ck_{Tc}+G_sk_{Ts}}{r^2}w''+\frac{EI_\omega}{r}\phi^{(4)}$$

$$+\left[\frac{-2E_c\left(\sum_{i=1}^{2}I_i\right)}{r}-\frac{E_st_w(h_1^3+h_4^3)}{3r}-\frac{2E_s\left(\sum_{i=3}^{4}I_i\right)}{r}-\frac{G_ck_{Tc}+G_sk_{Ts}}{r}\right]\phi''-\frac{4}{\pi}E_c\left(\sum_{i=1}^{2}S_i\alpha_iv_i'''\right)$$

$$-\frac{4}{\pi}E_sS_4\alpha_4v_4'''+2f_cE_c\left(\sum_{i=1}^{2}S_i\right)\eta_1'''-2f_sE_s\left(\sum_{i=3}^{4}S_i\right)\eta_1'''-\frac{1}{2}E_st_w(h_4^2-h_1^2)f_s\eta_1'''-q_y=0$$

$$\frac{EI_\omega}{r}w^{(4)}+\left[\frac{-2E_c}{r}\left(\sum_{i=1}^{2}I_i\right)-\frac{E_st_w(h_1^3+h_4^3)}{3r}+\frac{-2E_s}{r}\left(\sum_{i=3}^{4}I_i\right)-\frac{G_ck_{Tc}+G_sk_{Ts}}{r}\right]w''+EI_\omega\phi^{(4)}$$

$$-(G_ck_{Tc}+G_sk_{Ts})\phi''+\left\{\frac{2E_c\left(\sum_{i=1}^{2}I_i\right)}{r^2}+\frac{2E_s}{r^2}\left[\frac{1}{6}t_w(h_1^3+h_4^3)+\left(\sum_{i=3}^{4}I_i\right)\right]\right\}\phi$$

$$+\frac{4E_c}{r\pi}\left(\sum_{i=1}^{2}S_i\alpha_iv_i'\right)+\frac{4E_s}{r\pi}S_4\alpha_4v_4'-\frac{2E_cf_c}{r}\left(\sum_{i=1}^{2}S_i\right)\eta_1'+\frac{2E_sf_s}{r}\left(\sum_{i=3}^{4}S_i\right)\eta_1'$$

$$+\frac{E_st_w(h_4^2-h_1^2)}{2r}f_s\eta_1'-m_z=0$$

$$\frac{4}{\pi}E_cS_1\alpha_1w'''-E_cS_1'\alpha_1^2v_1''+G_c\frac{2\pi^2\alpha_1^2S_1'}{8b_1^2}v_1-\frac{4}{r\pi}E_c\alpha_1S_1\phi'+\frac{4}{\pi}E_cf_c\alpha_1S_1'\eta_1''=0$$

$$\frac{4}{\pi}E_cS_2\alpha_2w'''-E_cS_2'\alpha_2^2v_2''+G_c\frac{2\pi^2\alpha_2^2S_2'}{8b_2^2}v_2-\frac{4}{r\pi}E_c\alpha_2S_2\phi'+\frac{4}{\pi}E_cf_c\alpha_2S_2'\eta_1''=0$$

$$\frac{4}{\pi}E_sS_4\alpha_4w'''-E_sS_4'\alpha_4^2v_4''+G_s\frac{2\pi^2\alpha_4^2S_4'}{8b_4^2}v_4-\frac{4}{r\pi}E_s\alpha_4S_4\phi'-\frac{4}{\pi}E_sf_s\alpha_4S_4'\eta_1''=0$$

$$\left[-2f_cE_c\left(\sum_{i=1}^{2}S_i\right)+2f_sE_s\left(\sum_{i=3}^{4}S_i\right)\right]w'''+\left[\frac{2E_cf_c}{r}\left(\sum_{i=1}^{2}S_i\right)-\frac{2E_sf_s}{r}\left(\sum_{i=3}^{4}S_i\right)-\frac{E_sf_st_w(h_3^2-h_1^2)}{2r}\right]\phi'$$

$$+\frac{4}{\pi}f_cE_c\left(\sum_{i=1}^{2}S_i'\alpha_iv_i''\right)-\frac{4}{\pi}f_sE_sS_4\alpha_4v_4''-f_c^2E_c(t_1b_1+t_2b_2)\eta_1''-2f_s^2E_s(t_3b_3+t_4b_4)$$

$$-f_s^2E_st_w(h_1+h_4)+k_d\eta_1=0$$

式中，$I_1=\frac{1}{2}t_1b_1h_1^2$；$I_2=\frac{1}{2}t_2b_2h_2^2$；$I_3=t_3b_3h_3^2$；$I_4=t_4b_4h_4^2$；$S_1=\frac{1}{2}t_1b_1h_1$；$S_2=\frac{1}{2}t_2b_2h_2$；

$S_3 = t_3 b_3 h_3$；$S_4 = t_4 b_4 h_4$；$S_1' = \frac{1}{2} t_1 b_1$；$S_2' = \frac{1}{2} t_2 b_2$；$S_4' = t_4 b_4$。

边界条件：

$$\left\{\left[-2E_c\left(\sum_{i=1}^{2} I_i\right) - \frac{EI_\omega}{r^2} - \frac{1}{3}E_s t_w (h_1^3 + h_4^3) - 2E_s\left(\sum_{i=3}^{4} I_i\right)\right] w''' + \frac{G_c k_{Tc} + G_s k_{Ts}}{r^2} w' - \frac{EI_\omega}{r}\phi'''\right.$$

$$+\left[\frac{2E_c\left(\sum_{i=1}^{2} I_i\right)}{r} + \frac{G_c k_{Tc} + G_s k_{Ts}}{r} + \frac{E_s t_w (h_1^3 + h_4^3)}{3r} + \frac{2E_s\left(\sum_{i=3}^{4} I_i\right)}{r}\right]\phi' + \frac{4E_c}{\pi}\left(\sum_{i=1}^{2} S_i \alpha_i v_i''\right)$$

$$\left. + \frac{4}{\pi}E_s S_3 \alpha_3 v_3'' - 2E_c f_c \eta_1''\left(\sum_{i=1}^{2} S_i\right) + 2E_s f_s \eta_1''\left(\sum_{i=3}^{4} S_i\right) + \frac{1}{2}E_s f_s t_w (h_4^2 - h_1^2) - Q_y\right\}\delta w\Bigg|_0^s = 0$$

$$\left\{\left[2E_c\left(\sum_{i=1}^{2} I_i\right) + \frac{EI_\omega}{r^2} + \frac{1}{3}E_s t_w (h_1^3 + h_4^3) + 2E_s\left(\sum_{i=3}^{4} I_i\right)\right] w'' + \frac{EI_\omega}{r}\phi''\right.$$

$$-\left[\frac{2E_c}{r}\left(\sum_{i=1}^{2} I_i\right) + \frac{2E_s}{r}\left(\sum_{i=3}^{4} I_i\right) + \frac{E_s t_w (h_1^3 + h_4^3)}{3r}\right]\phi - \frac{4}{\pi}E_c \sum_{i=1}^{2} S_i \alpha_i v_i' - \frac{4}{\pi}E_s S_4 \alpha_4 v_4'$$

$$\left. + 2E_c f_c\left(\sum_{i=1}^{2} S_i\right)\eta_1' - 2E_s f_s\left(\sum_{i=3}^{4} S_i\right)\eta_1' - \frac{1}{2}E_s t_w (h_4^2 - h_1^2) f_s \eta_1' + M_x\right\}\delta w'\Bigg|_0^s = 0$$

$$\left[-\frac{EI_\omega}{r} w''' + \frac{G_c k_{Tc} + G_s k_{Ts}}{r} w' - EI_\omega \phi''' + (G_c k_{Tc} + G_s k_{Ts})\phi' - T_z\right]\delta\phi\Bigg|_0^s = 0$$

$$\left(\frac{EI_\omega}{r} w''' + EI_\omega \phi''\right)\delta\phi'\Bigg|_0^s = 0$$

$$\left(-\frac{4}{\pi}E_c S_1 \alpha_1 w'' + \frac{4}{r\pi}E_c S_1 \alpha_1 \phi + E_c S_1' \alpha_1^2 v_1' - \frac{4}{\pi} f_c E_c \alpha_1 S_1' \eta_1'\right)\delta W_1\Bigg|_0^s = 0$$

$$\left(-\frac{4}{\pi}E_c S_2 \alpha_2 w'' + \frac{4}{r\pi}E_c S_2 \alpha_2 \phi + E_c S_2' \alpha_2^2 v_2' - \frac{4}{\pi} f_c E_c \alpha_2 S_2' \eta_2'\right)\delta W_2\Bigg|_0^s = 0$$

$$\left(-\frac{4}{\pi}E_s S_4 \alpha_4 w'' + \frac{4}{r\pi}E_s S_4 \alpha_4 \phi + E_s S_4' \alpha_4^2 v_4' + \frac{4}{\pi} f_s E_s \alpha_4 S_4' \eta_4'\right)\delta W_4\Bigg|_0^s = 0$$

$$\left\{\left[2E_c f_c\left(\sum_{i=1}^{2} S_i\right) - 2E_s f_s\left(\sum_{i=3}^{4} S_i\right) - \frac{1}{2}E_s f_s t_w (h_4^2 - h_1^2)\right] w''\right.$$

$$+\left[-\frac{2E_c f_{c1}}{r}\left(\sum_{i=1}^{2} S_i\right) + \frac{2E_s f_s}{r}\left(\sum_{i=3}^{4} S_i\right) + \frac{E_s f_s t_w (h_4^2 - h_1^2)}{2r}\right]\phi$$

$$-\frac{4}{\pi}f_cE_c\left(\sum_{i=1}^{2}S_i'\alpha_iv_i'\right)+\frac{4}{\pi}f_sE_sS_4'\alpha_4v_4'+[f_c^2E_c(t_1b_1+t_2b_2)+2f_s^2E_s(t_3b_3+t_4b_4)$$

$$\left.\left.+\frac{1}{2}f_s^2E_st_w(h_1+h_4)]\eta_1'\right\}\delta\eta_1\right|_0^s=0$$

4. 控制微分方程的解析解

下面仅给出利用加权余量法得到的控制微分方程的解。

加权余量法公式：

$$\begin{cases}k_{11}w_n+k_{12}\phi_n+k_{13}W_{1n}+k_{14}W_{2n}+k_{15}\eta_{1n}=q_y\\k_{21}w_n+k_{22}\phi_n+k_{23}W_{1n}+k_{24}W_{2n}+k_{25}\eta_{1n}=m_z\\k_{31}w_n+k_{32}\phi_n+k_{33}W_{1n}+k_{34}W_{2n}+k_{35}\eta_{1n}=0\\k_{41}w_n+k_{42}\phi_n+k_{43}W_{1n}+k_{44}W_{2n}+k_{45}\eta_{1n}=0\\k_{51}w_n+k_{52}\phi_n+k_{53}W_{1n}+k_{54}W_{2n}+k_{55}\eta_{1n}=0\end{cases}$$

式中，

$$k_{11}=\left[2E_c\left(\sum_{i=1}^{2}I_i\right)+\frac{1}{3}E_st_w(h_1^3+h_4^3)+2E_s\left(\sum_{i=3}^{4}I_i\right)+\frac{EI_\omega}{r^2}\right]\left(\frac{\pi}{l}\right)^4+\frac{G_ck_{Tc}+G_sk_{Ts}}{r^2}\left(\frac{\pi}{l}\right)^2\quad;$$

$$k_{12}=\frac{1}{r}\left(\frac{\pi}{l}\right)^2\left\{\left(\frac{\pi}{l}\right)^2EI_\omega+\left[-2E_c\left(\sum_{i=1}^{2}I_i\right)-\frac{2E_st_w(h_1^3+h_4^3)}{3}-2E_s\left(\sum_{i=3}^{4}I_i\right)-G_ck_{Tc}+G_sk_{Ts}\right]\right\};$$

$$k_{13}=-\frac{4E_c}{\pi}\left(\sum_{i=1}^{2}S_i\alpha_i\right)\left(\frac{\pi}{l}\right)^3;\quad k_{14}=-\frac{4E_s}{\pi}S_4\alpha_4\left(\frac{\pi}{l}\right)^3;$$

$$k_{15}=\left[2f_cE_c\left(\sum_{i=1}^{2}S_i\right)-2f_sE_s\left(\sum_{i=3}^{4}S_i\right)-\frac{1}{2}E_st_w(h_4^2-h_1^2)f_s\right]\left(\frac{\pi}{l}\right)^3;$$

$$k_{21}=\frac{1}{R}\left(\frac{\pi}{l}\right)^2\left\{\left(\frac{\pi}{l}\right)^2EI_\omega+\left[2E_c\left(\sum_{i=1}^{2}I_i\right)+\frac{E_st_w(h_1^3+h_4^3)}{3}+2E_s\left(\sum_{i=3}^{4}I_i\right)+G_ck_{Tc}+G_sk_{Ts}\right]\right\};$$

$$k_{22}=EI_\omega\left(\frac{\pi}{l}\right)^4+(G_ck_{Tc}+G_sk_{Ts})\left(\frac{\pi}{l}\right)^2+\frac{2E_c\left(\sum_{i=1}^{3}I_i\right)}{r^2}+\frac{2E_s}{r^2}\left[\frac{1}{6}t_w(h_1^3+h_4^3)+\left(\sum_{i=3}^{4}I_i\right)\right];$$

$$k_{23}=0;\quad k_{24}=-\frac{4E_s}{r\pi}S_4\alpha_4\left(\frac{\pi}{l}\right);$$

$$k_{25}=\frac{2}{r}\left(\frac{\pi}{l}\right)\left[E_cf_c\left(\sum_{i=1}^{2}S_i\right)-E_sf_s\left(\sum_{i=3}^{4}S_i\right)-\frac{E_sf_st_w(h_4^2-h_1^2)}{4}\right];\quad k_{31}=\frac{4}{\pi}E_c\sum_{i=1}^{2}\alpha_iS_i;$$

$$k_{32}=-\frac{4E_c}{r\pi}\sum_{i=1}^{2}\alpha_i S_i；\quad k_{33}=E_c\left(\sum_{i=1}^{2}S_i'\alpha_i^2\right)+G_c\pi^2\left(\sum_{i=1}^{2}\frac{\alpha_i^2 S_i'}{4b_i^2}\right)；\quad k_{34}=0；$$

$$k_{35}=-\frac{4}{\pi}f_c E_c\left(\sum_{i=1}^{2}\alpha_i S_i'\right)；\quad k_{41}=\frac{4}{\pi}E_s\alpha_4 S_4；\quad k_{42}=-\frac{4E_s}{r\pi}\alpha_4 S_4；\quad k_{43}=0；$$

$$k_{44}=E_s S_4'\alpha_4^2+G_s\pi^2\frac{\alpha_4^2 S_4'}{4b_4^2}；\quad k_{45}=\frac{4}{\pi}f_s E_s\alpha_4 S_4'；\quad k_{51}=\left[2f_c E_c\left(\sum_{i=1}^{2}S_i\right)-2f_s E_s S_4\right]\left(\frac{\pi}{l}\right)^3；$$

$$k_{52}=\frac{2}{r}\left(\frac{\pi}{l}\right)\left[E_c f_c\left(\sum_{i=1}^{2}S_i\right)-E_s f_s\left(\sum_{i=3}^{4}S_i\right)-\frac{E_s f_s t_w(h_3^2-h_1^2)}{4}\right]；$$

$$k_{53}=-\frac{4}{\pi}f_c E_c\left(\sum_{i=1}^{2}S_i'\alpha_i\right)\left(\frac{\pi}{l}\right)^2；\quad k_{54}=\frac{4}{\pi}f_s E_s S_4'\alpha_4\left(\frac{\pi}{l}\right)^2；$$

$$k_{55}=[f_c^2 E_c(t_1 b_1+t_2 b_2)+2f_s^2 E_s(t_3 b_3+t_4 b_4)+\frac{1}{2}f_s^2 E_s t_w(h_1+h_4)]\left(\frac{\pi}{l}\right)^2+k_d。$$

上、下翼缘板不同宽度处的应力表达式如下。

混凝土板应力：

$$\sigma_{ci}=E_c\varepsilon_i=E_c\left[h_i\left(\frac{\mathrm{d}^2w}{\mathrm{d}z^2}-\frac{\phi}{r}\right)-\alpha_i\cos\frac{\pi x}{|2b_i|}v_i'(z)+f_{c1}\eta_1'(z)\right]\quad(i=1,2)$$

钢梁翼缘板应力：

$$\sigma_{c4}=E_s\varepsilon_4=E_s\left[h_4\left(\frac{\mathrm{d}^2w}{\mathrm{d}z^2}-\frac{\phi}{r}\right)-\alpha_4\cos\frac{\pi x}{|2b_4|}v_4'(z)+f_{c1}\eta_1'(z)\right]$$

第 9 章　曲线钢与混凝土组合梁的抗扭特性

钢与混凝土组合梁受曲率的影响，即使在自重作用下，也存在弯矩和扭矩的耦合作用，为此，组合梁抗扭特性是其受力与变形的重要指标之一。在组合梁纵向变形受到约束时，除弯曲和扭转外，组合梁还受到翘曲变形及畸变的影响，其受力与变形相对复杂。目前，国内外关于组合梁抗扭特性的研究相对较少，对曲线组合梁的抗扭特性研究更为少见。在文献[11]和文献[95]～[97]研究组合梁抗扭特性的基础上，本章分析直线组合梁和曲线组合梁的抗扭特性。

9.1　组合梁的抗扭特性

在分析组合梁的抗扭特性时，可以将组合梁按截面形式分为开口式组合梁和闭口式组合梁两种：由工字钢与混凝土板组合而成的截面为开口式组合梁，由钢箱梁（钢板焊接成闭合箱梁）与混凝土板组合而成的截面为闭口式组合梁，见图 9-1。组合梁扭转可分为纯扭转和翘曲扭转，纯扭转也称为自由扭转，即组合梁的纵向纤维不受约束，纵向纤维自由伸缩，有翘曲位移，但不产生翘曲正应力；翘曲扭转也称为约束扭转，组合梁的纵向纤维受到约束，不能自由伸缩，因而产生翘曲正应力。在约束作用点处，组合梁的翘曲位移为 0，翘曲正应力最大；在远离约束处，组合梁的纤维伸缩相对自由，翘曲正应力偏小，约束对称时，组合梁跨中截面的翘曲正应力最小。

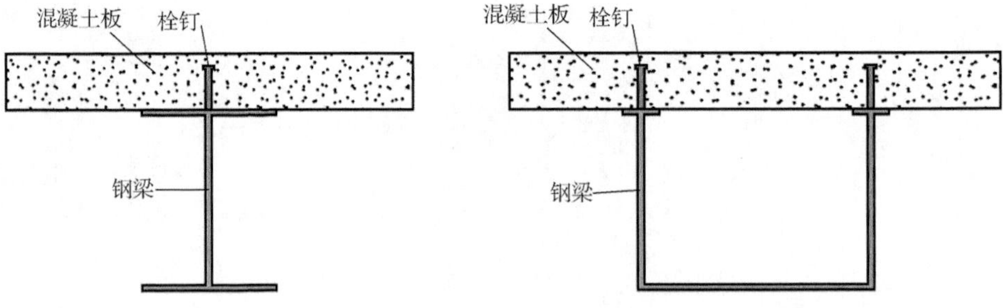

（a）开口式　　（b）闭口式

图 9-1　组合梁截面形式

根据组合梁的结构特性，作基本假定：组合梁截面尺寸与梁长相比可忽略不计，即将组合梁简化为一个沿组合梁轴方向的弹性杆件，在受到外力作用后，组合梁截面形状保持不变；纯扭转变形不产生翘曲正应力；组合梁的变形相对于截面尺寸来说很小，在受到外力作用时，组合梁的变形具有连续性，不考虑界面相对滑移。根据文献[11]和文献[96]的研究成果，本节介绍开口式组合梁和闭口式组合梁的抗扭特性。

9.1.1　开口式组合梁的抗扭特性

开口式组合梁的抗扭剪力流见图 9-2，开口式组合梁的抗扭特性如下。

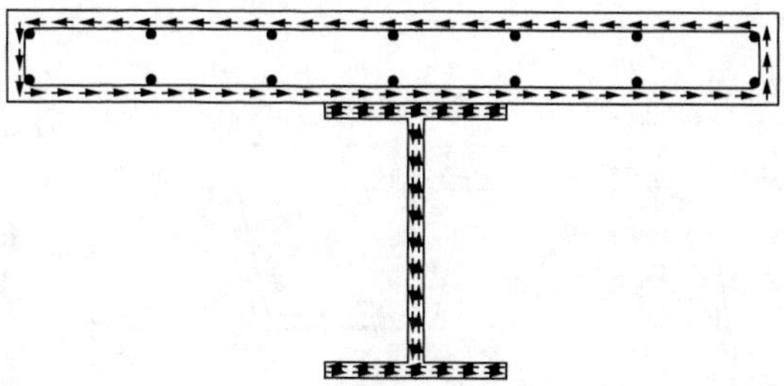

图 9-2　开口式组合梁的抗扭剪力流

（1）组合梁受扭矩作用时，混凝土翼缘板和工字钢梁截面各自形成独立的闭合剪力流，可以认为组合梁的抗扭特性为混凝土板和钢梁各自抗扭特性的叠加。

（2）尽管组合梁自身受纯扭作用时没有纵向约束，属于自由扭转，但是混凝土板和钢梁的扭转翘曲特性不同，互相存在约束作用，因此混凝土板和钢梁仍各自表现为约束扭转。

（3）工字钢梁为狭长矩形的组合体，抗扭刚度有限，因此钢梁自身的抗扭作用很小。钢梁对组合梁抗扭特性的贡献在于为混凝土板纵向提供约束，抑制混凝土板裂缝的开展，从而提高混凝土板的抗扭特性。

工字钢梁在受扭过程中始终处于弹性阶段，考虑到工字钢梁对截面抗扭特性的贡献相对较小，因此可以近似采用薄壁杆件弹性自由扭转公式计算工字钢梁的抗扭作用。

9.1.2　闭口式组合梁的抗扭特性

闭口式组合梁的截面通过两种机制抵抗截面扭矩：钢箱梁和混凝土板组成箱形截面进行组合抗扭；混凝土翼缘板开裂后形成等效混凝土翼缘板闭口截面进行抗扭。钢箱梁和混凝土板组成的闭口截面是组合梁抗扭的主要部分，混凝土板自身的贡献很小。进行闭口式组合梁受扭分析时，是否考虑梁上翼缘悬臂混凝土板时的差别不大。闭口式组合梁的弹性抗扭刚度与混凝土翼缘板厚度、宽度、剪切模量和弹性模量有关，其中混凝土翼缘板厚度的影响较大。闭口式组合梁弹性阶段的抗扭分析模型分为以下三种。

（1）只考虑混凝土板和钢箱梁组合闭合截面，即不考虑混凝土板外伸部分的抗扭作用，见图 9-3（a）。

（2）考虑第一种作用，且考虑在混凝土板内部形成的闭合剪力流所产生的抗扭作用，即两者效果的叠加，见图 9-3（b）。

（3）将钢箱梁和混凝土翼缘板组成的组合梁和混凝土板内剪力流形成的混凝土截面作为一个整体，不考虑钢梁与混凝土板的界面相对滑移，同时考虑两箱室的作用，见图 9-3（c）。

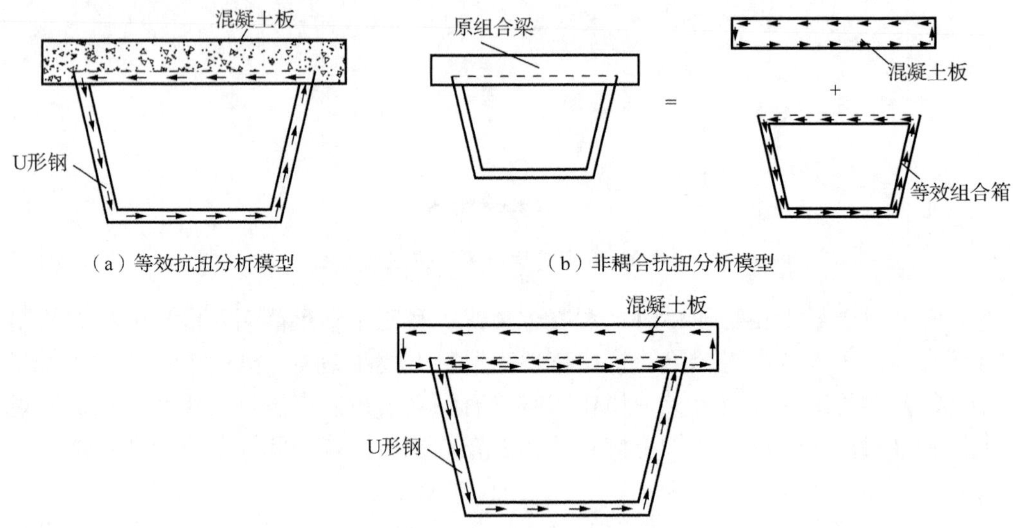

（a）等效抗扭分析模型　（b）非耦合抗扭分析模型

（c）耦合抗扭分析模型

图 9-3　闭合式组合梁弹性阶段抗扭分析模型

9.2　直线组合梁的抗扭特性

直线组合梁的抗扭特性与组合截面形式有关，下面分别介绍开口式直线组合梁和闭口式直线组合梁的抗扭特性。

9.2.1　开口式直线组合梁扭转

1. 组合截面中的应力与位移

组合梁截面应力包括正应力和剪应力，正应力为

$$\sigma_z = \sigma_N + \sigma_b + \sigma_\omega$$

式中，σ_N 为轴向力产生的正应力；σ_b 为弯曲产生的正应力；σ_ω 为翘曲产生的正

应力。

组合梁截面剪应力为

$$\tau_{zs} = \tau_b + \tau_s + \tau_\varpi = \tau_s + q/t$$

式中，τ_b 为弯曲剪应力；τ_s 为纯扭转剪应力；τ_ϖ 为翘曲剪应力；q 为单位长度上的剪力，即剪力流；t 为组合截面壁厚度。

为了明确组合梁任意一点的位移，建立组合梁空间直角坐标系 x-y-z 和正交曲线坐标系 n-s-z，C 和 O 分别为组合梁的形心和弯曲中心（又称剪切中心），组合梁的坐标系见图 9-4（图中 v 和 u 分别表示 P 点的切向位移和法向位移；ρ_0 和 ρ_n 分别表示剪切中心至 P 点的切线距离和法线的距离）。

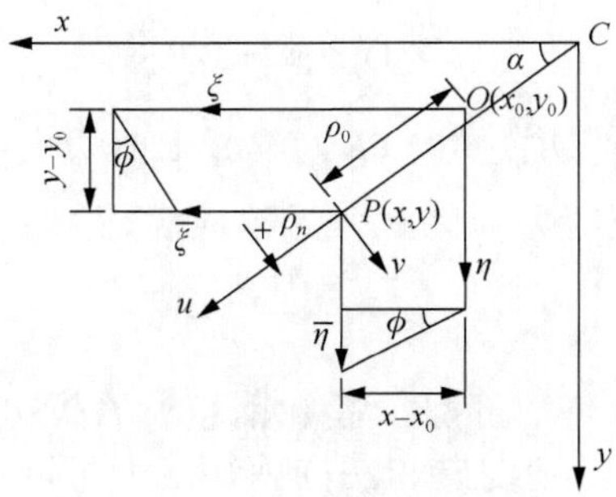

图 9-4　组合梁的坐标系

任一点 $P(x,y)$在 x 和 y 方向的位移$\bar{\xi}$ 和$\bar{\eta}$，可以用剪切中心的位移和绕剪切中心的扭转角ϕ来表示，当ϕ很小时，取$\tan\phi=\phi$，故 P 点的位移为

$$\bar{\xi} = \xi - (y - y_0)\phi$$

$$\bar{\eta} = \eta + (x - x_0)\phi$$

式中，(x_0, y_0) 为剪切中心坐标。

由几何分析得到 P 点的法向位移和切向位移分别为

$$u = \bar{\xi}\cos\alpha + \bar{\eta}\sin\alpha$$

$$v = -\bar{\xi}\sin\alpha + \bar{\eta}\cos\alpha$$

整理得到

$$u = \xi\cos\alpha + \eta\sin\alpha + \left[(x - x_0)\sin\alpha - (y - y_0)\cos\alpha\right]\phi$$

$$v = -\xi\sin\alpha + \eta\cos\alpha + \left[(x - x_0)\cos\alpha + (y - y_0)\sin\alpha\right]\phi$$

引入 ρ_0 和 ρ_n，则任一点 P 相对于形心的法向位移和切向位移可以简化为

$$u = \xi\cos\alpha + \eta\sin\alpha + \rho_n\phi$$

$$v = -\xi\sin\alpha + \eta\cos\alpha + \rho_0\phi$$

式中，等号右边前两项为弯曲引起的位移；最后一项是由扭转角ϕ引起的位移。

2. 纯扭转

根据几何关系，组合截面壁中的切向剪切应变γ_s和法向剪切应变γ_n分别为

$$\gamma_s=\frac{\partial v}{\partial z}+\frac{\partial w}{\partial s}=\rho_0\phi'+\frac{\partial w}{\partial s}$$

$$\gamma_n=\frac{\partial u}{\partial z}+\frac{\partial w}{\partial n}=\rho_n\phi'+\frac{\partial w}{\partial n}$$

材料均符合胡克定律，可得剪切应力分别为

$$\tau_{si}=G_i\rho_0\phi'+G_i\frac{\partial w}{\partial s}$$

$$\tau_{ni}=G_i\rho_n\phi'+G_i\frac{\partial w}{\partial n}$$

式中，$G_i(i=1,2)$为材料剪切模量，G_1为混凝土剪切模量，G_2为钢材剪切模量。

纯扭转不产生纵向正应力，因此微元体应满足如下条件：

$$\frac{\partial\tau_s}{\partial s}+\frac{\partial\tau_n}{\partial n}=0$$

根据弹性力学理论，考虑混凝土板和钢腹板的剪切模量不同，对二者分别引入扭转应力函数$\varPhi_1$和$\varPhi_2$，则切向和法向剪切应力可以分别表示为

$$\tau_{si}=\frac{\partial\varPhi_i}{\partial n}$$

$$\tau_{ni}=-\frac{\partial\varPhi_i}{\partial s}$$

利用剪应力与应变的关系，以及位移与扭转角的关系，可得

$$\frac{\partial\rho_0}{\partial n}-\frac{\partial\rho_n}{\partial s}=2$$

整理得到

$$\frac{\partial^2\varPhi_i}{\partial n^2}+\frac{\partial^2\varPhi_i}{\partial s^2}=G_i\phi'\left(\frac{\partial\rho_0}{\partial n}-\frac{\partial\rho_n}{\partial s}\right)=2G_i\phi'$$

应力的法向分量与切向分量相比很小，为简化计算，忽略上式中的法向分量，可以得到用扭转应力函数表示的扭转方程：

$$\frac{\partial^2\varPhi_i}{\partial n^2}=2G_i\phi'$$

引入应力函数在薄壁边界处均为 0 的条件，可解得扭转应力函数：

$$\varPhi_i=G_i\phi'\left[n^2-\left(\frac{t}{2}\right)^2\right]$$

将扭转应力函数代入剪应力公式中，整理得到

$$\tau_{si} = 2nG_i\phi'$$

利用能量守恒原理，根据内力应变能和扭转应变能相等的条件得到

$$\frac{1}{2}G_1\int_{V_1}\gamma_{s1}^2\mathrm{d}V + \frac{1}{2}G_2\int_{V_2}\gamma_{s2}^2\mathrm{d}V = \frac{1}{2}T_s\phi$$

上式两边对 z 求导，整理得到

$$\frac{1}{2}G_1\int_{A_1}(2n\phi')^2\mathrm{d}A + \frac{1}{2}G_2\int_{A_2}(2n\phi')^2\mathrm{d}A = \frac{1}{2}T_s\phi'$$

这里定义纯扭转扭矩：

$$T_s = G_1K\phi'$$

整理得到

$$K = 4\left(\int_{A_1}n^2\mathrm{d}A + k_G\int_{A_2}n^2\mathrm{d}A\right)$$

式中，K 为开口式直线组合梁的纯扭转常数；k_G 为钢材和混凝土的剪切模量比，$k_G = \dfrac{G_2}{G_1}$。

3. 翘曲扭转

根据材料应力与应变的关系，利用能量法和弹性理论，建立开口式直线组合梁的翘曲扭转计算公式。

1）翘曲位移

对于约束扭转的开口薄壁梁，可以假定中间层材料的剪切变形为 0，得到材料的纵向翘曲位移：

$$W = -\xi'x - \eta'y - \phi'\omega_0 + \overline{W}(z)$$

式中，ξ、η 分别为剪切中心在 x、y 方向上的位移；ϕ 为剪切中心绕 O 点的扭转角；ω_0 为 P 点的扇形坐标，$\omega_0 = \int_0^s \rho_0\mathrm{d}s$；$\overline{W}(z)$ 为对 s 积分得到的积分常数。

上式的前两项是薄壁弯曲初等理论中由平截面假定得到的翘曲位移，后两项表示截面因受轴向力和扭转而产生的翘曲位移。

2）正应力 σ_z

在弹性阶段，利用胡克定律分别求出组合梁中混凝土板和钢梁的正应力：

$$\sigma_z = \begin{cases} E_c\varepsilon_z = E_c\dfrac{\partial W}{\partial z} \\ E_s\varepsilon_z = E_s\dfrac{\partial W}{\partial z} \end{cases}$$

将纵向翘曲位移代入上式，整理得到

$$\sigma_{zi}=E_i\left[-x\frac{\mathrm{d}^2\xi}{\mathrm{d}z^2}-y\frac{\mathrm{d}^2\eta}{\mathrm{d}z^2}-\omega_0\frac{\mathrm{d}^2\phi}{\mathrm{d}z^2}+\frac{\mathrm{d}\overline{W}(z)}{\mathrm{d}z}\right]$$

式中，i=1 或 2，分别表示混凝土板和钢腹板。

根据内力平衡条件：

$$\sum\int_{A_i}\sigma_{zi}\mathrm{d}A=N$$

$$\sum\int_{A_i}\sigma_{zi}y\mathrm{d}A=M_x$$

$$\sum\int_{A_i}\sigma_{zi}x\mathrm{d}A=M_y$$

整理得到

$$\begin{cases}N=\sum\limits_{i=1}^{2}\left\{E_i\left[-\int_{A_i}x\mathrm{d}A\frac{\mathrm{d}^2\xi}{\mathrm{d}z^2}-\int_{A_i}y\mathrm{d}A\frac{\mathrm{d}^2\eta}{\mathrm{d}z^2}-\int_{A_i}\omega_0\mathrm{d}A\frac{\mathrm{d}^2\phi}{\mathrm{d}z^2}+\int_{A_i}\mathrm{d}A\frac{\mathrm{d}\overline{W}(z)}{\mathrm{d}z}\right]\right\}\\M_x=\sum\limits_{i=1}^{2}\left\{E_i\left[-\int_{A_i}xy\mathrm{d}A\frac{\mathrm{d}^2\xi}{\mathrm{d}z^2}-\int_{A_i}y^2\mathrm{d}A\frac{\mathrm{d}^2\eta}{\mathrm{d}z^2}-\int_{A_i}\omega_0y\mathrm{d}A\frac{\mathrm{d}^2\phi}{\mathrm{d}z^2}+\int_{A_i}y\mathrm{d}A\frac{\mathrm{d}\overline{W}(z)}{\mathrm{d}z}\right]\right\}\\M_y=\sum\limits_{i=1}^{2}\left\{E_i\left[-\int_{A_i}x^2\mathrm{d}A\frac{\mathrm{d}^2\xi}{\mathrm{d}z^2}-\int_{A_i}xy\mathrm{d}A\frac{\mathrm{d}^2\eta}{\mathrm{d}z^2}-\int_{A_i}\omega_0x\mathrm{d}A\frac{\mathrm{d}^2\phi}{\mathrm{d}z^2}+\int_{A_i}x\mathrm{d}A\frac{\mathrm{d}\overline{W}(z)}{\mathrm{d}z}\right]\right\}\end{cases}$$

式中，A_i为混凝土板或钢腹板的截面面积（A_1为混凝土板截面面积，A_2为钢腹板截面面积）。

假设ϕ已知，故上式只有 3 个未知量，显然是可以求解，但结果复杂。分析正应力公式，前两项应力显然为弯曲正应力，第三项为翘曲正应力，最后一项为与扇形坐标起算点有关的积分常数。式中后两项应满足平衡条件，不应产生对截面内任何轴的合力矩，即

$$\sum_{i=1}^{2}\left(E_i\int_{A_i}\omega_0\mathrm{d}A\frac{\mathrm{d}^2\phi}{\mathrm{d}z^2}\right)+\sum_{i=1}^{2}\left\{E_i\int_{A_i}\mathrm{d}A\left[\frac{\mathrm{d}\overline{W}(z)}{\mathrm{d}z}\right]\right\}=0$$

$$\sum_{i=1}^{2}\left\{E_i\left[-\int_{A_i}\omega_0y\mathrm{d}A\frac{\mathrm{d}^2\phi}{\mathrm{d}z^2}+\int_{A_i}y\mathrm{d}A\frac{\mathrm{d}\overline{W}(z)}{\mathrm{d}z}\right]\right\}=0$$

$$\sum_{i=1}^{2}\left\{E_i\left[-\int_{A_i}\omega_0x\mathrm{d}A\frac{\mathrm{d}^2\phi}{\mathrm{d}z^2}+\int_{A_i}x\mathrm{d}A\frac{\mathrm{d}\overline{W}(z)}{\mathrm{d}z}\right]\right\}=0$$

整理得到

$$\frac{\mathrm{d}^2\xi}{\mathrm{d}z^2}=-\frac{M_yI_{x,co}-M_xI_{xy,co}}{E_1(I_{x,co}I_{y,co}-I_{xy,co}^2)}$$

$$\frac{\mathrm{d}^2\eta}{\mathrm{d}z^2}=-\frac{M_xI_{y,co}-M_yI_{xy,co}}{E_1(I_{x,co}I_{y,co}-I_{xy,co}^2)}$$

$$I_{x,co}=\int_{A_1} y^2 \mathrm{d}A+k_E\int_{A_2} y^2 \mathrm{d}A$$

$$I_{y,co}=\int_{A_1} x^2 \mathrm{d}A+k_E\int_{A_2} x^2 \mathrm{d}A$$

$$I_{xy,co}=\int_{A_1} xy \mathrm{d}A+k_E\int_{A_2} xy \mathrm{d}A$$

$$S_{\omega_0,co}=\int_{A_1} \omega_0 \mathrm{d}A+k_E\int_{A_2} \omega_0 \mathrm{d}A$$

式中，$I_{x,co}$ 和 $I_{y,co}$ 分别为组合截面对 x 轴和 y 轴的广义惯性矩；k_E 为钢材与混凝土的弹性模量比，$k_E=\dfrac{E_2}{E_1}$；$I_{xy,co}$ 为组合截面的广义惯性积；$S_{\omega_0,co}$ 为组合截面的广义扇形静矩。

组合截面的广义扇形静矩 $S_{\omega_0,co}$ 与起算点（扇形零点）有关，$S_{\omega_0,co}=0$ 的点称为组合截面广义扇形零点。以剪切中心为扇形极点，从扇形零点起算得到的扇形坐标称为组合截面广义主扇形坐标，用 ω_n 表示。

为使 $S_{\omega_0,co}=0$，则有

$$\frac{\mathrm{d}\overline{W}(z)}{\mathrm{d}z}=\frac{N}{\sum_{i=1}^{2} E_i A_i}$$

广义主扇形坐标表示的正应力计算公式：

$$\sigma_z=\frac{N}{A_1+k_E A_2}+\frac{M_y I_{x,co}-M_x I_{xy,co}}{I_{x,co}I_{y,co}-I_{xy,co}^2}x+\frac{M_x I_{y,co}-M_y I_{xy,co}}{I_{x,co}I_{y,co}-I_{xy,co}^2}y-E_i\omega_n\frac{\mathrm{d}^2\phi}{\mathrm{d}z^2}$$

上式中等号右侧的前三项分别是由截面轴力和非对称弯曲产生的正应力，第四项是翘曲正应力。由约束扭转产生的应力用 σ_{ω_i} 表示，即

$$\sigma_{\omega_i}=-E_i\omega_n\phi''$$

组合截面的翘曲双力矩：

$$B=\sum_{i=1}^{2}\int_{A_i}\sigma_{\omega_i}\omega_n \mathrm{d}A$$

整理得到

$$B=-\int_{A_1} E_1\omega_n^2 \mathrm{d}A\frac{\mathrm{d}^2\phi}{\mathrm{d}z^2}-k_E\int_{A_2} E_1\omega_n^2 \mathrm{d}A\frac{\mathrm{d}^2\phi}{\mathrm{d}z^2}=-E_1\left(\int_{A_1}\omega_n^2 \mathrm{d}A+k_E\int_{A_2}\omega_n^2 \mathrm{d}A\right)\phi''$$

简化为

$$B=-E_1 I_{\omega_n,co}\phi''$$

式中，$I_{\omega_n,co}$ 为广义主扇形惯性矩，

$$I_{\omega_n,co} = \int_{A_1} \omega_n^2 \mathrm{d}A + k_E \int_{A_2} \omega_n^2 \mathrm{d}A$$

3）剪应力 τ

截面剪应力由纯扭转剪应力 τ_s 和剪应力 q/t 两部分组成，总扭转也应由对应的 T_s 和 T_ω 组成，其中 T_s 是由纯扭转剪应力 τ_s 产生的扭矩，T_ω 是由剪应力 q/t 产生的扭矩。

根据薄壁单元体的平衡条件：

$$\frac{\partial q}{\partial s} + t\frac{\partial \sigma_z}{\partial z} = 0$$

可以得到剪力 q 和正应力 σ_z 的关系：

$$\frac{\partial q}{\partial s} = -t\frac{\partial \sigma_z}{\partial z}$$

广义主扇形坐标表示的正应力对 z 微分可得

$$\frac{\partial \sigma_z}{\partial z} = \frac{I_{y,co}y - I_{xy,co}x}{I_{x,co}I_{y,co} - I_{xy,co}^2}\frac{\partial M_x}{\partial z} + \frac{I_{x,co}x - I_{xy,co}y}{I_{x,co}I_{y,co} - I_{xy,co}^2}\frac{\partial M_y}{\partial z} - E_i\omega_n\phi'''$$

在组合梁上取微段，建立该微段的平衡方程，可求得截面上剪力与弯矩的关系：

$$\begin{cases} Q_y = \dfrac{\partial M_x}{\partial z} \\ Q_x = \dfrac{\partial M_y}{\partial z} \end{cases}$$

将前面的 $\dfrac{\partial q}{\partial s}$ 对 s 积分，可得到单元体剪力流：

$$q(s,z) = \overline{q}(z) - \int_0^s \frac{\partial \sigma_z}{\partial z} t\mathrm{d}A$$

取截面开口处为 s 的零点，则 $\overline{q}(z) = 0$，整理得到

$$\frac{q}{t} = -\frac{I_{y,co}\int_0^s y\mathrm{d}A - I_{xy,co}\int_0^s x\mathrm{d}A}{I_{x,co}I_{y,co} - I_{xy,co}^2}Q_y - \frac{I_{x,co}\int_0^s x\mathrm{d}A - I_{xy,co}\int_0^s y\mathrm{d}A}{I_{x,co}I_{y,co} - I_{xy,co}^2}Q_x + E_i\phi'''\int_0^s \omega_n\mathrm{d}A$$

式中，等号右侧前两项为弯曲剪应力；最后一项为翘曲剪应力，用 τ_ω 表示：

$$\tau_\omega = E_i\phi'''\int_0^s \omega_n\mathrm{d}A$$

通过静力等效原则，可以把作用在组合梁上的横向荷载化为过剪切中心的荷载和扭矩。弯曲引起的剪力对剪切中心没有扭矩，故让截面剪力 q 对剪切中心取矩时，只有翘曲引起的剪力起作用，则有

$$T_\omega = \int_0^b q_\omega \rho_0 \mathrm{d}s$$

式中，q_ω 为翘曲引起的剪力；ρ_0 为剪切中心至 P 点法线的距离；b 为组合梁线坐

标 s 值；积分表示从组合梁一个自由端积分到另一个自由端。

考虑广义主扇形坐标，$\mathrm{d}\omega_n = \rho_0 \mathrm{d}s$，整理得到 $T_\omega = \int_0^b q_\omega \mathrm{d}\omega_n$，对该式进行分部积分，且已知组合梁自由端剪力流为 0，即 $q_{\omega_0} = 0$、$q_{\omega_b} = 0$，则得到：

$$
\begin{aligned}
T_\omega &= \int_0^b q_\omega \mathrm{d}\omega_n = q_\omega \omega_n \Big|_0^b - \int_0^b \omega_n \mathrm{d}q_\omega = -\int_0^b \omega_n \mathrm{d}q_\omega \\
&= -\int_0^b \omega_n \mathrm{d}\left(E_i \phi''' \int_0^s \omega_n t \mathrm{d}s \right) = -E_1 \phi''' \left(\int_0^{b'} \omega_n^2 t \mathrm{d}s + k_E \int_{b'}^b \omega_n^2 t \mathrm{d}s \right) \\
&= -E_1 \phi''' \left(\int_{A_1} \omega_n^2 \mathrm{d}A + k_E \int_{A_2} \omega_n^2 \mathrm{d}A \right) = -E_1 \phi''' I_{\omega_n, co}
\end{aligned}
$$

式中，b' 为钢梁和混凝土板界面的线坐标 s 值。

4. 扭转角微分方程

将纯扭扭矩和翘曲扭矩叠加，得到开口式直线组合梁的总扭矩：

$$T = T_s + T_\omega = G_1 K \phi' - E_1 \phi''' I_{\omega_n, co}$$

组合梁的扭转总势能：

$$
\begin{aligned}
\varPi = &\frac{1}{2} E_1 \int_l \int_{A_1} \varepsilon^2 \mathrm{d}A \mathrm{d}z + \frac{1}{2} E_2 \int_l \int_{A_2} \varepsilon^2 \mathrm{d}A \mathrm{d}z + \frac{1}{2} G_1 \int_l \int_{A_1} \gamma_s^2 \mathrm{d}A \mathrm{d}z \\
&+ \frac{1}{2} G_2 \int_l \int_{A_2} \gamma_s^2 \mathrm{d}A \mathrm{d}z - \overline{F}^{\mathrm{T}} \overline{u} - \int_l m_z \phi \mathrm{d}z
\end{aligned}
$$

式中，$\overline{F}$ 为组合梁边界的力向量，$\overline{F} = \left[M_{zi},\ B_{Ii},\ M_{zj},\ B_{Ij} \right]^{\mathrm{T}}$；$\overline{u}$ 为组合梁边界的位移向量，$\overline{u} = \left[\phi_{zi},\ \phi'_{zi},\ \phi_{zj},\ \phi'_{zj} \right]^{\mathrm{T}}$。

根据泛函的驻值条件：

$$\frac{\mathrm{d}^2}{\mathrm{d}z^2}\left(\frac{\partial \varPi}{\partial \phi''} \right) - \frac{\mathrm{d}}{\mathrm{d}z}\left(\frac{\partial \varPi}{\partial \phi'} \right) + \frac{\partial \varPi}{\partial \phi} = 0$$

整理得到

$$\frac{\mathrm{d}\left(E_1 \phi'' \int_{A_1} \omega_n^2 \mathrm{d}A + E_2 \phi'' \int_{A_1} \omega_n^2 \mathrm{d}A \right)}{\mathrm{d}z^2} - \frac{\mathrm{d}\left(G_1 \phi' \int_{A_1} n^2 \mathrm{d}A + G_2 \phi' \int_{A_2} n^2 \mathrm{d}A \right)}{\mathrm{d}z} - m_z = 0$$

考虑翘曲时组合梁的扭转角微分方程为

$$E_1 I_{\omega_n, co} \phi^{(4)} - G_1 K \phi'' = m_z$$

9.2.2 闭口式直线组合梁扭转

1. 纯扭转

根据单元体剪力流 $q(s,z)$，得到闭口式直线组合梁的纯扭转单元体剪力流 q：

$$q = q(z) - \int_0^s \frac{\partial \sigma_z}{\partial z} t\mathrm{d}s$$

考虑自由扭转截面正应力 $\sigma_z = 0$，则 $\dfrac{\partial \sigma_z}{\partial z} = 0$，即

$$q = q(z) = \mathrm{const}$$

式中，const 表示常数。

剪力流在截面上的合力形成内部抵抗扭矩，其大小应与外扭矩相同。对剪力流微段上的合力沿截面一周进行积分，即可得到自由扭矩 T_s：

$$T_s = \oint q \rho_0 \mathrm{d}s = q\Omega$$

式中，Ω 为组合梁截面面积的两倍。

对于闭口式截面，利用能量守恒原理，其内外部变形能应相同，则有

$$W_{\mathrm{in}} = -\oint \tau t \mathrm{d}s \gamma_s \mathrm{d}z = W_{\mathrm{ex}} = T_s \phi' = q\Omega\phi'$$

式中，W_{in} 为内部变形能；W_{ex} 为外部变形能。

对上式进行简化，可得闭口式截面扭率 ϕ' 与剪切变形 γ_s 的几何关系：

$$\oint \gamma_s \mathrm{d}s = \phi'\Omega$$

对于单箱室梁，剪力流与扭率的关系为

$$\oint \frac{q}{tG} \mathrm{d}s = \phi'\Omega$$

对于多箱室组合箱梁，公共壁的剪力流方向相反，因此要把相邻箱室剪力流对本箱室变形的影响考虑进去，则可得

$$q_i \oint_i \frac{\mathrm{d}s}{t_i G_i} - \left(q_{i-1} \int_{i,i-1} \frac{\mathrm{d}s}{t_{i,i-1} G_{i,i-1}} + q_{i+1} \int_{i,i+1} \frac{\mathrm{d}s}{t_{i,i+1} G_{i,i+1}} \right) = \phi' \Omega_i$$

很显然，类比上式，可以对各箱室建立剪力流与扭率的 n 个方程，但除了有 n 个未知剪力流 q_i 以外，还有一个扭率 ϕ' 未知，故还需建立一个平衡方程，分析可得各箱室引起的扭矩之和，即总扭矩为

$$T_s = \sum_{i=1}^{n} q_i \Omega_i$$

以上 n+1 个方程（包含 n 个剪力流、1 个扭率）联立，可求得各室剪力流 q_i 和截面扭率 ϕ'。

定义多箱室自由总扭矩：

$$T_s = G_1 K \phi'$$

则纯扭转常数 K 为

$$K = \frac{\sum_{i=1}^{n} q_i \Omega_i}{G_1 \phi'}$$

下面将闭口式直线组合梁按两箱室进行具体计算，组合截面的上部是由混凝土板等效而成的混凝土箱，其有效壁厚 t_1 可以取翼缘板厚度的 $\frac{1}{3}$，钢箱厚度为 t_2，其余各尺寸见图 9-5。

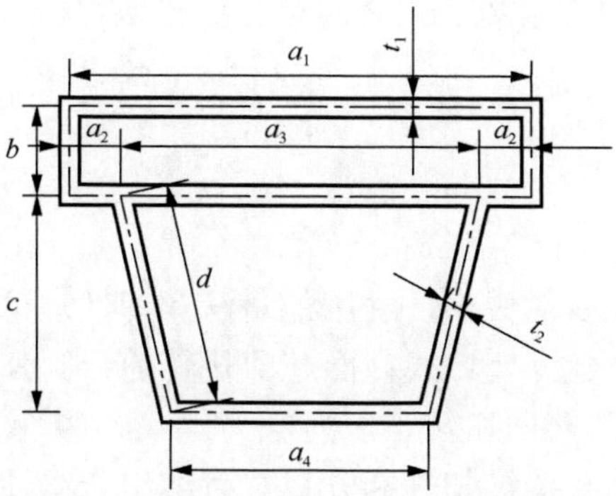

图 9-5　闭口式直线组合梁的截面尺寸

组合梁多箱室剪力流与扭率的关系如下。

混凝土箱：

$$q_1 \oint_1 \frac{\mathrm{d}s}{t_1 G_1} - q_2 \int_{1,2} \frac{\mathrm{d}s}{t_1 G_1} = \phi' \Omega_1$$

积分可得混凝土箱剪力流与扭率的关系为

$$q_1 \times \frac{2(a_1 + b)}{t_1} - q_2 \times \frac{a_3}{t_1} = G_1 \phi' \times 2 a_1 b$$

组合箱：

$$q_2 \oint_1 \frac{\mathrm{d}s}{t_2 G_2} - q_1 \int_{1,2} \frac{\mathrm{d}s}{t_1 G_1} = \phi' \Omega_2$$

积分可得组合箱剪力流与扭率的关系为

$$q_2 \times \left(\frac{2d + a_4}{k_G t_2} + \frac{a_3}{t_1} \right) - q_1 \times \frac{a_3}{t_1} = G_1 \phi' \times 2 \times \frac{(a_3 + a_4)C}{2}$$

式中，$k_G = \frac{G_2}{G_1}$。

可将混凝土箱和组合箱剪力流与扭率的关系式简化为

$$q_1 A - q_2 B = G_1 \phi' \Omega_1$$
$$q_2 C - q_1 B = G_1 \phi' \Omega_2$$

解得

$$q_1 = \frac{G_1 \phi'(\Omega_1 C + \Omega_2 B)}{AC - B^2}$$
$$q_2 = \frac{G_1 \phi'(\Omega_1 B + \Omega_2 A)}{AC - B^2}$$

式中，$A = \dfrac{2(a_1 + b)}{t_1}$；$B = \dfrac{a_3}{t_1}$；$C = \dfrac{2d + a_4}{k_G t_2} + \dfrac{a_3}{t_1}$。

将 q_1 和 q_2 代入纯扭转常数公式，即可得两箱室组合梁的纯扭转常数 K：

$$K = \frac{\Omega_2^2 A + 2\Omega_1 \Omega_2 B + \Omega_1^2 C}{AC - B^2}$$

2. 翘曲扭转

根据材料应力与应变的关系，利用能量法和弹性理论，考虑薄壁中面的剪切变形，引入翘曲函数，建立闭口式截面翘曲扭转的计算公式。

1）翘曲扭转位移与翘曲扭转正应力

对于开口式直线组合梁纯扭转和开口式直线组合梁翘曲扭转，都可根据薄壁梁中间层材料剪切变形等于 0 的假定，得到纯扭转和翘曲扭转通用的翘曲位移方程。对于闭口式直线组合梁，如果不考虑翘曲应力的影响，纯扭转也应取相同的位移方程，但计入翘曲应力后，不能保证扭转变形后的连续性条件，因此在闭口式直线组合梁翘曲扭转下，在乌曼斯基第二理论中引入一个表示翘曲程度，并且与 z 相关的待求函数 β，得到闭口式直线组合梁翘曲位移方程：

$$\hat{W} = -\beta' \hat{\omega}_0 + \overline{W}(z)$$

需要指出的是，式中的 $\hat{\omega}_0$ 和开口截面 ω_0 的定义有所不同，故在其上加个符号以示区别。

根据胡克定律，闭口式直线组合梁的纵向翘曲正应力：

$$\sigma_{\omega_i} = E_i \frac{\partial \hat{W}}{\partial z} = E_i \left[-\beta'' \hat{\omega}_0 + \frac{\mathrm{d}\overline{W}(z)}{\mathrm{d}z} \right]$$

利用内力平衡条件：

$$N = \int_{A_1} \sigma_{\omega_1} \mathrm{d}A + \int_{A_2} \sigma_{\omega_2} \mathrm{d}A = 0$$

可得

$$\frac{\mathrm{d}\overline{W}(z)}{\mathrm{d}z} = \frac{\int_{A_1} \hat{\omega}_0 \mathrm{d}A + k_E \int_{A_2} \hat{\omega}_0 \mathrm{d}A}{A_1 + k_E A_2} \beta''$$

类似于开口式直线组合梁，定义闭口式组合截面广义主扇形坐标 $\hat{\omega}_n$ 为

$$\hat{\omega}_n = \hat{\omega}_0 - \frac{\int_{A_1} \hat{\omega}_0 \mathrm{d}A + k_E \int_{A_2} \hat{\omega}_0 \mathrm{d}A}{A_1 + k_E A_2}$$

对闭口式直线组合梁的翘曲位移和正应力的计算公式进行简化：

$$\hat{W} = -\beta' \hat{\omega}_n$$

$$\sigma_{\omega_i} = -E_i \beta'' \hat{\omega}_n$$

参照 9.2.1 节中开口式直线组合梁的翘曲双力矩公式，整理得到闭口式直线组合梁的翘曲双力矩：

$$\hat{B} = \int_{A_1} \sigma_{\omega_1} \hat{\omega}_n \mathrm{d}A + \int_{A_2} \sigma_{\omega_2} \hat{\omega}_n \mathrm{d}A = -E_1 \left(\int_{A_1} \hat{\omega}_n^2 \mathrm{d}A + k_E \int_{A_2} \hat{\omega}_n^2 \mathrm{d}A \right) \beta''$$

简化为

$$\hat{B} = -E_1 I_{\hat{\omega}_n,co} \beta''$$

式中，$I_{\hat{\omega}_n,co}$ 为广义扇形惯性矩，$I_{\hat{\omega}_n,co} = \int_{A_1} \hat{\omega}_n^2 \mathrm{d}A + k_E \int_{A_2} \hat{\omega}_n^2 \mathrm{d}A$。

2）翘曲扭转剪切应变

为得到翘曲扭转剪切应变 $\gamma_{s\omega_i}$，可先求纯扭转剪切应变 γ_{ss_i}，然后用总的剪切应变 γ_{si} 减去 γ_{ss_i}，即可得到 $\gamma_{s\omega_i}$。

闭口式直线组合梁纯扭转剪切应变 γ_{ss_i} 和翘曲位移 $\hat{W}$ 的关系式为

$$\gamma_{ss_i} = \rho_0 \phi' + \frac{\partial \hat{W}}{\partial s}$$

将 γ_{ss_i} 对 i 进行积分，可得

$$\oint_i \gamma_{ss_i} \mathrm{d}s = \oint_i \rho_0 \phi' \mathrm{d}s + \oint_i \frac{\partial \hat{W}}{\partial s} \mathrm{d}s$$

根据纯扭转翘曲变形的连续条件：

$$\oint_i \frac{\partial \hat{W}}{\partial s} \mathrm{d}s = 0$$

整理可得纯扭转剪切应变 γ_{ss_i}：

$$\gamma_{ss_i} = \psi_i \frac{\phi'}{t}$$

式中，$\psi_i = \dfrac{\oint_i \rho_0 \mathrm{d}s}{\oint_i \dfrac{\mathrm{d}s}{t}}$。

将上式代入切向剪切应变 γ_s 中，整理可得闭口式直线组合梁中第 i 个箱室的自由扭转翘曲位移：

$$\hat{W}_i = \phi' \int_0^s (\frac{\psi_i}{t} - \rho_0) \mathrm{d}s + C$$

对比闭口式直线组合梁自由扭转的翘曲位移方程：

$$W = -\phi' \hat{\omega}_0 + \bar{W}(z)$$

即可得到考虑翘曲的扇形坐标：

$$\hat{\omega}_{0i} = \int_0^s \left(\rho_0 - \frac{\psi_i}{t} \right) \mathrm{d}s$$

在扇形坐标方程中，不同箱室的坐标也不同，即在混凝土板和钢腹板翘曲程度相同的情况下，截面翘曲位移是不一样的，因此两箱室的翘曲剪切应变也不相同。

考虑薄壁中面的总剪切应变γ_{si}可分解为纯扭转剪切应变γ_{ss_i}和翘曲扭转剪切应变$\gamma_{s\omega_i}$两部分。因此，翘曲扭转剪切应变$\gamma_{s\omega_i}$为

$$\gamma_{s\omega_i} = \gamma_{si} - \gamma_{ss_i} = \rho_0 \phi' + \frac{\partial \hat{W}}{\partial s} - \psi_i \frac{\phi'}{t}$$

先把考虑翘曲的扇形坐标代入闭口式直线组合梁翘曲位移方程中，可得翘曲扭转位移公式：

$$\hat{W} = -\beta' \int_0^s \left(\rho_0 - \frac{\psi_i}{t} \right) \mathrm{d}s + \bar{W}(z)$$

将上式代入翘曲扭转剪切应变$\gamma_{s\omega_i}$，即可得到

$$\gamma_{s\omega_i} = \left(\rho_0 - \frac{\psi_i}{t} \right) (\phi' - \beta')$$

纯扭转扭矩T_s和翘曲扭矩T_ω分别为

$$T_s = \int_{A_1} G_1 \gamma_{ss_1} \rho_0 \mathrm{d}A + \int_{A_2} G_2 \gamma_{ss_2} \rho_0 \mathrm{d}A$$

$$T_\omega = \int_{A_1} G_1 \gamma_{s\omega_1} \rho_0 \mathrm{d}A + \int_{A_2} G_2 \gamma_{s\omega_2} \rho_0 \mathrm{d}A$$

将纯扭转剪切应变γ_{ss_i}代入纯扭转扭矩T_s计算公式，可得

$$T_s = G_1 \phi' \left(\int_{A_1} \frac{\psi_1 \rho_0}{t} \mathrm{d}A + k_G \int_{A_2} \frac{\psi_2 \rho_0}{t} \mathrm{d}A \right)$$

分析上式，纯扭转常数的另外一种表达形式为

$$K = \int_{A_1} \frac{\psi_1 \rho_0}{t} \mathrm{d}A + k_G \int_{A_2} \frac{\psi_2 \rho_0}{t} \mathrm{d}A$$

整理得到

$$T_\omega = (\phi' - \beta') G_1 \left[\int_{A_1} \left(\rho_0 - \frac{\psi_i}{t} \right) \rho_0 \mathrm{d}A + k_G \int_{A_1} \left(\rho_0 - \frac{\psi_i}{t} \right) \rho_0 \mathrm{d}A \right] = G_1 (\phi' - \beta')(I_{\rho,co} - K)$$

式中，$I_{\rho,co}$ 为组合梁极坐标惯性矩，$I_{\rho,co}=\int_{A_1}\rho_0^2\mathrm{d}A+k_G\int_{A_2}\rho_0^2\mathrm{d}A$。

将纯扭转扭矩和翘曲扭转扭矩简单叠加，即可得到闭口组合梁的总扭矩：

$$T=T_s+T_\omega=G_1K\phi'+G_1(\phi'-\beta')(I_{\rho,co}-K)$$

3. 扭转角微分方程

考虑翘曲扭转的闭口式直线组合梁总势能：

$$\varPi=\sum_{i=1}^{2}\int_l\int_{A_i}\frac{E_i}{2}(-\beta''\hat{\omega}_n)^2\mathrm{d}A\mathrm{d}z+\sum_{i=1}^{2}\int_l\frac{G_i}{2}\int_{A_1}\gamma_{ssi}^2\mathrm{d}A\mathrm{d}z$$

$$+\sum_{i=1}^{2}\int_l\frac{G_i}{2}\int_{A_1}\gamma_{s\omega i}^2\mathrm{d}A\mathrm{d}z-\overline{F}^{\mathrm{T}}\overline{u}-\int_l m_z\phi\mathrm{d}z$$

由 $\psi_i=\dfrac{\oint_i\rho_0\mathrm{d}s}{\oint_i\dfrac{\mathrm{d}s}{t}}$，得到

$$\oint_i\frac{\psi_i}{t}\mathrm{d}s=\oint_i\rho_0\mathrm{d}s$$

也可写为

$$\oint_i\frac{\psi_i}{t}\mathrm{d}A=\oint_i\rho_0\mathrm{d}A$$

由能量法，根据泛函的驻值条件：

$$-\frac{\mathrm{d}}{\mathrm{d}z}\left(\frac{\partial\varPi}{\partial\phi'}\right)+\frac{\partial\varPi}{\partial\phi}=0$$

$$-\frac{\mathrm{d}}{\mathrm{d}z}\left(\frac{\partial\varPi}{\partial\beta''}\right)+\frac{\partial\varPi}{\partial\beta'}=0$$

整理得

$$-G_1(\phi''-\beta'')\left\{\int_{A_1}\left[\rho_0^2-2\frac{\psi_1}{t}\rho_0+\left(\frac{\psi_1}{t}\right)^2\right]\mathrm{d}A+k_G\int_{A_2}\left[\rho_0^2-2\frac{\psi_2}{t}\rho_0+\left(\frac{\psi_2}{t}\right)^2\right]\mathrm{d}A\right\}$$

$$-G_1\phi''\left[\int_{A_1}\left(\frac{\psi_1}{t}\right)^2\mathrm{d}A+k_G\int_{A_1}\left(\frac{\psi_1}{t}\right)^2\mathrm{d}A\right]-m_z=0$$

$$G_1(\phi'-\beta')\left\{\int_{A_1}\left[\rho_0^2-2\frac{\psi_1}{t}\rho_0+\left(\frac{\psi_1}{t}\right)^2\right]\mathrm{d}A+k_G\int_{A_2}\left[\rho_0^2-2\frac{\psi_2}{t}\rho_0+\left(\frac{\psi_2}{t}\right)^2\right]\mathrm{d}A\right\}$$

$$+E_1\beta'''\left(\int_{A_1}\hat{\omega}_n\mathrm{d}A+k_E\int_{A_2}\hat{\omega}_n\mathrm{d}A\right)=0$$

将以上两式化简得

$$-G_1(\phi''-\beta'')(I_{\rho,co}-K)-G_1K\phi''-m_z=0$$

$$G_1(\phi'-\beta')(I_{\rho,co}-K)+E_1\beta'''I_{\hat{\omega}_n,co}=0$$

将上式对 z 求导一次，可得

$$G_1(\phi''-\beta'')(I_{\rho,co}-K)+E_1\beta^{(4)}I_{\hat{\omega}_n,co}=0$$

整理得到 ϕ'' 和 β'' 的关系：

$$\phi''=\mu\beta''-\frac{m_z}{G_1I_{\rho,co}}$$

也可表示为

$$\beta''=\frac{\phi''}{\mu}+\frac{m_z}{G_1\mu I_{\rho,co}}$$

式中，μ 为组合截面的约束系数，$\mu=1-\dfrac{K}{I_{\rho,co}}$，$\mu$=0时，截面为纯扭转。

将上式对 z 微分两次，可得

$$\beta^{(4)}=\frac{\phi^{(4)}}{\mu}+\frac{m_z''}{G_1\mu I_{\rho,co}}$$

略去 m_z'' 项，整理得

$$-G_1K\phi''+E_1I_{\hat{\omega}_n,co}\frac{\phi^{(4)}}{\mu}=m_z$$

闭口式直线组合梁的扭转角微分方程为

$$\phi^{(4)}-\kappa^2\phi''=\frac{\mu m_z}{E_1I_{\hat{\omega}_n,co}}$$

式中，$\kappa^2=\dfrac{\mu G_1K}{E_1I_{\hat{\omega}_n,co}}$，$\mu=1$ 时，此公式也适用于开口式直线组合梁。

9.2.3 扭转角微分方程的初参数解

下面仅给出闭口式直线组合梁的初参数解。

闭口式直线组合梁扭转角微分方程的齐次解：

$$\phi=C_1+C_2z+C_3\,\mathrm{sh}(\kappa z)+C_4\,\mathrm{ch}(\kappa z)$$

求出 ϕ 对 z 的各阶导数：

$$\phi'=C_2+\kappa[C_3\,\mathrm{ch}(\kappa z)+C_4\,\mathrm{sh}(\kappa z)]$$

$$\phi''=\kappa^2[C_3\,\mathrm{sh}(\kappa z)+C_4\,\mathrm{ch}(\kappa z)]$$

$$\phi'''=\kappa^3[C_3\,\mathrm{ch}(\kappa z)+C_4\,\mathrm{sh}(\kappa z)]$$

则闭口式直线组合梁的总扭矩为

$$T = G_1K\phi' - E_1\beta''' I_{\hat{\omega}_n,co}$$

将闭口式直线组合梁的扭转角微分方程代入上式，略去 m_z' 项，可得

$$T = G_1K\phi' - E_1 I_{\hat{\omega}_n,co}\frac{\phi'''}{\mu}$$

同理，可得翘曲扭转双力矩：

$$\hat{B} = -E_1 I_{\hat{\omega}_n,co}\frac{\phi''}{\mu}$$

将 ϕ 对 z 的各阶导数在 $z=0$ 处的值代入总扭矩和翘曲双力矩公式，可得

$$T_0 = G_1KC_2$$

$$\hat{B}_0 = -G_1KC_4$$

且有 $\phi_0 = C_1 + C_4$，$\phi_0' = C_2 + \kappa C_3$，整理得到闭口式直线组合梁的扭转角计算公式：

$$\phi = \phi_0 + \frac{\hat{B}_0}{G_1K} + \frac{T_0}{G_1K}z + \left(\frac{\phi_0'}{\kappa} - \frac{T_0}{\kappa G_1K}\right)\mathrm{sh}(\kappa z) - \frac{\hat{B}_0}{G_1K}\mathrm{ch}(\kappa z)$$

各边界条件对应的初参数值，见表 9-1。

表 9-1　各边界条件对应的初参数值

固定端		铰支端		自由端	
无扭转	截面无翘曲	无扭转	可自由翘曲	可自由翘曲	无约束剪切
$\phi=0$	$\beta'=0$	$\phi=0$	$B=0$	$B=0$	$\beta'''=0$

若假设外扭矩 T_0 为常量，则 $\phi' = \mu\beta'$，故上式也可写为

$$\phi = \phi_0 + \frac{\mu\beta_0'}{\kappa}\mathrm{sh}(\kappa z) + \hat{B}_0\frac{1-\mathrm{ch}(\kappa z)}{G_1K} + T_0\frac{\kappa z - \mathrm{sh}(\kappa z)}{\kappa G_1K}$$

对上式求导整理得

$$\beta' = \beta_0'\mathrm{ch}(\kappa z) - \frac{\hat{B}_0}{\mu G_1K}\kappa\mathrm{sh}(\kappa z) + T_0\frac{1-\mathrm{ch}(\kappa z)}{G_1K}$$

翘曲双力矩：

$$\hat{B} = -E_1 I_{\hat{\omega}_n,co}\kappa\beta_0'\mathrm{sh}(\kappa z) + \hat{B}_0\mathrm{ch}(\kappa z) + T_0\frac{\mu\mathrm{sh}(\kappa z)}{\kappa}$$

9.3　曲线组合梁的抗扭特性

曲线组合梁的扭转同直线梁相似，也分为开口式组合梁的纯扭转和翘曲扭转、闭口式组合梁的纯扭转和翘曲扭转。但与直线组合梁不同，由于曲线组合梁受到曲率的影响，在曲线组合梁的截面上，外侧（远离曲率中心的一侧）力的峰值比内侧力的峰值大，这样就造成其扭转中心和形心均有向曲率中心偏移的趋势。由

于组合截面的扭心和形心偏移量不同，形心坐标系和扭心坐标系的线积分 dz 和 dz_o 也不同。曲线组合梁的几何特性与直线组合梁有一定的区别，因此求解曲线组合梁的扭转中心和形心也是工作重点之一。除扭心和形心偏移外，即使在没有外扭矩作用时，由于曲率的影响，曲线组合梁也会产生扭矩。

9.3.1 开口式曲线组合梁扭转

1. 纯扭转

开口式曲线组合梁的空间直角坐标系 x-y-z 和正交曲线坐标系 n-s-z 如图 9-6 所示，C 和 O 分别为组合梁形心和弯曲中心。

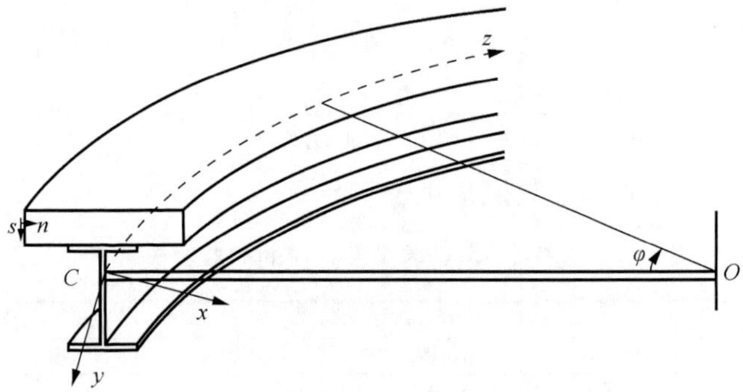

图 9-6 开口式曲线组合梁坐标系

对于纯扭转组合梁，任一点 P 相对于形心的切向位移 v 和法向位移 u 与扭转角 ϕ 的关系可以简化为

$$v = \rho_0 \phi$$

$$u = \rho_n \phi$$

式中，ρ_0 和 ρ_n 分别为剪切中心至 P 点切线的距离和法线的距离。

考虑弯曲的纵向位移 w，见图 9-7，由图分析可以得到

$$w = -x\phi_y + y\phi_x + \omega$$

式中，ϕ_y 和 ϕ_x 分别为由弯曲引起的对 x 轴和 y 轴的扭转角；ω 为由扭转角 ϕ 引起的位移。

在只考虑扭转的情况下，将以上三式代入组合梁的切向剪切应变 γ_s 和法向剪切应变 γ_n 计算公式，可得到组合梁上任一点的切向剪切应变和法向剪切应变：

$$\gamma_{si} = \frac{\partial v}{\partial z} + \frac{\partial w}{\partial s} = \rho_0 \frac{\mathrm{d}\phi}{\mathrm{d}z} + \frac{\partial w}{\partial s}$$

$$\gamma_{ni} = \frac{\partial u}{\partial z} + \frac{\partial w}{\partial n} = \rho_n \frac{\mathrm{d}\phi}{\mathrm{d}z} + \frac{\partial w}{\partial n}$$

由于任一点 P 的曲率中心沿着截面 s 变化，为使微分统一，可作如下变换：

$$\mathrm{d}z = \frac{R}{R_o} R_o \mathrm{d}\phi = \frac{R}{R_o} \mathrm{d}z_o$$

式中，R_o 为组合截面扭心位置的曲率半径；R 为组合梁曲率半径，$R = \dfrac{\mathrm{d}z}{\mathrm{d}\phi}$。

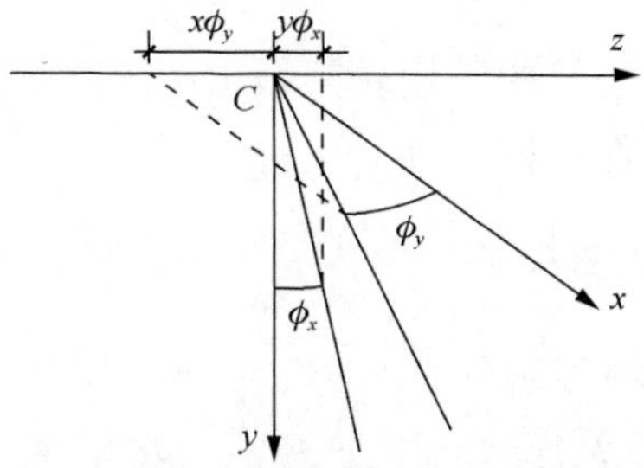

图 9-7　考虑弯曲的纵向位移

组合梁上任一点的切向剪切应变和法向剪切应变，还可以表示成对 z_o 求导的形式，即

$$\gamma_{si} = \frac{\rho_0 R_o}{R}\frac{\mathrm{d}\phi}{\mathrm{d}z_o} + \frac{\partial w}{\partial s}$$

$$\gamma_{ni} = \frac{\rho_n R_o}{R}\frac{\mathrm{d}\phi}{\mathrm{d}z_o} + \frac{\partial w}{\partial n}$$

假设材料均符合胡克定律，可得剪切应力：

$$\tau_{si} = G_i \frac{\rho_0 R_o}{R}\phi' + G_i \frac{\partial w}{\partial s}$$

$$\tau_{ni} = G_i \frac{\rho_n R_o}{R}\phi' + G_i \frac{\partial w}{\partial n}$$

$$\frac{\partial \tau_{si}}{\partial n} - \frac{\partial \tau_{ni}}{\partial s} = G_i\phi' \frac{R_o}{R}\frac{\partial \rho_o}{\partial n} + G_i \frac{\partial^2 w}{\partial s \partial n} - G_i\phi' \frac{R_o}{R}\frac{\partial \rho_n}{\partial s} - G_i \frac{\partial^2 w}{\partial s \partial n}$$

由 $\dfrac{\partial \rho_o}{\partial n} - \dfrac{\partial \rho_n}{\partial s} = 2$，则有

$$\frac{\partial \tau_{si}}{\partial n} - \frac{\partial \tau_{ni}}{\partial s} = 2G_i\phi' \frac{R_o}{R}$$

应力的法向分量与切向分量相比很小，为简化计算，忽略上式中的法线分量可得

$$\frac{\partial \tau_{si}}{\partial n} = 2G_i\phi' \frac{R_o}{R}$$

上式对 n 进行积分，根据开口式曲线组合梁在约束扭转时中间层材料剪应力等于

0 的假定，即 $\tau_s\big|_{n=0}=0$，可得切向剪应力为

$$\tau_{si}=2G_i n\phi'\frac{R_o}{R}$$

则有

$$\gamma_{si}=2n\phi'\frac{R_o}{R}$$

为求出开口式曲线组合梁的纯扭转常数 $\widetilde{K}$，利用能量守恒原理，由内力应变能和扭转应变能相等的条件可得

$$\frac{1}{2}G_1\int_{V_1}\gamma_{s1}^2\mathrm{d}V+\frac{1}{2}G_2\int_{V_2}\gamma_{s2}^2\mathrm{d}V=\frac{1}{2}T_s\phi$$

上式两边同时对 z 求导，整理得到

$$\frac{1}{2}G_1\int_{A_1}\left(2n\phi'\frac{R_o}{R}\right)^2\mathrm{d}A+\frac{1}{2}G_2\int_{A_2}\left(2n\phi'\frac{R_o}{R}\right)^2\mathrm{d}A=\frac{1}{2}T_s\frac{R_o}{R}\phi'$$

定义纯扭转扭矩：

$$T_s=G_1\widetilde{K}\phi'$$

开口式曲线组合梁的纯扭转常数为

$$\widetilde{K}=4\left(\int_{A_1}\frac{R_o}{R}n^2\mathrm{d}A+k_G\int_{A_2}\frac{R_o}{R}n^2\mathrm{d}A\right)$$

2. 翘曲扭转

1）正应力

对于开口式曲线组合梁，薄壁壁厚中面的剪切变形 γ_s 很小，可以忽略，故可得

$$\gamma_{si}=\frac{\rho_0 R_o}{R}\phi'+\frac{\partial w}{\partial s}=0$$

则有

$$w=-\phi'\int_0^s\frac{\rho_0 R_o}{R}\mathrm{d}s+\overline{w}(z)$$

开口式曲线组合梁中面翘曲位移可表示为

$$w=-\phi'\tilde{\omega}+\overline{w}(z)$$

式中，$\tilde{\omega}=\int_0^s\frac{\rho_0 R_o}{R}\mathrm{d}s$ 。

翘曲正应力：

$$\sigma_{\omega i}=E_i\frac{\partial w}{\partial z}=-E_i\frac{R_o}{R}\phi''\tilde{\omega}+E_i\frac{R_o}{R}\frac{\mathrm{d}\overline{w}(z)}{\mathrm{d}z_o}$$

由平衡条件：

$$N=\int_{A_1}\sigma_{\omega_1}\mathrm{d}A+\int_{A_2}\sigma_{\omega_2}\mathrm{d}A=0$$

整理得到

$$\frac{\mathrm{d}\overline{w}(z)}{\mathrm{d}z_o}=\frac{\int_{A_1}\frac{R_o}{R}\tilde{\omega}\mathrm{d}A+k_E\int_{A_2}\frac{R_o}{R}\tilde{\omega}\mathrm{d}A}{\int_{A_1}\frac{R_o}{R}\mathrm{d}A+k_E\int_{A_2}\frac{R_o}{R}\mathrm{d}A}\phi''$$

类比开口式直线薄壁组合梁，定义开口式曲线组合梁的广义主扇形坐标 $\tilde{\omega}_n$ 为

$$\tilde{\omega}_n=\tilde{\omega}-\frac{\int_{A_1}\frac{R_o}{R}\tilde{\omega}\mathrm{d}A+k_E\int_{A_2}\frac{R_o}{R}\tilde{\omega}\mathrm{d}A}{\int_{A_1}\frac{R_o}{R}\mathrm{d}A+k_E\int_{A_2}\frac{R_o}{R}\mathrm{d}A}$$

则开口式曲线组合梁的翘曲位移和正应力公式可简化为

$$w=-\phi'\tilde{\omega}_n$$

$$\sigma_{\omega_i}=-E_i\phi''\tilde{\omega}_n\frac{R_o}{R}$$

曲线组合截面的翘曲双力矩：

$$\widetilde{B}=\sum_{i=1}^{2}\int_{A_i}\sigma_{\omega_i}\tilde{\omega}_n\mathrm{d}A$$

即

$$\widetilde{B}=\int_{A_1}\sigma_{\omega_1}\tilde{\omega}_n\mathrm{d}A+\int_{A_2}\sigma_{\omega_2}\tilde{\omega}_n\mathrm{d}A=-E_1\left(\int_{A_1}\frac{R_o}{R}\tilde{\omega}_n^2\mathrm{d}A+k_E\int_{A_2}\frac{R_o}{R}\tilde{\omega}_n^2\mathrm{d}A\right)\phi''$$

则有

$$\widetilde{B}=-E_1\tilde{I}_{\omega_n,co}\phi''$$

$$\tilde{I}_{\omega_n,co}=\int_{A_1}\frac{R_o}{R}\tilde{\omega}_n^2\mathrm{d}A+k_E\int_{A_2}\frac{R_o}{R}\tilde{\omega}_n^2\mathrm{d}A$$

2）剪应力

为了明确曲线组合梁中单元体正应力与剪应力之间的关系，从曲线组合梁中截取一个微段 $\mathrm{d}s\times\mathrm{d}z$ ，由翘曲引起的正应力和剪应力对曲率中心应不产生扭矩，即曲线组合梁微元体绕曲率中心的力矩平衡，见图 9-8。

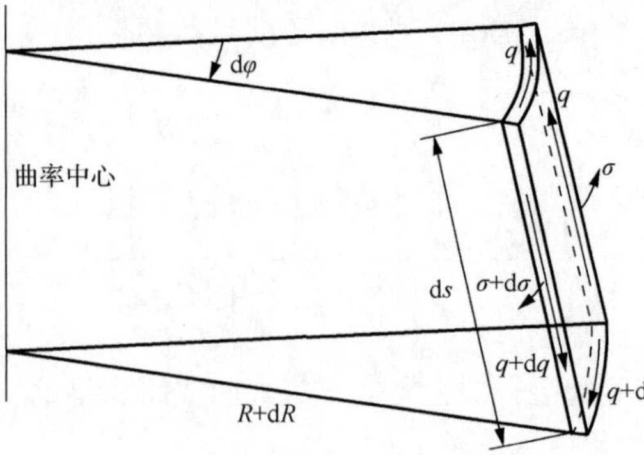

图 9-8 曲线组合梁微元体受力图

由曲线组合梁微元体受力平衡可以得到

$$\mathrm{d}q = \frac{\partial q}{\partial s}\mathrm{d}s$$

$$\mathrm{d}\sigma = \frac{\partial \sigma}{\partial z}\mathrm{d}z = \frac{\partial \sigma}{\left(R + \dfrac{\partial R}{2\partial s}\mathrm{d}s\right)\partial\varphi}\left(R + \frac{\partial R}{2\partial s}\mathrm{d}s\right)\mathrm{d}\varphi = \frac{\partial\sigma}{R\partial\varphi}R\mathrm{d}\varphi$$

$$\mathrm{d}R = \frac{\partial R}{\partial s}\mathrm{d}s$$

可得

$$(\sigma + \mathrm{d}\sigma - \sigma)t\mathrm{d}s\left(R + \frac{\mathrm{d}R}{2}\right) + (q + \mathrm{d}q)(R + \mathrm{d}R)^2\,\mathrm{d}\varphi - qR^2\varphi = 0$$

整理得到

$$R\frac{t\partial\sigma}{R\partial\varphi} + 2q\frac{\partial R}{\partial s} + R\frac{\partial q}{\partial s} + \left(\frac{t\partial\sigma}{R\partial\varphi}\frac{\partial R}{2\partial s} + \frac{q}{R}\frac{\partial^2 R}{\partial s^2} + 2\frac{\partial q}{\partial s}\frac{\partial R}{\partial s} + \frac{\partial q}{\partial s}\frac{\partial^2 R}{\partial s^2}\frac{\mathrm{d}s}{R}\right)\mathrm{d}s = 0$$

第四项为高阶微量，可以忽略，即曲线组合梁微元体的平衡方程为

$$R\frac{t\partial\sigma}{R\partial\varphi} + 2q\frac{\partial R}{\partial s} + R\frac{\partial q}{\partial s} = 0$$

利用 $\dfrac{\partial(qR^2)}{\partial s} = R^2\dfrac{\partial q}{\partial s} + 2qR\dfrac{\partial R}{\partial s}$，可将曲线组合梁微元体的平衡方程简化为

$$R^2\frac{t\partial\sigma}{R\partial\varphi} + \frac{\partial(qR^2)}{\partial s} = 0$$

则

$$\frac{\partial(q_\omega R^2)}{\partial s} = -R^2\frac{t\partial\sigma_\omega}{R\partial\varphi} = E_i\phi'''t\tilde{\omega}_n R_o^2$$

选取组合梁的开口处为积分零点，即积分常数为 0，则有

$$q_{\omega} = E_i \phi''' \left(\frac{R_o}{R} \right)^2 \int_0^s \tilde{\omega}_n t \mathrm{d}s$$

故曲线组合梁的翘曲扭矩为

$$T_{\omega} = \int_0^b q_{\omega} \rho_0 \mathrm{d}s$$

式中，积分表示从组合梁一个自由端到另一个自由端。

考虑微元体的广义主扇形坐标：

$$\mathrm{d}\tilde{\omega}_n = \rho_0 \frac{R_o}{R} \mathrm{d}s$$

翘曲扭矩：

$$T_{\omega} = \int_s q_{\omega} \frac{R}{R_o} \mathrm{d}\tilde{\omega}_n$$

对上式进行分部积分，且已知组合梁自由端剪力流为 0，即 $q_{\omega_0} = 0$、$q_{\omega_b} = 0$，则翘曲扭矩为

$$T_{\omega} = \int_0^b q_{\omega} \frac{R}{R_o} \mathrm{d}\tilde{\omega}_n = q_{\omega} \frac{R}{R_o} \tilde{\omega}_n \Bigg|_0^b - \int_0^b \tilde{\omega}_n \mathrm{d}\left(q_{\omega} \frac{R}{R_o} \right) = -\int_0^b \tilde{\omega}_n \mathrm{d}\left(q_{\omega} \frac{R}{R_o} \right)$$

由曲线组合梁微元体平衡方程可得

$$\mathrm{d}\left(q_{\omega} \frac{R}{R_o} \right) = E_i \phi''' \tilde{\omega}_n \frac{R_o}{R} t \mathrm{d}s$$

组合梁翘曲扭矩：

$$T_{\omega} = -E_1 \phi''' \left(\int_{A_1} \frac{R_o}{R} \tilde{\omega}_n^2 t \mathrm{d}s + k_E \int_{A_2} \frac{R_o}{R} \tilde{\omega}_n^2 t \mathrm{d}s \right) = -E_1 \tilde{I}_{\omega_n, co} \phi'''$$

曲线组合梁的总扭矩：

$$T = T_s + T_{\omega} = G_1 \widetilde{K} \phi' - E_1 \tilde{I}_{\omega_n, co} \phi'''$$

3. 扭转角微分方程

组合梁的总势能：

$$\begin{aligned} \Pi = & \frac{E_1}{2} \int_l \frac{R}{R_o} \int_{A_1} \left(-\phi'' \tilde{\omega}_n \frac{R_o}{R} \right)^2 \mathrm{d}A \mathrm{d}z_o + \frac{E_2}{2} \int_l \frac{R}{R_o} \int_{A_2} \left(-\phi'' \tilde{\omega}_n \frac{R_o}{R} \right)^2 \mathrm{d}A \mathrm{d}z_o \\ & + \frac{G_1}{2} \int_l \frac{R}{R_o} \int_{A_1} \left(2n\phi' \frac{R_o}{R} \right)^2 \mathrm{d}A \mathrm{d}z_o + \frac{G_2}{2} \int_l \frac{R}{R_o} \int_{A_2} \left(2n\phi' \frac{R_o}{R} \right)^2 \mathrm{d}A \mathrm{d}z_o \\ & - \overline{F}^{\mathrm{T}} \overline{u} - \int_l m_z \phi \mathrm{d}z_o \end{aligned}$$

根据泛函的驻值条件：

$$\frac{\mathrm{d}^2}{\mathrm{d}z_o^2}\left(\frac{\partial\Pi}{\partial\phi''}\right)-\frac{\mathrm{d}}{\mathrm{d}z_o}\left(\frac{\partial\Pi}{\partial\phi'}\right)+\frac{\partial\Pi}{\partial\phi}=0$$

开口式曲线组合梁的扭转角微分方程：

$$E_1\tilde{I}_{\omega_n,co}\phi^{(4)}-G_1\widetilde{K}\phi''=m_z$$

9.3.2　闭口式曲线组合梁扭转

1. 纯扭转

闭口式曲线组合梁的空间直角坐标系 x-y-z 和正交曲线坐标系 n-s-z 如图 9-9 所示，C 和 O 分别为曲线组合梁形心和弯曲中心。

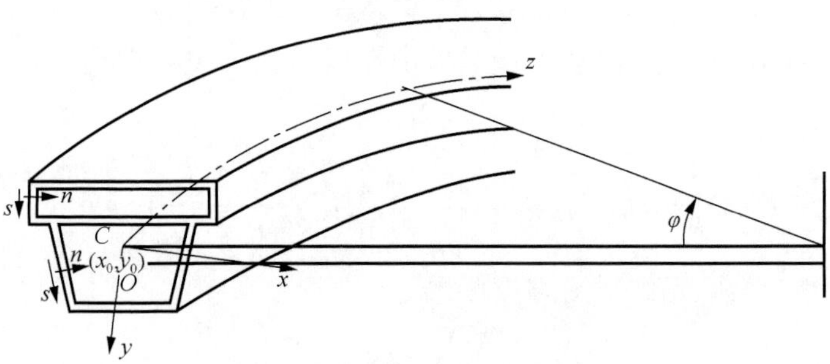

图 9-9　闭口式曲线组合梁的坐标系

根据曲线组合梁微元体平衡方程，单元体剪力流 q 为

$$\frac{\partial(qR^2)}{\partial s}=-R^2\frac{t\partial\sigma_\omega}{R\partial\varphi}$$

考虑自由扭转截面正应力 $\sigma_z=0$，则 $\dfrac{\partial\sigma_z}{\partial z}=0$，即

$$qR^2=\text{const}$$

剪力流在薄壁截面上的合力形成内部抵抗扭矩，其大小应和外扭矩相同。对剪力流微段上的合力沿薄壁截面积分一周，即可得到自由扭矩 T_s 的大小，即

$$T_s=\oint q\rho_0\mathrm{d}s=\oint q_o\left(\frac{R_o}{R}\right)^2\rho_0\mathrm{d}s=q_o\widehat{\Omega}$$

$$\widehat{\Omega}=\oint\left(\frac{R_o}{R}\right)^2\rho_0\mathrm{d}s$$

式中，$\widehat{\Omega}$ 为曲线组合梁广义截面面积的两倍。

对于闭口式曲线组合梁截面，其内外部变形能分别为

$$W_{\text{in}} = -\oint \tau t \gamma_s \mathrm{d}s \frac{R}{R_o} \mathrm{d}z_o$$

$$W_{\text{ex}} = T_s(\phi + \phi' \mathrm{d}z) - T_s\phi = T_s\phi' \frac{R}{R_o} \mathrm{d}z_o$$

综合以上两式，可得闭口式曲线组合梁截面扭率 ϕ' 和剪切变形 γ_s 的几何关系：

$$\oint \left(\frac{R_o}{R}\right)^2 \gamma_s \mathrm{d}s = \phi' \widehat{\Omega}$$

对于单箱室梁，剪力流与扭率的关系为

$$\oint \left(\frac{R_o}{R}\right)^4 \frac{q_o}{tG} \mathrm{d}s = \phi' \widehat{\Omega}$$

对于多箱室组合梁，公共壁的剪力流方向相反，则要把相邻箱室剪力流对本箱室变形的影响考虑进去，即

$$q_{o_i} \oint_i \left(\frac{R_o}{R}\right)^4 \frac{\mathrm{d}s}{tG_i} - \left[q_{o_{i,i-1}} \int_{i,i-1} \left(\frac{R_o}{R}\right)^4 \frac{\mathrm{d}s}{tG_{i,i-1}} + q_{o_{i,i+1}} \int_{i,i+1} \left(\frac{R_o}{R}\right)^4 \frac{\mathrm{d}s}{tG_{i,i+1}} \right] = \phi' \widehat{\Omega}_i$$

很显然，类比上式可以对各箱室建立剪力流与扭率的 n 个方程，但除了有 n 个未知剪力流 q_{o_i} 外，还有一个扭率 ϕ' 未知，故还需建立一个平衡方程，分析可得各箱室引起的扭矩之和等于总扭矩 T_s，即

$$T_s = \sum_{i=1}^{n} q_{o_i} \widehat{\Omega}_i$$

上述 n+1 个方程联立，可解出各室剪力流 q_{o_i} 和截面扭率 ϕ' 。

多箱室自由扭转总扭矩：

$$T_s = G_1 \widehat{K} \phi'$$

则纯扭转常数 $\widehat{K}$ 为

$$\widehat{K} = \frac{\sum_{i=1}^{n} q_{o_i} \widehat{\Omega}_i}{G_1 \phi'}$$

2. 翘曲扭转

1）翘曲位移与翘曲正应力

闭口式曲线组合梁截面与开口式曲线组合梁的截面翘曲扭转理论类似，其纵向翘曲位移为

$$\widehat{W} = -\beta' \widehat{\omega}_0 + \overline{W}(z)$$

式中，β' 为新引入的曲线翘曲函数。

根据胡克定律，闭口式曲线组合梁的纵向翘曲正应力为

$$\sigma_{\omega_i}=E_i\frac{\partial\widehat{W}}{\partial z}=E_i\frac{R_o}{R}\left[-\beta''\widehat{\omega}_0+\frac{\mathrm{d}\overline{W}(z)}{\mathrm{d}z_o}\right]$$

由力平衡条件：

$$N=\int_{A_1}\sigma_{\omega_1}\mathrm{d}A+\int_{A_1}\sigma_{\omega_1}\mathrm{d}A=0$$

整理得到

$$\frac{\mathrm{d}\overline{W}(z)}{\mathrm{d}z_o}=\frac{\int_{A_1}\frac{R_o}{R}\widehat{\omega}_0\mathrm{d}A+k_E\int_{A_2}\frac{R_o}{R}\widehat{\omega}_0\mathrm{d}A}{\int_{A_1}\frac{R_o}{R}\mathrm{d}A+k_E\int_{A_2}\frac{R_o}{R}\mathrm{d}A}\beta''$$

定义闭口式曲线组合梁截面广义主扇形坐标$\widehat{\omega}_n$：

$$\widehat{\omega}_n=\widehat{\omega}_0-\frac{\int_{A_1}\frac{R_o}{R}\widehat{\omega}_0\mathrm{d}A+k_E\int_{A_2}\frac{R_o}{R}\widehat{\omega}_0\mathrm{d}A}{\int_{A_1}\frac{R_o}{R}\mathrm{d}A+k_E\int_{A_2}\frac{R_o}{R}\mathrm{d}A}$$

则闭口式曲线组合梁的纵向翘曲位移和正应力公式可简化为

$$\widehat{W}=-\beta'\widehat{\omega}_n$$

$$\sigma_{\omega_i}=-E_i\frac{R_o}{R}\beta''\widehat{\omega}_n$$

将上式代入组合梁截面的翘曲双力矩计算公式$\widehat{B}=\sum_{i=1}^{2}\int_{A_i}\sigma_{\omega_i}\widehat{\omega}_n\mathrm{d}A$，可得

$$\widehat{B}=\int_{A_1}\sigma_{\omega_1}\widehat{\omega}_n\mathrm{d}A+\int_{A_2}\sigma_{\omega_2}\widehat{\omega}_n\mathrm{d}A=-E_1\left(\int_{A_1}\frac{R_o}{R}\widehat{\omega}_n^2\mathrm{d}A+k_E\int_{A_2}\frac{R_o}{R}\widehat{\omega}_n^2\mathrm{d}A\right)\beta''$$

令$\widehat{I}_{\omega_n,co}=\int_{A_1}\frac{R_o}{R}\widehat{\omega}_n^2\mathrm{d}A+k_E\int_{A_2}\frac{R_o}{R}\widehat{\omega}_n^2\mathrm{d}A$，可得闭口组合梁的翘曲双力矩为

$$\widehat{B}=-E_1\widehat{I}_{\omega_n,co}\beta''$$

2）翘曲扭转剪切应变

组合梁扭转剪应变γ_{si}和翘曲位移$\widehat{W}$的关系为

$$\gamma_{si}=\frac{\rho_0R_o}{R}\phi'+\frac{\partial\widehat{W}}{\partial s}$$

将γ_{si}对i室积分一周，可得

$$\oint_i\gamma_{si}\mathrm{d}s=\oint_i\frac{\rho_0R_o}{R}\phi'\mathrm{d}s+\oint_i\frac{\partial\widehat{W}}{\partial s}\mathrm{d}s$$

根据纯扭转翘曲变形的连续条件，即

$$\oint_i \frac{\partial \widehat{W}}{\partial s}\mathrm{d}s=0$$

组合梁截面扭心 R_o 处的纯扭转剪应变 γ_{ss_i} 为

$$\gamma_{ss_i}=\frac{\oint_i \frac{R_o}{R}\rho_0\mathrm{d}s}{\oint_i\left(\frac{R_o}{R}\right)^2\frac{\mathrm{d}s}{t}}\frac{\phi'}{t}$$

由 $\psi_i=\frac{\oint_i \frac{R_o}{R}\rho_0\mathrm{d}s}{\oint_i\left(\frac{R_o}{R}\right)^2\frac{\mathrm{d}s}{t}}$，纯扭转剪切应变可以简化为

$$\gamma_{ss_i}=\psi_i\frac{\phi'}{t}$$

将上式代入曲线组合梁的切向剪切应变公式，可得闭口式曲线组合梁截面第 i 个箱室的自由扭转翘曲位移：

$$\widehat{W}_i=\phi'\int_0^s\left(\frac{\psi_i}{t}-\rho_0\frac{R_o}{R}\right)\mathrm{d}s+C$$

闭口式曲线组合梁的自由扭转翘曲位移方程为

$$\widehat{W}=-\phi'\widehat{\omega}_0+\bar{W}(z)$$

可得到

$$\widehat{\omega}_{0i}=\int_0^s\left(\rho_0\frac{R_o}{R}-\frac{\psi_i}{t}\right)\mathrm{d}s$$

考虑薄壁中面总的剪切应变 γ_{si} 可分解为纯扭转剪切应变 γ_{ss_i} 和翘曲扭转剪切应变 $\gamma_{s\omega_i}$ 两部分，因此翘曲扭转剪切应变为

$$\gamma_{s\omega_i}=\gamma_{si}-\gamma_{ss_i}=\frac{\rho_0R_o}{R}\phi'+\frac{\partial\widehat{W}}{\partial s}-\frac{\psi_i}{t}\phi'$$

则翘曲扭转位移计算公式为

$$\widehat{W}=-\beta'\int_0^s\left(\rho_0\frac{R_o}{R}-\frac{\psi_i}{t}\right)\mathrm{d}s+\bar{W}(z)$$

整理得到

$$\gamma_{s\omega_i}=\left(\rho_0\frac{R_o}{R}-\frac{\psi_i}{t}\right)(\phi'-\beta')$$

纯扭转扭矩 T_s 和翘曲扭矩 T_ω 分别为

$$T_s=\int_{A_1}G_1\gamma_{ss_1}\rho_0\mathrm{d}A+\int_{A_2}G_2\gamma_{ss_2}\rho_0\mathrm{d}A$$

$$T_\omega = \int_{A_1} G_1 \gamma_{s\omega_1} \rho_0 \mathrm{d}A + \int_{A_2} G_2 \gamma_{s\omega_2} \rho_0 \mathrm{d}A$$

将任意处的纯扭转剪切应变代入 T_s 计算公式中，可得

$$T_s = G_1 \phi' \left(\int_{A_1} \frac{\psi_1 \rho_0}{t} \mathrm{d}A + k_G \int_{A_2} \frac{\psi_2 \rho_0}{t} \mathrm{d}A \right)$$

可得纯扭转常数的另外一种表达形式：

$$\widehat{K} = \int_{A_1} \frac{\psi_1 \rho_0}{t} \mathrm{d}A + k_G \int_{A_2} \frac{\psi_2 \rho_0}{t} \mathrm{d}A$$

整理可得 T_ω：

$$T_\omega = (\phi' - \beta') G_1 \left[\int_{A_1} \left(\rho_0 \frac{R_o}{R} - \frac{\psi_i}{t} \right) \rho_0 \mathrm{d}A + k_G \int_{A_1} \left(\rho_0 \frac{R_o}{R} - \frac{\psi_i}{t} \right) \rho_0 \mathrm{d}A \right] = G_1 (\phi' - \beta')(\widehat{I}_{\rho,co} - \widehat{K})$$

式中，$\widehat{I}_{\rho,co}$ 为曲线组合梁的极坐标惯性矩，$\widehat{I}_{\rho,co} = \int_{A_1} \frac{R_o}{R} \rho_0^2 \mathrm{d}A + k_G \int_{A_2} \frac{R_o}{R} \rho_0^2 \mathrm{d}A$。

将纯扭转扭矩和翘曲扭转扭矩相加，即可得到闭口式曲线组合梁的总扭矩：

$$T = T_s + T_\omega = G_1 \widehat{K} \phi' + G_1 (\phi' - \beta')(\widehat{I}_{\rho,co} - \widehat{K})$$

3. 扭转角微分方程

考虑翘曲扭转的闭口式曲线组合梁的总势能：

$$\Pi = \sum_{i=1}^{2} \frac{E_i}{2} \int_l \int_{A_i} \left(\frac{R_o}{R} \beta'' \widehat{\omega}_n \right)^2 \mathrm{d}A \frac{R}{R_o} \mathrm{d}z_o + \sum_{i=1}^{2} \frac{G_i}{2} \int_l \int_{A_1} \gamma_{ss_i}^2 \mathrm{d}A \frac{R}{R_o} \mathrm{d}z_o$$
$$+ \sum_{i=1}^{2} \frac{G_i}{2} \int_l \int_{A_1} \gamma_{s\omega_i}^2 \mathrm{d}A \frac{R}{R_o} \mathrm{d}z_o - \left\{ \overline{F} \right\}^{\mathrm{T}} \left\{ \overline{u} \right\} - \int_l m_z \phi \mathrm{d}z_o$$

利用 $\psi_i = \dfrac{\oint_i \frac{R_o}{R} \rho_0 \mathrm{d}s}{\oint_i \left(\frac{R_o}{R} \right)^2 \frac{\mathrm{d}s}{t}}$，整理得到

$$\oint_i \frac{\psi_i}{t} \mathrm{d}s = \oint_i \rho_0 \frac{R_o}{R} \mathrm{d}s = \mathrm{const}$$

上式两边同时乘以 t，可以得到

$$\oint_i \psi_i \mathrm{d}s = \oint_i \rho_0 \frac{R_o}{R} \mathrm{d}A = \mathrm{const}$$

根据泛函的驻值条件：

$$-\frac{\mathrm{d}}{\mathrm{d}z_o} \left(\frac{\partial \Pi}{\partial \phi'} \right) + \frac{\partial \Pi}{\partial \phi} = 0$$

$$-\frac{\mathrm{d}}{\mathrm{d}z_o}\left(\frac{\partial \Pi}{\partial \beta''}\right)+\frac{\partial \Pi}{\partial \beta'}=0$$

整理得到

$$-G_1(\phi''-\beta'')(\widehat{I}_{\rho,co}-\widehat{K})-G_1\widehat{K}\phi''-m_z=0$$

$$G_1(\phi'-\beta')(\widehat{I}_{\rho,co}-\widehat{K})+E_1\beta'''\widehat{I}_{\omega_n,co}=0$$

将式中的 ϕ' 对 z_o 求导一次，得到

$$G_1(\phi''-\beta'')(\widehat{I}_{\rho,co}-\widehat{K})+E_1\beta^{(4)}\widehat{I}_{\omega_n,co}=0$$

整理得到 ϕ'' 和 β'' 的关系：

$$\phi''=\widehat{\mu}\beta''-\frac{m_z}{G_1\widehat{I}_{\rho,co}}$$

式中，$\widehat{\mu}$ 为曲线组合梁的翘曲扭转约束系数，$\widehat{\mu}=1-\dfrac{\widehat{K}}{\widehat{I}_{\rho,co}}$。

将 ϕ'' 和 β'' 的关系代入上式中，可得闭口式曲线组合梁翘曲函数的微分方程：

$$\beta^{(4)}-\frac{\widehat{\mu}G_1\widehat{K}}{E_1\widehat{I}_{\omega_n,co}}\beta''=\frac{\widehat{\mu}m_z}{E_1\widehat{I}_{\omega_n,co}}$$

ϕ'' 和 β'' 的关系也可表示为

$$\beta''=\frac{\phi''}{\widehat{\mu}}+\frac{m_z}{G_1\widehat{\mu}\widehat{I}_{\rho,co}}$$

对 z_o 微分两次，略去 m_z'' 项：

$$\beta^{(4)}=\frac{\phi^{(4)}}{\widehat{\mu}}$$

整理可得

$$-G_1\widehat{K}\phi''+E_1\widehat{I}_{\omega_n,co}\frac{\phi^{(4)}}{\widehat{\mu}}=m_z$$

闭口式曲线组合梁的扭转角微分方程：

$$\phi^{(4)}-\kappa^2\phi''=\frac{\widehat{\mu}m_z}{E_1\widehat{I}_{\omega_n,co}}$$

式中，$\kappa^2=\dfrac{\widehat{\mu}G_1\widehat{K}}{E_1\widehat{I}_{\omega_n,co}}$。

9.3.3　扭转角微分方程的初参数解

若 $\widehat{\mu}=1$，则闭口式曲线组合梁的扭转角微分方程与开口式曲线组合梁的扭转角微分方程相同，故只需求解闭口式曲线组合梁的扭转角微分方程，即可求得各种情况的初参数解。

扭转角微分方程的齐次解：

$$\phi = C_1 + C_2 z_o + C_3 \operatorname{sh}(\kappa z_o) + C_4 \operatorname{ch}(\kappa z_o)$$

求出 ϕ 对 z_o 的各阶导数：

$$\phi' = C_2 + \kappa\left[C_3 \operatorname{ch}(\kappa z_o) + C_4 \operatorname{sh}(\kappa z_o)\right]$$

$$\phi'' = \kappa^2\left[C_3 \operatorname{sh}(\kappa z_o) + C_4 \operatorname{ch}(\kappa z_o)\right]$$

$$\phi''' = \kappa^3\left[C_3 \operatorname{ch}(\kappa z_o) + C_4 \operatorname{sh}(\kappa z_o)\right]$$

由闭口式曲线组合梁的总扭矩计算公式及转角关系，整理得到

$$T = G_1 \widehat{K} \phi' - E_1 \beta''' \widehat{I}_{\omega_n,co}$$

利用 ϕ'' 和 β'' 之间的关系，可以得到

$$T = G_1 \widehat{K} \phi' - E_1 \widehat{I}_{\omega_n,co} \frac{\phi'''}{\widehat{\mu}}$$

同理，由闭口式曲线组合梁的翘曲双力矩公式可得

$$\widehat{B} = -E_1 \widehat{I}_{\omega_n,co} \frac{\phi''}{\widehat{\mu}}$$

整理得到

$$T_0 = G_1 \widehat{K} C_2$$

$$B_0 = -G_1 \widehat{K} C_4$$

利用如下公式：

$$\phi_0 = C_1 + C_4$$

$$\phi_0' = C_2 + \kappa C_3$$

可得组合梁扭转角 ϕ 的初参数解：

$$\phi = \phi_0 + \frac{\widehat{\mu}\beta_0'}{\kappa} \operatorname{sh}(\kappa z_o) + B_0 \frac{1 - \operatorname{ch}(\kappa z_o)}{G_1 \widehat{K}} + T_0 \frac{\kappa z_o - \operatorname{sh}(\kappa z_o)}{\kappa G_1 \widehat{K}}$$

利用 ϕ 与 β 、 B 之间的关系，整理得到

$$\beta' = \beta_0' \operatorname{ch}(\kappa z) - \frac{B_0}{\widehat{\mu} G_1 \widehat{K}} \kappa \operatorname{sh}(\kappa z) + T_0 \frac{1 - \operatorname{ch}(\kappa z)}{G_1 \widehat{K}}$$

$$\widehat{B} = -E_1 \widehat{I}_{\omega_n,co} \kappa \beta_0' \operatorname{sh}(\kappa z) + B_0 \operatorname{ch}(\kappa z) + T_0 \frac{\widehat{\mu} \operatorname{sh}(\kappa z)}{\kappa}$$

由此可求出约束扭转正应力、剪应力、正应变和剪应变等。

在受到外荷载作用时，曲线组合梁除了有初扭矩 T_0 、初双力矩 B_0 和分布扭矩 m_t 外，还有因组合梁弯矩引起的扭矩 $-M_x/R$ 。曲线组合梁所受外力见图 9-10，取一微段 $\mathrm{d}s = R\mathrm{d}\varphi$ ，见图 9-11。

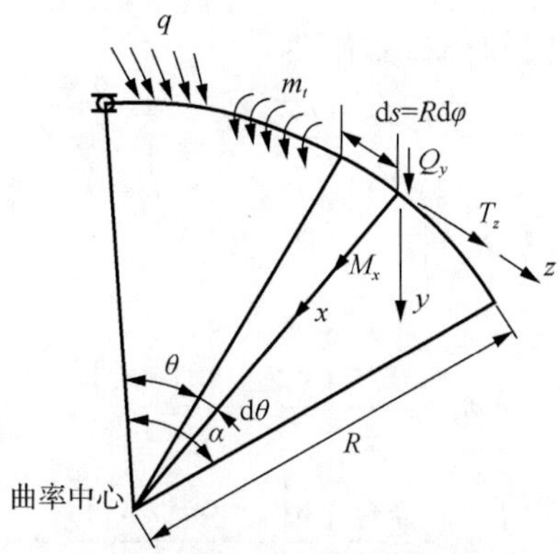

图 9-10　曲线组合梁所受外力

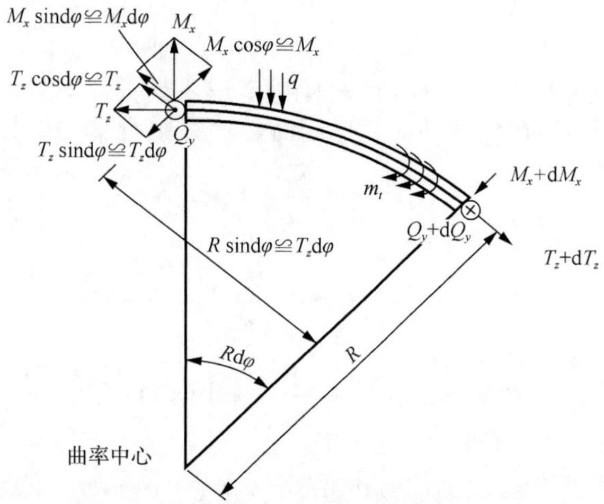

图 9-11　曲线组合梁微元体所受外力

由 $\sum F_y = 0$ 可得

$$Q_y + dQ_y - Q_y + q ds = 0$$

由 $\sum M_x = 0$ 可得

$$M_x + dM_x - M_x - Q_y ds + T_z d\varphi + \frac{1}{2} q ds^2 = 0$$

由 $\sum M_z = 0$ 可得

$$T_z + dT_z - T_z - M_x d\varphi + m_t ds = 0$$

对上述平衡方程整理，略去高阶微量，可得

$$\frac{dQ_y}{ds} + q = 0$$

$$\frac{dM_x}{ds} - Q_y + \frac{T_z}{R} = 0$$

$$\frac{dT_z}{ds} - \frac{M_x}{R} + m_t = 0$$

整理得

$$\frac{d^2 M_x}{ds^2} + \frac{M_x}{R^2} = \frac{m_t}{R} - q$$

通解为

$$M_x = A\sin\varphi + B\cos\varphi - qR^2 + m_t R$$

式中，两个系数 A 和 B 可以根据边界条件得到。

求得扭矩：

$$T_z = \int_0^s \left(\frac{M_x}{R} - m_t \right) \mathrm{d}s + C$$

式中，积分常数C可根据变形协调条件得到。

在受到外荷载作用时，曲线组合梁的微分方程的初参数解为

$$\phi = \phi_0 + \frac{\widehat{\mu}\beta_0'}{\kappa} \mathrm{sh}(\kappa z_o) + B_0 \frac{1-\mathrm{ch}(\kappa z_o)}{G_1 \widehat{K}} + T_0 \frac{\kappa z_o - \mathrm{sh}(\kappa z_o)}{\kappa G_1 \widehat{K}}$$

$$-\left(m_t - \frac{M_x}{R} \right) \frac{1/2(\kappa z_o)^2 + \widehat{\mu}\left[1-\mathrm{ch}(\kappa z_o)\right]}{\kappa^2 G_1 \widehat{K}}$$

$$\beta' = \beta_0' \mathrm{ch}(\kappa z) - \frac{B_0}{\widehat{\mu} G_1 \widehat{K}} \kappa \mathrm{sh}(\kappa z) + T_0 \frac{1-\mathrm{ch}(\kappa z)}{G_1 \widehat{K}} - \left(m_t - \frac{M_x}{R} \right) \frac{\kappa z_o - \mathrm{sh}(\kappa z_o)}{\kappa G_1 \widehat{K}}$$

$$\widehat{B} = -E_1 \widehat{I}_{\omega_n,co} \kappa \beta_0' \mathrm{sh}(\kappa z) + B_0 \mathrm{ch}(\kappa z) + T_0 \frac{\widehat{\mu}\mathrm{sh}(\kappa z)}{\kappa} + \left(m_t - \frac{M_x}{R} \right) \frac{\widehat{\mu}\left[1-\mathrm{ch}(\kappa z_o)\right]}{\kappa^2}$$

边界条件参照表 9-1 选取。

9.3.4 组合截面形心与剪切中心

1. 组合截面形心

为确定形心位置，先引入一个$\bar{x}$轴平行于曲率平面、$\bar{y}$轴垂直于曲率平面、原点为任一点c的坐标系，则截面形心可按形心定义公式进行计算：

$$\bar{x}_G = \frac{S_{\bar{y}}}{\sum A}, \qquad \bar{y}_G = \frac{S_{\bar{x}}}{\sum A}$$

在该坐标系下，曲线组合梁截面面积以及对$\bar{x}$轴和$\bar{y}$轴的面积矩分别为

$$A_c = \int_A \frac{R_c}{R} \mathrm{d}A, \qquad S_{\bar{x}} = \int_A \frac{R_c}{R} \bar{y} \mathrm{d}A, \qquad S_{\bar{y}} = \int_A \frac{R_c}{R} \bar{x} \mathrm{d}A$$

式中，R_c为任一点c的曲率半径。

根据形心的定义，即可得形心坐标：

$$\bar{x}_G = \frac{S_{\bar{y}}}{A_c}, \qquad \bar{y}_G = \frac{S_{\bar{x}}}{A_c}$$

2. 开口式曲线组合梁的剪切中心

对于开口式曲线组合梁截面，其相对于扭转中心的扇形坐标和主扇形坐标分别为

$$\tilde{\omega} = \int_0^s \frac{\rho_0 R_o}{R} \mathrm{d}s$$

$$\tilde{\omega}_n = \tilde{\omega} - \frac{\int_{A_1} \frac{R_o}{R} \tilde{\omega} \mathrm{d}A + k_E \int_{A_2} \frac{R_o}{R} \tilde{\omega} \mathrm{d}A}{\int_{A_1} \frac{R_o}{R} \mathrm{d}A + k_E \int_{A_2} \frac{R_o}{R} \mathrm{d}A}$$

整理可得

$$\tilde{\omega}_n = \int_0^s \frac{\rho_0 R_o}{R} \mathrm{d}s - \frac{\int_{A_1} \frac{R_o}{R} \int_0^s \frac{\rho_0 R_o}{R} \mathrm{d}s\mathrm{d}A + k_E \int_{A_2} \frac{R_o}{R} \int_0^s \frac{\rho_0 R_o}{R} \mathrm{d}s\mathrm{d}A}{\int_{A_1} \frac{R_o}{R} \mathrm{d}A + k_E \int_{A_2} \frac{R_o}{R} \mathrm{d}A}$$

曲线组合梁上任意一点的切向位移和法向位移示意图如图 9-12 所示。

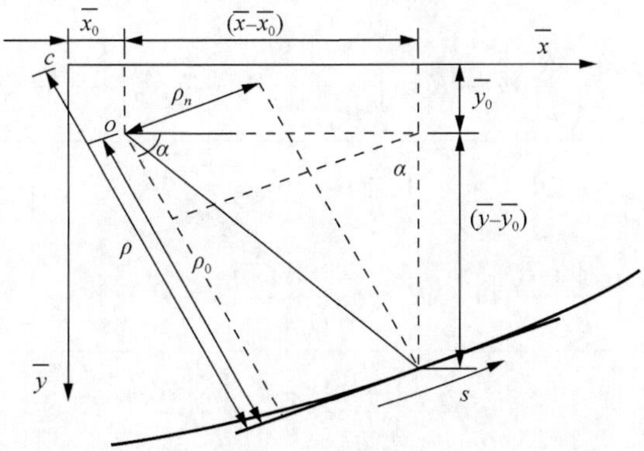

图 9-12　曲线组合梁上任意一点的切向位移和法向位移示意图

由图 9-12 可得

$$\rho_0 = (\bar{x} - \bar{x}_0)\cos\alpha + (\bar{y} - \bar{y}_0)\sin\alpha$$

$$\mathrm{d}\bar{x} = \sin\alpha \mathrm{d}s$$

$$\mathrm{d}\bar{y} = -\cos\alpha \mathrm{d}s$$

$\tilde{\omega}$ 可改成如下形式：

$$\begin{aligned}\tilde{\omega} &= R_o \int_0^s \frac{\rho_0}{R} \mathrm{d}s = R_o \int_0^s \frac{(\bar{x} - \bar{x}_0)\cos\alpha + (\bar{y} - \bar{y}_0)\sin\alpha}{R} \mathrm{d}s \\ &= R_o \int_0^s \frac{\rho - \bar{x}_0 \cos\alpha - \bar{y}_0 \sin\alpha}{R} \mathrm{d}s \\ &= R_o \int_0^s \frac{\rho}{R} \mathrm{d}s + R_o \bar{x}_0 \int_0^s \frac{1}{R} \mathrm{d}\bar{y} - R_o \bar{y}_0 \int_0^s \frac{1}{R} \mathrm{d}\bar{x}\end{aligned}$$

$$\rho = \bar{x}\cos\alpha + \bar{y}\sin\alpha$$

$$R = R_c - \bar{x}$$

$\tilde{\omega}$ 属于截面几何性质积分，与材料无关，故不用对不同材料分段积分，可得

$$\tilde{\omega}=R_o\int_0^s\frac{\rho}{R}\mathrm{d}s+R_o\overline{x}_0\int_0^s\frac{1}{R_c-\overline{x}}\mathrm{d}\overline{y}-R_o\overline{y}_0\int_0^s\frac{1}{R_c-\overline{x}}\mathrm{d}\overline{x}$$

开口式曲线组合梁截面相对于截面形心的扇形坐标可表示为

$$\tilde{\omega}_c=R_c\int_0^s\frac{\rho}{R}\mathrm{d}s$$

则可得到相对于截面扭转中心扇形坐标的另一种表达形式：

$$\tilde{\omega}=\frac{R_o}{R_c}\tilde{\omega}_c+R_o\overline{x}_0\int_0^s\frac{1}{R_c-\overline{x}}\mathrm{d}\overline{y}-R_o\overline{y}_0\int_0^s\frac{1}{R_c-\overline{x}}\mathrm{d}\overline{x}$$

相对于扭转中心的主扇形坐标也可表示为

$$\begin{aligned}\tilde{\omega}_n=&\left(\frac{R_o}{R_c}\tilde{\omega}_c+R_o\overline{x}_0\int_0^s\frac{1}{R_c-\overline{x}}\mathrm{d}\overline{y}-R_o\overline{y}_0\int_0^s\frac{1}{R_c-\overline{x}}\mathrm{d}\overline{x}\right)\\&-\frac{\displaystyle\int_{A_1}\frac{R_o}{R}\left(\frac{R_o}{R_c}\tilde{\omega}_c+R_o\overline{x}_0\int_0^s\frac{1}{R_c-\overline{x}}\mathrm{d}\overline{y}-R_o\overline{y}_0\int_0^s\frac{1}{R_c-\overline{x}}\mathrm{d}\overline{x}\right)\mathrm{d}A}{\displaystyle\int_{A_1}\frac{R_o}{R}\mathrm{d}A+k_E\int_{A_2}\frac{R_o}{R}\mathrm{d}A}\\&+\frac{\displaystyle k\int_{A_2}\frac{R_o}{R}\left(\frac{R_o}{R_c}\tilde{\omega}_c+R_o\overline{x}_0\int_0^s\frac{1}{R_c-\overline{x}}\mathrm{d}\overline{y}-R_o\overline{y}_0\int_0^s\frac{1}{R_c-\overline{x}}\mathrm{d}\overline{x}\right)\mathrm{d}A}{\displaystyle\int_{A_1}\frac{R_o}{R}\mathrm{d}A+k_E\int_{A_2}\frac{R_o}{R}\mathrm{d}A}\end{aligned}$$

根据翘曲正应力在截面内的平衡条件，可得主扇形坐标满足以下条件：

$$\int_{A_1}\frac{\tilde{\omega}_n}{R}\mathrm{d}A+k_E\int_{A_1}\frac{\tilde{\omega}_n}{R}\mathrm{d}A=0$$

$$\int_{A_1}\frac{\tilde{\omega}_n\overline{y}}{R}\mathrm{d}A+k_E\int_{A_1}\frac{\tilde{\omega}_n\overline{y}}{R}\mathrm{d}A=0$$

$$\int_{A_1}\frac{\tilde{\omega}_n\overline{x}}{R}\mathrm{d}A+k_E\int_{A_1}\frac{\tilde{\omega}_n\overline{x}}{R}\mathrm{d}A=0$$

整理即可解出 $\overline{x}_0$ 和 $\overline{y}_0$ 。

3. 闭口式曲线组合梁的剪切中心

对于闭口式曲线组合梁截面，其相对于扭转中心的扇形坐标和主扇形坐标分别为

$$\widehat{\omega}_{0i}=\int_0^s\left[\rho_0\frac{R_o}{R}-\frac{\psi_i}{t}\left(\frac{R_o}{R}\right)^2\right]\mathrm{d}s$$

$$\widehat{\omega}_n = \widehat{\omega}_0 - \frac{\int_{A_1} \frac{R_o}{R} \hat{\omega}_{0i} \mathrm{d}A + k_E \int_{A_2} \frac{R_o}{R} \hat{\omega}_{0i} \mathrm{d}A}{\int_{A_1} \frac{R_o}{R} \mathrm{d}A + k_E \int_{A_2} \frac{R_o}{R} \mathrm{d}A}$$

$$\psi_i = \frac{\oint_i \frac{R_o}{R} \rho_0 \mathrm{d}s}{\oint_i \left(\frac{R_o}{R} \right)^2 \frac{\mathrm{d}s}{t}}$$

根据闭口式曲线组合梁截面相对于扭转中心的扇形坐标的定义，可以类比得到闭口式曲线组合梁截面相对于形心的扇形坐标：

$$\widehat{\omega}_{ci} = \int_0^s \left[\rho \frac{R_o}{R} - \frac{\psi_{ci}}{t} \left(\frac{R_o}{R} \right)^2 \right] \mathrm{d}s$$

$$\psi_{ci} = \frac{\oint_i \frac{R_o}{R} \rho \mathrm{d}s}{\oint_i \left(\frac{R_o}{R} \right)^2 \frac{\mathrm{d}s}{t}}$$

整理可得用 $\widehat{\omega}_{ci}$ 表示的 $\widehat{\omega}_{0i}$，将新的 $\widehat{\omega}_{0i}$ 代入 $\widehat{\omega}_n$，即可得到含有 $\overline{x}_0$ 和 $\overline{y}_0$ 的 $\widehat{\omega}_n$，将其代入截面内的平衡条件，即可解出 $\overline{x}_0$ 和 $\overline{y}_0$。

第 10 章　曲线钢与混凝土组合梁的畸变效应

在偏心荷载作用下，曲线钢与混凝土组合梁会产生纵向弯曲、扭转、畸变及横向弯曲四种变形，其中组合截面外形轮廓线变形称为畸变。畸变会使组合梁内外壁发生横向弯曲，同时，组合截面会因为产生畸变而发生翘曲，在截面上形成翘曲剪应力和翘曲正应力。目前，国内外很多专家和学者对混凝土箱梁和钢箱梁的畸变效应进行了相关研究，而对钢与混凝土组合梁的畸变效应研究相对较少，特别是对曲线组合梁的畸变效应的研究更为少见。为了更好地了解曲线钢与混凝土组合梁的畸变效应，本章根据文献[91]和[98]的研究成果，以闭口式组合梁为例，分析直线组合梁和曲线组合梁的畸变效应。

10.1　畸 变 荷 载

求解梁式结构畸变效应的方法主要有弹性理论解析法、能量变分法、数值解法及模型试验方法等。弹性理论解析法（折板理论法）是指把箱梁分解为若干个矩形组件，应用弹性平面应力理论和板的弯曲理论，利用各组件交接处的变形条件和静力学平衡条件建立方程组，用矩阵的求解形式进行计算；能量变分法是指从假定箱梁的畸变位移模式出发，以梁的畸变角为未知量，应用最小势能原理来建立控制微分方程，从而获得畸变应力和畸变双力矩的解析解；数值解法（有限单元法、有限条法、有限差分法、有限段法）是指通过确定物理模型、计算模型及相应的边界条件，借助计算机来进行计算分析；模型试验方法是指通过模型试验分析其物理关系和几何关系等。

曲线钢与混凝土组合梁的空间直角坐标系及截面形式见图 10-1。本节给出曲线钢与混凝土组合梁畸变荷载的计算方法。

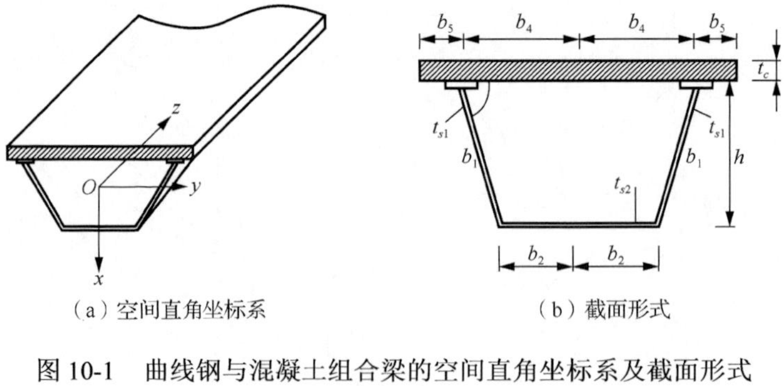

（a）空间直角坐标系　　（b）截面形式

图 10-1　曲线钢与混凝土组合梁的空间直角坐标系及截面形式

根据组合梁的结构及受力特点，在研究畸变效应时，作如下基本假定：混凝土板和钢梁具有相同的曲率，并分别符合平截面假定；钢箱壁厚度很小，不考虑应力沿壁厚方向的变化，即认为翘曲正应力和剪应力沿着壁厚均匀分布；忽略混凝土板与钢梁之间的界面相对滑移对畸变的影响，即认为钢梁与混凝土板完全交互作用；忽略界面竖向掀起及连接件变形对组合梁畸变的影响。

在偏心荷载作用下，组合梁会产生畸变效应，能引起畸变变形的荷载只能是三种荷载，分别是均布竖向偏心荷载、水平偏心荷载和在自重作用下因支点倾侧引起的扭矩，这三种情况下都可以通过荷载分解得到畸变荷载。

1）均布竖向偏心荷载引起的畸变荷载

均布竖向偏心荷载作用引起的畸变效应分析见图 10-2。

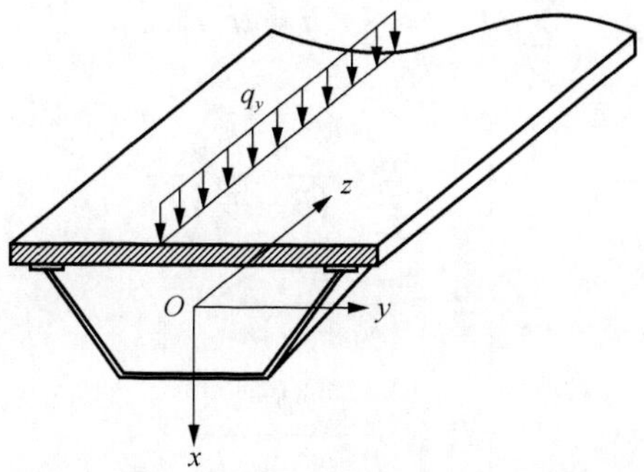

图 10-2　均布竖向偏心荷载作用下的组合梁

将偏心荷载通过荷载分解可以得到一组对称荷载和一组反对称荷载，在对称荷载作用下，组合梁会产生纵向弯曲变形；反对称荷载又可以分解成刚性扭转荷载和畸变荷载。荷载分解中，无角标时表示畸变荷载，与约束扭转有关的量均加以角标“I”以示区别，荷载分解情况如下。

均布竖向偏心荷载分解见图 10-3，其中图（d）中的荷载只产生扭转，不产生畸变效应，可以按照闭合截面的约束扭转理论计算。

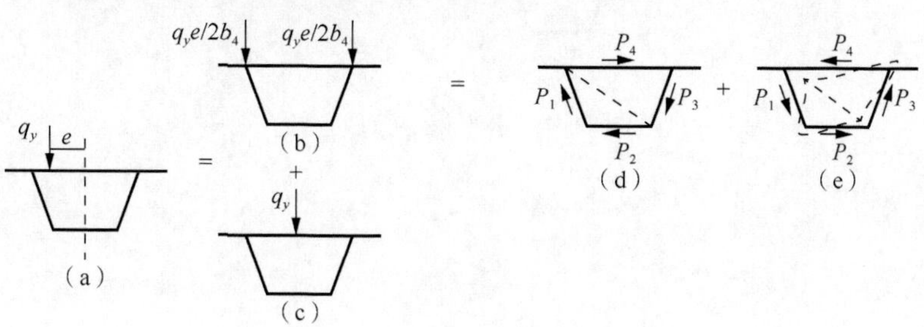

图 10-3　均布竖向偏心荷载分解

扭转荷载：

$$\begin{cases} P_{11} = P_{13} = \dfrac{q_y e b_1}{(b_2 + b_4)h} \\ P_{12} = \dfrac{q_y e b_2}{(b_2 + b_4)h} \\ P_{14} = \dfrac{q_y e b_4}{(b_2 + b_4)h} \end{cases}$$

图 10-3 中的（e）表示在竖向偏心荷载作用下分解出的畸变荷载，只产生畸变，不产生扭转，由平衡方程，P_1、P_2、P_3和P_4应满足平衡条件，即

$$\sum H = 0 \to P_2 = P_4 + 2P_1 \sin\alpha$$

$$\sum M = 0 \to P_2 h = 2b_4 P_1 \cos\alpha$$

畸变荷载：

$$\begin{cases} P_1 = P_3 = \dfrac{q_y e b_1 b_2}{(b_2 + b_4)b_4 h} \\ P_2 = \dfrac{q_y e b_2}{(b_2 + b_4)h} \\ P_4 = \dfrac{q_y e b_2^2}{(b_2 + b_4)b_4 h} \end{cases}$$

2）水平偏心荷载引起的畸变荷载

水平偏心荷载分解与竖向偏心荷载分解类似，见图 10-4。

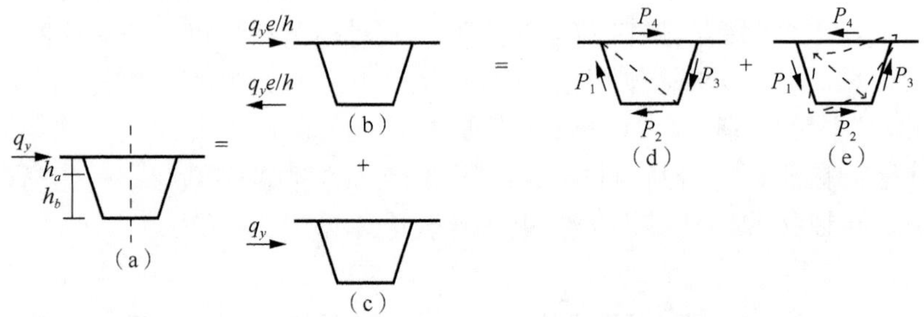

图 10-4　水平偏心荷载分解

扭转荷载：

$$\begin{cases} P_{11} = P_{13} = \dfrac{q_y e b_1}{(b_2 + b_4)h} \\ P_{12} = \dfrac{q_y e b_2}{(b_2 + b_4)h} \\ P_{14} = \dfrac{q_y e b_4}{(b_2 + b_4)h} \end{cases}$$

畸变荷载：

$$\begin{cases} P_1 = P_3 = \dfrac{q_y e b_1}{(b_2 + b_4)h} \\ P_2 = \dfrac{q_y e b_4}{(b_2 + b_4)h} \\ P_4 = \dfrac{q_y e b_2}{(b_2 + b_4)h} \end{cases}$$

3）支点倾侧引起的畸变荷载

当组合梁受到不通过扭转形心的荷载作用，或者当同一台座的两支点在横向发生竖向位移差时，支座反力将出现不相等的情况，见图 10-5。如果 $P = 0$，两支座的反力 A 相等，组合梁只产生挠曲变形；如果 $P = A$，右侧支座就会落空，产生“三条腿”现象；如果 $0 < P < A$，组合梁右侧支座会发生局部变形。

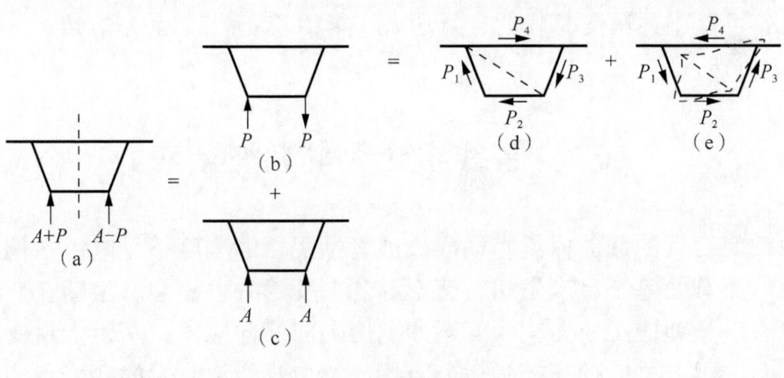

图 10-5　支座落空荷载分解

与竖向偏心荷载分解过程相似，支座落空荷载分解为扭转荷载和畸变荷载。

扭转荷载：

$$\begin{cases} P_{I1} = P_{I3} = \dfrac{Pb_1b_2}{(b_2+b_4)h} \\ P_{I2} = \dfrac{2Pb_2^2}{(b_2+b_4)h} \\ P_{I4} = \dfrac{2Pb_2b_4}{(b_2+b_4)h} \end{cases}$$

畸变荷载：

$$\begin{cases} P_1 = P_3 = \dfrac{Pb_1b_4}{(b_2+b_4)h} \\ P_2 = \dfrac{2Pb_4^2}{(b_2+b_4)h} \\ P_4 = \dfrac{2Pb_2b_4}{(b_2+b_4)h} \end{cases}$$

由以上三种荷载形式的荷载分解过程可知，无论是竖向偏心荷载、水平偏心荷载，还是产生“三条腿”现象时，最后所得到的畸变荷载分量中都有以下关系：

$$P_4 = \frac{b_2}{b_4} P_2$$

$$P_1 = P_3 = \frac{b_1}{2b_4} P$$

因此，可以得到畸变荷载的分解通式：集中畸变荷载为$Q = P_2 h$；分布畸变荷载为$q = P_2(x)h$。

10.2 直线组合梁的畸变效应

当直线组合梁的截面内没有横隔板或者横隔板的刚度不足时，在偏心荷载作用下，组合梁截面除了会产生扭转变形和弯曲变形外，还会产生畸变变形，而在截面内产生畸变翘曲正应力、畸变翘曲剪应力和横向应力。基于能量变分理论，本节建立直线组合梁的畸变控制微分方程，给出直线组合梁的畸变角和畸变双力矩的计算公式。

10.2.1 畸变角微分方程

1）畸变翘曲应变能

畸变翘曲应力分布情况见图 10-6，其中混凝土板 4 的厚度为t_c，腹板 1 和腹板 3 的厚度为t_{s1}，底板 2 的厚度为t_{s2}，G 为形心，D 为畸变中心。

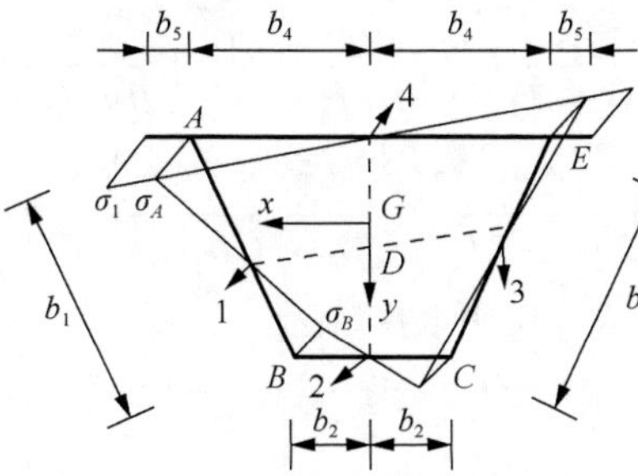

图 10-6　畸变翘曲应力分布情况

翘曲应力在截面内形成内力平衡，翘曲应力在截面内，内力平衡方程为

$$\begin{cases} N_x = \int \sigma \mathrm{d}A = 0 \\ M_x = \int \sigma x \mathrm{d}A = 0 \\ M_y = \int \sigma y \mathrm{d}A = 0 \end{cases}$$

在反对称荷载作用下，组合梁截面产生畸变，畸变翘曲应力在截面上呈直线分布，见图 10-6，设点 A 的翘曲应力为 σ_A，点 B 的翘曲应力为 σ_B，比值 $\beta = \sigma_A/\sigma_B$。$\sigma_1$ 为混凝土延伸点 1 的翘曲应力，可根据相似三角形确定。上翼缘混凝土板、下翼缘钢板及钢腹板的畸变内力矩分别为 M_c、M_{sb} 和 M_{sw}，则有

$$M_c = 2\int_0^{b_4+b_5} \frac{\sigma_A x}{b_4} x t_c \mathrm{d}x = \frac{\sigma_A t_c}{6}\left(1+\frac{b_5}{b_4}\right)^3 \times 4b_4^2$$

$$M_{sb} = 2\int_0^{b_2} \frac{\sigma_B x}{b_2} x\, t_{s2} \mathrm{d}x = \frac{\sigma_A t_{s2}}{6\beta} \cdot 4b_2^2$$

$$\begin{aligned} M_{sw} &= 2\int_0^{\frac{h}{1+\beta}} \frac{\sigma_B y}{h/(1+\beta)} \frac{y}{h/b_1} t_{s1} \frac{\mathrm{d}y}{h/b_1} + \int_0^{\frac{\beta h}{1+\beta}} \frac{\sigma_A y}{\beta h/(1+\beta)} \frac{y}{h/b_1} t_{s1} \frac{\mathrm{d}y}{h/b_1} \\ &= \frac{1+1/\beta^3}{3\left(1+1/\beta\right)^2} \sigma_A t_{s1} b_1 \end{aligned}$$

很明显，畸变翘曲应力在水平轴 x 上的平衡关系已经满足，而在竖向轴 y 上，也必须满足平衡关系，可以先计算腹板畸变翘曲应力对 y 轴的力矩。

几何变形关系：

$$L_c = \frac{b_2\beta + b_4}{1+\beta}, \qquad L_{y1} = L_c - \frac{b_4 - b_2}{h} y, \qquad L_{y2} = L_c + \frac{b_4 - b_2}{h} y$$

设腹板翘曲应力对 y 轴的力矩为 M_{hy}，则有

$$M_{hy}=2\int_0^{\frac{h}{1+\beta}}\frac{\sigma_B y}{h/(1+\beta)}L_{y1}t_{s1}\frac{\mathrm{d}y}{h/b_1}-2\int_0^{\frac{\beta h}{1+\beta}}\frac{\sigma_A y}{\beta h/(1+\beta)}L_{y2}t_{s1}\frac{\mathrm{d}y}{h/b_1}$$

$$=\frac{\sigma_A t_{s1}h}{6(1+1/\beta)}\left[\frac{2b_4+4b_2}{\beta^2}-\frac{5(2b_4-2b_2)}{\beta}-2(4b_4+2b_2)\right]$$

畸变翘曲应力对 y 轴的自身平衡关系：

$$M_{sb}-M_c-M_{hy}=0$$

整理得到

$$k_3\beta^2+k_2\beta-k_1=0$$

式中，

$$k_1=\frac{2b_2h^2t_{s2}}{b_1}+(2b_4+4b_2)ht_{s1}$$

$$k_2=(1+b_5/b_4)^3\frac{4b_4^2ht_c}{b_1}-\frac{4b_2^2ht_{s2}}{b_1}+5(2b_4-2b_2)ht_{s1}$$

$$k_3=(1+b_5/b_4)^3\frac{4b_4^2ht_c}{b_1}+(4b_4+2b_2)ht_{s1}$$

上式是 β 的一元二次方程，取其正根，即得到畸变翘曲系数：

$$\beta=\frac{\sigma_A}{\sigma_B}=\frac{4b_2^2t_{s2}+b_1(2b_4+4b_2)t_{s1}}{\dfrac{t_c(2b_4+2b_5)^3}{2b_4\alpha_{EC}}+b_1(4b_4+2b_2)t_{s1}}$$

β 既是翘曲应力的比值，也是翘曲位移的比值，由此可知各点翘曲位移之间的关系。畸变中心 D 在截面对边翘曲位移与各组件交点的连线上，则有

$$\begin{cases}x_D=0\\ y_D=\dfrac{\beta h}{1+\beta}-y_0\end{cases}$$

组合梁截面横向弯矩图见图 10-7。

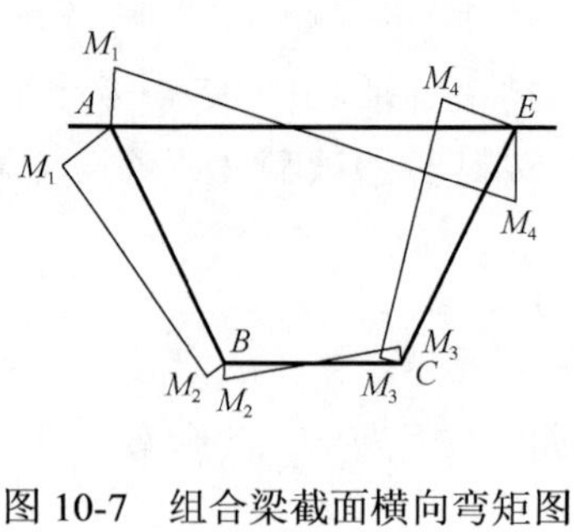

图 10-7　组合梁截面横向弯矩图

组合截面角点的应力和横向弯矩如下：

$$\sigma_A=\frac{M_4}{I_c}b_4,\quad M_4=\frac{I_c}{b_4}\sigma_A=\frac{I_c}{b_4}\beta\sigma_B,\quad \sigma_B=\frac{M_2}{I_{sb}}b_2,\quad M_2=\frac{I_{sb}}{b_2}\sigma_B,$$

$$\frac{\sigma_A+\sigma_B}{2}=\frac{M_1}{I_{sw}}\frac{b_1}{2},\quad M_1=\frac{I_{sw}\left(1+\beta\right)}{b_1}\sigma_B$$

式中，I_c 为上翼缘混凝土板在其自身平面内的惯性矩，$I_c=\dfrac{t_c\left(2b_4+2b_5\right)^3}{12}$；$I_{sb}$ 为下翼缘钢板在其自身平面内的惯性矩，$I_{sb}=\dfrac{t_{s2}\left(2b_2\right)^3}{12}$；$I_{sw}$ 为腹板在其自身平面内的惯性矩，$I_{sw}=\dfrac{t_{s1}b_1^3}{12}$。

各组件沿自身平面的横向挠曲满足初等梁理论，组合梁截面畸变位移见图 10-8。

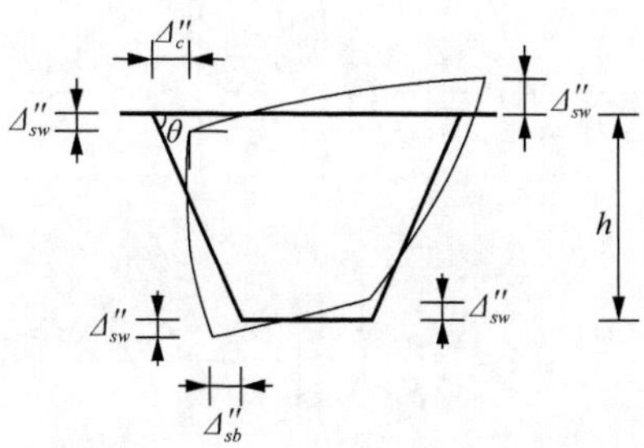

图 10-8　组合梁截面畸变位移

混凝土顶板：

$$\varDelta_c''=\frac{M_4}{E_cI_c}=-\frac{\sigma_B\beta}{E_cb_4}$$

钢腹板：

$$\varDelta_{sw}''=-\frac{M_1}{E_sI_{sw}}=-\frac{1+\beta}{b_1}\frac{\sigma_B}{E_s}$$

钢底板：

$$\varDelta_{sb}''=-\frac{M_2}{E_sI_{sb}}=-\frac{\sigma_B}{E_sb_2}$$

$$\gamma_D''=\frac{2\varDelta_{sw}''+2\varDelta_{sb}''\cos\theta}{2b_2\sin\theta}+\frac{\varDelta_c''+\varDelta_{sb}''}{b_1\sin\theta}=-\frac{\dfrac{1+\beta}{b_1}\dfrac{\sigma_B}{E_s}+\dfrac{\sigma_B\cos\theta}{E_sb_2}}{b_2\sin\theta}+\frac{-\dfrac{\sigma_B\beta}{E_cb_4}-\dfrac{\sigma_B}{E_sb_2}}{b_1\sin\theta}$$

则有

$$\sigma_B=-k_d\gamma_D''$$
$$\sigma_A=-\beta k_d\gamma_D''$$

$$\sigma_1 = -\beta k_d \gamma''_D \frac{b_4 + b_5}{b_4}$$

式中，$k_d = \dfrac{b_1 b_2 \sin\theta}{\left(2+\beta+\dfrac{b_1\cos\theta}{b_2}\right)\Big/ E_s + \dfrac{\beta b_2}{E_c b_4}}$。

混凝土顶板翘曲应变能：

$$\bar{U}_1 = \int_{A_c} \frac{\sigma}{2E_c} \mathrm{d}A = \frac{t_c}{2E_c}\int_0^{\frac{b_4+b_5}{2}} \left(\frac{\sigma_1 x}{\frac{b_4+b_5}{2}}\right)^2 \mathrm{d}x = \frac{t_c\left(b_4+b_5\right)\left(1+\dfrac{b_5}{b_4}\right)^2 \beta^2 k_d^2 \left(\gamma''_D\right)^2}{12E_c}$$

钢底板翘曲应变能：

$$\bar{U}_2 = \int_{A_{s2}} \frac{\sigma}{2E_s} \mathrm{d}A = \frac{t_{s2}}{2E_s}\int_0^{\frac{b_2}{2}} \left(\frac{\sigma_B x}{\frac{b_2}{2}}\right)^2 \mathrm{d}x = \frac{t_{s2} b_2 k_d^2 \left(\gamma''_D\right)^2}{12E_s}$$

钢腹板翘曲应变能：

$$\begin{aligned}\bar{U}_3 = \bar{U}_4 &= \int_{A_{s1}} \frac{\sigma}{2E_s} \mathrm{d}A = \frac{t_{s1}}{2E_s}\int_0^{b_1} \left[\left(\frac{\sigma_A+\sigma_B}{b_1}\right)x - \sigma_A\right]^2 \mathrm{d}x \\ &= \frac{t_{s1}}{2E_s}\left[\frac{b_1\left(1+\beta\right)^2 k_d^2}{3} + b_1\beta^2 k_d^2 - b_1\beta k_d^2\left(1+\beta\right)\right]\left(\gamma''_D\right)^2\end{aligned}$$

翘曲应变能总和：

$$U_1 = \int_0^l \left(\bar{U}_1 + \bar{U}_2 + \bar{U}_3 + \bar{U}_4\right)\mathrm{d}z = \frac{1}{2}\int_l W_1\left(\gamma''_D\right)^2 \mathrm{d}z$$

式中，

$$W_1 = \frac{t_c\left(b_4+b_5\right)\left(1+\dfrac{b_5}{b_4}\right)^2 \beta^2 k_d^2}{6E_c} + \frac{t_{s2} b_2 k_d^2}{6E_s} + \frac{t_{s1}}{E_s}\left[\frac{b_1\left(1+\beta\right)^2 k_d^2}{3} + b_1\beta^2 k_d^2 - b_1\beta k_d^2\left(1+\beta\right)\right]$$

2）畸变应变能

组合梁截面的畸变变形见图 10-9（G 为组合梁形心位置，D 为畸变中心）。

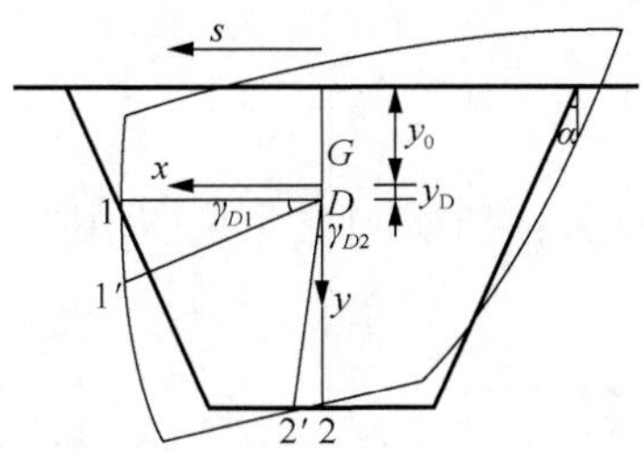

图 10-9　组合梁截面的畸变变形

畸变角关系：

$$\gamma_D = \gamma_{D1} + \gamma_{D2}$$

组合截面各点横向位移：

$$u = \left(y - y_D\right)\gamma_{D2}$$

$$v = x_1\gamma_{D1} + \left(y - y_D\right)\gamma_{D2}\tan\alpha$$

式中，x_1 为截面 1 点所对应的横坐标的数值。

畸变产生的剪切应变相对较小，不计截面的剪切变形，则有

$$\gamma_{zs} = \frac{\partial u_t}{\partial z} + \frac{\partial \omega}{\partial s} = 0$$

式中，u_t 为沿板件切线方向的位移；ω 为畸变翘曲位移。

组合截面组件的横向位移：

$$u_t = \begin{cases} -\left(y_0 + y_D\right)\gamma_{D2} & \text{（上翼板）} \\ -\left(h - y_0 - y_D\right)\gamma_{D2} & \text{（下翼板）} \\ x_1\gamma_{D1}\cos\alpha & \text{（腹板）} \end{cases}$$

闭口截面发生畸变时不产生错位，因此畸变翘曲位移满足变形连续条件，则有

$$\oint\left(\frac{\partial \omega}{\partial s}\right)\mathrm{d}s = 0$$

$$\oint\left(\frac{\partial u_t}{\partial z}\right)\mathrm{d}z = 0$$

已知上翼缘板、下翼缘板、腹板的横向位移，则有

$$-\gamma'_{D2}\int_{-b_4}^{b_4}\left(y_0 + y_D\right)\mathrm{d}s - \gamma'_{D2}\int_{-b_2}^{b_2}\left(h - y_0 - y_D\right)\mathrm{d}s + 2\gamma'_{D1}\int_{-y_0}^{h-y_0} x_1\cos\alpha\,\mathrm{d}s = 0$$

由此可得到 γ_{D1} 与 γ_{D2} 的线性关系：

$$\gamma_{D2} = k_D\gamma_{D1}\text{，}\qquad k_D = \frac{x_1\cos\alpha h}{b_4\left(y_0 + y_D\right) + b_2\left(h - y_0 - y_D\right)}$$

$$\gamma_D=\left(1+k_D\right)\gamma_{D1}=\left(1+\frac{1}{k_D}\right)\gamma_{D2}$$

截面发生畸变时，角点位移和横向弯矩见图 10-10。

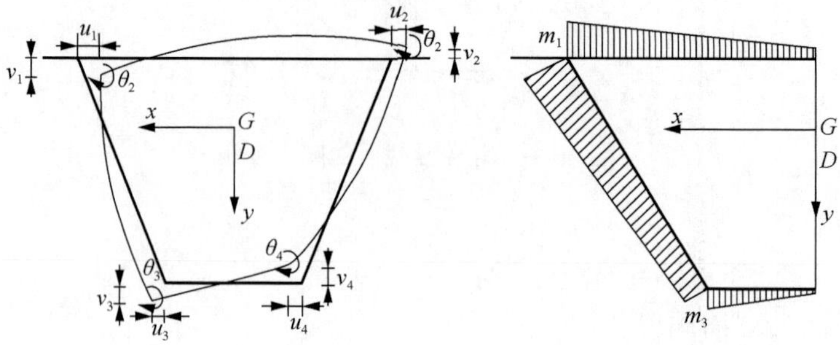

（a）角点位移　　（b）横向弯矩

图 10-10　截面角点位移与横向弯矩

利用组合截面组件的横向位移，位移与畸变角关系可以假设为

$$u_i=k_{ui}\gamma_D\text{，}\quad v_i=k_{vi}\gamma_D\ \left(i=1,3\right)$$

整理得到

$$\begin{cases}k_{u1}=\dfrac{k_D}{1+k_D}\left(-y_0-y_D\right)\\ k_{u3}=\dfrac{-k_D}{1+k_D}\left(h-y_0-y_D\right)\\ k_{v1}=\dfrac{x_1+k_D\left(-y_0-y_D\right)\tan\alpha}{1+k_D}\\ k_{v3}=-\dfrac{x_1-k_D\left(h-y_0-y_D\right)\tan\alpha}{1+k_D}\end{cases}$$

截面节点弯矩：

$$\begin{aligned}m_1&=E_ci_c\left(3\theta_1+\frac{6}{b_1}v_1\right)\\&=E_si_{sw}\left[-4\theta_1-2\theta_3+\frac{6\left(u_3-u_1\right)\cos\alpha}{b_1}+\frac{6\left(v_3-v_1\right)\sin\alpha}{b_1}\right]\end{aligned}$$

$$m_3 = E_s i_{sb}\left(3\theta_3 + \frac{6}{b_2}v_3\right)$$
$$= E_s i_{sw}\left[-4\theta_3 - 2\theta_1 + \frac{6(u_3 - u_1)\cos\alpha}{b_1} + \frac{6(v_3 - v_1)\sin\alpha}{b_1}\right]$$

整理得到

$$\theta_1 = \frac{(3E_s i_{sb} + 4E_s i_{sw})\left(E_s i_{sw} X\gamma_D - \dfrac{6E_c i_c v_1}{b_4}\right) - 2E_s i_{sw}\left(E_s i_{sw} X\gamma_D - \dfrac{6E_s i_{sb} v_3}{b_2}\right)}{(3E_c i_c + 4E_s i_{sw})(3E_s i_{sb} + 4E_s i_{sw}) - 4E_s^2 i_{sw}^2}$$

$$\theta_3 = \frac{(3E_c i_c + 4E_s i_{sw})\left(E_s i_{sw} X\gamma_D - \dfrac{6E_s i_{sb} v_3}{b_2}\right) - 2E_s i_{sw}\left(E_s i_{sw} X\gamma_D - \dfrac{6E_c i_c v_1}{b_4}\right)}{(3E_s i_{sb} + 4E_s i_{sw})(3E_c i_c + 4E_s i_{sw}) - 4E_s^2 i_{sw}^2}$$

式中，$i_c = \dfrac{t_c^3}{12b_4}$；$i_{sb} = \dfrac{t_{s2}^3}{12b_2}$；$i_{sw} = \dfrac{t_{s1}^3}{12b_1}$；$X = \left[\dfrac{6(k_{u3} - k_{u1})\cos\alpha}{b_1} + \dfrac{6(k_{v3} - k_{v1})\sin\alpha}{b_1}\right]$。

因此，可得

$$m_1 = E_c i_c\left(3\theta_1 + \frac{6}{b_1}v_1\right) = 3E_c i_c\theta_1 + \frac{6E_c i_c}{b_1}v_1 = E_c I_{R1}\gamma_D$$

式中，$I_{R1} = 3i_c \dfrac{(3E_s i_{sb} + 4E_s i_{sw})\left(E_s i_{sw} X - \dfrac{6E_c i_c k_{v1}}{b_4}\right) - 2E_s i_{sw}\left(E_s i_{sw} X - \dfrac{6E_s i_{sb} k_{v3}}{b_2}\right)}{(3E_c i_c + 4E_s i_{sw})(3E_s i_{sb} + 4E_s i_{sw}) - 4E_s^2 i_{sw}^2} + \dfrac{6i_c}{b_1}k_{v1}$。

同理，有

$$m_3 = E_s i_{sb}\left(3\theta_3 + \frac{6}{b_2}v_3\right) = 3E_s i_{sb}\theta_3 + \frac{6E_s i_{sb}}{b_2}v_3 = E_s I_{R3}\gamma_D$$

式中，$I_{R3} = 3i_{sb} \dfrac{(3E_c i_c + 4E_s i_{sw})\left(E_s i_{sw} X - \dfrac{6E_s i_{sb} k_{v3}}{b_2}\right) - 2E_s i_{sw}\left(E_s i_{sw} X - \dfrac{6E_c i_c k_{v1}}{b_4}\right)}{(3E_s i_{sb} + 4E_s i_{sw})(3E_c i_c + 4E_s i_{sw}) - 4E_s^2 i_{sw}^2} + \dfrac{6i_{sb}}{b_2}k_{v3}$。

横向弯曲应变能：

$$U_2 = \frac{1}{2}\int_l \frac{2}{3}\left(\frac{E_c I_{R1}^2}{i_c} + \frac{E_s I_{R3}^2}{i_{sb}} + \frac{E_c^2 I_{R1}^2 + E_s^2 I_{R3}^2 + E_s E_c I_{R1} I_{R3}}{E_s i_{sw}}\right)\gamma_D^2 \mathrm{d}z$$

$$U_2 = \frac{1}{2}\int_l W_2 \gamma_D^2 \mathrm{d}z$$

式中，$W_2=\dfrac{2}{3}\left(\dfrac{E_cI_{R1}^2}{i_c}+\dfrac{E_sI_{R3}^2}{i_{sb}}+\dfrac{E_c^2I_{R1}^2+E_s^2I_{R3}^2+E_sE_cI_{R1}I_{R3}}{E_si_{sw}}\right)$。

3）荷载势能

$$\begin{aligned}\overline{W}&=-\int_l\left[\left(v_1-v_3\right)P_V+\left(u_1-u_3\right)P_H\right]\mathrm{d}z\\&=-\int_l\left[\left(k_{v1}\gamma_D-k_{v3}\gamma_D\right)P_V+\left(k_{u1}\gamma_D-k_{u3}\gamma_D\right)P_H\right]\mathrm{d}z\\&=-\int_l\left[\frac{2k_D\left(y_0+y_D\right)-2x_1}{1+k_D}P_V+\frac{2k_D\left(y_0+y_D\right)}{1+k_D}P_H\right]\gamma_D\mathrm{d}z\end{aligned}$$

简化为

$$\overline{W}=-\int_l m_d\gamma_D\mathrm{d}z$$

式中，$m_d=\dfrac{2k_D\left(y_0+y_D\right)-2x_1}{1+k_D}P_V+\dfrac{2k_D\left(y_0+y_D\right)}{1+k_D}P_H$，其中 P_V 为竖向荷载，P_H 为水平荷载。

4）畸变角微分方程

总势能：

$$\Pi=\frac{1}{2}\int_l W_1\left(\gamma_D''\right)^2\mathrm{d}z+\frac{1}{2}\int_l W_2\gamma_D^2\mathrm{d}z-\int_l m_d\gamma_D\mathrm{d}z-\left\{\overline{F}\right\}^{\mathrm{T}}\left\{\overline{u}\right\}$$

最小势能原理：

$$\delta\Pi=\delta\left[\int_l\Gamma\left(\gamma_D,\gamma_D''\right)\mathrm{d}z\right]=0$$

对上式的泛函取极值，应满足如下方程：

$$\begin{cases}\dfrac{\partial\Gamma}{\partial\gamma_D}-\dfrac{\mathrm{d}}{\mathrm{d}z}\left(\dfrac{\partial\Gamma}{\partial\gamma_D'}\right)+\dfrac{\mathrm{d}^2}{\mathrm{d}z^2}\left(\dfrac{\partial\Gamma}{\partial\gamma_D''}\right)=0\\\Gamma=\dfrac{1}{2}W_1\left(\gamma_D''\right)^2+\dfrac{1}{2}W_2\gamma_D^2-m_d\gamma_D\end{cases}$$

畸变角微分方程：

$$W_1\gamma_D''''+W_2\gamma_D=m_d$$

畸变双力矩：

$$B_D=W_1\gamma_D''$$

已知 $\lambda=\sqrt[4]{\dfrac{W_2}{4W_1}}$，则畸变角微分方程为 $\gamma_D''''+4\lambda^4\gamma_D=\dfrac{m_d}{W_1}$。

10.2.2 畸变角微分方程解析解

畸变角微分方程解的形式：

$$\gamma_D = C_1\mathrm{sh}(\lambda z)\cos(\lambda z) + C_2\mathrm{ch}(\lambda z)\cos(\lambda z) + C_3\mathrm{ch}(\lambda z)\sin(\lambda z) + C_4\mathrm{sh}(\lambda z)\sin(\lambda z) + \frac{m_d}{W_2}$$

$$\gamma'_D = \lambda C_1\left[\mathrm{ch}(\lambda z)\cos(\lambda z) - \mathrm{sh}(\lambda z)\sin(\lambda z)\right] + \lambda C_2\left[\mathrm{sh}(\lambda z)\cos(\lambda z) - \mathrm{ch}(\lambda z)\sin(\lambda z)\right] + \lambda C_3\left[\mathrm{sh}(\lambda z)\sin(\lambda z) + \mathrm{ch}(\lambda z)\cos(\lambda z)\right] + \lambda C_4\left[\mathrm{ch}(\lambda z)\sin(\lambda z) + \mathrm{sh}(\lambda z)\cos(\lambda z)\right]$$

$$\gamma''_D = -2\lambda^2 C_1\mathrm{ch}(\lambda z)\sin(\lambda z) - 2\lambda^2 C_2\mathrm{sh}(\lambda z)\sin(\lambda z) + 2\lambda^2 C_3\mathrm{sh}(\lambda z)\cos(\lambda z) + 2\lambda^2 C_4\mathrm{ch}(\lambda z)\cos(\lambda z)$$

组合梁常见的支座边界条件见表 10-1。

表 10-1　组合梁常见的支座边界条件

支座形式	边界条件
简支支座	$B_D = 0$ ，$\gamma_D = 0$
弹性支座	$B_D = 0$ ，$Q_D = \gamma k$
固定支座	$\gamma_D = 0$ ，$\gamma'_D = 0$

1）两端固定边界条件

两端固定边界条件为$\gamma_D(0)=0$ ，$\gamma_D(l)=0$ ，$\gamma'_D(0)=0$ ，$\gamma'_D(l)=0$ ，则有

$$\begin{cases} C_1 = \dfrac{m_d\left[-\sin(\lambda l)\cos(\lambda l) - \mathrm{ch}(\lambda l)\mathrm{sh}(\lambda l) + \mathrm{ch}(\lambda l)\sin(\lambda l) + \mathrm{sh}(\lambda l)\cos(\lambda l)\right]}{W_2\left[\mathrm{sh}(\lambda l)\mathrm{ch}(\lambda l)\sin(2\lambda l) - \mathrm{ch}^2(\lambda l)\cos(2\lambda l) + \cos^2(\lambda l)\right]} \\ C_2 = -\dfrac{m_d}{W_2} \\ C_3 = -\dfrac{m_d\left[-\sin(\lambda l)\cos(\lambda l) - \mathrm{ch}(\lambda l)\mathrm{sh}(\lambda l) + \mathrm{ch}(\lambda l)\sin(\lambda l) + \mathrm{sh}(\lambda l)\cos(\lambda l)\right]}{W_2\left[\mathrm{sh}(\lambda l)\mathrm{ch}(\lambda l)\sin(2\lambda l) - \mathrm{ch}^2(\lambda l)\cos(2\lambda l) + \cos^2(\lambda l)\right]} \\ C_4 = \dfrac{m_d\left[\mathrm{ch}^2(\lambda l)\cos(2\lambda l) + \mathrm{ch}(\lambda l)\mathrm{sh}(\lambda l)\sin(2\lambda l) + \cos^2(\lambda l) - 2\mathrm{ch}(\lambda l)\cos(\lambda l)\right]}{W_2\left[\mathrm{sh}(\lambda l)\mathrm{ch}(\lambda l)\sin(2\lambda l) - \mathrm{ch}^2(\lambda l)\cos(2\lambda l) + \cos^2(\lambda l)\right]} \end{cases}$$

2）两端铰支边界条件

两端铰支边界条件为$\gamma_D(0)=0$ ，$\gamma_D(l)=0$ ，$\gamma''_D(0)=0$ ，$\gamma''_D(l)=0$ ，则有

$$\begin{cases} C_1 = \dfrac{m_d\left[\mathrm{sh}(\lambda l)\mathrm{ch}(\lambda l) - \mathrm{sh}(\lambda l)\cos(\lambda l)\right]}{W_2\left[\mathrm{sh}^2(\lambda l)\cos^2(\lambda l) + \mathrm{ch}^2(\lambda l)\sin^2(\lambda l)\right]} \\ C_2 = -\dfrac{m_d}{W_2} \\ C_3 = \dfrac{m_d\left[\sin(\lambda l)\cos(\lambda l) - \mathrm{ch}(\lambda l)\sin(\lambda l)\right]}{W_2\left[\mathrm{sh}^2(\lambda l)\cos^2(\lambda l) + \mathrm{ch}^2(\lambda l)\sin^2(\lambda l)\right]} \\ C_4 = 0 \end{cases}$$

将上面两种边界条件下的C_1、C_2、C_3和C_4分别代入畸变角微分方程的解和畸变双力矩公式中，可以得到各自条件下的γ_D、γ_D''和B_D。

弹性地基梁法：受竖直荷载作用的弹性地基梁的挠曲微分方程为

$$EIY'''' + kY = q$$

上式形式与组合梁畸变角微分方程相同，可以通过求解弹性地基梁挠度的方法来求解畸变角，其相似关系见表 10-2。这样，求解过程得以简化。

表 10-2　弹性地基梁与组合梁畸变角的相似关系

弹性地基梁	组合梁
$EIY'''' + kY = q$	$W_1\gamma_D'''' + W_2\gamma_D = m_d$
EI 为弹性地基梁的抗弯刚度	W_1 为箱梁的抗畸变翘曲刚度
k 为弹性地基梁的地基弹性系数	W_2 为箱梁的抗畸变框架刚度
q 为弹性地基梁的分布荷载	m_d 为箱梁上分布的畸变荷载
Y 为弹性地基梁的挠度	γ_D 为箱梁的畸变角

必须注意的是，组合梁的截面畸变角微分方程的边界条件指的是对截面畸变及翘曲变形的约束，不是指对整个截面的支承。组合梁中的横隔板或对角支撑与弹性地基梁的中间支承类似：一个剪力刚性且翘曲刚性的横隔板，类似于一个固定支座；一个剪力柔性但可自由翘曲的横隔板，类似于一个弹性支座；一个剪力刚性但可自由翘曲的横隔板，类似于一个简支支座。组合梁畸变与弹性地基梁弯曲的边界条件的相似关系，见图 10-11。

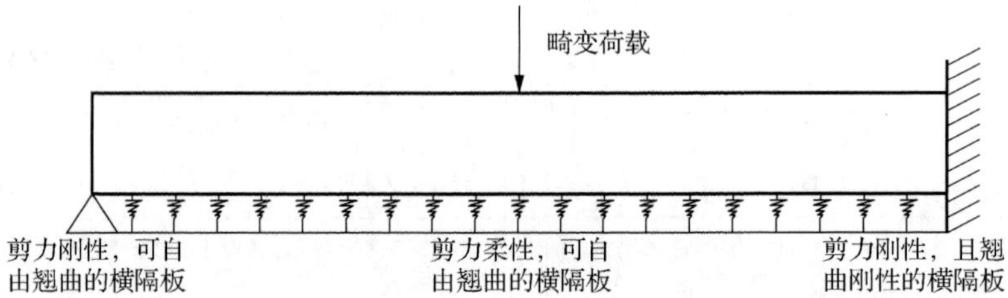

图 10-11　组合梁畸变与弹性地基梁弯曲的边界条件的相似关系

可以采用弹性地基梁的挠度求解方法求得上述畸变角微分方程的解，如初参数法。当$\lambda L \geqslant 4$时，梁的跨中部分类似于两边为无限长的弹性地基梁，两端部类似于一边为无限长的弹性地基梁；当$\lambda L < 4$时，则可以按照有限长弹性地基梁进行求解。用此方法求得截面的畸变角γ_D后，由上述已推导的公式可以求得畸变双力矩和畸变翘曲应力。

10.3　曲线组合梁的畸变效应

与直线组合梁不同，在外荷载作用下，曲线组合梁截面除了会产生扭转变形和弯曲变形外，还会产生畸变变形，截面内产生畸变翘曲正应力、畸变翘曲剪应力和横向应力。曲线组合梁的空间坐标及截面见图 10-12。基于能量变分理论，本节建立曲线组合梁的畸变控制微分方程，给出其畸变角和畸变双力矩的计算公式。

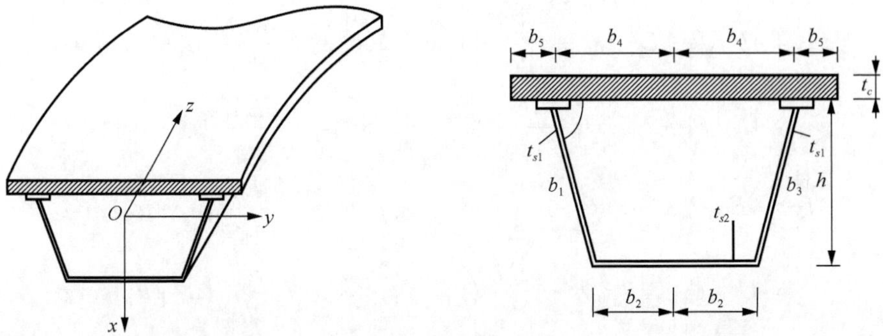

（a）空间坐标系　　（b）截面

图 10-12　曲线组合梁的空间坐标及截面

10.3.1　畸变角微分方程

1）畸变应变能

为便于分析计算，取曲线组合梁中的某一截面进行分析，截面板件的横向变形见图 10-13。

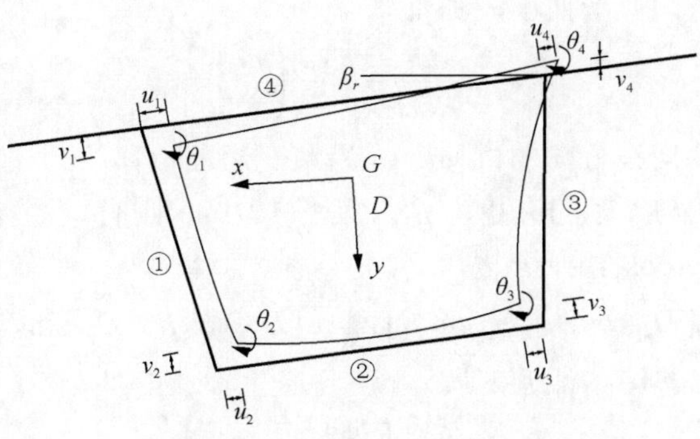

图 10-13　截面板件的横向变形

截面节点弯矩：

$$
\begin{aligned}
M_1 &= 4E_c i_4\theta_1 + 2E_c i_4\theta_4 - \frac{6E_c i_4}{2b_4}(v_4 - v_1)\cos\beta_r - \frac{6E_c i_4}{2b_4}(u_4 - u_1)\sin\beta_r \\
&= 4E_s i_1\theta_1 + 2E_s i_1\theta_2 - \frac{6E_s i_1}{b_1}(v_2 - v_1)\cos\beta_r - \frac{6E_s i_1}{b_1}(u_2 - u_1)\sin\beta_r \\
M_2 &= 4E_s i_1\theta_2 + 2E_s i_1\theta_1 - \frac{6E_s i_1}{b_1}(v_2 - v_1)\cos\beta_r - \frac{6E_s i_1}{b_1}(u_2 - u_1)\sin\beta_r \\
&= 4E_s i_2\theta_2 + 2E_s i_2\theta_3 - \frac{6E_s i_2}{2b_2}(v_3 - v_2)\cos\beta_r - \frac{6E_s i_2}{2b_2}(u_3 - u_2)\sin\beta_r \\
M_3 &= 4E_s i_2\theta_3 + 2E_s i_2\theta_2 - \frac{6E_s i_2}{2b_2}(v_3 - v_2)\cos\beta_r - \frac{6E_s i_2}{2b_2}(u_3 - u_2)\sin\beta_r \\
&= 4E_s i_3\theta_3 + 2E_s i_3\theta_4 - \frac{6E_s i_3}{b_3}(v_4 - v_3)\cos\beta_r - \frac{6E_s i_3}{b_3}(u_4 - u_3)\sin\beta_r \\
M_4 &= 4E_s i_3\theta_4 + 2E_s i_3\theta_3 - \frac{6E_s i_3}{b_3}(v_4 - v_3)\cos\beta_r - \frac{6E_s i_3}{b_3}(u_4 - u_3)\sin\beta_r \\
&= 4E_c i_4\theta_4 + 2E_c i_4\theta_1 - \frac{6E_c i_4}{2b_4}(v_4 - v_1)\cos\beta_r - \frac{6E_c i_4}{2b_4}(u_4 - u_1)\sin\beta_r
\end{aligned}
$$

式中，i_1、i_2、i_3和i_4分别为各组件的平均线刚度，$i_1 = \dfrac{t_{s1}^3}{12b_1}\dfrac{R}{R_s}$，$i_2 = \dfrac{t_{s2}^3}{12\times 2b_2}\dfrac{R}{R_s}$，$i_3 = \dfrac{t_{s1}^3}{12b_3}\dfrac{R}{R_s}$，$i_4 = \dfrac{t_c^3}{12\times 2b_4}\dfrac{R}{R_s}$，其中$R$为曲率半径，$R_s$为剪切中心对应的曲率半径。

类似直线组合梁，曲线组合梁的u_i和v_i与畸变角γ_D呈线性关系：

$$
\begin{cases}
u_i = D_{u1}\gamma_{D1} + D_{u2}\gamma_{D2} \\
v_i = D_{v1}\gamma_{D1} + D_{v2}\gamma_{D2}
\end{cases}
$$

畸变引起的剪切变形很小，则有

$$
\gamma_s = \frac{\partial u_t}{R\partial\alpha} + R\frac{\partial}{\partial s}\left(\frac{\omega}{R}\right) = 0
$$

式中，u_t为沿组件切线方向的位移；ω为畸变翘曲位移。

周边坐标切线与x轴的夹角为β，见图 10-14，则有

$$
\begin{aligned}
u_t &= u\cos\beta + v\sin\beta \\
&= \left(D_{u1}\cos\beta + D_{v1}\sin\beta\right)\gamma_{D1} + \left(D_{u2}\cos\beta + D_{v2}\sin\beta\right)\gamma_{D2}
\end{aligned}
$$

闭合截面变形连续条件如下：

$$
\oint\frac{\partial}{\partial s}\left(\frac{\omega}{R}\right)\mathrm{d}s = 0
$$

则有

$$
\oint\frac{\partial u_t}{R^2\partial\alpha}\mathrm{d}s = 0
$$

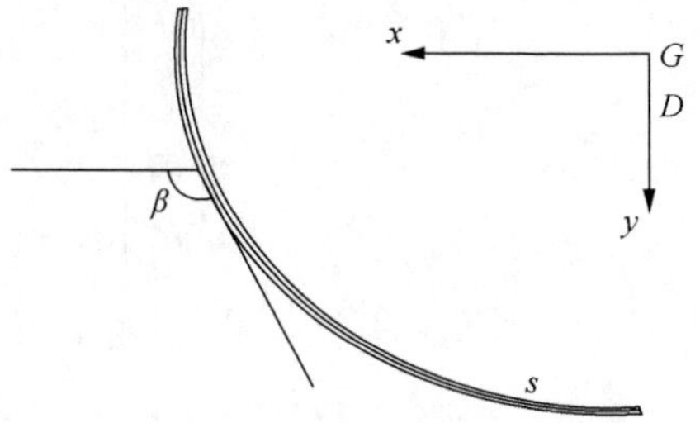

图 10-14　周边坐标切线与 x 轴的夹角

整理得到

$$\gamma_{D2} = k_D \gamma_{D1}$$

式中，$k_D = -\dfrac{\oint\left(D_{u1}\cos\beta + D_{v1}\sin\beta\right)\mathrm{d}s}{\oint\left(D_{u2}\cos\beta + D_{v2}\sin\beta\right)\mathrm{d}s}$。

畸变角：

$$\gamma_D = \left(1 + k_D\right)\gamma_{D1} = \left(1 + \frac{1}{k_D}\right)\gamma_{D2}$$

$$\begin{cases} u_i = \dfrac{D_{u1} + k_D D_{u2}}{1 + k_D}\gamma_D \\ v_i = \dfrac{D_{v1} + k_D D_{v2}}{1 + k_D}\gamma_D \end{cases}$$

取

$$\begin{cases} X_1 = -\dfrac{6E_c i_4}{2b_4}\left(v_4 - v_1\right)\cos\beta_4 - \dfrac{6E_c i_4}{2b_4}\left(u_4 - u_1\right)\sin\beta_4 \\ X_2 = -\dfrac{6E_s i_1}{b_1}\left(v_2 - v_1\right)\cos\beta_1 - \dfrac{6E_s i_1}{b_1}\left(u_2 - u_1\right)\sin\beta_1 \\ X_3 = -\dfrac{6E_s i_2}{2b_2}\left(v_3 - v_2\right)\cos\beta_2 - \dfrac{6E_s i_2}{2b_2}\left(u_3 - u_2\right)\sin\beta_2 \\ X_4 = -\dfrac{6E_s i_3}{b_3}\left(v_4 - v_3\right)\cos\beta_3 - \dfrac{6E_s i_3}{b_3}\left(u_4 - u_3\right)\sin\beta_3 \end{cases}$$

则有

$$\begin{bmatrix} 4E_c i_4 - 4E_s i_1 & -2E_s i_1 & 0 & 2E_c i_4 \\ 2E_s i_1 & 4E_s i_1 - 4E_s i_2 & -2E_s i_2 & 0 \\ 0 & 2E_s i_2 & 4E_s i_2 - 4E_s i_3 & -2E_s i_3 \\ 2E_c i_4 & 0 & -2E_s i_3 & 4E_c i_4 - 4E_s i_3 \end{bmatrix}\begin{bmatrix} \theta_1 \\ \theta_2 \\ \theta_3 \\ \theta_4 \end{bmatrix} = \begin{bmatrix} X_1 - X_2 \\ X_2 - X_3 \\ X_3 - X_4 \\ X_1 - X_4 \end{bmatrix}$$

简写为

$$\begin{bmatrix}\alpha_1, & \alpha_2, & \alpha_3, & \alpha_4\end{bmatrix}\begin{bmatrix}\theta_1\\ \theta_2\\ \theta_3\\ \theta_4\end{bmatrix}=b$$

$$\alpha_1=\begin{bmatrix}4E_ci_4-4E_si_1, & 2E_si_1, & 0, & 2E_ci_4\end{bmatrix}^{\mathrm{T}}$$

$$\alpha_2=\begin{bmatrix}-2E_si_1, & 4E_si_1-4E_si_2, & 2E_si_2, & 0\end{bmatrix}^{\mathrm{T}}$$

$$\alpha_3=\begin{bmatrix}0, & -2E_si_2, & 4E_si_2-4E_si_3, & -2E_si_3\end{bmatrix}^{\mathrm{T}}$$

$$\alpha_4=\begin{bmatrix}2E_ci_4, & 0, & -2E_si_3, & 4E_ci_4-4E_si_3\end{bmatrix}^{\mathrm{T}}$$

$$b=\begin{bmatrix}X_1-X_2, & X_2-X_3, & X_3-X_4, & X_1-X_4\end{bmatrix}^{\mathrm{T}}$$

式中，$\theta_1=\dfrac{(b\quad\alpha_2\quad\alpha_3\quad\alpha_4)}{(\alpha_1\quad\alpha_2\quad\alpha_3\quad\alpha_4)}$；$\theta_2=\dfrac{(\alpha_1\quad b\quad\alpha_3\quad\alpha_4)}{(\alpha_1\quad\alpha_2\quad\alpha_3\quad\alpha_4)}$；$\theta_3=\dfrac{(\alpha_1\quad\alpha_2\quad b\quad\alpha_4)}{(\alpha_1\quad\alpha_2\quad\alpha_3\quad\alpha_4)}$；$\theta_4=\dfrac{(\alpha_1\quad\alpha_2\quad\alpha_3\quad b)}{(\alpha_1\quad\alpha_2\quad\alpha_3\quad\alpha_4)}$。

由位移与畸变角的关系可知，X_1、X_2、X_3和X_4与γ_D呈线性关系，则θ_1、θ_2、θ_3和θ_4与γ_D也为线性关系，根据节点弯矩，可以得到横向弯曲节点弯矩：

$$M_i=k_i\gamma_D\quad(i=1,2,3,4)$$

弯曲应力：

$$\sigma_1=\frac{M_1}{\dfrac{Rt_{s1}^3}{12R_s}}=\frac{12R_sM_1}{Rt_{s1}^3}=\frac{12R_sk_1}{Rt_{s1}^3}\gamma_D$$

$$\sigma_2=\frac{12R_sM_2}{Rt_{s2}^3}=\frac{12R_sk_2}{Rt_{s2}^3}\gamma_D$$

$$\sigma_3=\frac{12R_sM_3}{Rt_{s1}^3}=\frac{12R_sk_3}{Rt_{s1}^3}\gamma_D$$

$$\sigma_4=\frac{12R_sM_4}{Rt_c^3}=\frac{12R_sk_4}{Rt_c^3}\gamma_D$$

$$\begin{aligned}U_1&=\frac{1}{2}\int_l\left(\frac{R}{R_sE}\sigma_i^2\mathrm{d}A\right)\mathrm{d}z=\frac{1}{2}\int_l\left[\int_A\frac{R}{R_s}\left(\frac{\sigma_1^2+\sigma_2^2+\sigma_3^2}{E_s}+\frac{\sigma_4^2}{E_c}\right)\mathrm{d}A\right]\mathrm{d}z\\&=\frac{1}{2}\int_l\left[\int_A\gamma_D^2\left(\frac{144R_sk_1^2}{Rt_{s1}^6E_s}+\frac{144R_sk_2^2}{Rt_{s2}^6E_s}+\frac{144R_sk_3^2}{Rt_{s1}^6E_s}+\frac{144R_sk_4^2}{Rt_c^6E_c}\right)\mathrm{d}A\right]\mathrm{d}z\end{aligned}$$

则畸变应变能为

$$U_1=\frac{1}{2}\int_lW_2\gamma_D^2\mathrm{d}z$$

式中，$W_2=\int_A\left(\frac{144R_sk_1^2}{Rt_{s1}^6E_s}+\frac{144R_sk_2^2}{Rt_{s2}^6E_s}+\frac{144R_sk_3^2}{Rt_{s3}^6E_s}+\frac{144R_sk_4^2}{Rt_c^6E_c}\right)\mathrm{d}A$。

2）畸变翘曲应变能

水平位移和竖向位移同畸变角的关系：

$$\begin{cases} u_i=\dfrac{D_{u1}+k_DD_{u2}}{1+k_D}\gamma_D=k_u\gamma_D \\ v_i=\dfrac{D_{v1}+k_DD_{v2}}{1+k_D}\gamma_D=k_v\gamma_D \end{cases}$$

将沿组件切线方向的位移 u_t 代入畸变角 γ_D 计算公式中，再对 γ_D 进行积分得到

$$\int_0^s\frac{\partial}{\partial s}\left(\frac{\omega}{R}\right)\mathrm{d}s=-\frac{\partial u_t}{R^2\partial\alpha}=\int_0^s-\frac{\left(D_{u1}\cos\beta+D_{v1}\sin\beta\right)+k_D\left(D_{u2}\cos\beta+D_{v2}\sin\beta\right)}{\left(1+k_D\right)R^2}\gamma_D'\mathrm{d}s+\frac{\omega_0}{R_0}$$

式中，ω_0 为周边坐标 $s=0$ 处截面壁的翘曲位移；R_0 为周边坐标 $s=0$ 处截面壁的曲率半径。

曲线组合截面的畸变翘曲位移：

$$\omega(s)=-\frac{R\gamma_D'}{1+k_D}\left[\int_0^s\frac{\left(D_{u1}\cos\beta+D_{v1}\sin\beta\right)+k_D\left(D_{u2}\cos\beta+D_{v2}\sin\beta\right)}{R^2}\mathrm{d}s\right]+\frac{R\omega_0}{R_0}$$

$$\omega_D=\frac{R}{1+k_D}\left[\int_0^s\frac{\left(D_{u1}\cos\beta+D_{v1}\sin\beta\right)+k_D\left(D_{u2}\cos\beta+D_{v2}\sin\beta\right)}{R^2}\mathrm{d}s\right]$$

则有

$$\omega(s)=\frac{R\omega_0}{R_0}-\omega_D\gamma_D'$$

翘曲产生的截面正应力：

$$\sigma_D=E\varepsilon=E\frac{R_s}{R}\frac{\mathrm{d}\omega}{\mathrm{d}z}=E\frac{R_s}{R}\left(\frac{R\omega_0'}{R_0}-\omega_D\gamma_D''\right)$$

在截面内轴方向的平衡条件应该满足：

$$N=\int_A E\frac{R_s}{R}\left(\frac{R\omega_0'}{R_0}-\omega_D\gamma_D''\right)\mathrm{d}A=0$$

得到 $\omega_0'=\dfrac{R_0\int_A\frac{\omega_D}{R}\mathrm{d}A}{\int_A\mathrm{d}A}\gamma_D''$。

将上式代入翘曲产生截面正应力计算公式中，整理得到

$$\sigma_D = E\frac{R_s}{R}\left(\frac{R_0\int\limits_A \frac{\omega_D}{R}\mathrm{d}A}{\int\limits_A \mathrm{d}A} - \omega_D\right)\gamma_D''$$

则可得

$$\sigma_D = -E\left(\frac{R_s}{R}\right)\omega_{Dn}\gamma_D''$$

式中，$\omega_{Dn} = -\frac{R_0\int\limits_A \frac{\omega_D}{R}\mathrm{d}A}{\int\limits_A \mathrm{d}A} + \omega_D$。

畸变翘曲应变能：

$$U_2 = \frac{1}{2}\int\limits_l \frac{R_s}{R}\left(\int\limits_A \frac{\sigma_D^2}{E}\mathrm{d}A\right)\mathrm{d}z = \frac{E}{2}\int\limits_l\left[\int\limits_A\left(\frac{R_s}{R}\right)^3\left(-\omega_{Dn}\gamma_D''\right)^2\mathrm{d}A\right]\mathrm{d}z$$

$$= \frac{1}{2}\int\limits_l\left[\int\limits_A E\left(\frac{R_s}{R}\right)^3\omega_{Dn}^2\mathrm{d}A\right]\left(\gamma_D''\right)^2\mathrm{d}z$$

则有

$$U_2 = \frac{1}{2}\int\limits_l W_1\left(\gamma_D''\right)^2\mathrm{d}z$$

式中，$W_1 = \int\limits_A E\left(\frac{R_s}{R}\right)^3\omega_{Dn}^2\mathrm{d}A$。

3）畸变转角产生的附加曲率与弯矩 M_x 的耦联应变能

对于组合梁，畸变转角 $\tilde{\theta}$ 与畸变角 γ_D 的关系为 $\gamma_D = 2\tilde{\theta}$，该畸变转角因初曲率产生的附加曲率 $\tilde{\theta}/R$ 与弯矩耦联，应变能为

$$U\left(\tilde{\theta}\right) = -\int\limits_l M_x\frac{\tilde{\theta}}{R}\mathrm{d}z = -\int\limits_l M_x\frac{\gamma_D}{2R}\mathrm{d}z$$

式中，M_x 为偏心荷载下的弯矩。

4）荷载势能

在外荷载作用下，外力势能为

$$\overline{W} = -\int\limits_l m_T\frac{\gamma_D}{2}\mathrm{d}z$$

式中，m_T 为 q_y 对畸变中心的扭矩。

5）偏心荷载下的弯矩 M_x 与扭矩 m_T

将偏心荷载分解成竖向均布荷载 q_y 作用和均布扭矩 m_z 作用，然后进行简单

叠加。

在竖向均布荷载 q_y 作用下，曲线组合梁的内力计算公式如下。

弯矩：

$$M_x = R^2 q_y \sin\left(\frac{z}{R}\right)\left[\tan\left(\frac{L}{2R}\right) - \tan\left(\frac{z}{2R}\right)\right]$$

扭矩：

$$m_T = R^2 q_y \sin\left(\frac{z}{R}\right)\left[1 + \tan\left(\frac{L}{2R}\right)\tan\left(\frac{z}{2R}\right) - \frac{z}{R\sin\left(\frac{z}{R}\right)}\right]$$

在均布扭矩 m_z 作用下，简支曲线组合梁的弯矩和扭矩计算公式如下。

弯矩：

$$M_x = -Rm_z \sin\left(\frac{z}{R}\right)\left[\tan\left(\frac{L}{2R}\right) - \tan\left(\frac{z}{2R}\right)\right]$$

扭矩：

$$m_T = -Rm_z \sin\left(\frac{z}{R}\right)\left[1 + \tan\left(\frac{L}{2R}\right)\tan\left(\frac{z}{2R}\right)\right]$$

则偏心荷载作用下的弯矩 M_x 和扭矩 m_T 分别为

$$\begin{aligned} M_x &= R^2 q_y \sin\left(\frac{z}{R}\right)\left[\tan\left(\frac{L}{2R}\right) - \tan\left(\frac{z}{2R}\right)\right] - Rm_z \sin\left(\frac{z}{R}\right)\left[\tan\left(\frac{L}{2R}\right) - \tan\left(\frac{z}{2R}\right)\right] \\ &= (R - b_4)Rq_y \sin\left(\frac{z}{R}\right)\left[\tan\left(\frac{L}{2R}\right) - \tan\left(\frac{z}{2R}\right)\right] \end{aligned}$$

$$\begin{aligned} m_T &= R^2 q_y \sin\left(\frac{z}{R}\right)\left[1 + \tan\left(\frac{L}{2R}\right)\tan\left(\frac{z}{2R}\right) - \frac{z}{R\sin\left(\frac{z}{R}\right)}\right] \\ &\quad - Rm_z \sin\left(\frac{z}{R}\right)\left[1 + \tan\left(\frac{L}{2R}\right)\tan\left(\frac{z}{2R}\right)\right] \\ &= (R - b_4)Rq_y b_4 \sin\left(\frac{z}{R}\right)\left[1 + \tan\left(\frac{L}{2R}\right)\tan\left(\frac{z}{2R}\right)\right] - Rq_y z \end{aligned}$$

总势能：

$$\Pi = \frac{1}{2}\int_l W_2 \gamma_D^2 \mathrm{d}z + \frac{1}{2}\int_l W_1 \left(\gamma_D''\right)^2 \mathrm{d}z - \int_l M_x \frac{\gamma_D}{2R}\mathrm{d}z - \int_l m_T \frac{\gamma_D}{2}\mathrm{d}z - \overline{F}^{\mathrm{T}}\overline{u}$$

最小势能原理：

$$\delta \Pi = \delta\left[\int_l \Gamma\left(\gamma_D, \gamma_D''\right)\mathrm{d}z\right] = 0$$

对上式的泛函取极值，应满足如下方程：

$$\begin{cases} \dfrac{\partial \Gamma}{\partial \gamma_D} - \dfrac{\mathrm{d}}{\mathrm{d}z}\left(\dfrac{\partial \Gamma}{\partial \gamma_D'}\right) + \dfrac{\mathrm{d}^2}{\mathrm{d}z^2}\left(\dfrac{\partial \Gamma}{\partial \gamma_D''}\right) = 0 \\ \Gamma = \dfrac{1}{2}W_2\gamma_D^2 + \dfrac{1}{2}W_1\left(\gamma_D''\right)^2 - M_x\dfrac{\gamma_D}{2R} - m_T\dfrac{\gamma_D}{2} = 0 \end{cases}$$

畸变角微分方程：

$$W_1\gamma_D'''' + W_2\gamma_D = \frac{m_T}{2} + \frac{M_x}{2R}$$

将弯矩和扭矩代入上式中，整理得到

$$W_1\gamma_D'''' + W_2\gamma_D = \frac{1}{2}q_y\left\{(R-b_4)Rb_4\sin\left(\frac{z}{R}\right)\left[1+\tan\left(\frac{L}{2R}\right)\tan\left(\frac{z}{2R}\right)\right]\right.$$
$$\left. - Rz + (R-b_4)\sin\left(\frac{z}{R}\right)\left[\tan\left(\frac{L}{2R}\right) - \tan\left(\frac{z}{2R}\right)\right]\right\}$$

10.3.2　畸变角微分方程解析解

从上述公式推导过程不难看出，畸变与其他变形形式互为耦联，这为结构分析增加了难度。为简化计算过程，可近似地分两步来考虑，即首先求出不考虑畸变变形时的 M_x 和 m_T，然后在 M_x 和 m_T 已知的情况下，单独用弹性地基梁相似法分析曲线组合梁的畸变变形和畸变应力。

1. 刚度法中的单元刚度矩阵

在计算弹性地基梁时，直接求解微分方程会比较困难，为解决这个问题，可以采用刚度法进行分析，首先把连续分布的弹簧支承（弹性地基）转化为若干集中弹簧支承，把分布外荷载转化为等效集中荷载，并且作用在集中弹簧支承处的梁面上。连续分布的弹簧是无限超静定的，通过近似求解，可以将其转化成有限个集中弹簧支承。很明显，支承数目越多，计算精度就会越高，计算简图见图 10-15。

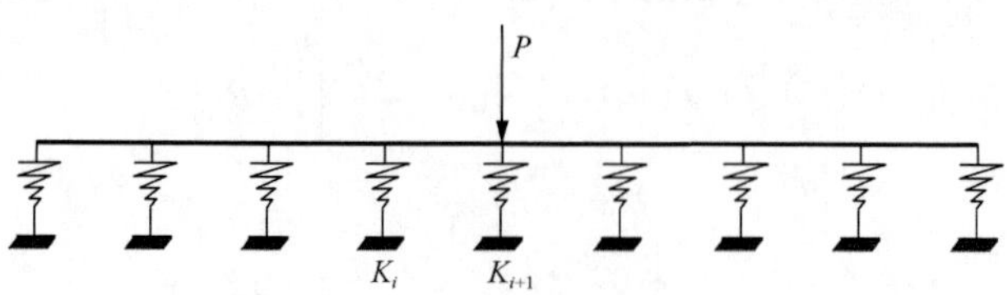

（a）弹性地基梁

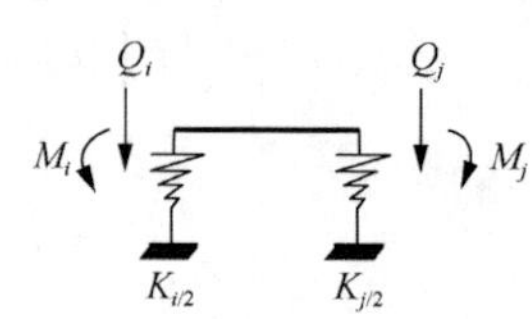

（b）梁单元

图 10-15　弹性地基梁计算简图

将弹性地基梁沿着整段梁划分为若干段，在各段中间设置一个集中弹性支座，各个集中弹簧的刚度 K_i 的计算公式为

$$K_i = \frac{\Delta_i + \Delta_{i+1}}{2} K_{基}$$

式中，Δ_i 为第 i 个弹簧支承与第 $i-1$ 个弹簧支承间的距离；Δ_{i+1} 为第 i 个弹簧支承与第 $i+1$ 个弹簧支承间的距离；$K_{基}$ 为弹性地基常数。

对于图 10-15（b）中的梁单元，每一个节点都仅有两个自由度，分别为竖向位移和角位移，弹性地基梁的单元刚度方程：

$$\begin{bmatrix} K'_{ii} & K'_{ij} \\ K'_{ij} & K'_{jj} \end{bmatrix}_{4\times4} \begin{Bmatrix} \delta'_i \\ \delta'_j \end{Bmatrix}^e_{4\times1} = \begin{Bmatrix} P'_i \\ P'_j \end{Bmatrix}^e_{4\times1}$$

式中，$\{\delta'_k\}^e = [v'_k, \theta'_k]^{\mathrm{T}}\ (k=i,j)$；$\{P'_k\}^e = [Q'_k, M'_k]^{\mathrm{T}}\ (k=i,j)$；

$$K'_{ii} = \begin{bmatrix} \frac{12EI}{l^3} + \frac{k_i}{2} & -\frac{6EI}{l^2} \\ -\frac{6EI}{l^2} & \frac{4EI}{l} \end{bmatrix};\quad K'_{ij} = \begin{bmatrix} -\frac{12EI}{l^3} & -\frac{6EI}{l^2} \\ \frac{6EI}{l^2} & \frac{2EI}{l} \end{bmatrix};\quad K'_{ji} = \begin{bmatrix} -\frac{12EI}{l^3} & \frac{6EI}{l^2} \\ -\frac{6EI}{l^2} & \frac{2EI}{l} \end{bmatrix};$$

$K'_{jj} = \begin{bmatrix} \frac{12EI}{l^3} + \frac{k_{i+1}}{2} & \frac{6EI}{l^2} \\ \frac{6EI}{l^2} & \frac{4EI}{l} \end{bmatrix}$，其中 I 为弹性地基梁抗弯惯性矩，EI 为弹性地基梁抗弯刚度，k_i、k_{i+1} 分别为第 i、$i+1$ 个集中弹簧的刚度，l 为分段长度。

进行畸变分析时，每一个节点都只有两个自由度，分别为畸变角 γ_D 和畸变翘曲位移 γ'_D，与其所对应的力分别是畸变力和畸变双力矩。

单元刚度方程为

$$\begin{bmatrix} K_{ii} & K_{ij} \\ K_{ij} & K_{jj} \end{bmatrix}_{4\times4} \begin{Bmatrix} \delta_i \\ \delta_j \end{Bmatrix}^e_{4\times1} = \begin{Bmatrix} P_i \\ P_j \end{Bmatrix}^e_{4\times1}$$

$$\{\delta_k\}^e = [\gamma_k, \gamma'_k]^{\mathrm{T}} \quad (k=i,j)$$

式中，γ_k 和 γ'_k 分别为 k 节点的畸变角和畸变翘曲位移。

$$\{P_k\}^e = [M_{\gamma k}, B_{\Pi k}]^{\mathrm{T}} \quad (k=i,j)$$

式中，$M_{\gamma k}$ 和 $B_{\Pi k}$ 分别为 k 节点的畸变弯矩和畸变双力矩。

由以上分析容易得到组合梁畸变的单元刚度矩阵，各分块具体形式如下：

$$K_{ii} = \begin{bmatrix} \frac{12W_1}{l^3} + \frac{W_2}{2} & -\frac{6W_1}{l^2} \\ -\frac{6W_1}{l^2} & \frac{4W_1}{l} \end{bmatrix};\quad K_{ij} = \begin{bmatrix} -\frac{12W_1}{l^3} & -\frac{6W_1}{l^2} \\ \frac{6W_1}{l^2} & \frac{2W_1}{l} \end{bmatrix}$$

$$K_{ji}=\begin{bmatrix}-\dfrac{12W_1}{l^3} & \dfrac{6W_1}{l^2}\\ -\dfrac{6W_1}{l^2} & \dfrac{2W_1}{l}\end{bmatrix};\quad K_{jj}=\begin{bmatrix}\dfrac{12W_1}{l^3}+\dfrac{W_2}{2} & \dfrac{6W_1}{l^2}\\ \dfrac{6W_1}{l^2} & \dfrac{4W_1}{l}\end{bmatrix}$$

式中，W_1为组合梁抗畸变翘曲刚度；W_2为组合梁抗畸变刚度。

2. 等效节点荷载

畸变外荷载沿着梁长连续分布，必须将其等效为作用在弹性支承梁面上的集中荷载，按$\overline{q}_x=-\dfrac{M(x)}{EI_{(x)}}$计算出等效荷载，分为曲线和折线两种形式。另外，在实际过程中，会出现一些需要将梁段分成长度不等的情况，对各种情况下的等效集中等效荷载分别进行讨论。

1）梁段等长的情况

如果将梁段等分成n个节段，每段的长度是λ，并且使得分布荷载在各节点A、B和C上的函数值取α_a、α_b和α_c，梁段等长的情况下，曲线分布等效荷载见图 10-16，两个相邻节间的等效集中等效荷载$\overline{q}$可以用下列插值函数来拟合：

$$\overline{q}=\frac{1}{2}\alpha_a\left(\frac{z}{\lambda}-1\right)\left(\frac{z}{\lambda}-2\right)-\alpha_b\frac{z}{\lambda}\left(\frac{z}{\lambda}-2\right)+\frac{1}{2}\alpha_c\frac{z}{\lambda}\left(\frac{z}{\lambda}-1\right)$$

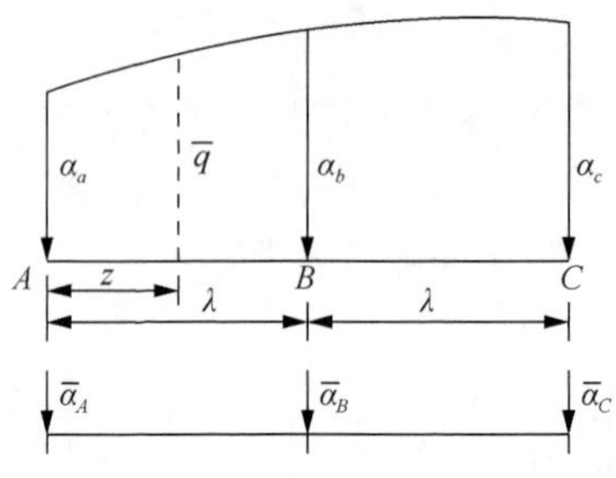

（a）AC段

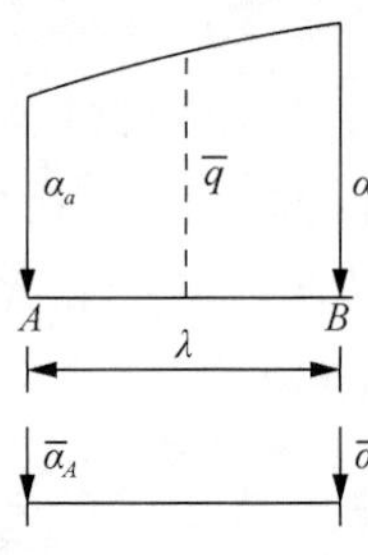

（b）AB段

图 10-16　曲线分布等效荷载

A、B和C点的等效集中荷载分别是$\overline{\alpha}_A$、$\overline{\alpha}_B$和$\overline{\alpha}_C$，以其中AB节间为例进行分析。

AB节间的等效荷载合力和对A点的合力矩为

$$\overline{\alpha}_{AB}+\overline{\alpha}_{BA}=\int_0^{\lambda}\overline{q}\mathrm{d}z$$

$$\lambda\overline{\alpha}_{BA}=\int_0^{\lambda}z\overline{q}\mathrm{d}z$$

将等效集中荷载$\overline{q}$代入以上两式，整理可得

$$\begin{cases}\overline{\alpha}_{AB}=\dfrac{\lambda}{24}\left(7\alpha_a+6\alpha_b-\alpha_c\right)\\ \overline{\alpha}_{BA}=\dfrac{\lambda}{24}\left(3\alpha_a+10\alpha_b-\alpha_c\right)\end{cases}$$

同理可得

$$\overline{\alpha}_{BC}=\frac{\lambda}{24}\left(3\alpha_c+10\alpha_b-\alpha_a\right)$$

则有

$$\begin{cases}\overline{\alpha}_{A}=\overline{\alpha}_{AB}=\dfrac{\lambda}{24}\left(7\alpha_a+6\alpha_b-\alpha_c\right)\\ \overline{\alpha}_{B}=\overline{\alpha}_{BA}+\overline{\alpha}_{BC}=\dfrac{\lambda}{12}\left(\alpha_a+10\alpha_b+\alpha_c\right)\end{cases}$$

当荷载分布为折线时，在梁段等长的情况下，折线分布等效荷载见图 10-17，集中荷载为直线形式，则有

$$\begin{cases}\overline{\alpha}_{A}=\dfrac{\lambda}{6}\left(2\alpha_a+\alpha_b\right)\\ \overline{\alpha}_{BA}=\dfrac{\lambda}{6}\left(\alpha_a+2\alpha_b\right)\\ \overline{\alpha}_{BC}=\dfrac{\lambda}{6}\left(\alpha_c+2\alpha_b\right)\\ \overline{\alpha}_{C}=\dfrac{\lambda}{6}\left(2\alpha_c+\alpha_b\right)\end{cases}$$

$$\begin{cases}\overline{\alpha}_{A}=\dfrac{\lambda}{6}\left(2\alpha_a+\alpha_b\right)\\ \overline{\alpha}_{B}=\dfrac{\lambda}{6}\left(\alpha_a+4\alpha_b+\alpha_c\right)\end{cases}$$

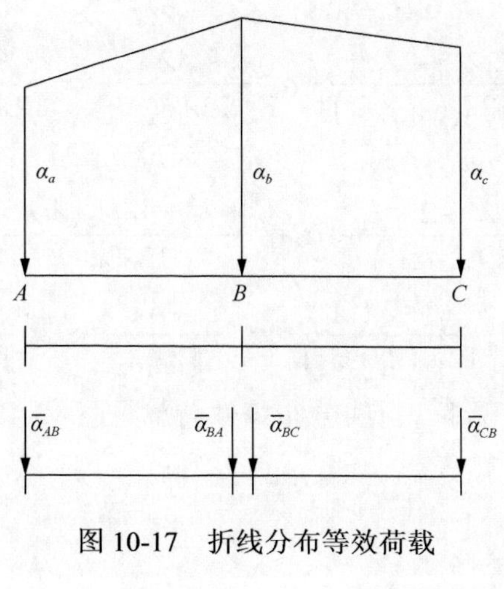

图 10-17　折线分布等效荷载

2）梁段不等长的情况

在梁段不等长的情况下，曲线分布等效荷载见图 10-18。

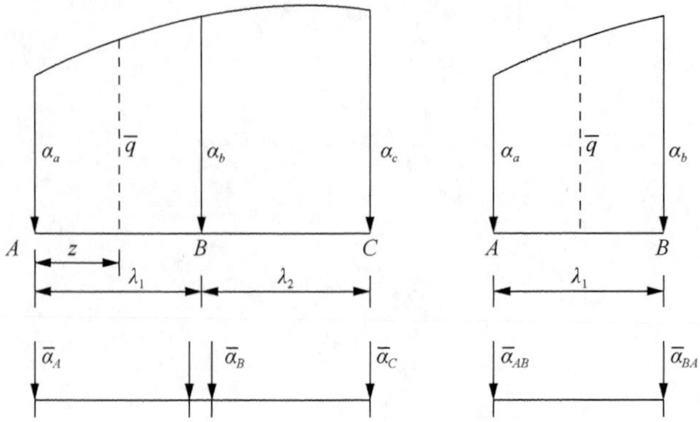

图 10-18　曲线分布等效荷载（梁段不等长）

等效集中荷载 $\overline{q}$ 的插值函数：

$$\overline{q} = \alpha_a \frac{(z-\lambda_1)(z-\lambda_1-\lambda_2)}{\lambda_1(\lambda_1+\lambda_2)} - \alpha_b \frac{z(z-\lambda_1-\lambda_2)}{\lambda_1\lambda_2} + \alpha_c \frac{(z-\lambda_1)}{\lambda_2(\lambda_1+\lambda_2)}$$

取一个节间进行分析，同样得到

$$\overline{\alpha}_{AB} + \overline{\alpha}_{BA} = \alpha_a \frac{2\lambda_1^2 + 3\lambda_1\lambda_2}{6(\lambda_1+\lambda_2)} + \alpha_b \frac{\lambda_1^2 + 3\lambda_1\lambda_2}{6\lambda_2} - \alpha_c \frac{\lambda_1^3}{6\lambda_2(\lambda_1+\lambda_2)}$$

$$\overline{\alpha}_{BA} = \alpha_a \frac{\lambda_1^3 + 2\lambda_1^2\lambda_2}{12\lambda_1(\lambda_1+\lambda_2)} + \alpha_b \frac{\lambda_1^3 + 4\lambda_1^2\lambda_2}{12\lambda_1\lambda_2} - \alpha_c \frac{\lambda_1^3}{12\lambda_2(\lambda_1+\lambda_2)}$$

同理可得

$$\overline{\alpha}_{CB} + \overline{\alpha}_{BC} = \alpha_c \frac{2\lambda_2^2 + 3\lambda_1\lambda_2}{6(\lambda_1+\lambda_2)} + \alpha_b \frac{\lambda_2^2 + 2\lambda_1\lambda_2}{6\lambda_1} - \alpha_a \frac{\lambda_2^3}{6\lambda_1(\lambda_1+\lambda_2)}$$

$$\overline{\alpha}_{BC} = \alpha_c \frac{2\lambda_2^2 + 2\lambda_1\lambda_2^2}{12\lambda_2(\lambda_1+\lambda_2)} + \alpha_b \frac{\lambda_2^3 + 4\lambda_1\lambda_2^2}{12\lambda_1\lambda_2} - \alpha_a \frac{\lambda_2^3}{12\lambda_1(\lambda_1+\lambda_2)}$$

整理得到

$$\overline{\alpha}_B = \overline{\alpha}_{BA} + \overline{\alpha}_{BC} = \alpha_a \frac{\lambda_1^3 - \lambda_2^3 + 2\lambda_1^2\lambda_2}{12\lambda_2(\lambda_1+\lambda_2)} + \alpha_b \frac{\lambda_1^3 + \lambda_2^3 + 4\lambda_1\lambda_2(\lambda_1+\lambda_2)}{12\lambda_1\lambda_2} + \alpha_c \frac{2\lambda_2^3 - \lambda_1^3 + 2\lambda_1\lambda_2^2}{12\lambda_2(\lambda_1+\lambda_2)}$$

$$\overline{\alpha}_A = \overline{\alpha}_{BA} = \alpha_a \frac{\lambda_1^3 + 2\lambda_1^2\lambda_2}{12\lambda_1(\lambda_1+\lambda_2)} + \alpha_b \frac{\lambda_1^3 + 4\lambda_1^2\lambda_2}{12\lambda_1\lambda_2} - \alpha_c \frac{\lambda_1^3}{12\lambda_2(\lambda_1+\lambda_2)}$$

在梁段不等长的情况下，折线分布等效荷载见图 10-19。按照以上原理，得到计算式如下：

$$\begin{cases} \bar{\alpha}_{AB} = \dfrac{\lambda_1}{6}(2\alpha_a + \alpha_b), & \bar{\alpha}_{BA} = \dfrac{\lambda_1}{6}(\alpha_a + 2\alpha_b) \\ \bar{\alpha}_{BC} = \dfrac{\lambda_2}{6}(\alpha_c + 2\alpha_b), & \bar{\alpha}_{CB} = \dfrac{\lambda_2}{6}(2\alpha_c + \alpha_b) \end{cases}$$

$$\bar{\alpha}_B = \frac{1}{6}\left[\lambda_1\alpha_a + 2(\lambda_1 + \lambda_2)\alpha_b + \lambda_2\alpha_c\right]\mathrm{e}^{i\theta}$$

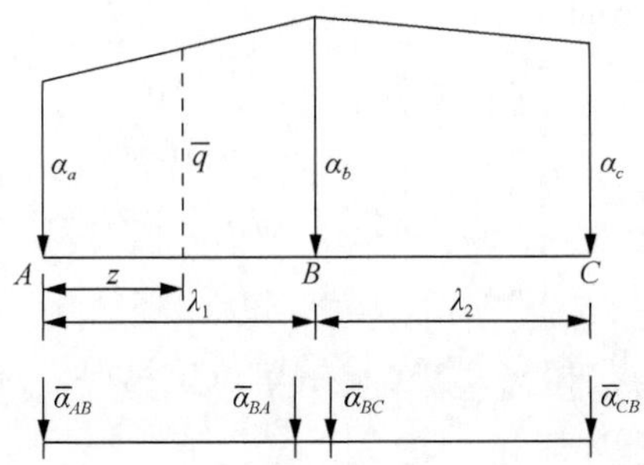

图 10-19　折线分布等效荷载（梁段不等长）

3. 刚度法求畸变

曲线组合梁的畸变角微分方程：

$$W_1\gamma_D'''' + W_2\gamma_D = \frac{m_T}{2} + \frac{M_x}{2R}$$

整理得到

$$\gamma_D'''' + 4\lambda'^4\gamma_D = \frac{1}{W_1}\left(\frac{m_T}{2} + \frac{M_x}{2R}\right)$$

式中，λ' 为组合梁截面畸变变形的衰减系数，$\lambda' = \sqrt[4]{\dfrac{W_2}{4W_1}}$。

m_T 和 M_x 沿着组合梁轴向变化，不是常数，对上式直接求解比较困难，为了方便计算，把曲线组合梁分成 n 等分的梁段，然后同直线组合梁一样，按照弹性地基梁挠度方程的解法求得曲线组合梁的畸变变形。

$$\begin{aligned}\gamma_D = {} & A_1\mathrm{sh}(\lambda' z_s)\cos(\lambda' z_s) + A_2\mathrm{ch}(\lambda' z_s)\cos(\lambda' z_s) \\ & + A_3\mathrm{ch}(\lambda' z_s)\sin(\lambda' z_s) + A_4\mathrm{sh}(\lambda' z_s)\sin(\lambda' z_s) + \frac{1}{W_1}\left(\frac{m_T}{2} + \frac{M_x}{2R}\right)\end{aligned}$$

式中，$A_1 \sim A_4$ 为积分常数，由梁段两边的边界条件决定。

另外，与直线组合梁形式一样的单元畸变刚度方程为

$$\begin{bmatrix} K_{11} & K_{12} & K_{13} & K_{14} \\ K_{21} & K_{22} & K_{23} & K_{24} \\ K_{31} & K_{32} & K_{33} & K_{34} \\ K_{41} & K_{42} & K_{43} & K_{44} \end{bmatrix} \begin{Bmatrix} \gamma_{Di} \\ \gamma'_{Di} \\ \gamma_{Dj} \\ \gamma'_{Dj} \end{Bmatrix} = \begin{Bmatrix} M_{Di} \\ B_{Di} \\ M_{Dj} \\ B_{Dj} \end{Bmatrix}$$

畸变角微分方程中的右边项为 0，各个自由度方向发生单位变形时的固端反力就是相应的刚度系数，即

$$\begin{cases} K_{1m} = M_{Di} = EI_{\omega}\gamma_D'''(0) \\ K_{2m} = B_{Di} = EI_{\omega}\gamma_D''(0) \\ K_{3m} = M_{Dj} = -EI_{\omega}\gamma_D'''(\lambda l) \\ K_{4m} = B_{Dj} = -EI_{\omega}\gamma_D''(\lambda l) \end{cases}$$

式中，对应γ_{Di}、γ'_{Di}、γ_{Dj}和γ'_{Dj}方向发生单位位移时，m 的取值分别为 1、2、3 和 4，则微分方程的积分常数 $A_1 \sim A_4$ 为

$$\begin{cases} A_2 = \overline{\gamma}_{Di} \\ \lambda' A_1 + \lambda' A_3 = \overline{\gamma}'_{Di} \\ A_1\mathrm{sh}(\lambda' l)\cos(\lambda' l) + A_2\mathrm{ch}(\lambda' l)\cos(\lambda' l) + A_3\mathrm{ch}(\lambda' l)\sin(\lambda' l) + A_4\mathrm{sh}(\lambda' l)\sin(\lambda' l) = \overline{\gamma}_{Dj} \\ \lambda' A_1\left[\mathrm{ch}(\lambda' l)\cos(\lambda' l) - \mathrm{sh}(\lambda' l)\sin(\lambda' l)\right] + \lambda' A_2\left[\mathrm{sh}(\lambda' l)\cos(\lambda' l) - \mathrm{ch}(\lambda' l)\sin(\lambda' l)\right] \\ +\lambda' A_3\left[\mathrm{sh}(\lambda' l)\sin(\lambda' l) + \mathrm{ch}(\lambda' l)\sin(\lambda' l)\right] \\ +\lambda' A_4\left[\mathrm{ch}(\lambda' l)\sin(\lambda' l) + \mathrm{sh}(\lambda' l)\cos(\lambda' l)\right] = \overline{\gamma}'_{Dj} \end{cases}$$

刚度系数：

$$K_{11} = K_{33} = \frac{4W_1\lambda'^3}{p}\left[\mathrm{sh}(\lambda' l)\mathrm{ch}(\lambda' l) + \sin(\lambda' l)\cos(\lambda' l)\right]$$

$$K_{12} = -K_{34} = -\frac{2W_1\lambda'^2}{p}\left[\mathrm{ch}^2(\lambda' l)\sin(\lambda' l) - \cos^2(\lambda' l)\right]$$

$$K_{13} = -\frac{4W_1\lambda'^3}{p}\left[\mathrm{ch}(\lambda' l)\sin(\lambda' l) + \mathrm{sh}(\lambda' l)\cos(\lambda' l)\right]$$

$$K_{14} = -K_{23} = -\frac{4W_1\lambda'^2}{p}\mathrm{sh}(\lambda' l)\sin(\lambda' l)$$

$$K_{22} = K_{44} = \frac{2W_1\lambda'}{p}\left[\mathrm{sh}(\lambda' l)\mathrm{ch}(\lambda' l) - \sin(\lambda' l)\cos(\lambda' l)\right]$$

$$K_{24} = \frac{2W_1\lambda'}{p}\left[\mathrm{ch}(\lambda' l)\sin(\lambda' l) - \mathrm{sh}(\lambda' l)\cos(\lambda' l)\right]$$

式中，$p = \mathrm{sh}^2(\lambda' l) - \sin^2(\lambda' l)$。

梁段单元的等效节点荷载用类似的方法求得，则畸变角微分方程的右边项不为 0，积分常数 $A_1 \sim A_4$ 通过联立方程组确定：

$$\begin{cases} A_2 = -\dfrac{1}{W_1}\left(\dfrac{m_T}{2} + \dfrac{M_x}{2R}\right) \\ \lambda' A_1 + \lambda' A_3 = 0 \\ A_1 \mathrm{sh}(\lambda' l)\cos(\lambda' l) + A_2 \mathrm{ch}(\lambda' l)\cos(\lambda' l) + A_3 \mathrm{ch}(\lambda' l)\sin(\lambda' l) \\ +A_4 \mathrm{sh}(\lambda' l)\sin(\lambda' l) = -\dfrac{1}{W_1}\left(\dfrac{m_T}{2} + \dfrac{M_x}{2R}\right) \\ \lambda' A_1\left[\mathrm{ch}(\lambda' l)\cos(\lambda' l) - \mathrm{sh}(\lambda' l)\sin(\lambda' l)\right] + \lambda' A_2\left[\mathrm{sh}(\lambda' l)\cos(\lambda' l) - \mathrm{ch}(\lambda' l)\sin(\lambda' l)\right] \\ +\lambda' A_3\left[\mathrm{sh}(\lambda' l)\sin(\lambda' l) + \mathrm{ch}(\lambda' l)\sin(\lambda' l)\right] + \lambda' A_4\left[\mathrm{ch}(\lambda' l)\sin(\lambda' l) + \mathrm{sh}(\lambda' l)\cos(\lambda' l)\right] = 0 \end{cases}$$

求得积分常数 $A_1 \sim A_4$ 后，不难得到两端的约束节点力：

$$M_{Di} = M_{Dj} = -\frac{\mathrm{ch}(\lambda' l) - \cos(\lambda' l)}{\mathrm{sh}(\lambda' l) + \sin(\lambda' l)}\left(\frac{m_T}{2\lambda'} + \frac{M_x}{2\lambda' R}\right)$$

$$B_{Di} = B_{Dj} = \frac{\mathrm{sh}(\lambda' l) - \sin(\lambda' l)}{\mathrm{sh}(\lambda' l) + \sin(\lambda' l)}\left(\frac{m_T}{2\lambda'^2} + \frac{M_x}{2\lambda'^2 R}\right)$$

截面畸变所产生的截面应力包括正应力和剪切应力两部分，其中正应力可由截面的畸变翘曲双力矩直接求得：

$$\sigma_D = -\frac{B_D}{I_\omega}\left(\frac{R_s}{R}\right)\omega_{Dn}$$

由于上述理论忽略了剪切变形，剪切应力无法从应力和应变关系求得，畸变剪切应力可以根据微元体的平衡条件求得。曲线梁薄壁断面的畸变剪切应力流（$q_D = \tau_D t$）应满足以下条件：

$$\frac{t\mathrm{d}\sigma_D}{R\mathrm{d}\varphi} + 2\frac{q_D}{R}\frac{\mathrm{d}R}{\mathrm{d}s} + \frac{\mathrm{d}q_D}{\mathrm{d}s} = 0$$

即

$$\frac{t\mathrm{d}\sigma_D}{\mathrm{d}\varphi} + \frac{\mathrm{d}R^2 q_D}{R\mathrm{d}s} = 0$$

将畸变翘曲双力矩 B_D 代入上式，可得截面的剪力流 q_D：

$$q_D = \tau_D t = -\frac{R_s^2}{R^2}\frac{M_D}{I_\omega}S_D$$

式中，S_D 为畸变翘曲静矩，$S_D = \int_0^s \frac{\omega_{Dn} t}{R^2}\mathrm{d}s + C_1 = \overline{S}_D + C_1$，$C_1$ 为积分常数，$C_1 = -\dfrac{\oint \overline{S}_D r_t \mathrm{d}s}{\oint r_t \mathrm{d}s}$；$M_D = \oint q_D r_t \mathrm{d}s$。

10.4　组合梁横向内力

曲线组合梁的曲率一般比较小，因此可以用直线组合梁的横向内力计算方法来计算曲线组合梁的横向内力。本节介绍适用于一般的等截面组合梁的横向内力计算方法。

1）荷载分解

曲线组合梁的横向内力可以按照框架分析法进行计算，首先将组合梁看作没有侧移的框架，也就是在四个方向加上刚性支撑约束侧移，并且假定支座的反力是 $R_i(i=1,2,3,4)$，计算时截取单元长度的框架微元体，用结构力学的方法求得刚性支撑下框架的内力和支撑反力。组合梁的支撑与荷载分解见图 10-20，图中，q_{sym} 为分解的对称荷载，$q_{\mathrm{sym},1}$ 为分解的反对称荷载。

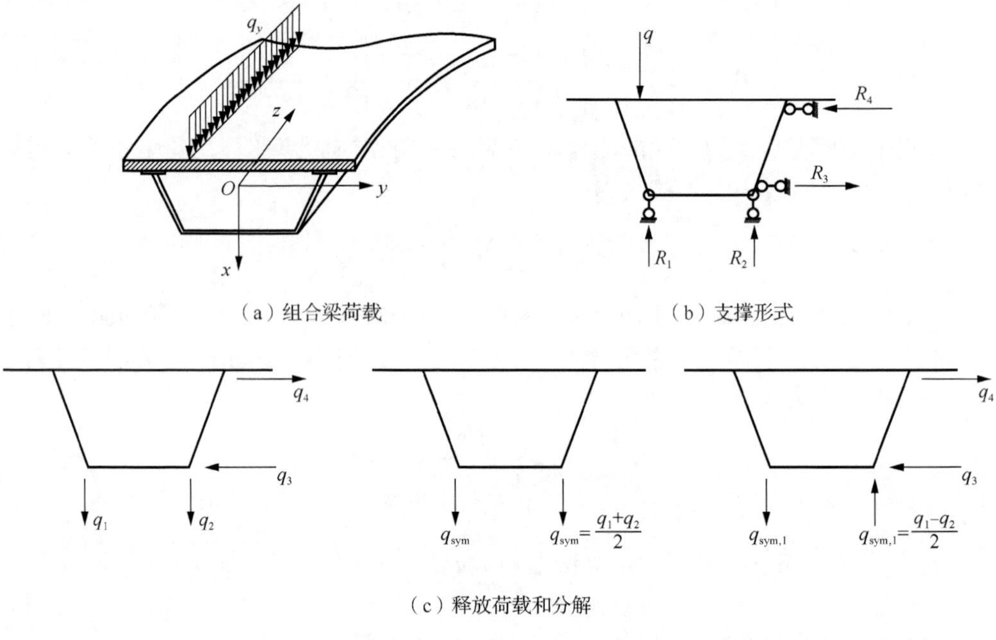

图 10-20　组合梁的支撑与荷载分解

2）对称荷载作用

按照 Knittle 的方法计算轴力。在对称荷载作用下，组合梁的横向弯矩比反对称荷载作用下组合梁的横向弯矩小得多，通常情况下可忽略不计。组合梁截面见图 10-21。

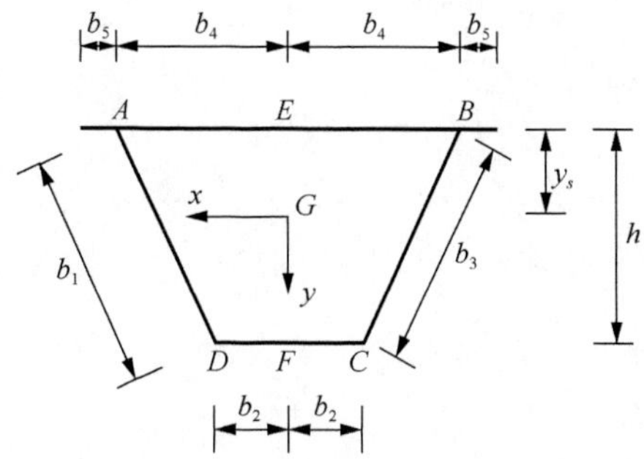

图 10-21　组合梁截面

上板 AB 的角点 A 和中点 E 的轴力分别为

$$N_{AH}=\frac{q_{\text{sym}}}{I_x}A_{os}b_5y_s$$

$$N_{EH}=\frac{q_{\text{sym}}}{2I_x}\left(A_sb_4-2A_{os}b_5\right)y_s$$

式中，A_s 为上板截面面积，$A_s=2b_4t_c$。

腹板点 D 的轴力为

$$N_{DV}=\frac{b_1}{h}q_{\text{sym}}$$

下板的角点 D 和中点 F 的轴力为

$$N_{DH}=\frac{q_{\text{sym}}}{h}\left(b_4-b_2\right)$$

$$N_{FH}=\frac{q_{\text{sym}}}{2I_x}A_xb_2\left(h-y_s\right)+\frac{q_{\text{sym}}}{h}\left(b_4-b_2\right)$$

式中，A_{os} 为悬臂板的截面面积，$A_{os}=b_5t_c$；A_x 为下板截面面积，$A_x=2b_2t_{s2}$；y_s 为上板中心轴到截面形心的距离；I_x 为整个箱梁截面绕形心水平轴的惯性矩。

3）反对称荷载作用

由于畸变角 γ_D 所具有的应变能与梁上发生水平位移为 $\gamma_Db_1\sin\theta$ 时所产生的应变能相同，横向变形和弯矩见图 10-22。当结构对称而荷载反对称时，截面中由于水平位移产生的横向弯矩为反对称。

设

$$M_1=-M_4=K_1\gamma_D\text{，}\qquad M_2=-M_3=K_2\gamma_D$$

式中，M_1 为角点 A 处的横向弯矩；M_2 为角点 D 处的横向弯矩；M_3 为角点 C 处的横向弯矩；M_4 为角点 B 处的横向弯矩。

利用力法进行计算，计算简图见图 10-23。

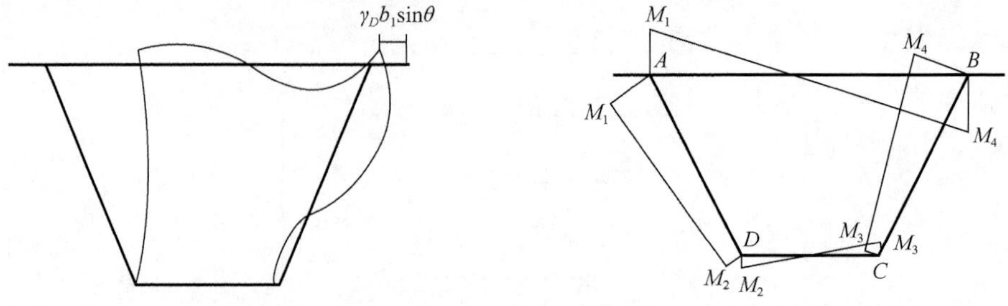

（a）变形图　　（b）弯矩图

图 10-22　横向变形和弯矩

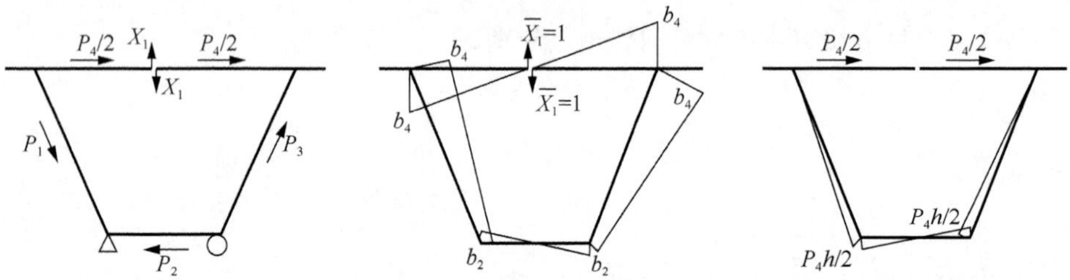

（a）基本结构　　（b）$\overline{M}_1$图　　（c）M_P图

图 10-23　力法计算简图

力法典型方程：

$$\delta_{11}X_1+\varDelta_{1P}=0$$

$$\delta_{11}=\frac{2}{E_cI_c}\left(b_4\cdot b_4\cdot\frac{1}{2}\cdot\frac{2}{3}\cdot b_4\right)+\frac{2}{E_sI_{s1}}\left[b_2\cdot b_1\cdot b_2+\left(b_4-b_2\right)^2\cdot b_1\cdot\frac{2}{3}\right]$$

$$+\frac{2}{E_sI_{s2}}\left(b_2\cdot b_2\cdot\frac{1}{2}\cdot\frac{2}{3}\cdot b_2\right)=\frac{2b_4^3}{3E_cI_c}+\frac{2b_2^3}{3E_sI_{s2}}+\frac{2}{3E_sI_{s1}}\left[3b_1b_2^2+2b_1\left(b_4-b_2\right)^2\right]$$

$$\varDelta_{1P}=-\frac{2}{E_sI_{s1}}\left[b_2\cdot b_1\cdot\frac{1}{2}\cdot\frac{P_4h}{2}+\left(b_4-b_2\right)\cdot b_1\cdot\frac{1}{2}\cdot\frac{1}{3}\cdot\frac{P_4h}{2}\right]-\frac{2}{E_sI_{s2}}\left(b_2\cdot b_2\cdot\frac{1}{2}\cdot\frac{2}{3}\cdot\frac{P_4h}{2}\right)$$

$$=-\left\{\frac{1}{E_sI_{s1}}\left[\frac{P_4h}{2}b_1b_2+\frac{P_4h}{6}b_1\left(b_4-b_2\right)\right]+\frac{1}{3E_sI_{s2}}P_4hb_2^2\right\}$$

则

$$X_1=-\frac{\varDelta_{1P}}{\delta_{11}}=\frac{\dfrac{1}{E_sI_{s1}}\left[\dfrac{h}{2}b_1b_2+\dfrac{h}{6}b_1\left(b_4-b_2\right)\right]+\dfrac{1}{3E_sI_{s2}}hb_2^2}{\dfrac{2b_4^3}{3E_cI_c}+\dfrac{2b_2^3}{3E_sI_{s2}}+\dfrac{2}{3E_sI_{s1}}\left[3b_1b_2^2+2b_1\left(b_4-b_2\right)^2\right]}P_4$$

单位水平力作用下，顶板水平虚位移 $\varDelta'$ 见图 10-24。

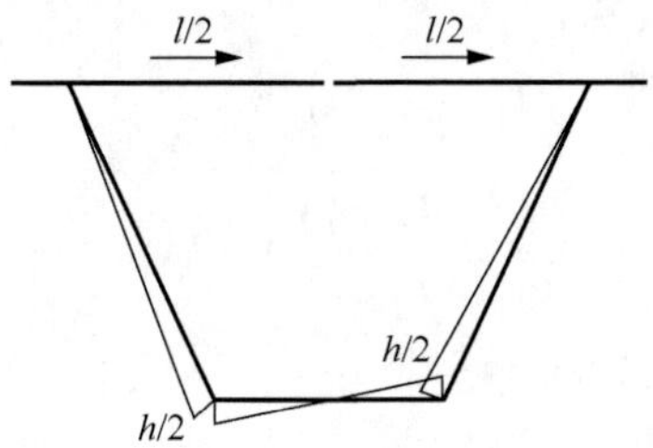

图 10-24　顶板水平虚位移图

$$\Delta' = \frac{2}{E_s I_{s1}}\left(\frac{h}{2}\cdot b_1\cdot\frac{1}{2}\cdot\frac{2}{3}\cdot\frac{h}{2}\right)+\frac{2}{E_s I_{s2}}\left(\frac{h}{2}\cdot b_2\cdot\frac{1}{2}\cdot\frac{2}{3}\cdot\frac{h}{2}\right)$$
$$=\frac{b_1 h^2}{6E_s I_{s1}}+\frac{b_2 h^2}{6E_s I_{s2}}=\frac{h^2}{6E_s}\left(\frac{b_1}{I_{s1}}+\frac{b_2}{I_{s2}}\right)$$

由比例关系：

$$\frac{1}{\Delta'}=\frac{P_4}{\gamma_D b_1 \sin\theta}$$

整理得到

$$P_4=\frac{\gamma_D b_1\sin\theta}{\Delta'}=\frac{\gamma_D b_1\sin\theta}{\dfrac{h^2}{6E_s}\left(\dfrac{b_1}{I_{s1}}+\dfrac{b_2}{I_{s2}}\right)}$$

则

$$X_1=\frac{\dfrac{1}{E_s I_{s1}}\left[\dfrac{h}{2}b_1 b_2+\dfrac{h}{6}b_1\left(b_4-b_2\right)\right]+\dfrac{1}{3E_s I_{s2}}hb_2^2}{\dfrac{2b_4^3}{3E_c I_c}+\dfrac{2b_2^3}{3E_s I_{s2}}+\dfrac{2}{3E_s I_{s1}}\left[3b_1 b_2^2+2b_1\left(b_4-b_2\right)^2\right]}\cdot\frac{\gamma_D b_1\sin\theta}{\dfrac{h^2}{6E_s}\left(\dfrac{b_1}{I_{s1}}+\dfrac{b_2}{I_{s2}}\right)}$$

角点 1 和 4 的横向弯矩：

$$M_1=-M_4=X_1\cdot\frac{b_4}{2}=K_1\gamma_D$$

式中，$K_1=\dfrac{b_1 b_4\sin\theta}{\dfrac{h^2}{3E_s}\left(\dfrac{b_1}{I_{s1}}+\dfrac{b_2}{I_{s2}}\right)}\cdot\dfrac{\dfrac{1}{E_s I_{s1}}\left[\dfrac{h}{2}b_1 b_2+\dfrac{h}{6}b_1\left(b_4-b_2\right)\right]+\dfrac{1}{3E_s I_{s2}}hb_2^2}{\dfrac{2b_4^3}{3E_c I_c}+\dfrac{2b_2^3}{3E_s I_{s2}}+\dfrac{2}{3E_s I_{s1}}\left[3b_1 b_2^2+2b_1\left(b_4-b_2\right)^2\right]}$。

同理，有

$$M_2=-M_3=X_1\overline{M_1}+M_P=X_1\cdot\frac{b_2}{2}+\frac{P_4 h}{2}=K_2\gamma_D$$

式中，$K_2=\left\{\dfrac{\dfrac{b_2}{E_sI_{s1}}\left[\dfrac{h}{2}b_1b_2+\dfrac{h}{6}b_1\left(b_4-b_2\right)\right]+\dfrac{1}{3E_sI_{s2}}hb_2^2}{\dfrac{2b_4^3}{3E_cI_c}+\dfrac{2b_2^3}{3E_sI_{s2}}+\dfrac{2}{3E_sI_{s1}}\left[3b_1b_2^2+2b_1\left(b_4-b_2\right)^2\right]}+h\right\}\dfrac{b_1\sin\theta}{\dfrac{h^2}{3E_s}\left(\dfrac{b_1}{I_{s1}}+\dfrac{b_2}{I_{s2}}\right)}$。

截面剪力计算简图见图 10-25。

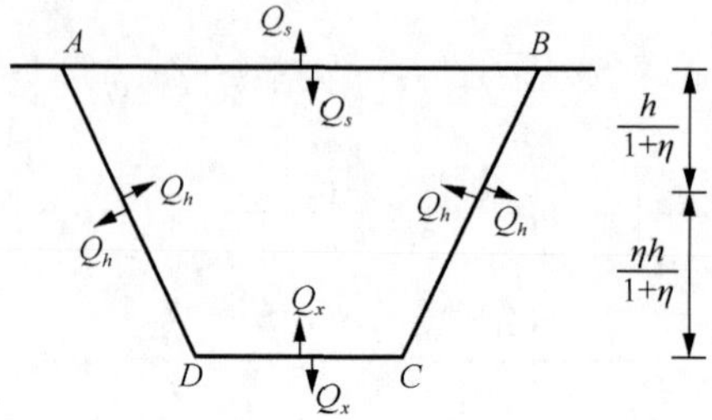

图 10-25　截面剪力计算简图

截面剪力计算：

$$M_A=M_1=K_1\gamma_D=Q_sb_4=Q_h\frac{b_1}{1+\eta}$$

整理得到

$$Q_h=\left(1+\eta\right)\frac{b_4}{b_1}Q_s$$

$$M_D=M_2=K_2\gamma_D=Q_xb_2=Q_h\frac{\eta b_1}{1+\eta}$$

则有

$$Q_x=\eta\frac{b_4}{b_2}Q_s$$

$$\eta=\frac{b_2Q_x}{b_4Q_s}=\frac{b_2\dfrac{M_D}{b_2}}{b_4\dfrac{M_A}{b_4}}=\frac{M_D}{M_A}=\frac{K_2\gamma_D}{K_1\gamma_D}=\frac{K_2}{K_1}$$

$$=b_2+\frac{\dfrac{2b_4^3}{3E_cI_c}+\dfrac{2b_2^3}{3E_sI_{s2}}+\dfrac{2}{3E_sI_{s1}}\left[3b_1b_2^2+2b_1\left(b_4-b_2\right)^2\right]}{\dfrac{1}{E_sI_{s1}}\left[\dfrac{1}{2}b_1b_2+\dfrac{1}{6}b_1\left(b_4-b_2\right)\right]+\dfrac{b_2^2}{3E_sI_{s2}}}$$

整理得到

$$Q_s=\frac{K_1\gamma_D}{b_4}$$

$$Q_x = \frac{K_2 \gamma_D}{b_2}$$

经过上述计算公式可以得到一般梯形组合梁的横向内力，最终由图 10-20（b）计算的内力和图 10-20（c）中在对称荷载与反对称荷载作用下释放支撑计算的内力相叠加得到组合梁的横向内力。

第 11 章　曲线钢与混凝土组合梁的极限承载力

曲线组合梁的极限承载力是指组合梁完全崩溃前所能承受的最大外荷载的能力，其大小与组合材料特性、组合梁的几何尺寸、组合梁所处的状态及其承受的荷载形式等有关。在计算组合截面承载力时，保证组合截面和结构不发生失稳，只考虑钢梁和混凝土板全截面呈现塑性的最终应力状态，不考虑导致这一状态的弹性变形和塑性变形的产生过程和大小，以及由温度与混凝土收缩等引起的内力。本章基于文献[7]～[12]和文献[96]的研究成果，给出曲线组合梁的极限抗弯承载力、极限抗剪承载力及极限抗扭承载力的计算公式。

11.1　极限抗弯承载力

在曲线组合梁中，钢梁与混凝土板通过剪力连接件实现共同工作，而剪力连接件通常具有一定的变形，因此在钢梁与混凝土板之间不可避免地会产生界面相对滑移，这种相对滑移会产生附加变形，降低其极限抗弯承载力。当布置足够多的剪力连接件时（界面有足够连接刚度），界面相对滑移很小，可以忽略界面相对滑移对其承载力的影响，即可以视为钢梁与混凝土板完全交互作用。

11.1.1　完全交互作用的曲线组合梁

在钢梁与混凝土板之间设置足够多的连接件时，认为钢梁与混凝土板完全交互作用。计算曲线组合梁的极限抗弯承载力时，根据中和轴所在位置，可以将组合梁截面的应力分布分为三种类型。

第一种类型：中和轴位于钢梁与混凝土板的界面，即受压区高度 $x = h_c$，称为临界状态。

第二种类型：中和轴位于混凝土板内，即受压区高度 $x < h_c$。

第三种类型：中和轴位于钢梁内，即受压区高度 $x > h_c$（中和轴位于钢梁上翼缘内或钢梁腹板内）。

中和轴位于钢梁与混凝土板的界面时（第一种类型），组合梁截面受力见图 11-1，由内力平衡条件得

$$\alpha_1 f_c b_c h_c = f_y \left(b_{tf} h_{tf} + b_{bf} h_{bf} + b_w h_w \right)$$

式中，α_1 为混凝土板受压高度折减系数，取 0.8；f_c 为混凝土轴心抗压强度；f_y 为钢的抗拉强度设计值；b_c 和 h_c 分别为混凝土板的宽度和高度；b_{tf} 和 h_{tf} 分别为钢梁

的上翼缘宽度和高度；b_{bf} 和 h_{bf} 分别为钢梁的下翼缘宽度和高度；b_w 和 h_w 分别为钢梁腹板的厚度和高度，腹板厚度取值如下：闭合截面取双腹板厚度，即 $b_w = 2t_w$，开口截面取单腹板厚度，即 $b_w = t_w$。

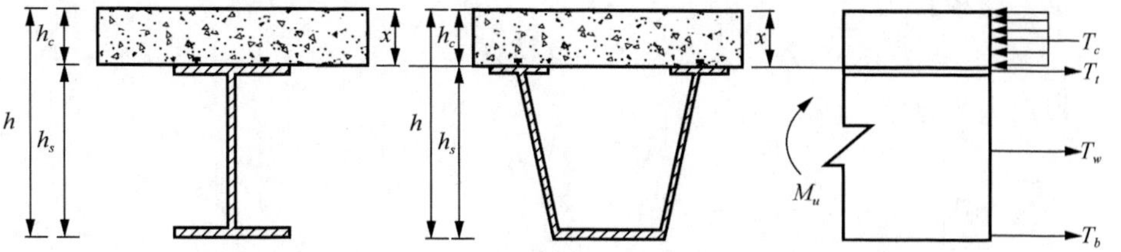

（a）工字钢组合梁　（b）钢箱组合梁　（c）受力图

图 11-1　临界状态下的组合梁截面受力图

由力矩平衡条件得

$$M_u = \alpha_1 f_c b_c h_c \left(\frac{h_c}{2} + h_{tf} + \frac{h_w}{2}\right) - \frac{T_t}{2}\left(h_{tf} + h_w\right) + \frac{T_b}{2}\left(h_w + h_{bf}\right)$$

式中，T_t 为钢梁上翼缘的拉力，$T_t = f_y b_{tf} h_{tf}$；T_b 为钢梁下翼缘的拉力，$T_b = f_y b_{bf} h_{bf}$。

若$\alpha_1 f_c b_c h_c > f_y\left(b_{tf}h_{tf} + b_{bf}h_{bf} + b_w h_w\right)$，$M_u < \alpha_1 f_c b_c h_c \left(\frac{h_c}{2} + h_{tf} + \frac{h_w}{2}\right) - \frac{T_t}{2}\left(h_{tf} + h_w\right) + \frac{T_b}{2}\left(h_w + h_{bf}\right)$，即 $x < h_c$，则组合梁的截面受力属于第二种类型。

反之，若 $\alpha_1 f_c b_c h_c < f_y\left(b_{tf}h_{tf} + b_{bf}h_{bf} + b_w h_w\right)$，$M_u > \alpha_1 f_c b_c h_c \left(\frac{h_c}{2} + h_{tf} + \frac{h_w}{2}\right) - \frac{T_t}{2}\left(h_{tf} + h_w\right) + \frac{T_b}{2}\left(h_w + h_{bf}\right)$，即 $x > h_c$，则组合梁的截面受力属于第三种类型。

当中和轴位于混凝土板内时，忽略混凝土板的拉力，同时认为钢梁全截面屈曲，截面受力图见图 11-2。

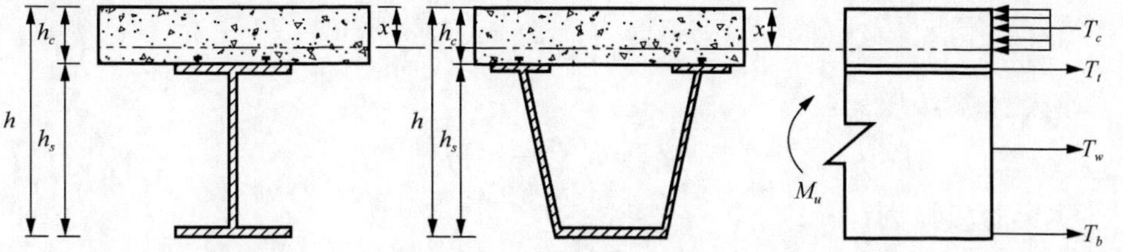

（a）工字钢组合梁　（b）钢箱组合梁　（c）受力图

图 11-2　中和轴位于混凝土板内时的组合梁截面受力图

受压混凝土板的压力：

$$T_c = \alpha_1 f_c b_c x$$

式中，x 为混凝土板的等效受压区高度。

钢梁腹板拉力：

$$T_w = b_w h_w f_y$$

根据内力平衡：

$$T_c = T_w + T_t + T_b$$

等效受压区高度：

$$x = \frac{T_t + T_b + T_w}{\alpha_1 f_c b_c}$$

组合梁极限抗弯承载力：

$$M_u = T_t\left(h_c + \frac{h_{tf}}{2} - \frac{x}{2}\right) + T_w\left(h_c + \frac{h_w}{2} + h_{tf} - \frac{x}{2}\right) + T_b\left(h - \frac{h_{bf}}{2} - \frac{x}{2}\right)$$

中和轴位于钢梁的上翼缘内时的组合梁截面受力图见图 11-3。

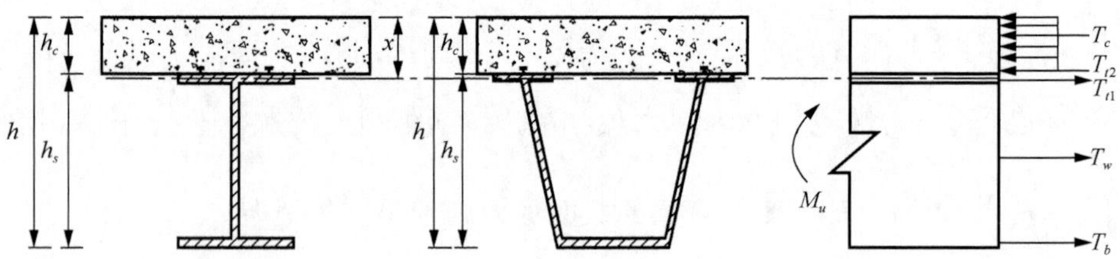

（a）工字钢组合梁　（b）钢箱组合梁　（c）受力图

图 11-3　中和轴位于钢梁上翼缘内时的组合梁截面受力图

受压混凝土压力：

$$T_c = \alpha_1 f_c b_c h_c$$

钢梁上翼缘拉力：

$$T_{t1} = b_{tf}\left(h_c + h_{tf} - x\right) f_y$$

钢梁上翼缘压力：

$$T_{t2} = b_{tf}\left(x - h_c\right) f_y$$

钢梁腹板拉力：

$$T_w = b_w h_w f_y$$

钢梁下翼缘拉力：

$$T_b = b_{bf} h_{bf} f_y$$

根据内力平衡，$T_c + T_{t2} = T_w + T_{t1} + T_b$，得到等效受压区高度：

$$x=\frac{T_w+T_b-T_c}{2b_{tf}f_y}+h_c+\frac{h_{tf}}{2}$$

组合梁极限抗弯承载力：

$$M_u=\left(\frac{h_{tf}+x}{2}\right)T_{t1}+\left(h-h_{bf}-\frac{h_c+h_w}{2}\right)T_w+\left(h-\frac{h_{bf}}{2}-\frac{h_c}{2}\right)T_b-\frac{x}{2}T_{t2}$$

中和轴位于钢梁腹板内时的组合梁截面受力图见图 11-4。

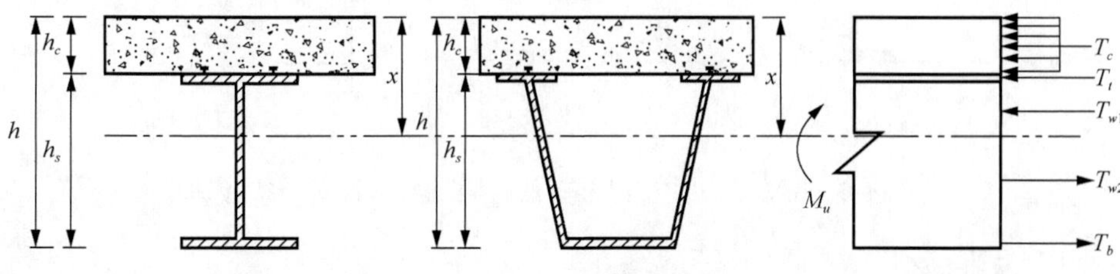

（a）工字钢组合梁　　（b）钢箱组合梁　　（c）受力图

图 11-4　中和轴位于钢梁腹板内时的组合梁截面受力图

受压混凝土压力：

$$T_c=\alpha_1 f_c b_c h_c$$

钢梁腹板拉力：

$$T_{w2}=b_w\left(h-x-h_{bf}\right)f_y$$

钢梁腹板压力：

$$T_{w1}=b_w\left(x-h_c-h_{tf}\right)f_y$$

根据内力平衡：

$$T_c+T_t+T_{w1}=T_{w2}+T_b$$

得到等效受压区高度：

$$x=\frac{T_b-T_c-T_t}{2b_w f_y}+\frac{h_c+h_{tf}+h-h_{bf}}{2}$$

组合梁极限抗弯承载力：

$$M_u=\left(h-x-\frac{h_{bf}}{2}\right)T_b+\frac{h-h_{bf}+x-h_c}{2}T_{w2}-\frac{x+h_{tf}}{2}T_{w1}-\frac{h_c+h_{tf}}{2}T_t$$

11.1.2 部分交互作用的曲线组合梁

在部分剪力连接组合梁中，钢梁与混凝土板界面上有相对滑移，且剪力连接件会承受一定的剪力，作基本假定：①组合截面中钢梁与混凝土板的应力均呈矩形分布，混凝土板中的压应力为弯曲抗压强度，$f_{cm}=0.8f_{cu}$，钢梁的拉（压）应

力都为屈曲强度 f_y；②混凝土板中的压力与剪力连接件中的纵向剪力之和相等；③忽略混凝土板的拉力。部分交互作用组合梁极限抗弯承载力的计算简图见图 11-5。

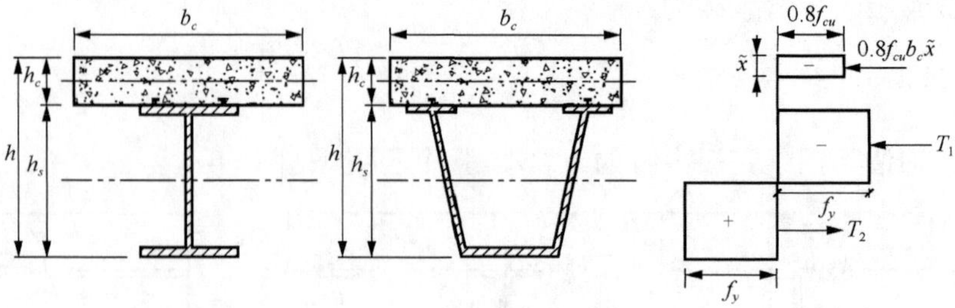

（a）工字钢组合梁　　（b）钢箱组合梁　　（c）受力图

图 11-5　部分交互作用组合梁的极限抗弯承载力计算简图

由内力平衡得

$$\begin{cases} T_2 - T_1 = 0.8 f_{cu} b_c \tilde{x} = nV_u \\ T_2 + T_1 = A_s f_y \end{cases}$$

解得

$$T_1 = \frac{A_s f_y - nV_u}{2}$$

$$T_2 = \frac{A_s f_y + nV_u}{2}$$

式中，V_u 为每个剪力连接件的极限抗剪承载力；n 为组合梁中的剪力连接件个数。

计算组合梁的极限抗弯承载力时，是将钢梁截面的应力分解为受弯极限和受拉的组合，故组合梁的极限弯矩 M_u 可以分解为钢梁的极限弯矩 M_s 和钢梁截面上叠加的拉力 T 产生的弯矩。另外，由于部分剪力连接组合梁的剪力连接程度降低，钢梁与混凝土翼缘板界面的相对滑移增大，在极限状态下，组合梁通常会在混凝土板内和钢梁内各出现一个中和轴，根据中和轴在钢梁中的位置，又分为中和轴位于钢梁上翼缘内和腹板内两种情况。

1）中和轴位于钢梁上翼缘内

中和轴位于钢梁上翼缘内时的截面受力计算简图见图 11-6。

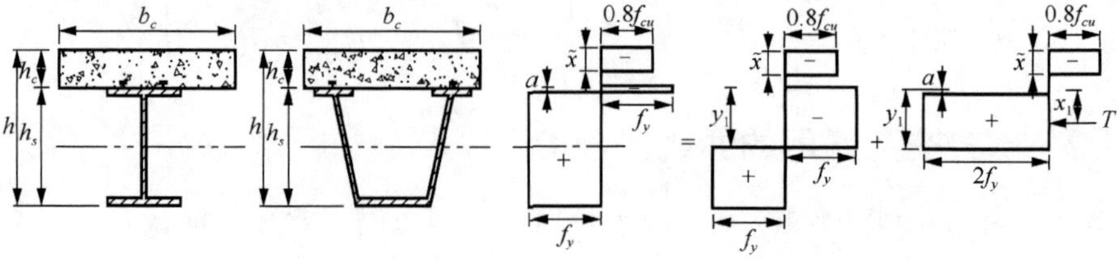

（a）工字钢组合梁　　（b）钢箱组合梁　　（c）受力图

图 11-6　中和轴位于钢梁上翼缘内时的截面受力计算简图

由内力平衡条件可得钢梁的受压高度：

$$a=\frac{T_1}{b_{tf}f_y}=\frac{A_sf_y-nV_u}{2b_{tf}f_y}$$

根据极限状态时钢梁的中和轴位置条件：受拉面积等于受压面积，可得钢梁塑性中和轴到钢梁与混凝土板界面的距离：

$$y_1=\frac{h_wb_w+h_{bf}b_{bf}-h_{tf}b_{tf}}{2b_w}+h_{tf}$$

钢梁截面叠加的拉力 T 的作用位置到钢梁与混凝土板界面的距离：

$$x_1=\frac{1}{2}\left(\frac{h_wb_w+h_{bf}b_{bf}-h_{tf}b_{tf}}{2b_w}+h_{tf}+\frac{A_sf_y-nV_u}{2b_{tf}f_y}\right)$$

混凝土板受压区中等效矩形应力块的高度：

$$\tilde{x}=\frac{nV_u}{0.8f_{cu}b_c}$$

2）中和轴位于钢梁腹板内

中和轴位于钢梁腹板内时的截面受力计算简图见图 11-7。

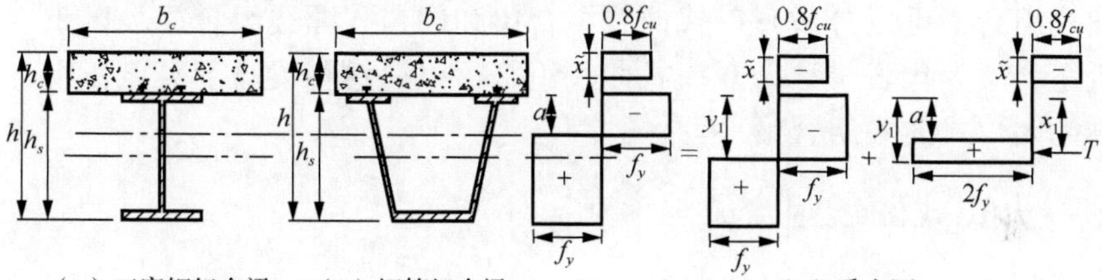

（a）工字钢组合梁　（b）钢箱组合梁　（c）受力图

图 11-7　中和轴位于钢梁腹板内时的截面受力计算简图

由内力平衡条件可得

$$T_1=b_{tf}h_{tf}f_y+\left(a-h_{tf}\right)b_wf_y=\frac{A_sf_y-nV_u}{2}$$

钢梁的受压高度：

$$a=\frac{\dfrac{A_sf_y-nV_u}{2}-b_{tf}h_{tf}f_y}{b_wf_y}+h_{tf}$$

钢梁截面叠加的拉力 T 的作用位置到钢梁与混凝土板界面的距离：

$$x_1=\frac{1}{2}\left(\frac{h_wb_w+h_{bf}b_{bf}-h_{tf}b_{tf}}{2b_w}+2h_t+\frac{\dfrac{A_sf_y-nV_u}{2}-b_{tf}h_{tf}f_y}{b_wf_y}\right)$$

部分剪力连接组合梁的极限抗弯承载力为

$$M_u = M_s + Td$$

式中，M_u 为组合梁的极限抗弯承载力；M_s 为组合梁中钢梁的极限抗弯承载力；T 为假设组合梁处于受弯极限状态时需要在钢梁截面上叠加的拉力，$T = nV_u$；d 为拉力 T 的形心到混凝土受压矩形应力块形心的距离，$d = h_c + x_1 - 0.5\tilde{x}$。

11.2　极限抗剪承载力

对于曲线组合梁，认为钢梁腹板达到钢材塑性抗剪设计强度时，组合梁抗剪承载力达到极限状态。钢梁腹板均匀受剪，组合梁的竖向极限抗剪承载力为

$$V_u = h_s t_w f_{pv}$$

式中，h_s 为钢梁高度；f_{pv} 为钢梁塑性抗剪设计强度，$f_{pv} = 0.9 f_v$。

11.3　极限抗扭承载力

曲线组合梁可以分成开口式曲线组合梁和闭口式曲线组合梁，以工字钢与混凝土板组合梁为代表，称为开口式曲线组合梁；以钢箱梁与混凝土板组合梁为代表，称为闭口式曲线组合梁。

11.3.1　开口式曲线组合梁

对于开口式曲线组合梁的纯扭极限承载力，不同的研究者给出了不同的计算公式，下面分别予以介绍。

1）文献[96]给出的计算公式

开口式曲线组合梁的极限扭矩 T_u 由三部分构成：

$$T_u = T_{cu} + T_{tr} + T_{tj}$$

式中，T_{cu} 为混凝土板的极限抗扭承载力；T_{tr} 为钢筋的极限抗扭承载力；T_{tj} 为钢梁的极限抗扭承载力。

利用开裂扭矩计算极限扭矩，文献[96]中在文献[99]～[101]的研究基础上，经回归得到纯扭组合梁极限扭矩 T_u 与开裂扭矩 T_{cr} 的关系：

$$T_u = \sqrt{1 + \frac{21}{\sqrt{f_c}}} T_{cr}$$

开裂扭矩 T_{cr} 的计算：基于混凝土板的斜向受拉破坏，即当混凝土翼缘板的最大主拉应力等于其抗拉强度 f_t 时，会发生受扭开裂。采用完全塑性理论，并假定

构件受扭破坏时，混凝土板全截面进入塑性工作阶段，按沙堆比拟法（由薄膜比拟法演变而来）建立 T_{cr} 与 f_{tk} 的关系：

$$T_{cr}=\omega_0 W_t f_{tk}$$

式中，f_{tk} 为混凝土抗拉强度标准值，$f_{tk}=0.26\left(f_{cu}\right)^{2/3}$，$f_{cu}$ 为混凝土立方体抗压强度；ω_0 为塑性系数，$\omega_0=0.5-\dfrac{h_c}{6b_c}$，$b_c$ 和 h_c 分别为混凝土翼缘板的宽度和厚度；W_t 为混凝土翼缘板截面抗扭抵抗矩，$W_t=\alpha_t b_c h_c^2$（α_t 为截面抗扭抵抗矩的影响系数）。

整理得到开口式曲线组合梁的开裂扭矩计算公式：

$$T_{cr}=1024\sqrt{f_c}\times 0.1\frac{k_c}{h_c}$$

式中，T_{cr} 为组合梁的开裂扭矩（$\mathrm{N\cdot cm}$）；f_c 为混凝土的轴心抗压强度（MPa）；k_c 为混凝土板的扭转常数（$\mathrm{cm^4}$），$k_c=\dfrac{1}{3}b_c h_c^3\left(1-0.63\times\dfrac{h_c}{b_c}\right)$，$b_c$ 为混凝土翼缘板宽度（cm），h_c 为混凝土翼缘板厚度（cm）。

当采用国际标准单位时，也可以采用下列形式：

$$T_{cr}=0.625\sqrt{f_c}\times 1.5\frac{k_c}{h_c}$$

式中，T_{cr} 为组合梁的开裂扭矩（$\mathrm{kN\cdot m}$）；f_c 为混凝土的轴心抗压强度（Pa）；k_c 为混凝土板的扭转常数（$\mathrm{m^4}$）；h_c 为混凝土翼缘板厚度（m）。

在忽略工字钢梁的抗扭作用的情况下，极限扭矩由混凝土和钢筋两部分来承担。组合梁的极限抗扭承载力计算公式仍参照钢筋混凝土构件，即

$$T_u=\alpha W_{tp} f_t+\beta\sqrt{\xi}\frac{A_{sv} f_{sv} A_{cor}}{s}$$

式中，W_{tp} 为矩形截面抗扭塑性抵抗矩，$W_{tp}=\dfrac{h_c^2}{6}\left(3b_c-h_c\right)$；$f_t$ 为混凝土抗拉强度；$\alpha=1.10-0.25\rho^v$，ρ^v 为总体积配筋率；$\beta=0.83+5.66\rho^v-5.36\left(\rho^v\right)^2$；$\xi$ 为纵向钢筋与箍筋的配筋强度比；A_{sv} 为混凝土板内箍筋的面积；f_{sv} 为箍筋的屈曲强度；A_{cor} 为截面核心部分面积；s 为栓钉间距。

2）国内外有关开口式曲线组合梁的极限扭矩计算公式

Colville 给出的计算公式（单位为 $\mathrm{kg\cdot m}$）：

$$T_u=1.78\sqrt{f_c}\times 1.5\times\frac{k_c}{h_c}$$

Singh 和 Mallick 给出的计算公式（单位为 $\mathrm{kg\cdot m}$）：

$$T_u = T_{cu} + T_{tr} + T_{tj}$$

$$T_{cu} = 0.914\sqrt[3]{h_c^5 b_c f_c}$$

$$T_{tr} = 1.064 x_1 y_1 \frac{A_s f_{sy}}{S}$$

$$T_{tj} = \frac{f_{ly}}{2t} I_t = \frac{f_{ly}}{2t} \sum \frac{n}{3} b_i t_i^3$$

式中，x_1 和 y_1 分别为混凝土翼缘板的有效厚度和有效宽度；t 为工字钢腹板厚度；I_t 为工字钢截面惯性矩；f_{ly} 为钢梁屈曲强度；f_{sy} 为钢筋屈曲强度；b_i 和 t_i 分别为钢梁的上、下翼缘宽度和腹板的高度（厚度）；n 为常数，工字钢取 1.2。

Hsu 给出的不考虑工字钢作用的计算公式：

$$T_u = T_{cu} + T_s = 3.089\left(h_c\right)^{\frac{5}{3}}\left(b_c f_{cu}\right)^{\frac{1}{3}} + \alpha x_1 y_1 \frac{A_s f_{sy}}{s}$$

式中，$\alpha = 0.66m + \dfrac{y_1}{x_1}$；$m = \dfrac{0.5A_{sv}s}{A_s\left(x_1 + y_1\right)}$。

开口式截面薄壁杆件自由扭转计算（工字钢屈曲）：需利用截面等效换算，将混凝土板面积（$A_c = b_c \times h_c$）换算成等效钢板面积 $A_{sj} = \dfrac{A_c G_c}{G_s}$，$G_c$ 和 G_s 分别为混凝土和工字钢的剪切模量，然后再进行计算。

最大扭矩：

$$T_{\max} = \frac{\tau_{\max} J_d}{\delta_{\min}}$$

式中，J_d 为组合截面的抗扭惯性矩；$\delta_{\min}$ 为工字钢腹板最小厚度；$\tau_{\max}$ 为钢材最大剪应力。

11.3.2　闭口式曲线组合梁

文献[96]假定闭口式曲线组合梁的极限扭矩可以看作混凝土板与钢梁的极限扭矩之和，即

$$T_u = T_{cu} + T_s$$

1）混凝土板的极限抗扭贡献 T_{cu}

将混凝土板看作板式构件，其破坏机理属于变角空间桁架模型，即把配有纵向钢筋和箍筋的混凝土板看作一个壁厚为 t（取板高度的 1/3）的箱形构件。根据 Bredit 的薄壁管理论，可以求出扭矩 T 与单位长度管壁上剪力流 q 的关系为

$$T = \oint rq\mathrm{d}s = 2qA_0$$

式中，A_0 为剪力流作用的中心线所包围的截面面积；r 为薄壁管的半径。

混凝土板的极限扭矩 T_{cu} 计算公式：

$$T_{cu}=z_t A_0 tkf_c \sin(2\alpha)$$

式中，z_t 为超配筋混凝土板件的长宽比对极限扭矩的影响系数，$z_t=0.7+0.08\dfrac{b_c}{h_c}$；$A_0$ 为剪力流作用中心线所包围的截面面积，$A_0=(b_c-t)(h_c-t)$，b_c、h_c 分别为混凝土板宽度和厚度，t 为有效壁厚，$t=\dfrac{1}{3}h_c$；f_c 为混凝土的轴心抗压强度；k 为混凝土强度提高系数；α 为混凝土斜压杆的主压力与构件纵轴之间的夹角，该值反映了纵筋与箍筋的配筋强度比，一般取 $\sin(2\alpha)=0.95\sim1.0$。

2）钢箱梁的抗扭贡献 T_s

闭口式曲线组合梁发生破坏时，钢梁的最大拉应变远远小于钢梁的屈曲应变。可以认为闭口式曲线组合梁在产生纯扭破坏时，钢梁仍处于线弹性阶段，应变和应力为线性关系。钢梁的抗扭贡献 T_s 表示为

$$T_s=GJ\phi_s'$$

式中，GJ 为钢箱梁的弹性抗扭刚度；G 为钢箱梁的剪切模量；J 为钢箱梁截面的抗扭惯性矩；ϕ_s' 为钢箱梁的扭率。

由于闭口式曲线组合梁的钢筋混凝土板和钢梁的扭率在加载的过程中基本保持同步，即钢梁与混凝土板的扭转角保持相同，钢梁与混凝土板破坏时的扭率相等，即

$$\phi_c'=\phi_s'=\frac{T_{cu}}{K_{t0}''}$$

$$K_{t0}''=\frac{4E_s b_{cor}''^3 h_{cor}''^3}{u_{cor}''^2}\frac{1}{\dfrac{1}{\rho_{st}''''}+\dfrac{1}{\rho_{vt}''''}+\dfrac{4\alpha_E\lambda_t b_{cor}'' h_{cor}''}{u_{cor}'' t}}$$

式中，K_{t0}'' 为钢筋屈曲时钢筋混凝土板的抗扭刚度；E_s 为钢筋的弹性模量；b_{cor}''、h_{cor}'' 和 u_{cor}'' 分别为钢筋混凝土板箍筋中心连线的宽度、厚度和角部纵筋中心连线的周长。

闭口式组合梁的极限扭矩 T_u 的计算公式：

$$T_u=A_0 tkf_c\sin(2\alpha)\left(1+\frac{GJ}{K_{t0}''}\right)$$

参 考 文 献

[1] 姚玲森. 曲线梁[M]. 北京: 人民交通出版社, 1989.

[2] 李慧生, 张罗溪. 曲线梁桥结构分析[M]. 北京: 中国铁道出版社, 1992.

[3] 孙广华. 曲线梁桥计算[M]. 北京: 人民交通出版社, 1995.

[4] 童根树, 许强. 薄壁曲梁线性和非线性分析理论[M]. 北京: 科学出版社, 2004.

[5] 魏利军. 基于梁格法的曲线箱梁桥弯扭耦合效应研究[D]. 西安: 长安大学, 2011.

[6] 韩星. 曲线梁桥"弯扭耦合"效应影响因素分析研究[D]. 重庆: 重庆交通大学, 2014.

[7] 周起敬, 姜维山, 潘泰华. 钢与混凝土组合结构设计施工手册[M]. 北京: 中国建筑工业出版社, 1994.

[8] 赵鸿铁. 钢与混凝土组合结构[M]. 北京: 科学出版社, 2001.

[9] 黄侨, 周志祥. 桥梁钢-混凝土组合结构设计原理[M]. 北京: 人民交通出版社, 2004.

[10] 王连广. 钢与混凝土组合结构理论与计算[M]. 北京: 科学出版社, 2005.

[11] 聂建国. 钢-混凝土组合结构原理与实例[M]. 北京: 科学出版社, 2009.

[12] 王连广. 预应力钢与混凝土组合结构[M]. 北京: 科学出版社, 2009.

[13] 余志武, 蒋丽忠. 钢-混凝土组合结构抗震及稳定性[M]. 北京: 科学出版社, 2015.

[14] Chen B S. Top-lateral bracing systems or trapezoidal steel box girder bridges[D]. Austin: The University of Texas at Austin, 2002.

[15] Liang Z G, Luo Q Z, Tang J A. Spatial displacement model for horizontally curved beams[J]. Structural Engineering and Mechanics, 2003, 15(1): 151-157.

[16] Pulkkinen P. Static behaviour of curved girder[D]. Helsinki: Helsinki University of Technology, 2004.

[17] Leung A Y T, Zhu B. Fourier p-elements for curved beam vibrations[J]. Thin-Walled Structures, 2004, 42(1): 39-57.

[18] Chiang Y C. The Poisson effect on the curved beam analysis[J]. Structural Engineering and Mechanics, 2005, 19(6): 707-720.

[19] Yu A M, Nie G H. Explicit solution for shearing and radial stresses in curved beams[J]. Mechanics Research Communications, 2005, 32(3): 323-331.

[20] Zhuo F. Behavior of horiztally curved steel tubular flange bridge girders[D]. Bethlehem: Lehigh University, 2007.

[21] Begum Z. Analysis and behavior investigations of box girder bridge[D]. College Park: University of Maryland, 2010.

[22] Ozgur C. Influence of cross-frame detailing on curved and skewed steel I-girder bridges[D]. Atlanta: Georgia Institute of Technology, 2011.

[23] James B P. Stabilizing techniques for curved steel I-girders during construction[D]. Austin: The University of Texas at Austin, 2010.

[24] Quadrato C E. Stability of skewed Ⅰ-shaped girder bridges using bent plate connections[D]. Austin: The University of Texas at Austin, 2010.

[25] Simões Marqu L R. Tapered steel members flexural and lateral torsional buckling[D]. Coimbra: Universidade de Coimbra, 2012.

[26] 陈伯真. 薄壁结构力学[M]. 上海: 上海交通大学出版社, 1988.

[27] 曹富新, 杨春秋. 工程薄壁结构计算[M]. 北京: 中国铁道出版社, 1993.

[28] 倪元增, 钱寅泉. 弹性薄壁梁桥分析[M]. 北京: 人民交通出版社, 2000.

[29] 郭金琼, 房贞政, 郑振. 箱形梁设计理论[M]. 北京: 人民交通出版社, 2008.

[30] 熊志军. 大曲率薄壁曲线箱梁剪力滞及畸变效应研究[D]. 南宁: 广西工业大学, 2006.

[31] 万海滨. 曲线预应力混凝土箱梁剪力滞效应研究[D]. 西安: 长安大学, 2008.

[32] 彭仕凤. 薄壁曲线箱梁剪滞效应分析[D]. 甘肃: 兰州交通大学, 2010.

[33] 蔺鹏臻, 刘凤奎, 杨军. 箱梁剪滞翘曲位移函数的定义及其应用[J]. 计算力学学报, 2012, 29(5): 754-789.

[34] 牟兆祥. 基于能量变分原理的薄壁箱梁剪力滞效应解析法研究[D]. 长沙: 中南大学, 2014.

[35] 李夏元. 基于修正翘曲位移函数的薄壁箱梁剪力滞效应分析[J]. 东南大学学报, 2018, 48(5): 851-856.

[36] Lertsima C, Chaisomphob T, Yamaguchi E. Stress concentration due to shear lag in simply supperted box girders[J].

Eng Struct, 2004, 26(8): 1093-1101.

[37] Lertsima C, Chaisomphob T, Yamaguchi E. Deflection of simply supported box girder including effect of shear lag[J]. Computers and Structures, 2005, 84(12): 11-18.

[38] Sa-nguanmanasak J, Chaisomphob T, Yamaguchi E. Stress concentration due to shear lag in constinuous box girders[J]. Engineering Structures, 2007, 19(7): 1414-1421.

[39] Yamaguchi E, Chaisomphob T, Sa-nguanmanasak J. Stress concentration and deflection of simply supported box girder including shear lag effect[J]. Structural Engineering and Mechanics, 2008, 28(2): 207-220.

[40] Chang S T. Shear lag effect in simply supported prestressed concrete box girder[J]. Journal of Bridge Engineering, 2014, 9(2): 178-184.

[41] 汪先俊. 薄壁梁约束扭转研究[D]. 北京: 中国农业大学, 2000.

[42] Mohri F, Azrar L, Potier-Ferry M. Flexural-torsional post-buckling analysis of thin-walled elements with open sections[J]. Thin-Walled Structures, 2001, 39: 907-938.

[43] Mohri F, Azrar L, Potier-Ferry M. Lateral post-buckling analysis of thin-walled open section beams[J]. Thin-Walled Structures, 2002, 40: 1013-1036.

[44] Challamel N. Lateral-torsional buckling of vertically layered composite beams with interlayer slip under uniform moment[J]. Engineering Structures, 2012, 34: 505-513.

[45] Challamel N, Girhamma U A. Lateral-torsional buckling of partially composite horizontally layered or sandwich-type beams under uniform moment[J]. Journal of Engineering Mechanics, 2013, 139(8): 1047-1064.

[46] Dahmani L, Boudjemia A. Lateral torsional buckling response of steel beam with different boundary conditions and loading[J]. Strength of Materials, 2014, 46(3): 429-432.

[47] 于天来. 箱梁的扭转畸变分析[D]. 哈尔滨: 东北林业大学, 2005.

[48] 周履. 单室矩形箱梁畸变计算[J]. 桥梁建设, 2008(4): 1-45.

[49] 周旻昊. 箱梁畸变翘曲应力分析[J]. 湖南交通科技, 2010, 36(2): 146-149.

[50] 夏桂云. 薄壁箱梁畸变效应分析[D]. 长沙: 长沙理工大学, 2013 .

[51] 徐勋, 强士中. 薄壁箱梁畸变分析理论的研究[J]. 工程力学, 2013, 30(11): 192-200.

[52] Sennah K M, Kennedy J B. State-of-the-art in design of curved box-girder bridges[J]. Journal of Bridge Engineering, ASCE, 2001, 6(3): 159-167.

[53] Hartmann J L. An experimental investigation of the flexural resistance of horizontally curved steel I -girder systems[D]. College Park: University of Maryland, 2005.

[54] Kulicki J M, Wassef W G. Design example horizontally , curved steel box girder bridge[R]. Pittsburgh: Aluminum Company of America, 2005.

[55] Chan C J. Construction simulation of curved steel I-girder bridges[D]. Atlanta: Georgia Institute of Technology, 2006.

[56] Helwig T, Yura J, Herman R. Design guidelines for steel trapezoidal box girder systems[R]. Austin: University of Texas at Austin, 2007.

[57] Athanasopoulou A, Poljansek M. Bridge design to eurocodes worked examples[R]. Ispra: European Commission Joint Research Centre, 2012.

[58] Chavel B, Rivera J. Three-span continuous horizontally curved composite steel tub-girder bridge[R]. Pittsburgh: U. S. Department of Transportation Federal Highway Administration, 2012.

[59] Rivera J, Chavel B. Three-span continuous horizontally curved composite steel I-girder bridge[R]. Pittsburgh: U. S. Department of Transportation Federal Highway Administration, 2012.

[60] Davidson J S, Abdalla R S, Madhavan M. Stability of curved bridges during construction[R]. Tuscaloosa: U. S. The University of Alabama, 2004.

[61] Farris J F. Behavior of horizontally curved steel i-girders during construction[D]. Austin: The University of Texas at Austin, 2008.

[62] Schuh A C. Behavior of horizontally curved steel i-girders during lifting[D]. Austin: The University of Texas at Austin, 2008.

[63] Stith J C. Predicting the behavior of horizontally of curved I-girders during construction[D]. Austin:The University of Texas at Austin,2010.

[64] Stith J, Schuh A, Farris J. Guidance for erection and construction of curved I-girder bridges[R]. Austin: The University of Texas at Austin, 2010.
[65] Tawil S E I, Okeil A M. Behavior and design of curved composite box girder bridge [R]. Ann Arbor: University of Michigan, 2002.
[66] Jung S K. Inelastic strength behavior of horizontally curved composite I-girder bridge structureal systems[D]. Atlanta: Georgia Institute of Technology, 2006.
[67] Ju H, Nguyen K H, Chae S S, et al. Delamination strength of composite curved beams reinforced by grooved stainless-steel z-pins[J]. Composite Structures, 2017, 180(11): 497-506.
[68] 郑兵. 钢-混组合曲线连续箱梁桥受力性能研究[D]. 西安: 西安交通大学, 2012.
[69] 孙鹏. 超静定曲线组合梁受力性能研究[D]. 沈阳: 东北大学, 2015.
[70] 卢彭真. 钢-混凝土组合箱梁空间分析理论与应用研究[D]. 成都: 西南交通大学, 2009.
[71] 潘红艳. 曲线U型钢与混凝土组合梁的受力性能分析[D]. 沈阳: 东北大学, 2012.
[72] 姚烨. 曲线U型钢与混凝土简支组合梁的受力性能研究[D]. 沈阳: 东北大学, 2013.
[73] 裴家兴. 曲线U型钢与混凝土组合梁界面滑移及轴向力研究[D]. 沈阳: 东北大学, 2019.
[74] 叶金库. 曲线U型钢与混凝土组合梁的变形性能研究[D]. 沈阳: 东北大学, 2019.
[75] Weston G, Nethercot D A. Lateral buckling in continuous composite bridges[J]. Structural Engineer, 1991, 69(3): 79-87.
[76] 满建琳. 钢-混凝土组合曲线连续箱梁桥静力性能与应用研究[D]. 重庆: 重庆交通大学, 2013.
[77] 耿凯. 曲线钢与混凝土连续组合梁受力性能研究[D]. 沈阳: 东北大学, 2015.
[78] Elsherif O. Lateral buckling of horizontally curved beams[D]. New York: Polytechnic Institute of NYU, 2009.
[79] 胡君. 钢与混凝土组合梁侧向稳定性研究[D]. 沈阳: 东北大学, 2015.
[80] 李兴. 钢-混凝土组合梁稳定性研究[D]. 长沙: 中南大学, 2007.
[81] 陈鑫. 钢-混凝土组合曲线箱梁稳定性研究[D]. 长沙: 中南大学, 2014.
[82] 孙林林. 钢-混凝土组合箱梁稳定性研究[D]. 长沙: 中南大学, 2009.
[83] 刘文文. 曲线钢与混凝土组合梁的稳定性研究[D]. 沈阳: 东北大学, 2018.
[84] 袁梅. 钢-混凝土组合梁的横向正应力和整体稳定性研究[D]. 南京: 河海大学, 2005.
[85] 宋娃丽. 连续曲线箱梁桥稳定性分析研究[D]. 天津: 河北工业大学, 2012.
[86] 蒋丽忠, 李兴. 钢-混凝土组合梁侧向稳定承载力[J]. 铁道科学与工程学报, 2006, 3(6): 14-18.
[87] 蒋丽忠, 曾丽娟, 孙林林. 钢-混凝土连续组合梁腹板局部屈曲分析[J]. 建筑科学与工程学报, 2009, 26(3): 27-31.
[88] 卜伟斐. 集中荷载作用下钢-混凝土组合梁稳定性研究[D]. 长沙: 中南大学, 2012.
[89] Amadio C. Experimental evaluation of effective width in steel-concrete composite beams[J]. Journal of Construction Steel Research, 2004 (60): 199-220.
[90] 黄洋. 钢与混凝土组合箱梁剪力滞效应研究[D]. 沈阳: 东北大学, 2013.
[91] 甘雨. 曲线钢与混凝土组合梁畸变和剪力滞效应研究[D]. 沈阳: 东北大学, 2014.
[92] 王连广, 万江. 钢与混凝土组合箱梁剪力滞效应分析[J]. 东北大学学报, 2015 (8): 1204-1207.
[93] 万江. 预应力钢与混凝土组合箱梁剪力滞效应研究[D]. 沈阳: 东北大学, 2015.
[94] 陈力栋. 预制曲线钢与混凝土组合梁剪力滞效应研究[D]. 沈阳: 东北大学, 2019.
[95] 聂建国, 熊辉, 胡少伟. 开口截面钢-混凝土组合梁弯扭性能的理论分析与试验研究[J]. 土木工程学报, 2004, 37(11): 6-12.
[96] 胡少伟. 组合梁抗扭分析与设计[M]. 北京: 人民交通出版社, 2005.
[97] 单坤. 钢与混凝土组合梁扭转和翘曲性能研究[D]. 沈阳: 东北大学, 2015.
[98] 朱耀斌. 钢与混凝土组合箱梁畸变效应与横向内力研究[D]. 沈阳: 东北大学, 2015.
[99] Singh R K, Mallick S K. Experiment on steel concrete beam subjected to torsion and combined flexure and torsion[J]. India Concrete Journal, 1977, 51(1): 24-30.
[100] Ghosh B, Mallick S K. Strength of steel concrete composite beams under combined flexure and torsion[J]. India Concrete Journal, 1979, 53(2): 48-53.
[101] Ray M B, Mallick S K. Interaction of flexure and torsion in steel and concrete beams[J]. India Concrete Journal, 1980, 54(3): 80-83.